软件开发视频大讲堂

C#从入门到精通

（第7版）

明日科技　编著

清华大学出版社
北　京

内 容 简 介

《C#从入门到精通（第7版）》从初学者角度出发，通过通俗易懂的语言、丰富多彩的实例，详细介绍了使用C#进行Windows应用程序开发方方面面的技术。全书分为4篇，共25章，包括初识C#及其开发环境、C#程序基本结构、变量与常量、表达式与运算符、字符与字符串、流程控制语句、数组和集合、面向对象编程、Windows窗体应用程序设计、Windows窗体应用程序常用控件、Windows窗体应用程序高级控件、数据访问技术、LINQ数据访问技术、DataGridView数据控件、程序调试与异常处理、面向对象编程进阶、文件及数据流技术、GDI+图形图像技术、Windows打印技术、网络编程技术、线程的使用、注册表技术等内容，以及贪吃蛇、五子棋、全民飞机大战、AI图像识别软件、ERP管理系统等实战项目。本书所有知识都结合具体实例进行介绍，涉及的程序代码给出了详细的注释，可以使读者轻松领会C#应用程序开发的精髓，以快速提高开发技能。

另外，本书除了纸质内容，还配备了C#在线开发资源库，主要内容如下：

☑ 同步教学微课：共157集，时长27小时　　☑ 技术资源库：348个技术要点
☑ 技巧资源库：629个开发技巧　　　　　　 ☑ 实例资源库：1583个应用实例
☑ 项目资源库：38个实战项目　　　　　　　 ☑ 源码资源库：1619项源代码
☑ 视频资源库：668集学习视频　　　　　　　☑ PPT电子教案

本书可作为软件开发入门者的自学用书，也可作为高等院校相关专业的教学参考书，还可供开发人员查阅参考。

本书封面贴有清华大学出版社防伪标签，无标签者不得销售。
版权所有，侵权必究。举报：010-62782989，beiqinquan@tup.tsinghua.edu.cn。

图书在版编目（CIP）数据

C#从入门到精通 ／ 明日科技编著．—7版．—北京：清华大学出版社，2023.6（2025.8重印）
（软件开发视频大讲堂）
ISBN 978-7-302-63448-5

Ⅰ．①C…　Ⅱ．①明…　Ⅲ．①C语言—程序设计　Ⅳ．①TP312.8

中国国家版本馆CIP数据核字（2023）第082873号

责任编辑：贾小红
封面设计：刘　超
版式设计：文森时代
责任校对：马军令
责任印制：宋　林

出版发行：清华大学出版社
网　　址：https://www.tup.com.cn，https://www.wqxuetang.com
地　　址：北京清华大学学研大厦A座　　　　　邮　编：100084
社 总 机：010-83470000　　　　　　　　　　　邮　购：010-62786544
投稿与读者服务：010-62776969，c-service@tup.tsinghua.edu.cn
质量反馈：010-62772015，zhiliang@tup.tsinghua.edu.cn
印 装 者：三河市少明印务有限公司
经　　销：全国新华书店
开　　本：203mm×260mm　　印　张：31　　　字　数：869千字
版　　次：2008年9月第1版　　2023年6月第7版　　印　次：2025年8月第5次印刷
定　　价：99.80元

产品编号：101073-01

如何使用本书开发资源库

本书赠送价值 999 元的"C#在线开发资源库"一年的免费使用权限，结合图书和开发资源库，读者可快速提升编程水平和解决实际问题的能力。

1．VIP 会员注册

刮开并扫描图书封底的防盗码，按提示绑定手机微信，然后扫描右侧二维码，打开明日科技账号注册页面，填写注册信息后将自动获取一年（自注册之日起）的 C#在线开发资源库的 VIP 使用权限。

C#开发资源库

读者在注册、使用开发资源库时有任何问题，均可咨询明日科技官网页面上的客服电话。

2．纸质书和开发资源库的配合学习流程

C#开发资源库中提供了技术资源库（348 个技术要点）、技巧资源库（629 个开发技巧）、实例资源库（1583 个应用实例）、项目资源库（38 个实战项目）、源码资源库（1619 项源代码）、视频资源库（668 集学习视频），共计六大类、4885 项学习资源。学会、练熟、用好这些资源，读者可在最短的时间内快速提升自己，从一名新手晋升为一名软件工程师。

| 首页 | 术 技术资源库 348 | 巧 技巧资源库 629 | 例 实例资源库 1583 | 项 项目资源库 38 | 码 源码资源库 1619 | 视 视频资源库 668 |

《C#从入门到精通（第 7 版）》纸质书和"C#在线开发资源库"的配合学习流程如下。

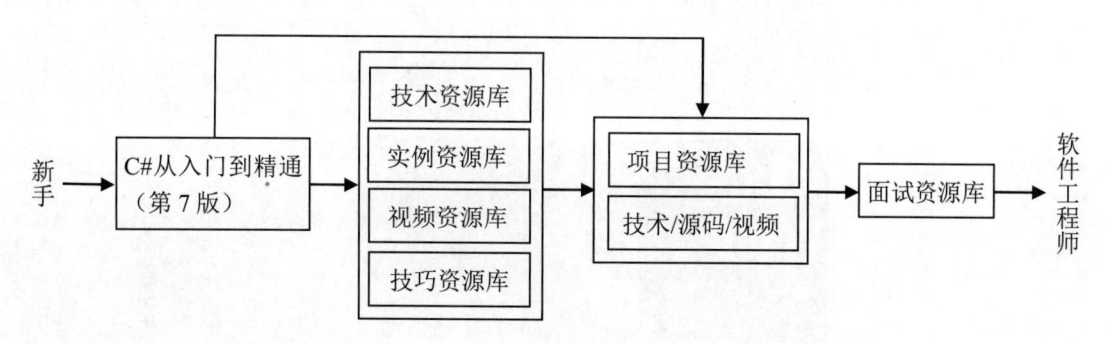

新手 → C#从入门到精通（第 7 版） → 技术资源库 / 实例资源库 / 视频资源库 / 技巧资源库 → 项目资源库 技术/源码/视频 → 面试资源库 → 软件工程师

3．开发资源库的使用方法

在学习到本书某一章节时，可利用实例资源库对应内容提供的大量热点实例和关键实例，巩固所学编程技能，提升编程兴趣和信心。

开发过程中，总有一些易混淆、易出错的地方，利用技巧资源库可快速扫除盲区，掌握更多实战技巧，精准避坑。需要查阅某个技术点时，可利用技术资源库锁定对应知识点，随时随地深入学习。

学习完本书后，读者可通过项目资源库中的 38 个经典项目，全面提升个人的综合编程技能和解决实际开发问题的能力，为成为 C#软件开发工程师打下坚实的基础。

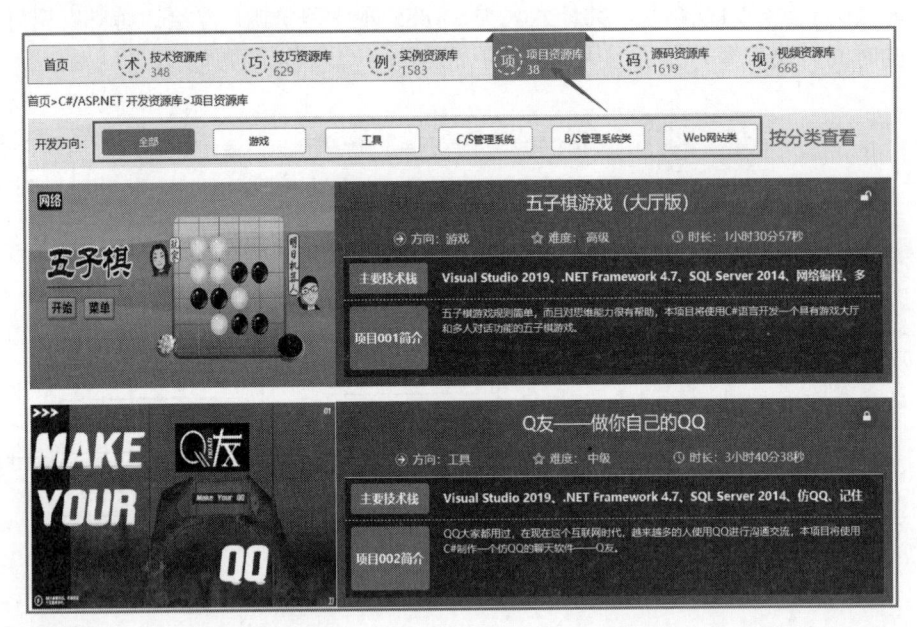

另外，利用页面上方的搜索栏，还可以对技术、技巧、实例、项目、源码、视频等资源进行快速查阅。

万事俱备后，读者该到软件开发的主战场上接受洗礼了。本书资源包中提供了 C#各方向的面试真题，是求职面试的绝佳指南。读者可扫描图书封底的"文泉云盘"二维码获取。

前 言
Preface

丛书说明："软件开发视频大讲堂"丛书第 1 版于 2008 年 8 月出版，因其编写细腻、易学实用、配备海量学习资源和全程视频等，在软件开发类图书市场上产生了很大反响，绝大部分品种在全国软件开发零售图书排行榜中名列前茅，2009 年多个品种被评为"全国优秀畅销书"。

"软件开发视频大讲堂"丛书第 2 版于 2010 年 8 月出版，第 3 版于 2012 年 8 月出版，第 4 版于 2016 年 10 月出版，第 5 版于 2019 年 3 月出版，第 6 版于 2021 年 7 月出版。十五年间反复锤炼，打造经典。丛书迄今累计重印 680 多次，销售 400 多万册，不仅深受广大程序员的喜爱，还被百余所高校选为计算机、软件等相关专业的教学参考用书。

"软件开发视频大讲堂"丛书第 7 版在继承前 6 版所有优点的基础上，进行了大幅度的修订。第一，根据当前的技术趋势与热点需求调整品种，拓宽了程序员岗位就业技能用书；第二，对图书内容进行了深度更新、优化，如优化了内容布置，弥补了讲解疏漏，将开发环境和工具更新为新版本，增加了对新技术点的剖析，将项目替换为更能体现当今 IT 开发现状的热门项目等，使其更与时俱进，更适合读者学习；第三，改进了教学微课视频，为读者提供更好的学习体验；第四，升级了开发资源库，提供了程序员"入门学习→技巧掌握→实例训练→项目开发→求职面试"等各阶段的海量学习资源；第五，为了方便教学，制作了全新的教学课件 PPT。

C#是微软公司为 Visual Studio 开发平台推出的一种简洁的、类型安全的、面向对象的编程语言，开发人员可以通过它编写在.NET 上运行的各种安全可靠的应用程序。C#面世以来以其易学易用、功能强大的优势被广泛应用，而 Visual Studio 开发平台则凭借其强大的可视化用户界面设计，让程序员从复杂的界面设计中解脱出来，使编程成为一种享受。C#不但可以开发数据库管理系统，而且也可以开发上位机下位机程序、游戏应用等，这使得它正在成为程序开发人员使用的主流编程语言。

本书内容

本书提供了从 C#入门到编程高手所必需的各类知识，共分为 4 篇，具体如下。

第 1 篇：基础知识。本篇包括初识 C#及其开发环境、C#程序基本结构、变量与常量、表达式与运算符、字符与字符串、流程控制语句、数组和集合、面向对象编程等内容，在介绍这些内容时结合大量的图示、举例、录像等，使读者快速掌握 C#语言，为以后编程奠定坚实的基础。

第 2 篇：核心技术。本篇介绍 Windows 窗体应用程序设计、Windows 窗体应用程序常用控件、Windows 窗体应用程序高级控件、数据访问技术、LINQ 数据访问技术、DataGridView 数据控件、程序调试与异常处理、面向对象编程进阶等内容。学习完本篇，读者可以掌握更深一层的 C#开发技术，并能够开发一些小型应用程序。

第 3 篇：高级应用。本篇介绍文件及数据流技术、GDI+图形图像技术、Windows 打印技术、网络编程技术、线程的使用、注册表技术和贪吃蛇、五子棋、全民飞机大战 3 个 C#游戏等内容。学习完本篇，读者能够开发文件流程序、图形图像程序、打印程序、网络程序、多线程应用程序、注册表相关应用和 C#游戏等。

第 4 篇：项目实战。本篇通过 AI 图像识别软件、ERP 管理系统两个完整的项目，运用软件工程的设计思想，让读者学习如何进行软件项目的实践开发。书中按照系统分析→系统设计→数据库设计→公共类设计→主要模块实现等流程进行介绍，带领读者一步一步亲身体验开发项目的全过程。

本书的知识结构和学习方法如图所示。

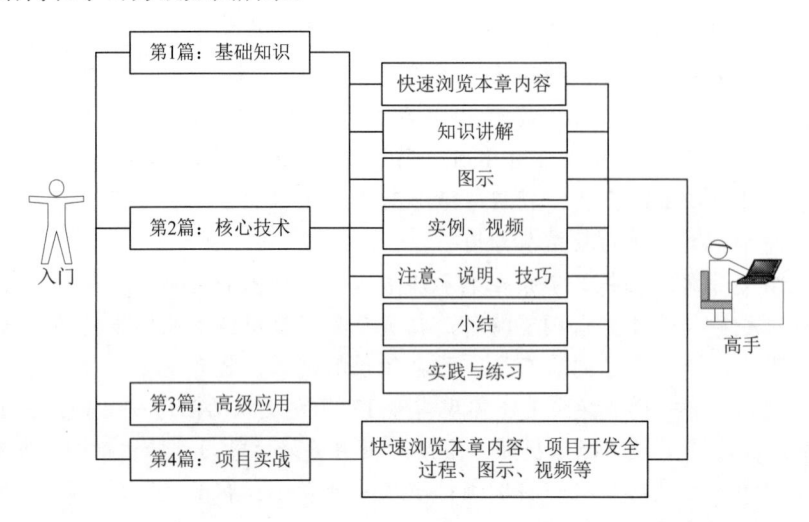

本书特点

- ☑ **由浅入深，循序渐进**：本书以初、中级程序员为对象，带领读者先从 C#语言基础学起，再学习 C#的核心技术，然后学习 C#的高级应用，最后学习开发两个完整项目。讲解过程中步骤详尽，版式新颖，在操作的内容图片上以编号+内容如❶❷❸……的方式进行标注，让读者在阅读中一目了然，从而快速掌握书中内容。

- ☑ **微课视频，讲解详尽**。为便于读者直观感受程序开发的全过程，书中重要章节配备了教学微课视频（共 157 集，时长 27 小时），使用手机扫描章节标题一侧的二维码，即可观看学习。便于初学者快速入门，感受编程的快乐和成就感，进一步增强学习的信心。

- ☑ **基础示例+编程训练+综合练习+项目案例，实战为王**。通过例子学习是最好的学习方式，本书核心知识讲解通过"一个知识点、一个示例、一个结果、一段评析、一个综合应用"的模式，详尽透彻地讲述了实际开发中所需的各类知识。全书共计有 233 个应用实例，123 个编程训练，90 个综合练习，42 个动手纠错，2 个项目案例，为初学者打造"学习 1 小时，训练 10 小时"的强化实战学习环境。

- ☑ **精彩栏目，贴心提醒**。本书根据学习需要在正文中设计了很多"注意""说明""技巧"等小栏目，让读者在学习的过程中更轻松地理解相关知识点及概念，更快地掌握个别技术的应用技巧。

读者对象

- ☑ 初学编程的自学者
- ☑ 大、中专院校的老师和学生
- ☑ 毕业设计的学生
- ☑ 程序测试及维护人员
- ☑ 编程爱好者
- ☑ 相关培训机构的老师和学员
- ☑ 初、中级程序开发人员
- ☑ 参加实习的"菜鸟"程序员

本书学习资源

本书提供了大量的辅助学习资源，读者需刮开图书封底的防盗码，扫描并绑定微信后，获取学习权限。

- ☑ 同步教学微课

学习书中知识时，扫描章节名称处的二维码，可在线观看教学视频。

- ☑ 在线开发资源库

本书配备了强大的C#开发资源库，包括技术资源库、技巧资源库、实例资源库、项目资源库、源码资源库、视频资源库。扫描右侧二维码，可登录明日科技网站，获取C#开发资源库一年的免费使用权限。

- ☑ 学习答疑

关注清大文森学堂公众号，可获取本书的源代码、PPT课件、视频等资源，加入本书的学习交流群，参加图书直播答疑。

读者扫描图书封底的"文泉云盘"二维码，或登录清华大学出版社网站（www.tup.com.cn），可在对应图书页面下查阅各类学习资源的获取方式。

致读者

本书由明日科技C#程序开发团队组织编写。明日科技是一家专业从事软件开发、教育培训以及软件开发教育资源整合的高科技公司。其编写的教材既注重选取软件开发中的必需、常用内容，又注重内容的易学易用以及相关知识的拓展，深受读者喜爱。同时，其编写的教材多次荣获"全行业优秀畅销品种""中国大学出版社图书奖优秀畅销书"等奖项，多个品种长期位居同类图书销售排行榜的前列。

在编写本书的过程中，我们始终本着科学、严谨的态度，力求精益求精，但疏漏之处在所难免，敬请广大读者批评指正。

感谢您购买本书，希望本书能成为您编程路上的领航者。

"零门槛"编程，一切皆有可能。祝读书快乐！

编 者
2023年5月

目 录

第 1 篇　基 础 知 识

第 1 章　初识 C#及其开发环境 2
视频讲解：47 分钟
- 1.1　C#概述 2
  - 1.1.1　C#语言及其特点 2
  - 1.1.2　认识.NET 3
  - 1.1.3　C#与.NET 框架 4
  - 1.1.4　C#的应用领域 4
- 1.2　安装与卸载 Visual Studio 2022 5
  - 1.2.1　安装 Visual Studio 2022 的必备条件 5
  - 1.2.2　下载 Visual Studio 2022 5
  - 1.2.3　安装 Visual Studio 2022 6
  - 1.2.4　卸载 Visual Studio 2022 7
- 1.3　熟悉 Visual Studio 2022 开发环境 8
  - 1.3.1　创建项目 8
  - 1.3.2　菜单栏 10
  - 1.3.3　工具栏 11
  - 1.3.4　"解决方案资源管理器"窗口 11
  - 1.3.5　"工具箱"窗口 11
  - 1.3.6　"属性"窗口 12
  - 1.3.7　"错误列表"窗口 13
- 1.4　实践与练习 13

第 2 章　C#程序基本结构 14
视频讲解：72 分钟
- 2.1　编写第一个 C#程序 14
- 2.2　初识 C#程序结构 16
  - 2.2.1　命名空间 16
  - 2.2.2　类 17
  - 2.2.3　Main()方法 17
  - 2.2.4　标识符及关键字 18
  - 2.2.5　输入与输出 19
  - 2.2.6　注释 20
- 2.3　程序编写规范 21
  - 2.3.1　代码书写规则 21
  - 2.3.2　命名规范 21
- 2.4　实践与练习 23
- 2.5　动手纠错 24

第 3 章　变量与常量 25
视频讲解：141 分钟
- 3.1　变量的基本概念 25
- 3.2　变量的声明与赋值 25
  - 3.2.1　变量的声明 25
  - 3.2.2　变量的赋值 26
  - 3.2.3　变量的作用域 27
- 3.3　数据类型 28
  - 3.3.1　值类型 28
  - 3.3.2　引用类型 30
  - 3.3.3　值类型与引用类型的区别 31
  - 3.3.4　枚举类型 33
  - 3.3.5　类型转换 34
- 3.4　常量 37
- 3.5　实践与练习 38
- 3.6　动手纠错 39

第 4 章　表达式与运算符 40
视频讲解：103 分钟
- 4.1　表达式 40
- 4.2　运算符 41
  - 4.2.1　算术运算符 41

4.2.2 自增自减运算符 42	6.1.1 if 语句 73
4.2.3 赋值运算符 42	6.1.2 switch 多分支语句 77
4.2.4 关系运算符 43	6.2 循环语句 79
4.2.5 逻辑运算符 44	6.2.1 while 语句 79
4.2.6 位运算符 45	6.2.2 do…while 语句 80
4.2.7 其他特殊运算符 47	6.2.3 for 语句 81
4.3 运算符优先级 49	6.3 循环的嵌套 82
4.4 实践与练习 49	6.4 跳转语句 84
4.5 动手纠错 50	6.4.1 break 语句 84
	6.4.2 continue 语句 84
第 5 章 字符与字符串 51	6.4.3 goto 语句 85
📹 视频讲解：137 分钟	6.5 实践与练习 86
5.1 字符类 Char 51	6.6 动手纠错 87
5.1.1 认识 Char 类 51	
5.1.2 转义字符 53	**第 7 章 数组和集合** 88
5.2 字符串类 String 54	📹 视频讲解：125 分钟
5.2.1 字符串的声明及赋值 54	7.1 数组概述 88
5.2.2 连接多个字符串 55	7.2 一维数组 89
5.2.3 比较字符串 55	7.2.1 一维数组的创建 89
5.2.4 格式化字符串 57	7.2.2 一维数组的初始化 90
5.2.5 截取字符串 60	7.3 二维数组 90
5.2.6 分割字符串 60	7.3.1 二维数组的创建 91
5.2.7 插入和填充字符串 61	7.3.2 二维数组的初始化 91
5.2.8 删除字符串 62	7.4 数组的基本操作 93
5.2.9 复制字符串 63	7.4.1 遍历数组 93
5.2.10 替换字符串 64	7.4.2 添加/删除数组元素 94
5.3 可变字符串类 StringBuilder 65	7.4.3 对数组进行排序 98
5.3.1 StringBuilder 类的定义 65	7.4.4 数组的合并与拆分 98
5.3.2 StringBuilder 类的使用 65	7.5 数组排序算法 100
5.3.3 StringBuilder 类与 String 类的区别 66	7.5.1 冒泡排序法 100
5.4 正则表达式 67	7.5.2 直接插入排序法 102
5.4.1 正则表达式基础语法 67	7.5.3 选择排序法 103
5.4.2 C#中使用正则表达式 70	7.6 ArrayList 类 104
5.5 实践与练习 71	7.6.1 ArrayList 类概述 104
5.6 动手纠错 72	7.6.2 ArrayList 元素的添加 105
	7.6.3 ArrayList 元素的删除 107
第 6 章 流程控制语句 73	7.6.4 ArrayList 的遍历 109
📹 视频讲解：127 分钟	7.6.5 ArrayList 元素的查找 109
6.1 条件判断语句 73	7.7 哈希表 110

7.7.1	哈希表概述	110
7.7.2	添加元素	110
7.7.3	删除元素	111
7.7.4	遍历哈希表	112
7.7.5	查找元素	112
7.8	实践与练习	113
7.9	动手纠错	114

第8章 面向对象编程 115
▶ 视频讲解：131 分钟

8.1	面向对象概述	115
8.1.1	对象	116
8.1.2	类	117
8.1.3	封装	117
8.1.4	继承	117
8.1.5	多态	118
8.2	类与对象	119
8.2.1	深入理解类与对象	119
8.2.2	类的声明	119
8.2.3	构造函数和析构函数	120
8.2.4	属性	122
8.2.5	方法	125
8.2.6	对象的创建和使用	127
8.2.7	类的静态成员	130
8.2.8	this 关键字	131
8.3	封装的实现	132
8.4	继承	133
8.4.1	继承的实现	133
8.4.2	base 关键字	135
8.4.3	继承中的构造函数与析构函数	136
8.5	多态	136
8.5.1	重写虚方法	137
8.5.2	方法的重载	138
8.6	结构	139
8.7	实践与练习	141

第 2 篇　核 心 技 术

第9章 Windows 窗体应用程序设计 144
▶ 视频讲解：38 分钟

9.1	Form 窗体	144
9.1.1	认识 Form 窗体	144
9.1.2	添加和删除窗体	145
9.1.3	多窗体的使用	146
9.1.4	窗体的属性	147
9.1.5	窗体的显示与隐藏	149
9.1.6	窗体的事件	149
9.2	MDI 窗体	151
9.2.1	设置 MDI 窗体	152
9.2.2	排列 MDI 子窗体	153
9.3	继承窗体	155
9.3.1	创建继承窗体	155
9.3.2	在继承窗体中修改继承的控件属性	156
9.4	实践与练习	157

第10章 Windows 窗体应用程序常用控件 158
▶ 视频讲解：89 分钟

10.1	控件概述	158
10.1.1	控件的分类及作用	158
10.1.2	控件命名规范	159
10.2	控件的相关操作	159
10.2.1	添加控件	159
10.2.2	对齐控件	159
10.2.3	锁定控件	160
10.2.4	删除控件	160
10.3	文本类控件	160
10.3.1	Label 控件	160
10.3.2	Button 控件	161
10.3.3	TextBox 控件	162
10.3.4	RichTextBox 控件	164

10.4	选择类控件 167		11.4.3	返回 DateTimePicker 控件中选择的
	10.4.1 ComboBox 控件 168			日期 199
	10.4.2 CheckBox 控件 169	11.5	MonthCalendar 控件 199
	10.4.3 RadioButton 控件 170		11.5.1 更改 MonthCalendar 控件的外观 200
	10.4.4 NumericUpDown 控件 172		11.5.2 在 MonthCalendar 控件中显示多个
	10.4.5 ListBox 控件 173			月份 200
10.5	分组类控件 176		11.5.3 在 MonthCalendar 控件中选择日期
	10.5.1 Panel 控件 176			范围 200
	10.5.2 GroupBox 控件 177	11.6	其他高级控件 201
	10.5.3 TabControl 控件 177		11.6.1 使用 ErrorProvider 控件验证文本框
10.6	菜单、工具栏和状态栏控件 181			输入 201
	10.6.1 MenuStrip 控件 181		11.6.2 使用 HelpProvider 控件调用帮助文件 203
	10.6.2 ToolStrip 控件 182		11.6.3 使用 Timer 控件设置时间间隔 204
	10.6.3 StatusStrip 控件 183		11.6.4 使用 ProgressBar 控件显示程序运行
10.7	实践与练习 184			进度条 205

第 11 章 Windows 窗体应用程序高级
控件 185

 视频讲解：63 分钟

11.1 ImageList 控件 185
  11.1.1 在 ImageList 控件中添加图像 185
  11.1.2 在 ImageList 控件中移除图像 186
11.2 ListView 控件 187
  11.2.1 在 ListView 控件中添加、移除选项 188
  11.2.2 选择 ListView 控件选项 190
  11.2.3 为 ListView 控件选项添加图标 190
  11.2.4 在 ListView 控件中启用平铺视图 191
  11.2.5 为 ListView 控件选项分组 192
11.3 TreeView 控件 193
  11.3.1 添加和删除树节点 194
  11.3.2 获取 TreeView 控件中选中的节点 195
  11.3.3 为 TreeView 控件中的节点设置
         图标 196
11.4 DateTimePicker 控件 197
  11.4.1 使用 DateTimePicker 控件显示时间 197
  11.4.2 使用 DateTimePicker 控件以自定义格式
         显示日期 198

11.7 实践与练习 206

第 12 章 数据访问技术 207

 视频讲解：81 分钟

12.1 数据库基础 207
  12.1.1 数据库与 SQL 语言 207
  12.1.2 数据库的创建与删除 208
  12.1.3 数据表的创建与删除 209
  12.1.4 简单 SQL 语句的应用 210
12.2 ADO.NET 简介 213
12.3 用 Connection 对象连接数据库 214
  12.3.1 Connection 对象概述 214
  12.3.2 连接数据库 215
  12.3.3 关闭连接 216
12.4 用 Command 对象执行 SQL 语句 218
  12.4.1 Command 对象概述 218
  12.4.2 设置数据源类型 218
  12.4.3 执行 SQL 语句 219
12.5 用 DataReader 对象读取数据 221
  12.5.1 DataReader 对象概述 221
  12.5.2 判断查询结果中是否有值 222
  12.5.3 读取数据 223

目 录

- 12.6 DataAdapter 对象 224
  - 12.6.1 DataAdapter 对象概述 224
  - 12.6.2 填充 DataSet 数据集 224
  - 12.6.3 更新数据源 225
- 12.7 DataSet 对象 226
  - 12.7.1 DataSet 对象概述 226
  - 12.7.2 合并 DataSet 内容 227
  - 12.7.3 复制 DataSet 内容 228
- 12.8 Entity Framework 编程基础 230
  - 12.8.1 Entity Framework 概述 230
  - 12.8.2 Entity Framework 实体数据模型 230
  - 12.8.3 Entity Framework 运行环境 231
  - 12.8.4 创建实体数据模型 231
  - 12.8.5 数据表操作 234
- 12.9 实践与练习 236

第 13 章 LINQ 数据访问技术 238
视频讲解：65 分钟

- 13.1 LINQ 基础 238
  - 13.1.1 LINQ 概述 238
  - 13.1.2 使用 var 创建隐式局部变量 239
  - 13.1.3 Lambda 表达式 240
  - 13.1.4 LINQ 查询表达式 241
- 13.2 使用 LINQ 操作 SQL Server 数据库 242
  - 13.2.1 查询 SQL Server 数据库 242
  - 13.2.2 管理 SQL Server 数据库 245
- 13.3 使用 LINQ 操作其他数据 251
  - 13.3.1 操作数组和集合 251
  - 13.3.2 操作 DataSet 数据集 252
  - 13.3.3 操作 XML 253
- 13.4 实践与练习 257

第 14 章 DataGridView 数据控件 258
视频讲解：7 分钟

- 14.1 DataGridView 控件概述 258
- 14.2 DataGridView 控件显示数据 258
- 14.3 获取 DataGridView 控件当前单元格 ... 259

- 14.4 修改 DataGridView 控件中数据 260
- 14.5 设置 DataGridView 控件选中行的 颜色 262
- 14.6 禁止在 DataGridView 控件中添加和 删除行 264
- 14.7 使用 Columns 和 Rows 属性添加 数据 264
- 14.8 实践与练习 265

第 15 章 程序调试与异常处理 266
视频讲解：23 分钟

- 15.1 程序调试概述 266
- 15.2 常用的程序调试操作 266
  - 15.2.1 断点设置 267
  - 15.2.2 开始调试 267
  - 15.2.3 中断调试 268
  - 15.2.4 停止调试 269
  - 15.2.5 单步调试 269
- 15.3 异常处理概述 269
- 15.4 异常处理语句 270
  - 15.4.1 try…catch 语句 270
  - 15.4.2 throw 语句 271
  - 15.4.3 try…catch…finally 语句 273
- 15.5 实践与练习 274

第 16 章 面向对象编程进阶 275
视频讲解：83 分钟

- 16.1 抽象类与抽象方法 275
- 16.2 接口 278
  - 16.2.1 接口的概念及声明 278
  - 16.2.2 接口的实现与继承 280
  - 16.2.3 显式接口成员实现 282
  - 16.2.4 抽象类与接口 283
- 16.3 集合与索引器 284
  - 16.3.1 集合 284
  - 16.3.2 索引器 286
- 16.4 迭代器 287
- 16.5 泛型 289

16.5.1	类型参数 T 290	16.7	事件 296
16.5.2	泛型接口 291	16.7.1	委托的发布和订阅 296
16.5.3	泛型方法 292	16.7.2	事件的发布和订阅 298
16.6	委托和匿名方法 293	16.7.3	EventHandler 类 299
16.6.1	委托 293	16.7.4	Windows 事件 300
16.6.2	匿名方法 295	16.8	实践与练习 301

第 3 篇 高 级 应 用

第 17 章 文件及数据流技术 304
    ▶ 视频讲解：70 分钟

17.1 System.IO 命名空间 304
  17.1.1 File 类和 Directory 类 305
  17.1.2 FileInfo 类和 DirectoryInfo 类 308
17.2 文件基本操作 311
  17.2.1 判断文件是否存在 311
  17.2.2 创建文件 311
  17.2.3 复制或移动文件 312
  17.2.4 删除文件 314
  17.2.5 获取文件的基本信息 314
17.3 文件夹基本操作 315
  17.3.1 判断文件夹是否存在 315
  17.3.2 创建文件夹 316
  17.3.3 移动文件夹 317
  17.3.4 删除文件夹 317
  17.3.5 遍历文件夹 318
17.4 数据流 320
  17.4.1 流操作类介绍 320
  17.4.2 文件流类 321
  17.4.3 文本文件的写入与读取 ...322
  17.4.4 二进制文件的写入与读取 ...324
17.5 实践与练习 326

第 18 章 GDI+图形图像技术 327
    ▶ 视频讲解：43 分钟

18.1 GDI+绘图基础 327
  18.1.1 GDI+概述 327
  18.1.2 创建 Graphics 对象 328
18.2 画笔与画刷 328
  18.2.1 设置画笔 328
  18.2.2 设置画刷 329
18.3 基本图形绘制 331
  18.3.1 GDI+中的直线和矩形 ...331
  18.3.2 GDI+中的椭圆、圆弧和扇形 ...333
  18.3.3 GDI+中的多边形 335
  18.3.4 绘制文本 335
  18.3.5 绘制图像 336
18.4 GDI+绘图的应用 337
  18.4.1 绘制柱形图 337
  18.4.2 绘制折线图 339
  18.4.3 绘制饼形图 340
18.5 实践与练习 342

第 19 章 Windows 打印技术 343
    ▶ 视频讲解：15 分钟

19.1 PageSetupDialog 控件 343
19.2 PrintDialog 控件 345
19.3 PrintDocument 控件 346
19.4 PrintPreviewControl 控件 347
19.5 PrintPreviewDialog 控件 348
19.6 实践与练习 349

第 20 章 网络编程技术 350
    ▶ 视频讲解：66 分钟

20.1 计算机网络基础 350

20.1.1	局域网与广域网 350	21.4.2	async 和 await 379
20.1.2	网络协议 351	21.4.3	Task 类 379
20.1.3	端口与套接字 352	21.4.4	常用支持异步编程的类型 380
20.2	IP 地址封装 353	21.4.5	异步方法的声明及调用 381
20.2.1	Dns 类 353	21.5	实践与练习 383

第 22 章 注册表技术 384

视频讲解：34 分钟

20.2.2	IPAddress 类 353	
20.2.3	IPHostEntry 类 354	
20.3	TCP 程序设计 355	
20.3.1	Socket 类 355	
20.3.2	TcpClient 类和 TcpListener 类 357	
20.4	UDP 程序设计 360	
20.5	实践与练习 363	

22.1	注册表基础 384	
22.1.1	Windows 注册表概述 384	
22.1.2	Registry 类和 RegistryKey 类 385	
22.2	在 C#中操作注册表 386	
22.2.1	读取注册表信息 386	
22.2.2	创建和修改注册表信息 388	
22.2.3	删除注册表信息 390	
22.3	实践与练习 393	

第 21 章 线程的使用 364

视频讲解：60 分钟

第 23 章 C#游戏开发 394

视频讲解：15 分钟

21.1	线程简介 364
21.1.1	单线程简介 365
21.1.2	多线程简介 365
21.2	线程的实现 366
21.2.1	Thread 类 366
21.2.2	线程的生命周期 368
21.3	线程常见操作 369
21.3.1	线程的挂起与恢复 369
21.3.2	线程休眠 370
21.3.3	终止线程 370
21.3.4	线程的优先级 372
21.3.5	线程同步 373
21.4	异步编程 378
21.4.1	异步编程概述 378

23.1	贪吃蛇游戏 394
23.1.1	设计思路 394
23.1.2	主要算法实现 395
23.2	五子棋游戏 400
23.2.1	设计思路 401
23.2.2	主要算法实现 401
23.3	全民飞机大战游戏 407
23.3.1	设计思路 407
23.3.2	主要算法实现 408
23.4	实践与练习 412

第 4 篇 项 目 实 战

第 24 章 AI 图像识别软件 414

视频讲解：9 分钟

24.1	需求分析 414	24.2.2	系统业务流程图 415
24.2	系统设计 414	24.2.3	系统预览 415
24.2.1	系统功能结构 414	24.3	系统开发环境 417
		24.4	窗体设计 417
		24.5	功能实现 420

24.5.1	准备百度云 AI 的 SDK 开发包	421	25.7	物料清单模块设计	450
24.5.2	初始化图像及文字识别对象	424	25.7.1	物料清单模块概述	450
24.5.3	植物识别	425	25.7.2	设计物料清单窗体	451
24.5.4	动物识别	426	25.7.3	获取所有母件信息	451
24.5.5	车型识别	427	25.7.4	获取指定母件的子件信息	452
24.5.6	车牌识别	428	25.7.5	打开物料清单编辑窗体	452
24.5.7	菜品识别	429	25.7.6	添加/修改物料清单	453
24.6	小结	430	25.8	采购入库单模块设计	455

第 25 章 ERP 管理系统 431

视频讲解：12 分钟

25.1	系统分析	431
25.1.1	系统概述	431
25.1.2	系统可行性分析	432
25.1.3	用户角色分配	432
25.1.4	功能性需求分析	432
25.1.5	非功能性需求分析	433
25.2	系统设计	433
25.2.1	系统功能结构	433
25.2.2	系统业务流程	434
25.2.3	系统预览	434
25.3	系统开发必备	436
25.3.1	系统开发环境	436
25.3.2	文件夹组织结构	436
25.4	数据库设计	436
25.4.1	数据库概要说明	436
25.4.2	数据库逻辑设计	437
25.5	公共类设计	441
25.5.1	DataBase 类	442
25.5.2	CommonUse 类	444
25.6	系统登录模块设计	448
25.6.1	系统登录模块概述	448
25.6.2	设计系统登录窗体	448
25.6.3	登录功能的实现	448
25.6.4	回车键按下操作处理	450

25.8.1	采购入库单模块概述	455
25.8.2	设计采购入库单窗体	456
25.8.3	打开浏览已审核的采购订单窗体	456
25.8.4	获取选中的已审核采购订单信息	457
25.8.5	添加/修改采购入库单	458
25.8.6	审核采购入库单	461
25.8.7	弃审功能的实现	463
25.8.8	未审核入库单的删除	465
25.9	销售收款单模块设计	466
25.9.1	销售收款单模块概述	466
25.9.2	设计销售收款单窗体	466
25.9.3	打开浏览已审核的销售出库单窗体	467
25.9.4	查看指定出库单的详细信息	468
25.10	库存清单模块设计	469
25.10.1	库存清单模块概述	469
25.10.2	设计库存清单窗体	470
25.10.3	根据指定条件显示库存数据	470
25.10.4	库存数据的导出	471
25.11	操作权限模块设计	471
25.11.1	操作权限模块概述	471
25.11.2	设计操作权限窗体	471
25.11.3	初始化用户及其权限列表	472
25.11.4	查看操作员的权限	474
25.11.5	修改操作员权限	475
25.12	小结	476

附录 A 常用命令及快捷键 477

第 1 篇 基础知识

本篇通过对初识C#及其开发环境、C#程序基本结构、变量与常量、表达式与运算符、字符与字符串、流程控制语句、数组和集合、面向对象编程等内容的介绍，结合大量的图示、举例、视频等，使读者快速掌握C#语言，为以后编程奠定坚实的基础。

基础知识

- 初识C#及其开发环境 —— 熟悉C#，搭建开发环境，入门第一步
- C#程序基本结构 —— 体验第一行代码，熟悉C#程序结构
- 变量与常量 —— 学会最基础的C#语法，变量、常量和数据类型
- 表达式与运算符 —— 运算、比较、格式化等，是每个编程人员都应该掌握的技术
- 字符与字符串 —— C#程序最主要的操作处理对象，必须熟练掌握
- 流程控制语句 —— 学习C#的核心逻辑，掌握程序控制思维
- 数组和集合 —— 数组是C#中最常见的数据结构，而集合是一种可以存储多种类型数据的特殊数组，重点掌握数组
- 面向对象编程 —— C#编程的核心，转化程序开发思维的关键

第 1 章 初识 C#及其开发环境

C#是微软公司推出的一种语法简洁、类型安全的面向对象的编程语言，开发人员可通过它编写安全可靠，能在.NET 上运行的各种应用程序。Visual Studio 2022 是开发 C#应用程序最好的工具，本书中的程序均是通过 Visual Studio 2022 开发环境编译的。

本章知识架构及重点、难点如下。

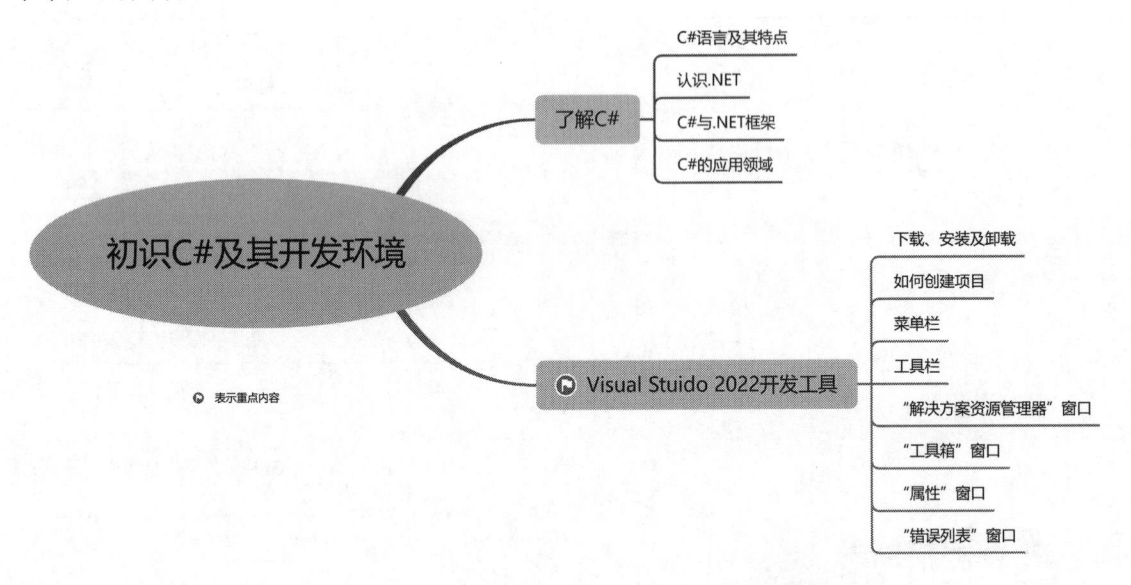

```
初识C#及其开发环境
├── 了解C#
│   ├── C#语言及其特点
│   ├── 认识.NET
│   ├── C#与.NET框架
│   └── C#的应用领域
└── Visual Stuido 2022开发工具
    ├── 下载、安装及卸载
    ├── 如何创建项目
    ├── 菜单栏
    ├── 工具栏
    ├── "解决方案资源管理器"窗口
    ├── "工具箱"窗口
    ├── "属性"窗口
    └── "错误列表"窗口
```

▶ 表示重点内容

1.1 C#概述

　　C#是一种面向对象的编程语言，主要用于开发可以运行在.NET 平台上的应用程序。C#的语言体系都构建在.NET 框架上，近几年 C#呈现上升趋势，这也说明了 C#语言的简单、现代、面向对象和类型安全等特点正在被更多人所认同，在 TIOBE 编程语言排行榜上，C#语言也常年排行前列。本节将详细介绍 C#语言的特点以及 C#与.NET 的关系。

1.1.1 C#语言及其特点

　　C#由微软公司开发设计，是从 C 和 C++派生来的一种简单、现代、面向对象和类型安全的编程语言，能够与.NET 框架完美结合。C#具有以下突出的特点。

- ☑ 语法简洁。C#不允许直接操作内存,去掉了指针操作。
- ☑ 彻底的面向对象设计。C#具有面向对象语言所应有的一切特性(封装、继承和多态)。
- ☑ 与 Web 紧密结合。C#支持绝大多数的 Web 标准,例如 HTML、XML、SOAP 等。
- ☑ 强大的安全性机制。可消除软件开发中常见的错误(如语法错误),.NET 提供的垃圾回收器能够帮助开发者有效地管理内存资源。
- ☑ 兼容性。C#遵循.NET 的公共语言规范(common language specification,CLS),能够与其他语言开发的组件兼容。
- ☑ 灵活的版本处理技术。C#语言内置了版本控制功能,开发、维护起来更加容易。
- ☑ 完善的错误、异常处理机制,使程序在交付应用时更加健壮。

1.1.2 认识.NET

.NET 是一个免费的开源平台,可以生成不同类型的应用,如使用多种语言、编辑器和库来构建 Web 应用、移动应用、桌面应用、游戏和 IoT 应用等。这些使用.NET 生成的应用既可以是跨平台的,也可以是针对特定操作系统和设备的。

.NET 最初指的是.NET Framework,它是.NET 的原始实现方式,支持在 Windows 系统上运行网站、桌面应用等。在.NET Framework 4.8 之后,微软公司将后续的版本更新统一命名为了.NET。现在,.NET 最新的版本是 6.0,它实际上集成了.NET Framework 和.NET Core,统一了它们的规范。

本书中所讲的应用主要基于.NET Framework,它包含两个组件:公共语言运行时(common language runtime,CLR)和类库。

- ☑ 公共语言运行时:公共语言运行时负责管理和执行由.NET 编译器编译产生的中间语言代码(.NET 程序执行原理如图 1.1 所示)。由于公共语言运行库的存在,解决了很多传统编译语言的一些致命缺点,如垃圾内存回收、安全性检查等。

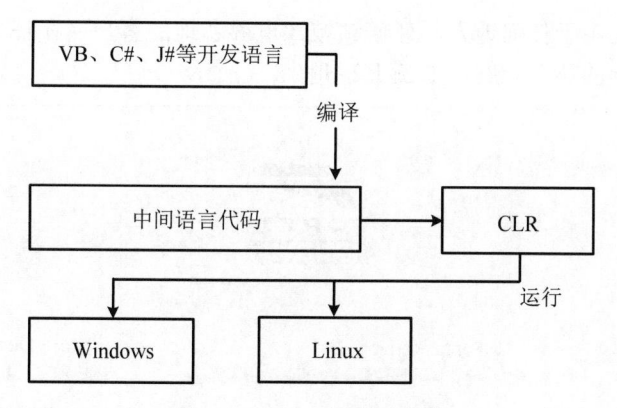

图 1.1 .NET 程序执行原理

- ☑ 类库:类库比较好理解,就好比一个大仓库里装满了工具。类库里有很多现成的类,可以拿来直接使用。例如,文件操作时,可以直接使用类库里的 IO 类。

1.1.3 C#与.NET 框架

.NET 框架是微软公司推出的一个全新的编程平台，目前的版本是.NET 6.0。C#是专门为与微软公司的.NET Framework 一起使用而设计的（.NET Framework 是一个功能非常丰富的平台，可开发、部署和执行分布式应用程序）。C#就其本身而言只是一种语言，尽管它是用于生成面向.NET 环境的代码，但它本身不是.NET 的一部分。

1.1.4 C#的应用领域

在当前主流开发语言中，C/C++一般用于底层和桌面程序开发，Java 等一般用于 Web 开发，只有 C#几乎可用于所有领域，可在嵌入式、便携式计算机、电视、手机以及其他大量设备上运行。可以说，C#的用途数不胜数，它拥有无可比拟的能力。C#的主要应用领域如下。

- ☑ 游戏开发。
- ☑ 桌面应用系统开发。
- ☑ 智能手机程序开发。
- ☑ 多媒体系统开发。
- ☑ 网络系统开发。
- ☑ 操作系统平台开发。
- ☑ Web 应用开发。
- ☑ WebAPI。
- ☑ 云原生应用。
- ☑ 物联网。
- ☑ 机器学习。

C#无处不在，它可应用于任何地方、任何领域，世界各地的客户（在许多不同的行业中）都依赖 C#+.NET 来解决他们遇到的业务难题，如图 1.2 和图 1.3 所示。

图 1.2 使用 C#+.NET 的客户 1

图 1.3　使用 C#+.NET 的客户 2

1.2　安装与卸载 Visual Studio 2022

Visual Studio 2022 是微软公司为了配合.NET 战略推出的 IDE 开发环境，也是目前开发 C#程序最新的工具，本节将对 Visual Studio 2022 的安装与卸载过程进行详细讲解。

1.2.1　安装 Visual Studio 2022 的必备条件

安装 Visual Studio 2022 之前，需要先检查计算机的软硬件配置是否满足 Visual Studio 2022 开发环境的安装要求，如表 1.1 所示。

表 1.1　安装 Visual Studio 2022 所需的必备条件

名称	说明
处理器	2.0GHz 双核处理器，建议使用四核处理器或者更高
RAM	4GB RAM，建议使用 16GB RAM
可用硬盘空间	系统盘上最少需要 10GB 的可用空间（典型安装需要 20～50GB 可用空间），建议在固态硬盘上安装
操作系统及所需补丁	Windows 10 1909 版本以上、Windows 11 21H2 版本以上、Windows Server 2016、Windows Server 2019、Windows Server 2022；另外必须使用 64 位操作系统

1.2.2　下载 Visual Studio 2022

下面以 Visual Studio 2022 社区版为例，讲解其下载和安装过程。

在浏览器中输入地址 https://www.visualstudio.com/zh-hans/downloads/，打开图 1.4 所示的下载页面，单击社区版下面的"免费下载"按钮，即可下载 Visual Studio 2022 社区版。

图 1.4　下载 Visual Studio 2022

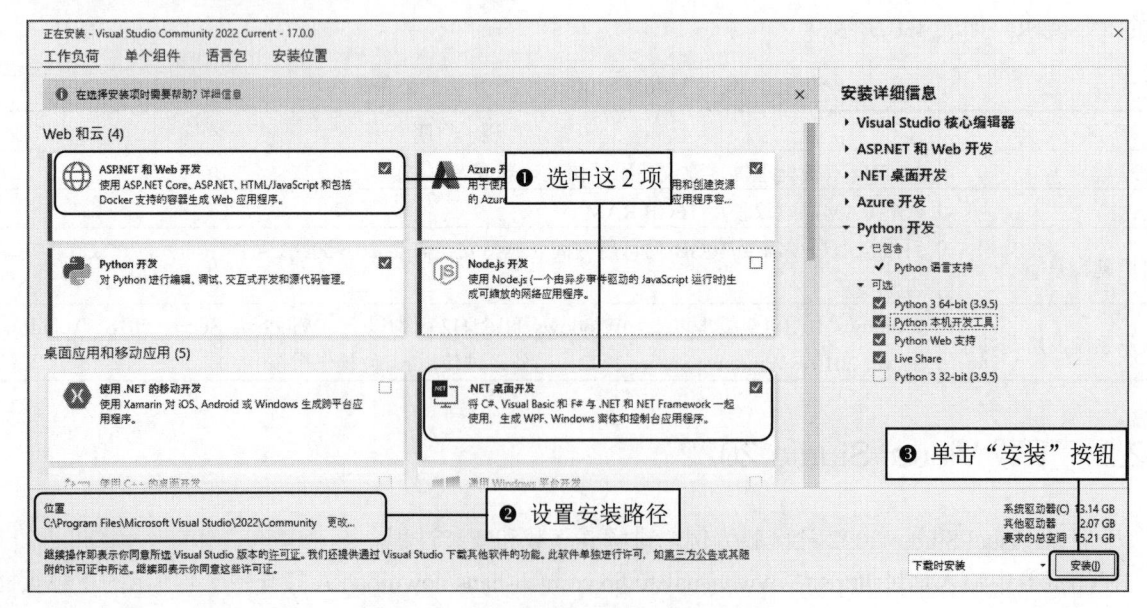

1.2.3　安装 Visual Studio 2022

安装 Visual Studio 2022 开发环境的操作步骤如下。

（1）双击下载的 VisualStudioSetup.exe 文件，开始安装。

（2）首先会弹出图 1.5 所示的安装提示窗口，单击"继续"按钮。

（3）程序加载完成后，会自动跳转到安装选择窗口，如图 1.6 所示。选中"ASP.NET 和 Web 开发"和".NET 桌面开发"复选框（其他复选框可自行选择），在下面的"位置"处选择安装路径，这里不建议安装在系统盘上，可选择其他磁盘进行安装。设置完成后，单击"安装"按钮。

图 1.5　Visual Studio 2022 安装提示

图 1.6　Visual Studio 2022 安装选择窗口

（4）跳转到图 1.7 所示的安装进度窗口，等待一段时间后，即可安装完成。

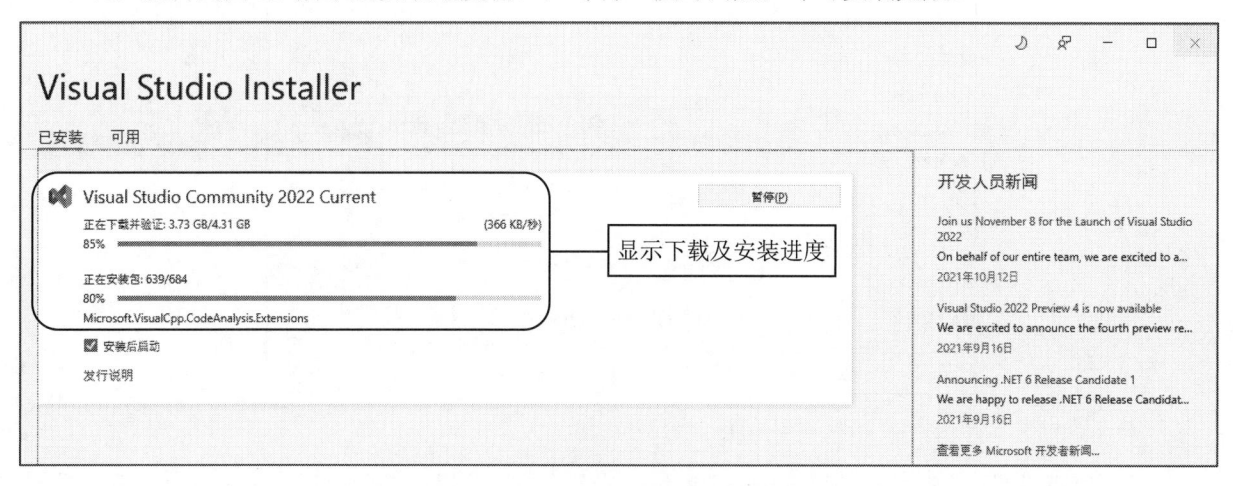

图 1.7　Visual Studio 2022 安装进度窗口

（5）在系统"开始"菜单中找到 Visual Studio 2022 程序，启动 Visual Studio 2022，如图 1.8 所示。

图 1.8　启动 Visual Studio 2022 程序

如果是第一次启动，会出现图 1.9 所示的提示框，单击"以后再说。"超链接，进入 Visual Studio 2022 开发环境的"开始使用"窗口，如图 1.10 所示。

图 1.9　启动 Visual Studio 2022

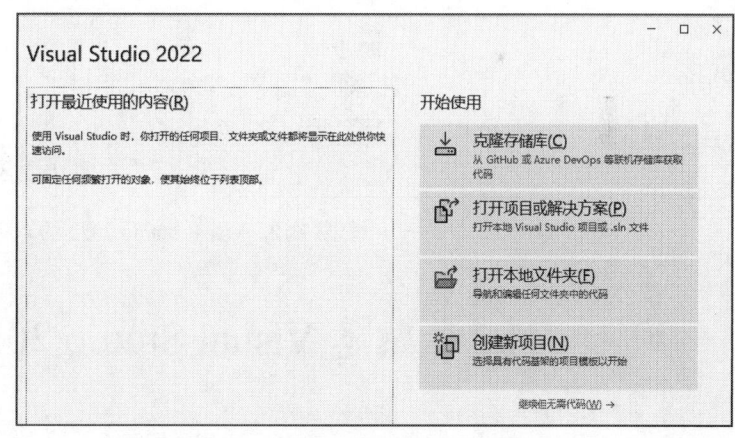

图 1.10　Visual Studio 2022"开始使用"窗口

1.2.4　卸载 Visual Studio 2022

卸载 Visual Studio 2022 开发环境的操作步骤如下。

（1）在 Windows 10 操作系统中，依次选择"控制面板"→"程序"→"程序和功能"，在打开的窗口中选中"Visual Studio Community 2022"选项，如图 1.11 所示。

图1.11 "卸载或更改程序"窗口

（2）单击"卸载"按钮，进入 Visual Studio 2022 的卸载窗口，如图1.12 所示。单击"确定"按钮，即可卸载 Visual Studio 2022。

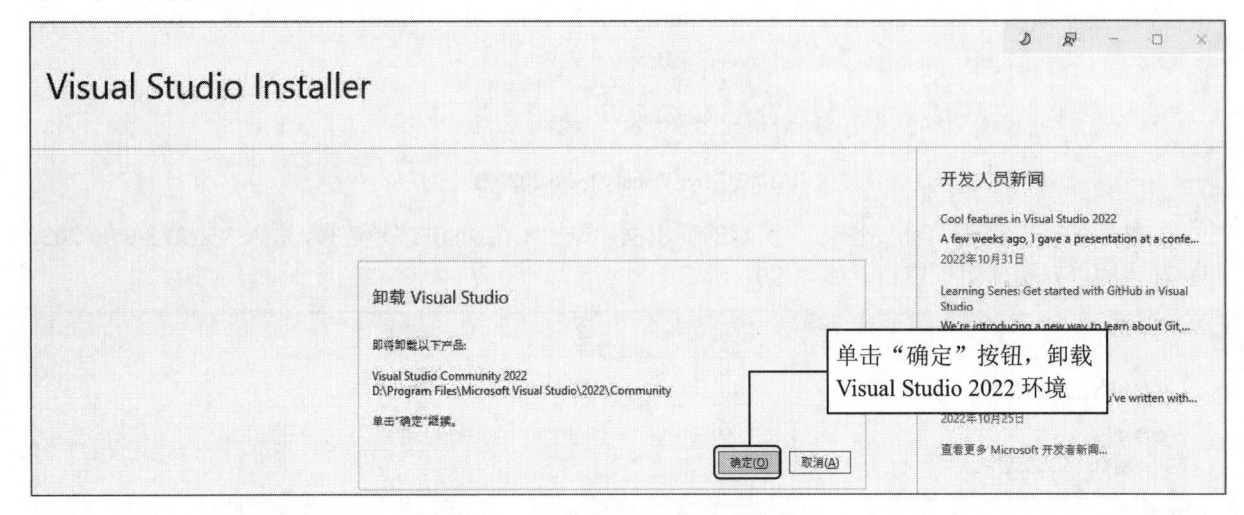

图1.12 Visual Studio 2022 的卸载窗口

1.3 熟悉 Visual Studio 2022 开发环境

本节将对 Visual Studio 2022 开发环境中的菜单栏、工具栏、"解决方案资源管理器"窗口、"工具箱"窗口、"属性"窗口、"错误列表"窗口等进行介绍。

1.3.1 创建项目

创建控制台应用程序的操作步骤如下。

（1）选择"开始"→"所有程序"→Visual Studio 2022 菜单，进入 Visual Studio 2022 开发环境的

第 1 章 初识 C#及其开发环境

"开始使用"窗口,单击"创建新项目"选项,如图 1.13 所示。

图 1.13 Visual Studio 2022 "开始使用"窗口

(2)进入"创建新项目"窗口,在右侧选择"控制台应用(.NET Framework)"选项,单击"下一步"按钮,如图 1.14 所示。

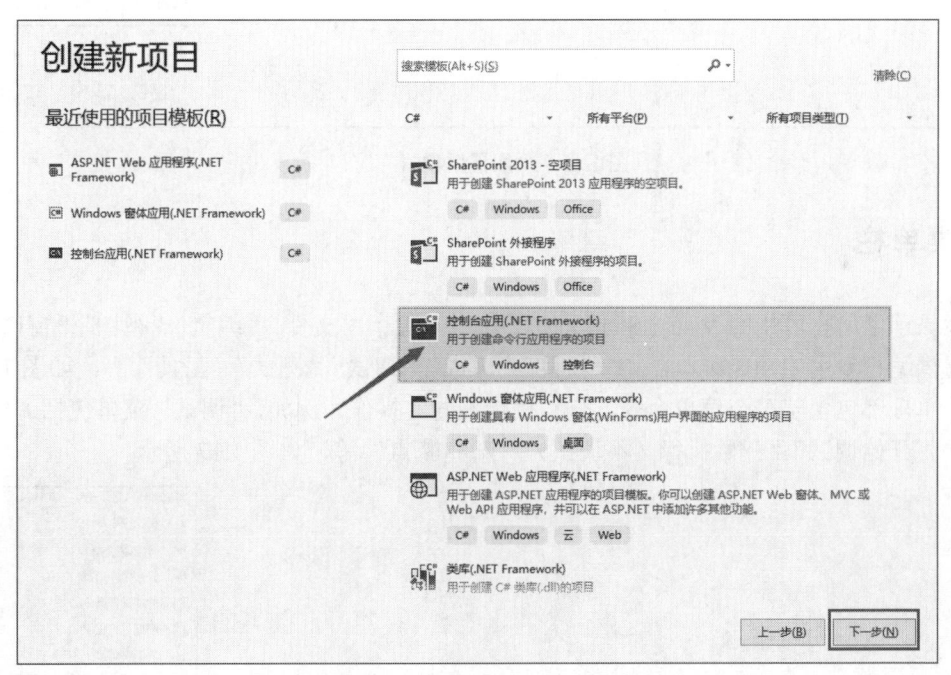

图 1.14 "创建新项目"窗口

说明

在图 1.14 中选择"Windows 窗体应用(.NET Framework)",即可创建 Windows 窗体应用程序。

(3)进入"配置新项目"窗口,该窗口中输入程序名称,并选择保存路径和使用的.NET 框架版

9

本，然后单击"创建"按钮，即可创建一个控制台应用程序，如图 1.15 所示。

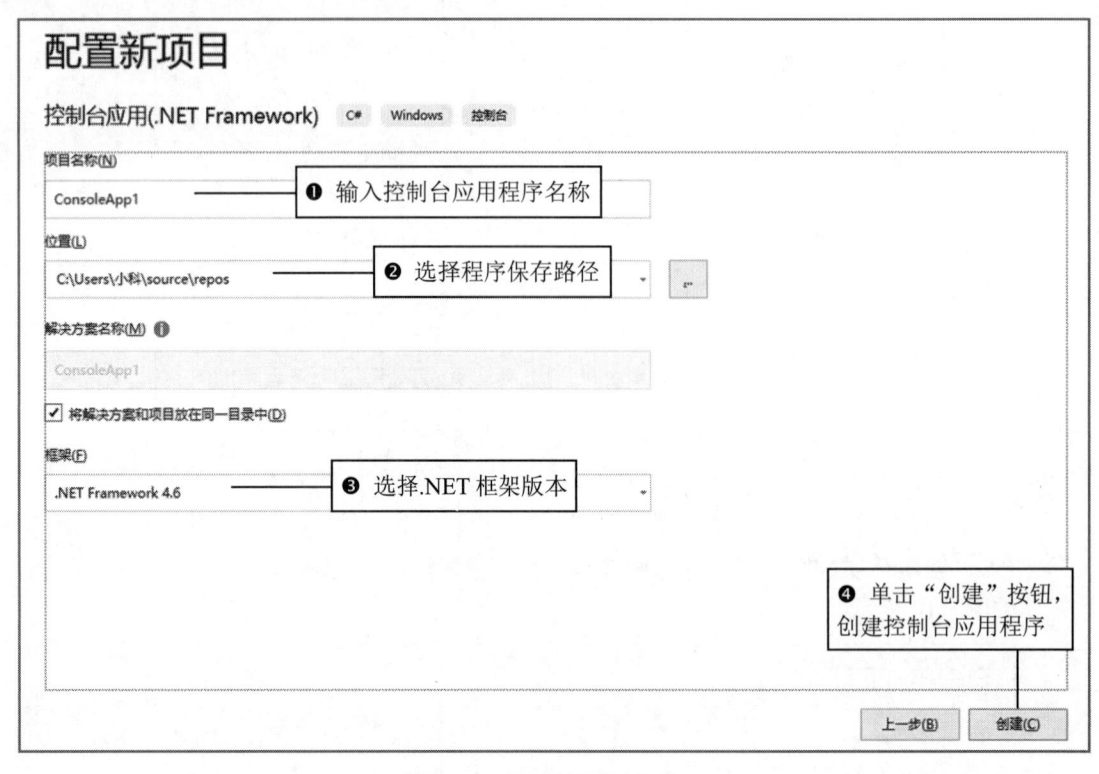

图 1.15 "配置新项目"窗口

1.3.2 菜单栏

菜单栏显示了所有可用的 Visual Studio 2022 命令，除了"文件""编辑""视图""窗口""帮助"菜单，还提供编程专用的功能菜单，如"项目""生成""调试""测试""工具"等，如图 1.16 所示。

每个菜单项都包含若干个菜单命令，分别执行不同的操作，例如，"调试"菜单包括调试程序的各种命令，如"开始调试""开始执行（不调试）""新建断点"等，如图 1.17 所示。

图 1.16 Visual Studio 2022 菜单栏

图 1.17 "调试"菜单

1.3.3 工具栏

为了操作更方便、快捷，菜单项中常用的命令按功能分组分别放入相应的工具栏中。通过工具栏可以快速访问常用的菜单命令。常用的工具栏有标准工具栏和调试工具栏，下面分别介绍。

（1）标准工具栏包括大多数常用的命令按钮，如新建项目、添加新项、打开文件、保存、全部保存等，如图 1.18 所示。

图 1.18　Visual Studio 2022 标准工具栏

（2）调试工具栏包括对应用程序进行调试的快捷按钮，如图 1.19 所示。

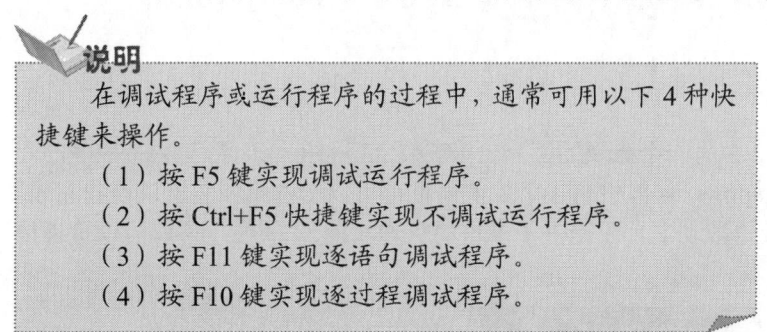

> **说明**
> 在调试程序或运行程序的过程中，通常可用以下 4 种快捷键来操作。
> （1）按 F5 键实现调试运行程序。
> （2）按 Ctrl+F5 快捷键实现不调试运行程序。
> （3）按 F11 键实现逐语句调试程序。
> （4）按 F10 键实现逐过程调试程序。

图 1.19　Visual Studio 2022 调试工具栏

1.3.4 "解决方案资源管理器"窗口

"解决方案资源管理器"窗口（见图 1.20）提供了项目及文件的视图，并且提供对项目和文件相关命令的便捷访问。与此窗口关联的工具栏提供了适用于列表中突出显示项的常用命令。若要访问"解决方案资源管理器"，可以选择"视图"→"解决方案资源管理器"命令打开。

图 1.20　"解决方案资源管理器"窗口

1.3.5 "工具箱"窗口

"工具箱"窗口是 Visual Studio 2022 的重要工具，每一个开发人员都必须对这个工具非常熟悉。工具箱提供了进行 C#程序开发所必需的控件。通过工具箱，开发人员可以方便地进行可视化的窗体设

11

计，简化了程序设计的工作量，提高了工作效率。根据控件功能的不同，将工具箱划分为 10 个栏目，如图 1.21 所示。

单击某个栏目，显示该栏目下的所有控件，如图 1.22 所示。当需要某个控件时，可以通过双击所需要的控件直接将控件加载到 Windows 窗体中，也可以先单击选择需要的控件，再将其拖曳到 Windows 窗体上。

图 1.21 "工具箱"窗口　　　图 1.22 展开后的"工具箱"窗口

说明

"工具箱"窗口在 Windows 窗体应用程序或者 ASP.NET 网站应用程序才会显示，在控制台应用程序中没有"工具箱"窗口，图 1.21 中显示的是 Windows 窗体应用程序中的"工具箱"窗口。

1.3.6 "属性"窗口

"属性"窗口是 Visual Studio 2022 中另一个重要的工具，如图 1.23 所示。该窗口为 C#程序的开发提供了简单的属性修改方式。对 Windows 窗体中的各个控件属性都可以由"属性"窗口设置完成。"属性"窗口不仅提供了属性的设置及修改功能，还提供了事件的管理功能。"属性"窗口可以管理控件的事件，方便编程时对事件的处理。

图 1.23 "属性"窗口

另外，"属性"窗口采用了两种方式管理属性和方法，分别为按分类方式和按字母顺序方式。读者可以根据自己的习惯采用不同的方式。该窗口的下方还有简单的帮助，方便开发人员对控件的属性进行操作和修改，"属性"窗口的左侧是属性名称，相对应的右侧是属性值。

1.3.7 "错误列表"窗口

"错误列表"窗口为代码中的错误提供了即时的提示和可能的解决方法。例如，当某句代码结束时忘记了输入分号，错误列表中会显示图1.24所示的错误。错误列表就好像是一个错误提示器，它可以将程序中的错误代码及时显示给开发人员，并通过提示信息找到相应的错误代码。

图1.24 "错误列表"窗口

说明

双击错误列表中的某项，Visual Studio 2022开发环境会自动定位到发生错误的代码。

1.4 实践与练习

基础练习1：有关C#的描述，以下正确的选项是（ ）。
A．C#是一种面向对象的编程语言　　　B．C#程序书写自由，一个语句可以写在多行上
C．C#程序的基本单位是方法　　　　　D．C#中字母大小写通用

基础练习2：解决方案文件的扩展名为（ ）。
A．.cs　　　　B．.sln　　　　C．.exe　　　　D．.csproj

基础练习3：以下选项中，对C#特点的描述不正确的是（ ）。
A．具有丰富的运算符和数据类型　　　B．可以直接对硬件操作
C．语法限制非常严格，程序设计自由度小　D．具有良好的移植性

基础练习4：C#是由安德斯·海尔斯伯格在C和C++基础上衍生出来的一种面向对象的编程语言，它借鉴了（ ）的特点，与COM（组件对象模型）直接集成，并且新增了许多功能及语法。
A．VC++　　　　B．Delphi　　　　C．Java　　　　D．VB

基础练习5：可以在（ ）中设置窗体及窗体上各控件的属性。
A．"代码编辑器"窗口　　　　B．"工具箱"窗口
C．"属性"窗口　　　　　　　D．"解决方案资源管理器"窗口

基础练习6：要想在窗体上添加控件，可以使用（ ）。
A．"代码编辑器"窗口　　　　B．"工具箱"窗口
C．"属性"窗口　　　　　　　D．"解决方案资源管理器"窗口

基础练习7：面向对象语言的主要特点不包括（ ）。
A．封装　　　　B．继承　　　　C．多态　　　　D．安全

基础练习8：在Visual Studio 2022中，按（ ）快捷键可以运行程序。
A．F5　　　　B．F9　　　　C．F10　　　　D．F11

第 2 章　C#程序基本结构

本章将详细介绍如何编写 C#程序，C#程序的基本结构，以及 C#程序的常用编写规范。
本章知识架构及重点、难点如下。

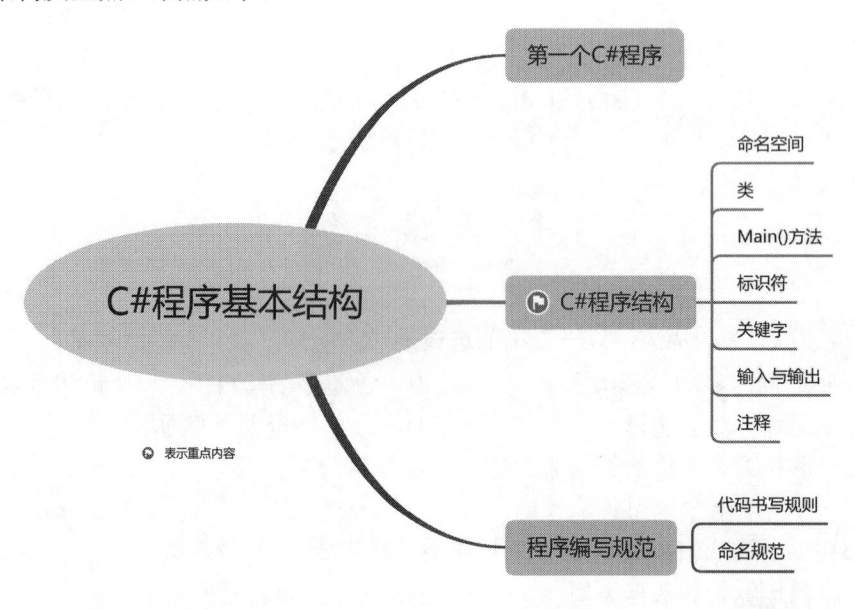

2.1　编写第一个 C#程序

在大多数书籍中，编写的第一个小程序通常是输出"Hello World!"。这里使用 Visual Studio 2022 和 C#语言来编写这个程序，程序在控制台上显示字符串"Hello World!"。具体操作步骤如下。

（1）在 Windows 10 操作系统的"开始"菜单中找到 Visual Studio 2022 程序，启动 Visual Studio 2022。

（2）在 Visual Studio 2022 的"开始使用"窗口中单击"创建新项目"，打开"创建新项目"窗口，选择"控制台应用(.NET Framework)"，如图 2.1 所示。

（3）单击"下一步"按钮，打开"配置新项目"窗口，如图 2.2 所示，该窗口中将项目名称命名为"Hello_World"，选择保存路径和要使用的框架，然后单击"创建"按钮，创建一个控制台应用程序。

> **说明**
>
> 设置项目框架时，建议选择版本较低的框架，如.NET Framework 4.0，这样开发的程序兼容性更高。

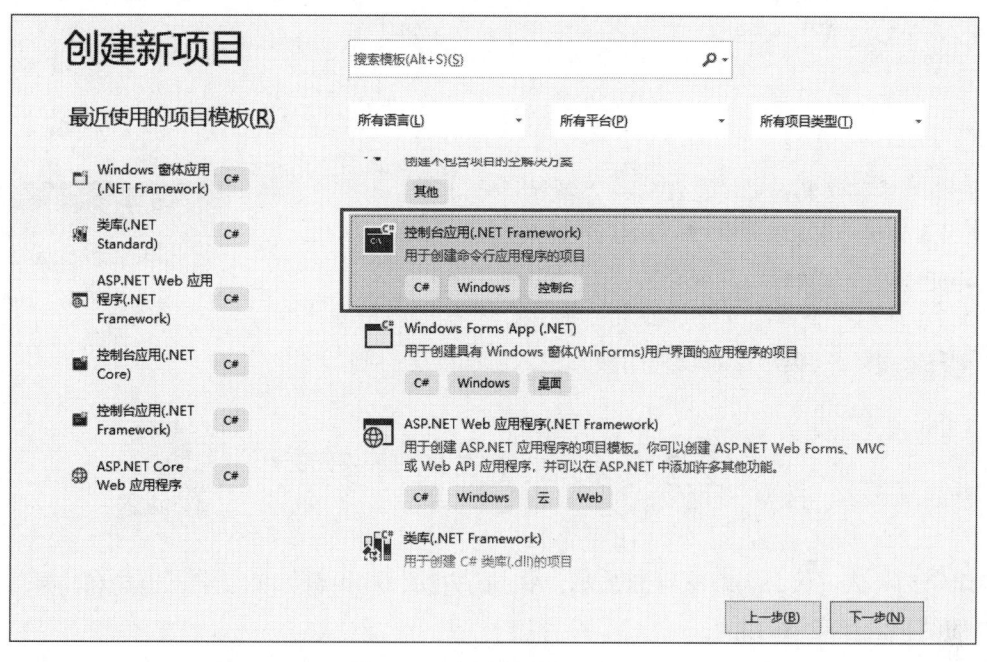

图 2.1 "创建新项目"窗口

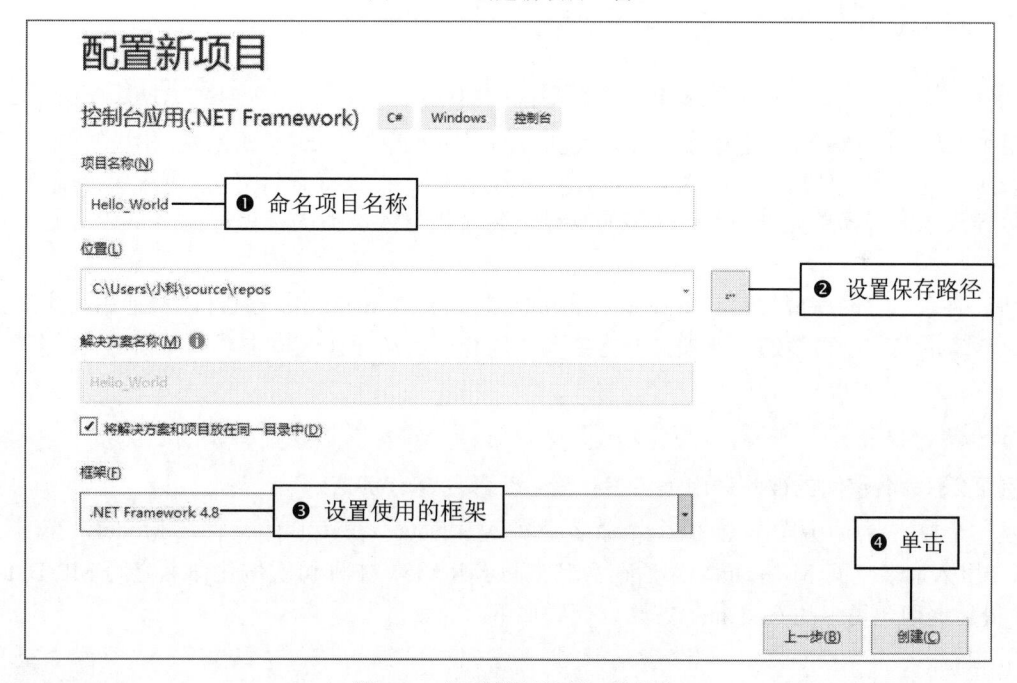

图 2.2 "配置新项目"对话框

(4) 在 Main()方法中输入代码。

【例 2.1】经典的 Hello World 程序（实例位置：资源包\TM\sl\2\1）

创建一个控制台应用程序，使用 WriteLine()方法输出"Hello World!"字符串，代码如下：

```
static void Main(string[ ] args)               //Main()方法，在此方法下编写代码输出数据
{
```

```
        Console.WriteLine("Hello World! ");            //输出 Hello World!
        Console.ReadLine();
}
```

程序的运行结果如图 2.3 所示。

编程训练（答案位置：资源包\TM\sl\2\编程训练\）

【训练 1】输出一句话　在控制台应用程序中输出马云在阿里巴巴上市时说的一句话"梦想还是要有的，万一实现了呢！"。

【训练 2】绘制一个情人节快乐图案　使用 C#在控制台中输出一个情人节快乐图案。（提示：可以使用搜狗输入法中的字符画。）

图 2.3　输出字符串"Hello World!"

2.2　初识 C#程序结构

C#程序结构大体可以分为命名空间、类、Main()方法、标识符、关键字、语句和注释等。下面将对 C#程序的结构进行详细的讲解。

2.2.1　命名空间

C#程序是利用命名空间组织起来的。命名空间既用作程序的"内部"组织系统，也用作向"外部"公开的组织系统（即一种向其他程序公开自己拥有的程序元素的方法）。如果要调用某个命名空间中的类或者方法，首先需要使用 using 指令引入命名空间，using 指令将命名空间名所标识的命名空间内的类型成员导入当前编译单元中，从而可以直接使用每个被导入类型的标识符，而不必加上它们的完全限定名。

C#中，各命名空间就好像是一个存储了不同类型的仓库，using 指令就好比一把钥匙，命名空间的名称好比仓库的名称，可以通过钥匙打开指定名称的仓库，从而在仓库中获取所需的物品。

using 指令的基本形式如下。

```
using  命名空间名;
```

【例 2.2】命名空间的彼此调用（实例位置：资源包\TM\sl\2\2）

创建一个控制台应用程序，建立一个命名空间 MR.Data，在其中有一个类 Model，在项目中使用 using 指令引入命名空间 MR.Data，然后在命名空间 MR.View 中即可实例化命名空间 MR.Data 中的类 Model，最后调用此类中的 GetData()方法，代码如下。

```
using System;
using MR.Data;                                          //使用 using 指令引入命名空间 MR.Data
namespace MR.View
{
    class Program
    {
        static void Main(string[] args)
        {
            Model model = new Model();                  //实例化 MR.Data 中的类 Model
```

```
                model.GetData();                                    //调用类 Model 中的 GetData()方法
            }
        }
    }
    namespace MR.Data                                               //建立命名空间 MR.Data
    {
        class Model                                                 //实例化命名空间 MR.Data 中的类 Model
        {
            public void GetData()
            {
                Console.WriteLine("明日科技：https://www.mingrisoft.com/");   //输出字符串
                Console.ReadLine();
            }
        }
    }
```

程序的运行结果为"明日科技：https://www.mingrisoft.com/"。

2.2.2 类

类是一种数据结构，它可以封装数据成员、函数成员和其他的类。类是创建对象的模板。C#中所有的语句都必须位于类内。因此，类是 C#语言的核心和基本构成模块。C#支持自定义类，使用 C#编程就是编写自己的类来描述实际需要解决的问题。

类就好比医院的各个部门，如内科、骨科、脑科等，在各科室中都有自己的工作方法，相当于在类中定义的变量、方法等。如果要救治车祸重伤的病人，仅一个部门是不行的，可能要内科、骨科、脑科等多个部门一起治疗才行，这时可以让这几个部门临时组成一个小组，对病人进行治疗，这个小组就相当于类的继承，也就是该小组可以动用这几个部门中的所有资源和设备。

使用任何新的类之前都必须声明它，一个类一旦被声明，就可以当作一种新的类型来使用。在 C#中使用 class 关键字来声明类，声明形式如下。

```
[类修饰符]  class  [类名]  [基类或接口]
{
    [类体]
}
```

在 C#中，类名属于标识符，必须符合标识符的命名规则，且要求能体现类的含义和用途。类名一般采用首字母大写的名词，也可以采用多个词构成的组合词。

例如，声明一个最简单的类（此类没有任何意义，只演示如何声明一个类），代码如下。

```
class  MyClass
{
}
```

2.2.3 Main()方法

Main()方法是程序的入口点，C#程序中必须包含一个 Main()方法，在该方法中可以创建对象和调用其他方法，一个 C#程序中只能有一个 Main()方法，并且在 C#中所有的 Main()方法都必须是静态的。C#是一种面向对象的编程语言，即使是程序的启动入口点，它也是一个类的成员。由于程序启动时还没有创建类的对象，因此，必须将入口点 Main()方法定义为静态方法，使它可以不依赖于类的实例对象而执行。

Main()方法就相当于汽车的电瓶，在生产汽车时，将各个零件进行组装，相当于程序的编写。当汽车组装完成后，就要检测汽车是否可用，如果想启动汽车，就必须通过电瓶来启动汽车的各个部件，如发动机、车灯等，电瓶就相当于启动汽车的入口点。

默认的 Main()方法代码如下。

static void Main(string[ ] args){}

说明

Main()方法默认访问级别为 private。

Main()方法是一个特别重要的方法，使用时需要注意以下几点。

- ☑ Main()方法是程序的入口点，程序控制在该方法中开始和结束。
- ☑ Main()方法在类或结构的内部声明，它必须为静态方法，而且不应该为公共方法。
- ☑ Main()方法可以具有 void 或 int 返回类型。
- ☑ 声明 Main()方法时既可以使用参数，也可以不使用参数。
- ☑ 参数可以作为从零开始索引的命令行参数来读取。
- ☑ 可以用 3 个修饰符修饰 Main()方法，分别是 public、static 和 void。

2.2.4 标识符及关键字

1．标识符

标识符就是一个名字，用来标识类名、变量名、方法名、数组名、文件名的有效字符序列。

C#语言中规定，标识符由字母、下画线（_）和数字组成，并且第一个字符不能是数字。另外，标识符不能是 C#中的保留关键字。

例如，_ID、name、user_age 是合法的标识符，4word、string 是非法的标识符。

注意，C#标识符中字母是严格区分大小写的，如 good 和 Good 是两个不同的标识符。

2．关键字

关键字是 C#语言中已经被赋予特定意义的一些单词，不可以把这些关键字作为标识符来使用。大家经常看到的 class、static 和 void 等都是关键字。C#语言中的常用关键字如表 2.1 所示。

表 2.1 C#常用关键字

int	public	this	finally	boolean	abstract
continue	float	long	short	throw	return
break	for	foreach	static	new	interface
if	goto	default	byte	do	case
void	try	switch	else	catch	private
double	protected	while	char	class	using

2.2.5 输入与输出

在 Hello World 程序中输出"Hello World"字符串和定位控制台窗体的代码如下。

```
Console.WriteLine("Hello World");        //输出 Hello World
Console.ReadLine();                      //定位控制台窗体
```

上面是两条最基本的 C#语句,用来在控制台窗口中输出和读取内容,它们都用到了 Console 类。Console 类表示控制台应用程序的标准输入流、输出流和错误流,该类中包含很多方法,但与输入输出相关的主要有 4 个方法,如表 2.2 所示。

表 2.2 Console 类中与输入输出相关的方法

方　法	说　明	方　法	说　明
Read()	从标准输入流读取下一个字符	Write()	将指定的值写入标准输出流
ReadLine()	从标准输入流读取下一行字符	WriteLine()	将当前行终止符写入标准输出流

其中,Console.Read()方法和 Console.ReadLine()方法用来从控制台读入,区别如下。

☑ Console.Read()方法:返回值为 int 类型,只能记录 int 类型的数据。
☑ Console.ReadLine()方法:返回值为 string 类型,可将控制台中输入的任何数据存储为字符串类型数据。

说明

在开发控制台应用程序时,经常使用 Console.Read()或 Console.ReadLine()方法定位控制台窗体。

Console.Write()方法和 Console.WriteLine()方法用来向控制台输出,区别如下。

☑ Console.Write()方法:输出后不换行。
☑ Console.WriteLine()方法:输出后换行。

例如,分别使用 Console.Write()和 Console.WriteLine()方法输出"Hello World"字符串,代码如下,效果如图 2.4 和图 2-5 所示。

```
Console.Write("Hello World");
Console.WriteLine("Hello World");
```

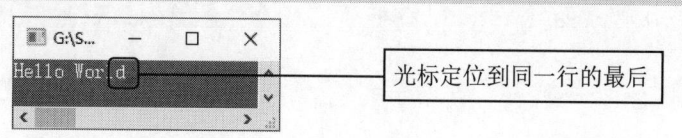

图 2.4 使用 Console.Write()方法输出"Hello World"字符串

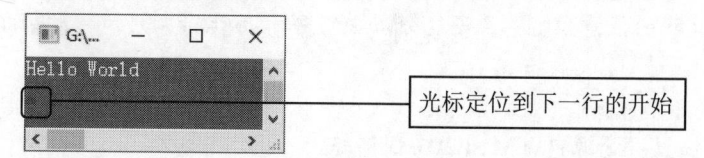

图 2.5 使用 Console.WriteLine()方法输出"Hello World"字符串

> **注意**
>
> C#中,所有的字母、数字、括号以及标点符号均为英文输入法状态下的半角符号,不能是中文输入法或英文输入法状态下的全角符号。例如,图 2.6 为中文输入法分号引起的错误。

图 2.6 中文输入法的分号引起的错误提示

2.2.6 注释

编译器编译程序时不执行注释的代码或文字,其主要功能是对某行或某段代码进行说明,方便对代码的理解与维护,这一过程就好像是超市中各商品的下面都附有价格标签,对商品的价格进行说明。注释可以分为行注释和块注释两种,行注释都以"//"开头。

例如,在"Hello World!"程序中使用行注释,代码如下。

```
static void Main(string[ ] args)                      //Main()方法
{
    Console.WriteLine("Hello World！");               //输出 Hello World!
    Console.ReadLine();
}
```

如果注释的行数较少,一般使用行注释。对于连续多行的大段注释,则使用块注释,块注释通常以"/*"开始,以"*/"结束,注释的内容放在它们之间。

例如,在"Hello World!"程序中使用块注释,代码如下。

```
/*程序的 Main()方法中可以输出"Hello World！"字符串         //块注释开始
static void Main(string[ ] args)                      //Main()方法
{
    Console.WriteLine("Hello World！");               //输出 Hello World!
    Console.ReadLine();
}
*/                                                    //块注释结束
```

> **说明**
>
> 注释可出现在代码的任意位置,但不能分隔关键字和标识符。例如,下面的代码注释是错误的:
>
> static void   //错误的注释   Main(string[] args)

编程训练(答案位置:资源包\TM\sl\2\编程训练\)

【训练 3】模拟手机充值 在控制台应用程序中模拟以下场景。

计算机输出:欢迎使用×××充值业务,请输入充值金额:

用户输入：100
计算机输出：充值成功，您本次充值 100 元。

【训练 4】输出百花园图案　使用 C#在控制台中输出一个百花园图案。（提示：可以使用搜狗输入法中的字符画。）

2.3　程序编写规范

编写代码时，需要遵循一定的代码书写规则和命名规范，使程序代码更加规范化。

2.3.1　代码书写规则

养成良好的编码习惯，对于软件开发和后续维护都非常有益，下面介绍常见的代码书写规则。
- ☑ 尽量使用接口，然后使用类实现接口，以提高程序的灵活性。
- ☑ 尽量不要手工更改计算机生成的代码，若必须更改，一定要改成和计算机生成的代码风格一样。
- ☑ 关键的语句（包括声明关键的变量）必须要写注释。
- ☑ 建议局部变量在最接近使用它的地方声明。
- ☑ 不要使用 goto 系列语句，除非是用在跳出深层循环时。
- ☑ 避免书写超过 5 个参数的方法。如果要传递多个参数，则使用结构。
- ☑ 避免书写代码量过大的 try…catch 代码块。
- ☑ 避免在同一个文件中放置多个类。
- ☑ 生成和构建一个长的字符串时，一定要使用 StringBuilder 类型，而不用 string 类型。
- ☑ switch 语句一定要由 default 语句来处理意外情况。
- ☑ 对于 if 语句，应该使用一对"{}"把语句块包含起来。
- ☑ 尽量不使用 this 关键字引用。

2.3.2　命名规范

虽然不遵循命名规范，程序也可以运行，却会降低代码的可理解性。下面列出一些命名规范，供读者参考。

（1）采用 Pascal 规则命名方法和类型，即首字母必须大写，后续连接词的首字母均为大写。

例如，定义一个公共类，并在此类中创建一个公共方法，代码如下。

```
public class User                              //创建一个公共类
{
    public void GetInfo()                      //在公共类中创建一个公共方法
    {
    }
}
```

（2）采用 Camel 规则命名局部变量和方法的参数，即名称中第一个单词的首字母小写，后续连接词的第一个字母均为大写。

例如，声明一个字符串变量和创建一个公共方法，代码如下。

```
string strUserName;                                      //声明一个字符串变量 strUserName
public void addUser(string strUserId, byte[] byPassword);  //创建一个具有两个参数的公共方法
```

（3）成员变量前加前缀"_"。

例如，在公共类 DataBase 中声明一个私有成员变量_connectionString，代码如下。

```
public class DataBase                                    //创建一个公共类
{
    private string _connectionString;                    //声明一个私有成员变量
}
```

（4）接口的名称加前缀"I"。

例如，创建一个公共接口 Iconvertible，代码如下。

```
public interface Iconvertible                            //创建一个公共接口 Iconvertible
{
    byte ToByte();                                       //声明一个 byte 类型的方法
}
```

（5）将方法命名为动宾短语。

例如，在公共类 File 中创建 CreateFile()和 GetPath()方法，代码如下。

```
public class File                                        //创建一个公共类
{
    public void CreateFile(string filePath)              //创建一个 CreateFile()方法
    {
    }
    public void GetPath(string path)                     //创建一个 GetPath()方法
    {
    }
}
```

（6）将成员变量声明在类的顶端，用换行把它和方法分开。

例如，在类的顶端声明两个私有变量_productId 和_productName，代码如下。

```
public class Product                                     //创建一个公共类
{
    private string _productId;                           //在类的顶端声明变量
    private string _productName;                         //在类的顶端声明变量

    public void AddProduct(string productId,string productName)  //创建一个公共方法
    {
    }
}
```

> **注意**
> 在类中定义私有变量和私有方法，变量和方法只能在该类中使用，不能对类进行实例化，对其进行调用。

（7）用有意义的名字建立命名空间，如公司名、产品名。

例如，利用公司名和产品名建立命名空间，代码如下。

```
namespace Zivsoft                              //公司命名
{
}
namespace ERP                                  //产品命名
{
}
```

（8）使用某个控件的值时，尽量命名局部变量。

例如，创建一个方法，声明一个字符串变量 title，使其等于 Label 控件的 Text 值，代码如下。

```
public string GetTitle()                       //创建一个公共方法
{
    string title=lbl_Title.Text;               //定义一个局部变量
    return title;                              //使用这个局部变量
}
```

说明

定义有返回值的方法时，须在设置方法时定义方法类型，并在方法体结束后用 return 返回值。

2.4 实践与练习

（答案位置：资源包\TM\sl\2\实践与练习\）

综合练习 1：输出"世界上最好的 6 个医生" 编写程序，换行输出如下内容。

```
1. 阳光
2. 休息
3. 锻炼
4. 饮食
5. 自信
6. 朋友
```

综合练习 2：输出古诗 在控制台中输出曹操的《短歌行》。

综合练习 3：输出数学题 在控制台中输出数学计算题及对应结果，参考效果如下。

```
3 * 3 = ?
   9
5 + 12 = ?
   17
```

综合练习 4：输出矩形框 在控制台中输出一个矩形框。（提示：可以使用—和 | 进行拼接。）

综合练习 5：输出软件安装界面 在控制台中输出编程词典的软件安装界面，效果如图 2.7 所示。

```
┌─────────────────────────────────────┐
│                                     │
│                                     │
│         编程词典（U 盘版）           │
│                                     │
│                                     │
│            开发团队：明日科技        │
│                                     │
│                                     │
│      copyright   2009—2022  明日科技 │
│                                     │
│                                     │
└─────────────────────────────────────┘
```

图 2.7　输出软件安装界面

2.5　动手纠错

（1）运行"资源包\TM\排错练习\02\01"文件夹下的程序，出现"当前上下文中不存在名称 Name"的错误提示，请根据注释改正程序。

（2）运行"资源包\TM\排错练习\02\02"文件夹下的程序，出现"应输入标识符；int 是关键字"的错误提示，请根据注释改正程序。

（3）运行"资源包\TM\排错练习\02\03"文件夹下的程序，出现"无法使用实例引用访问成员 Test03.Program.i；请改用类型名称对其加以限定"的错误提示，请根据注释改正程序。

（4）运行"资源包\TM\排错练习\02\04"文件夹下的程序，出现"使用了未赋值的局部变量 price"的错误提示，请根据注释改正程序。

（5）运行"资源包\TM\排错练习\02\05"文件夹下的程序，出现"Test05.Test.i 不可访问，因为它受保护级别限制"的错误提示，请根据注释改正程序。

第 3 章 变量与常量

开发应用程序时会用到大量数据,这些数据可分为多种类型,有的固定不变,有的则可变化。C#中,变量用于存储特定类型的数据,常量用于存储固定不变的数据值。本章将详细介绍变量的类型和基本操作,同时也将对常量进行详细讲解。

本章知识架构及重点、难点如下。

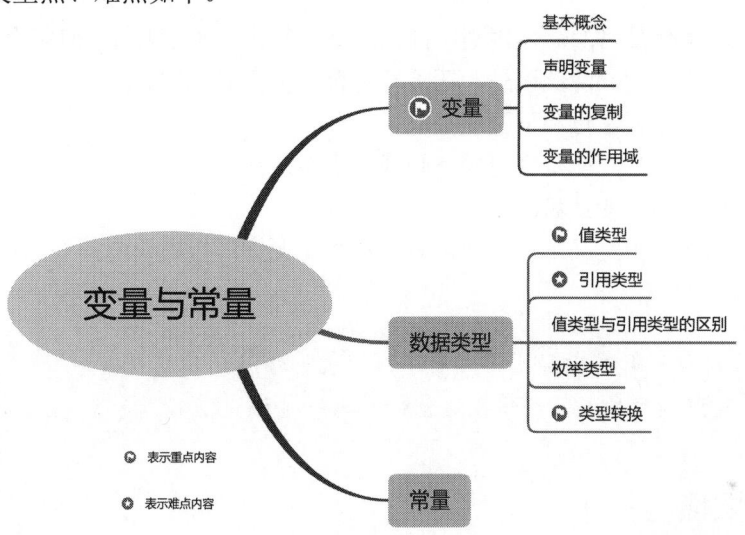

3.1 变量的基本概念

变量用于存储特定类型的数据,且可以根据需要随时改变存储的数据值。

变量具有名称、类型和值。其中,变量名是变量在程序源代码中的标识;变量类型表示变量在内存中的大小和类型;变量值表示内存块中的具体数据。在程序执行过程中,变量值可以发生变化。

3.2 变量的声明与赋值

3.2.1 变量的声明

使用变量之前必须先声明变量,即指定变量的类型和名称。简单来说,就是告诉编译器该变量是哪种数据类型，使得编译器知道要给它配置多少空间，以及存放什么样的数据。变量声明非常重要，未经声明的变量是不合法的，无法在程序中使用。

C#中，声明变量由类型名和跟在后面的一个或多个变量名组成，多个变量之间用逗号分开，整个声明过程以分号结束。

例如，先声明一个整型变量 num，然后声明 3 个字符型变量 str1、str2 和 str3，代码如下。

```
int num;                              //声明一个整型变量
string str1, str2, str3;              //声明 3 个字符串变量
```

声明变量时，还可以初始化变量，即在每个变量名后加上给变量赋初始值的指令。

例如，声明一个整型变量 a，赋值为 927，接着声明 3 个字符串变量并初始化，代码如下。

```
int a = 927;                                          //初始化整型变量 a
string x = "支付宝", y = "微信支付", z = "银联";      //初始化字符串变量 x、y 和 z
```

声明变量时，要注意变量名的命名规则。首先，变量名是一种标识符，应符合标识符的命名规则。其次，变量名是区分大小写的。除此以外，还需要符合以下命名规则。

- ☑ 变量名只能由数字、字母和下画线组成。
- ☑ 变量名的第一个符号只能是字母和下画线，不能是数字。
- ☑ 不能使用关键字作为变量名。
- ☑ 一旦在一个语句块中定义了一个变量名，那么在变量的作用域内都不能再定义同名的变量。

说明

在 C#语言中允许使用汉字或其他语言文字作为变量名，如"int 年龄 = 21"，在程序运行时并不会出现错误，但建议读者尽量不要使用这些语言文字作为变量名。

3.2.2 变量的赋值

C#中，使用赋值运算符"="（等号）可给变量赋值，将等号右边的值赋给左边的变量。

例如，声明一个整型变量 sum，并为其赋值 2023，代码如下。

```
int sum;                              //声明一个变量
sum = 2023;                           //使用赋值运算符"="给变量赋值
```

初始化变量是一种特殊的赋值方式，它在声明变量的同时为其赋值。

为变量赋值时，等号右边也可以是一个已被赋值的变量。例如，声明两个变量 sum 和 num，为变量 sum 赋值 927，最后将变量 sum 赋值给变量 num，代码如下。

```
int sum,num;                          //声明两个变量
sum = 927;                            //为变量 sum 赋值 927
num = sum;                            //将变量 sum 赋值给变量 num
```

误区警示

为多个同类型变量赋相同值时，虽然如下代码是可行的，但不建议采用这种方法。

```
int a, b, c, d, e; a = b = c = d = e = 0;
```

3.2.3 变量的作用域

定义变量后，变量会暂存在内存中。变量的作用域指程序代码能够访问该变量的区域，若超出该区域，则编译时会出现错误。根据变量的有效范围，可将变量分为成员变量和局部变量。

1. 成员变量

在类体中定义的变量称为成员变量，成员变量在整个类体中都有效。类的成员变量又可分为两种，即实例变量和静态变量（也称类变量）。

例如，声明一个实例变量 x 和一个静态变量 y，代码如下。

```
class Test
{
    int x = 45;                 //定义实例变量 x，作用域为整个 Test 类
    static int y = 90;          //定义静态变量 y，可以"类名.静态变量"的方式在其他类内使用
}
```

在成员变量类型前加上关键字 static，这样定义的成员变量称为静态变量。静态变量的有效范围可以跨类，甚至达到整个应用程序。静态变量除了能在定义它的类内存取，还能以"类名.静态变量"的方式在其他类内使用。

2. 局部变量

在类的方法体中定义的变量，即在方法内部代码中（"{"与"}"之间）声明的变量，称为局部变量。局部变量只在当前定义的方法内，甚至只在当前代码块内有效，不能用于类的其他方法。

包括方法的参数，都属于局部变量。局部变量的生命周期取决于方法，当方法被调用时，C#编译器为方法中的局部变量分配内存空间；调用结束后，会释放方法中局部变量占用的内存空间，销毁局部变量。

变量的有效范围如图 3.1 所示。

【例 3.1】局部变量在循环中的使用（实例位置：资源包\TM\sl\3\1）

创建一个控制台应用程序，使用 for 循环输出 0~20 的数字。在 for 语句中声明变量 i，此时 i 就是局部变量，其作用域只限于 for 循环体，代码如下。

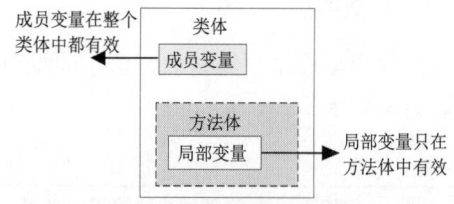

图 3.1 变量的有效范围

```
static void Main(string[ ] args)
{
    //调用 for 语句循环输出数字
    for (int i = 0; i <= 20; i++)                //for 循环内的局部变量 i
    {
        Console.WriteLine(i.ToString());         //输出 0~20 的数字
    }
    Console.ReadLine();
}
```

上述代码用到的 for 循环语句将在第 6 章中详细讲解，此处了解即可。

编程训练（答案位置：资源包\TM\sl\3\编程训练\）

【**训练1**】输出京东"6·18"节日名称　使用一个 int 类型的变量记录京东的年中促销活动节日名称。（提示："6·18"。）

【**训练2**】记录登录用户和时间　制作用户登录模块时，使用局部变量记录登录用户和登录时间。（提示：记录登录时间时，需要用到 DataTime 类，该类用来获取日期相关的信息。）

3.3 数据类型

C#中的变量类型分为两种：值类型和引用类型。两者的差异在于数据存储方式不同，值类型变量直接存储实际数据值，引用类型变量则存储实际数据的引用，程序可通过此引用找到真正的数据。

3.3.1 值类型

值类型变量直接存储变量的数据值，包含整数类型、浮点类型以及布尔类型等。值类型变量在栈中进行分配，因此效率很高。值类型变量具有如下特性。

☑ 值类型变量存储在栈中。
☑ 访问值类型变量时，一般都是直接访问其实例。
☑ 每个值类型变量都有自己的数据副本，因此对某个值类型变量的操作不会影响到其他变量。
☑ 复制值类型变量时，复制的是变量的值，而不是变量的地址。
☑ 值类型变量不能为 null，必须具有一个确定的值。

值类型是从 System.ValueType 类继承而来的类型，下面详细介绍其包含的几种数据类型。

1. 整数类型

整数类型用来存储整数数值，即没有小数部分的数值。可以是正数，也可以是负数。C#中内置的整数类型如表 3.1 所示。

表 3.1　C#内置的整数类型

类　　型	说明（8位等于1字节）	范　　围
sbyte	8 位有符号整数	−128～127
short	16 位有符号整数	−32 768～32 767
int	32 位有符号整数	−2 147 483 648～2 147 483 647
long	64 位有符号整数	−9 223 372 036 854 775 808～9 223 372 036 854 775 807
byte	8 位无符号整数	0～255
ushort	16 位无符号整数	0～65 535
uint	32 位无符号整数	0～4 294 967 295
ulong	64 位无符号整数	0～18 446 744 073 709 551 615

其中，sbyte、byte、short、ushort 类型用于表示范围较小的整数。使用这种类型时，必须特别注意数值的大小，稍不注意就会导致运算溢出，产生错误。

> **注意**
>
> C#中，整型数据包括3种表示形式：十进制、八进制和十六进制。
>
> 十进制：用0~9表示，逢十进位，不能以0作为开头（0除外），如120、0、-127。
>
> 八进制：用0~7表示，逢八进位，必须以0开头，如0123（十进制数为83）、-0123（十进制数为-83）。
>
> 十六进制：用0~9和A~F（或a~f）表示，逢十六进位，必须以0X或0x开头，如0x25（十进制数为37）、0Xb01e（十进制数为45086）。

【例3.2】 使用int和byte变量（实例位置：资源包\TM\sl\3\2）

创建一个控制台应用程序，声明一个int类型变量ls并初始化为927，一个byte类型变量shj并初始化为255，最后输出，代码如下。

```
static void Main(string[ ] args)
{
    int ls = 927;                          //声明一个 int 类型的变量 ls
    byte shj = 255;                        //声明一个 byte 类型的变量 shj
    Console.WriteLine("ls={0}", ls);       //输出 int 类型变量 ls
    Console.WriteLine("shj={0}", shj);     //输出 byte 类型变量 shj
    Console.ReadLine();
}
```

程序运行结果如下。

```
ls=927
shj=255
```

上述代码中，如果为变量shj赋值266并再次编译，就会出现错误。这是因为byte类型的变量范围为0~255，266超出了范围，所以编译会出错。

> **注意**
>
> 在定义局部变量时，要对其进行初始化。

2. 浮点类型

浮点类型变量主要用于存储含有小数的数值，包含float和double两种数值类型，如表3.2所示。

表3.2 浮点类型及描述

类 型	说 明	范 围
float	精确到6~9位数	$\pm1.5\times10^{-45}\sim\pm3.4\times10^{38}$
double	精确到15~17位数	$\pm5.0\times10^{-324}\sim\pm1.7\times10^{308}$

一般情况下，包含小数点的数值会被系统默认为double类型。在数值后添加f或F，可将其强制指定为float类型。例如：

```
float theMySum = 9.27f;                    //使用 f 或 F 强制指定为 float 类型
```

> **误区警示**
> 要使用 float 类型变量，必须在数值后添加 f 或 F，否则编译器会将其作为 double 类型处理。也可以在 double 类型的值前面添加 (float)，对其进行强制类型转换。

3. decimal 类型

decimal 类型表示 128 位数据类型，它是一种精度更高的浮点类型，精度可达到 28～29 位，取值范围为 $\pm 1.0 \times 10^{-28} \sim \pm 7.9 \times 10^{28}$。

decimal 类型的高精度特性，使得它更适合用于财务和货币计算。如果希望一个小数被当成 decimal 类型使用，需要使用后缀 m 或 M，例如：

```
decimal myMoney = 1.12m;
```

4. 布尔类型

布尔类型主要用来表示 true 和 false，通常用在流程控制语句中，作为判断条件使用。

布尔变量的值只能是 true 或 false，不能将其他值指定给布尔类型变量，也不能将布尔类型变量转换为其他类型。例如，下面的赋值方式是错误的，编译器会提示"常量值 927 无法转换为 bool"。

```
bool x = 927;
```

布尔类型的正确定义方式如下：

```
bool flag = true;
bool flag2 = false;
```

> **说明**
> （1）在定义全局变量时，如果没有特定的要求，不用对其进行初始化，整数类型和浮点类型的默认初始化为 0，布尔类型的初始化为 false。
> （2）布尔类型变量大多数被应用到流程控制语句当中，例如，循环语句或者 if 语句等。

3.3.2 引用类型

引用类型是构建 C#应用程序的主要对象类型数据。所有被称为"类"的都是引用类型，主要包括类、接口、数组和委托。

程序执行过程中，预先定义的对象类型使用 new 关键字创建对象实例，并存储在堆中。堆是一种由系统弹性配置的内存空间，没有特定大小及存活时间，可弹性运用于对象访问。简单来说，引用类型就类似于生活中的代理商，代理商没有自己的产品，而是代理厂家的产品，这些被代理的产品就好像自己的产品一样。

引用类型具有如下特征。
- ☑ 必须在托管堆中为引用类型变量分配内存。
- ☑ 使用 new 关键字来创建引用类型变量。
- ☑ 在托管堆中分配的每个对象都有与之相关联的附加成员，这些成员必须被初始化。

- ☑ 引用类型变量是由垃圾回收机制来管理的。
- ☑ 多个引用类型变量可以引用同一对象，在这种情形下，对一个变量的操作会影响另一个变量所引用的同一对象。
- ☑ 引用类型被赋值前，值都是 null。

【例 3.3】 通过引用类型改变变量的值（实例位置：资源包\TM\sl\3\3）

创建一个控制台应用程序，在其中创建一个类 C，在类中建立一个字段 Value，初始化为 0，然后在程序其他位置通过 new 关键字创建对此类的引用类型变量，最后输出，代码如下。

```
class Program
{
    class C                                            //创建一个类 C
    {
        public int Value = 0;                          //声明一个公共 int 类型的变量 Value
    }
    static void Main(string[ ] args)
    {
        int v1 = 0;                                    //声明一个 int 类型的变量 v1，并初始化为 0
        int v2 = v1;                                   //声明一个 int 类型的变量 v2，并将 v1 赋值给 v2
        v2 = 927;                                      //重新将变量 v2 赋值为 927
        C r1 = new C();                                //使用 new 关键字创建引用对象
        C r2 = r1;                                     //使 r1 等于 r2
        r2.Value = 112;                                //设置变量 r2 的 Value 值
        Console.WriteLine("Values:{0},{1}", v1, v2);   //输出变量 v1 和 v2
        Console.WriteLine("Refs:{0},{1}", r1.Value, r2.Value);  //输出引用类型对象的 Value 值
        Console.ReadLine();
    }
}
```

程序运行结果如下。

```
Values: 0, 927
Refs: 112, 112
```

3.3.3 值类型与引用类型的区别

从概念上看，值类型直接存储数据值，引用类型存储对数据值的引用，两者存储在内存的不同地方。C#中，必须在设计类型时就决定类型实例的行为。

从内存空间上看，值类型在栈中操作，引用类型在堆中分配存储单元。栈在编译时就分配好内存空间，在代码中有栈的明确定义，而堆是程序运行中动态分配的内存空间，可以根据程序的运行情况动态地分配内存大小。因此，值类型总在内存中占用一个预定义的字节数，而引用类型变量则在堆中分配一个内存空间，这个内存空间包含的是对另一个内存位置的引用，这个位置是托管堆中的一个地址，即存放此变量实际值的地方。

> **说明**
>
> C#的所有值类型均隐式派生自 System.ValueType，而 System.ValueType 直接派生于 System.Object，即 System.ValueType 本身是一个类类型，而不是值类型。其关键在于 ValueType 重写了 Equals()方法，从而对值类型按照实例的值来比较，而不是引用地址来比较。

下面来看一段代码，仔细体会值类型与引用类型的区别。

```
namespace ConsoleApplication1
{
    class Program
    {
        static void Main(string[ ] args)
        {
            ReferenceAndValue.Demonstration();         //调用 ReferenceAndValue 类中的 Demonstration()方法
            Console.ReadLine();
        }
    }
    public class stamp                                  //定义一个类
    {
        public string Name { get; set; }                //定义引用类型
        public int Age { get; set; }                    //定义值类型
    }
    public static class ReferenceAndValue              //定义一个静态类
    {
        public static void Demonstration()              //定义一个静态方法
        {
            stamp Stamp_1 = new stamp { Name = "Premiere", Age = 25 };//实例化
            stamp Stamp_2 = new stamp { Name = "Again", Age = 47 };   //实例化
            int age = Stamp_1.Age;                                    //获取值类型 Age 的值
            Stamp_1.Age = 22;                                         //修改值类型的值
            stamp guru = Stamp_2;                                     //获取 Stamp_2 中的值
            Stamp_2.Name = "Again Amend";                             //修改引用的 Name 值
            Console.WriteLine("Stamp_1's age:{0}", Stamp_1.Age);      //显示 Stamp_1 中的 Age 值
            Console.WriteLine("age's value:{0}", age);                //显示 age 值
            Console.WriteLine("Stamp_2's name:{0}", Stamp_2.Name);    //显示 Stamp_2 中的 Name 值
            Console.WriteLine("guru's name:{0}", guru.Name);          //显示 guru 中的 Name 值
        }
    }
}
```

运行结果如图 3.2 所示。可以看出，改变 Stamp_1.Age 的值时，age 没跟着变；改变 Stamp_2.Name 的值后，guru.Name 跟着变了。这是为什么呢？

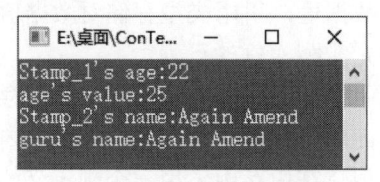

```
Stamp_1's age:22
age's value:25
Stamp_2's name:Again Amend
guru's name:Again Amend
```

图 3.2　值类型与引用类型

这就是值类型和引用类型的区别。声明 age 值类型变量时，将 Stamp_1.Age 的值赋给它，这时编译器在栈上分配了一块空间，然后把 Stamp_1.Age 的值填进去，二者没有任何关联，就像在计算机中复制文件一样，只是把 Stamp_1.Age 的值复制给 age。引用类型则不同，在声明 guru 时把 Stamp_2 赋给它。引用类型包含的只是堆上数据区域地址的引用，其实就是把 Stamp_2 的引用也赋给 guru，因此它们指向了同一块内存区域。既然指向同一块区域，不管修改谁，另一个的值都会跟着改变。

这种关联关系就好比信用卡和亲情卡，用亲情卡取了钱，与之关联的信用卡账户也会发生变化。

3.3.4 枚举类型

枚举类型是一种独特的值类型，通常用于声明一组具有相同性质的常量。

编写与日期相关的应用程序时，经常需要使用年、月、日、星期等日期数据，可以将这些数据组织成多个不同名称的枚举类型。使用枚举可以增加程序的可读性和可维护性。同时，枚举类型可以避免类型错误。

> **说明**
>
> 在定义枚举类型时，如果不对其进行赋值，默认情况下，第一个枚举数的值为 0，后面每个枚举数的值依次递增 1。

C#中使用关键字 enum 类声明枚举，语法形式如下。

```
enum 枚举名
{
    list1=value1,
    list2=value2,
    list3=value3,
    …
    listN=valueN,
}
```

其中，大括号"{}"中的内容为枚举值列表，每个枚举值均对应一个枚举值名称，value1～valueN 为整数数据类型，list1～listN 则为枚举值的标识名称。

【例 3.4】 当前系统日期是星期几（**实例位置：资源包\TM\sl\3\4**）

创建一个控制台应用程序，通过使用枚举来判断当前系统日期是星期几，代码如下。

```csharp
class Program
{
    enum MyDate                              //使用 enum 创建枚举
    {
        Sun = 0,                             //设置枚举值名称 Sun，枚举值为 0
        Mon = 1,                             //设置枚举值名称 Mon，枚举值为 1
        Tue = 2,                             //设置枚举值名称 Tue，枚举值为 2
        Wed = 3,                             //设置枚举值名称 Wed，枚举值为 3
        Thu = 4,                             //设置枚举值名称 Thu，枚举值为 4
        Fri = 5,                             //设置枚举值名称 Fri，枚举值为 5
        Sat = 6                              //设置枚举值名称 Sat，枚举值为 6
    }
    static void Main(string[ ] args)
    {
        int k = (int)DateTime.Now.DayOfWeek; //获取代表星期几的返回值
        switch (k)
        {
            //如果 k 等于枚举变量 MyDate 中的 Sun 的枚举值，则输出"今天是星期日"
            case (int)MyDate.Sun: Console.WriteLine("今天是星期日"); break;
            //如果 k 等于枚举变量 MyDate 中的 Mon 的枚举值，则输出"今天是星期一"
            case (int)MyDate.Mon: Console.WriteLine("今天是星期一"); break;
            //如果 k 等于枚举变量 MyDate 中的 Tue 的枚举值，则输出"今天是星期二"
            case (int)MyDate.Tue: Console.WriteLine("今天是星期二"); break;
            //如果 k 等于枚举变量 MyDate 中的 Wed 的枚举值，则输出"今天是星期三"
```

```
            case (int)MyDate.Wed: Console.WriteLine("今天是星期三"); break;
            //如果 k 等于枚举变量 MyDate 中的 Thu 的枚举值,则输出 "今天是星期四"
            case (int)MyDate.Thu: Console.WriteLine("今天是星期四"); break;
            //如果 k 等于枚举变量 MyDate 中的 Fri 的枚举值,则输出 "今天是星期五"
            case (int)MyDate.Fri: Console.WriteLine("今天是星期五"); break;
            //如果 k 等于枚举变量 MyDate 中的 Sat 的枚举值,则输出 "今天是星期六"
            case (int)MyDate.Sat: Console.WriteLine("今天是星期六"); break;
        }
        Console.ReadLine();
    }
}
```

上述代码中,首先通过 enum 关键字建立一个枚举,枚举值名称分别代表一周中的 7 天。如果枚举值名称为 Sun,代表星期日,其枚举值为 0,以此类推。然后声明一个 int 类型的变量 k,用于获取当前表示的日期是星期几。最后,调用 switch 语句,输出当天是星期几。

这里,当前日期是 2022 年 12 月 23 日星期五,所以输出结果显示当天是星期五。

3.3.5 类型转换

类型转换就是将一种类型转换成另一种类型,转换可以是隐式转换,也可以是显式转换。

1. 隐式转换

所谓隐式转换,就是不需要声明就能进行的转换,即编译器不需要进行检查就能自动进行转换。表 3.3 列出了可以进行隐式转换的数据类型。

表 3.3 隐式类型转换表

源 类 型	目 标 类 型
sbyte	short、int、long、float、double、decimal
byte	short、ushort、int、uint、long、ulong、float、double 或 decimal
short	int、long、float、double 或 decimal
ushort	int、uint、long、ulong、float、double 或 decimal
int	long、float、double 或 decimal
uint	long、ulong、float、double 或 decimal
char	ushort、int、uint、long、ulong、float、double 或 decimal
float	double
ulong	float、double 或 decimal
long	float、double 或 decimal

从 int、uint、long 或 ulong 到 float,以及从 long 或 ulong 到 double 的转换可能导致精度损失,但是不会影响其数量级。其他的隐式转换不会丢失任何信息。

例如,将 int 类型的值隐式转换成 long 类型,代码如下:

```
int i = 927;                    //声明一个整型变量 i 并初始化为 927
long j = i;                     //隐式转换成 long 类型
```

2. 显式转换

显式转换也称为强制转换,需要在代码中明确声明要转换的类型。如果要把高精度的变量值赋给低精度的变量，就需要使用显式转换。表 3.4 列出了需要进行显式转换的数据类型。

表 3.4 显式类型转换表

源 类 型	目 标 类 型
sbyte	byte、ushort、uint、ulong 或 char
byte	sbyte 和 char
short	sbyte、byte、ushort、uint、ulong 或 char
ushort	sbyte、byte、short 或 char
int	sbyte、byte、short、ushort、uint、ulong 或 char
uint	sbyte、byte、short、ushort、int 或 char
char	sbyte、byte 或 short
float	sbyte、byte、short、ushort、int、uint、long、ulong、char 或 decimal
ulong	sbyte、byte、short、ushort、int、uint、long 或 char
long	sbyte、byte、short、ushort、int、uint、ulong 或 char
double	sbyte、byte、short、ushort、int、uint、ulong、long、float、char 或 decimal
decimal	sbyte、byte、short、ushort、int、uint、ulong、long、float、char 或 double

由于显式转换包括所有隐式转换和显式转换，因此使用强制转换可将任何数值类型转换为其他数值类型。

【例 3.5】显式类型转换的使用（实例位置：资源包\TM\sl\3\5）

创建一个控制台应用程序，将 double 类型的 x 进行显式类型转换，代码如下。

```
static void Main(string[ ] args)
{
    double x = 19810927.0112;            //建立 double 类型变量 x
    int y = (int)x;                       //显示转换成整型变量 y
    Console.WriteLine(y);                 //输出整型变量 y
    Console.ReadLine();
}
```

程序运行结果为 19810927。

也可以通过 Convert 关键字进行显式类型转换，上述例子还可以通过下面的代码实现。

```
double x = 19810927.0112;             //建立 double 类型变量 x
int y = Convert.ToInt32(x);           //通过 Convert 关键字转换
Console.WriteLine(y);                 //输出整型变量 y
Console.ReadLine();
```

3．装箱和拆箱

将值类型转换为引用类型的过程叫作装箱，相反，将引用类型转换为值类型的过程叫作拆箱。装箱允许将值类型隐式转换成引用类型，拆箱允许将引用类型显式转换为值类型。下面来看两个例子。

【例 3.6】整型变量的装箱操作（实例位置：资源包\TM\sl\3\6）

创建一个控制台应用程序，声明一个整型变量 i 并赋值为 2048，然后将其复制到装箱对象 obj 中，最后再改变变量 i 的值，代码如下。

```
static void Main(string[ ] args)
{
```

```
        int i = 2048;                                    //声明一个 int 类型变量 i，并初始化为 2048
        object obj = i;                                  //声明一个 object 类型变量 obj，初始化值为 i
        Console.WriteLine("1、i 的值为{0}，装箱之后的对象为{1}", i, obj);
        i = 927;                                         //重新将 i 赋值为 927
        Console.WriteLine("2、i 的值为{0}，装箱之后的对象为{1}", i, obj);
        Console.ReadLine();
}
```

程序运行结果如下。

1、i 的值为 2048，装箱之后的对象为 2048
2、i 的值为 927，装箱之后的对象为 2048

从程序运行结果可以看出，值类型变量的值复制到装箱得到的对象中，装箱后改变值类型变量的值，并不会影响装箱对象的值。

【例 3.7】 拆箱操作的实现（实例位置：资源包\TM\sl\3\7）

创建一个控制台应用程序，声明一个整型变量 i 并赋值为 112，然后将其复制到装箱对象 obj 中，最后，进行拆箱操作将装箱对象 obj 赋值给整型变量 j，代码如下。

```
static void Main(string[ ] args)
{
        int i = 112;                                     //声明一个 int 类型的变量 i，并初始化为 112
        object obj = i;                                  //执行装箱操作
        Console.WriteLine("装箱操作：值为{0}，装箱之后对象为{1}", i, obj);
        int j = (int)obj;                                //执行拆箱操作
        Console.WriteLine("拆箱操作：装箱对象为{0}，值为{1}", obj, j);
        Console.ReadLine();
}
```

程序运行结果如下。

装箱操作：值为 112，装箱之后对象为 112
拆箱操作：装箱对象为 112，值为 112

查看程序运行结果，不难看出，拆箱后得到的值类型数据的值与装箱对象相等。需要注意的是，执行拆箱操作时要符合类型一致的原则，否则会出现异常。

> **误区警示**
>
> 装箱是将一个值类型转换为一个对象类型（object），拆箱则是将一个对象类型显式转换为一个值类型。对于装箱而言，它是复制出一个被装箱的值类型的副本来进行转换；而对于拆箱而言，需要注意类型的兼容性，如不能将一个值为 string 的 object 类型转换为 int 类型。

编程训练（答案位置：资源包\TM\sl\3\编程训练\）

【训练 3】 模拟输出中国联通流量提醒　定义两个浮点型变量，分别表示已用流量（3.592）和剩余流量（3.408），定义一个字符型变量，用来表示网址（http://u.10010.cn/tAE3v），编写一个程序，输出中国联通流量提醒。

【训练 4】 记录你的密码　编写一个程序，让用户输入密码，假设密码为 0oO1Il，要求把每次用户输入的密码保存到变量 pass 中，输入 6 次后输出每次输入的密码并退出程序。

3.4 常　　量

常量就是其值固定不变（编译时就已确定）的量。C#中使用关键字 const 定义常量，常量的类型可以是 sbyte、byte、short、ushort、int、uint、long、ulong、char、float、double、decimal、bool、string 等，创建常量时必须为其设置初始值。

下面声明一个正确的常量和一个错误的常量，读者可以对比下。

```
const double PI = 3.1415926;           //正确的声明方法
const int MyInt;                       //错误：定义常量时未进行初始化
```

与变量不同，常量在整个程序中只能被赋值一次。这就好比大家的身份证号，一旦设置就不允许再修改。在为所有的对象共享值时，常量是非常有用的。

【例 3.8】 不要修改常量的值（实例位置：资源包\TM\sl\3\8）

创建一个控制台应用程序，首先声明一个变量 MyInt 并且赋值为 927，然后声明一个常量 MyWInt 并赋值为 112，最后将变量 MyInt 赋值为 1039，关键代码如下。

```
static void Main(string[ ] args)
{
    int MyInt = 927;                                //声明一个整型变量
    const int MyWInt = 112;                         //声明一个整型常量
    Console.WriteLine("变量 MyInt={0}",MyInt);      //输出
    Console.WriteLine("常量 MyWInt={0}",MyWInt);    //输出
    MyInt = 1039;                                   //重新将变量赋值为 1039
    Console.WriteLine("变量 MyInt={0}", MyInt);     //输出
    Console.ReadLine();
}
```

执行程序，输出的结果如下。

```
变量 MyInt=927
常量 MyWInt=112
变量 MyInt=1039
```

变量 MyInt 的初始化值为 927，常量 MyWInt 的值等于 112，由于变量的值可以修改，所以变量 MyInt 可以重新被赋值为 1039 后输出。如果尝试修改常量 MyWInt 的值，编译时就会提示错误信息。

编程训练（答案位置：资源包\TM\sl\3\编程训练\）

【训练 5】 计算圆的面积　圆面积的计算公式为 πr^2，其中 π 是一个常量。使用常量表示 π，然后通过用户输入圆的半径 r，计算圆的面积。

【训练 6】 常量的调用问题　定义一个常量，调用时出现图 3.3 所示的错误提示，并尝试改正程序。

图 3.3　常量的调用错误

3.5 实践与练习

（答案位置：资源包\TM\sl\3\实践与练习\）

综合练习 1：设置百度地图常用地点　使用百度地图时，会弹出设置常用地点的对话框。定义家庭住址和单位地址的变量，保存输入的家庭地址和单位地址。（提示：使用 Console.ReadLine()方法进行控制台输入。）

综合练习 2：保存搜索热词　搜索引擎中，用户搜索较多的词会被作为搜索热词显示在搜索栏下，以备快速选择使用。编写程序，模拟搜索热词功能。首先提示用户输入搜索词，如输入"Java"，则"Java"一词会自动添加到搜索栏上，如图 3.4 和图 3.5 所示。（提示：使用 Console.ForegroundColor()设置控制台文字颜色。）

图 3.4　提示用户输入搜索词　　　　图 3.5　Java 出现在搜索栏上，继续提示用户输入搜索词

综合练习 3：模拟商品入库功能　商品入库管理是进销存类软件的基础功能之一。编写程序，模拟简单的商品入库功能。首先输出类似图 3.6 的入库界面（商品信息为空），然后要求用户输入商品编号、商品名称、商品规格、商品价格和入库数量，如图 3.7 所示。输入完成后，输出带数据的商品入库单，如图 3.8 所示。

图 3.6　商品入库界面　　　　图 3.7　输入信息　　　　图 3.8　输出商品入库单

综合练习 4：京东商城支付成功界面　编写程序，首先提示用户输入支付金额（80～200 的数字），然后输出包含刚才输入金额的支付成功页面，效果如图 3.9 所示。（提示：使用 DateTime 结构获取交易的日期时间。）

图 3.9　实现效果图

综合练习 5：计算牛奶中蛋白质的总量　已知每盒牛奶（200 ml）含有蛋白质 6.4 g，编写程序，计算购买牛奶袋数与蛋白质的质量。（提示：使用{0:f1}控制显示几位小数，0 表示占位符，f 为固定格式，1 表示显示 1 位小数。）

3.6　动手纠错

（1）运行"资源包\TM\排错练习\03\01"文件夹下的程序，出现"常量值 300 无法转换为 byte"的错误提示，请根据注释改正程序。

（2）运行"资源包\TM\排错练习\03\02"文件夹下的程序，出现"意外的字符';'"的错误提示，请根据注释改正程序。

（3）运行"资源包\TM\排错练习\03\03"文件夹下的程序，出现"不能隐式地将 double 类型转换为 float 类型；请使用 F 后缀创建此类型"的错误提示，请根据注释改正程序。

（4）运行"资源包\TM\排错练习\03\04"文件夹下的程序，出现"无法将类型 double 隐式转换为 int。存在一个显式转换（是否缺少强制转换?）"的错误提示，请根据注释改正程序。

（5）运行"资源包\TM\排错练习\03\05"文件夹下的程序，出现"未处理 InvalidCastException 指定的转换无效"的错误提示，请根据注释改正程序。

（6）运行"资源包\TM\排错练习\03\06"文件夹下的程序，出现"赋值号左边必须是变量、属性或索引器"的错误提示，请根据注释改正程序。

（7）运行"资源包\TM\排错练习\03\07"文件夹下的程序，出现"无法使用实例引用访问成员 Test07.Test.PI；请改用类型名称对其加以限定"的错误提示，请根据注释改正程序。

第 4 章 表达式与运算符

表达式在 C#程序中应用广泛，尤其是计算功能，往往需要大量的表达式。大多数表达式都使用运算符，运算符结合一个或一个以上的操作数，便形成了表达式，并且返回运算结果。本章将对 C#中的表达式与运算符进行详细讲解。

本章知识架构及重点、难点如下。

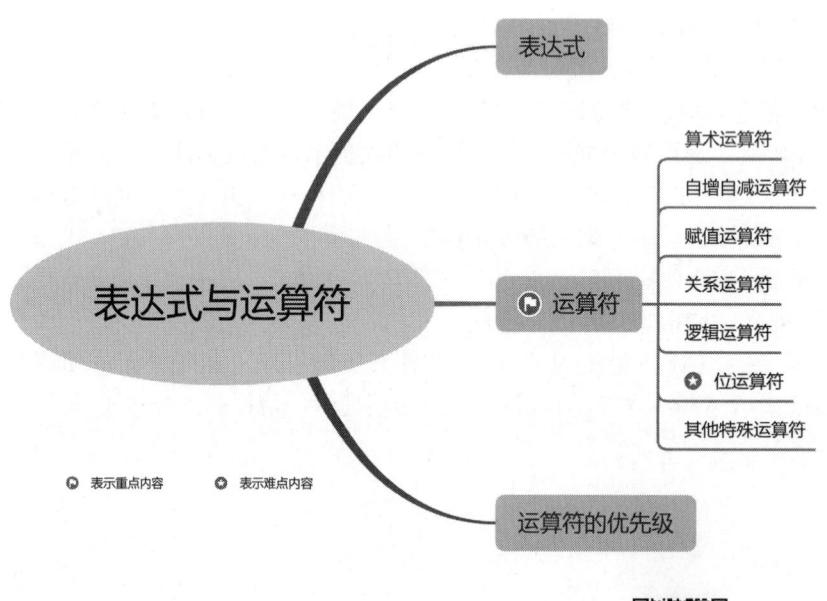

- 表达式与运算符
  - 表达式
  - 运算符
    - 算术运算符
    - 自增自减运算符
    - 赋值运算符
    - 关系运算符
    - 逻辑运算符
    - 位运算符
    - 其他特殊运算符
  - 运算符的优先级

◎ 表示重点内容　　◎ 表示难点内容

4.1 表达式

表达式由运算符和操作数组成，运算符表示将对操作数进行什么样的运算。运算符包括"+""-""*""/"等，操作数包括文本、常量、变量和表达式等。例如，下面几行代码均为简单的表达式。

```
int i = 927;            //声明一个 int 类型的变量 i，并初始化为 927
i = i * i + 112;        //改变变量 i 的值
int j = 2022;           //声明一个 int 类型的变量 j，并初始化为 2022
j = j / 2;              //改变变量 j 的值
```

C#中，如果表达式最终的计算结果为所需类型值，则表达式可以出现在需要值或对象的任意位置。

【例 4.1】数据的简单运算（**实例位置：资源包\TM\sl\4\1**）

创建一个控制台应用程序，声明两个 int 类型的变量 i 和 j，分别初始化为 927 和 112，然后输出 i*i+j*j 的正弦值，代码如下。

```
int i = 927;                                          //声明一个 int 类型变量 i，并初始化为 927
int j = 112;                                          //声明一个 int 类型变量 j，并初始化为 112
Console.WriteLine(Math.Sin(i*i+j*j));                 //表达式作为参数输出
Console.ReadLine();
```

程序的运行结果为-0.599423085852245。其中，表达式 i*i+j*j 作为方法 Math.Sin()的参数来使用，同时，表达式 Math.Sin(i*i+j*j)还是方法 Console.WriteLine()的参数。

4.2 运 算 符

运算符是一些特殊的符号，主要用于数学函数、一些类型的赋值语句和逻辑比较运算。C#中提供了丰富的运算符，如算术运算符、赋值运算符、关系运算符等。本节将向读者介绍这些运算符。

4.2.1 算术运算符

"+""-""*""/""%"运算符都称为算术运算符，分别用于进行加、减、乘、除和模（求余数）运算。C#中算术运算符的功能及使用方法如表 4.1 所示。

表 4.1　C#中算术运算符的功能及使用方法

运 算 符	说　明	示　例	结　果
+	加	12.45f+15	27.45
-	减	4.56-0.16	4.4
*	乘	5L*12.45f	62.25
/	除	7/2	3
%	求余数	12%10	2

其中，"+"和"-"运算符还可以作为数据的正负符号，如+5、-7。

【例 4.2】模拟简易计算器（实例位置：资源包\TM\sl\4\2）

制作一个简易的计算器程序，提示用户输入 3 个整型或浮点型数值，并分别对这 3 个数进行加、减、乘、除、求余运算，代码如下。

```
static void Main(string[] args)
{
    Console.Title = "简易计算器";                                    //设置控制台标题
    Console.Write("输入第 1 个数字：");                              //提示用户输入第 1 个数值
    double d = double.Parse(Console.ReadLine());                    //得到第 1 个数值
    Console.Write("输入第 2 个数字：");                              //提示用户输入第 2 个数值
    double d2 = double.Parse(Console.ReadLine());                   //得到第 2 个数值
    Console.Write("输入第 3 个数字：");                              //提示用户输入第 3 个数值
    double d3 = double.Parse(Console.ReadLine());                   //得到第 3 个数值
    Console.WriteLine("加法计算结果：{0} + {1} + {2} = {3}", d, d2, d3, d + d2 + d3);
    Console.WriteLine("减法计算结果：{0} - {1} - {2} = {3}", d, d2, d3, d - d2 - d3);
    Console.WriteLine("乘法计算结果：{0} × {1} × {2} = {3}", d, d2, d3, d * d2 * d3);
    Console.WriteLine("除法计算结果：{0} ÷ {1} ÷ {2} = {3}", d, d2, d3, d / d2 / d3);
    Console.WriteLine("求余计算结果：{0} % {1} % {2} = {3}", d, d2, d3, d % d2 % d3);
    Console.ReadLine();                                             //等待回车继续
}
```

程序运行结果如图 4.1 所示。

> **误区警示**
>
> 在用算术运算符（+、-、*、/）运算时，产生的结果可能会超出所涉及数值类型的值的范围，这样，会导致运行结果不正确；另外，在执行除法和求余运算时，除数一定不能为 0。

图 4.1 简易计算器

4.2.2 自增自减运算符

对数值型变量进行加 1、减 1 操作时，除了可使用"i=i+1;""i=i-1;"这样的代码外，还可以使用自增运算符（++）和自减运算符（--）。

自增自减运算符是单目运算符，使用时可以放在操作数前，如++i、--i，又称为前置形式；也可以放在操作数后，如 i++、i--，又称为后置形式。其中，++i、--i 表示 i 自身先自增或自减（加 1 或减 1），修改后的值再参与表达式中的其他运算或赋值；i++、i-- 表示 i 先参与表达式中的其他运算或赋值，然后再进行自增或自减。自增自减运算符放在不同位置的运算效果如图 4.2 所示。

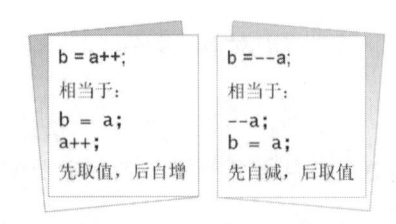

图 4.2 不同位置的运算效果

> **说明**
>
> 如果程序中不需要使用操作数原来的值，只是需要其自身进行加（减）1，那么建议使用前置自加（减），因为后置自加（减）必须先保存原来的值，而前置自加（减）不需要保存原来的值。

例如，下面代码演示了自增运算符放在变量不同位置时的运算结果。

```
int i = 0, j = 0;                //定义 int 类型的 i、j
int post_i, pre_j;               //post_i 表示后置形式运算的返回结果，pre_j 表示前置形式运算的返回结果
post_i = i++;                    //后置形式的自增，post_i 是 0
Console.WriteLine(i);            //输出结果是 1
pre_j = ++j;                     //前置形式的自增，pre_j 是 1
Console.WriteLine(j);            //输出结果是 1
```

> **误区警示**
>
> 自增自减运算符只能作用于变量，不能作用于常量和表达式，因此下面的代码是错误的。
>
> ```
> 3++;          //不合法，因为 3 是一个常量
> (i+j)++;      //不合法，因为 i+j 是一个表达式
> ```

4.2.3 赋值运算符

赋值运算符用于为变量、属性、事件等元素赋值，包括"="、"+="、"-="、"/="、"*="、"%="、"&="、"|="、">>="、"<<="、"^="等。赋值运算符的左操作数必须是变量、属性访问、索引器访问或事件访问类型的表达式。进行赋值运算时，右操作数表达式所属类型必须可隐式转换为左操作数所属类型。如

果赋值运算符两边的操作数类型不一致，需要先进行类型转换，然后再赋值。

C#中的赋值运算符及其运算规则如表 4.2 所示。

表 4.2   C#中的赋值运算符及其运算规则

运算符	示例	含义	运算符	示例	含义
=	x=y	将右侧 y 表达式的值赋给 x	&=	x&=y	位与赋值，即 x=x&y
+=	x+=y	加赋值，即 x=x+y	|=	x|=y	位或赋值，即 x=x|y
-=	x-=y	减赋值，即 x=x-y	>>=	x>>=y	右移赋值，即 x=x>>y
/=	x/=y	除赋值，即 x=x/y	<<=	x<<=y	左移赋值，即 x=x<<y
*=	x*=y	乘赋值，即 x=x*y	^=	x^=y	异或赋值，即 x=x^y
%=	x%=y	模赋值，即 x=x%y			

下面以加赋值（+=）运算符为例，举例说明赋值运算符的用法。

【例 4.3】赋值运算符的使用（实例位置：资源包\TM\sl\4\3）

创建一个控制台应用程序，声明一个 int 类型的变量 i，并初始化为 927。然后通过 "+=" 运算符改变 i 的值，使其在原有的基础上增加 112，代码如下。

```
static void Main(string[ ] args)
{
    int i = 927;                                    //声明一个 int 类型变量 i，并初始化为 927
    i += 112;                                       //使用 "+=" 运算符
    Console.WriteLine("最后 i 的值为：{0}",i);      //输出最后变量 i 的值
    Console.ReadLine();
}
```

程序运行结果如下。

```
最后 i 的值为：1039
```

4.2.4 关系运算符

关系比较和判断在生活中非常常见。例如，铅球比铁球重，今天比昨天冷，1 班成绩好于 2 班等，遇到两个事物之间的比较，人们会迅速给出一个"真"或"假"的判断。

关系运算符属于二元运算符，用于变量之间、变量和自变量之间，以及其他类型信息之间的比较，通常作为判断依据在条件语句中使用。关系运算返回一个代表运算结果的布尔值，当运算符对应的关系成立时，运算结果为 true（真），否则为 false（假）。C#中的关系运算符共有 6 个，如表 4.3 所示。

表 4.3   关系运算符

运算符	作用	示例	操作数据	结果
>	比较左方是否大于右方	'a'>'b'	整型、浮点型、字符型	false
<	比较左方是否小于右方	156 < 456	整型、浮点型、字符型	true
==	比较左方是否等于右方	'c'=='c'	基本数据类型、引用型	true
>=	比较左方是否大于或等于右方	479>=426	整型、浮点型、字符型	true
<=	比较左方是否小于或等于右方	12.45<=45.5	整型、浮点型、字符型	true
!=	比较左方是否不等于右方	'y'!='t'	基本数据类型、引用型	true

【例 4.4】各种关系运算符的使用（实例位置：资源包\TM\sl\4\4）

创建一个控制台应用程序，声明 3 个 int 类型变量，分别进行初始化，然后使用关系运算符对它们的大小关系进行比较，代码如下。

```
static void Main(string[] args)
{
    int num1 = 4, num2 = 7, num3 = 7;                                       //定义 3 个 int 变量，并初始化
    Console.WriteLine("num1=" + num1 + ", num2=" + num2 + ", num3=" + num3); //输出 3 个变量的值
    Console.WriteLine();                                                    //换行
    Console.WriteLine("num1<num2 的结果：" + (num1 < num2));                //比较是否小于
    Console.WriteLine("num1>num2 的结果：" + (num1 > num2));                //比较是否大于
    Console.WriteLine("num1==num2 的结果：" + (num1 == num2));              //比较是否等于
    Console.WriteLine("num1!=num2 的结果：" + (num1 != num2));              //比较是否不等于
    Console.WriteLine("num1<=num2 的结果：" + (num1 <= num2));              //比较是否小于等于
    Console.WriteLine("num2>=num3 的结果：" + (num2 >= num3));              //比较是否大于等于
    Console.ReadLine();
}
```

程序运行结果如图 4.3 所示。

> **说明**
> （1）"!="与"=="是一组相反的运算符，a!=b 等效于!(a==b)。
> （2）关系运算符常用于判断语句或循环语句中。

图 4.3　3 个变量的比较

4.2.5　逻辑运算符

返回类型为布尔值的表达式，可通过逻辑运算符组合在一起，构成逻辑表达式，进行复杂的判断。

C#中的逻辑运算符包括"&&""&""||""!"，如表 4.4 所示。逻辑运算符的操作元必须是布尔型数据。除了"!"是一元运算符外，其他都是二元运算符。

表 4.4　逻辑运算符的用法和含义

运 算 符	含 义	用 法	结合方向
&&、&	逻辑与	op1 && op2	左到右
||	逻辑或	op1 || op2	左到右
!	逻辑非	!op	右到左

用逻辑运算符对两个表达式进行逻辑运算时，结果如表 4.5 所示。

表 4.5　使用逻辑运算符进行逻辑运算

表达式 1	表达式 2	表达式 1 && 表达式 2	表达式 1 || 表达式 2	! 表达式 1
true	true	true	true	false
true	false	false	true	false
false	false	false	false	true
false	true	false	true	true

"&&"与"&"都表示"逻辑与"，有什么区别呢？使用"&"时，会分别判断表达式 1 和表达式

2 的值是 ture 还是 false；使用"&&"时，则针对布尔类型的类进行判断，当表达式 1 为 false 时，不再判断表达式 2 是 ture 还是 false，直接输出结果，从而节省计算机判断次数。通常称这种只判断左端表达式即可推出整个表达式值的方式为"短路"，而称那些始终判断两边表达式的方式为"非短路"。也就是说，"&&"是短路运算符，"&"是非短路运算符。

【例 4.5】判断用户是否可以登录网站（实例位置：资源包\TM\sl\4\5）

在明日学院网站首页中，用户可以使用账户名、手机号或电子邮箱进行登录。请判断某用户是否可以登录（已知服务器中有如下记录，账户名：明日；手机号：136××××0204；电子邮箱：mingrisoft@mingrisoft.com；默认密码为 123456），代码如下。

```
static void Main(string[] args)
{
    Console.Write("用户名：");
    string name = Console.ReadLine();
    Console.Write("密　码：");
    string pwd = Console.ReadLine();
    Console.WriteLine("用户是否可以登录明日学院网站首页：" +
        ((name == "明日" || name == "136****0204"|| name == "mingrisoft@mingrisoft.com") && pwd=="123456"));
    Console.ReadLine();
}
```

程序运行结果如图 4.4 所示。

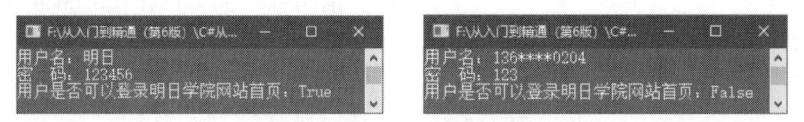

图 4.4　判断用户是否可以登录

4.2.6　位运算符

我们都知道，整型数据在计算机内存中是以二进制形式表示的。例如，int 型变量 7 的二进制表示是 00000000 00000000 00000000 00000111。其中，左侧最高位是符号位，0 表示正数，1 表示负数。负数采用补码表示，如-8 的二进制表示为 11111111 11111111 11111111 11111000。

位运算是完全针对二进制位方面的操作，共包括 5 类操作符，下面一起来认识下。

1. "按位与"运算

"按位与"运算的运算符为"&"，运算法则是：如果两个操作数对应二进制位都是 1，则结果位是 1，否则为 0。如果两个操作数的精度不同，则结果精度与精度高的操作数相同，如图 4.5 所示。

2. "按位或"运算

"按位或"运算的运算符为"|"，运算法则是：如果两个操作数对应二进制位都是 0，则结果位是 0，否则为 1。如果两个操作数的精度不同，则结果精度与精度高的操作数相同，如图 4.6 所示。

3. "按位取反"运算

"按位取反"运算又称为"按位非"运算，运算符为"~"，是一个单目运算符。运算法则是：将操作数二进制位中的 1 修改为 0，0 修改为 1，如图 4.7 所示。

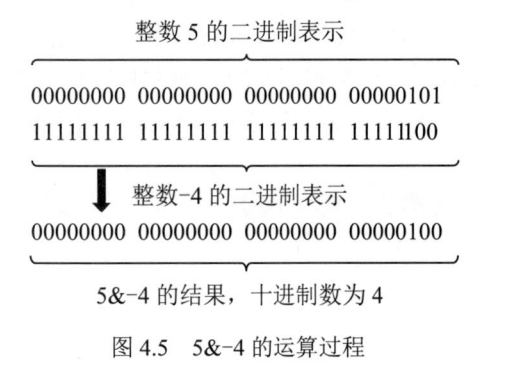

```
整数 5 的二进制表示                          整数 3 的二进制表示
00000000 00000000 00000000 00000101        00000000 00000000 00000000 00000011
11111111 11111111 11111111 11111100        00000000 00000000 00000000 00000110
        ↓ 整数-4 的二进制表示                      ↓ 整数 6 的二进制表示
00000000 00000000 00000000 00000100        00000000 00000000 00000000 00000111
```

5&-4 的结果，十进制数为 4   3|6 的结果，十进制表示 7

图 4.5　5&-4 的运算过程 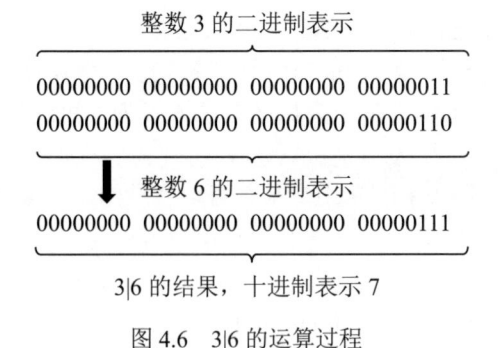   图 4.6　3|6 的运算过程

4．"按位异或"运算

"按位异或"运算的运算符是"^"，运算法则是：如果两个操作数的二进制位相同（同为 0 或同为 1），结果为 0，否则为 1。如果两个操作数的精度不同，则结果精度与精度高的操作数相同，如图 4.8 所示。

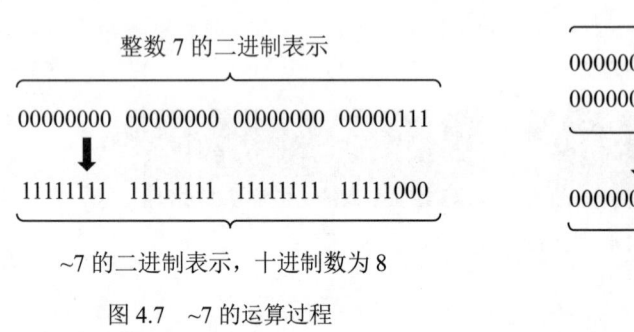

```
整数 7 的二进制表示                          整数 10 的二进制表示
00000000 00000000 00000000 00000111        00000000 00000000 00000000 00001010
        ↓                                  00000000 00000000 00000000 00000011
11111111 11111111 11111111 11111000                ↓ 整数 3 的二进制表示
                                           00000000 00000000 00000000 00001001
```

~7 的二进制表示，十进制数为 8   10^3 的结果，十进制表示 9

图 4.7　~7 的运算过程 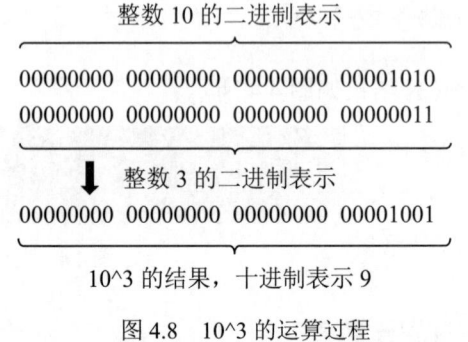   图 4.8　10^3 的运算过程

5．移位操作

C#中的移位运算符有两种：左移运算符"<<"和右移运算符">>"。

例如，X<<N 或 X>>N 表示将操作数 X 向左或向右移动 N 位，箭头方向代表了移位方向，非常好记。左移比较简单，将 X 的二进制数据左移 N 位后，右侧移出的空位直接补 0 即可。右移则复杂些，如果操作数 X 的最高位是 0，则左侧移出的空位补 0；如果 X 的最高位是 1，则左侧移出的空位补 1，如图 4.9 所示。

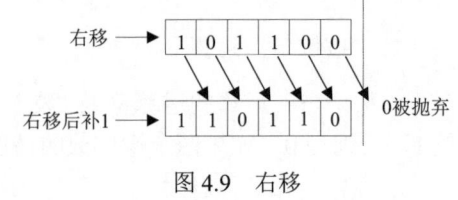

这里，X 的类型只能是 int、uint、long 或 ulong，N 的类型只能是 int，或者能显式转换为这些类型之一，否则编译程序时会出现错误。

图 4.9　右移

> **技巧**
>
> 移位可以实现整数除以或乘以 2 的 n 次方的效果。例如，y<<2 与 y*4 的结果相同；y>>1 的结果与 y/2 的结果相同。总之，一个数左移 n 位，就是将这个数乘以 2 的 n 次方；一个数右移 n 位，就是将这个数除以 2 的 n 次方。

【例 4.6】 移位运算符的使用（**实例位置：资源包\TM\sl\4\6**）

创建一个控制台应用程序，使变量 intmax 向左移位 8 次，并输出结果，代码如下。

```
uint intmax = 8;                              //声明 uint 类型变量 intmax
uint bytemask;                                //声明 uint 类型变量 bytemask
bytemask = intmax << 8;                       //使 intmax 左移 8 次
Console.WriteLine(bytemask);                  //输出结果
Console.ReadLine();
```

程序运行结果为 2048。

4.2.7 其他特殊运算符

C#中还有一些运算符，不能简单地归到某个类型中，下面将对这些特殊运算符进行详细讲解。

1．is 运算符

is 运算符用于检查变量是否为指定的类型。如果是特定类型，返回 ture，否则返回 false。

【例 4.7】 使用 is 检查变量类型（**实例位置：资源包\TM\sl\4\7**）

创建一个控制台应用程序，判断整型变量 i 是否为整型，代码如下。

```
int i = 0;                                    //声明整型变量 i
bool result = i is int;                       //判断 i 是否为整型
Console.WriteLine(result);                    //输出结果
Console.ReadLine();
```

因为 i 是整型，所以运行程序返回值为 true。

> **注意**
> 不能重载 is 运算符。is 运算符只考虑引用转换、装箱转换和取消装箱转换。不考虑其他转换，如用户定义的转换。

2．条件运算符

条件运算符（?:）可根据条件表达式的值返回其后两个值中的一个，语法格式如下。

条件式? 值1: 值2

如果条件表达式为 true，则返回值 1；如果为 false，则返回值 2。

【例 4.8】 判断是否为闰年（**实例位置：资源包\TM\sl\4\8**）

创建一个控制台应用程序，判断用户输入的年份是不是闰年，代码如下。

```
static void Main(string[ ] args)
{
    Console.Write("请输入一个年份：");                          //屏幕输入提示字符串
    string str = Console.ReadLine();                            //获取用户输入的年份
    int year = Int32.Parse(str);                                //将输入的年份转换成 int 类型
    bool isleapyear=((year%400)==0)||(((year%4)==0)&&((year%100)!=0));  //计算输入的年份是否为闰年
    string yesno = isleapyear ? "是" : "不是";                  //利用条件运算符输入"是"或者"不是"
    Console.WriteLine("{0}年{1}闰年",year,yesno);              //输出结果
    Console.ReadLine();
}
```

3. new 运算符

new 运算符用于创建一个新的类型实例，它有以下 3 种形式。
- ☑ 对象创建表达式，用于创建一个类类型或值类型的实例。
- ☑ 数组创建表达式，用于创建一个数组类型实例。
- ☑ 代表创建表达式，用于创建一个新的代表类型实例。

【例 4.9】 new 运算符的使用（**实例位置：资源包\TM\sl\4\9**）

创建一个控制台应用程序，使用 new 运算符创建一个数组并添加项目，然后输出，代码如下。

```
string[] phone = new string[5];              //创建具有 5 个项目的 string 类型数组
phone[0] = "华为 Mate 40";                    //为数组第 1 项赋值
phone[1] = "荣耀 V40";                        //为数组第 2 项赋值
phone[2] = "小米 11";                         //为数组第 3 项赋值
phone[3] = "VIVO X60";                       //为数组第 4 项赋值
phone[4] = "OPPO Reno5";                     //为数组第 5 项赋值
Console.WriteLine(phone[0]);                 //输出数组第 1 项
Console.WriteLine(phone[1]);                 //输出数组第 2 项
Console.WriteLine(phone[2]);                 //输出数组第 3 项
Console.WriteLine(phone[3]);                 //输出数组第 4 项
Console.WriteLine(phone[4]);                 //输出数组第 5 项
Console.ReadLine();
```

程序运行结果如图 4.10 所示。

4. typeof 运算符

typeof 运算符用于获得系统原型对象的类型，也就是 Type 对象。Type 类包含关于值类型和引用类型的信息。typeof 运算符可以在 C#的各种位置使用，以找出关于引用类型和值类型的信息。

【例 4.10】 获取字符串原始类型（**实例位置：资源包\TM\sl\4\10**）

创建一个控制台应用程序，利用 typeof 运算符获取 string 字符串类的原始类型信息，并输出结果，代码如下。

```
static void Main(string[] args)
{
    Type mytype = typeof(string);                //获取 string 类型的原型对象
    Console.WriteLine("类型：{0}", mytype);       //输出结果
    Console.ReadLine();
}
```

程序运行结果如图 4.11 所示。

图 4.10　new 运算符的使用　　　　图 4.11　获取字符串原始类型

编程训练（**答案位置：资源包\TM\sl\4\编程训练**）

【训练 1】模拟蚂蚁庄园的饲料产生过程　蚂蚁庄园是支付宝推出的网上公益活动，网友通过使用支付宝付款可领取鸡饲料，使用饲料喂鸡后可获得鸡蛋。模拟蚂蚁庄园一日产生的鸡饲料数量，假设

完成一次支付可产生 180g 鸡饲料，计算一共可产生多少鸡饲料。

【训练 2】出租车车费计价　2021 年，深圳出租车统一了计价标准，起步价为 10 元，起步里程为 2 千米，里程价为 2.6 元/千米，燃油费 3 元/次。编写一个简单的出租车计价程序，用户输入运行距离即里程数，计算普通打车应收费用和四舍五入后的实收费用。普通方式（不计算等候、长途等情况）车费计算公式：车费=起步价+里程价×（里程数-起步里程数）+燃油费，出租车车费收取时按四舍五入的方式收费。

4.3　运算符优先级

运算符的优先级决定了表达式中运算执行的先后顺序。通常情况下，运算符的大致顺序由高到低依次是：自增自减运算符→算术运算符→关系运算符→逻辑运算符→赋值运算符。如果两个运算符的优先级相同，则优先处理左侧的表达式。另外，和数学中一样，可通过括号"( )"提升运算符的优先级，程序开始执行时，括号"( )"内的运算符将被优先执行。

表 4.6 列出了 C#中所有运算符从高到低的优先级顺序。

表 4.6　运算符从高到低的优先级顺序

分　　类	运　　算　　符	优先级次序
基本	x.y、f(x)、a[x]、x++、x--、new、typeof、checked、unchecked	高
一元	+、-、!、~、++x、--x、(T)x	
乘除	*、/、%	
加减	+、-	
移位	<<、>>	
比较	<、>、<=、>=、is、as	
相等	==、!=	
位与	&	
位异或	^	
位或	|	
逻辑与	&&	
逻辑或	||	
条件	?:	
赋值	=、+=、-=、*=、/=、%=、&=、|=、^=、<<=、>>=	低

4.4　实践与练习

（答案位置：资源包\TM\sl\4\实践与练习\）

综合练习 1："+"运算符的两种应用　编写程序，使用"+"运算符进行加法和串联字符串"15"。

综合练习 2："++"运算符的前后对比　编写程序，分别使用"++x"和"x++"运算符求和，比较它们在不同位置的作用。

综合练习 3：人生路程计算器　英国专家发现，城市居民一生大约会步行 80 500 千米。编写程序，如果人均寿命 70 岁，一年 365 天，一生步行 80 500 千米，每天需要走多少千米，每年需要走多少千米。（提示：使用 {0:F2} 格式对小数进行格式化，使其保留两位小数。）

综合练习 4：淘宝能量兑换红包　编写程序，输入个人能量（如 2305），计算输入的能量可以兑换多少红包（假设 100 能量可兑换 1 元红包）。

综合练习 5：数字加法验证码　假设你刚被 Mipso 公司聘用，公司正在做一个大型数据项目，你被安排做验证模块。其中一个工作是生成数字计算的验证码，如生成 3×9 =？或 8+3=？。（提示：使用用 Random 对象的 Next() 方法随机生成用于作为加法验证码的数字。）

4.5　动手纠错

（1）运行"资源包\TM\排错练习\04\01"文件夹下的程序，出现"未处理 DivideByZeroException 尝试除以零"的错误提示，请根据注释改正程序。

（2）运行"资源包\TM\排错练习\04\02"文件夹下的程序，对比程序中将"--"自减运算符放在操作数前后的运算结果。

（3）运行"资源包\TM\排错练习\04\03"文件夹下的程序，出现"无法将类型 double 隐式转换为 int。存在一个显式转换（是否缺少强制转换？）"的错误提示，请根据注释改正程序。

（4）运行"资源包\TM\排错练习\04\04"文件夹下的程序，出现"无法将类型 int 隐式转换为 bool"的错误提示，请根据注释改正程序。

（5）运行"资源包\TM\排错练习\04\05"文件夹下的程序，出现"System.Console 是'类型'，但此处被当作'变量'来使用"的错误提示，请根据注释改正程序。

（6）运行"资源包\TM\排错练习\04\06"文件夹下的程序，出现"只有 assignment、call、increment、decrement、await 和 new 对象表达式可用作语句"的错误提示，请根据注释改正程序。

（7）运行"资源包\TM\排错练习\04\07"文件夹下的程序，出现"意外的字符'""'"的错误提示，请根据注释改正程序。

（8）运行"资源包\TM\排错练习\04\08"文件夹下的程序，出现"未将对象引用设置到对象的实例"的错误提示，请根据注释改正程序。

第 5 章 字符与字符串

C#对于文字的处理大多是通过操作字符和字符串来实现的。本章将详细介绍字符与字符串的相关内容，包括字符、字符串、可变字符串，以及用于字符串处理的正则表达式。

本章知识架构及重点、难点如下。

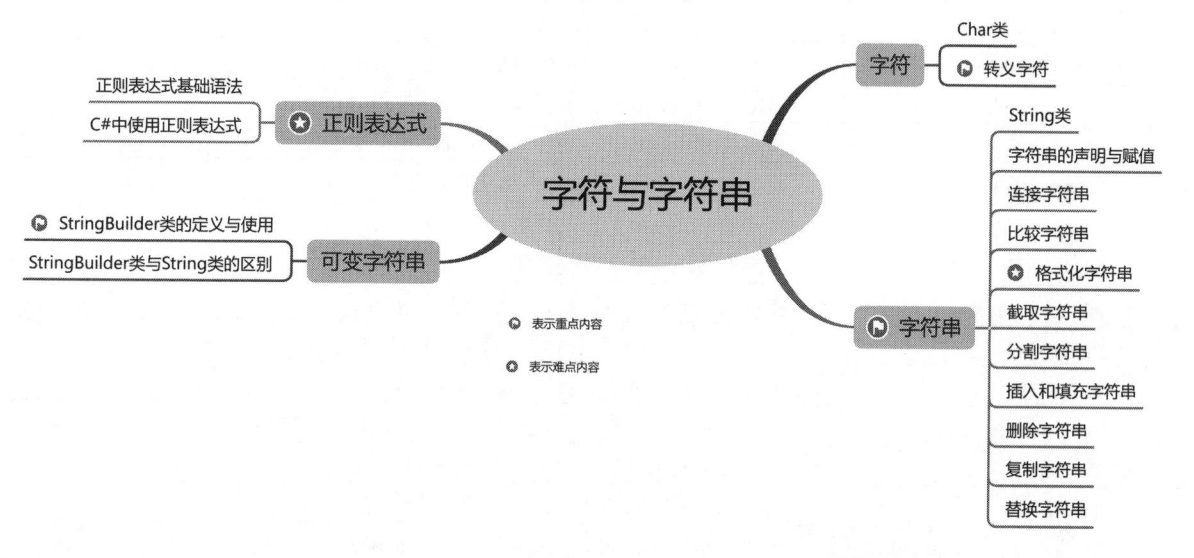

5.1 字符类 Char

5.1.1 认识 Char 类

C#语言中，Char 类（字符类）主要用来存储单个字符，占用 16 位（2 个字节）内存空间。Char 类变量必须包含在一对"' '"（单引号）之内，如's'、'1'。

Char 类变量的定义方式如下。

```
char ch1='L';
char ch2='1';
```

说明

Char 只能定义一个 Unicode 字符。Unicode 字符是目前计算机中通用的字符编码，它为每个字符都设定了统一的二进制编码，可满足跨语言、跨平台的文本转换、处理等要求。

Char 类为开发人员提供了许多方法（见表 5.1），开发人员可通过这些方法灵活地操作字符。

表 5.1 Char 类的常用方法及说明

方　　法	说　　明
IsControl()	指定的 Unicode 字符是否属于控制字符类别
IsDigit()	指定的 Unicode 字符是否属于十进制数字类别
IsHighSurrogate()	指定的 Char 对象是否为高代理项
IsLetter()	指定的 Unicode 字符是否属于字母类别
IsLetterOrDigit()	指定的 Unicode 字符是属于字母类别还是属于十进制数字类别
IsLower()	指定的 Unicode 字符是否属于小写字母类别
IsLowSurrogate()	指定的 Char 对象是否为低代理项
IsNumber()	指定的 Unicode 字符是否属于数字类别
IsPunctuation()	指定的 Unicode 字符是否属于标点符号类别
IsSeparator()	指定的 Unicode 字符是否属于分隔符类别
IsSurrogate()	指定的 Unicode 字符是否属于代理项字符类别
IsSurrogatePair()	两个指定的 Char 对象是否形成代理项对
IsSymbol()	指定的 Unicode 字符是否属于符号字符类别
IsUpper()	指定的 Unicode 字符是否属于大写字母类别
IsWhiteSpace()	指定的 Unicode 字符是否属于空白类别
Parse()	将指定字符串的值转换为它的等效 Unicode 字符
ToLower()	将 Unicode 字符的值转换为它的小写等效项
ToLowerInvariant()	使用固定区域性的大小写规则，将 Unicode 字符的值转换为其小写等效项
ToString()	将此实例的值转换为等效的字符串表示
ToUpper()	将 Unicode 字符的值转换为它的大写等效项
ToUpperInvariant()	使用固定区域性的大小写规则，将 Unicode 字符的值转换为其大写等效项
TryParse()	将指定字符串的值转换为它的等效 Unicode 字符

Char 类方法中，比较常用的是以 Is 和 To 开头的方法。以 Is 开头的方法多用于判断 Unicode 字符是否为某个类别，以 To 开头的方法通常表示转换为其他 Unicode 字符。

【例 5.1】Char 类常用方法的应用（实例位置：资源包\TM\sl\5\1）

```
static void Main(string[ ] args)
{
    char a = 'a';                                    //声明字符 a
    char b = '8';                                    //声明字符 b
    char c = 'L';                                    //声明字符 c
    char d = '.';                                    //声明字符 d
    char e = '|';                                    //声明字符 e
    char f = ' ';                                    //声明字符 f
    //使用 IsLetter()方法判断 a 是否为字母
    Console.WriteLine("IsLetter()方法判断 a 是否为字母：{0}", Char.IsLetter(a));
    //使用 IsDigit()方法判断 b 是否为十进制数字
    Console.WriteLine("IsDigit()方法判断 b 是否为数字：{0}", Char.IsDigit(b));
    //使用 IsLetterOrDigit()方法判断 c 是否为字母或数字
    Console.WriteLine("IsLetterOrDigit()方法判断 c 是否为字母或数字：{0}", Char.IsLetterOrDigit(c));
    //使用 IsLower()方法判断 a 是否为小写字母
```

```
        Console.WriteLine("IsLower()方法判断 a 是否为小写字母：{0}", Char.IsLower(a));
        //使用 IsUpper()方法判断 c 是否为大写字母
        Console.WriteLine("IsUpper()方法判断 c 是否为大写字母：{0}", Char.IsUpper(c));
        //使用 IsPunctuation()方法判断 d 是否为标点符号
        Console.WriteLine("IsPunctuation()方法判断 d 是否为标点符号：{0}", Char.IsPunctuation(d));
        //使用 IsSeparator()方法判断 e 是否为分隔符
        Console.WriteLine("IsSeparator()方法判断 e 是否为分隔符：{0}", Char.IsSeparator(e));
        //使用 IsWhiteSpace()方法判断 f 是否为空白
        Console.WriteLine("IsWhiteSpace()方法判断 f 是否为空白：{0}", Char.IsWhiteSpace(f));
        Console.ReadLine();
    }
}
```

程序运行结果如图 5.1 所示。

5.1.2 转义字符

转义字符是一种特殊的字符变量，它以反斜线"\"开头，后跟一个或多个字符。转义字符通常具有特定的含义，不再表示字符的原义。例如，"\n"不再表示字符 n，而是表示按回车键换行这一操作。

总之，使用转义字符，可将字符转换成其他操作指令，或是将无法一起使用的字符进行组合。

图 5.1 Char 类常用方法的应用

> **注意**
> 转义字符"\"（单个反斜线）只针对后面紧跟着的单个字符进行操作。

例如，下面代码中直接定义字符的值为单引号，将产生错误（见图 5.2）。

图 5.2 错误提示

```
static void Main(string[ ] args)                //Main()方法
{
    char M=''';                                 //声明一个字符变量，值为单引号，将出错
}
```

为了避免此类错误，可在单引号前添加"\"，使其变为转义字符。

```
static void Main(string[ ] args)                //Main()方法
{
    char a='\'';                                //使用转义字符，定义字符的值为单引号
}
```

此外还有其他转义字符，如表 5.2 所示。

表 5.2 转义字符

转 义 字 符	说　　明	转 义 字 符	说　　明
\n	按回车键换行	\r	按回车键
\t	横向跳到下一制表位置	\f	换页
\"	双引号	\\	反斜线
\b	退格	\'	单引号

【例5.2】使用转义字符输出特殊效果（实例位置：资源包\TM\sl\5\2）

```
static void Main(string[] args)
{
    char c1 = '\\';                         //反斜线转义字符
    char c2 = '\'';                         //单引号转义字符
    char c3 = '\"';                         //双引号转义字符
    char c4 = '\u2605';                     //十六进制表示的字符
    char c5 = '\t';                         //制表符转义字符
    char c6 = '\n';                         //换行符转义字符
    Console.WriteLine("[" + c1 + "]");
    Console.WriteLine("[" + c2 + "]");
    Console.WriteLine("[" + c3 + "]");
    Console.WriteLine("[" + c4 + "]");
    Console.WriteLine("[" + c5 + "]");
    Console.WriteLine("[" + c6 + "]");
    Console.ReadLine();
}
```

程序运行结果如图5.3所示。

编程训练（答案位置：资源包\TM\sl\5\编程训练\）

【训练1】打印保险单　打印保险单详细列表时，使用 Char 类型记录用户的性别是 M（男）还是 W（女），效果如下。

```
您的保险单信息
保险单号：20171211
年　　龄：25
保险额度：50000
性　　别：M
```

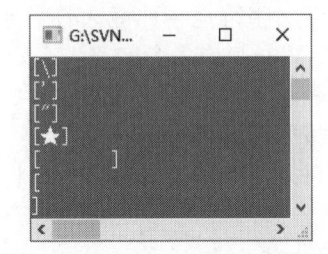

图5.3　使用转义字符输出特殊效果

【训练2】输出 Windows 系统目录　在 C#程序中使用转义字符输出 Windows 的系统目录。（提示：Windows 系统目录默认为 C:\Windows\。）

5.2　字符串类 String

Char 类只能表示单个字符，不能表示由多个字符连接而成的字符串。C#语言中，字符串通常作为对象来处理，使用字符串类（String 类）可创建字符串对象。

5.2.1　字符串的声明及赋值

字符串必须包含在一对" "（双引号）之内。例如，"23.23"、"ABCDE"、"A"、"1+2"、"你好" 等都是字符串常量。字符串常量可以是系统能够显示的任何文字信息，甚至是单个字符。

初学者很容易混淆's'和"s"。注意，'s'表示字符 s，"s"则表示一个字符串，该字符串只有一个字符。

> **误区警示**
>
> C#中，由双引号(" ")包围的内容都是字符串，不能再作为其他数据类型来使用。例如，"1+2"就是一个字符串，而不再是加法运算，输出结果也不会是 3。

可以通过以下语法格式来声明一个字符串变量。

```
string str = [null]
```

- string：指定该变量为字符串类型。
- str：任意有效的标识符，表示字符串变量的名称。
- null：如果省略 null，表示 str 变量是未初始化的状态，否则表示声明的字符串的值就等于 null。

例如，声明字符串变量 s，实例代码如下。

```
string s;
```

说明

声明的字符串变量必须经过初始化才能使用，否则编译器会提示"使用了未赋值的变量"错误。

声明字符串之后，需要对其赋值。字符串赋值需要使用赋值运算符"="。例如，声明一个字符串变量 str，并为其赋值"C#编程词典"，代码如下。

```
string str = "C#编程词典";
```

5.2.2 连接多个字符串

使用"+"运算符可对多个字符串进行连接，产生一个 String 对象。例如，定义两个字符串，使用"+"运算符连接，代码如下。

```
string s1 = "hello";              //声明一个字符串 s1
string s2 = "world";              //声明一个字符串 s2
string s = s1 + " " + s2;         //将 s1 和 s2 连接后的结果赋值给 s
```

误区警示

C#中，一个完整的字符串不能直接分在两行中书写。例如，下面的代码写法是错误的。

```
Console.WriteLine("I like
C#")
```

正确的做法是：当一个字符串过长时，使用"+"将其分为两个字符串，在加号处换行。

```
Console.WriteLine ("I like"+
"C#");
```

5.2.3 比较字符串

使用比较运算符"=="，可对两个字符串的值进行逐一比较。例如，下面的代码输出结果为 true，说明两个字符串完全相同。

```
string str1 = "mingrikeji";
string str2 = "mingrikeji";
Console.WriteLine((str1 == str2));
```

除此以外，C#中常见的比较字符串方法有 Compare()、CompareTo()和 Equals()等，这些方法都归属于 String 类。下面对这 3 个方法进行详细的介绍。

1. Compare()方法

Compare()方法用来比较两个字符串是否相等，它有很多个重载方法，最常用的两种方法如下。

```
Int Compare(string strA,string strB)
Int Compare(string strA,string strB,bool ignorCase)
```

- ☑ strA 和 strB：待比较的两个字符串。
- ☑ ignorCase：一个布尔类型参数，如果其值为 true，比较字符串时会忽略大小写。

Compare()方法是一个静态方法，使用时可以直接引用。如果 strA 的值和 strB 的值相等，则返回 0；如果 strA 的值大于 strB 的值，则返回 1；如果 strA 的值小于 strB 的值，则返回-1。

【例 5.3】使用 Compare()方法比较两个字符串（实例位置：资源包\TM\sl\5\3）

```
static void Main(string[ ] args)
{
    string Str1 = "华为 P30";                              //声明一个字符串 Str1
    string Str2 = "华为 P30 Pro";                          //声明一个字符串 Str2
    Console.WriteLine(String.Compare(Str1, Str2));         //输出字符串 Str1 与 Str2 比较后的返回值
    Console.WriteLine(String.Compare(Str1, Str1));         //输出字符串 Str1 与 Str1 比较后的返回值
    Console.WriteLine(String.Compare(Str2, Str1));         //输出字符串 Str2 与 Str1 比较后的返回值
    Console.ReadLine();
}
```

程序运行结果如下。

```
-1
0
1
```

> **注意**
> 比较字符串并非比较字符串的长度，而是比较字符串在英文字典中的位置，即按照字典排序的规则，逐个字符地比较两个字符串的大小。在英文字典中，前面的单词小于后面的单词。

2. CompareTo()方法

CompareTo()方法与 Compare()方法相似，也用于比较两个字符串是否相等。不同的是，CompareTo()方法是用实例对象本身与指定的字符串作比较，其语法格式如下。

```
public int CompareTo(string strB)
```

例如，对字符串 StrA 和字符串 StrB 进行比较，代码如下。

```
StrA.CompareTo(StrB)
```

如果 StrA 的值与 StrB 的值相等，则返回 0；如果 StrA 的值大于 StrB 的值，则返回 1；如果 StrA 的值小于 StrB 的值，则返回-1。

【例 5.4】使用 CompareTo()方法比较两个字符串（实例位置：资源包\TM\sl\5\4）

```
static void Main(string[ ] args)
{
    string Str1 = "支付宝";                                //声明一个字符串 Str1
```

```
        string Str2 = "微信支付";                              //声明一个字符串 Str2
        Console.WriteLine(Str1.CompareTo(Str2));            //输出 Str1 与 Str2 比较后的返回值
        Console.ReadLine();
}
```

由于字符串 Str1 在字典中的位置比字符串 Str2 靠后，所以运行结果为 1。

3．Equals()方法

Equals()方法同样用于比较两个字符串是否相同，如果相同，返回值是 true，否则为 false。其两种常用方式的语法格式如下。

```
public bool Equals(string value)
public static bool Equals(string a,string b)
```

- value：与实例对象本身比较的字符串。
- a 和 b：进行比较的两个字符串。

【例 5.5】使用 Equals()方法比较两个字符串是否相同（实例位置：资源包\TM\sl\5\5）

```
static void Main(string[ ] args)
{
        string Str1 = "支付宝";                              //声明一个字符串 Str1
        string Str2 = "微信支付";                              //声明一个字符串 Str2
        Console.WriteLine(Str1.Equals(Str2));               //用 Equals()方法比较字符串 Str1 和 Str2
        Console.WriteLine(String.Equals(Str1, Str2));       //用 Equals()方法比较字符串 Str1 和 Str2
        Console.ReadLine();
}
```

程序运行结果如下。

```
false
false
```

5.2.4 格式化字符串

C#中，String 类提供了一个静态 Format()方法，用于将字符串数据（数值型数据和日期时间型数据）格式化为指定格式。其语法格式如下。

```
public static string Format(string format, object obj);
```

- format：字符串格式化的形式。
- obj：格式化的对象。

说明

format 参数由零或多个文本序列与零或多个索引占位符混合组成。其中，索引占位符称为格式项，与参数列表对象相对应。格式设置过程中，将每个格式项替换为相应对象值的文本表示形式。格式项的语法格式为"{索引[,对齐方式][:格式字符串]}"，它指定了一个强制索引、格式化文本的可选长度和对齐方式，以及格式说明符字符的可选字符串，格式说明符字符用于控制如何设置相应对象值的格式。

1．数值类型的格式化

实际开发中，数值类型有多种显示方式，如货币形式、百分比形式等。C#支持的标准数值格式规范如表 5.3 所示。

表 5.3 C#支持的标准数值格式规范

格式说明符	名 称	说 明	示 例
C 或 c	货币	格式效果：货币值 支持类型：所有数值类型 精度说明：小数位数	¥123 或-¥123.456
D 或 d	Decimal	格式效果：整型数字，负号可选 支持类型：仅整型 精度说明：最小位数	1234 或-001234
E 或 e	指数（科学型）	格式效果：指数记数法 支持类型：所有数值类型 精度说明：小数位数	1.052033E+003 或 -1.05e+003
F 或 f	定点	格式效果：整数和小数，负号可选 支持类型：所有数值类型 精度说明：小数位数	1234.57 或-1234.5600
N 或 n	Number	格式效果：整数和小数、组分隔符和小数分隔符，负号可选 支持类型：所有数值类型 精度说明：小数位数	1234.57 或-1234.560
P 或 p	百分比	格式效果：乘以 100，并显示百分比符号的数字 支持类型：所有数值类型 精度说明：小数位数	100.00 %或 100 %
X 或 x	十六进制	格式效果：十六进制字符串 支持类型：仅整型 精度说明：结果字符串中的位数	FF 或 00ff

【例 5.6】 格式化不同的数值类型数据（**实例位置：资源包\TM\sl\5\6**）

创建一个控制台应用程序，使用表 5.3 中的标准数值格式规范对不同的数据进行格式化并输出，代码如下。

```
static void Main(string[] args)
{
    //输出金额
    Console.WriteLine(string.Format("1251+3950 的结果是（以货币形式显示）：{0:C}", 1251 + 3950));
    //输出科学计数法
    Console.WriteLine(string.Format("120000.1 用科学计数法表示：{0:E}", 120000.1));
    //输出以分隔符显示的数字
    Console.WriteLine(string.Format("12800 以分隔符数字显示的结果是：{0:N0}", 12800));
    //输出小数点后两位
    Console.WriteLine(string.Format("π取两位小数点：{0:F2}", Math.PI));
    //输出十六进制
    Console.WriteLine(string.Format("33 的十六进制结果是：{0:X4}", 33));
    //输出百分号数字
    Console.WriteLine(string.Format("天才是由 {0:P0} 的灵感，加上 {1:P0} 的汗水 。", 0.01, 0.99));
    Console.ReadLine();
}
```

程序运行结果如下。

1251+3950 的结果是（以货币形式显示）：￥5,201.00
120000.1 用科学计数法表示：1.200001E+005
12800 以分隔符数字显示的结果是：12,800
π取两位小数点：3.14
33 的十六进制结果是：0021
天才是由 1%的灵感，加上 99%的汗水。

2．日期时间的格式化

如果希望日期时间按照某种格式输出，那么可以使用 Format()方法将日期时间格式化成指定的格式。在 C#中，已经提供了一些用于日期时间的格式规范，具体描述如表 5.4 所示。

表 5.4　用于日期时间的格式规范

格 式 规 范	说　　明
d	简短日期格式（YYYY-MM-dd）
D	完整日期格式（YYYY 年 MM 月 dd 日）
t	简短时间格式（hh:mm）
T	完整时间格式（hh:mm:ss）
f	简短的日期/时间格式（YYYY-MM-dd　hh:mm）
F	完整的日期/时间格式（YYYY 年 MM 月 dd 日　hh:mm:ss）
g	简短的可排序的日期/时间格式（YYYY-MM-dd　hh:mm）
G	完整的可排序的日期/时间格式（YYYY-MM-dd　hh:mm:ss）
M 或 m	月/日格式（MM 月 dd 日）
Y 或 y	年/月格式（YYYY 年 MM 月）

【例 5.7】格式化日期并输出（实例位置：资源包\TM\sl\5\7）

创建一个控制台应用程序，声明一个 DateTime 类型的变量 dt，用于获取系统的当前日期时间，然后使用格式规范 D 将日期时间格式化为"YYYY 年 MM 月 dd 日"的格式，代码如下。

```
static void Main(string[] args)
{
    DateTime dt = DateTime.Now;                     //获取系统当前日期
    string strB = String.Format("{0:D}", dt);       //格式化成完整日期格式
    Console.WriteLine(strB);                        //输出日期
    Console.ReadLine();
}
```

程序运行结果为"2023 年 1 月 26 日"。

误区警示

通过 ToString()方法可传入指定的格式说明符，对数值型数据和日期时间型数据进行格式化。例如，下面使用 ToString()方法将 1298 格式化为货币形式，将当前日期格式化为年/月格式。

```
int money = 1298;
Console.WriteLine(money.ToString("C"));             //使用 ToString()方法格式化为货币形式
DateTime dTime = DateTime.Now;
Console.WriteLine(dTime.ToString("Y"));             //使用 ToString()方法格式化为年/月格式
```

59

5.2.5 截取字符串

Substring()方法用于截取字符串中指定位置和指定长度的子字符串，其语法格式如下。

```
public string Substring(int startIndex,int length)
```

- ☑ startIndex：子字符串起始位置的索引。
- ☑ length：子字符串中的字符数。

【例5.8】从字符串指定位置截取指定个数的子字符串（实例位置：资源包\TM\sl\5\8）

创建一个控制台应用程序，声明两个字符串类型的变量 StrA 和 StrB，将 StrA 初始化为"今天你消耗了多少卡路里"，然后使用 Substring()方法从索引 2 开始截取 4 个字符，赋值给 StrB，并输出 StrB，代码如下。

```
static void Main(string[ ] args)
{
    string StrA = "今天你消耗了多少卡路里";      //声明字符串 StrA
    string StrB = "";                              //声明字符串 StrB
    StrB = StrA.Substring(2, 4);                   //截取字符串
    Console.WriteLine(StrB);                       //输出截取后的字符串
    Console.ReadLine();
}
```

程序运行结果为"你消耗了"。

说明

在使用 Substring()方法截取字符串时，startIndex 和 length 参数的值都必须限定在字符串内的位置，否则会出现异常提示。

5.2.6 分割字符串

String 类提供了一个 Split()方法，用于分割字符串，此方法的返回值是包含所有分割子字符串的数组对象，可以通过数组取得所有分割的子字符串，其语法格式如下。

```
public string[ ] Split(params char[ ] separator);
```

其中，separator 是一个数组，包含分隔符。

【例5.9】按指定字符对字符串进行分割（实例位置：资源包\TM\ sl\5\9）

创建一个控制台应用程序，声明一个 string 类型的变量 StrA，初始化为"AI 时代已经到来，你还在等什么"，然后通过 Split()方法分割变量 StrA，并输出分割后的字符串，代码如下。

```
static void Main(string[ ] args)
{
    string StrA = "AI 时代已经到来，你还在等什么";      //声明字符串 StrA
    char[] separator ={',' };                            //声明分割字符的数组
    String[] splitstrings = new String[100];             //声明一个字符串数组
    splitstrings = StrA.Split(separator);                //分割字符串
    for (int i = 0; i < splitstrings.Length; i++)
    {
```

```
            Console.WriteLine("item{0}:{1}", i, splitstrings[i]);
        }
        Console.ReadLine();
}
```

程序运行结果如下。

item0：AI 时代已经到来
item1：你还在等什么

5.2.7 插入和填充字符串

1．插入字符串

String 类提供了一个 Insert()方法，用于向字符串的任意位置插入新元素，其语法格式如下。

public string Insert(int startIndex, string value);

- startIndex：插入字符串的位置，索引从 0 开始。
- value：要插入的字符串。

【例 5.10】在字符串指定位置插入字符（**实例位置：资源包\TM\sl\5\10**）

创建一个控制台应用程序，声明 3 个 string 类型的变量 str1、str2 和 str3。将 str1 初始化为"梦想还是要有的，万一实现了呢！"，然后使用 Insert()方法在 str1 的索引 0 处插入字符串"马云说："，并赋给字符串 str2。最后在 str2 的索引 19 处插入字符串"你信吗"，赋给字符串 str3 并输出 str3，代码如下。

```
static void Main(string[ ] args)                                    //Main()方法
{
    string str1 = "梦想还是要有的，万一实现了呢！";                 //声明字符串 str1 并赋值
    string str2;                                                    //声明字符串 str2
    str2 = str1.Insert(0,"马云说：");                               //使用 Insert()方法向字符串 str1 中插入字符串
    string str3 = str2.Insert(19,"你信吗");                         //使用 Insert()方法向字符串 str2 中插入字符串
    Console.WriteLine(str3);                                        //输出字符串 str3
    Console.ReadLine();
}
```

程序运行结果为"马云说：梦想还是要有的，万一实现了呢！你信吗"。

> **技巧**
> 如果想在字符串的尾部插入字符串，可以用字符串变量的 Length 属性来设置插入的起始位置。

2．填充字符串

String 类中的 PadLeft()和 PadRight()方法用于填充字符串，PadLeft()方法在字符串的左侧填充字符，而 PadRight()方法在字符串的右侧填充字符。PadLeft()方法的语法格式如下。

public string PadLeft(int totalWidth,char paddingChar)

PadRight()方法的语法格式如下。

public string PadRight(int totalWidth,char paddingChar)

- totalWidth：填充后的字符串长度。

☑ paddingChar：填充的字符，如果省略，则填充空格符号。

【例 5.11】给笑脸符号添加一对括号（实例位置：资源包\TM\sl\5\11）

创建一个控制台应用程序，声明 3 个 string 类型的变量 str1、str2 和 str3。将 str1 初始化为"*^__^*"，然后使用 PadLeft()方法在 str1 左侧填充字符"("，并赋给字符串 str2。最后使用 PadRight()方法在字符串 str2 的右侧填充字符")"，得到字符串"(*^__^*)"，赋给字符串 str3 并输出 str3，代码如下。

```
static void Main(string[ ] args)
{
    string str1 = "*^__^*";                                    //声明一个字符串 str1
    //声明一个字符串 str2，并使用 PadLeft()方法在 str1 左侧填充字符"("
    string str2 = str1.PadLeft(7, '(');
    //声明一个字符串 str3，并使用 PadRight()方法在 str2 右侧填充字符")"
    string str3 = str2.PadRight(8, ')');
    Console.WriteLine("补充字符串之前: "+str1);                 //输出字符串 str1
    Console.WriteLine("补充字符串之后: "+str3);                 //输出字符串 str2
    Console.ReadLine();
}
```

程序运行结果如下。

```
补充字符串之前: *^__^*
补充字符串之后: (*^__^*)
```

5.2.8 删除字符串

String 类的 Remove()方法用于从一个字符串的指定位置开始，删除指定数量的字符，其语法格式如下。

```
public String Remove(int startIndex);
public String Remove(int startIndex, int count);
```

☑ startIndex：开始删除的位置，索引从 0 开始。
☑ count：删除的字符数量。

Remove()方法的两种语法格式中，第一种格式删除字符串中从指定位置到最后位置的所有字符；第二种格式从字符串中指定位置开始删除指定数目的字符。

> **误区警示**
>
> 参数 count 的值不能为 0 或是负数（startIndex 参数也不能为负数）。如果为负数，将会引发 ArgumentOutOfRangeException 异常（当参数值超出调用方法所定义的允许取值范围时引发的异常）；如果为 0，则删除无意义，也就是没有进行删除。

【例 5.12】删除指定索引后的所有字符（实例位置：资源包\TM\sl\5\12）

创建一个控制台应用程序，声明一个 string 类型的变量 str1，并初始化为".NET 也开源了!"，然后使用 Remove()方法的第一种语法格式删除索引 4 后面的所有字符，代码如下。

```
static void Main(string[ ] args)                               //Main()方法
{
    string str1 = ".NET 也开源了! ";                            //声明一个字符串 str1
    //声明一个字符串 str2，并使用 Remove()方法从字符串 str1 的索引 4 处开始删除
```

```
    string str2 = str1.Remove(4);
    Console.WriteLine(str2);                            //输出字符串 str2
    Console.ReadLine();
}
```

程序运行结果为".NET"。

【例 5.13】 从指定位置删除指定个数的字符（实例位置：资源包\TM\sl\5\13）

创建一个控制台应用程序，声明一个 string 类型的变量 str1，并初始化为".NET 也开源了！"，然后使用 Remove()方法的第二种语法格式从索引位置 0 开始，删除 4 个字符，代码如下。

```
static void Main(string[ ] args)                        //Main()方法
{
    string str1 = ".NET 也开源了！";                    //声明一个字符串 str1，并初始化
    //声明一个字符串 str2，并使用 Remove()方法从字符串 str1 的索引 0 处开始删除 4 个字符
    string str2 = str1.Remove(0,4);
    Console.WriteLine(str2);                            //输出字符串 str2
    Console.ReadLine();
}
```

程序运行结果为"也开源了！"。

5.2.9 复制字符串

String 类的 Copy()和 CopyTo()方法可将字符串或子字符串复制到另一个字符串或 Char 类型数组中。

1. Copy()方法

Copy()方法用于创建一个与指定字符串具有相同值的字符串新实例，其语法格式如下。

```
public static string Copy(string str)
```

☑ str：待复制的字符串。
☑ 返回值：与 str 具有相同值的字符串。

【例 5.14】 使用 Copy()方法复制字符串（实例位置：资源包\TM\sl\5\14）

创建一个控制台应用程序，声明一个 string 类型的变量 stra，并初始化为"AI 时代"，然后使用 Copy()方法复制字符串 stra，并赋给字符串 strb，代码如下。

```
string stra = "AI 时代";                                //声明一个字符串 stra 并初始化
string strb;                                            //声明一个字符串 strb
//使用 String 类的 Copy()方法，复制字符串 stra 并赋值给 strb
strb = String.Copy(stra);
Console.WriteLine(strb);                                //输出字符串 strb
Console.ReadLine();
```

程序运行结果为"AI 时代"。

2. CopyTo()方法

CopyTo()方法用于将字符串的某一部分复制到另一个数组中，其语法格式如下。

```
public void CopyTo(int sourceIndex,char[ ]destination,int destinationIndex,int count);
```

☑ sourceIndex：待复制字符的起始位置。

- ☑ destination：目标字符数组。
- ☑ destinationIndex：目标数组中的开始存放位置。
- ☑ count：要复制的字符个数。

> **误区警示**
>
> 如果参数 sourceIndex、destinationIndex 或 count 为负数，或 count 大于从 startIndex 到实例末尾的子字符串的长度，或 count 大于从 destinationIndex 到 destination 末尾的子数组的长度，则引发 Argument OutOfRangeException 异常（当参数值超出调用方法定义的允许取值范围时引发）。

【例 5.15】 CopyTo()方法的使用（实例位置：资源包\TM\sl\5\15）

创建一个控制台应用程序，声明一个 string 类型的变量 str1，并将其初始化为"机器学习及深度学习"。然后声明一个 char 类型的数组 str，使用 CopyTo()方法将"机器学习"复制到数组 str 中，代码如下：

```
static void Main(string[ ] args)
{
    string str1 = "机器学习及深度学习";              //声明一个字符串 str1 并初始化
    char[] str=new char[100];                      //声明一个字符数组 str
    //将字符串 str 从索引 0 开始的 4 个字符复制到字符数组 str 中
    str1.CopyTo(0,str,0,4);
    Console.WriteLine(str);                         //输出字符数组中的内容
    Console.ReadLine();
}
```

程序运行结果为"机器学习"。

5.2.10 替换字符串

Replace()方法用于将字符串中的某个字符或字符串替换成其他字符或字符串，其语法格式如下：

```
public string Replace(char OChar,char NChar)              //替换字符串中指定的字符
public string Replace(string OValue,string NValue)        //替换字符串中指定的字符串
```

- ☑ OChar：待替换的字符。
- ☑ NChar：替换后的新字符。
- ☑ OValue：待替换的字符串。
- ☑ NValue：替换后的新字符串。

【例 5.16】 通过替换字符串使句子首字母大写（实例位置：资源包\TM\sl\5\16）

创建一个控制台应用程序，声明一个 string 类型的变量 a，并初始化为"one world,one dream"。然后使用 Replace()方法的第一种语法格式将字符串中的"，"替换成"*"。最后使用 Replace()方法的第二种语法格式将字符串中的"one world"替换成"One World"，代码如下：

```
static void Main(string[ ] args)
{
    string a = "one world,one dream";               //声明一个字符串 a 并初始化
    //使用 Replace()方法将字符串 a 中的"，"替换为"*"，并赋值给字符串 b
    string b = a.Replace(',','*');
    Console.WriteLine(b);                            //输出字符串 b
    //使用 Replace()方法将字符串 a 中的"one world"替换为"One World"
    string c = a.Replace("one world", "One World");
```

```
        Console.WriteLine(c);                                          //输出字符串 c
        Console.ReadLine();
}
```

程序运行结果如下。

```
one world*one dream
One World,one dream
```

编程训练（答案位置：资源包\TM\sl\5\编程训练\）

【**训练 3**】你有"理想"吗？ 定义一个字符串"世界上最快乐的事，莫过于为理想而奋斗！"，然后确认该字符串中是否存在关键字"理想"。

【**训练 4**】打印商品及价格信息 在控制台中显示 3 种商品，分别为"1. 华为 Mate 30(64G) 6888""2. 荣耀 30(高配版) 3999"和"3. 一部手机 7T 2999.99"，然后根据用户输入的编号，提示用户购买的商品及价格，其中价格以货币形式显示。

5.3 可变字符串类 StringBuilder

创建成功的字符串对象，其长度是固定的，不能再被改变和编译。虽然使用"+"运算符可为其附加新的字符或字符串，但"+"会产生新的 String 实例，在内存中创建新的字符串对象。因此，当需要多次对字符串进行修改时，会大大增加系统开销。使用 C#提供的可变字符串类（StringBuilder 类），就可以解决这个问题。

5.3.1 StringBuilder 类的定义

StringBuilder 类有 6 种不同的构造方法，本节只介绍最常用的一种，其语法格式如下。

```
public StringBuilder(string value,int cap)
```

☑ value：StringBuilder 对象引用的字符串。
☑ cap：StringBuilder 对象的初始大小。

例如，创建一个 StringBuilder 对象，其初始引用的字符串为"Hello World!"，代码如下。

```
StringBuilder MyStringBuilder = new StringBuilder("Hello World!");
```

说明

StringBuilder 类表示可变字符序列中类似字符串的对象。之所以说其值是可变的，是因为可以通过追加、移除、替换或插入字符操作对它进行修改。

5.3.2 StringBuilder 类的使用

StringBuilder 类存在于 System.Text 命名空间中，如果要创建 StringBuilder 对象，必须引用此命名空间。StringBuilder 类中常用的方法及说明如表 5.5 所示。

表 5.5 StringBuilder 类中常用的方法及说明

方 法	说 明
Append()	将文本或字符串追加到指定对象的末尾
AppendFormat()	自定义变量的格式,并将这些值追加到 StringBuilder 对象的末尾
Insert()	将字符串或对象添加到当前 StringBuilder 对象的指定位置
Remove()	从当前 StringBuilder 对象中移除指定数量的字符
Replace()	用另一个指定的字符来替换 StringBuilder 对象内的字符

下面通过实例来演示如何使用 StringBuilder 类中的这 5 种方法。

【例 5.17】StringBuilder 类的使用（实例位置：资源包\TM\sl\5\17）

创建一个控制台应用程序,声明一个 int 类型的变量 Num,并初始化为 1000；然后创建一个 StringBuilder 对象并初始化,初始大小为 100；最后使用 StringBuilder 类的 Append()、AppendFormat()、Insert()、Remove()和 Replace()方法操作 StringBuilder 对象,代码如下。

```
static void Main(string[ ] args)
{
    int Num = 1000;                                    //声明一个 int 类型变量 Num 并初始化为 1000
    //实例化一个 StringBuilder 类,并初始化为"荣耀自称科技标杆"
    StringBuilder honorvsxiaomi = new StringBuilder("荣耀自称科技标杆", 100);
    //使用 Append()方法将字符串追加到 honorvsxiaomi 的末尾
    honorvsxiaomi.Append("VS 小米死磕高性价比");
    Console.WriteLine(honorvsxiaomi);                  //输出 honorvsxiaomi
    //使用 AppendFormat()方法将字符串按照指定的格式追加到 honorvsxiaomi 的末尾
    honorvsxiaomi.AppendFormat("{0:C}", Num);
    Console.WriteLine(honorvsxiaomi);
    honorvsxiaomi.Insert(0, "PK：");                   //使用 Insert()方法将"PK："追加到 honorvsxiaomi 的开头
    Console.WriteLine(honorvsxiaomi);
    //使用 Remove()方法从 honorvsxiaomi 中删除索引 21 以后的字符串
    honorvsxiaomi.Remove(21, honorvsxiaomi.Length - 21);
    Console.WriteLine(honorvsxiaomi);
    honorvsxiaomi.Replace("PK", "相爱相杀");           //使用 Replace()方法将"PK："替换成"相爱相杀"
    Console.WriteLine(honorvsxiaomi);
    Console.ReadLine();
}
```

程序运行结果如图 5.4 所示。

图 5.4 StringBuilder 类中几种方法的应用

5.3.3 StringBuilder 类与 String 类的区别

String 对象是不可改变的,每次使用 String 类中的方法时,都需要在内存中创建一个新的字符串对象,为其分配新的空间。随着修改量的增加,这种开销可能会非常昂贵。因此,当循环中需要大量修改字符串,例如将许多字符串连接在一起时,建议使用 StringBuilder 类,以提升性能。

【例5.18】 验证字符串和可变字符串的效率（**实例位置：资源包\TM\sl\5\18**）

创建一个控制台应用程序，在 Main()方法中编写如下代码，验证字符串操作和可变字符串操作的执行效率。

```csharp
static void Main(string[] args)
{
    String str = "";                                        //创建空字符串
    //定义对字符串执行操作的起始时间
    long starTime = DateTime.Now.Millisecond;
    for (int i = 0; i < 10000; i++)
    {                                                       //利用 for 循环执行 10000 次操作
        str = str + i;                                      //循环追加字符串
    }
    long endTime = DateTime.Now.Millisecond;                //定义对字符串操作后的时间
    long time = endTime - starTime;                         //计算对字符串执行操作的时间
    Console.WriteLine("String 消耗时间：" + time);          //将执行的时间输出
    StringBuilder builder = new StringBuilder("");          //创建字符串生成器
    starTime = DateTime.Now.Millisecond;                    //定义操作执行前的时间
    for (int j = 0; j < 10000; j++)
    {                                                       //利用 for 循环进行操作
        builder.Append(j);                                  //循环追加字符
    }
    endTime = System.DateTime.Now.Millisecond;              //定义操作后的时间
    time = endTime - starTime;                              //追加操作执行的时间
    Console.WriteLine("StringBuilder 消耗时间：" + time);   //将操作时间输出
    Console.ReadLine();
}
```

运行结果如图5.5所示。可以看出，字符串和可变字符串的执行时间差距很大。因此，当需要在程序中频繁附加字符串时，建议使用 StringBuilder 类。

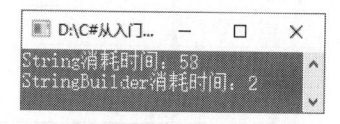

图 5.5 验证字符串操作和可变字符串操作的效率

编程训练（**答案位置：资源包\TM\sl\5\编程训练**）

【训练5】 对比 String 类与 StringBuilder 类　编写程序，分别使用 String 和 StringBuilder 存储相同的字符串，然后调用 Insert()方法插入一个相同的字符串，并使用 GetHashCode()方法获取插入前后字符串对象的哈希值，观察它们的变化。

【训练6】 使用可变字符串存储用户名　将用户的姓名存储到一个 StringBuilder 可变字符串中，然后向用户显示一条打招呼的消息，如 "Hello Mike!"。

5.4 正则表达式

5.4.1 正则表达式基础语法

处理字符串时，经常需要查找符合某些复杂规则的字符串，正则表达式就是描述这些规则的工具。

换句话说，正则表达式是记录文本规则的代码。

接触过 DOS 的用户都知道，如果想匹配当前文件夹下的所有文本文件，可输入"dir *.txt"命令，按回车键后，所有".txt"文件都会被列出。这里的"*.txt"即可被理解为一个简单的正则表达式。

1．行定位符

行定位符用来描述字符串的边界。其中，"^"表示行的开始；"$"表示行的结尾。

例如，下列正则表达式表示待匹配字符串 tm 位于行的开始位置，即行头，因此 tm equal Tomorrow Moon 可以匹配，Tomorrow Moon equal tm 不能匹配。

`^tm`

如果使用下列表达式，则 Tomorrow Moon equal tm 可以匹配，tm equal Tomorrow Moon 不能匹配。

`tm$`

如果待匹配字符串允许出现在行的任意部分，则可以写成下列正则表达式，此时两个字符串中的 tm 都可以被匹配。

`tm`

2．元字符

除了"^"和"$"，正则表达式里还有很多元字符，如表 5.6 所示。

表 5.6 常用元字符及其说明

元 字 符	说　　明	元 字 符	说　　明
.	匹配除换行符以外的任意字符	\b	匹配单词的开始或结束
\w	匹配字母、数字、下画线或汉字	^	匹配字符串的开始
\s	匹配任意的空白符	$	匹配字符串的结束
\d	匹配数字		

例如，下面的正则表达式中，要匹配以字母 mr 开头的单词，先匹配单词开始处（\b），然后匹配字母 mr，接着匹配任意数量的字母或数字（\w*），最后匹配单词结束处（\b）。该表达式可以匹配 mrsoft、mrbook、mr123456 等。

`\bmr\w*\b`

3．限定符

使用"\w*"可匹配任意数量的字母或数字，如果想匹配特定数量的数字，则需要使用限定符（指定数量的字符）。例如，匹配 8 位 QQ 号，可使用如下正则表达式：

`^\d{8}$`

表 5.7 列出了常用的限定符，通过右侧的示例读者可以加深理解。

表 5.7 常用限定符以及对应的说明和举例

限 定 符	说　　明	示　　例
?	匹配前面的字符零次或一次	colou?r，该表达式可以匹配 colour 和 color

续表

限 定 符	说 明	示 例
+	匹配前面的字符一次或多次	go+gle，该表达式可以匹配的范围从 gogle 到 goo...gle
*	匹配前面的字符零次或多次	go*gle，该表达式可以匹配的范围从 ggle 到 goo...gle
{n}	匹配前面的字符 n 次	go{2}gle，该表达式只匹配 google
{n,}	匹配前面的字符最少 n 次	go{2,}gle，该表达式可以匹配的范围从 google 到 goo...gle
{n,m}	匹配前面的字符最少 n 次，最多 m 次	employe{0,2}，该表达式可以匹配 employ、employe 和 employee 3 种情况

4．字符类

使用正则表达式查找数字和字母非常简单，因为已经有了对应这些字符集合的元字符（\d、\w），但如果要匹配没有预定义元字符的字符集合，如元音字母 a、e、i、o、u，又该怎么办呢？

很简单，只需要在方括号里列出它们即可。例如，[aeiou]可匹配任何一个英文元音字母，[.?!]可匹配标点符号"."、"?"或"!"。也可以轻松地指定一个字符范围，如[0-9]代表的含义与\d 完全一致，即代表一位数字；同理，[a-z0-9A-Z_]也完全等同于\w（如果只考虑英文的话）。

> **说明**
> 如果想匹配给定字符串中任意一个汉字，可以使用[\u4e00-\u9fa5]；如果想匹配连续多个汉字，可以使用[\u4e00-\u9fa5]+。

5．排除字符

怎么匹配不符合指定字符集合的字符串呢？前面学习过，"^"表示行的开始，将它放到方括号中，就表示排除。例如，下列正则表达式用于匹配一个非字母的字符。

[^a-zA-Z]

6．选择字符

身份证号码又该如何匹配呢？先来认识一下身份证号码的规则。首先，身份证号码长度为 15 位或者 18 位。如果为 15 位，则全为数字；如果为 18 位，则前 17 位为数字，最后一位是校验位，值可以是数字，也可以是字符 X 或 x。

身份证号码规则中，隐含着条件选择逻辑，因此要使用选择字符"|"（可以理解为"或"）来实现。对应的正则表达式如下：

(^\d{15}$)|(^\d{18}$)|(^\d{17})(\d|X|x)$

上述表达式的意思是可以匹配 15 位数字（或者 18 位数字，或者 17 位数字）和最后一位。需要注意的是，最后一位可以是数字、X 或 x。

7．转义字符

正则表达式中，转义字符（\）可将特殊字符（如"."、"?"、"\"等）转变为普通字符。

例如，用正则表达式匹配127.0.0.1这样格式的IP地址。如果直接使用点字符，则格式如下：

[1-9]{1,3}.[0-9]{1,3}.[0-9]{1,3}.[0-9]{1,3}

这显然不正确，因为"."可以匹配任意一个字符。这时，不仅是127.0.0.1这样的IP，连127101011这样的字串也会被匹配出来。所以在使用"."时，需要使用转义字符（\）。据此，可对上述正则表达式格式做如下修改：

[1-9]{1,3}\.[0-9]{1,3}\.[0-9]{1,3}\.[0-9]{1,3}

> **说明**
>
> 括号在正则表达式中也算是一个元字符。

8．分组

小括号的首要作用是改变限定符（如"|""*""^"）的作用范围。例如，有下列正则表达式：

(thir|four)th

上述表达式的含义是匹配单词thirth或fourth，如果不使用小括号，则变成匹配单词thir和fourth。小括号的第二个作用是分组，也就是子表达式。例如，(\.[0-9]{1,3}){3}，就是对分组(\.[0-9]{1,3})进行重复3次操作。

5.4.2 C#中使用正则表达式

C#中使用正则表达式需要借助System.Text.RegularExpressions命名空间下的Regex类，该类中包含很多静态方法，使用者无须创建Regex对象，即可使用其方法对相应内容进行正则表达式验证。

Regex类的常用方法如表5.8所示。

表5.8 Regex类的常用方法

名称	说明
IsMatch()	指示正则表达式在输入字符串中是否找到匹配项
Match()	在输入字符串中搜索正则表达式的匹配项，并将精确结果作为单个Match对象返回
Matches()	在输入字符串中搜索正则表达式的所有匹配项并返回所有成功的匹配，就像多次调用Match一样
Replace()	用指定的替换字符串替换由正则表达式定义的字符模式的所有匹配项
Split()	在由正则表达式匹配项定义的位置将输入字符串拆分为一个子字符串数组

例如，下面代码用来验证输入的字符串是否为E-mail地址格式：

```
public bool IsEmail(string str_Email)
{
    return  System.Text.RegularExpressions.Regex.IsMatch(str_Email,@"^([\w-\.]+)@((\[[0-9]{1,3}\.[0-9]{1,3}\.[0-9]{1,3}\.)|(([\w-]+\.)+))([a-zA-Z]{2,4}|[0-9]{1,3})(\]?)$");//使用正则表达式判断是否匹配
}
```

常见格式及对应正则表达式如表5.9所示。

表 5.9　常见格式及对应正则表达式

常 见 格 式	正则表达式
数字	^[0-9]*$
n 位的数字	^\d{n}$
汉字	^[\u4e00-\u9fa5]{0,}$
由数字和 26 个英文字母组成的字符串	^[A-Za-z0-9]+$
E-mail 地址	^\w+([-+.]\w+)*@\w+([-.]\w+)*\.\w+([-.]\w+)*$
身份证号（15 位、18 位数字）	^\d{15}|\d{18}$
短身份证号码（数字、字母 x 结尾）	^([0-9]){7,18}(x|X)?$
账号是否合法（以字母开头，长度为 5～16，允许字母、数字、下画线）	^[a-zA-Z][a-zA-Z0-9_]{4,15}$
密码（以字母开头，长度为 6～18，只能包含字母、数字和下画线）	^[a-zA-Z]\w{5,17}$
一年的 12 个月（01～09 和 1～12）	^(0?[1-9]|1[0-2])$
一个月的 31 天（01～09 和 1～31）	^((0?[1-9])|((1|2)[0-9])|30|31)$
QQ 号	[1-9][0-9]{4,}
中国邮政编码	[1-9]\d{5}(?!\d)
IP 地址	((?:(?:25[0-5]|2[0-4]\\d|[01]?\\d?\\d)\\.){3}(?:25[0-5]|2[0-4]\\d|[01]?\\d?\\d))

5.5　实践与练习

（答案位置：资源包\TM\sl\5\实践与练习\）

综合练习 1：字符串颠倒输出　编写程序，将字符串中的每个字符颠倒输出。
综合练习 2：删除字符串中的所有空格　编写程序，去掉字符串中的所有空格。
综合练习 3：分离文件相关信息　编写程序，从字符串中分离文件路径、文件名及扩展名。
综合练习 4：提取居民身份证的生日、性别　编写程序，输入身份证号，输出对应的生日和性别。
（提示：居民身份证信息代表的含义如图 5.6 所示。）
综合练习 5：根据车牌号获取归属地　将"津 A·12345""沪 A·23456""京 A·34567"这 3 张号牌放到 String 类型的数组中，然后在遍历数组的过程中完成对每张号牌归属地的判断。

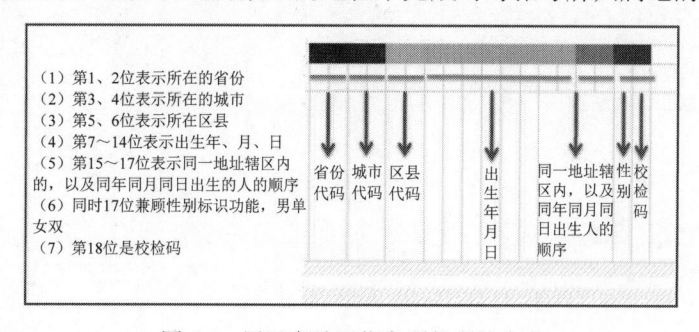

图 5.6　居民身份证信息所代表的含义

5.6 动手纠错

（1）运行"资源包\TM\排错练习\05\01"文件夹下的程序，出现"无法将类型 string 隐式转换为 char"的错误提示，请根据注释改正程序。

（2）运行"资源包\TM\排错练习\05\02"文件夹下的程序，出现"与 Test.Program.ShowInfo(string) 最匹配的重载方法具有一些无效参数"的错误提示，请根据注释改正程序。

（3）运行"资源包\TM\排错练习\05\03"文件夹下的程序，出现"字符文本中的字符太多"的错误提示，请根据注释改正程序。

（4）运行"资源包\TM\排错练习\05\04"文件夹下的程序，出现"未处理 Argument Out Of Range Exception 索引和长度必须引用该字符串内的位置"的错误提示，请根据注释改正程序。

（5）运行"资源包\TM\排错练习\05\05"文件夹下的程序，出现"无法识别的转义序列"的错误提示，请根据注释改正程序。

（6）运行"资源包\TM\排错练习\05\06"文件夹下的程序，出现"未处理 NullReferenceException 未将对象引用设置到对象的实例"的错误提示，请根据注释改正程序。

（7）运行"资源包\TM\排错练习\05\07"文件夹下的程序，出现"与 string.PadLeft(int, char)最匹配的重载方法具有一些无效参数"的错误提示，请根据注释改正程序。

第 6 章 流程控制语句

流程控制对于任何一门编程语言来说都至关重要，如果没有流程控制语句，整个程序将按照线性的顺序执行，不能根据用户的输入决定执行序列。本章将对C#中的流程控制语句进行详细讲解。

本章知识架构及重点、难点如下。

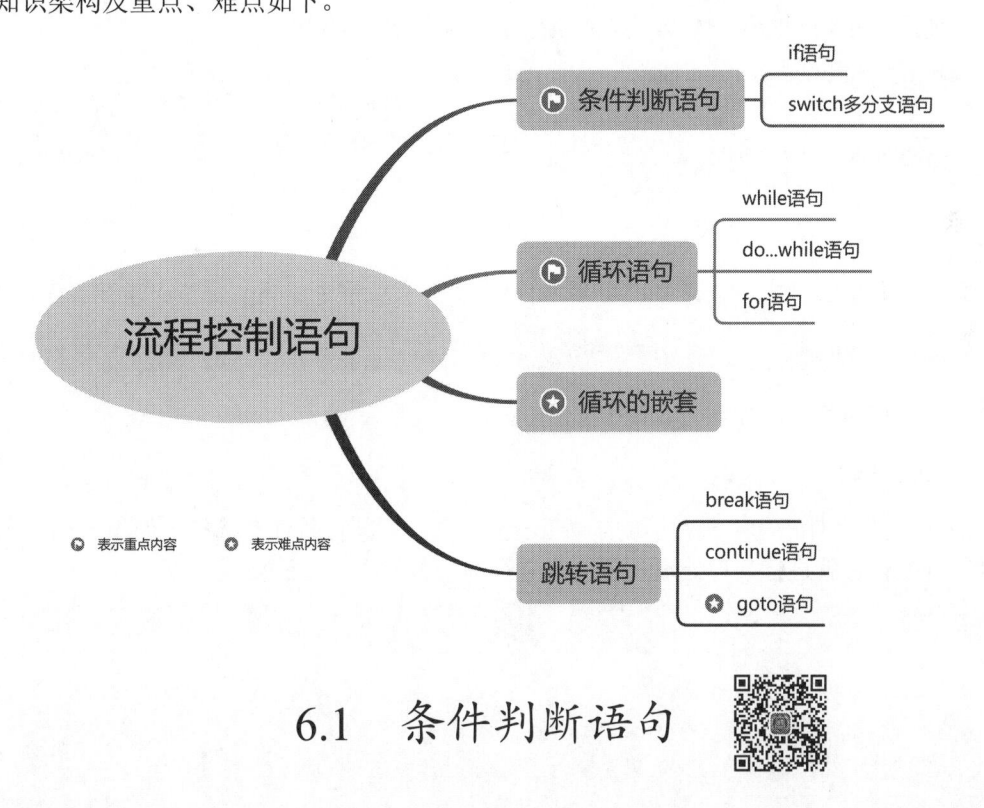

- 流程控制语句
  - 条件判断语句
    - if语句
    - switch多分支语句
  - 循环语句
    - while语句
    - do...while语句
    - for语句
  - 循环的嵌套
  - 跳转语句
    - break语句
    - continue语句
    - goto语句

◎ 表示重点内容　　✪ 表示难点内容

6.1 条件判断语句

条件判断语句用于根据某个表达式的值从若干条给定语句中选择一个来执行。这就好像在商场买东西，结账时用现金还是刷卡，如果刷卡，是用信用卡还是银行卡，可以将其理解为一个事物的选择过程。条件判断语句包括 if 语句和 switch 语句两种，下面进行详细讲解。

6.1.1 if 语句

使用 if 条件语句，可选择是否要执行紧跟在条件后的那条语句。关键字 if 之后是作为条件的"布尔表达式"，如果该表达式返回的结果为 true，则执行其后的语句；若为 false，则不执行 if 条件之后的语句。if 条件语句可分为简单 if 语句、if...else 语句和 if...else if 多分支语句。

1. 简单 if 语句

简单 if 语句的语法格式如下。

```
if(布尔表达式)
{
    语句块
}
```

- ☑ 布尔表达式：必要参数，表示它最后返回的结果必须是一个布尔值。它可以是一个单纯的布尔变量或常量，也可以是使用关系或布尔运算符的表达式。
- ☑ 语句块：可选参数。可以是一条或多条语句，当表达式的值为 true 时执行这些语句。若语句块中仅有一条语句，则可以省略条件语句中的"{ }"。

例如，使用 if 语句判断用户输入的数字是不是偶数，代码如下。

```
int i = Convert.ToInt32(Console.ReadLine());;          //记录用户输入
if (i % 2 == 0)                                         //调用 if 语句判断，如果这个数能被 2 整除
{
    Console.WriteLine("i 是一个偶数");
}
```

说明

这里，虽然 if 后只有一条语句，省略"{ }"不会出现语法错误，但为了增强程序的可读性，最好不要省略。

简单 if 语句的执行过程如图 6.1 所示。

2. if…else 语句

if…else 语句是条件语句中最常用的一种形式，它会针对某种条件有选择地做出处理。通常表现为：如果满足某种条件，就进行某种处理，否则就进行另一种处理。语法格式如下。

```
if(布尔表达式)
{
    语句块
}
else
{
    语句块
}
```

if 后面括号()内表达式的值必须为布尔型。如果表达式的值为 true，则执行紧跟 if 语句的语句块；如果表达式的值为 false，则执行 else 后面的语句块。if…else 语句的执行过程如图 6.2 所示。

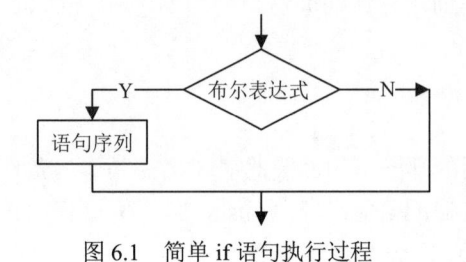

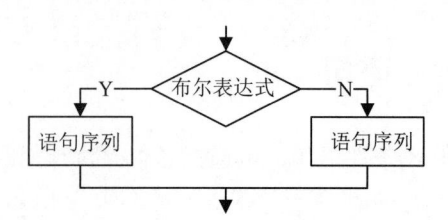

图 6.1　简单 if 语句执行过程　　　　图 6.2　if…else 语句执行过程

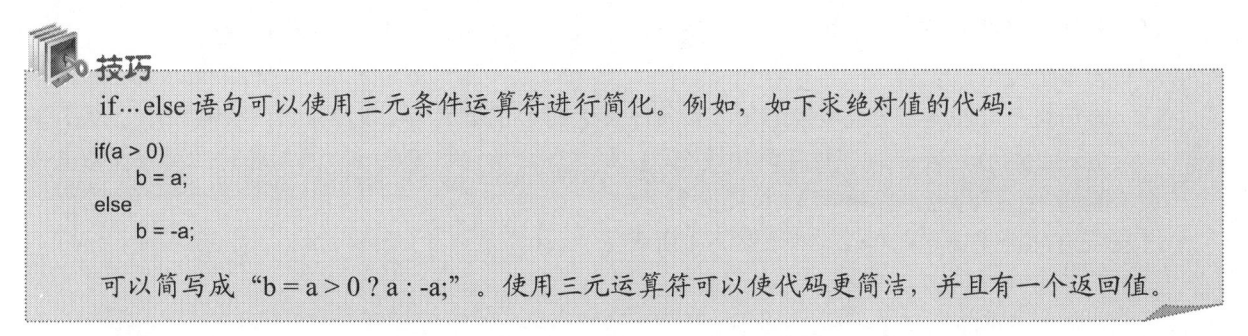

> **技巧**
>
> if...else 语句可以使用三元条件运算符进行简化。例如，如下求绝对值的代码：
>
> ```
> if(a > 0)
>     b = a;
> else
>     b = -a;
> ```
>
> 可以简写成"b = a > 0 ? a : -a;"。使用三元运算符可以使代码更简洁，并且有一个返回值。

【例 6.1】 模拟拨打电话场景（实例位置：资源包\TM\sl\6\1）

官方电话号码为 4006751066，如果输入的电话号码是 4006751066，显示"电话正在接通，请等待……"。否则，提示拨打的号码不存在。代码如下。

```
static void Main(string[] args)
{
    Console.WriteLine("请输入要拨打的电话号码：");
    string phone = Console.ReadLine();           //记录用户的输入
    if (phone == "4006751066")                   //判断输入的电话号码是否为 4006751066
    {
        Console.WriteLine("电话正在接通，请等待……");
    }
    else
    {
        Console.WriteLine("对不起，您拨打的号码不存在！");
    }
    Console.ReadLine();
}
```

程序运行结果如图 6.3 所示。

图 6.3 if...else 语句的使用

3．if...else if 多分支语句

if...else if 多分支语句用于针对某一事件的多种情况进行处理。通常表现为：如果满足某种条件，就进行某种处理；否则如果满足另一种条件，则执行另一种处理。语法格式如下。

```
if(条件表达式 1){
    语句块 1
}
else if(条件表达式 2){
    语句块 2
}
…
else if(条件表达式 n){
    语句块 n
}
```

- ☑ 条件表达式1～条件表达式n：必要参数。可以由多个表达式组成，但最后返回的结果一定要为布尔类型。
- ☑ 语句块：可以是一条或多条语句，当条件表达式1的值为true时，执行语句块1；当条件表达式2的值为true时，执行语句块2，以此类推。当省略任意一组语句块时，可以保留其外面的"{ }"，也可以将"{ }"替换为";"。

if…else if多分支语句的执行过程如图6.4所示。

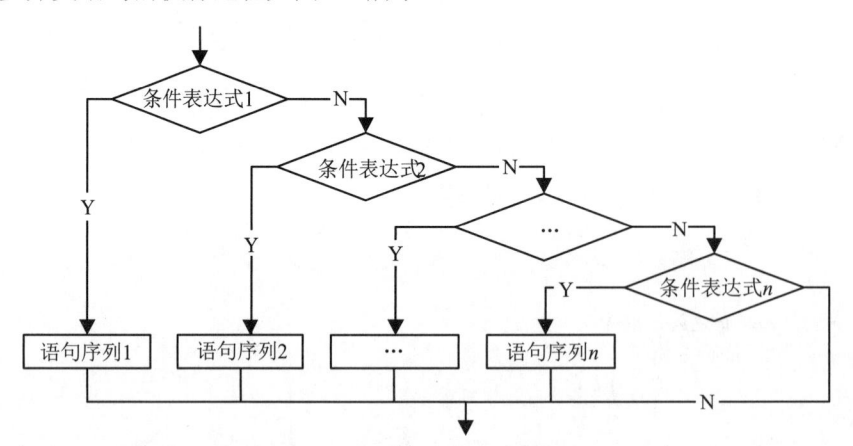

图6.4 if…else if多分支语句执行过程

【例6.2】模拟游戏关卡，根据输入的数字进入对应关卡（**实例位置：资源包\TM\sl\6\2**）

例如，输入数字2，控制台输出"当前进入第2关"。因为游戏设置只有3关，所以当输入不是1、2、3的数字时，提示"请输入正确的关数，当前游戏只有3关"。代码如下。

```csharp
static void Main(string[] args)
{
    Console.Write("请输入关卡:");                              //提示用户输入关卡
    int num = Convert.ToInt32(Console.ReadLine());              //记录用户输入的关卡数
    if (num == 1)                                               //如果输入的数等于1
    {
        Console.WriteLine("当前进入第1关……");                 //进入第1关
    }
    else if (num == 2)                                          //否则，如果输入的数等于2
    {
        Console.WriteLine("当前进入第2关……");                 //进入第2关
    }
    else if (num == 3)                                          //否则，如果输入的数等于3
    {
        Console.WriteLine("当前进入第3关……");                 //进入第3关
    }
    else                                                        //如果输入的是其他数字
    {
        Console.WriteLine("请输入正确的关数，当前游戏只有3关! "); //提示输入错误信息
    }
    Console.ReadLine();
}
```

程序运行结果如图6.5所示。

图 6.5 if…else if 多分支语句的使用

> **说明**
> 在 if 语句中可以使用 return 语句，用于退出 if 语句所在的类的方法。

6.1.2 switch 多分支语句

switch 语句是多分支条件判断语句，可根据表达式的值从多个分支中选择一个分支来执行。语法格式如下。

```
switch(条件表达式)
{
    case  常量表达式 1: 语句块 1
        break;
    case  常量表达式 2: 语句块 2
        break;
    …
    case  常量表达式 n: 语句块 n
        break;
    default: 语句块
        break;
}
```

switch 关键字后括号()中的内容为条件表达式，大括号 { } 中由多个 case 子句组成。如果条件表达式的值等于某个 case 关键字后的常量表达式，就会执行该 case 下的语句块，然后执行紧随其后的 break 语句，跳出整个 switch 条件判断。

switch 语句中，条件表达式的类型必须是 sbyte、byte、short、ushort、int、uint、long、ulong、char、string 或枚举类型中的一种，常量表达式的值必须是与条件表达式类型兼容的常量。不同 case 关键字后面的常量表达式不能相同，否则编译时会出错。一个 switch 语句中，只能有一个 default 标签。switch 语句的执行过程如图 6.6 所示。

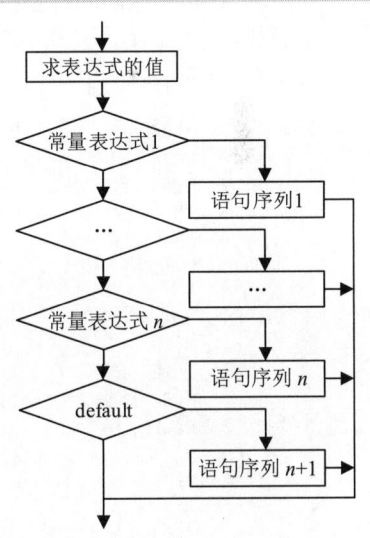

图 6.6 switch 语句执行过程

【例 6.3】高考录取分数线查询（**实例位置：资源包\TM\sl\6\3**）

创建一个控制台应用程序，使用 switch 多分支语句实现查询高考录取分数线的功能。假设民办本科录取分数线为 350 分，艺术类本科录取分数线为 290 分，体育类本科录取分数线为 280 分，二本录取分数线为 445 分，一本录取分数线为 555 分，代码如下。

```
static void Main(string[ ] args)
{
    //输出提示问题
```

```
        Console.WriteLine("请输入要查询的录取分数线（如民办本科、艺术类本科、体育类本科、二本、一本）");
        string strNum = Console.ReadLine();                    //获取用户输入的数据
        switch (strNum)
        {
            case "民办本科":                                     //查询民办本科分数线
                Console.WriteLine("民办本科录取分数线：350");
                break;
            case "艺术类本科":                                   //查询艺术类本科分数线
                Console.WriteLine("艺术类本科录取分数线：290");
                break;
            case "体育类本科":                                   //查询体育类本科分数线
                Console.WriteLine("体育类本科录取分数线：280");
                break;
            case "二本":                                         //查询二本分数线
                Console.WriteLine("二本录取分数线：445");
                break;
            case "一本":                                         //查询一本分数线
                Console.WriteLine("一本录取分数线：555");
                break;
            default:                                            //如果不是以上输入，则输入错误
                Console.WriteLine("您输入的查询信息有误！");
                break;
        }
        Console.ReadLine();
}
```

程序运行结果如下。

```
请输入要查询的录取分数线（如民办本科、艺术类本科、体育类本科、二本、一本）
一本
一本录取分数线：555
```

在许多情况下，switch 语句可以简化 if...else 语句，而且执行效率更高。

【例 6.4】查询某个月份属于哪个季节（实例位置：资源包\TM\sl\6\4）

创建一个控制台应用程序，使用 switch 语句进行判断月份所属季节，代码如下。

```
static void Main(string[ ] args)
{
        Console.WriteLine("请您输入一个月份：");              //输出提示信息
        int MyMouth = int.Parse(Console.ReadLine());          //声明一个 int 类型变量用于获取用户输入的数据
        string MySeason;                                      //声明一个字符串变量
        switch (MyMouth)                                      //调用 switch 语句
        {
            case 12:
            case 1:
            case 2:
                MySeason = "您输入的月份属于冬季！";           //如果输入的数据是 1、2 或 12，则执行此分支
                break;                                        //跳出 switch 语句
            case 3:
            case 4:
            case 5:
                MySeason = "您输入的月份属于春季！";           //如果输入的数据是 3、4 或 5，则执行此分支
                break;                                        //跳出 switch 语句
            case 6:
            case 7:
            case 8:
                MySeason = "您输入的月份属于夏季！";           //如果输入的数据是 6、7 或 8，则执行此分支
                break;                                        //跳出 switch 语句
            case 9:
```

```
        case 10:
        case 11:
            MySeason = "您输入的月份属于秋季！";        //如果输入的数据是 9、10 或 11，则执行此分支
            break;                                      //跳出 switch 语句
        //如果输入的数据不满足以上 4 个分支的内容则执行 default 语句
        default:
            MySeason = "月份输入错误！";
            break;                                      //跳出 switch 语句
    }
    Console.WriteLine(MySeason);                        //输出字符串 MySeason
    Console.ReadLine();
}
```

程序运行结果如图 6.7 所示。

编程训练（答案位置：资源包\TM\sl\6\编程训练\）

【训练 1】根据学生成绩划分等级　使用 if…else if…else 多分支语句实现根据学生成绩划分等级的功能，其中，有"优、良、中、差"4 个等级，60 分以下是差，60 到 75 分是中，75 到 85 是良，85 以上是优。

图 6.7　根据月份判断所属季节

【训练 2】根据用户选择输出玫瑰花语　每种玫瑰花都代表不同含义。例如，红玫瑰代表"我爱你，希望与你泛起激情的爱"；白玫瑰代表"纯洁、谦卑、尊敬，我们的爱情是纯洁的"；粉玫瑰代表"初恋，喜欢你那灿烂的笑容"；蓝玫瑰代表"憨厚、善良"。编写程序，选择对应的玫瑰，输出对应的花语。

6.2　循环语句

循环语句主要用于重复执行嵌入语句，在 C#中，常见的循环语句有 while 语句、do…while 语句和 for 语句。下面将对这几种循环语句做详细讲解。

6.2.1　while 语句

while 语句可根据循环条件，执行一个语句块零次或多次，语法格式如下。

```
while(布尔表达式)
{
    语句块
}
```

while 循环中，首先计算布尔表达式（即循环条件）的值，如果为 true，则执行大括号中的语句块（即循环体），执行完毕后重新计算布尔表达式，如果其值仍为 true，再次执行大括号内的语句块，如此往复地循环，直到某次检查布尔表达式时，发现其值为 false，则停止循环，转而执行 while 后面的新语句。

while 循环语句的执行过程如图 6.8 所示。

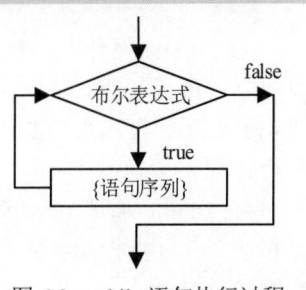

图 6.8　while 语句执行过程

【例 6.5】 循环输出在线支付方式（实例位置：资源包\TM\sl\6\5）

创建一个控制台应用程序，声明一个 string 类型的数组，并初始化数组，然后通过 while 语句循环输出数组中的所有成员，代码如下。

```
static void Main(string[] args)
{
    Console.WriteLine("现在互联网主要在线支付方式：");
    //声明一个 string 类型的数组，并初始化
    string[] Players = new string[] {"支付宝","微信支付","QQ 支付","银联","京东白条"};
    int i = 0;                              //声明一个 int 类型的变量 i 并初始化为 0
    while (i < Players.Length)              //调用 while 语句当 i 小于数组长度时执行
    {
        Console.WriteLine(Players[i]);      //输出数组中的值
        i++;                                //i 自增 1
    }
    Console.ReadLine();
}
```

程序运行结果如下。

```
现在互联网主要在线支付方式：
支付宝
微信支付
QQ 支付
银联
京东白条
```

误区警示

初学者常犯的一个错误就是在 while 表达式的括号后误添加分号"；"。例如：

```
while(x = = 5);
Console.WriteLine ("x 的值为 5");
```

这时，程序会认为要执行一条空语句，因此会进入无限循环。需要注意的是，对这类错误，C# 编译器不会提示，开发者可能要浪费大量时间去查找错误原因。初学者要额外注意，尽量避免写错。

6.2.2 do…while 语句

do…while 循环与 while 循环类似，语法格式如下。

```
do
{
    语句块
}while(布尔表达式);
```

do…while 循环中，首先会执行一次语句块（即循环体），然后计算布尔表达式（即循环条件）的值，如果其值为 true，转到 do…while 语句的开头，再次执行循环；否则，结束循环。do…while 循环语句的执行过程如图 6.9 所示。

do…while 循环与 while 循环的区别在于：while 语句先判断条件是否成立，再执行循环体；do…while 语句则先执行一次循环，然后再判断条件是否成立。也就是说，do…while 循环中"{}"内的语句块至

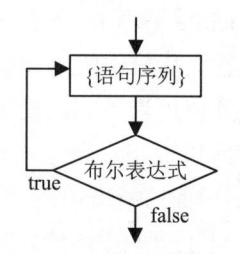

图 6.9 do…while 语句执行过程

少会被执行一次。

特别需要注意的是，do…while 循环语句在结尾的 while 处有一个分号（;），而 while 循环语句后面绝对不能添加分号。

【例 6.6】输出足球领域三大赛事（实例位置：资源包\TM\sl\6\6）

创建一个控制台应用程序，定义一个 string 类型的数组，并初始化数组，然后使用 do…while 语句循环输出数组中的值，代码如下。

```
static void Main(string[ ] args)
{
    string[ ] myArray = new string[3] { "世界杯", "欧洲杯", "欧冠" };    //声明一个 string 数组并初始化
    int i = 0;
    do                                                              //调用 do…while 语句
    {
        Console.WriteLine(myArray[i]);                              //输出数组中数据
        i++;
    } while (i < myArray.Length);                                   //设置 do…while 语句的条件
    Console.ReadLine();
}
```

程序运行结果如下。

```
世界杯
欧洲杯
欧冠
```

6.2.3 for 语句

for 语句是 C#程序设计中最常用的循环语句，基本语法格式如下。

```
for(初始化表达式;条件表达式;迭代表达式)
{
    语句块
}
```

for 语句的圆括号中包含 3 个用分号隔开的表达式，分别是初始化表达式、条件表达式和迭代表达式。初始化表达式通常是一个局部变量声明，该局部变量又称为循环变量；条件表达式是一个布尔表达式，用于进行循环条件判断；迭代表达式在每次循环结束后执行，用于增加或减少循环变量。

for 循环中，首先执行初始化表达式，完成循环变量的声明和初始化工作；然后执行条件表达式，进行循环条件判断，若其值为 true，则进入循环体。执行完循环语句块后，计算迭代表达式，修改循环变量。这样一轮循环就结束了。第二轮循环从判断条件表达式开始，若其值为 true，则继续循环，否则跳出整个 for 语句。for 语句的执行过程如图 6.10 所示。

for 语句执行原理就好比用复印机复印纸张，可提前设置好要复印张数，也就是设置好循环条件，然后开始复印。当复印的张数等于设置的张数时，也就是循环条件为 false 时，停止复印。

【例 6.7】实现 1 到 100 的累加（实例位置：资源包\TM\sl\6\7）

使用 for 循环编写程序实现 1 到 100 的累加，代码如下。

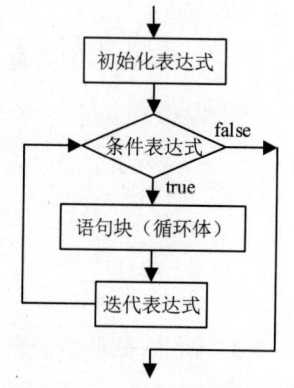

图 6.10　for 语句执行过程

```
static void Main(string[] args)
{
    int iSum = 0;                                           //记录每次累加后的结果
    for (int iNum = 1; iNum <= 100; iNum++)
    {
        iSum += iNum;                                       //把每次的 iNum 的值累加到上次累加的结果中
    }
    Console.WriteLine("1 到 100 的累加结果是：" + iSum);    //输出结果
    Console.ReadLine();
}
```

程序运行结果如下。

1 到 100 的累加结果是：5050

编程训练（答案位置：资源包\TM\sl\6\编程训练\）

【训练 3】一道经典的面试题 有一组数：1、1、2、3、5、8、13、21、34…，计算这组数的第 30 个数是多少。

【训练 4】猜数字小游戏 编写程序，随机生成一个 1~200 的数字作为基准数，玩家通过键盘输入猜想的数字，如果输入数字和基准数相同，则游戏过关，否则重新输入。玩家输入-1，则退出游戏。

6.3 循环的嵌套

C#中，一个循环可以包含另一个循环，组成循环嵌套，甚至是多层嵌套。例如，下面的嵌套形式都是合法的。

1. for 循环中嵌套 for 循环

```
for(表达式;表达式;表达式)
{
    语句块
    for (表达式;表达式;表达式)
    {
        语句块
    }
}
```

2. while 循环中嵌套 for 循环

```
while(表达式)
{
    语句块
    for(表达式;表达式;表达式)
    {
        语句块
    }
}
```

3. while 循环中嵌套 do…while 循环

```
while(表达式)
{
    语句块
```

```
    do
    {
        语句块
    }
    while(表达式);
}
```

4. for 循环中嵌套 while 循环

```
for(表达式;表达式;表达式)
{
    语句块
    while(表达式)
    {
        语句块
    }
}
```

【例 6.8】 打印九九乘法表（实例位置：资源包\TM\sl\6\8）

使用嵌套的 for 循环打印九九乘法表，代码如下。

```
static void Main(string[] args)
{
    int iRow, iColumn;                                          //定义行数和列数
    for (iRow = 1; iRow < 10; iRow++)                           //行数循环
    {
        for (iColumn = 1; iColumn <= iRow; iColumn++)           //列数循环
        {
            Console.Write("{0}*{1}={2} ", iColumn, iRow, iRow * iColumn);  //输出每一行的数据
        }
        Console.WriteLine();                                    //换行
    }
    Console.ReadLine();
}
```

程序运行结果如图 6.11 所示。

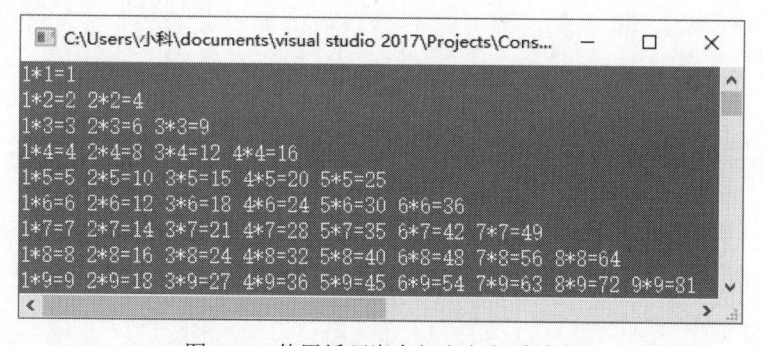

图 6.11 使用循环嵌套打印九九乘法表

编程训练（答案位置：资源包\TM\sl\6\编程训练\）

【训练 5】 输出金字塔形状　使用循环嵌套输出金字塔形状。需要考虑的问题有以下 3 点：首先要控制三角形输出的行数，其次控制三角形的空白位置，最后显示三角形。

【训练 6】 百钱买百鸡　5 文钱可以买一只公鸡，3 文钱可以买一只母鸡，1 文钱可以买 3 只雏鸡，现在用 100 文钱买 100 只鸡，那么公鸡、母鸡、雏鸡各有多少只？

6.4 跳转语句

大家思考一个问题：循环语句中，除了等循环条件不成立时自然结束循环，还有没有其他跳出循环的方式呢？当然有，这就是跳转语句的作用。

跳转语句主要用于无条件地转移控制，将控制跳转到某个目标位置。如果跳转语句出现在某个语句块内，跳转目标却在该语句块之外，则称该跳转语句退出该语句块。跳转语句主要包括 break 语句、continue 语句和 goto 语句，下面将分别进行介绍。

6.4.1 break 语句

在 6.1.2 节中，我们已经学过 break 语句在 switch 多分支语句中的应用。除了 switch 语句，break 语句还可以用在 while、do…while、for 语句中，用来结束当前循环（即不再循环）。当有多个 switch、while、do…while、for 语句互相嵌套时，break 语句只能结束自身所在的那层循环。

【例 6.9】使用 break 语句终止内层 for 循环（实例位置：资源包\TM\sl\6\9）

创建一个控制台应用程序，使用两个 for 语句做嵌套循环，在内层的 for 语句中使用 break 语句，当 int 类型变量 j 等于 12 时，跳出内循环，代码如下。

```csharp
static void Main(string[ ] args)
{
    for (int i = 0; i < 4; i++)                    //调用 for 语句
    {
        Console.Write("\n 第{0}次循环： ",i+1);    //输出提示是第几次循环
        for (int j = 0; j < 200; j++)              //调用 for 语句
        {
            if (j == 12)                           //如果 j 的值等于 12
                break;                             //跳出内循环
            Console.Write(j+" ");                  //输出 j
        }
    }
    Console.ReadLine();
}
```

程序运行结果如下。可以看出，使用 break 语句只终止了内层循环，并没有影响到外部循环，所以程序依然经历了 4 次循环。

第 1 次循环： 0 1 2 3 4 5 6 7 8 9 10 11
第 2 次循环： 0 1 2 3 4 5 6 7 8 9 10 11
第 3 次循环： 0 1 2 3 4 5 6 7 8 9 10 11
第 4 次循环： 0 1 2 3 4 5 6 7 8 9 10 11

6.4.2 continue 语句

continue 语句可用于 while、do…while、for 语句中，用来结束当前循环的当次循环，直接开始下一次循环。和 break 语句一样，当有多个 while、do…while、for 语句互相嵌套时，continue 语句只能结

束所在循环层的当次循环，开始下一次循环。

【例 6.10】循环 4 次，输出 20 以内的所有奇数（实例位置：资源包\TM\sl\6\10）

创建一个控制台应用程序，使用两个 for 语句做嵌套循环，在内层 for 循环中使用 continue 语句，实现当 int 类型变量 j 为偶数时不输出，直接再一次循环，最后输出 0～20 的所有奇数，代码如下。

```csharp
static void Main(string[ ] args)
{
    for (int i = 0; i < 4; i++)                   //调用 for 循环
    {
        Console.Write("\n 第{0}次循环：",i+1);    //输出提示第几次循环
        for (int j = 0; j < 20; j++)              //调用 for 循环
        {
            if (j % 2 == 0)                       //调用 if 语句判断 j 是否是偶数
                continue;                         //如果是偶数则使用 continue 语句继续下一循环
            Console.Write(j+" ");                 //输出 j
        }
        Console.WriteLine();
    }
    Console.ReadLine();
}
```

程序运行结果如下。

```
第 1 次循环：1 3 5 7 9 11 13 15 17 19
第 2 次循环：1 3 5 7 9 11 13 15 17 19
第 3 次循环：1 3 5 7 9 11 13 15 17 19
第 4 次循环：1 3 5 7 9 11 13 15 17 19
```

从程序的运行结果可以看出，当 int 类型的变量 j 为偶数时，使用 continue 语句，忽略它后面的代码，而重新执行内层的 for 循环，输出 0～20 的奇数，在这期间，并没有影响外部的 for 循环，程序依然执行了 4 次循环。

6.4.3　goto 语句

使用 goto 语句可直接跳转到由特定标签标记的语句，还可以跳转到 switch 语句中的 case 标签和 default 标签。goto 语句的 3 种形式如下。

```
goto 【标签】
goto case 【参数表达式】
goto default
```

其中，goto【标签】语句将跳转到具有给定标签的标记语句；goto case 语句将跳转到所在 switch 语句的某个 case 语句列表；goto default 语句将跳转到所在 switch 语句的 default 标签。

注意，break 语句和 continue 语句都只能跳出当前循环，如果要穿越多个嵌套层，则必须使用 goto 语句。

【例 6.11】使用 goto 语句实现字符串查找（实例位置：资源包\TM\sl\6\11）

创建一个控制台应用程序，使用 goto 语句将程序跳转到指定语句，代码如下。

```csharp
static void Main(string[ ] args)
{
    Console.WriteLine("请输入要查找的文字：");     //输出提示信息
    string inputstr = Console.ReadLine();          //获取输入值
```

```csharp
        string[ ] mystr = new string[5];                //创建一个字符串数组
        mystr[0] = "支付宝";                             //向数组中添加第 1 个元素
        mystr[1] = "微信支付";                           //向数组中添加第 2 个元素
        mystr[2] = "QQ 支付";                            //向数组中添加第 3 个元素
        mystr[3] = "银联";                               //向数组中添加第 4 个元素
        mystr[4] = "京东白条";                           //向数组中添加第 5 个元素
        for (int i = 0; i < mystr.Length; i++)          //调用 for 循环语句
        {
            //通过 if 语句判断是否存在输入的字符串
            if (mystr[i].Equals(inputstr))
            {
                goto Found;                             //调用 goto 语句跳转到 Found
            }
        }
        Console.WriteLine("您查找的{0}不存在！", inputstr);    //输出信息
        goto Finish;                                    //调用 goto 语句跳转到 Finish
Found:
        Console.WriteLine("您查找的{0}存在！", inputstr);      //输出信息，提示存在输入的字符串
Finish:
        Console.WriteLine("查找完毕！");                 //输出信息，提示查找完毕
        Console.ReadLine();
}
```

程序运行结果如图 6.12 所示。

误区警示

goto 语句会导致程序逻辑混乱，可读性差，不利于后期程序扩展，容易造成不可预知的影响。因此关于其使用存在较大争议，初学者了解就好，不建议使用。如果必须使用，一定要谨慎小心。

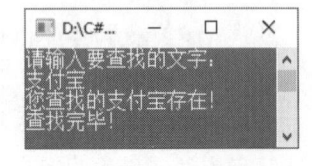

图 6.12 查找指定字符串

编程训练（答案位置：资源包\TM\sl\6\编程训练\）

【训练 7】判断是否为素数　通过键盘输入一个整数，判断这个数是否是素数，即该数是否只能被 1 和它自己整除。

【训练 8】判断指定公司是否存在　在循环中使用 goto 语句来查询指定公司是否存在。（提示：使用 "string[] mystr = { "明日科技", "百度", "阿里巴巴", "腾讯" };" 定义一个数组，然后查询用户输入的公司名称是否在数组中。）

6.5　实践与练习

（答案位置：资源包\TM\sl\6\实践与练习\）

综合练习 1：求解分段函数　编写程序，求解下面的分段函数，根据输入的 a 的值，求出 b 的值。

$$b = \begin{cases} 3a & (a < 50) \\ 6a + 60 & (50 \leq a < 500) \\ 9a - 90 & (a \geq 500) \end{cases}$$

综合练习 2：模拟加油站加油场景　某加油站有 90 号、93 号、97 号 3 种汽油和 0 号柴油，售价分别为 6.8、6.42、7.02 和 5.75 元/升。加油站提供了两个服务等级，如果用户自己加油，可以优惠 10%；

如果需要工作人员协助加油，可以优惠 5%。编写程序，根据用户输入的加油量 x、汽油种类 y 和服务等级 z，输出用户应付的金额。

综合练习 3：公告栏文字超长省略或换行　很多网店的公告栏中，如果文字过长，超过公告区域的长度，就会对超过部分文字进行省略。编写程序，根据输入的内容长度，对文字内容进行省略显示。

综合练习 4：输出模拟福彩 3D 号码　"3D"福利彩票以一个 3 位自然数为投注号码，投注者可在 000~999 内选择一个 3 位数进行投注。编写程序，可输入 3 注固定号码彩票，程序再随机产生 3 注彩票，然后统一输出。（提示：使用 Random 对象的 Next()随机生成 3 条 3 位数的记录。）

综合练习 5：自动添加编号　学生管理系统中，每个学生有一个唯一的学生编码。编写程序，录入某校新入学学生，学生编码根据录入的先后顺序自动建立，学生编码为普通数字序号即可。

6.6　动　手　纠　错

（1）运行"资源包\TM\排错练习\06\01"文件夹下的程序，出现"无法将类型 int 隐式转换为 bool"的错误提示，请根据注释改正程序。

（2）运行"资源包\TM\排错练习\06\02"文件夹下的程序，出现图 6.13 所示的错误提示，请根据注释改正程序。

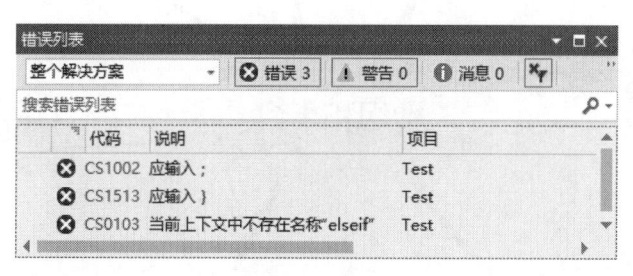

图 6.13　错误提示

（3）运行"资源包\TM\排错练习\06\03"文件夹下的程序，出现"控制不能从一个 case 标签（case "ICBC":）贯穿到另一个 case 标签"的错误提示，请根据注释改正程序。

（4）运行"资源包\TM\排错练习\06\04"文件夹下的程序，发现程序会无限制输出，显然是出现了死循环，请根据注释改正程序。

（5）运行"资源包\TM\排错练习\06\05"文件夹下的程序，出现"应输入;"的错误提示，请根据注释改正程序。

（6）运行"资源包\TM\排错练习\06\06"文件夹下的程序，出现"空语句可能有错误"的警告信息，请根据注释改正程序。

（7）运行"资源包\TM\排错练习\06\07"文件夹下的程序，本意是想输出 1~100 数字自身的和，结果却没有任何输出，请根据注释改正程序。

（8）运行"资源包\TM\排错练习\06\08"文件夹下的程序，出现"没有要中断或继续的封闭循环"的错误提示，请根据注释改正程序。

（9）运行"资源包\TM\排错练习\06\09"文件夹下的程序，出现"Test.Program.Div(int, int):并非所有的代码路径都返回值"的错误提示，请根据注释改正程序。

第 7 章 数组和集合

数组是最为常见的一种数据结构，存储的是一组具有相同类型的数据序列或对象序列。数组是一个简单的线性序列，通过数组名和下标可以快速地访问其元素。集合是一种特殊的动态数组，同样可以存储多个数据，C#中常用的集合包括 ArrayList 集合和哈希表（Hashtable）。

本章知识架构及重点、难点如下。

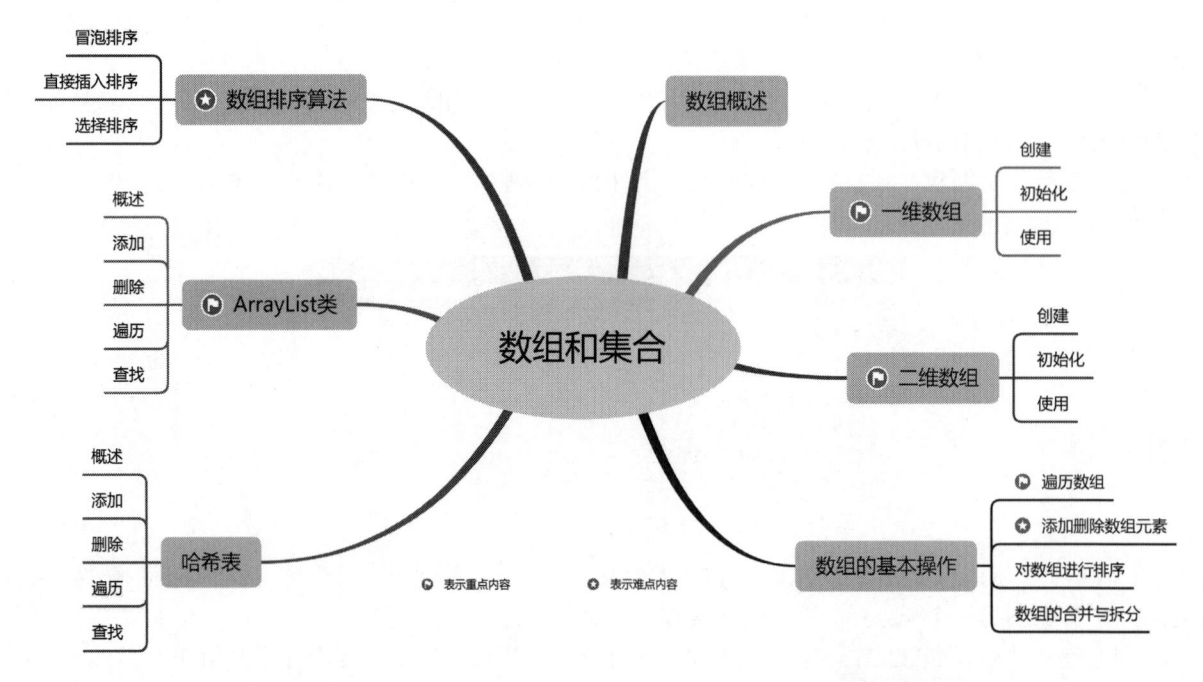

7.1 数组概述

数组是大部分编程语言（如 C、C++、C#、Java 等）都支持的一种数据类型。

顾名思义，数组就是具有相同数据类型的一组数据的集合，就好比生活中常见的球类集合、电器集合等。数组中，每个变量都称为一个数组元素，通过索引可引用这些数组元素（索引从零开始）。数组能够容纳的元素数量称为数组长度。通过指定数组的元素类型、数组维数和数组各维度的上下限，可以定义一个数组。

在程序设计中引入数组，可以更有效地管理和处理数据。根据数组的维数，可将数组分为一维数组、二维数组等，下面来详细介绍。

7.2 一维数组

一维数组实质上是一组相同类型数据的线性集合。当程序中需要处理或传递一组特定类型的数据时，可以将其定义为一个一维数组。

7.2.1 一维数组的创建

数组作为对象，允许使用 new 关键字进行内存分配。一维数组的创建有以下两种形式。

1. 先声明，再用 new 关键字进行内存分配

声明一维数组的语法格式如下。

```
数组元素类型[ ] 数组名字;
```

数组元素类型决定了数组的类型，它可以是 C#中任意的数据类型，包括简单类型和组合类型。数组名字为一个合法的标识符，符号"[ ]"指明该变量是一个数组类型变量。单个"[ ]"表示要创建的数组是一个一维数组。例如：

```
int[ ] arr;          //声明 int 型数组，数组中的每个元素都是 int 型数值
string[ ] str;       //声明 string 型数组，数组中的每个元素都是 string 型数值
```

声明数组后，还不能访问它的任何元素，因为还没有为其分配内存空间。为数组分配内存空间时必须指明数组长度，语法格式如下。

```
数组名字 = new 数组元素类型[数组元素个数];
```

☑ 数组名字：被连接到数组变量的名称。
☑ 数组元素个数：指定数组中变量的个数，即数组长度。

使用 new 关键字分配数组时，必须指定数组元素类型和数组元素个数，即数组长度。例如：

```
arr = new int[5];
```

以上代码表示要创建一个包含 5 个元素的整型数组，并将创建的数组对象赋给引用变量 arr，后续可通过 arr 引用该数组。

该数组在内存中的存储形式如图 7.1 所示。arr 为数组名称，方括号（[ ]）中的值为数组下标。数组通过下标来区分不同的元素，下标从 0 开始，由于数组 arr 中只有 5 个元素，因此数组元素下标为 0~4。

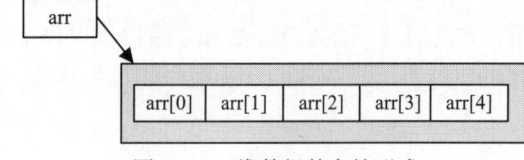

图 7.1 一维数组的存储形式

说明

使用 new 关键字为数组分配内存时，整型数组中各个元素的初始值都为 0。

2. 声明的同时为数组分配内存

创建数组时，还可以将数组声明和内存分配合在一起执行，语法格式如下。

数组元素类型[ ] 数组名 = new 数组元素类型[数组元素的个数];

例如，创建一个数组 month，并指定数组长度为 12，代码如下。

int[ ] month = new int[12]

7.2.2 一维数组的初始化

数组可以像基本数据类型变量一样，进行初始化操作。数组初始化时，会分别初始化每个数组元素。数组的初始化有以下两种形式。

```
int[] arr = new int[]{1,2,3,5,25};                //第一种初始化方式
int[ ]arr2 = {34,23,12,6};                        //第二种初始化方式
```

数组的初始化就是初始化大括号之内用逗号分开的表达式列表。用逗号（,）分割数组中的各个元素，系统自动为数组分配一定的空间。第一种初始化方式将创建包含 5 个元素的数组，依次为 1、2、3、5、25；第二种初始化方式会创建包含 4 个元素的数组，依次为 34、23、12、6。

【例 7.1】 输出每月的天数（实例位置：资源包\TM\sl\7\1）

创建一个控制台应用程序，定义一个 int 型的一维数组，将各月的天数输出，程序代码如下。

```
static void Main(string[ ] args)
{
    int[] day = new int[] { 31, 28, 31, 30, 31, 30, 31, 31, 30, 31, 30, 31 };    //创建并初始化一维数组
    for (int i = 0; i < 12; i++)                                                  //利用循环将信息输出
    {
        Console.WriteLine((i + 1) + "月有" + day[i] + "天");                       //输出的信息
    }
    Console.ReadLine();
}
```

按 Ctrl+F5 快捷键查看运行结果，如图 7.2 所示。

编程训练（答案位置：资源包\TM\sl\7\编程训练\）

【训练 1】使用数组存取学生成绩 定义一个数组，保存学生的成绩，并输出学生成绩。

【训练 2】随机抽取 4 张扑克牌 从一副牌中随机抽取 4 张牌。（提示：实现时需要用到 Random 类的 Next()方法，Random 类是一个生成随机数的类，其 Next()方法用来随机生成指定范围内的数字。）

图 7.2 输出 1~12 月各月的天数

7.3 二维数组

二维数组常用于表示表，表中的信息以行、列形式组织，第一个下标代表元素所在的行，第二个下标代表元素所在的列。

7.3.1 二维数组的创建

二维数组可以看作是特殊的一维数组，声明二维数组的语法如下。

```
数组元素类型[,] 数组名字;
```

例如，声明一个二维数组，代码如下。

```
int[,] myarr;
```

同一维数组一样，二维数组在声明时也没有分配内存空间，同样要使用关键字 new 来分配内存，然后才可以访问每个元素。对于高维数组，有两种为数组分配内存的方式。

☑ 直接为每一维分配内存空间。例如，创建一个二维数组 a，包括两个长度为 4 的一维数组，代码如下，内存分配如图 7.3 所示。

```
int[,] a=new int[2,4];
```

☑ 分别为每一维分配内存空间。通过第二种方式为二维数组分配内存，如图 7.4 所示。

```
int[ ][ ] a = new int[2][ ];
a[0] = new int[2];
a[1] = new int[3];
```

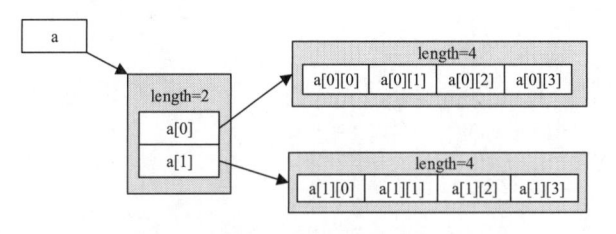

图 7.3　二维数组内存分配（第一种方式） 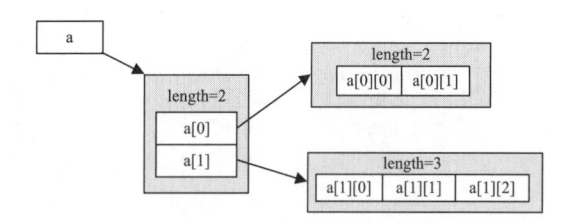　　　　图 7.4　二维数组内存分配（第二种方式）

7.3.2 二维数组的初始化

二维数组的初始化同一维数组类似，同样可以使用大括号（{}）完成，语法格式如下。

```
type[,] arrayname = {value1,value2…valuen};
```

☑ type：数组数据类型。
☑ arrayname：数组名称，一个合法的标识符。
☑ value：数组中各元素的值。

例如，初始化二维数组，实例代码如下。

```
int[,] myarr1 = new int[,]{ { 12, 0 }, { 45, 10 } };
int[,] myarr2 = {{12,0},{45,10}};
```

初始化二维数组后，要明确数组的下标都是从 0 开始。例如，上面代码中 myarr1[1,1] 的值为 10。
int 型二维数组是以 int[,] myarr1 来定义的，所以可以直接给 myarr1[x,y] 赋值。例如，给 myarr1[1] 的第 2 个元素赋值的语句如下。

```
myarr1[1,1] = 20;
```

需要存储表格的数据时，可以使用二维数组。一个 4 行 3 列二维数组的存储结构如图 7.5 所示。

【例 7.2】 模拟火车订票程序（实例位置：资源包\TM\sl\7\2）

创建一个控制台应用程序，使用二维数组存储火车票信息，输入车次和姓名后，模拟预订火车票功能，代码如下。

```csharp
static void Main(string[] args)
{
    string train = "", destination = "", startTime = "";        //定义3个字符串，存储车次、车次信息及出发时间
    string[] columnName = { "车次", "出发站-到达站", "出发时间", "到达时间", "历时" };   //定义字符串输出
    //定义二维数组，用来存储车次信息
    string[,] tableValue = { { "T40", "长春-北京", "00:12", "\t12:20", "\t12:08" },
                             { "T298", "长春-北京", "00:06", "\t10:50", "\t10:44" },
                             { "Z158", "长春-北京", "12:48", "\t21:06", "\t08:18" },
                             { "K1084", "长春-北京", "12:39", "\t02:16", "\t13:37" } };
    //遍历一维数组，用来输出标题
    for (int i = 0; i < columnName.Length; i++)
    {
        Console.Write(columnName[i] + "\t");
    }
    String messages = "";                                       //定义字符串，存储获取到的各车次信息
    Console.WriteLine();                                        //换行
    for (int i = 0; i < tableValue.GetLength(0); i++)           //通过遍历二维数组显示各车次详细信息
    {
        for (int j = 0; j < tableValue.GetLength(1); j++)
        {
            Console.Write(tableValue[i,j] + "\t");
        }
        train = tableValue[i,0];                                //获取车次
        destination = tableValue[i,1];                          //获取出发站及到达站
        startTime = tableValue[i,2];                            //获取出发时间
        messages += train + "次列车   " + destination + " " + startTime + "开" + ",";//拼接车次信息
        Console.WriteLine();                                    //换行
    }
    Console.WriteLine("请输入要购买的车次：");
    string ticket = Console.ReadLine();                         //获取输入的车次
    string[] message = messages.Split(new char[] { ',' });     //对车次信息字符串进行分割，存储到一维数组
    for (int i = 0; i < message.Length; i++)
    {
        if (message[i].Contains(ticket))
        {   //判断是否有用户输入的车次
            Console.WriteLine("请输入乘车人(用逗号分隔)：");    //提示用户输入乘车人
            String names = Console.ReadLine();                  //存储输入的乘车人
            //模拟现实购票信息
            Console.WriteLine("您已购" + message[i] + ",请" + names + "尽快换取纸质车票。【铁路客服】");
        }
    }
    Console.ReadLine();
}
```

按 Ctrl+F5 快捷键查看运行结果，如图 7.6 所示。

	[0,0]	[0,1]	[0,2]
数组索引	[1,0]	[1,1]	[1,2]
	[2,0]	[2,1]	[2,2]
	[3,0]	[3,1]	[3,2]

图 7.5　二维数组的存储结构

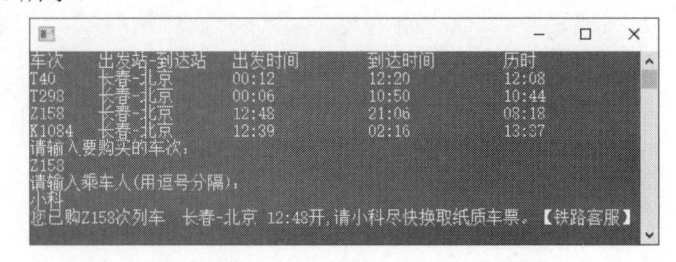

图 7.6　使用二维数组模拟火车订票

编程训练（答案位置：资源包\TM\sl\7\编程训练\）

【训练3】输出横版和竖版的古诗 利用二维数组分别以横版和竖版形式输出《春晓》。

【训练4】模拟淘宝购物车场景 模拟淘宝购物车场景（记录商品名称、数量和价格，并统计总金额）。（提示：购物车中的商品、数量、价格以二维数组存储，具体形式为 string[,] info = { { "C#项目开发实战入门", "1", "68.8" }, { "零基础学 C#", "\t2", "59.8" }, { "华为 P30 Pro", "\t1", "5999" } };。)

7.4 数组的基本操作

C#中，数组是由 System.Array 类派生而来的引用对象，因此使用 Array 类中的方法可对数组进行各种操作，如遍历数组、添加/删除数组元素、数组排序、合并/拆分数组等。

7.4.1 遍历数组

遍历数组就是依次读取数组中的各个元素，在 C#中可以使用 foreach 语句实现数组遍历功能。
foreach 语句是 for 语句的特殊简化版本，专门用来读取数组或集合中的所有元素，基本语法形式如下。

```
foreach(类型 迭代变量名 in 集合名)
{
    语句块
}
```

其中，"类型 迭代变量名"用于声明一个迭代变量，用来存放该集合中的每个元素。
foreach 循环的运行过程如下：每次循环时，从集合中取一个新元素值放到迭代变量中，如果括号中整个表达式的值为 true，就执行语句块；如果集合中所有元素都已访问过，则整个表达式的值为 false，结束循环。

例如，创建一个 int 类型的一维数组，包含 10 个元素，使用 foreach 语句遍历数组的代码如下。

```
int[ ] arr = new int[10] { 10, 20, 30, 40, 50, 60, 70, 80, 90, 100 };
foreach (int number in arr)                //采用 foreach 语句对 arr 数组进行遍历
    Console.WriteLine(number);
Console.ReadLine();
```

程序运行结果如下。

```
10
20
30
40
50
60
70
80
90
100
```

读者可以试着用 for 语句实现一下本例，会发现 foreach 语句要简洁得多。当数组的维数、容量较多时，使用 foreach 语句不但代码量小，还能有效提高遍历效率。

> **说明**
>
> foreach 循环不必像 for 循环那样要预先知道数组或集合的细节，确定循环次数和通过下标索引查找当前对象，因此当集合容量大，维数高时能极大地提升效率。但 foreach 循环里不能随便添加或者删除元素，因此需要更改集合内容时不能使用 foreach 语句。

7.4.2 添加/删除数组元素

1. 添加数组元素

添加数组元素分两种情况：一是在数组中添加元素，二是在数组中添加数组。下面将分别介绍。

【例 7.3】数组中添加单个元素（实例位置：资源包\TM\sl\7\3）

创建一个控制台应用程序，定义一个 AddArray()方法，用来在指定索引号后添加元素，并返回新得到的数组；然后在 Main()方法中调用该方法，向指定的一维数组中添加元素，代码如下。

```
/// <summary>
/// 增加单个数组元素
/// </summary>
/// <param name="ArrayBorn">要向其中添加元素的一维数组</param>
/// <param name="Index">添加索引</param>
/// <param name="Value">添加值</param>
/// <returns></returns>
static int[ ] AddArray(int[] ArrayBorn, int Index, int Value)
{
    if (Index >= (ArrayBorn.Length))            //判断添加索引是否大于或等于数组的长度
        Index = ArrayBorn.Length - 1;           //将添加索引设置为数组的最大索引
    int[ ] TemArray = new int[ArrayBorn.Length + 1];  //声明一个新的数组
    for (int i = 0; i < TemArray.Length; i++)   //遍历新数组的元素
    {
        if (Index >= 0)                         //判断添加索引是否大于或等于 0
        {
            if (i < (Index + 1))                //判断遍历到的索引是否小于添加索引加 1
                TemArray[i] = ArrayBorn[i];     //交换元素值
            else if (i == (Index + 1))          //判断遍历到的索引是否等于添加索引加 1
                TemArray[i] = Value;            //为遍历到的索引设置添加值
            else
                TemArray[i] = ArrayBorn[i - 1]; //交换元素值
        }
        else
        {
            if (i == 0)                         //判断遍历到的索引是否为 0
                TemArray[i] = Value;            //为遍历到的索引设置添加值
            else
                TemArray[i] = ArrayBorn[i - 1]; //交换元素值
        }
    }
    return TemArray;                            //返回插入元素后的新数组
}
static void Main(string[ ] args)
{
```

```
int[ ] ArrayInt = new int[] { 0, 1, 2, 3, 4, 6, 7, 8, 9 };        //声明一个一维数组
Console.WriteLine("原数组元素：");
foreach (int i in ArrayInt)                                        //遍历声明的一维数组
    Console.Write(i+" ");                                          //输出数组中的元素
Console.WriteLine();                                               //换行
ArrayInt = AddArray(ArrayInt, 4, 5);                               //调用自定义方法向数组中插入单个元素
Console.WriteLine("插入之后的数组元素：");
foreach (int i in ArrayInt)                                        //遍历插入元素后的一维数组
    Console.Write(i+" ");                                          //输出数组中的元素
Console.ReadLine();
}
```

程序运行结果如图 7.7 所示。

【**例 7.4**】数组中添加数组（实例位置：资源包**TM\sl\7\4**）

创建一个控制台应用程序，定义一个 AddArray()方法，用来在指定索引号后添加数组，并返回新得到的数组；然后在 Main()方法中调用该方法，向指定的一维数组中添加一个数组，代码如下。

图 7.7　向数组中添加元素

```
/// <summary>
/// 向一维数组中添加一个数组
/// </summary>
/// <param name="ArrayBorn">源数组</param>
/// <param name="ArrayAdd">要添加的数组</param>
/// <param name="Index">添加索引</param>
/// <returns>新得到的数组</returns>
static int[] AddArray(int[] ArrayBorn, int[] ArrayAdd, int Index)
{
    if (Index >= (ArrayBorn.Length))                               //判断添加索引是否大于或等于数组的长度
        Index = ArrayBorn.Length - 1;                              //将添加索引设置为数组的最大索引
    int[] TemArray = new int[ArrayBorn.Length + ArrayAdd.Length];  //声明一个新的数组
    for (int i = 0; i < TemArray.Length; i++)                      //遍历新数组的元素
    {
        if (Index >= 0)                                            //判断添加索引是否大于或等于 0
        {
            if (i < (Index + 1))                                   //判断遍历到的索引是否小于添加索引加 1
                TemArray[i] = ArrayBorn[i];                        //交换元素值
            else if (i == (Index + 1))                             //判断遍历到的索引是否等于添加索引加 1
            {
                for (int j = 0; j < ArrayAdd.Length; j++)          //遍历要添加的数组
                    TemArray[i + j] = ArrayAdd[j];                 //为遍历到的索引设置添加值
                i = i + ArrayAdd.Length - 1;                       //将遍历索引设置为要添加数组的索引最大值
            }
            else
                TemArray[i] = ArrayBorn[i - ArrayAdd.Length];      //交换元素值
        }
        else
        {
            if (i == 0)                                            //判断遍历到的索引是否为 0
            {
                for (int j = 0; j < ArrayAdd.Length; j++)          //遍历要添加的数组
                    TemArray[i + j] = ArrayAdd[j];                 //为遍历到的索引设置添加值
                i = i + ArrayAdd.Length - 1;                       //将遍历索引设置为要添加数组的索引最大值
            }
            else
                TemArray[i] = ArrayBorn[i - ArrayAdd.Length];      //交换元素值
        }
```

```csharp
        }
        return TemArray;                                    //返回添加数组后的新数组
    }
    static void Main(string[ ] args)
    {
        int[ ] ArrayInt = new int[ ] { 0, 1, 2, 3, 8, 9 };   //声明一个数组，用来作为源数组
        int[ ] ArrayInt1 = new int[ ] { 4, 5, 6, 7 };        //声明一个数组，用来作为要添加的数组
        Console.WriteLine("源数组:");
        foreach (int i in ArrayInt)                          //遍历源数组
            Console.Write(i+" ");                            //输出源数组元素
        Console.WriteLine();                                 //换行
        Console.WriteLine("要添加的数组:");
        foreach (int i in ArrayInt1)                         //遍历要添加的数组
            Console.Write(i + " ");                          //输出要添加的数组中的元素
        Console.WriteLine();                                 //换行
        ArrayInt = AddArray(ArrayInt, ArrayInt1, 3);         //向数组中添加数组
        Console.WriteLine("添加后的数组:");
        foreach (int i in ArrayInt)                          //遍历添加后的数组
            Console.Write(i+" ");                            //输出添加后的数组中的元素
        Console.ReadLine();
    }
}
```

程序运行结果如图 7.8 所示。

2. 删除数组元素

删除数组元素也分为两种情况：一是在不改变数组元素总数的情况下删除指定元素，即用删除元素后面的元素覆盖要删除的元素；二是删除指定元素后，根据删除元素的个数 n，使删除后的数组长度减 n。下面通过实例分别对这两种情况进行介绍。

图 7.8　向数组中添加数组

【例 7.5】 不改变长度删除数组元素（实例位置：资源包\TM\sl\7\5）

创建一个控制台应用程序，定义 DeleteArray()方法，用来在不改变数组长度的情况下从指定索引处删除指定长度的元素；然后在 Main()方法中调用该方法，从指定数组中删除一个元素，代码如下。

```csharp
/// <summary>
/// 删除数组中的元素
/// </summary>
/// <param name="ArrayBorn">要从中删除元素的数组</param>
/// <param name="Index">删除索引</param>
/// <param name="Len">删除的长度</param>
static void DeleteArray(string[ ] ArrayBorn, int Index, int Len)
{
    if (Len <= 0)                                           //判断删除长度是否小于或等于 0
        return;                                             //返回
    if (Index == 0 && Len >= ArrayBorn.Length)              //判断删除长度是否超出了数组范围
        Len = ArrayBorn.Length;                             //将删除长度设置为数组的长度
    else if ((Index + Len) >= ArrayBorn.Length)             //判断删除索引和长度的和是否超出了数组范围
        Len = ArrayBorn.Length - Index - 1;                 //设置删除的长度
    int i = 0;                                              //定义一个 int 变量，用来标识开始遍历的位置
    for (i = 0; i < ArrayBorn.Length - Index - Len; i++)    //遍历删除的长度
        ArrayBorn[i + Index] = ArrayBorn[i + Len + Index];  //覆盖要删除的值
    for (int j = (ArrayBorn.Length - 1); j > (ArrayBorn.Length - Len - 1); j--)  //遍历删除长度后面的数组元素值
        ArrayBorn[j] = null;                                //设置数组为空
}
static void Main(string[ ] args)
{
```

```csharp
        string[ ] ArrayStr = new string[ ] { "m", "r", "s", "o", "f", "t" };   //声明一个字符串数组
        Console.WriteLine("源数组：");
        foreach (string i in ArrayStr)                                          //遍历源数组
            Console.Write(i+" ");                                               //输出数组中的元素
        Console.WriteLine();                                                    //换行
        DeleteArray(ArrayStr, 0, 1);                                            //删除数组中的元素
        Console.WriteLine("删除元素后的数组：");
        foreach (string i in ArrayStr)                                          //遍历删除元素后的数组
            Console.Write(i+" ");                                               //输出数组中的元素
        Console.ReadLine();
    }
```

程序运行结果如图 7.9 所示。

【例 7.6】删除数组元素后改变长度（实例位置：资源包\TM\sl\7\6）

创建一个控制台应用程序，定义 DeleteArray()方法，在删除元素或指定区域的元素后，改变数组的长度，代码如下。

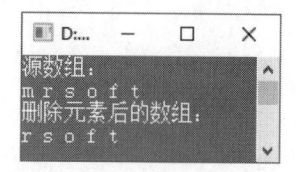

图 7.9 不改变长度删除数组中的元素

```csharp
/// <summary>
/// 删除数组中的元素，并改变数组的长度
/// </summary>
/// <param name="ArrayBorn">要从中删除元素的数组</param>
/// <param name="Index">删除索引</param>
/// <param name="Len">删除的长度</param>
/// <returns>得到的新数组</returns>
static string[ ] DeleteArray(string[ ] ArrayBorn, int Index, int Len)
{
    if (Len <= 0)                                                               //判断删除长度是否小于等于 0
        return ArrayBorn;                                                       //返回源数组
    if (Index == 0 && Len >= ArrayBorn.Length)                                  //判断删除长度是否超出了数组范围
        Len = ArrayBorn.Length;                                                 //将删除长度设置为数组的长度
    else if ((Index + Len) >= ArrayBorn.Length)                                 //判断删除索引和长度的和是否超出了数组范围
        Len = ArrayBorn.Length - Index - 1;                                     //设置删除的长度
    string[ ] temArray = new string[ArrayBorn.Length - Len];                    //声明一个新的数组
    for (int i = 0; i < temArray.Length; i++)                                   //遍历新数组
    {
        if (i >= Index)                                                         //判断遍历索引是否大于或等于删除索引
            temArray[i] = ArrayBorn[i + Len];                                   //为遍历到的索引元素赋值
        else
            temArray[i] = ArrayBorn[i];                                         //为遍历到的索引元素赋值
    }
    return temArray;                                                            //返回得到的新数组
}
static void Main(string[ ] args)
{
    string[ ] ArrayStr = new string[ ] { "m", "r", "s", "o", "f", "t" };        //声明一个字符串数组
    Console.WriteLine("源数组：");
    foreach (string i in ArrayStr)                                              //遍历源数组
        Console.Write(i + " ");                                                 //输出数组中的元素
    Console.WriteLine();                                                        //换行
    string[ ] newArray = DeleteArray(ArrayStr, 0, 1);                           //删除数组中的元素
    Console.WriteLine("删除元素后的数组：");
    foreach (string i in newArray)                                              //遍历删除元素后的数组
        Console.Write(i + " ");                                                 //输出数组中的元素
    Console.ReadLine();
}
```

程序运行结果如图 7.10 所示。

7.4.3 对数组进行排序

C#提供了两个数组排序方法：Array.Sort()和 Array.Reverse()。其中，Array.Sort()方法用于对一维数组元素排序，Array.Reverse()方法用于反转一维数组或部分数组中的元素顺序。

图 7.10　改变长度删除数组中的元素

例如，使用 Array.Sort()方法对数组中的元素从小到大进行排序，代码如下。

```
int[ ] arr = new int[ ] { 3, 9, 27, 6, 18, 12, 21, 15 };
Array.Sort(arr);                                          //对数组元素排序
```

> **注意**
> 在 Array.Sort()方法中使用的数组不能为空，也不能是多维数组，它只对一维数组进行排序。

例如，使用 Array.Reverse()方法对数组中的元素反向排序，代码如下。

```
int[ ] arr = new int[ ] { 3, 9, 27, 6, 18, 12, 21, 15 };
Array.Reverse(arr);                                       //对数组元素反向排序
```

7.4.4 数组的合并与拆分

在对数组进行合并与拆分时，合并前后、拆分前后的数组类型应一致。

1. 数组的合并

数组合并，顾名思义，就是将多个一维数组合并成一个一维数组，或者将多个一维数组合并成一个二维数组或多维数组。

> **注意**
> 在合并数组时，如果是将两个一维数组合并成一个一维数组，那么新生成数组的元素个数必须为要合并的两个一维数组元素个数的和。

【例 7.7】 将一维数组合并为二维数组（实例位置：资源包\TM\sl\7\7）

创建一个控制台应用程序，将两个一维数组合并成一个新的一维数组，再将定义的两个一维数组合并为一个新的二维数组，程序代码如下。

```
static void Main(string[ ] args)
{
    //定义两个一维数组
    int[ ] arr1 = new int[ ] { 1, 2, 3, 4, 5 };
    int[ ] arr2 = new int[ ] { 6, 7, 8, 9, 10 };
    int n = arr1.Length + arr2.Length;
    int[ ] arr3 = new int[n];                  //根据定义的两个一维数组的长度的和定义一个新的一维数组
    for (int i = 0; i < arr3.Length; i++)      //将定义的两个一维数组中的元素添加到新的一维数组中
    {
        if (i < arr1.Length)
```

```
                arr3[i] = arr1[i];
            else
                arr3[i] = arr2[i - arr1.Length];
        }
        Console.WriteLine("合并后的一维数组：");
        foreach (int i in arr3)
            Console.Write("{0}", i + " ");
        Console.WriteLine();
        int[,] arr4 = new int[2, 5];                                          //定义一个要合并的二维数组
        for (int i = 0; i < arr4.Rank; i++)                                   //将两个一维数组循环添加到二维数组中
        {
            switch (i)
            {
                case 0:
                    {
                        for (int j = 0; j < arr1.Length; j++)
                            arr4[i, j] = arr1[j];
                        break;
                    }
                case 1:
                    {
                        for (int j = 0; j < arr2.Length; j++)
                            arr4[i, j] = arr2[j];
                        break;
                    }
            }
        }
        Console.WriteLine("合并后的二维数组：");
        for (int i = 0; i < arr4.Rank; i++)                                   //显示合并后的二维数组
        {
            for (int j = 0; j < arr4.GetUpperBound(arr4.Rank - 1) + 1; j++)
                Console.Write(arr4[i, j] + " ");
            Console.WriteLine();
        }
    }
}
```

按 Ctrl+F5 快捷键查看运行结果，如图 7.11 所示。

2. 数组的拆分

数组的拆分实际上就是将一个一维数组拆分成多个一维数组，或是将多维数组拆分成多个一维数组或多个多维数组。

图 7.11 数组合并运行结果

【例 7.8】 将二维数组拆分为一维数组（**实例位置：资源包\TM\sl\7\8**）

创建一个控制台应用程序，将一个 int 类型的二维数组拆分成两个 int 类型的一维数组，代码如下。

```
static void Main(string[] args)
{
    int[,] arr1 = new int[2, 3] { { 1, 3, 5 }, { 2, 4, 6 } };                 //定义一个二维数组，并赋值
    //定义两个一维数组，用来存储拆分的二维数组中的元素
    int[] arr2 = new int[3];
    int[] arr3 = new int[3];
    for (int i = 0; i < 2; i++)
    {
        for (int j = 0; j < 3; j++)
        {
            switch (i)
            {
                case 0: arr2[j] = arr1[i, j]; break;                          //如果是第一行中的元素，则添加到第一个数组中
```

```
                    case 1: arr3[j] = arr1[i, j]; break;          //如果是第二行中的元素，则添加到第二个数组中
                }
            }
        }
        Console.WriteLine("数组一：");
        foreach (int n in arr2)                                    //输出拆分后的第一个一维数组
            Console.Write(n + " ");
        Console.WriteLine();
        Console.WriteLine("数组二：");                              //输出拆分后的第二个一维数组
        foreach (int n in arr3)
            Console.Write(n + " ");
        Console.WriteLine();
    }
```

按 Ctrl+F5 快捷键查看运行结果，如图 7.12 所示。

编程训练（答案位置：资源包\TM\sl\7\编程训练\）

【训练5】九宫格　输出一个九宫格（分别填入 1～9 中的 9 个数，使得每一行、列和对角线上的和都等于 15）。

【训练6】输出有意思的名字　很多家长给孩子起名都非常有意思，甚至借用了一些游戏名，如"王者荣耀""黄埔军校""徐栩如生"等，请输出这些好玩的名字。

图 7.12　数组拆分运行结果

7.5　数组排序算法

数组存储的是一组具有相同类型的数据序列，因此在数组应用过程中，最常见的操作就是对其元素进行排序。数组的常用排序算法有很多，本节将介绍应用面较广的冒泡排序法、直接插入排序法和选择排序法。

7.5.1　冒泡排序法

冒泡排序法简单、有效，通常是初学者最先接触的排序算法。该方法在排序数组元素的过程中总是将小数往前放，大数往后放，因此小数就类似于水中的气泡会逐渐上升，因此称作冒泡排序法。

1．基本思想

冒泡排序法的基本思想是：在一组序列中，依次对比相邻的两个元素，如果满足一定条件，就进行交换；第一轮循环可将最大（或最小）的元素排在最后，下一轮循环再对数组中的其他元素进行类似操作；以此类推，较大（或较小）的元素就会依次沉入序列底部，较小（或较大）的元素就会像气泡一样，从序列底部逐渐上升到顶部。

冒泡排序法的核心思想就是把相邻两个元素进行比较。这就好比，有一个无序的数字堆，先比较第一、二个数字，小的放前，大的放后；然后比较第二、三个数字，仍然小的放前、大的放后。如此两两从前往后比较，直至最大的数字"沉底"，即位于整个序列的最后。然后对剩下的无序数字开始第二轮、第三轮比较，仍然从前往后两两比较，每次"沉底"一个数字。如此往复，直到整个序列都是有序的。

2. 算法示例

冒泡排序算法需要通过双层循环来实现。外层循环用于控制排序轮数，循环次数一般为待排序数组长度减 1，因为最后一次循环只剩下一个数组元素，不需要再对比（此时数组已完成排序）。内层循环用于对比数组中两个邻近元素的大小，以确定是否交换位置，对比和交换次数随排序轮数的增加而减少。

例如，一个拥有 6 个元素的数字序列 63，4，24，1，3，15，冒泡排序过程如图 7.13 所示。

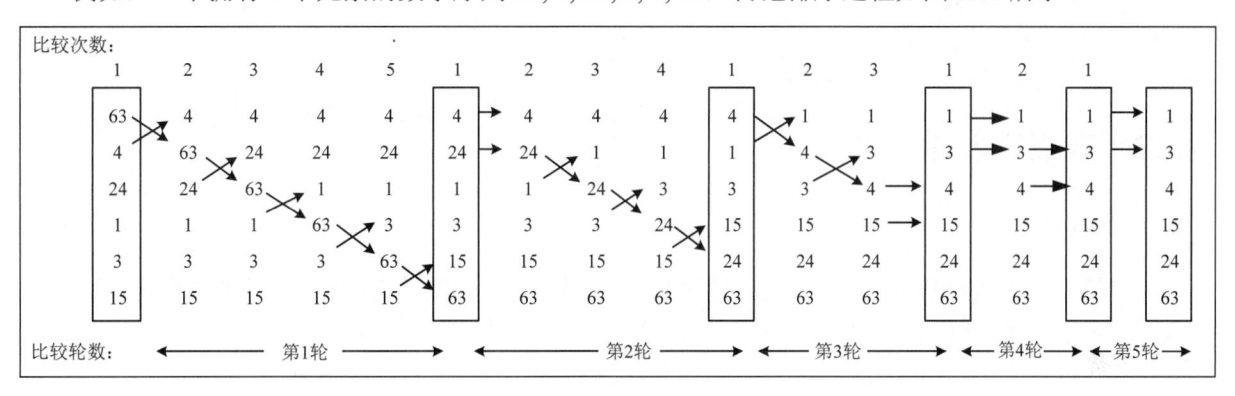

图 7.13　冒泡排序过程

第一轮外层循环时，把最大的元素值 63 移动到了最后（相应地，比 63 小的元素依次向前移动，类似气泡上升）。第二轮外层循环时，不再对比最后一个元素值 63，因为它已经是最大值，只需要对比和移动的是其他剩余元素即可，这次将元素 24 移动到倒数第二个位置。其他循环以此类推，经过 5 轮循环后，即可完成排序任务。

【例 7.9】冒泡排序法的实现（实例位置：资源包\TM\sl\7\9）

创建一个控制台应用程序，使用冒泡排序法对数组 arr 中的元素从小到大排序，代码如下。

```
static void Main(string[] args)
{
    int[ ] arr = new int[ ] {63, 4, 24, 1, 3, 15 };         //定义一个一维数组，并赋值
    //定义两个 int 类型的变量，分别用来表示数组下标和存储新的数组元素
    int j, temp;
    for (int i = 0; i < arr.Length - 1; i++)                //根据数组下标的值遍历数组元素
    {
        j = i + 1;
        id:
        if (arr[i] > arr[j])                                //判断前后两个数的大小
        {
            temp = arr[i];                                  //将比较后大的元素赋值给定义的 int 变量
            arr[i] = arr[j];                                //将后一个元素的值赋值给前一个元素
            arr[j] = temp;                                  //将 int 变量中存储的元素值赋值给后一个元素
            goto id;                                        //返回标识，继续判断后面的元素
        }
        else
            if (j < arr.Length - 1)                         //判断是否执行到最后一个元素
            {
                j++;                                        //如果没有，则再往后判断
                goto id;                                    //返回标识，继续判断后面的元素
            }
    }
}
```

```
        foreach (int n in arr)                          //循环遍历排序后的数组元素并输出
            Console.Write(n + " ");
        Console.WriteLine();
}
```

运行结果如图 7.14 所示。

> **说明**
>
> 在对数组进行遍历时，要用当前数组的 Length 属性来获取数组的元素个数。

图 7.14 冒泡排序法运行结果

7.5.2 直接插入排序法

1. 基本思想

直接插入排序法的基本思想是：在一组序列中，抽取一个元素，与前面已排好序的数据进行比较，插入至合适的位置，得到一个长度加 1 的新有序表；然后从剩下的序列中再抽取一个元素，继续执行插入操作，以此类推，得到的有序表会越来越长，直到整个序列都为有序序列。

这就好比，有一个无序的数字堆，先取出前两个数，使这两个数字有序；接着取第 3 个数字，插入合适的位置，使这 3 个数字仍然有序；然后取第 4 个数，插入前 3 个数字的合适位置，使其仍然有序。如此往复，完成最后一个数字插入后，整个序列都是有序的。

2. 算法示例

例如，一个拥有 6 个元素的数字序列 63, 4, 24, 1, 3, 15，插入排序过程如下。

初始数字序列	【63	4	24	1	3	15】
第 1 轮排序后	【4	63】	24	1	3	15
第 2 轮排序后	【4	24	63】	1	3	15
第 3 轮排序后	【1	4	24	63】	3	15
第 4 轮排序后	【1	3	4	24	63】	15
第 5 轮排序后	【1	3	4	15	24	63】

【例 7.10】直接插入排序法的实现（实例位置：资源包\TM\sl\7\10）

创建一个控制台应用程序，使用直接插入排序法对数组 arr 中的元素从小到大排序，代码如下。

```
static void Main(string[ ] args)
{
    int[ ] arr = new int[ ] { 63, 4, 24, 1, 3, 15 };        //定义一个一维数组，并赋值
    for (int i = 0; i < arr.Length; ++i)                    //循环访问数组中的元素
    {
        int temp = arr[i];                                   //定义一个 int 变量，并使用获得的数组元素值赋值
        int j = i;
        while ((j > 0) && (arr[j - 1] > temp))              //判断数组中的元素是否大于获得的值
        {
            arr[j] = arr[j - 1];                             //如果是，则将后一个元素的值提前
            --j;
        }
        arr[j] = temp;                                       //将 int 变量存储的值赋值给最后一个元素
```

```
        }
        Console.WriteLine("排序后结果为：");
        foreach (int n in arr)                              //循环访问排序后的数组元素并输出
            Console.Write("{0}", n + " ");
        Console.WriteLine();
}
```

7.5.3 选择排序法

选择排序法的排序速度比冒泡排序法要快一些，也是初学者应该掌握的常用排序算法。

1．基本思想

选择排序法的基本思想是：在一组序列中，首先将第一个元素依次与后面的元素分别进行对比，并选出最小或最大的值，放到最前面；然后将第二个元素再依次与后面的元素进行对比，选出剩下的元素中最小或最大的值，放到第二个元素位置处，以此类推，直到全部待排序的元素的个数为零。

注意，这里不同于冒泡排序，不是交换相邻元素，而是把满足条件的元素与指定排序位置交换。

设想一下，如果要将一个包含 1～10 的乱序数字堆排成一个由小到大的数字序列，你会怎么做？很显然，会先从数字堆中选出 1，放在第 1 位，然后从剩余数字堆里选出 2，放在第 2 位，以此类推，直到找到数字 9，最后只剩下 10，此时不用再选择，直接放到序列最后即可。

与冒泡排序法相比，选择排序法的交换次数要少很多，所以速度会快一些。

2．算法示例

例如，一个拥有 6 个元素的数字序列 63, 4, 24, 1, 3, 15，选择排序过程如下。

初始数字序列	【63	4	24	1	3	15】
第 1 轮排序后	【1】	4	24	63	3	15
第 2 轮排序后	【1	3】	24	63	4	15
第 3 轮排序后	【1	3	4】	63	24	15
第 4 轮排序后	【1	3	4	15】	24	63
第 5 轮排序后	【1	3	4	15	24】	63

【例 7.11】选择排序法的实现（实例位置：资源包\TM\sl\7\11）

创建一个控制台应用程序，使用选择排序法对数组 arr 中的元素从小到大排序，代码如下。

```
static void Main(string[ ] args)
{
    int[ ] arr = new int[ ] { 63, 4, 24, 1, 3, 15 };        //定义一个一维数组，并赋值
    int min;                                                //定义一个 int 变量，用来存储数组下标
    for (int i = 0; i < arr.Length - 1; i++)                //循环访问数组中的元素值（除最后一个）
    {
        min = i;                                            //为定义的数组下标赋值
        for (int j = i + 1; j < arr.Length; j++)            //循环访问数组中的元素值（除第一个）
        {
            if (arr[j] < arr[min])                          //判断相邻两个元素值的大小
                min = j;
        }
        int t = arr[min];                                   //定义一个 int 变量，用来存储比较大的数组元素值
        arr[min] = arr[i];                                  //将小的数组元素值移动到前一位
        arr[i] = t;                                         //将 int 变量中存储的较大的数组元素值向后移
```

```
}
Console.WriteLine("排序后结果为：");
foreach (int n in arr)                              //循环访问排序后的数组元素并输出
    Console.Write("{0}", n + " ");
Console.WriteLine();
}
```

编程训练（答案位置：资源包\TM\sl\7\编程训练\）

【训练 7】冒泡排序法排序　修改【例 7.9】，使用冒泡排序法对一维数组进行倒序排序。
【训练 8】选择排序法排序　修改【例 7.11】，使用选择排序法对一维数组进行倒序排序。

7.6　ArrayList 类

ArrayList 类相当于一种高级的动态数组，它是 Array 类的升级版本，本节将对该类进行详细介绍。

7.6.1　ArrayList 类概述

ArrayList 类位于 System.Collections 命名空间下，它可以动态地添加和删除元素。可以将 ArrayList 类看作扩充了功能的数组，但它并不等同于数组。

与数组相比，ArrayList 类为开发人员提供了以下功能。

- ☑ 数组的容量是固定的，而 ArrayList 的容量可以根据需要自动扩充。
- ☑ ArrayList 提供添加、删除和插入某一范围元素的方法，但在数组中，只能一次获取或设置一个元素的值。
- ☑ ArrayList 提供将只读和固定大小包装返回集合的方法，而数组不提供。
- ☑ ArrayList 只能是一维形式，而数组可以是多维的。

ArrayList 提供了 3 个构造器，通过这 3 个构造器可以有 3 种声明方式。

（1）默认构造器，会以默认大小（16 位）初始化内部数组。构造器格式如下。

```
public ArrayList();
```

使用默认构造器声明 ArrayList 的语法格式如下。

```
ArrayList List = new ArrayList();
```

其中，List 为 ArrayList 对象名。

例如，声明一个 ArrayList 对象，并为其添加 10 个 int 类型的元素值，代码如下。

```
ArrayList List = new ArrayList();
for (int i = 0; i < 10; i++)                        //给 ArrayList 对象添加 10 个 int 元素
    List.Add(i);
```

（2）用一个 ICollection 对象来构造，并将该集合的元素添加到 ArrayList 中。构造器格式如下。

```
public ArrayList(ICollection);
```

使用以上构造器声明 ArrayList 的语法格式如下。

```
ArrayList List = new ArrayList(arryName);
```

- ☑ List：ArrayList 对象名。
- ☑ arryName：要添加集合的数组名。

例如，声明一个 int 类型的一维数组，然后声明一个 ArrayList 对象，同时将已经声明的一维数组中的元素添加到该对象中，代码如下。

```
int[ ] arr = new int[ ] { 1, 2, 3, 4, 5, 6, 7, 8, 9 };
ArrayList List = new ArrayList(arr);
```

（3）用指定的大小初始化内部数组。构造器格式如下。

```
public ArrayList(int);
```

使用以上构造器声明 ArrayList 的语法格式如下。

```
ArrayList List = new ArrayList(n);
```

- ☑ List：ArrayList 对象名。
- ☑ n：ArrayList 对象的空间大小。

例如，声明一个具有 10 个元素的 ArrayList 对象，并为其赋初始值，代码如下。

```
ArrayList List = new ArrayList(10);
for (int i = 0; i < List.Count; i++)      //给 ArrayList 对象添加 10 个 int 元素
    List.Add(i);
```

ArrayList 常用属性及说明如表 7.1 所示。

表 7.1 ArrayList 常用属性及说明

属 性	说 明
Capacity	获取或设置 ArrayList 可包含的元素数
Count	获取 ArrayList 中实际包含的元素数
IsFixedSize	获取一个值，该值指示 ArrayList 是否具有固定大小
IsReadOnly	获取一个值，该值指示 ArrayList 是否为只读
IsSynchronized	获取一个值，该值指示是否同步对 ArrayList 的访问
Item	获取或设置指定索引处的元素
SyncRoot	获取可用于同步 ArrayList 访问的对象

7.6.2 ArrayList 元素的添加

向 ArrayList 集合中添加元素时，可以使用 ArrayList 类提供的 Add()方法和 Insert()方法，下面对这两个方法进行详细介绍。

1．Add()方法

Add()方法用来将对象添加到 ArrayList 集合的结尾处，语法格式如下。

```
public virtual int Add(Object value)
```

- ☑ value：要添加到 ArrayList 末尾处的 Object，该值可以为空引用。
- ☑ 返回值：ArrayList 索引，已在此处添加了 value。

> **说明**
> ArrayList 允许 null 值作为有效值,并且允许重复的元素。

例如,声明一个包含 6 个元素的一维数组,并使用该数组实例化一个 ArrayList 对象,然后使用 Add()方法为该 ArrayList 对象添加元素,代码如下。

```
int[ ] arr = new int[ ] { 1, 2, 3, 4, 5, 6 };
ArrayList List = new ArrayList(arr);        //使用声明的一维数组实例化一个 ArrayList 对象
List.Add(7);                                //为 ArrayList 对象添加元素
```

2. Insert()方法

Insert()方法用来将元素插入 ArrayList 集合的指定索引处,语法格式如下。

```
public virtual void Insert(int index,Object value)
```

- ☑ index:从零开始的索引,应在该位置插入 value。
- ☑ value:要插入的 Object,该值可以为空引用。

> **说明**
> 如果 ArrayList 实际存储元素数已经等于 ArrayList 可存储的元素数,则会通过自动重新分配内部数组增加 ArrayList 的容量,并在添加新元素之前将现有元素复制到新数组中。

例如,声明一个包含 6 个元素的一维数组,并使用该数组实例化一个 ArrayList 对象,然后使用 Insert()方法在该 ArrayList 对象的指定索引处添加一个元素,代码如下。

```
int[ ] arr = new int[ ] { 1, 2, 3, 4, 5, 6 };
ArrayList List = new ArrayList(arr);        //使用声明的一维数组实例化一个 ArrayList 对象
List.Insert(3, 7);                          //在 ArrayList 集合的指定位置添加一个元素
```

【例 7.12】动态向 ArrayList 中添加数据(实例位置:资源包\TM\sl\7\12)

创建一个控制台应用程序,其中定义了一个 int 类型的一维数组,并使用该数组实例化一个 ArrayList 对象,然后分别使用 ArrayList 对象的 Add()方法和 Insert()方法向 ArrayList 集合的结尾处和指定索引处添加元素,代码如下。

```
static void Main(string[ ] args)
{
    int[ ] arr = new int[ ] { 1, 2, 3, 4, 5, 6 };
    ArrayList List = new ArrayList(arr);        //使用声明的一维数组实例化一个 ArrayList 对象
    Console.WriteLine("原 ArrayList 集合:");
    foreach (int i in List)                     //遍历 ArrayList 集合并输出
    {
        Console.Write(i + " ");
    }
    Console.WriteLine();
    for (int i = 1; i < 5; i++)
    {
        List.Add(i + arr.Length);               //为 ArrayList 集合添加元素
    }
    Console.WriteLine("使用 Add()方法添加:");
    foreach (int i in List)                     //遍历添加元素后的 ArrayList 集合并输出
    {
        Console.Write(i + " ");
```

```
}
Console.WriteLine();
List.Insert(6, 6);                              //在 ArrayList 集合的指定位置添加元素
Console.WriteLine("使用 Insert()方法添加: ");
foreach (int i in List)                         //遍历最后的 ArrayList 集合并输出
{
    Console.Write(i + " ");
}
Console.WriteLine();
}
```

按 Ctrl+F5 快捷键查看运行结果，如图 7.15 所示。

> **注意**
> 使用 ArrayList 类时，需要在命名空间区域添加 using System.Collections;，下面将不再提示。

图 7.15　ArrayList 元素的添加运行结果

7.6.3　ArrayList 元素的删除

在 ArrayList 集合中删除元素时，可以使用 ArrayList 类提供的 Clear()方法、Remove()方法、RemoveAt()方法和 RemoveRange()方法。下面对这 4 个方法进行详细介绍。

1．Clear()方法

Clear()方法用来从 ArrayList 中移除所有元素，语法格式如下。

```
public virtual void Clear()
```

例如，声明一个包含 6 个元素的一维数组，并使用该数组实例化一个 ArrayList 对象，然后使用 Clear()方法清除 ArrayList 中的所有元素，代码如下。

```
int[ ] arr = new int[ ] { 1, 2, 3, 4, 5, 6 };
ArrayList List = new ArrayList(arr);
List.Clear();
```

2．Remove()方法

Remove()方法用来从 ArrayList 中移除特定对象的第一个匹配项，语法格式如下。

```
public virtual void Remove(Object obj)
```

其中，obj 表示要从 ArrayList 移除的 Object，该值可以为空引用。

> **说明**
> 在删除 ArrayList 中的元素时，如果不包含指定对象，则 ArrayList 将保持不变。

例如，声明一个包含 6 个元素的一维数组，并使用该数组实例化一个 ArrayList 对象，然后使用 Remove()方法从声明的 ArrayList 对象中移除与 3 匹配的元素，代码如下。

```
int[ ] arr = new int[ ] { 1, 2, 3, 4, 5, 6 };
ArrayList List = new ArrayList(arr);
List.Remove(3);
```

3. RemoveAt()方法

RemoveAt()方法用来从 ArrayList 中移除指定索引处的元素，语法格式如下。

```
public virtual void RemoveAt(int index)
```

其中，index 表示要移除元素的索引值（从零开始）。

例如，声明一个包含 6 个元素的一维数组，并使用该数组实例化一个 ArrayList 对象，然后使用 RemoveAt()方法从声明的 ArrayList 对象中移除索引为 3 的元素，代码如下。

```
int[ ] arr = new int[ ] { 1, 2, 3, 4, 5, 6 };
ArrayList List = new ArrayList(arr);
List.RemoveAt(3);
```

4. RemoveRange()方法

RemoveRange()方法用来从 ArrayList 中移除一定范围的元素，语法格式如下。

```
public virtual void RemoveRange(int index,int count)
```

- index：要移除的元素的范围，即从零开始的起始索引。
- count：要移除的元素数。

误区警示

在 RemoveRange()方法中，参数 count 的长度不能超出数组的总长度减去参数 index 的值。

例如，声明一个包含 6 个元素的一维数组，并使用该数组实例化一个 ArrayList 对象，然后在该 ArrayList 对象中使用 RemoveRange()方法从索引 3 处删除两个元素，代码如下。

```
int[ ] arr = new int[ ] { 1, 2, 3, 4, 5, 6 };
ArrayList List = new ArrayList(arr);
List.RemoveRange(3,2);
```

【例 7.13】 一次删除 ArrayList 中的多个元素（实例位置：资源包\TM\sl\7\13）

创建一个控制台应用程序，使用 RemoveRange()方法删除 ArrayList 集合中的一批元素，代码如下。

```csharp
static void Main(string[ ] args)
{
    int[ ] arr = new int[ ] { 1, 2, 3, 4, 5, 6, 7, 8, 9 };
    ArrayList List = new ArrayList(arr);            //使用声明的一维数组实例化一个 ArrayList 对象
    Console.WriteLine("原 ArrayList 集合：");
    foreach (int i in List)                          //遍历 ArrayList 集合中的元素并输出
    {
        Console.Write(i.ToString() + " ");
    }
    Console.WriteLine();
    List.RemoveRange(0, 5);                          //从 ArrayList 集合中移除指定下标位置的元素
    Console.WriteLine("删除元素后的 ArrayList 集合：");
    foreach (int i in List)                          //遍历删除元素后的 ArrayList 集合并输出其元素
    {
        Console.Write(i.ToString() + " ");
    }
    Console.WriteLine();
}
```

按 Ctrl+F5 快捷键查看运行结果，如图 7.16 所示。

7.6.4 ArrayList 的遍历

图 7.16 ArrayList 元素的删除运行结果

ArrayList 集合的遍历与数组类似，都可以使用 foreach 语句。

【例 7.14】遍历 ArrayList 集合（实例位置：资源包\TM\sl\7\14）

创建一个控制台应用程序，其中实例化了一个 ArrayList 对象，并使用 Add()方法向 ArrayList 集合中添加了两个元素，然后使用 foreach 语句遍历 ArrayList 集合中的各个元素并输出，代码如下：

```
static void Main(string[ ] args)
{
    ArrayList list = new ArrayList();              //实例化一个 ArrayList 对象
    list.Add("TM");                                //向 ArrayList 集合中添加元素
    list.Add("C#从入门到精通");
    foreach (string str in list)                   //遍历 ArrayList 集合中的元素并输出
    {
        Console.WriteLine(str);
    }
}
```

按 Ctrl+F5 快捷键查看运行结果，如图 7.17 所示。

7.6.5 ArrayList 元素的查找

图 7.17 ArrayList 的遍历运行结果

查找 ArrayList 集合中的元素时，可以使用 ArrayList 类提供的 Contains()方法、IndexOf()方法和 LastIndexOf()方法。IndexOf()方法和 LastIndexOf()方法的用法与字符串类（String 类）的同名方法的用法基本相同，下面主要对 Contains()方法进行详细介绍。

Contains()方法用来确定某元素是否在 ArrayList 集合中，语法格式如下：

```
public virtual bool Contains(Object item)
```

☑ item：要在 ArrayList 中查找的 Object，该值可以为空引用。

☑ 返回值：如果在 ArrayList 中找到 item，则为 true；否则为 false。

例如，声明一个包含 6 个元素的一维数组，并使用该数组实例化一个 ArrayList 对象，然后使用 Contains()方法判断数字 2 是否在 ArrayList 集合中，代码如下：

```
int[ ] arr = new int[ ] { 1, 2, 3, 4, 5, 6 };
ArrayList List = new ArrayList(arr);
Console.Write(List.Contains(2));               //判断 ArrayList 集合中是否包含指定的元素
```

运行结果为 true。

编程训练（答案位置：资源包\TM\sl\7\编程训练\）

【训练9】向班级集合中添加学生信息 使用 ArrayList 集合存储学生信息。添加的 3 名学生信息如下：小王，男，1980-01-01；小刘，女，1981-01-01；小明，男，1990-01-01。

【训练10】优化【训练9】 在【训练9】的基础上，将学生的出生年月显示为"****年**月**日"这种格式。（提示：可以使用 String 类的 Format()方法实现。）

7.7 哈希表

哈希表（Hashtable）是一种重要的集合类型，本节将对哈希表的概念及使用方法进行详细介绍。

7.7.1 哈希表概述

哈希表，表示键/值对的集合，这些键/值对根据键的哈希代码进行组织。它的每个元素都是一个存储在 DictionaryEntry 对象中的键/值对。键不能为空引用，但值可以。

哈希表的构造函数有多种，这里介绍两种最常用的。

（1）使用默认的初始容量、加载因子、哈希代码提供程序和比较器来初始化 Hashtable 类的新的空实例，语法格式如下。

```
public Hashtable()
```

（2）使用指定的初始容量、默认加载因子、默认哈希代码提供程序和默认比较器来初始化 Hashtable 类的新的空实例，语法格式如下。

```
public Hashtable(int capacity)
```

capacity：Hashtable 对象最初可包含的元素的近似数目。

Hashtable 常用属性及说明如表 7.2 所示。

表 7.2 Hashtable 常用属性及说明

属 性	说 明
Count	获取包含在 Hashtable 中的键/值对的数目
IsFixedSize	获取一个值，该值指示 Hashtable 是否具有固定大小
IsReadOnly	获取一个值，该值指示 Hashtable 是否为只读
IsSynchronized	获取一个值，该值指示是否同步对 Hashtable 的访问
Item	获取或设置与指定的键相关联的值
Keys	获取包含 Hashtable 中的键的 ICollection
SyncRoot	获取可用于同步 Hashtable 访问的对象
Values	获取包含 Hashtable 中的值的 ICollection

7.7.2 添加元素

Add()方法用来将带有指定键和值的元素添加到 Hashtable 中，语法格式如下。

```
public virtual void Add(Object key,Object value)
```

- ☑ key：要添加的元素的键。
- ☑ value：要添加的元素的值，该值可以为空引用。

> **说明**
> 如果指定了 Hashtable 的初始容量，则不用限定向 Hashtable 对象中添加的因子个数。容量会根据加载的因子自动增加。

【例 7.15】向哈希表中添加元素（实例位置：资源包\TM\sl\7\15）

创建一个控制台应用程序，实例化一个 Hashtable 对象，然后使用 Add()方法为该 Hashtable 对象添加 3 个元素，代码如下。

```
Hashtable hashtable = new Hashtable();           //实例化 Hashtable 对象
hashtable.Add("id", "BH0001");                   //向 Hashtable 中添加元素
hashtable.Add("name", "TM");
hashtable.Add("sex", "男");
Console.WriteLine(hashtable.Count);              //获得 Hashtable 中的元素个数
```

运行结果为 3。

7.7.3 删除元素

在哈希表中删除元素有两种方法：Clear()方法和 Remove()方法。

1．Clear()方法

Clear()方法用来从 Hashtable 中移除所有元素，语法格式如下。

```
public virtual void Clear()
```

【例 7.16】清空哈希表（实例位置：资源包\TM\sl\7\16）

创建一个控制台应用程序，实例化一个 Hashtable 对象，并使用 Add()方法添加 3 个元素，然后使用 Clear()方法移除所有元素，代码如下。

```
Hashtable hashtable = new Hashtable();           //实例化 Hashtable 对象
hashtable.Add("id", "BH0001");                   //向 Hashtable 中添加元素
hashtable.Add("name", "TM");
hashtable.Add("sex", "男");
hashtable.Clear();                               //移除 Hashtable 中的元素
Console.WriteLine(hashtable.Count);
```

运行结果为 0。

2．Remove()方法

Remove()方法用来从 Hashtable 中移除带有指定键的元素，语法格式如下。

```
public virtual void Remove(Object key)
```

其中，key 为待移除元素的键。

【例 7.17】删除哈希表中指定键的元素（实例位置：资源包\TM\sl\7\17）

创建一个控制台应用程序，实例化一个 Hashtable 对象，并使用 Add()方法添加 3 个元素，然后使用 Remove()方法移除键为 sex 的元素，代码如下。

```
Hashtable hashtable = new Hashtable();           //实例化 Hashtable 对象
hashtable.Add("id", "BH0001");                   //向 Hashtable 中添加元素
```

```
hashtable.Add("name", "TM");
hashtable.Add("sex", "男");
hashtable.Remove("sex");                                //移除 Hashtable 中的指定元素
Console.WriteLine(hashtable.Count);
```

运行结果为 2。

7.7.4 遍历哈希表

与数组类似，哈希表也可以使用 foreach 语句进行遍历。需要注意的是，哈希表中的元素是一个键/值对，因此需要使用 DictionaryEntry 结构进行遍历。DictionaryEntry 结构表示一个键/值对的集合。

【例 7.18】遍历哈希表（实例位置：资源包\TM\sl\7\18）

创建一个控制台应用程序，实例化一个 Hashtable 对象，并使用 Add()方法添加 3 个元素，然后使用 foreach 语句遍历各个键/值对，并进行输出，代码如下。

```
static void Main(string[ ] args)
{
    Hashtable hashtable = new Hashtable();              //实例化 Hashtable 对象
    hashtable.Add("id", "BH0001");                      //向 Hashtable 中添加元素
    hashtable.Add("name", "TM");
    hashtable.Add("sex", "男");
    Console.WriteLine("\t 键\t 值");
    foreach (DictionaryEntry dicEntry in hashtable)     //遍历 Hashtable 中的元素并输出其键/值对
    {
        Console.WriteLine("\t " + dicEntry.Key + "\t " + dicEntry.Value);
    }
    Console.WriteLine();
}
```

按 Ctrl+F5 快捷键查看运行结果，如图 7.18 所示。

7.7.5 查找元素

在哈希表中查找元素时，可以使用 Hashtable 类提供的 Contains()方法、ContainsKey()方法和 ContainsValue()方法。

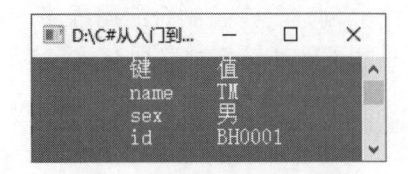

图 7.18 哈希表的遍历运行结果

1．Contains()方法

Contains()方法用来确定 Hashtable 中是否包含特定键，语法格式如下。

```
public virtual bool Contains(Object key)
```

☑ key：要在 Hashtable 中定位的键。
☑ 返回值：如果 Hashtable 包含具有指定键的元素，则为 true；否则为 false。

【例 7.19】哈希表中是否存在指定键（实例位置：资源包\TM\sl\7\19）

创建一个控制台应用程序，实例化一个 Hashtable 对象，并使用 Add()方法添加 3 个元素，然后使用 Contains()方法判断键 id 是否在 Hashtable 中，代码如下。

```
Hashtable hashtable = new Hashtable();                  //实例化 Hashtable 对象
hashtable.Add("id", "BH0001");                          //向 Hashtable 中添加元素
hashtable.Add("name", "TM");
```

```
hashtable.Add("sex", "男");
Console.WriteLine(hashtable.Contains("id"));          //判断 Hashtable 中是否包含指定的键
```

运行结果为 true。

> **说明**
> ContainsKey()方法和 Contains()方法实现的功能、语法都相同，这里不再详细说明。

2. ContainsValue()方法

ContainsValue()方法用来确定 Hashtable 中是否包含特定值，语法格式如下。

```
public virtual bool ContainsValue(Object value)
```

- ☑ value：要在 Hashtable 中定位的值，该值可以为空引用。
- ☑ 返回值：如果 Hashtable 包含带有指定的 value 的元素，则为 true；否则为 false。

【例 7.20】哈希表中是否存在指定值（实例位置：资源包\TM\sl\7\20）

创建一个控制台应用程序，实例化一个 Hashtable 对象，并使用 Add()方法添加 3 个元素，然后使用 ContainsValue()方法判断值 id 是否在 Hashtable 中，代码如下。

```
Hashtable hashtable = new Hashtable();                //实例化 Hashtable 对象
hashtable.Add("id", "BH0001");                        //向 Hashtable 中添加元素
hashtable.Add("name", "TM");
hashtable.Add("sex", "男");
Console.WriteLine(hashtable.ContainsValue("id"));     //判断 Hashtable 中是否包含指定的键值
```

运行结果为 false。

编程训练（答案位置：资源包\TM\sl\7\编程训练\）

【训练 11】使用哈希表对 XML 文件进行查询 开发网络电台应用程序时，可以将网络电台的地址及名称存放到 XML 文件中，这时如果需要将 XML 文件中存储的所有电台地址及对应名称显示出来，可以使用哈希表来实现。（提示：本训练需要创建 Windows 窗体应用，并且用到 ComboBox 控件，可以学完第 11 章之后再做。）

【训练 12】优化【训练 11】 在【训练 11】的基础上，实现选择"电台名称"时，在"电台网址"下拉列表中自动显示对应的电台网址。

7.8 实践与练习

（答案位置：资源包\TM\sl\7\实践与练习\）

综合练习 1：希尔排序法的实现 希尔排序又称为"缩小增量排序"，基本思想是：将整个待排序的一组序列分割成为若干子序列，然后分别进行直接插入排序，待整个序列中的数"基本有序"时，再对全体记录进行一次直接插入排序。尝试编写程序，使用希尔排序法对定义的一维数组进行排序。

综合练习 2：获取集合中包含的汉字个数 编写程序，当用户输入一个字符串后，判断该字符串中包含几个汉字。（提示：使用 ArrayList 集合实现。）

综合练习 3：为古诗配上拼音 编写程序，用数组 poem 存储古诗《大风歌》，然后用 spell 存储《大

风歌》的拼音，分别输出《大风歌》、拼音版《大风歌》和带拼音的《大风歌》。原始数据如下。

```
string[] poem = { "《大风歌》","大风起兮云飞扬，","威加海内兮归故乡。","安得猛士兮守四方。"};
string[] spell = { "《dà fēng gē 》","dà fēng qǐ xī yún fēi yáng，","wēi jiā hǎi nèi xī guī gù xiāng，","ān dé měng shì xī shǒu sì fāng 。"};
```

综合练习4：按行和列输出中国十大高铁站　我国十大高铁车站是西安北站、郑州东站、上海虹桥站、昆明南站、重庆西站、贵阳北站、杭州东站、南京南站、广州南站、重庆北站。编写程序，将十大高铁站保存到数组中，然后通过索引分别按行和列输出数组中的奇数位高铁站、偶数位高铁站。

综合练习5：五子棋游戏　编写一个简易的五子棋游戏，利用二维数组控制一个10×10的棋盘，通过控制台输入棋子的坐标来下棋。效果如图7.19所示。

图7.19　五子棋游戏

7.9　动手纠错

（1）运行"资源包\TM\排错练习\07\01"文件夹下的程序，出现"应输入长度为5的数组初始值设定项"的错误提示，请根据注释改正程序。

（2）运行"资源包\TM\排错练习\07\02"文件夹下的程序，出现"未处理IndexOutOfRangeException索引超出了数组界限"的错误提示，请根据注释改正程序。

（3）运行"资源包\TM\排错练习\07\03"文件夹下的程序，出现"无法将类型int隐式转换为string"的错误提示，请根据注释改正程序。

（4）运行"资源包\TM\排错练习\07\04"文件夹下的程序，出现"无效的秩说明符：应为','或']'"的错误提示，请根据注释改正程序。

（5）运行"资源包\TM\排错练习\07\05"文件夹下的程序，程序可以正常运行，但是获取的二维数组的行数并不正确，请根据注释改正程序。

（6）运行"资源包\TM\排错练习\07\06"文件夹下的程序，出现"未处理InvalidCastException无法将类型为System.Int32的对象强制转换为类型System.String"的错误信息，请根据注释改正程序。

第 8 章　面向对象编程

面向对象开发是在面向过程开发的基础上发展而来的，它将数据和对数据的操作看作是一个不可分割的整体，不仅符合人们的思维习惯，能更好地模拟现实世界，还可以提高软件开发效率，方便后期维护。本章将细致讲解 C#面向对象编程的基础知识。

本章知识架构及重点、难点如下。

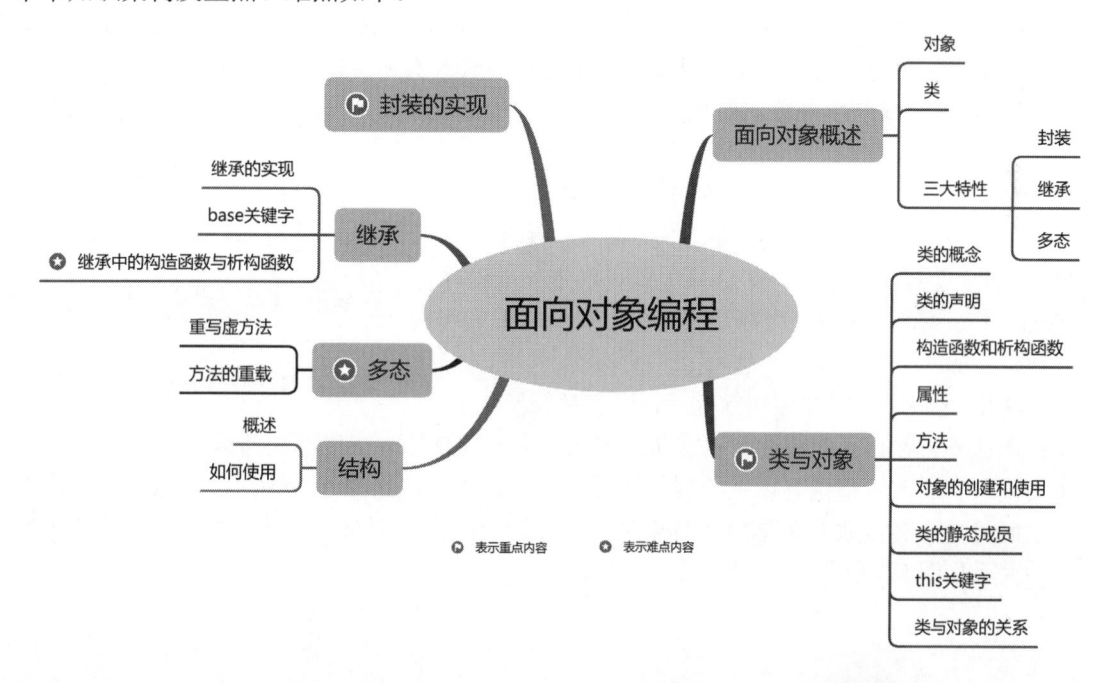

8.1　面向对象概述

早期的程序开发语言，如 C、Forthan 等，都是面向过程的。这是一种自顶向下的编程思路，即分析出解决问题所需的步骤，用多个函数一步步实现，使用的时候再依次调用这些函数。这种开发方式与人类认识世界的方式相差较远，代码的可读性较差，无法扩展，难以移植，不适合开发规模大、复杂的项目。

面向对象是人类处理事情时最自然的一种思考方式，它将所有预处理的问题都抽象为对象，同时了解这些对象具有哪些相应的属性以及展示这些对象的行为，以解决这些对象面临的一些实际问题。面向对象设计实质上就是对现实世界的对象进行建模操作。

8.1.1 对象

现实世界中，随处可见的事物都是对象。对象是事物存在的实体，如人类、书桌、计算机、高楼大厦等。人类认识世界的方式就是将复杂的事物简单化，思考这些对象具有什么特点，以及是由哪些部分组成的。通常会将对象划分为两个部分，即静态部分与动态部分。静态部分，顾名思义就是不能动的部分，这个部分被称为"属性"。任何对象都具备一定的属性，如一个人，其属性包括高矮、胖瘦、性别、年龄等。具有这些属性的人会执行哪些动作也是一个值得探讨的部分，这个人可以哭泣、微笑、说话、行走，这些是这个人具备的行为（动态部分）。漫漫历史中，人类正是通过探讨对象的属性和观察对象的行为，来了解这万千世界。

在计算机世界中，面向对象程序设计的思想要求通过对象来思考问题和解决问题，首先要将现实世界的实体抽象为对象，然后考虑这个对象具备的属性和行为。例如，现在面临一只大雁要从北方飞往南方这样一个实际问题，试着以面向对象的思想来解决这一实际问题，步骤如下。

（1）可以从这一问题中抽象出对象，这里抽象出的对象为大雁。

（2）识别对象的属性。对象具备的属性都是静态属性，如大雁有一对翅膀、一双脚、一张嘴等，如图 8.1 所示。

（3）识别对象的动态行为，即这只大雁可以进行的动作，如飞行、跳跃、觅食等，这些行为都是因为这个对象基于其属性而具有的动作，如图 8.2 所示。

（4）识别出这些对象的属性和行为后，这个对象就被定义，然后可以根据这只大雁具有的特性制定它从北方飞向南方的具体方案以解决问题。

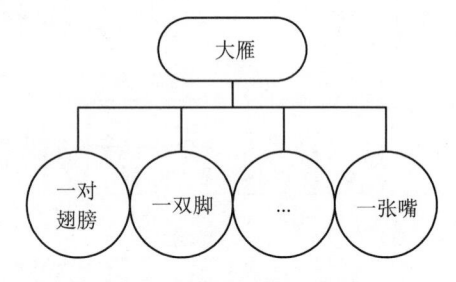

图 8.1 识别对象的属性

事实上，所有的大雁都具有以上的属性和行为，可以将这些属性和行为封装起来，以描述大雁这类动物。由此可见，类实质上就是封装对象属性和行为的载体，而对象则是类抽象出来的一个实例，二者之间的关系如图 8.3 所示。

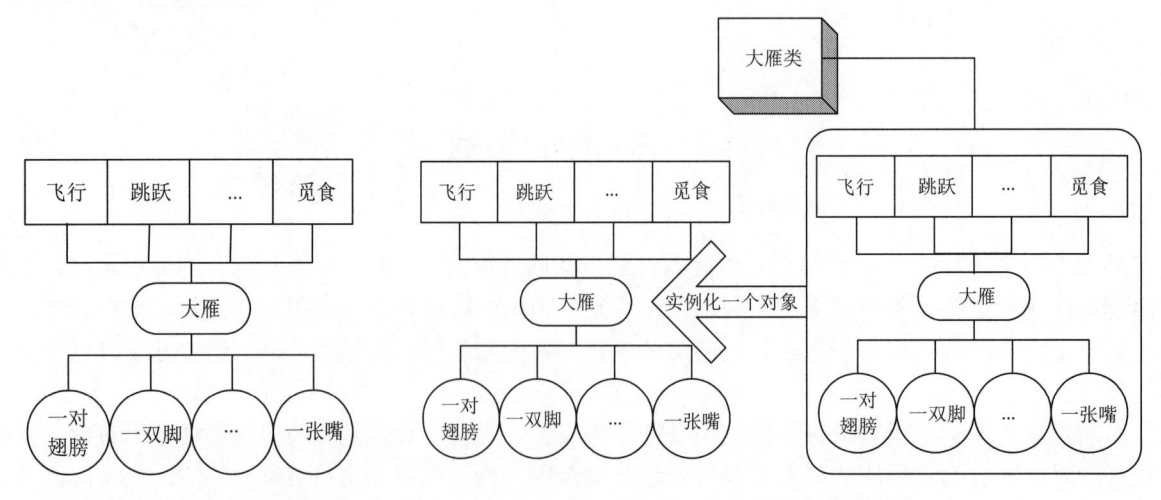

图 8.2 识别对象的动态行为

图 8.3 对象与类之间的关系

8.1.2 类

不能将一个事物描述成一类事物，如一只鸟不能称为鸟类。如果需要对同一类事物进行统称，就不得不说明类这个概念。

类就是同一类事物的统称，如果将现实世界中的一个事物抽象成对象，类就是这类对象的统称，如鸟类、家禽类、人类等。类是构造对象时所依赖的规范，如一只鸟具有一对翅膀，它可以通过这对翅膀飞行，而基本上所有的鸟都具有翅膀这个特性和飞行的技能，这样的具有相同特性和行为的一类事物就称为类，类的思想就是这样产生的。图8.3已经描述过类与对象之间的关系，对象就是符合某个类定义所产生出来的实例。更为恰当的描述是，类是世间事物的抽象称呼，而对象则是这个事物相对应的实体。如果面临实际问题，通常需要实例化类对象来解决。例如，解决大雁南飞的问题，这里只能拿这只大雁来处理这个问题，不能拿大雁类或是鸟类来解决问题。

类是封装对象的属性和行为的载体，反过来说，具有相同属性和行为的一类实体被称为类。例如，鸟类封装了所有鸟的共同属性和应具有的行为，其结构如图8.4所示。

定义完成鸟类之后，可以根据这个类抽象出一个实体对象，最后通过实体对象来解决相关的实际问题。

在C#语言中，类中对象的行为是以方法的形式定义的，对象的属性是以成员变量的形式定义的，而类包括对象的属性和方法，有关类的具体实现会在后续章节中进行介绍。

图 8.4　鸟类结构

8.1.3 封装

面向对象程序设计具有封装、继承、多态3个特点。

封装是面向对象编程的核心思想，而将对象的属性和行为封装起来的载体就是类。类通常对客户隐藏其实现细节，这就是封装的本质。例如，用户使用计算机，只需要用手指敲击键盘就可以实现一些功能，而无须知道计算机内部是如何工作的。

封装保证了类内部数据结构的完整性，应用该类的用户不能轻易直接操作此数据结构，而只能执行类允许公开的数据。这样就避免了外部对内部数据的影响，提高了程序的可维护性。

使用类实现封装特性如图8.5所示。

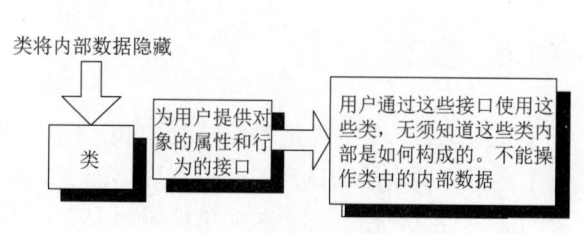

图 8.5　封装特性示意图

8.1.4 继承

继承主要利用了两个类之间的共有属性和行为。例如，平行四边形属于四边形（正方形、矩形也都属于四边形），平行四边形与四边形具有共同特性——拥有4条边，因此可以将平行四边形类看作四边形类的延伸。平行四边形复用了四边形的属性和行为，同时添加了平行四边形独有的属性和行为——对边平行且相等。这里可以认为平行四边形类继承了四边形类。在C#语言中，将类似于平行四边形的类称为子类，将类似于四边形的类称为父类。值得注意的是，可以说平行四边形是特殊的四边形，但不能说四边形是平行四边形，也就是说子类的实例都是父类的实例，但不能说父类的实例是子类的实例。图 8.6 阐明了图形类之间的继承关系。

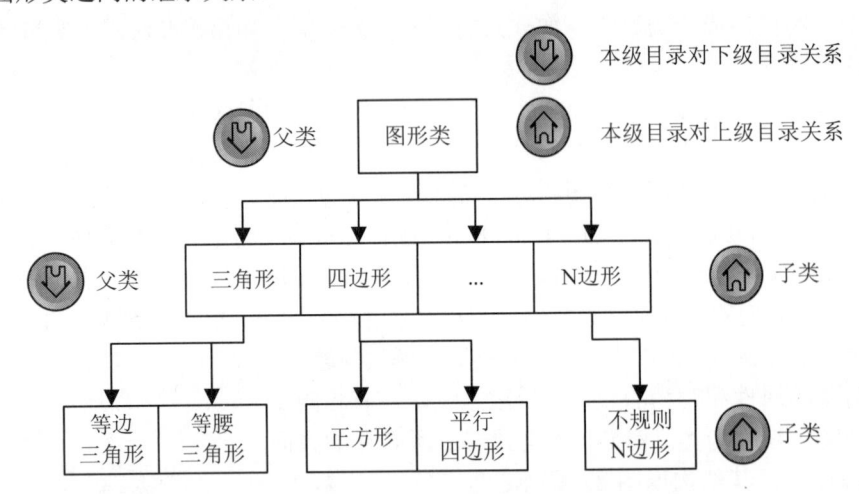

图 8.6 图形类层次结构示意图

从图 8.6 中可以看出，继承关系可以使用树形关系来表示，父类与子类存在一种层次关系。一个类处于继承体系中，它既可以是其他类的父类，为其他类提供属性和行为；也可以是其他类的子类，继承父类的属性和方法。例如，三角形既是图形类的子类，同时也是等边三角形的父类。

实际开发中，我们可以将一些有用的类保留下来，当遇到同样问题时拿来复用。例如，现在需要解决信鸽送信的问题，我们很自然就会想到前面讨论过的鸟类。由于鸽子属于鸟类，鸽子具有与鸟类相同的属性和行为，因此可以在创建信鸽类时将鸟类拿来复用，并且保留鸟类具有的属性和行为。不过，并不是所有的鸟都有送信的习惯，因此还需要再添加一些信鸽具有的独特属性以及行为。鸽子类保留了鸟类的属性和行为，这样便节省了定义鸟和鸽子共有属性和行为的时间，这就是继承的基本思想。通过继承可以缩短软件开发的时间，复用那些已经定义好的类可以提高系统性能，减少系统在使用过程中出现错误的概率。

8.1.5 多态

通俗地讲，多态就是多种形态，即用不同对象实现同一个行为时，会产生不同的表现形式。例如，每个图形都拥有绘制自身的能力，这个能力继承自其父类——图形类。如果将子类对象统一看作是父类的实例对象，绘制图形时简单地调用父类，也就是图形类中绘制图形的方法，即可绘制出不同的图形，如正方形、矩形、平行四边形等。这就是多态思想最基本的体现。

说到多态，就不得不提及抽象类和接口，因为多态的实现并不依赖于具体类，而是依赖于抽象类和接口。

回到绘制图形的实例上来。作为所有图形的父类，图形类具有绘制自身的能力，假设该方法称为"绘制图形"，我们会发现，执行"绘制图形"命令，没人知道应给出什么样的图形，也无法将图形类实例化为具体的图形对象。C#中，这样的类称为抽象类，抽象类无法实例化对象。抽象类中通常会给出一个方法的标准,而不给出具体的实现流程。事实上,这个方法也是抽象的,如图形类中的"绘制图形"方法就只能提供一个绘制图形的标准,而无法提供具体的绘制图形流程(因为不知道要绘制什么形状的图形)。多态机制中,父类通常会被定义为抽象类。

比抽象类更方便的方式是将抽象类定义为接口。接口的概念在现实中也极为常见,如从不同的五金商店买来螺丝帽和螺丝钉,螺丝帽很轻松地就可以拧在螺丝钉上,虽然螺丝帽和螺丝钉可能产自不同的厂家,但这两个物品可以很轻易地组合在一起,这是因为生产螺丝帽和螺丝钉的厂家都遵循着同一个标准,这个标准在C#中就是接口。

由抽象方法组成的集合就是接口。依然以绘制图形为例,可以将"绘制图形"作为一个接口的抽象方法,用图形类实现该接口,同时实现"绘制图形"这个抽象方法。当三角形类需要绘制时,可以继承图形类,重写其中的"绘制图形"方法,改为"绘制三角形",这样就可以通过该标准绘制不同的图形。

8.2 类 与 对 象

前面介绍了类和对象的概念,本节来深入理解类和对象,以及C#中类和对象的具体实现。

8.2.1 深入理解类与对象

类是一种抽象的数据类型,而对象就是类的一个实例。

例如,将农民设计为一个类,张三和李四就可以各为一个对象。张三和李四有很多共同点,他们都在某个农村生活,早上都要出门务农,晚上都会回家。对于这样相似的对象,可以抽象出一个数据类型,此处抽象为农民。这样,只要将农民这个数据类型编写好,程序中就可以快速地创建出许多类似的对象。在代码需要更改时,也只需要针对农民类型进行修改即可。

因此,类是具有相同或相似结构、操作和约束规则的对象组成的集合,而对象是某一类的具体化实例,每一个类都是具有某些共同特征的对象的抽象。

再来看一个类比。水果可看作一个类,苹果、葡萄、草莓是该类的子类(派生类),水果产地、名称(如富士苹果)、价格等是该类的属性,水果的种植方法相当于类方法。果汁也可以看作一个类,包含苹果汁、葡萄汁、草莓汁等。如果想知道苹果汁是用什么地方产的苹果制成的,可以查看水果类中关于苹果的相关属性。这时就用到了类的继承,也就是说果汁类是水果类的继承类。

总之,类是C#中功能最为强大的数据类型。类支持继承,而继承是面向对象编程的重要功能。

8.2.2 类的声明

类是一种数据结构,包含数据成员(常量和变量)、函数成员(方法、属性、事件、索引器、运算符、构造函数和析构函数)和嵌套类型。类支持继承,而继承是一种使子类(派生类)可以对基类进行扩展和专用化的机制。

C#中，类使用 class 关键字来声明，语法格式如下。

```
类修饰符 class 类名
{
}
```

例如，下面以汽车为例声明一个类，代码如下。

```
public class Car
{
    public int number;          //编号
    public string color;        //颜色
    private string brand;       //厂家
}
```

public 是类的修饰符，下面介绍常用的几个类修饰符。

- ☑ new：仅在嵌套类声明时使用，表明类中隐藏了由基类继承而来、与基类成员同名的成员。
- ☑ public：不限制对该类的访问。
- ☑ protected：只能从其所在类和所在类的子类（派生类）进行访问。
- ☑ internal：同一程序集的任何代码都可以访问。
- ☑ private：只有其所在类才能访问。
- ☑ abstract：抽象类，不允许建立类的实例。
- ☑ sealed：密封类，不允许被继承。

> **说明**
>
> 类定义可在不同的源文件之间进行拆分。

8.2.3 构造函数和析构函数

构造函数和析构函数是类中比较特殊的两个成员函数，主要用来对对象进行初始化和回收对象资源。一般来说，对象的生命周期从构造函数开始，以析构函数结束。如果一个类中有构造函数，在实例化该类对象时就会调用它；如果有析构函数，则会在销毁对象时调用它。

构造函数和析构函数的名字与类名相同，但析构函数前有一个波浪号（~）。退出含有该对象的成员时，析构函数会自动释放对象占用的内存空间。

1. 构造函数

构造函数具有与类相同的名称，常用于初始化新对象的数据成员。构造函数的定义语法如下。

```
public class Book
{
    public Book()               //无参数构造方法
    {
    }
    public Book(int args)       //有参数构造方法
    {
        args = 2 + 3;
    }
}
```

其中，public 是构造函数修饰符，Book 是构造函数名称，args 是构造函数的参数。

定义类时，如果未定义构造函数，编译器会自动创建一个不带参数的默认构造函数；如果已定义含有参数的构造函数，却仍想使用默认构造函数，则要显式地进行定义。

【例 8.1】构造函数的使用（实例位置：资源包\TM\sl\8\1）

创建一个控制台应用程序，在 Program 类中定义 3 个 int 类型的变量，分别用来表示加数、被加数以及两数的和，然后声明 Program 类的一个构造函数，并在该构造函数中为两数的和赋值，最后在 Main() 方法中实例化 Program 类的对象，并输出两数和，代码如下。

```
class Program
{
    public int x = 3;                               //定义 int 型变量，作为加数
    public int y = 5;                               //定义 int 型变量，作为被加数
    public int z = 0;                               //定义 int 型变量，记录加法运算的和
    public Program()                                //定义构造函数
    {
        z = x + y;                                  //在构造函数中为和赋值
    }
    static void Main(string[] args)
    {
        Program program = new Program();            //使用构造函数实例化 Program 对象
        Console.WriteLine("结果：" + program.z);    //使用实例化的 Program 对象输出加法运算的和
    }
}
```

按 Ctrl+F5 快捷键查看运行结果，如图 8.7 所示。

注意

用 new 关键字实例化对象时，如果未提供参数，就会调用默认构造函数。

图 8.7　构造函数的使用实例运行结果

2．析构函数

析构函数的名字是"~"和类名。.NET Framework 类库有垃圾回收功能，当某个类的实例被认为不再有效，并符合析构条件时，该类库的垃圾回收功能就会调用析构函数实现垃圾回收。

【例 8.2】析构函数的自动调用（实例位置：资源包\TM\sl\8\2）

创建一个控制台应用程序，在 Program 类中声明析构函数，并在其中输出一个字符串。在 Main() 方法中实例化 Program 类的对象，运行程序时会自动调用该析构函数，代码如下。

```
class Program
{
    ~Program()                                      //定义析构函数
    {
        Console.WriteLine("析构函数自动调用");      //输出一个字符串
    }
    static void Main(string[] args)
    {
        Program program = new Program();            //实例化 Program 对象
    }
}
```

运行结果为"析构函数自动调用"。

> **注意**
>
> 一个类中只能有一个析构函数，而且无法调用析构函数，它是被自动调用的。

8.2.4 属性

属性中会提供功能强大的方法，以将声明信息与 C#代码（类型、方法、属性等）相关联。属性与程序实体关联后，可以使用反射技术对属性进行查询。

1. 属性概述

大家都玩过游戏，游戏中人物、物品等通常都具有一定的属性。比如人物属性，常见的有攻击、防御、速度、智力、敏捷、力量、生命值、魔法值等；而物品属性是用来加强人物属性的，常见的有加强攻击力、加强防御力、增加生命值、增加魔法值、加强抗性等。

C#中，对象所拥有的特征，在类中表示时称为类的属性。可以像使用公共数据成员一样使用属性，但实际上它们是被称为"访问器"的一种特殊方法，指定了属性值被读取或写入时要执行的语句。通过这种机制，可把读取、写入对象的某些特性与操作关联起来，且能保证方法的安全性和灵活性。

属性具有以下特点。

- ☑ 可向程序中添加元数据。元数据是嵌入程序中的信息，如编译器指令或数据描述。
- ☑ 程序可以使用反射检查自己的元数据。
- ☑ 常使用属性与 COM 进行交互。

属性包括两类，一是系统基类库中定义的属性，二是用户自定义的，可向代码中添加附加信息的属性。例如，Serialzable 为.NET Framework 类库中定义的属性，将 System.Reflection.TypeAttributes. Serializable 属性用于自定义类，以使类中成员序列化的代码如下。

```
[System.Serializable]
public class MyClass
{ }
```

自定义属性在类中通过以下方式声明，首先是访问修饰符+属性的数据类型+属性名称，然后是声明 get 访问器和（或）set 访问器的代码模块。

```
访问修饰符 数据类型 属性名
{
    get
    {
        return 变量名;
    }
    set
    {
        变量名 = value;
    }
}
```

访问修饰符用来确定属性的可用范围（即访问级别），常用的有以下 4 种。

- ☑ public：访问不受限制，是权限最多的一个修饰符。
- ☑ protected：保护修饰符，只有其所在类或所在类的子类（派生类）才能进行访问。

- ☑ internal：只有其所在类才能访问。
- ☑ private：私有访问修饰符，只能在其声明类中使用。

例如，自定义一个 TradeCode 属性，表示商品编号，要求该属性为可读可写属性，并设置其访问级别为 public，代码如下。

```csharp
private string tradecode = "";
public string TradeCode
{
    get { return tradecode; }
    set { tradecode = value; }
}
```

注意，属性的 set 访问器可以包含大量语句，因此能对赋予的值进行检查，如果值不安全或不符合要求，就进行一定的处理，避免因给属性值设置错误而导致异常。

例如，模拟淘宝某种商品的库存量，比如控制库存不能低于 10、高于 100，代码如下。

```csharp
class cStockInfo                                //商品信息类
{
    private int num = 0;                        //声明一个私有变量，用来表示数量
    public int Num                              //库存数量属性
    {
        get
        {
            return num;
        }
        set
        {
            if (value > 10 && value <= 100)     //控制数量在 10～100
            {
                num = value;
            }
            else
            {
                Console.WriteLine("库存数量输入有误！");
            }
        }
    }
}
```

> **说明**
>
> get 访问器与方法体相似，它必须返回属性类型的值；而 set 访问器类似于返回类型为 void 的方法，它使用称为 value 的隐式参数，此参数的类型是属性的类型。

C#支持自动实现的属性，即在属性的 get 和 set 访问器中可以没有任何逻辑。例如：

```csharp
public int Age
{
    get;
    set;
}
```

但这些自动实现的属性，不能再在设置中进行有效性验证。例如，在模拟淘宝商品库存量的示例

中，如果使用了自动实现属性，就无法检查商品库存量是否在 10~100。

另外，使用自动实现的属性，必须同时拥有 get 访问器和 set 访问器，若只有 get 或 set 访问器，就会出现错误。例如，下面的代码是不合法的。

```
public int Age
{
    get;
}
```

2．属性的使用

C#程序中，调用属性的语法格式如下。

对象名.属性名

> **注意**
> （1）如果要在其他类中调用自定义属性，必须将自定义属性的访问级别设置为 public。
> （2）如果属性为只读属性，就不能在调用时为其赋值，否则将产生异常。

【例 8.3】用属性封装用户基本信息（实例位置：资源包\TM\sl\8\3）

创建一个控制台应用程序，定义一个 MyClass 类，并在类中定义两个 string 类型的变量，分别用来记录用户编号和姓名，然后自定义两个属性，用来表示用户编号和姓名。定义完成后，在 Program 主程序类中，实例化自定义类 MyClass 的一个对象，并分别给其中定义的用户编号和用户姓名属性赋值，最后调用 Console 类的 WriteLine()方法，将赋值后的用户编号和用户姓名输出。代码如下。

```
class MyClass
{
    private string id = "";                 //定义一个 string 类型的变量，用来记录用户编号
    private string name = "";               //定义一个 string 类型的变量，用来记录用户姓名
    public string ID                        //定义用户编号属性，该属性为可读可写属性
    {
        get
        {
            return id;
        }
        set
        {
            id = value;
        }
    }
    public string Name                      //定义用户姓名属性，该属性为可读可写属性
    {
        get
        {
            return name;
        }
        set
        {
            name = value;
        }
    }
}
class Program
```

```
{
    static void Main(string[ ] args)
    {
        MyClass myclass = new MyClass();                              //实例化 MyClass 类对象
        myclass.ID = "BH001";                                         //为用户编号属性赋值
        myclass.Name = "TM1";                                         //为用户姓名属性赋值
        Console.WriteLine(myclass.ID + " " + myclass.Name);           //输出用户编号和用户姓名
        myclass.ID = "BH002";                                         //重新为用户编号属性赋值
        myclass.Name = "TM2";                                         //重新为用户姓名属性赋值
        Console.WriteLine(myclass.ID + " " + myclass.Name);           //再次输出用户编号和用户姓名
    }
}
```

按 Ctrl+F5 快捷键查看运行结果，如图 8.8 所示。

8.2.5 方法

图 8.8 属性的使用运行结果

C#中，对象或类执行的计算或操作，称为方法。类的方法主要是和类相关联的动作，可以是为达到目的而采取的途径、步骤、手段等。

1．方法的声明

方法是包含一系列语句的代码块。C#中，每个执行指令都是在方法的上下文中完成的。

方法在类或结构中声明，声明时需要指定访问修饰符、返回值类型、方法名称及参数列表。方法参数需要放在括号中，并用逗号隔开。若括号中没有内容，则表示声明的方法中不包含参数。

声明方法时，可以包含一组特性和 private、public、protected、internal 这 4 个访问修饰符的任何一个有效组合，还可以包含 new、static、virtual、override、sealed、abstract 以及 extern 等修饰符。

方法的声明语法格式如下。

```
修饰符 返回值类型 方法名(参数列表)
{
    //方法的具体实现;
}
```

如果以下所有条件都为真，则表明所声明的方法具有一个有效的修饰符组合。

- ☑ 该声明包含一个有效的访问修饰符组合。
- ☑ 该声明中所包含的修饰符彼此各不相同。
- ☑ 该声明最多包含下列修饰符中的一个：static、virtual 和 override。
- ☑ 该声明最多包含下列修饰符中的一个：new 和 override。
- ☑ 如果该声明包含 abstract 修饰符，则该声明不包含下列任何修饰符：static、virtual、sealed 或 extern。
- ☑ 如果该声明包含 private 修饰符，则该声明不包含下列任何修饰符：virtual、override 或 abstract。
- ☑ 如果该声明包含 sealed 修饰符，则该声明还包含 override 修饰符。

方法声明的返回类型指定了由该方法计算和返回值的类型，使用 return 关键字指定返回值；如果该方法并不返回值，则其返回类型为 void。

> **说明**
>
> return 除了能够指定方法的返回值，还可以用在普通程序代码中时，表示返回，使用之后，程序将不再执行 return 之后的代码。

一个方法的名称和形参列表定义了该方法的签名。具体地讲，一个方法的签名由它的名称以及它的形参个数、修饰符和类型组成。返回类型不是方法签名的组成部分，形参的名称也不是方法签名的组成部分。

> **注意**
>
> 一个方法的返回类型和它的形参列表中所引用的各个类型必须至少具有与该方法本身相同的可访问性。

对于 abstract 和 extern 方法，方法主体只包含一个分号。对于所有其他方法，方法主体由一个块组成，该块指定了在调用方法时要执行的语句。

方法名称必须与在同一个类中声明的所有其他非方法成员名称都不相同。此外，一个方法的签名必须与在同一个类中声明的所有其他方法的签名都不相同，并且在同一类中声明的两个方法的签名不能只有 ref 和 out 不同。

例如，声明一个 public 类型的无返回值方法 method()，代码如下。

```
public void method()
{
    Console.Write("方法声明");
}
```

2. 方法的参数类型

调用方法时，可以给其传递一个或多个值。传递给方法的值叫作实参，方法内部接收实参的变量叫作形参。形参在紧跟方法名的括号中声明（使用 params、ref 和 out），声明语法与变量类似。

- ☑ params 关键字用来指定在参数数目可变时采用的方法参数，必须是一维数组。

【例 8.4】一次向方法中传递多个同类型参数（实例位置：资源包\TM\sl\8\4）

本实例声明一个静态方法 UseParams()，接收一个 string[] 类型的参数，然后利用 for 循环输出数组的元素，代码如下。

```
static void UseParams(params string[ ] list)
{
    for (int i = 0; i < list.Length; i++)
    {
        Console.WriteLine(list[i]);
    }
}
static void Main()
{
    string[ ] strName = new string[5] { "我","是","中","国","人" };
    UseParams(strName);
    Console.Read();
}
```

按 Ctrl+F5 快捷键查看运行结果，如图 8.9 所示。

☑ ref 关键字表示按引用方式传递参数。也就是说，当控制权传递回调用方法时，在方法中对参数所做的任何更改都将反映在变量中。如果使用 ref 参数，则方法声明和调用方法都必须显式地使用 ref 关键字。

图 8.9　params 参数的使用

【例 8.5】ref 参数的使用（实例位置：资源包\TM\sl\8\5）

本实例声明一个静态方法 Method()，并接收一个 int 型的 ref 参数，代码如下。

```
public static void Method(ref int i)
{
    i = 44;
}
public static void Main()
{
    int val = 0;
    Method(ref val);
    Console.WriteLine(val);
    Console.Read();
}
```

运行结果如下。

44

☑ out 关键字用来定义输出参数，同样是引用传递。与 ref 关键字的不同之处在于，ref 要求变量在传递前先进行初始化，out 参数则无此要求。如果使用 out 参数，则方法声明和调用方法都必须显式地使用 out 关键字。

【例 8.6】使用 out 参数为变量赋值（实例位置：资源包\TM\sl\8\6）

本实例声明一个静态方法 Method()，并接收一个 out 类型的参数，代码如下。

```
public static void Method(out int i)
{
    i = 44;
}
public static void Main()
{
    int value;
    Method(out value);
    Console.WriteLine("输出参数："+value);
    Console.Read();
}
```

运行结果如下。

输出参数：44

> **注意**
>
> 属性不能作为 ref 参数或 out 参数传递。

8.2.6　对象的创建和使用

对象是由类抽象出来的，可以操作类的属性和方法。所有的问题都必须通过对象来处理，因此了解对象的产生、操作和消亡，对学习 C#是十分必要的。

1. 对象的创建

可以把对象当作是从某类事物中抽象出的一个特例，通过该特例可以处理此类事物的问题。

学习构造函数时，我们知道每实例化一个对象，就会自动调用一次构造函数，这个过程就是创建对象的过程。准确地说，C#中是通过 new 操作符调用构造函数创建对象的，语法格式如下。

```
Test test=new Test();
Test test=new Test("a");
```

其中，Test 为类名，test 为创建的 Test 类对象，New 为创建对象操作符，"a"为构造函数的参数。

test 对象被创建出来时，就是一个对象的引用，这个引用在内存中为对象分配了存储空间；另外，可以在构造函数中初始化成员变量，创建对象时自动调用构造函数，也就是说，在 C#中初始化与创建是被捆绑在一起的。

每个对象都是相互独立的，在内存中占据独立的内存地址，并且每个对象都具有自己的生命周期，当一个对象的生命周期结束时，对象变成了垃圾，由.NET 自带的垃圾回收机制处理。

> **注意**
>
> 在 C#中，对象和实例事实上可以通用。

例如，在项目中创建 CreateObject 类，在该类中创建对象并在主方法中创建对象，代码如下。

```
public class CreateObject
{
public CreateObject()                                    //构造函数
{
        Console.WriteLine("创建对象");
    }
    public static void main(String args[ ])              //主方法
{
        new CreateObject();                              //创建对象
    }
}
```

本示例中，在主方法中使用 new 操作符创建对象，创建对象时会自动调用构造函数中的代码。

2. 访问对象的属性和行为

使用 new 操作符创建对象后，便可以通过"对象.类成员"获取对象的属性和行为。

对象的属性和行为在类中，是通过类成员变量和成员方法的形式来表示的，所以对象获取类成员时，也就相应地获取了对象的属性和行为。

【例 8.7】 使用对象调用类成员（**实例位置：资源包\TM\sl\8\7**）

在项目中创建 Program 类，在该类中说明对象是如何调用类成员的。

```
class Program
{
    int i = 47;                                          //定义成员变量
    public void call()                                   //定义成员方法
    {
        Console.WriteLine("调用 call()方法");
```

```csharp
            for (i = 0; i < 3; i++)
            {
                Console.Write(i + " ");
                if (i == 2)
                {
                    Console.WriteLine("\n");
                }
            }
        }
        public Program()                                              //定义构造函数
        {
        }
        static void Main(string[ ] args)
        {
            Program t1 = new Program();                               //创建一个对象
            Program t2 = new Program();                               //创建另一个对象
            t2.i = 60;                                                //将类成员变量赋值为 60
            Console.WriteLine("第一个实例对象调用变量 i 的结果: " + t1.i++);   //使用第一个对象调用类成员变量
            t1.call();                                                //使用第一个对象调用类成员方法
            Console.WriteLine("第二个实例对象调用变量 i 的结果: " + t2.i);     //使用第二个对象调用类成员变量
            t2.call();                                                //使用第二个对象调用类成员方法
            Console.ReadLine();
        }
}
```

运行程序,结果如图 8.10 所示。在主方法中首先实例化一个对象,然后使用"."操作符调用类的成员变量和成员方法。根据运行结果,虽然两个对象调用的是同一个成员变量,结果却不相同,这是因为在打印该成员变量的值之前,该值被重新赋值为 60,但在赋值时是第二个对象 t2 调用成员变量,所以第一个对象 t1 调用成员变量打印该值时仍然是成员变量的初始值。由此可见,两个对象的产生是相互独立的,改变 t2 的 i 值,不会影响到 t1 的 i 值。内存中两个对象的布局如图 8.11 所示。

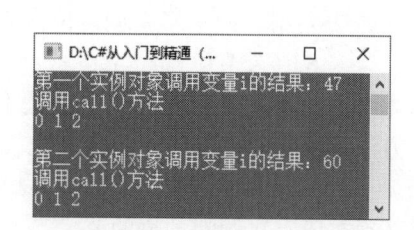

图 8.10　使用对象调用类成员运行结果

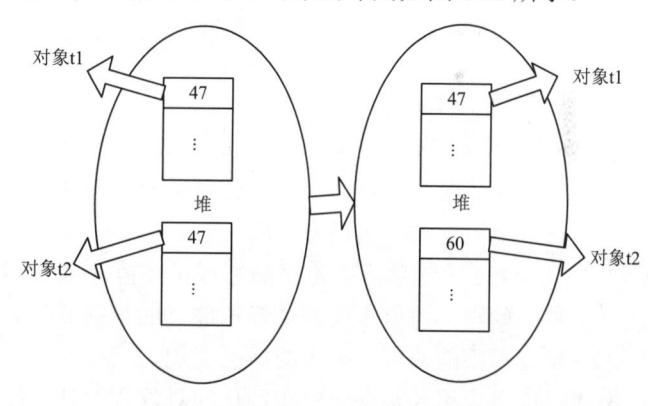

图 8.11　内存中 t1、t2 两个对象的布局

3. 对象的引用

尽管一切都可以看作对象,但真正的操作标识符实质上是一个引用,语法格式如下。

类名　对象引用名称

如引用一个 Book 类,代码如下。

Book book;

引用不一定需要有一个对象相关联，引用与对象相关联的语法如下。

Book book=new Book();

其中，Book 是类名，book 是对象，new 是创建对象操作符。

> **误区警示**
> 引用存放的只是某个对象的内存地址，而并非该对象。严格地说，引用和对象是不同的，但这种区别可以忽略，如可以简单地说 book 是 Book 类的一个对象，而事实上应该是 book 包含 Book 对象的一个引用。

4．对象的销毁

每个对象都有生命周期，当生命周期结束时，分配给该对象的内存地址应被回收，以避免继续占用内存。在一些编程语言中，需要开发者自行回收废弃对象，但 C#自带完整的垃圾回收机制，用户什么也不用做，垃圾回收器会自动将这些无用但占用内存的资源回收掉。

通常情况下，如下两种情况会被.NET 垃圾回收器视为垃圾并进行回收。

- ☑ 对象引用超过其作用范围，则这个对象将被视为垃圾将消亡，如图 8.12 所示。
- ☑ 将对象赋值为 null 值时将消亡，如图 8.13 所示。

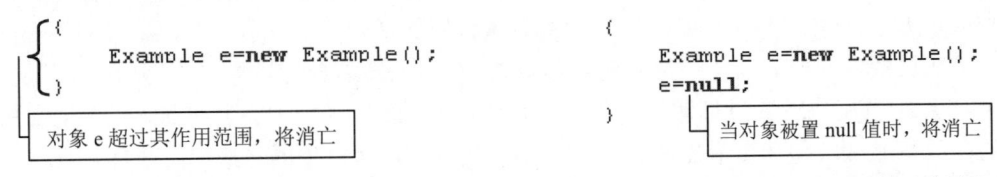

```
{
    Example e=new Example();
}
```
对象 e 超过其作用范围，将消亡

图 8.12　对象引用超过作用范围将消亡

```
{
    Example e=new Example();
    e=null;
}
```
当对象被置 null 值时，将消亡

图 8.13　对象被置为 null 值时将消亡

8.2.7　类的静态成员

属性、方法等成员，调用时都需要先创建类的对象，然后通过对象去调用。如果将它们定位为静态成员，则可以直接通过类名进行调用。

C#中使用 static 关键字为类定义静态成员，静态成员属于类型本身，而不属于特定对象，因此不需要使用对象访问它。可以定义为类静态成员的包括变量、属性、方法和事件等。注意，C#中不支持静态局部变量，即不能在方法中声明静态变量。

静态成员的主要用途是保留已实例化的对象数的计数，或存储必须在所有实例间共享的值。

【例 8.8】 使用类名调用静态方法（实例位置：资源包\TM\sl\8\8）

创建一个控制台应用程序，定义一个静态方法 Add()，该方法有两个参数，返回类型为 int，实现两个整数相加的功能，然后在主函数 Main()中使用类名直接调用自定义静态方法，并传递两个参数，代码如下。

```csharp
public static int Add(int x, int y)             //定义一个静态方法
{
    return x + y;
}
static void Main(string[ ] args)
```

```
{
    Console.WriteLine("结果为：" + Program.Add(3, 5));       //使用类名调用静态方法
}
```

运行结果如下。

```
结果为：8
```

> **说明**
>
> 如果在定义类时加上 static 关键字，则该类为静态类，如果一个类为静态类，则该类中智能包含静态成员，它无法进行实例化，因此其中不能定义实例构造函数。

8.2.8 this 关键字

思考一个问题。假如我们在项目中创建了一个类文件，类中定义了 setName()方法，并将该方法的参数值赋予类中的成员变量，代码如下。

```
private void setName(String name)                          //定义一个 setName()方法
{
    this.name=name;                                        //将参数值赋予类中的成员变量
}
```

可以看到，成员变量与 setName()方法中的形式参数名称相同，都为 name。那么，该如何在类中区分使用的是哪个变量呢？C#规定，使用 this 关键字来代表本类对象的引用，this 关键字被隐式地用于引用对象的成员变量和方法。因此，this.name 就是 Book 类中的 name 成员变量，而 this.name=name 语句中的第二个 name 则指的是形参 name。实质上，setName()方法实现的功能就是将形参 name 的值赋予成员变量 name。

也就是说，通过 this 关键字也可以调用成员变量和成员方法。当然，最常见的调用方式仍是"对象.成员变量"或"对象.成员方法"方式。

事实上，this 引用的就是本类的一个对象，在局部变量或方法参数覆盖了成员变量时，如上述示例中，就需要添加 this 关键字，来明确引用的是类成员还是局部变量或方法参数。如果省略 this 关键字，直接写成 name = name，则只把参数 name 赋值给参数变量，成员变量 name 的值不会改变，因为参数 name 在方法的作用域中覆盖了成员变量 name。

this 除了可以调用成员变量或成员方法之外，还可以作为方法的返回值。例如，在项目中创建一个类文件，在该类中定义 Book 类型的方法，并通过 this 关键字进行返回。

```
public Book getBook()
{
    return this;                                           //返回 Book 类引用
}
```

在 getBook()方法中，方法的返回值为 Book 类，所以在方法体中使用 return this 这种形式将 Book 类的对象进行返回。

编程训练（答案位置：资源包\TM\sl\8\编程训练\）

【训练1】输出库存商品名称 创建一个 StockInfo 类，表示库存商品类，类中定义一个 FullName

属性和 ShowGoods()方法；然后在 Program 类中创建 StockInfo 类的对象，并使用该对象调用其中的属性和方法，输出商品名称，如商品为"笔记本电脑"。

【训练2】控制水池中水量　创建一个控制台应用程序，定义一个静态变量，表示水池中的水量；创建注水方法和放水方法，同时控制水池中的水量，并输出执行注水和放水操作后的水池水量。

8.3　封装的实现

C#中，通过类可实现数据封装的效果。事实上，面向对象编程中，大多数编程语言都以类作为数据封装的基本单位。

类将数据和操作数据的方法结合成一个单位。设计类时，不希望直接存取类中的数据，而是希望通过方法来存取数据，这样就可以达到封装数据的目的，方便以后的维护升级，也可以在操作数据时多一层判断。此外，封装还可以解决数据存取的权限问题，可以使用封装将数据隐藏起来，形成一个封闭的空间，然后设置哪些数据只能在这个空间中使用，哪些数据可以在空间外部使用。一个类中包含敏感数据，有些人可以访问，有些人不能访问，如果不对这些数据的访问加以限制，后果将非常严重。所以在编写程序时，要对类的成员使用不同的访问修饰符，从而定义它们的访问级别。

为什么要进行数据封装呢？目的是为了增强安全性和简化编程，使用者不必了解具体的实现细节，只通过外部接口这一特定的访问权限来使用类的成员。比如充电器，它将 220 V 的电源经过降压整流滤波后，用导线与电池相连，然后进行充电。而降压整流滤波这一过程就相当于类的封装。

【例 8.9】通过封装类求两个数的和（实例位置：资源包\TM\sl\8\9）

创建一个控制台应用程序，定义一个 MyClass 类，用来封装加数和被加数属性；然后定义一个 Add() 方法，用来返回该类中两个 int 属性的和；Program 主程序类中，实例化自定义类的对象，并为 MyClass 类中的两个属性赋值，最后调用 MyClass 类中的 Add()方法返回两个属性的和，代码如下：

```csharp
class MyClass                           //自定义类，封装加数和被加数属性
{
    private int x = 0;                  //定义 int 型变量，作为加数
    private int y = 0;                  //定义 int 型变量，作为被加数
    /// <summary>
    /// 加数
    /// </summary>
    public int X
    {
        get
        {
            return x;
        }
        set
        {
            x = value;
        }
    }
    public int Y                        //被加数
    {
        get
        {
```

```
                return y;
            }
            set
            {
                y = value;
            }
        }
        public int Add()                              //求和
        {
            return X + Y;
        }
    }
    class Program
    {
        static void Main(string[ ] args)
        {
            MyClass myclass = new MyClass();          //实例化 MyClass 的对象
            myclass.X = 3;                            //为 MyClass 类中的属性赋值
            myclass.Y = 5;                            //为 MyClass 类中的属性赋值
            Console.WriteLine(myclass.Add());         //调用 MyClass 类中的 Add()方法求和
            Console.ReadLine();
        }
    }
}
```

运行结果为 8。

编程训练（答案位置：资源包\TM\sl\8\编程训练\）

【训练3】用户信息的封装及输出　定义一个 User 类，其中包含用户的姓名、年龄和性别，在类中定义有参数的构造函数，对用户的信息进行初始化，然后定义一个 ShowInfo()方法，输出用户信息。

【训练4】使用面向对象思想查找字符串中的所有数字　首先需要将所有数字存储到一个字符串数组中，然后循环遍历要在其中查找数字的字符串，如果与定义的字符串数组中的某一项相匹配，则记录该项，循环执行该操作，最后得到的结果就是字符串中的所有数字。

8.4 继　　承

继承是面向对象编程的重要特性之一。任何类都可以从另外一个类继承，拥有被继承类（称为父类或基类）的所有成员。C#中只支持单继承，而不支持多重继承，即在 C#中一次只允许继承一个类，不能同时继承多个类。

8.4.1 继承的实现

继承的基本思想是：基于某个父类的扩展，制定出一个新的子类（派生类），子类可以继承父类原有的属性和方法，也可以增加父类不具备的属性和方法，或者直接重写父类中的某些方法。例如，平行四边形是特殊的四边形，因此可以说平行四边形类继承了四边形类。作为子类，平行四边形类会将所有四边形类（父类）具有的属性和方法都保留下来，并基于自身特点扩展一些新的属性和方法。

图 8.14 描述了父类 Test 与子类 Test2 的结构，Test2 中包含重写的父类成员方法以及新增成员方法等。

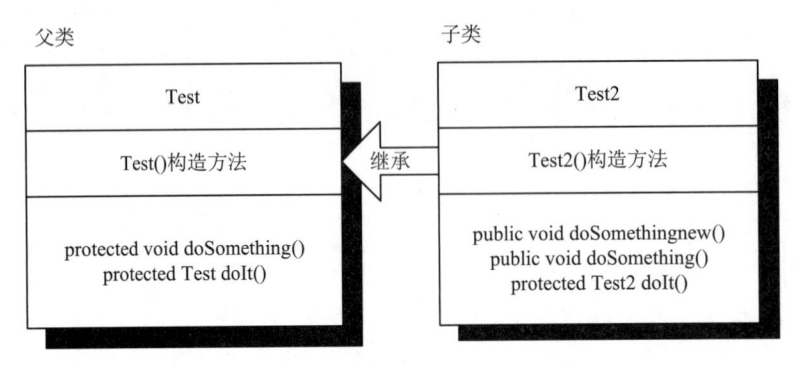

```
父类                              子类
┌─────────────────────┐          ┌─────────────────────────────┐
│         Test        │          │          Test2              │
├─────────────────────┤          ├─────────────────────────────┤
│   Test()构造方法     │◁──继承───│   Test2()构造方法            │
├─────────────────────┤          ├─────────────────────────────┤
│ protected void      │          │ public void doSomethingnew()│
│   doSomething()     │          │ public void doSomething()   │
│ protected Test doIt()│         │ protected Test2 doIt()      │
└─────────────────────┘          └─────────────────────────────┘
```

图 8.14　Test 与 Test2 类之间的继承关系

C#中使用 ":" 来标识两个类的继承关系。继承一个类时，类成员的可访问性是一个重要问题。子类不能访问父类的私有成员，但可以访问其公共成员。因此，只要使用 public 声明类成员，就可以让一个类成员被父类和子类同时访问，同时也可以被外部的代码访问。

为了解决父类成员访问问题，C#还提供了另一种可访问性：protected。只有子类才能访问 protected 成员，父类和外部代码都不能访问 protected 成员。

说明

继承类时，需要使用冒号加类名。当对一个类应用 sealed 修饰符时，此修饰符会阻止其他类从该类继承。

【例 8.10】 使用继承表现平板电脑和计算机的关系（实例位置：资源包\TM\sl\8\10）

创建一个计算机类 Computer，Computer 类中有屏幕属性 screen 和开机方法 startup()；现 Computer 类有一个子类 Pad（平板电脑）类，除了和 Computer 类具有相同的屏幕属性和开机方法以外，Pad 类还有电池属性 battery，使用继承表现 Pad 和 Computer 的关系。代码如下。

```csharp
class Computer                                              //父类：计算机
{
    public string screen = "液晶显示屏";                    //属性：屏幕
    public void Startup()
    { //方法：开机
        Console.WriteLine("计算机正在开机，请等待...");
    }
}
class Pad : Computer
{                                                           //子类：平板电脑
    public string battery = "5000 毫安电池";                //平板电脑的属性：电池
    static void Main(string[] args)
    {
        Computer pc = new Computer();                       //创建计算机类对象
        Console.WriteLine("Computer 的屏幕是：" + pc.screen);
        pc.Startup();                                       //计算机类对象调用开机方法
        Pad ipad = new Pad();                               //创建平板电脑类对象
        Console.WriteLine("Pad 的屏幕是：" + ipad.screen);   //平板电脑类对象使用父类属性
        Console.WriteLine("Pad 的电池是：" + ipad.battery); //平板电脑类对象使用自己的属性
```

```
        ipad.Startup();                              //平板电脑类对象使用父类方法
        Console.ReadLine();
    }
}
```

运行结果如下。

```
Computer 的屏幕是：液晶显示屏
计算机正在开机，请等待...
Pad 的屏幕是：液晶显示屏
Pad 的电池是：5000 毫安电池
计算机正在开机，请等待...
```

8.4.2 base 关键字

继承除了能扩展父类的功能，还可以重写父类的成员方法。重写（还可以称为覆盖）就是在子类中将父类的成员方法的名称保留，重写成员方法的实现内容，更改成员方法的存储权限，或是修改成员方法的返回值类型。

如果子类重写了父类方法，还能再调用父类原有方法吗？当然可以，使用 base 关键字就行。base 关键字的使用方法与 this 类似，但 this 代表本类对象，base 代表父类对象。base 的使用方法如下。

```
base.property;                                       //调用父类的属性
base.method();                                       //调用父类的方法
```

> **说明**
> 如果要在子类中使用 base 关键字调用父类的属性或者方法，父类的属性和方法必须定义为 public 或者 protected 类型。

另外，使用 base 关键字还可以指定创建子类实例时应调用的基类构造函数。例如，在基类 Goods 中定义一个构造函数，用来为定义的属性赋初始值，代码如下。

```
public Goods(string tradecode, string fullname)
{
    TradeCode = tradecode;
    FullName = fullname;
}
```

在子类 JHInfo 中定义构造函数时，即可使用 base 关键字调用基类的构造函数，代码如下。

```
public JHInfo(string jhid, string tradecode, string fullname) : base(tradecode, fullname)
{
    JHID = jhid;
}
```

> **误区警示**
> 访问父类成员只能在构造函数、实例方法或实例属性中进行，因此，从静态方法中使用 base 关键字是错误的。

在继承中还有一种特殊的重写方式，子类与父类的成员方法返回值、方法名称、参数类型及个数完全相同，唯一不同的是方法实现内容，这种特殊重写方式被称为重构。

> **误区警示**
>
> 重写父类方法时，修饰权限只能从小范围到大范围改变。例如，父类中 doit()方法的访问权限为 protected，子类中 doit()方法的访问权限就只能是 public，不能是 private。图 8.15 中的重写关系就是错误的。

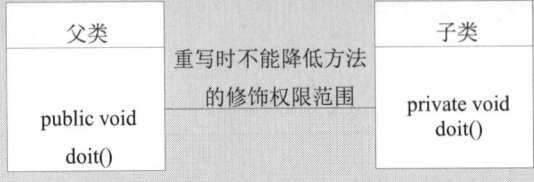

图 8.15 重写时不能降低方法的修饰权限范围

8.4.3 继承中的构造函数与析构函数

在进行类的继承时，子类的构造函数会隐式地调用父类的无参构造函数。但是，如果父类也是从其他类派生的，C#会根据层次结构找到最顶层的父类，并调用父类的构造函数，然后再依次调用各级子类的构造函数。析构函数的执行顺序正好与构造函数相反。继承中的构造函数和析构函数执行顺序示意图如图 8.16 所示。

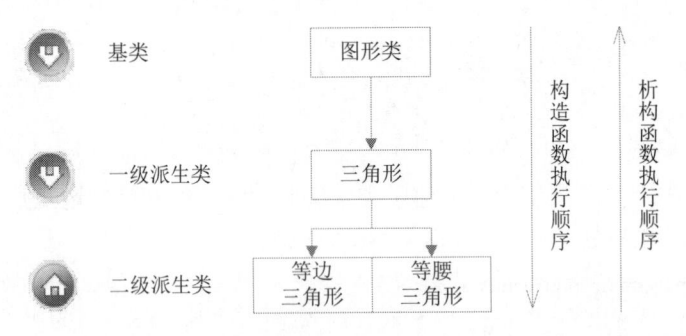

图 8.16 继承中的构造函数和析构函数执行顺序示意图

编程训练（答案位置：资源包\TM\sl\8\编程训练\）

【训练 5】通过继承描述计算机和平板电脑　在 Computer（计算机）类中定义一个 Name 属性，在 Pad（平板电脑）类中使用 base 关键字访问父类中的 Name 属性，并为其赋值，在重写的 sayHello()方法中使用 base.Name 输出计算机的类型。

【训练 6】自我介绍　设计一个 Person 类，其中包含一个自我介绍的方法 Introduce()，输出"我是×××"；设计 Doctor 博士类，继承 Person 类，博士类自我介绍时输出"我是×××博士"。

8.5 多 态

多态使子类的实例可以直接赋予父类的变量（这里不需要进行强制类型转换），然后直接通过这个变量调用子类的方法。

利用多态可以使程序具有良好的扩展性，最简单的多态实现通过重写虚方法实现，也可以使用重载方法实现，下面将分别进行介绍。

8.5.1 重写虚方法

C#中，方法在默认情况下不是虚拟的，但（除构造函数外）可以显式地声明为 virtual，在方法前面加上关键字 virtual，则称该方法为虚方法。例如，下面代码声明了一个虚方法。

```csharp
public virtual void Move()
{
    Console.WriteLine("交通工具都可以移动");
}
```

定义为虚方法后，可以在派生类中重写虚方法，重写虚方法使用 override 关键字，这样在调用方法时，可以调用对象类型的合适方法。例如，使用 override 关键字重写上面的虚方法。

```csharp
public override void Move()
{
    Console.WriteLine("火车都可以移动");
}
```

注意

类中的成员字段和静态方法不能声明为 virtual，因为 virtual 只对类中的实例函数和属性有意义。

【例 8.11】 通过使用类的多态性来确定人类的说话行为（**实例位置：资源包\TM\sl\8\11**）

首先定义一个 People 类，该类中定义一个虚方法 Say()，用来输出人的说话方式；然后定义两个派生类 Chinese 和 American，这两个派生类都继承自 People 类，在这两个派生类中重写父类中的虚方法 Say()，输出相应的说话方式。代码如下。

```csharp
class People                                    //定义父类
{
    public virtual void Say(string name)        //定义一个虚方法，用来表示人的说话行为
    {
        Console.WriteLine(name);                //输出人的名字
    }
}
class Chinese : People                          //定义派生类，继承于 People 类
{
    public override void Say(string name)       //重写父类中的虚方法
    {
        base.Say(name + "说汉语！");
    }
}
class American : People                         //定义派生类，继承于 People 类
{
    public override void Say(string name)       //重写父类中的虚方法
    {
        base.Say(name + "说英语！");
    }
}
class Program
```

```
{
    static void Main(string[] args)
    {
        Console.Write("请输入姓名：");
        string strName = Console.ReadLine();              //记录用户输入的名字
        People[ ] people = new People[2];                 //声明 People 类型数组
        people[0] = new Chinese();                        //使用第一个派生类的对象初始化数组的第一个元素
        people[1] = new American();                       //使用第二个派生类的对象初始化数组的第二个元素
        for (int i = 0; i < people.Length; i++)           //遍历赋值后的数组
        {
            people[i].Say(strName);                       //根据数组元素调用相应派生类中的重写方法
        }
        Console.ReadLine();
    }
}
```

运行程序，结果如图 8.17 所示。

图 8.17　多态的实现

> **技巧**
>
> （1）在派生于同一个类的不同对象上执行任务时，多态是一种极为有效的技巧，使用的代码最少。可以把一组对象放到一个数组中然后调用它们的方法，在这种情况下多态的作用就体现出来了，这些对象不必是相同类型的对象。当然如果它们都继承自某个类，那么可以把这些子类都放到一个数组中。如果这些对象都有同名方法，则可以调用每个对象的同名方法。
>
> （2）在 C#中实现多态还可以通过抽象类、接口等技术，抽象类与接口将在本书第 16 章进行详细讲解。

8.5.2　方法的重载

方法重载是指方法名相同，但参数的数据类型、个数或顺序不同的方法。当类中有两个以上同名方法，但使用的参数类型、个数或顺序不同时，调用时编译器需判断在哪种情况下调用哪种方法。

【例 8.12】计算不同类型数据的和（实例位置：资源包\TM\sl\8\12）

创建一个控制台应用程序，定义一个重载方法 Add()，在 Main()方法中分别调用各种重载形式对传入的参数进行计算，代码如下：

```
public static int Add(int x, int y)            //定义静态方法 Add()，返回值为 int 类型，有两个 int 型参数
{
    return x + y;
}
public double Add(int x, double y)             //重新定义方法 Add()，它与第一个的返回值类型及参数类型不同
{
    return x + y;
}
public int Add(int x, int y,int z)             //重新定义方法 Add()，它与第一个的参数个数不同
```

```
{
    return x + y + z;
}
static void Main(string[ ] args)
{
    Program program = new Program();              //实例化类对象
    int x = 3;
    int y = 5;
    int z = 7;
    double y2 = 5.5;
    //根据传入的参数类型及参数个数的不同调用不同的 Add()重载方法
    Console.WriteLine(x + "+" + y + "=" + Program.Add(x, y));
    Console.WriteLine(x + "+" + y2 + "=" + program.Add(x, y2));
    Console.WriteLine(x + "+" + y + "+" + z + "=" + program.Add(x, y, z));
}
```

按 Ctrl+F5 快捷键查看运行结果，如图 8.18 所示。

编程训练（答案位置：资源包\TM\sl\8\编程训练\）

【训练 7】通过重写虚方法实现两个数相加或相乘　在 Operation 类中定义一个虚方法 operation()，用于实现两个数相加；然后创建一个子类 Addition，继承自 Operation 类，在子类中重写虚方法 operation()，实现两个数相乘。

图 8.18　重载运行结果

【训练 8】通过定义方法求平方　在数学运算中，求平方是经常遇到的一个问题。求一个数的平方，实际上就是将这个数乘以其自身所得到的结果。通过自定义方法来计算一个数的平方。

8.6　结　　构

结构是一种值类型，通常用来封装一组相关的变量，结构可以包括构造函数、常量、字段、方法、属性、运算符、事件和嵌套类型等。但如果要同时包括上述几种成员，则应该考虑使用类。

结构实际是将多个相关的变量包装成一个整体使用。在结构体中的变量，可以是相同、部分相同，或完全不同的数据类型。例如，可将公司里的职员看作一个结构体，将个人信息放入结构体中，主要包含姓名、年龄、出生年月、性别、籍贯、婚否、职务等。

结构具有以下特点。
- ☑ 结构是值的类型。
- ☑ 向方法传递结构时，结构是通过传值方式传递的，而不是作为引用传递的。
- ☑ 结构的实例化可以不使用 new 运算符。
- ☑ 结构可以声明构造函数，但它们必须带参数。
- ☑ 一个结构不能从另一个结构或类继承。所有结构都直接继承自 System.ValueType，后者继承自 System.Object。
- ☑ 结构可以实现接口。
- ☑ 在结构中初始化实例字段是错误的。

说明

在结构声明中，除非字段被声明为 const 或 static，否则无法初始化。

C#中使用 struct 关键字来声明结构,语法如下。

```
结构修饰符 struct 结构名
{
}
```

例如,下面声明一个矩形结构,该结构定义了矩形的宽和高,并自定义了一个 Area()方法,用来计算矩形的面积,代码如下。

```csharp
public struct Rect                              //定义一个矩形结构
{
    public double width;                        //矩形的宽
    public double height;                       //矩形的高
    public double Area()                        //矩形面积
    {
        return width * height;
    }
}
```

【例 8.13】 使用结构计算矩形面积（实例位置：资源包\TM\sl\8\13）

创建一个控制台应用程序,声明一个矩形结构,定义矩形的宽和高。在该结构中定义一个构造函数,包含两个参数,用来初始化矩形的宽和高。接着自定义一个 Area()方法,用来计算矩形面积。然后在 Main()方法中实例化矩形结构的一个对象,通过调用结构中的自定义方法计算矩形面积;最后使用矩形结构的构造函数再次实例化矩形结构的一个对象,并再次调用结构中的自定义方法计算矩形面积,代码如下。

```csharp
public struct Rect                              //定义一个矩形结构
{
    public double width;                        //矩形的宽
    public double height;                       //矩形的高
    public Rect(double x, double y)             //构造函数,初始化矩形的宽和高
    {
        width = x;
        height = y;
    }
    public double Area()                        //矩形面积
    {
        return width * height;
    }
}
static void Main(string[ ] args)
{
    Rect rect1;                                 //实例化矩形结构
    rect1.width = 5;                            //为矩形宽赋值
    rect1.height = 3;                           //为矩形高赋值
    Console.WriteLine("矩形面积为：" + rect1.Area());
    Rect rect2 = new Rect(6, 4);                //使用构造函数实例化矩形结构
    Console.WriteLine("矩形面积为：" + rect2.Area());
}
```

按 Ctrl+F5 快捷键查看运行结果,如图 8.19 所示。

图 8.19 结构的使用运行结果

编程训练（答案位置：资源包\TM\sl\8\编程训练\）

【训练9】**使用结构计算圆形面积**　定义一个圆形结构，其中定义圆形的半径。再定义一个Area()方法，用来计算圆形面积。在程序中具体使用时，对结构中定义的圆形半径赋值，然后调用自定义方法计算圆形的面积。

【训练10】**使用结构计算三角形面积**　三角形的面积等于底乘高的积除以2，请使用结构实现计算三角形的面积。

8.7　实践与练习

（答案位置：资源包\TM\sl\8\实践与练习\）

综合练习1：**通过类的继承实现矩形面积的计算**　编写程序，定义一个类，类中封装矩形的长和宽。再定义一个类，继承前面的类，然后根据父类中封装的矩形的长和宽，求解矩形的面积。

综合练习2：**控制台背景色的切换**　设计一个用户界面类，要求控制台背景色在周末是绿色，在工作日是红色，尝试使用静态构造函数进行设置。

综合练习3：**模拟银行账户资金交易管理**　使用面向对象思想实现一个银行账户的资金交易管理，包括存款、取款和打印交易详情。交易详情中会包含每一次交易的时间、存款或取款对应的金额，以及每一次交易后的余额。参考效果如下。

```
日期*******************存入********************支出******************余额
2020-01-06————————2000———————————————————————————2000
2020-01-08————————3000———————————————————————————5000
2020-02-01————————5000———————————————————————————10000
2020-02-11————————1000———————————————————————————11000
2020-03-01———————————————————————200————————————10800
2020-03-02———————————————————————400————————————10400
2020-03-05———————————————————————600————————————9800
2020-03-10———————————————————————300————————————9500
```

综合练习4：**库存管理**　进销存管理系统中，商品库存信息有很多种，如商品名称、商品型号、商品库存量等，使用面向对象思想输出库存商品的信息。首先定义一个库存商品类，类中定义商品的名称、型号和数量属性，控制数量为0～1 000；定义一个方法，显示库存商品信息；然后使用库存商品类的对象调用相应属性，为库存商品信息赋值，并使用该对象调用定义的方法，显示库存商品信息。

综合练习5：**根据促销规则计算优惠后金额**　一家商场的促销活动如下：满500元可享9折优惠，满1000元可享8折优惠，满2000元可享7折优惠，满3000元可享6折优惠。使用方法计算优惠后的金额。

第 2 篇 核心技术

本篇介绍 Windows 窗体应用程序设计、Windows 窗体应用程序常用控件和高级控件、数据访问技术、LINQ 数据访问技术、DataGridView 数据控件、程序调试与异常处理、面向对象编程进阶等。学习完这一部分，读者将能够开发一些小型应用程序。

核心技术

- **Windows窗体应用程序设计** —— 学习C#窗体程序的基础，包括窗体的各种设置、MDI窗体、继承窗体等
- **Windows窗体应用程序常用控件** —— 灵活使用各种控件，是开发C#程序的必备技能
- **Windows窗体应用程序高级控件** —— Windows程序开发的一些特殊控件，重点掌握列表、树和进度条
- **数据访问技术** —— 最常用的数据存储技术，开发管理类软件必备技术，必须熟练掌握
- **LINQ数据访问技术** —— 操作数据库的另外一种方法，简单、高效，学习该技术可以有效提高开发效率
- **DataGridView数据控件** —— C#中最常用的显示数据的一种表格控件
- **程序调试与异常处理** —— 程序员必备技能：编写bug，处理bug
- **面向对象编程进阶** —— 面向对象的核心技术，接口、抽象类、索引器、迭代器、泛型、委托、事件等，项目开发必备技能

第 9 章 Windows 窗体应用程序设计

Windows 环境中主流的应用程序都是窗体应用程序，而且 Windows 窗体应用程序比命令行应用程序要复杂得多。本章将详细介绍 Windows 窗体的相关知识，为了便于理解，会给出大量的实例。

本章知识架构及重点、难点如下。

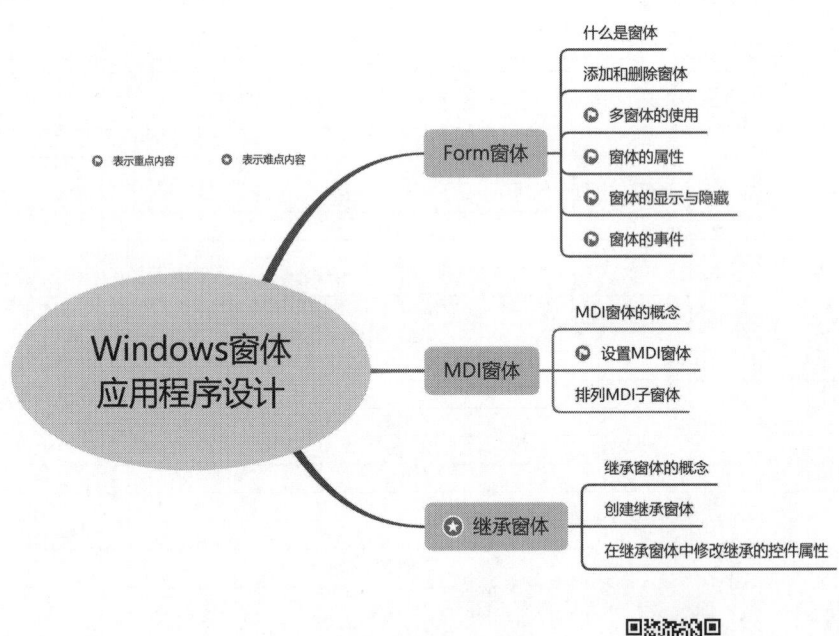

```
                                        什么是窗体
                                        添加和删除窗体
                               Form窗体   多窗体的使用
                                        窗体的属性
   表示重点内容   表示难点内容             窗体的显示与隐藏
                                        窗体的事件

                                        MDI窗体的概念
   Windows窗体          MDI窗体          设置MDI窗体
   应用程序设计                           排列MDI子窗体

                                        继承窗体的概念
                              继承窗体     创建继承窗体
                                        在继承窗体中修改继承的控件属性
```

9.1 Form 窗体

Form 窗体也称为窗口，是.NET 框架的智能客户端技术。使用窗体可以显示信息、请求用户输入以及通过网络与远程计算机通信，下面介绍如何使用 Visual Studio 2022 创建窗体。

9.1.1 认识 Form 窗体

在 Windows 中，窗体是向用户显示信息的可视图面，是 Windows 窗体应用程序的基本单元。窗体也是对象，窗体类定义了生成窗体的模板，每实例化一个窗体类，就产生一个窗体。.NET 框架类库中，System.Windows.Forms 命名空间中定义的 Form 类，是所有窗体类的基类。编写窗体应用程序时，需要设计窗体的外观，并在窗体中添加控件或组件。Visual Studio 2022 提供了一个图形化的可视化窗体设计器，可以实现"所见即所得"的设计效果，快速开发窗体应用程序。

9.1.2 添加和删除窗体

创建一个 Windows 窗体应用程序，如图 9.1 所示。在项目名称上右击，在弹出的快捷菜单中选择"添加"→"Windows 窗体"或者"添加"→"新建项"命令，如图 9.2 所示。

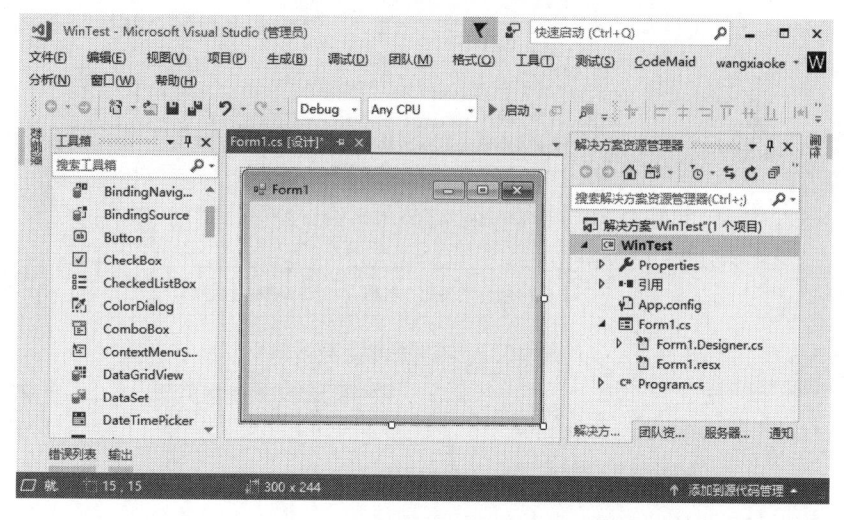

图 9.1　Windows 应用程序

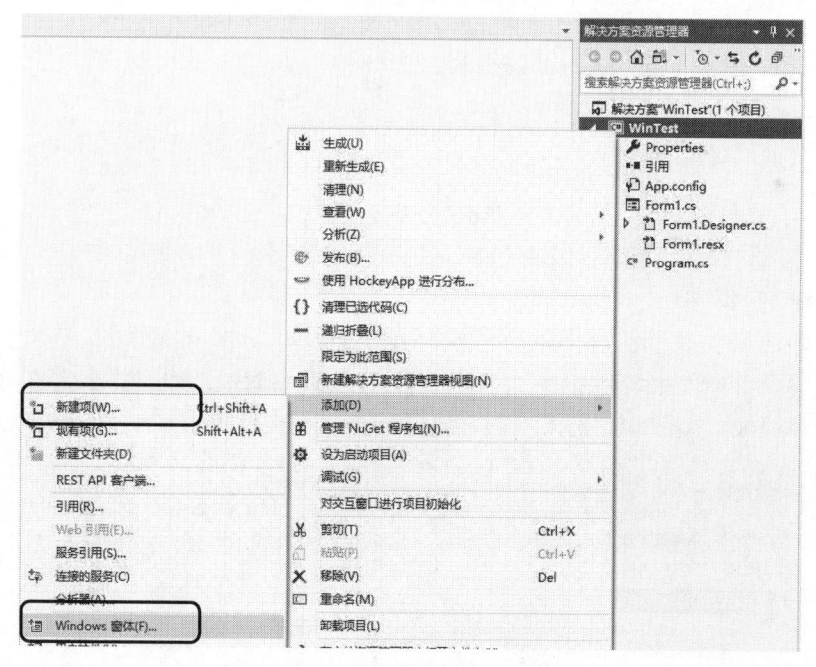

图 9.2　添加新窗体的右键菜单

在打开的"添加新项"对话框中，选择"Windows 窗体"选项，输入窗体名称后单击"添加"按钮，即可向项目中添加一个新窗体，如图 9.3 所示。注意，设置窗体名称时，不要使用 C#关键字。

在窗体名称上右击，在弹出的快捷菜单中选择"删除"命令，可将窗体删除，如图 9.4 所示。

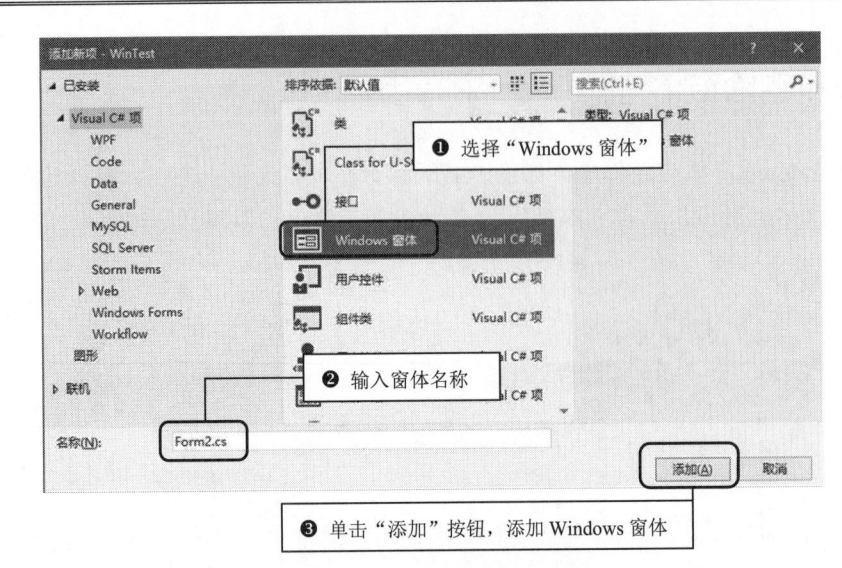

图 9.3 "添加新项"对话框

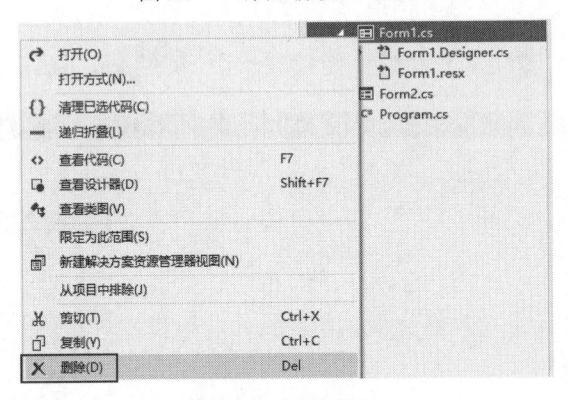

图 9.4 删除窗体

9.1.3 多窗体的使用

多窗体就是向项目中添加多个窗体，在这些窗体中实现不同的功能。一个完整的 Windows 应用程序通常由多个窗体组成，如图 9.5 所示。

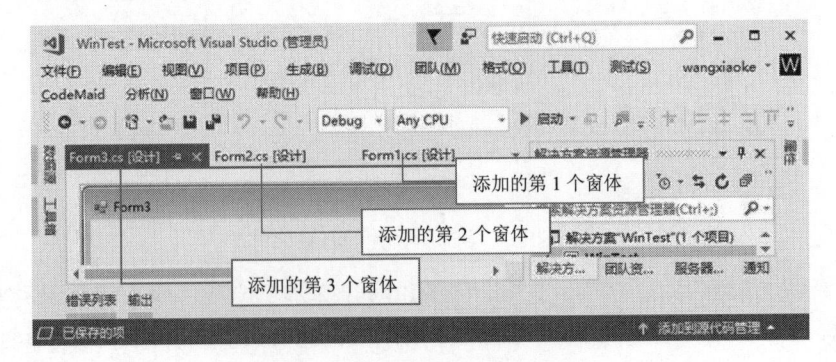

图 9.5 向项目中添加多个窗体

添加了多个窗体后，如果要调试程序，必须设置哪个窗体先运行，即需要设置项目的启动窗体。项目启动窗体是在 Program.cs 文件中设置的，通过改变 Run()方法的参数可设置启动窗体。

Run()方法用于在当前线程上运行标准应用程序，并使指定窗体可见，语法格式如下。

```
public static void Run(Form mainForm)
```

其中，mainForm 表示要设为启动窗体的窗体。

例如，要将 Form1 窗体设置为项目的启动窗体，代码如下。

```
Application.Run(new Form1());
```

9.1.4 窗体的属性

窗体通常包含一些基本组成要素，如图标、标题、位置、背景等，这些要素可通过窗体的"属性"面板进行设置，也可以通过代码实现。但使用"属性"面板设置要快捷得多。

1. 更换窗体图标

添加一个新窗体后，窗体图标是系统默认图标。在"属性"面板中设置窗体的 Icon 属性，即可更换窗体的图标，如图 9.6 所示，具体操作如下。

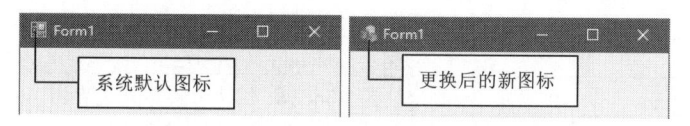

图 9.6 窗体的默认图标与更换后的图标

（1）选中窗体，在"属性"面板中选中 Icon 属性，会出现 按钮，如图 9.7 所示。
（2）单击 按钮，打开图 9.8 所示对话框，选择新的窗体图标文件后，单击"打开"按钮，完成窗体图标的更换。

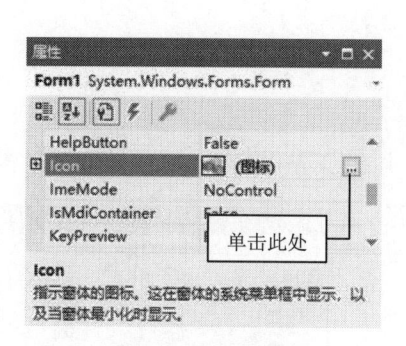

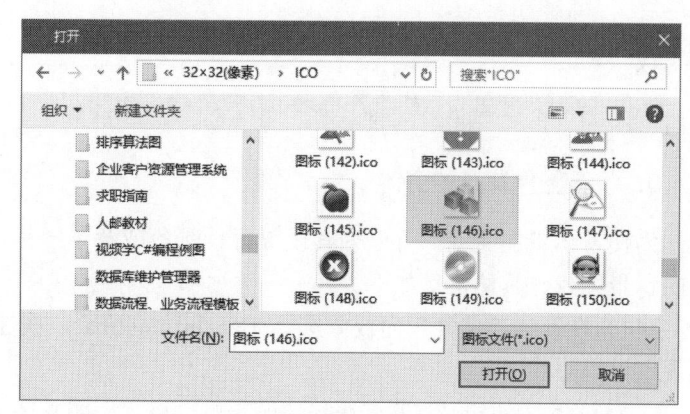

图 9.7 Icon 属性　　　　图 9.8 选择图标文件的窗体

> **注意**
>
> 在添加窗体图标时，其图片格式只能是 ico。

2．隐藏窗体的标题栏

有时候需要隐藏窗体的标题栏。例如，加载软件时大多采用无标题栏的窗体。将 FormBorderStyle 属性设置为 None，可隐藏窗体的标题栏。FormBorderStyle 属性的属性值及说明如表 9.1 所示。

表 9.1　FormBorderStyle 属性的属性值及说明

属　性　值	说　　　明	属　性　值	说　　　明
Fixed3D	固定的三维边框	None	无边框
FixedDialog	固定的对话框样式的粗边框	Sizable	可调整大小的边框
FixedSingle	固定的单行边框	SizableToolWindow	可调整大小的工具窗口边框
FixedToolWindow	不可调整大小的工具窗口边框		

3．控制窗体的显示位置

通过 StartPosition 属性（见表 9.2），可设置加载窗体时窗体在显示器中的位置。

表 9.2　StartPosition 属性的属性值及说明

属　性　值	说　　　明
CenterParent	在其父窗体中居中
CenterScreen	在当前显示窗口中居中，其尺寸在窗体大小中指定
Manual	位置由 Location 属性确定
WindowsDefaultBounds	定位在 Windows 默认位置，其边界由 Windows 默认决定
WindowsDefaultLocation	定位在 Windows 默认位置，其尺寸在窗体大小中指定

4．修改窗体的大小

通过 Size 属性，可设置窗体的大小。双击窗体"属性"面板中的 Size 属性，可以看到其下拉菜单中有 Width 和 Height 两个属性，分别用于设置窗体的宽和高。

> **注意**
> 在设置窗体的大小时，其值是 int 类型的，不要用单精度和双精度进行设置。

5．设置图像背景的窗体

为使窗体更加美观，可以为其设置背景颜色或背景图片。通过 BackgroundImage 属性可以设置窗体的背景图片，具体操作如下。

（1）在窗体"属性"面板中选择 BackgroundImage 属性，会出现 按钮，如图 9.9 所示。

（2）单击 按钮，打开"选择资源"对话框，如图 9.10 所示。

图 9.10 中，选中"本地资源"单选按钮，可直接选择图片，保存的是图片路径；选中"项目资源文件"单选按钮，会将选择的图片保存到项目资源文件 Resources.resx 中。选好图片后，单击"导入"按钮，再单击"确定"按钮，即可完成窗体背景图片的设置，

图 9.9　BackgroundImage 属性

如图 9.11 所示。

图 9.10 "选择资源"对话框

图 9.11 设置窗体背景图片前后对比

9.1.5 窗体的显示与隐藏

1. 窗体的显示

在一个窗体中单击按钮后，需要调用 Show()方法，才能显示另一个窗体，语法格式如下。

```
public void Show()
```

例如，在 Form1 窗体中添加一个 Button 按钮，在按钮的 Click 事件中调用 Show()方法，打开 Form2 窗体，代码如下。

```
Form2 frm2 = new Form2();                    //实例化 Form2
frm2.Show();                                 //调用 Show()方法显示 Form2 窗体
```

程序运行结果如图 9.12 所示。

2. 窗体的隐藏

通过调用 Hide()方法可隐藏窗体，语法格式如下。

```
public void Hide()
```

例如，通过登录窗口登录系统，输入用户名和密码后，单击"登录"按钮，隐藏登录窗口，显示主窗体，关键代码如下。

图 9.12 使用 Show()方法显示窗体

```
this.Hide();                                 //调用 Hide()方法隐藏当前窗体
frmMain frm = new frmMain();                 //实例化 frmMain
frm.Show();                                  //调用 Show()方法打开窗体
```

9.1.6 窗体的事件

Windows 是事件驱动的操作系统，对 Form 类的任何交互都是基于事件来实现的。Form 类提供了大量的事件用于响应对窗体执行的各种操作。下面将详细介绍窗体的 Click、Load 和 FormClosing 事件。

1. Click（单击）事件

单击窗体时，将会触发窗体的 Click 事件，语法格式如下。

```
public event EventHandler Click
```

例如，在窗体的 Click 事件中编写代码，实现当单击窗体时弹出提示框，代码如下。

```csharp
private void Form1_Click(object sender, EventArgs e)          //窗体的 Click 事件
{
    MessageBox.Show("已经单击了窗体！");                       //弹出提示框
}
```

程序运行结果如图 9.13 所示。

2. Load（加载）事件

窗体加载时，将会触发窗体的 Load 事件，语法格式如下。

```
public event EventHandler Load
```

例如，当窗体加载时，弹出提示框，询问是否查看窗体，单击"是"按钮，查看窗体，代码如下。

```csharp
private void Form1_Load(object sender, EventArgs e)          //窗体的 Load 事件
{
    //使用 if 语句判断是否单击了"是"按钮
    if (MessageBox.Show("是否查看窗体！", "",MessageBoxButtons.YesNo, MessageBoxIcon.Information) ==
        DialogResult.Yes)
    {
    }
}
```

程序运行结果如图 9.14 所示。

图 9.13　单击窗体触发 Click 事件　　　　　图 9.14　是否查看窗体提示框

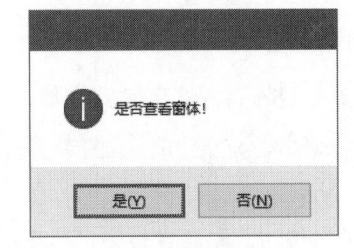

> **技巧**
> 可以在 Load 事件中分配窗体的使用资源。

3. FormClosing（关闭）事件

窗体关闭时，将会触发窗体的 FormClosing 事件，语法格式如下。

```
public event FormClosingEventHandler FormClosing
```

> **技巧**
> （1）可以使用此事件执行一些任务，如释放窗体使用的资源，还可以使用此事件保存窗体中的信息或更新其父窗体。
> （2）如果要防止窗体的关闭，应使用 FormClosing 事件，并将传递给事件处理程序的 CancelEventArgs 的 Cancel 属性设置为 true。

【例9.1】关闭窗体时弹出确认对话框（实例位置：资源包\TM\sl\9\1）

创建一个 Windows 窗体应用程序，实现在关闭窗体之前，弹出提示框，询问是否关闭当前窗体，单击"是"按钮，关闭窗体，代码如下。

```
private void Form1_FormClosing(object sender, FormClosingEventArgs e)
{
    DialogResult dr = MessageBox.Show("是否关闭窗体", "提示", MessageBoxButtons.YesNo,
            MessageBoxIcon. Warning);
    if (dr == DialogResult.Yes)              //使用 if 语句判断是否单击"是"按钮
    {
        e.Cancel = false;                    //如果单击"是"按钮则关闭窗体
    }
    else                                     //否则
    {
        e.Cancel = true;                     //不执行操作
    }
}
```

程序运行结果如图 9.15 所示。

编程训练（答案位置：资源包\TM\sl\9\编程训练\）

【训练1】控制窗体的标题及显示位置　创建一个名称为"CMS"的 Windows 窗体应用程序，将窗体的标题设置为"内容管理系统"，并设置窗体运行时，默认加载位置在桌面中间。

【训练2】根据桌面大小自动调整窗体　窗体与桌面的大小比例是软件运行时用户经常会注意到的一个问题。例如，在分辨率为 1634×768 的桌面上，如果放置一个很大（如分辨率为 1280×1634）或者很小（如分辨率为 10×10）的窗体，会显得非常不协调。因此，这里尝试创建一个窗体，使其能够根据桌面的大小自动对窗体进行调整。（提示：实现时需要使用 Screen 类获取桌面的宽度和高度。）

图 9.15　是否关闭窗体提示框

9.2　MDI 窗体

多文档界面（multiple-document interface）简称 MDI 窗体。MDI 窗体可同时显示多个文档，每个文档都显示在各自的窗口中，如图 9.16 所示。MDI 窗体中可包含子菜单的窗口菜单，用于在窗口或文档之间进行切换。

MDI 窗体的应用非常广泛。例如，如果某公司的库存系统需要实现自动化，则需要使用窗体来输入客户和货物的数据，发出订单以及跟踪订单。这些窗体必须链接或者从属于一个界面，并且必须能够同时处理多个文件。这样，就需要建立 MDI 窗体，以解决这些需求。

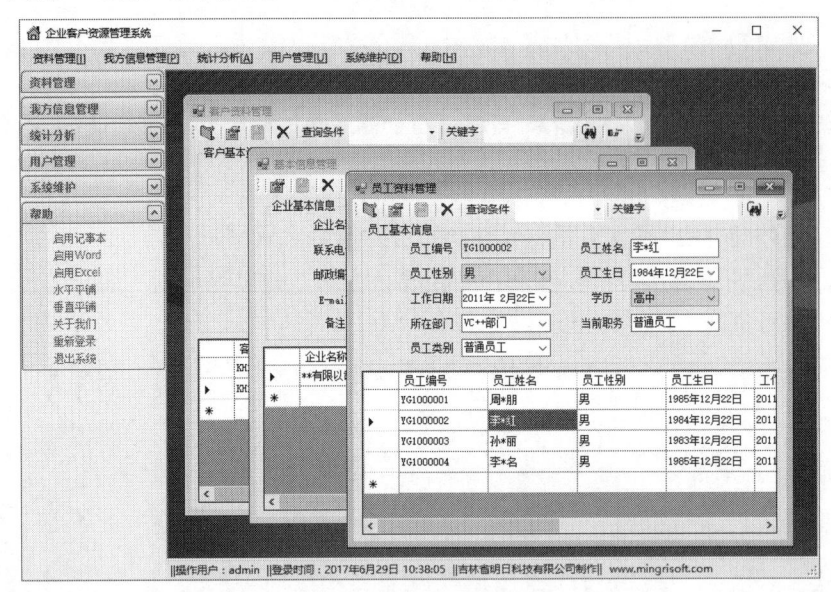

图 9.16 MDI 窗体界面

9.2.1 设置 MDI 窗体

在 MDI 窗体中，起容器作用的窗体称为父窗体，可放在父窗体中的其他窗体称为子窗体，也称为 MDI 子窗体。当 MDI 应用程序启动时，首先会显示父窗体。所有的子窗体都在父窗体中打开，在父窗体中用户可以在任何时候打开多个子窗体。每个应用程序只能有一个父窗体，其他子窗体不能移出父窗体的框架区域。

要将某个窗体设置为父窗体，只需在窗体"属性"面板中将 IsMdiContainer 属性设置为 True，如图 9.17 所示。

设置完父窗体后，通过窗体的 MdiParent 属性可确定其子窗体，语法格式如下：

图 9.17 设置父窗体

```
public Form MdiParent { get; set; }
```

例如，将 Form2、Form3、Form4、Form5 这 4 个窗体设置成子窗体，并且在父窗体中打开这 4 个子窗体，代码如下。

```
Form2 frm2 = new Form2();              //实例化 Form2
frm2.Show();                            //使用 Show()方法打开窗体 2
frm2. MdiParent = this;                 //设置 MdiParent 属性，将当前窗体作为父窗体
Form3 frm3 = new Form3();              //实例化 Form3
frm3.Show();                            //使用 Show()方法打开窗体 3
frm3. MdiParent = this;                 //设置 MdiParent 属性，将当前窗体作为父窗体
Form4 frm4 = new Form4();              //实例化 Form4
frm4.Show();                            //使用 Show()方法打开窗体 4
frm4. MdiParent = this;                 //设置 MdiParent 属性，将当前窗体作为父窗体
Form5 frm5 = new Form5();              //实例化 Form5
```

```
frm5.Show();                              //使用 Show()方法打开窗体 5
frm5.MdiParent = this;                    //设置 MdiParent 属性,将当前窗体作为父窗体
```

9.2.2 排列 MDI 子窗体

当有多个子窗体同时打开时,假如不调整其排列顺序,界面将会非常混乱,不易浏览。通过带 MdiLayout 枚举的 LayoutMdi()方法,可排列多文档界面父窗体中的子窗体。

LayoutMdi()方法的语法格式如下。

public void LayoutMdi(MdiLayout value)

- ☑ value:是 MdiLayout 枚举值之一,用来定义 MDI 子窗体的布局。
- ☑ MdiLayout 枚举用于指定 MDI 父窗体中子窗体的布局,语法格式如下。

public enum MdiLayout

MdiLayout 的枚举成员及说明如表 9.3 所示。

表 9.3 MdiLayout 的枚举成员及说明

枚举成员	说　　明
Cascade	所有 MDI 子窗体均层叠在 MDI 父窗体的工作区内
TileHorizontal	所有 MDI 子窗体均水平平铺在 MDI 父窗体的工作区内
TileVertical	所有 MDI 子窗体均垂直平铺在 MDI 父窗体的工作区内

下面通过一个实例演示如何使用带有 MdiLayout 枚举的 LayoutMdi()方法来排列多文档界面父窗体中的子窗体。

【例 9.2】设置并排列 MDI 子窗体(**实例位置:资源包\TM\sl\9\2**)

创建一个 Windows 窗体应用程序,向项目中添加 4 个窗体,然后使用 LayoutMdi()方法及 MdiLayout 枚举设置窗体的排列。

(1)新建一个 Windows 窗体应用程序,命名为 Test02,默认窗体为 Form1.cs。

(2)将窗体 Form1 的 IsMdiContainer 属性设置为 true,以用作 MDI 父窗体,然后添加 3 个 Windows 窗体,用作 MDI 子窗体。

(3)在 Form1 窗体中,添加一个 MenuStrip 控件,用作该父窗体的菜单项。

(4)通过 MenuStrip 控件建立 4 个菜单项,分别为"加载子窗体""水平平铺""垂直平铺""层叠排列"。运行程序时,单击"加载子窗体"菜单后,可以加载所有的子窗体,代码如下。

```
private void 加载子窗体ToolStripMenuItem_Click(object sender, EventArgs e)
{
    Form2 frm2 = new Form2();             //实例化 Form2
    frm2.MdiParent = this;                //设置 MdiParent 属性,将当前窗体作为父窗体
    frm2.Show();                          //使用 Show()方法打开窗体
    Form3 frm3 = new Form3();             //实例化 Form3
    frm3.MdiParent = this;                //设置 MdiParent 属性,将当前窗体作为父窗体
    frm3.Show();                          //使用 Show()方法打开窗体
    Form4 frm4 = new Form4();             //实例化 Form4
    frm4.MdiParent = this;                //设置 MdiParent 属性,将当前窗体作为父窗体
    frm4.Show();                          //使用 Show()方法打开窗体
}
```

程序运行结果如图 9.18 所示。

（5）加载所有的子窗体之后，单击"水平平铺"菜单，使窗体中所有的子窗体水平排列，代码如下。

```
private void 水平平铺ToolStripMenuItem_Click(object sender, EventArgs e)
{
    LayoutMdi(MdiLayout.TileHorizontal);         //使用 MdiLayout 枚举实现窗体的水平平铺
}
```

程序运行结果如图 9.19 所示。

图 9.18　加载所有子窗体 　　　　　　　　图 9.19　水平平铺子窗体

（6）单击"垂直平铺"菜单，使窗体中所有的子窗体垂直排列，代码如下。

```
private void 垂直平铺ToolStripMenuItem_Click(object sender, EventArgs e)
{
    LayoutMdi(MdiLayout.TileVertical);           //使用 MdiLayout 枚举实现窗体的垂直平铺
}
```

程序运行结果如图 9.20 所示。

（7）单击"层叠排列"菜单，使窗体中所有的子窗体层叠排列，代码如下。

```
private void 层叠排列ToolStripMenuItem_Click(object sender, EventArgs e)
{
    LayoutMdi(MdiLayout.Cascade);                //使用 MdiLayout 枚举实现窗体的层叠排列
}
```

程序运行结果如图 9.21 所示。

图 9.20　垂直平铺子窗体 　　　　　　　　图 9.21　层叠排列子窗体

编程训练（答案位置：资源包\TM\sl\9\编程训练\）

【训练3】以最大化方式打开子窗体　创建一个 Windows 窗体应用程序，并在其中添加多个窗体，设置为 MDI 窗体程序，然后设置打开子窗体时，以最大化方式打开。

【训练4】控制子窗体不重复打开　使用 MDI 窗体时，默认是可以多次打开同一个子窗体的，那么如何控制不重复打开同一个子窗体呢？尝试创建一个程序，实现这个功能。（提示：使用 MDI 窗体的 MdiChildren 属性获取子窗体的数组对象，通过遍历确定是否已经打开子窗体。）

9.3 继承窗体

有时，项目需要创建一个与之前用过的窗体非常类似的窗体，这时就需要创建继承窗体。继承窗体就好像是游戏的升级版本，该升级版本不但可以有原版本的一切功能，还可以添加一些新功能，或是对原版本进行一些改动。

9.3.1 创建继承窗体

创建继承窗体的方法有两种：一种是通过编程方式创建继承窗体；另一种是使用继承选择器创建继承窗体。下面将对这两种方法分别进行介绍。

> **说明**
> 为了从一个窗体继承，包含该窗体的文件或命名空间必须已编译成可执行文件或 DLL。

1．通过编程方式创建继承窗体

以编程方式创建继承窗体时，主要是在类定义中将引用添加到其所要继承的窗体。引用应包含该窗体的命名空间，后面跟一个句点，然后是基窗体本身的名称。

【例 9.3】继承窗体的实现（**实例位置：资源包\TM\sl\9\3**）

创建一个 Windows 窗体应用程序，以 Form1 为基窗体，将 Form2 设置为继承窗体。

（1）创建一个 Windows 窗体应用程序，默认窗体为 Form1.cs。

（2）在 Form1 窗体上添加一个 TextBox 控件、一个 Button 控件和一个 Label 控件。在 Button 控件的 Click 事件中添加代码，实现 Label 控件显示 TextBox 控件中输入的内容。

（3）向项目中添加一个新的 Windows 窗体，命名为 Form2。

（4）修改 Form2 窗体代码文件中 Form2 类所继承的基类。

Form2 窗体的原始代码如下：

```
namespace Test03                                    //项目名称
{
    public partial class Form2 : Form               //表示当前窗体继承于 Form 类
    {
    }
}
```

修改后的代码如下。

```
namespace Test03                                    //项目名称
{
    public partial class Form2 : Test03.Form1      //使 Form2 窗体继承项目 Test03 的 Form1 窗体
    {
    }
}
```

运行 Form2 窗体，修改前后对比如图 9.22 和图 9.23 所示。

图 9.22　Form2 的起始运行窗体 　　　　　　图 9.23　成为 Form1 窗体的继承窗体

2．使用继承选择器创建继承窗体

通过继承选择器，可利用已在其他解决方案中创建的代码或用户界面。为了使用继承选择器从某个窗体继承，包含该窗体的项目必须已生成为可执行文件或 DLL。若要生成项目，可以选择"生成"菜单中的"生成解决方案"命令。

（1）在项目名称上右击，在弹出的快捷菜单中选择"添加"→"新建项"命令，打开"添加新项"对话框。

（2）从"添加新项"对话框中选择继承的窗体后，单击"添加"按钮，打开"继承选择器"对话框。

（3）从"继承选择器"对话框中选择添加的继承窗体的基窗体后，单击"确定"按钮，完成继承窗体的添加。

9.3.3　在继承窗体中修改继承的控件属性

向窗体中添加控件时，Modifiers 属性默认为 private。如果继承这样的窗体，在继承窗体中，控件属性全部为不可编辑状态。如果希望在继承窗体中编辑各控件的属性，首先要将基窗体中控件的 Modifiers 属性全部设置为 public。

【例 9.4】在继承窗体中修改基窗体中控件的属性（**实例位置：资源包\TM\sl\9\4**）

（1）创建一个 Windows 窗体应用程序，默认窗体为 Form1.cs。

（2）在 Form1 窗体中添加一个 Button 控件，设置其 Text 属性为"AI 智能时代"，并将其 Modifiers 属性设置为 Public，如图 9.24 所示。

（3）添加一个继承窗体，命名为 Form2。

（4）继承窗体 Form2 的运行结果与基窗体 Form1 相同，但是由于将基窗体中 Button 控件的 Modifiers 属性设置为 Public，所以在继承窗体 Form2 中可以修改 Button 控件的属性。

（5）将 Button 控件的 Text 属性重新设置为"机器学习与深度学习"，其前后对比如图 9.25 和图 9.26 所示。

图 9.24　设置 Modifiers 属性 　　　图 9.25　修改前继承 Form1 窗体 　　图 9.26　修改后的 Button 控件

9.4　实践与练习

（答案位置：资源包\TM\sl\9\实践与练习\）

综合练习 1：设计半透明渐显窗体　尝试制作一个窗体，该窗体要求为半透明渐显窗体。

综合练习 2：使控件大小随窗体自动调整　在软件开发中，随着窗体大小的变化，界面和设计时相比会出现较大的差异，这样控件和窗体的大小会不成比例，从而出现非常不美观的界面。本练习将演示如何使控件的大小能够随着窗体的变化而自动调整。（提示：设置控件的 Anchor 属性。）

综合练习 3：使背景图片自动适应窗体的大小　开发人员在开发 Windows 窗体应用程序时，有时为一个窗体设置了背景图片，但是由于图片的大小与窗体的大小并不一定相同，所以可能导致图片显示不全，那么如何来避免这种情况的发生呢？本任务要求编写 C#代码来使背景图片能够自动适应窗体的大小。（提示：设置窗体的 BackgroundImage 属性和 BackgroundImageLayout 属性。）

综合练习 4：自定义最大化、最小化和关闭按钮　用户在制作应用程序时，为了使用户界面更加美观，一般都自己设计窗体的外观，以及窗体的最大化、最小化和关闭按钮。本练习要求使用资源文件来存储窗体的外观，以及最大化、最小化和关闭按钮的图片，再通过鼠标移入、移出事件来实现按钮的动态效果。

第 10 章 Windows 窗体应用程序常用控件

窗口是由控件构成的，熟练应用控件是高效开发 Windows 窗体应用程序的重要前提。控件是用户可以输入或操作数据的对象，分为常用控件和高级控件，本章先来认识一下常用控件。

本章知识架构及重点、难点如下。

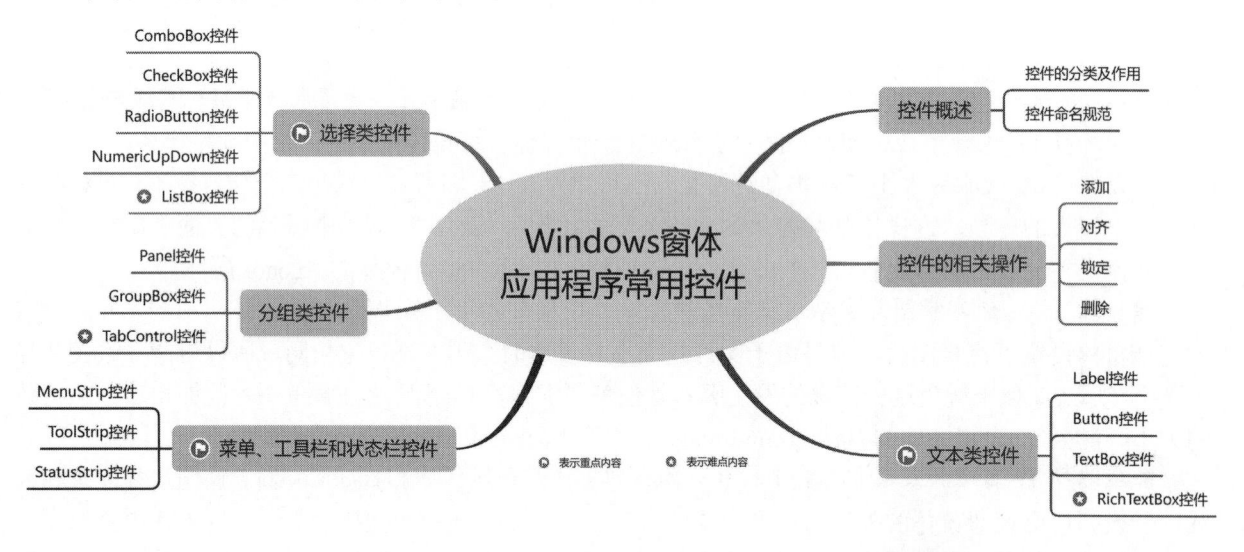

10.1 控件概述

10.1.1 控件的分类及作用

Visual Studio 2022 中，常用控件包括文本控件、选择控件、分组控件、菜单控件、工具栏控件和状态栏控件，如表 10.1 所示。控件的基类是位于 System.Windows.Forms 命名空间的 Control 类，其他控件类都直接或间接地派生自 Control 类。

表 10.1 常用控件

控 件 分 类	作 用	控 件 分 类	作 用
文本控件	显示文本	菜单控件	制作功能菜单，将程序命令分组
选择控件	提供选项	工具栏控件	提供主菜单中常用的相关工具
分组控件	对控件进行分组	状态栏控件	显示窗体上的对象信息或应用程序信息

10.1.2 控件命名规范

对于自定义控件，其命名应遵循控件的命名规范，如表 10.2 所示。

表 10.2 控件的常用命名规范

控 件 名 称	简 称	控 件 名 称	简 称	控 件 名 称	简 称
TextBox	txt	RichTextBox	rtbox	HelpProvider	hpro
Button	btn	CheckedListBox	clbox	ListView	lv
ComboBox	cbox	RadioButton	rbtn	TreeView	tv
Label	lab	NumericUpDown	nudown	PictrueBox	pbox
DataGridView	dgv	Panel	pl	NotifyIcon	nicon
ListBox	lb	GroupBox	gbox	DateTimePicker	dtpicker
Timer	tmr	TabControl	tcl	MonthCalendar	mcalen
CheckBox	chb	ErrorProvider	epro	ToolTip	ttip
LinkLabel	llbl	ImageList	ilist		

10.2 控件的相关操作

下面来学习 Windows 控件的相关操作，如添加控件、对齐控件、锁定控件和删除控件等。

10.2.1 添加控件

添加控件的方式有以下 3 种。
- ☑ 绘制控件：在工具箱中选择要添加的控件，在窗体上单击控件左上角所处的位置，然后拖曳鼠标到控件右下角所处的位置，控件即会按指定位置和大小添加到窗体中。
- ☑ 拖曳控件：在工具箱中选择控件并拖曳到窗体上，控件将以其默认大小添加到窗体指定位置。
- ☑ 编程方式：通过 new 关键字实例化待添加控件所在的类，再将实例化的控件添加到窗体中。

例如，通过 Button 按钮的 Click 事件添加一个 TextBox 控件，代码如下。

```
private void button1_Click(object sender, System.EventArgs e)        //Button 按钮的 Click 事件
{
    TextBox myText = new TextBox();                                  //实例化 TextBox 类
    myText.Location = new Point(25,25);                              //设置对象的 Location 属性
    this.Controls.Add (myText);                                      //将控件添加到当前窗体中
}
```

10.2.2 对齐控件

当有多个控件时，可以将其对齐。首先被选定的控件称为主导控件，控件组的最终位置取决于主导控件的位置。然后在菜单栏中选择"格式"→"对齐"命令，再选择如下对齐方式中的一种。
- ☑ 左对齐：将选定控件沿左边对齐。

- ☑ 居中对齐：将选定控件沿中心点水平对齐。
- ☑ 右对齐：将选定控件沿右边对齐。
- ☑ 顶端对齐：将选定控件沿顶边对齐。
- ☑ 中间对齐：将选定控件沿中心点垂直对齐。
- ☑ 底部对齐：将选定控件沿底边对齐。

10.2.3 锁定控件

在控件的"属性"面板中单击 Locked 属性，并选择 true 选项，可以锁定控件。此外，还可以右击控件，在快捷菜单中选择"锁定控件"命令来锁定控件。如果要锁定窗体上的所有控件，可以在菜单栏中选择"格式"→"锁定控件"命令。

> **技巧**
> 完成窗体设置后，为了避免误操作而改变窗体的控件设置，可通过锁定控件对控件进行定位。

10.2.4 删除控件

删除控件的方法非常简单，在控件上右击，在弹出的快捷菜单中选择"删除"命令，即可删除控件。也可以选中控件，然后按 Delete 键。

10.3 文本类控件

文本类控件主要包括 Label 控件（标签控件）、Button 控件（按钮控件）、TextBox 控件（文本框控件）和 RichTextBox 控件（有格式文本控件）。通过本节学习，读者将可以掌握文本类控件的基本用法。

10.3.1 Label 控件

Label 控件主要用于显示用户不能编辑的文本，标识窗体上的对象（如给文本框、列表框等添加描述信息）；也可以通过编写代码来设置要显示的文本信息。如果添加一个 Label 控件，系统会自动创建 Label 控件的一个对象。

1．设置标签文本

Text 属性用于设置控件上显示什么文本。可直接在 Label 控件的"属性"面板中设置 Text 属性，也可以通过代码设置 Text 属性。

例如，向窗体中拖曳一个 Label 控件，然后将其显示文本设置为"AI 人工智能"，如图 10.1 所示。也可以通过代码设置 Text 属性，代码如下：

```
label1.Text = "AI 人工智能";          //设置 Label 控件的 Text 属性
```

2. 显示/隐藏控件

Visible 属性用于显示或隐藏 Label 控件。如果 Visible 属性值为 true，则显示控件；Visible 属性值为 false，则隐藏控件。

例如，可按图 10.2 所示的方式将 Visible 属性设置为 true，从而显示 Label 控件。也可以通过代码将其 Visible 属性设置为 true，代码如下。

```
label1.Visible = true;                              //设置 Label 控件的 Visible 属性
```

图 10.1　设置 Text 属性 　　　　　　图 10.2　设置 Visible 属性

10.3.2　Button 控件

Button 控件允许用户通过单击来执行操作。Button 控件既可以显示文本，也可以显示图像。当该控件被单击时，先被按下，然后被释放。

1．响应按钮的单击事件

单击 Button 控件时将引发 Click 事件，执行 Click 事件中的代码。

【例 10.1】执行按钮的单击事件（实例位置：资源包\TM\sl\10\1）

创建一个 Windows 窗体应用程序，单击 Button 控件时引发 Click 事件，弹出提示框，代码如下。

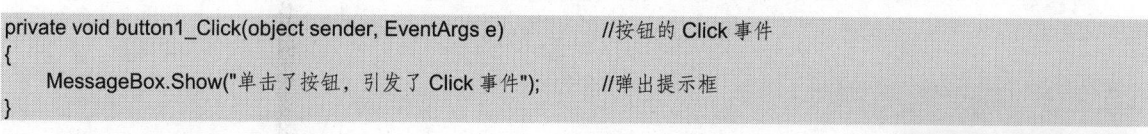

```
private void button1_Click(object sender, EventArgs e)        //按钮的 Click 事件
{
    MessageBox.Show("单击了按钮，引发了 Click 事件");         //弹出提示框
}
```

程序运行结果如图 10.3 所示。

2．将按钮设置为窗体的"接受"按钮

Button 控件 AcceptButton 属性用于设置窗体的"接受"按钮，设置后用户每次按下 Enter 键都相当于单击该按钮。

图 10.3　引发 Click 事件

【例 10.2】将按钮设置为"接受"按钮（实例位置：资源包\TM\sl\10\2）

创建一个 Windows 窗体应用程序，将 button1 按钮设置为 Form1 窗体的"接受"按钮，代码如下。

```
private void Form1_Load(object sender, EventArgs e)           //窗体的 Load 事件
{
```

```
        this.AcceptButton = button1;                    //将 button1 按钮设置为窗体的"接受"按钮
    }
    private void button1_Click(object sender, EventArgs e)   //按钮的 Click 事件
    {
        MessageBox.Show("引发了接受按钮");              //弹出提示框
    }
```

运行程序，按下 Enter 键时，会激发 button1 按钮的 Click 事件，与单击 button1 按钮的结果一样，如图 10.4 所示。

3．将按钮设置为窗体的"取消"按钮

Button 控件 CancelButton 属性用于设置窗体的"取消"按钮，设置后用户每次按下 Esc 键都相当于单击该按钮。

图 10.4　设置为"接受"

【例 10.3】按 Esc 键时触发按钮单击事件（**实例位置：资源包\TM\sl\10\3**）

创建一个 Windows 窗体应用程序，将 button1 按钮设置为 Form1 窗体的"取消"按钮，代码如下。

```
    private void Form1_Load(object sender, EventArgs e)      //窗体的 Load 事件
    {
        this.CancelButton = button1;                    //将 button1 按钮设置为窗体的"取消"按钮
    }
    private void button1_Click(object sender, EventArgs e)   //按钮的 Click 事件
    {
        MessageBox.Show("单击了取消按钮");              //弹出提示框
    }
```

运行程序，按下 Esc 键，激发 button1 按钮，如图 10.5 所示。

> **说明**
> 如果想实现鼠标移入和移出按钮，改变按钮的样式或字体样式，可以用 OnMouseEnter（在鼠标指针进入控件时发生）和 OnMouseLeave（在鼠标离开控件的可见部分时发生）事件来实现。

图 10.5　设置为"取消"

10.3.3　TextBox 控件

TextBox 控件用于获取用户输入的数据或显示文本。TextBox 控件通常用于可编辑文本，也可使其成为只读控件。文本框可以显示多行，可以对文本换行使其符合控件的大小。

1．创建只读文本框

TextBox 控件的 ReadOnly 属性用于设置文本框是否为只读。如果 ReadOnly 属性为 true，则用户不能编辑文本框，只能通过文本框显示数据。

【例 10.4】设置文本框为只读（**实例位置：资源包\TM\sl\10\4**）

创建一个 Windows 窗体应用程序，将文本框设置为只读，并显示"手机支付"，代码如下。

```
    private void Form1_Load(object sender, EventArgs e)      //窗体的 Load 事件
    {
        textBox1.ReadOnly = true;                        //将文本框设置为只读
```

```
        textBox1.Text = "手机支付";                    //设置其 Text 属性
}
```

程序运行结果如图 10.6 所示。

2. 创建密码文本框

TextBox 控件的 PasswordChar 和 UseSystemPasswordChar 属性,可将文本框设置成密码文本框。不同之处在于,PasswordChar 属性可以在文本框中显示密码字符,如将密码显示成"*""@"或"#"等;UseSystemPasswordChar 属性设置为 true,则输入密码时文本框中显示的密码为"*"。

【例 10.5】设置密码文本框(**实例位置:资源包\TM\sl\10\5**)

创建一个 Windows 窗体应用程序,使用 PasswordChar 属性将密码文本框中的字符显示为"@",也可以将 UseSystemPasswordChar 属性设置为 true,使密码文本框中的字符显示为"*",代码如下。

```
private void Form1_Load(object sender, EventArgs e)    //窗体的 Load 事件
{
        textBox1.PasswordChar = '@';                    //设置文本框的 PasswordChar 属性为字符@
        textBox2.UseSystemPasswordChar = true;          //设置文本框的 UseSystemPasswordChar 属性为 true
}
```

程序运行结果如图 10.7 所示。

3. 创建多行文本框

默认情况下,TextBox 控件只允许输入单行数据。如果将其 Multiline 属性设置为 true,就可以输入多行数据。

【例 10.6】在文本框中分行显示古诗词(**实例位置:资源包\TM\sl\10\6**)

创建一个 Windows 窗体应用程序,将文本框的 Multiline 属性设置为 true,使其能够输入多行数据,代码如下。

```
private void Form1_Load(object sender, EventArgs e)    //窗体的 Load 事件
{
        textBox1.Multiline = true;                      //设置文本框的 Multiline 属性,使其多行显示
        //设置文本框的 Text 属性
        textBox1.Text = "昨夜星辰昨夜风,画楼西畔桂堂东。身无彩凤双飞翼,心有灵犀一点通。";
        textBox1.Height = 100;                          //设置文本框的高
}
```

程序运行结果如图 10.8 所示。

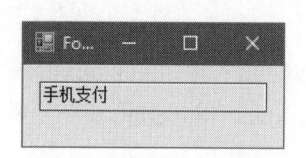

图 10.6 设置文本框为只读 　　　图 10.7 设置密码文本框 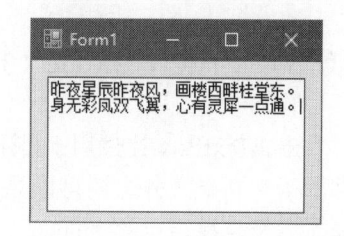　　　图 10.8 Multiline 属性设置为 true

4. 突出显示文本框中的文本

在 TextBox 控件中,可以通过编程方式选择文本。可以通过 SelectionStart 属性和 SelectionLength

属性设置突出显示的文本，SelectionStart 属性用于设置选择的起始位置，SelectionLength 属性用于设置选择文本的长度。

【例 10.7】 突出显示文本框中指定长度的字符（实例位置：资源包\TM\sl\10\7）

创建一个 Windows 窗体应用程序，从字符串索引为 5 的位置开始选择，选择文本的长度为 5，将选择的文本突出显示，代码如下。

```
private void Form1_Load(object sender, EventArgs e)      //窗体的 Load 事件
{
    textBox1.Multiline = true;                            //设置文本框的 Multiline 属性，使其多行显示
    textBox1.Text = "昨夜星辰昨夜风，画楼西畔桂堂东。身无彩凤双飞翼，心有灵犀一点通。";
    textBox1.Height = 100;                                //设置文本框的高
    textBox1.SelectionStart = 5;                          //从文本框中索引为 5 的位置开始选择
    textBox1.SelectionLength = 5;                         //选择长度是 5 个字符
}
```

程序运行结果如图 10.9 所示。

5．响应文本框的文本更改事件

当文本框中的文本发生更改时，将会引发文本框的 TextChanged 事件。

【例 10.8】 实时显示文本框中的输入（实例位置：资源包\TM\sl\10\8）

创建一个 Windows 窗体应用程序，在文本框的 TextChanged 事件中编写代码。实现当文本框中的文本更改时，Label 控件显示更改后的文本，代码如下。

```
//文本框的 TextChanged 事件
private void textBox1_TextChanged(object sender, EventArgs e)
{
    label1.Text = textBox1.Text;                          //Label 控件显示的文字随文本框中的数据而改变
}
```

程序运行结果如图 10.10 所示。

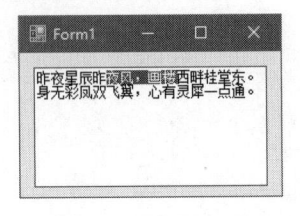

图 10.9　突出显示文本框中指定的文本 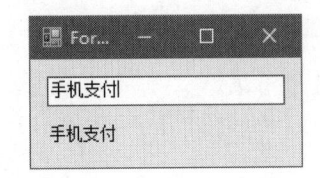　　　　图 10.10　显示更改后的文本

10.3.4　RichTextBox 控件

RichTextBox 控件用于显示、输入和操作带有格式的文本。RichTextBox 控件除了执行 TextBox 控件的所有功能之外，还可以显示字体、颜色和链接，从文件加载文本和嵌入的图像，撤销和重复编辑操作以及查找指定的字符。

1．在 RichTextBox 控件中显示滚动条

RichTextBox 控件的 Multiline 属性用于设置控件中是否显示滚动条。Multiline 属性为 true，显示滚动条；为 false，不显示滚动条。默认情况下，此属性为 true。

滚动条分为水平滚动条和垂直滚动条,通过 ScrollBars 属性可以设置如何显示滚动条,如表 10.3 所示。

表 10.3 ScrollBars 属性的属性值及说明

属 性 值	说 明
Both	文本超过控件宽度或长度时,显示水平滚动条、垂直滚动条,或两个滚动条都显示
None	不显示任何类型的滚动条
Horizontal	文本超过控件宽度时,显示水平滚动条(WordWrap 属性为 false 时有效)
Vertical	文本超过控件高度时,显示垂直滚动条
ForcedHorizontal	WordWrap 属性为 false 时,显示水平滚动条。文本未超过控件宽度时,滚动条为浅灰色
ForcedVertical	始终显示垂直滚动条。文本未超过控件长度时,滚动条为浅灰色
ForcedBoth	始终显示垂直滚动条。WordWrap 属性为 false 时,显示水平滚动条。文本未超过控件宽度或长度时,两个滚动条均为灰色

注意

WordWrap 属性用于设置多行文本框控件是否要在必要时自动换行。其值为 true 时,不论 ScrollBars 属性的值是什么,都不会显示水平滚动条。

【例 10.9】在文本框中显示垂直滚动条(**实例位置:资源包\TM\sl\10\9**)

创建一个 Windows 窗体应用程序,使 RichTextBox 控件只显示垂直滚动条。首先将 Multiline 属性设为 true,然后设置 ScrollBars 属性的值为 Vertical,代码如下。

```
private void Form1_Load(object sender, EventArgs e)
{
    richTextBox1.Multiline = true;                              //将 Multiline 属性设为 true,实现多行显示
    richTextBox1.ScrollBars = RichTextBoxScrollBars.Vertical;   //设置 ScrollBars 属性,只显示垂直滚动条
}
```

运行程序,向控件中输入数据,如图 10.11 所示。

2. 在 RichTextBox 控件中设置字体属性

SelectionFont 属性用于设置 RichTextBox 控件中文本的字体、大小和字样,SelectionColor 属性用于设置字体的颜色。

【例 10.10】将文本框中的文字设置为蓝色楷体显示(**实例位置:资源包\TM\sl\10\10**)

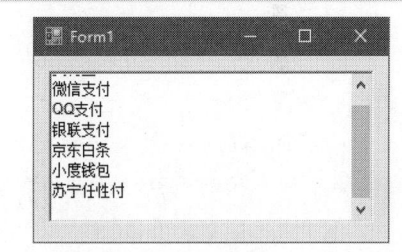

图 10.11 显示垂直滚动条

创建一个 Windows 窗体应用程序,在 RichTextBox 控件中设置文本的字体为楷体、字号大小为 12、字样是粗体,文本的颜色为蓝色,代码如下。

```
private void Form1_Load(object sender, EventArgs e)                 //窗体的 Load 事件
{
    richTextBox1.Multiline = true;                                  //将 Multiline 属性设为 true,实现多行显示
    richTextBox1.ScrollBars = RichTextBoxScrollBars.Vertical;       //设置 ScrollBars 属性,只显示垂直滚动条
    //设置 SelectionFont 属性,使控件中的文本为楷体,大小为 12,字样是粗体
    richTextBox1.SelectionFont = new Font("楷体", 12, FontStyle.Bold);
    //设置 SelectionColor,使控件中的文本颜色为蓝色
    richTextBox1.SelectionColor = System.Drawing.Color.Blue;
}
```

程序运行结果如图 10.12 所示。

3．将 RichTextBox 控件显示为超链接样式

通过 RichTextBox 控件，可将 Web 链接显示为彩色或下画线形式。编写代码，单击链接时打开浏览器窗口，显示链接文本指定的网站。通过 Text 属性，设置控件中含有超链接的文本，然后在控件的 LinkClicked 事件中编写事件处理程序，将所需文本发送到浏览器。

【例 10.11】在文本框中实现超链接（实例位置：资源包\TM\sl\10\11）

创建一个 Windows 窗体应用程序，在控件的文本内容中含有超链接地址，超链接地址显示为彩色并且带有下画线，单击这个超链接地址后，会打开相应的网站，代码如下。

```
private void Form1_Load(object sender, EventArgs e)
{
    richTextBox1.Multiline = true;                                    //将 Multiline 属性设为 true，实现多行显示
    richTextBox1.ScrollBars = RichTextBoxScrollBars.Vertical;         //设置 ScrollBars 属性，只显示垂直滚动条
    richTextBox1.Text = "欢迎登录 http://www.mingrisoft.com 明日学院";  //设置控件的 Text 属性
}
private void richTextBox1_LinkClicked(object sender, LinkClickedEventArgs e)
{
    //在控件的 LinkClicked 事件中编写如下代码，实现内容中的网址带下画线
    System.Diagnostics.Process.Start(e.LinkText);
}
```

程序运行结果如图 10.13 所示。

图 10.12　设置文本字体属性　　　　图 10.13　文本中含有超链接地址

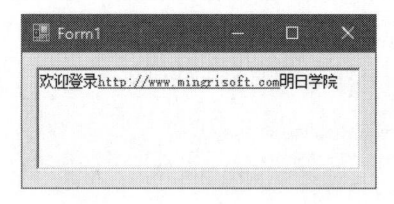

> **误区警示**
>
> 在 RichTextBox 控件的文本中设置超链接时，必须用"http://"开头，且 http 的前面不能用数字和字母，只能用空格或是汉字，否则将无法实现超链接操作。

4．在 RichTextBox 控件中设置段落格式

通过 SelectionBullet 属性，可将选定段落设置为项目符号列表格式，通过 SelectionIndent 和 SelectionHangingIndent 属性，可设置段落相对于控件左右边缘进行缩进。

【例 10.12】以项目符号列表形式显示文本框中的内容（实例位置：资源包\TM\sl\10\12）

创建一个 Windows 窗体应用程序，将控件的 SelectionBullet 属性设为 true，使控件中的内容以项目符号列表的格式排列，代码如下。

```
private void Form1_Load(object sender, EventArgs e)
{
    richTextBox1.Multiline = true;                          //将 Multiline 属性设为 true，实现多行显示
    //设置 ScrollBars 属性，实现只显示垂直滚动条
```

```
richTextBox1.ScrollBars = RichTextBoxScrollBars.Vertical;
//将控件的 SelectionBullet 属性设为 true，使控件中的内容以项目符号列表的格式排列
richTextBox1.SelectionBullet = true;
}
```

运行程序，向控件中输入数据，结果如图 10.14 所示。

通过 SelectionIndent 属性设置一个整数，表示控件左边缘和文本左边缘之间的距离（以像素为单位）。通过 SelectionRightIndent 属性设置一个整数，表示控件右边缘与文本右边缘之间的距离（以像素为单位）。

【例 10.13】设置文本的段落格式（实例位置：资源包\TM\sl\10\13）

创建一个 Windows 窗体应用程序，设置 SelectionIndent 属性的值为 8，使控件中数据的左边缘与控件左边缘之间的距离为 8 像素。设置 SelectionRightIndent 属性为 12，使控件中文本的右边缘与控件右边缘的距离为 12 像素，代码如下。

```
private void Form1_Load(object sender, EventArgs e)
{
    richTextBox1.Multiline = true;                      //将 Multiline 属性设为 true，实现多行显示
    //设置 ScrollBars 属性，实现只显示垂直滚动条
    richTextBox1.ScrollBars = RichTextBoxScrollBars.Vertical;
    //设置 SelectionIndent 属性的值为 8，使控件中数据的左边缘与控件左边缘之间的距离为 8 像素
    richTextBox1.SelectionIndent = 8;
    //设置 SelectionRightIndent 属性为 12，使控件中文本的右边缘与控件右边缘的距离为 12 像素
    richTextBox1.SelectionRightIndent = 12;
}
```

运行程序，向控件中输入数据，结果如图 10.15 所示。

图 10.14　将控件中的内容设置为项目符号列表　　　图 10.15　设置文本的段落格式

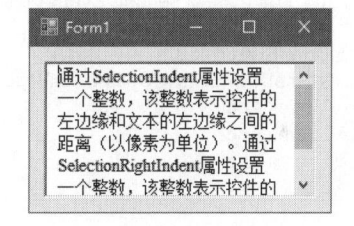

编程训练（答案位置：资源包\TM\sl\10\编程训练\）

【训练 1】控制文本框中只能输入数字　创建一个 Windows 窗体应用程序，通过 Char 结构的 IsDigit() 方法控制在 TextBox 控件中只能输入数字的功能。

【训练 2】关键字描红　在 RichTextBox 控件中实现关键字描红，输入一段话，然后在一个文本框中输入关键字，单击按钮，实现将输入的一段话中包含的所有关键字描红。

10.4　选择类控件

选择类控件主要包括 ComboBox 控件（下拉组合框控件）、CheckBox 控件（复选框控件）、RadioButton 控件（单选按钮控件）、NumericUpDown 控件（数值选择控件）和 ListBox 控件（列表控

件），本节将对这些控件进行详细讲解。

10.4.1 ComboBox 控件

ComboBox 控件用于在下拉组合框中显示数据。主要由两部分组成：一个允许用户输入列表项的文本框，一个列表框。

1. 创建只可以选择的下拉框

通过 DropDownStyle 属性，可将 ComboBox 控件设置为可选择的下拉框。DropDownStyle 属性有 3 个属性值，分别对应不同的样式。

- ☑ Simple：ComboBox 控件的列表部分总是可见。
- ☑ DropDown：默认值，用户可以编辑 ComboBox 控件的文本框部分，只有单击右侧的箭头时才显示列表部分。
- ☑ DropDownList：用户不能编辑 ComboBox 控件的文本框部分，呈现下拉框的样式。

将控件的 DropDownStyle 属性设置为 DropDownList，控件就只能是可以选择的下拉框，不能编辑文本框部分的内容。

【例 10.14】设置只能进行选择的下拉框（实例位置：资源包\TM\sl\10\14）

创建一个 Windows 窗体应用程序，将 ComboBox 控件的 DropDownStyle 属性设置为 DropDownList，并且向控件中添加 3 个项目，使其成为只可以进行选择操作的下拉框，代码如下。

```
private void Form1_Load(object sender, EventArgs e)          //窗体的 Load 事件
{
    //设置 DropDownStyle 属性，使控件呈现下拉框的样式
    comboBox1.DropDownStyle = ComboBoxStyle.DropDownList;
    comboBox1.Items.Add("支付宝");                            //向控件中添加数据
    comboBox1.Items.Add("微信支付");                          //向控件中添加数据
    comboBox1.Items.Add("京东白条");                          //向控件中添加数据
}
```

程序运行结果如图 10.16 所示。

2. 选中下拉框中可编辑部分的所有文本

通过 SelectAll()方法，可以选择 ComboBox 控件的可编辑部分的所有文本，语法格式如下。

图 10.16 只可以选择的下拉框

```
public void SelectAll()
```

使用 SelectAll()方法之前，要将控件的 DropDownStyle 属性设置为 DropDown，这样才能在文本框部分对选择项进行编辑。

【例 10.15】选中下拉框中的所有项目（实例位置：资源包\TM\sl\10\15）

创建一个 Windows 窗体应用程序，将控件的 DropDownStyle 属性设置为 DropDown，然后向控件中添加 3 个项目。选择下拉框中的某项，然后单击"选择"按钮调用控件的 SelectAll()方法。当再次查看下拉框时，可以看到可编辑文本框中的内容已经被选中，代码如下。

```
private void Form1_Load(object sender, EventArgs e)
```

```
{
    //设置 DropDownStyle 属性，使控件呈现下拉框的样式
    comboBox1.DropDownStyle = ComboBoxStyle.DropDown;
    //向控件中添加项目
    comboBox1.Items.Add("支付宝");
    comboBox1.Items.Add("微信支付");
    comboBox1.Items.Add("京东白条");
}
private void button1_Click(object sender, EventArgs e)
{
    //使用 SelectAll()方法。当再次查看下拉列表时，可以看到可编辑文本框中的内容已经被选中
    comboBox1.SelectAll();
}
```

程序运行结果如图 10.17 所示。

3．响应下拉框的选项值更改事件

当下拉框的选择项发生改变时，将会引发控件的 SelectedValueChanged 事件。

【例 10.16】实时显示下拉框中的选中项（**实例位置：资源包\TM\sl\10\16**）

图 10.17　SelectAll()方法的使用

创建一个 Windows 窗体应用程序，当下拉框的选择项发生改变时，引发控件的 SelectedValueChanged 事件。在控件的 SelectedValueChanged 事件中，使 Label 控件的 Text 属性等于控件的选择项，代码如下。

```
private void Form1_Load(object sender, EventArgs e)
{
    //设置 DropDownStyle 属性，使控件呈现下拉框的样式
    comboBox1.DropDownStyle = ComboBoxStyle.DropDown;
    //向控件中添加项目
    comboBox1.Items.Add("支付宝");
    comboBox1.Items.Add("微信支付");
    comboBox1.Items.Add("京东白条");
}
private void comboBox1_SelectedValueChanged(object sender, EventArgs e)
{
    //在控件的 SelectedValueChanged 事件中，使 Label 控件的 Text 属性等于控件的选择项
    label1.Text = comboBox1.Text;
}
```

程序运行结果如图 10.18 所示。

10.4.2　CheckBox 控件

图 10.18　获取控件改变后的值

CheckBox 控件用来表示是否选取了某个选项条件，常用于为用户提供具有是/否或真/假值的选项。

1．判断复选框是否选中

通过在控件的 Click 事件中判断 CheckState 属性的返回值，可得知复选框是否被选中。CheckState 属性的返回值有两个：Checked 表示控件处于选中状态；Unchecked 表示控件处于取消选中状态。

C#从入门到精通（第7版）

【例10.17】判断复选框是否被选中（**实例位置：资源包\TM\sl\10\17**）

创建一个 Windows 窗体应用程序，在控件的 Click 事件中判断控件是否被选中，并弹出相应的提示，代码如下。

```
private void checkBox1_Click(object sender, EventArgs e)
{
    if (checkBox1.CheckState == CheckState.Checked)       //使用 if 语句判断控件是否被选中
    {
        MessageBox.Show("CheckBox 控件被选中");            //如果被选中弹出相应提示
    }
    else                                                   //否则
    {
        MessageBox.Show("CheckBox 控件选择被取消");        //提示该控件的选择被取消
    }
}
```

程序运行结果如图 10.19 和图 10.20 所示。

图 10.19　控件被选中 　　　　　图 10.20　控件取消选择

2．响应复选框的选中状态更改事件

当控件的选择状态发生改变时，将会引发控件的 CheckStateChanged 事件。

【例10.18】触发复选框的选中状态更改事件（**实例位置：资源包\TM\sl\10\18**）

创建一个 Windows 窗体应用程序，在控件的 CheckStateChanged 事件中编写代码，实现当控件的选择状态发生改变时，弹出提示框，代码如下。

```
private void checkBox1_CheckStateChanged(object sender, EventArgs e)
{
    //在 CheckStateChanged 事件中编写代码，实现当控件的选择状态发生改变时，弹出提示框
    MessageBox.Show("控件的选择状态发生改变");
}
```

程序运行结果如图 10.21 所示。

10.4.3　RadioButton 控件

RadioButton 控件为用户提供由两个或多个互斥选项组成的选项集。当用户选中某单选按钮时，同一组中的其他单选按钮不能同时选定。

图 10.21　选中状态更改引发 CheckStateChanged 事件

1．判断单选按钮是否被选中

通过在控件的 Click 事件中判断 Checked 属性的返回值，可以判断单选按钮是否被选中。如果返回

值是 true，则控件处于选中状态；返回值为 false，则控件处于取消选中状态。

> **说明**
> 单选按钮必须在同一组中才能实现单选效果。

【例 10.19】判断单选按钮是否被选中（实例位置：资源包\TM\sl\10\19）

创建一个 Windows 窗体应用程序，在窗体中添加两个 RadioButton 控件，分别在两个控件的 Click 事件中通过 if 语句判断控件的 Checked 属性的返回值是否为 true，代码如下。

```csharp
private void Form1_Load(object sender, EventArgs e)
{
    //设置两个单选按钮的 Checked 属性为 false
    radioButton1.Checked = false;
    radioButton2.Checked = false;
}
private void radioButton2_Click(object sender, EventArgs e)
{
    //在控件的 Click 事件中，通过 if 语句判断控件的 Checked 属性的返回值是否为 true
    if (radioButton2.Checked)
    {
        MessageBox.Show("RadioButton2 控件被选中");
    }
}
private void radioButton1_Click(object sender, EventArgs e)
{
    //控件的 Click 事件中通过 if 语句判断控件的 Checked 属性的返回值是否为 true
    if (radioButton1.Checked)
    {
        MessageBox.Show("RadioButton1 控件被选中");
    }
}
```

程序运行结果如图 10.22 和图 10.23 所示。

图 10.22　RadioButton1 控件被选中　　　　图 10.23　RadioButton2 控件被选中

2．响应单选按钮的选中状态更改事件

当控件的选中状态发生更改时，会引发控件的 CheckedChanged 事件。

【例 10.20】单选按钮选中状态更改时执行操作（实例位置：资源包\TM\sl\10\20）

创建一个 Windows 窗体应用程序，在窗体中添加一个 RadioButton 控件和两个 Button 控件，单击 Button1 按钮，选中 RadioButton 控件；单击 Button2 按钮，取消 RadioButton 控件的选中状态，代码如下。

```csharp
private void radioButton1_CheckedChanged(object sender, EventArgs e)
{
    //在控件的 CheckedChanged 事件中编写代码，实现当控件的选择状态改变时弹出提示
```

```
        MessageBox.Show("RadioButton1 控件的选中状态被更改");
}
private void button1_Click(object sender, EventArgs e)
{
        radioButton1.Checked = true;                                    //选中单选按钮
}
private void button2_Click(object sender, EventArgs e)
{
        radioButton1.Checked = false;                                   //取消单选按钮的选中状态
}
private void Form1_Load(object sender, EventArgs e)
{
        radioButton1.Checked = false;                                   //设置单选按钮的 Checked 属性为 false
}
```

程序运行结果如图 10.24 和图 10.25 所示。

图 10.24 选中 RadioButton 控件　　　　　图 10.25 取消选中 RadioButton 控件

10.4.4　NumericUpDown 控件

NumericUpDown 控件是一个显示和输入数值的控件。该控件提供一对上下箭头，用户可通过上下箭头选择数值，也可以直接输入数值。其 Maximum 属性用于设置数值允许的最大值，如果用户输入的数值大于该值，程序会自动修改数值为最大值。同理，Minimum 属性用于设置数值允许的最小值，如果用户输入的数值小于该值，程序会自动修改数值为最小值。

1. 获取 NumericUpDown 控件中显示的数值

通过控件的 Value 属性，可以获取 NumericUpDown 控件中显示的数值，语法格式如下。

```
public decimal Value { get; set; }
```

【例 10.21】实时获取选择的数字（实例位置：资源包\TM\sl\10\21）

创建一个 Windows 窗体应用程序，向窗体中添加一个 NumericUpDown 控件和一个 Label 控件，在窗体的 Load 事件中，首先设置控件的 Maximum 属性为 20，Minimum 属性为 1。当控件的值发生改变时，通过 Label 控件显示更改后的控件中的数值，代码如下。

```
private void Form1_Load(object sender, EventArgs e)
{
        numericUpDown1.Maximum = 20;                                    //设置控件的最大值为 20
        numericUpDown1.Minimum = 1;                                     //设置控件的最小值为 1
}
private void numericUpDown1_ValueChanged(object sender, EventArgs e)
{
```

```
label1.Text = "当前控件中显示的数值："+ numericUpDown1.Value;    //当控件的值改变时，显示当前的值
}
```

程序运行结果如图 10.26 所示。

2．设置 NumericUpDown 控件中数值的显示方式

DecimalPlaces 属性用于确定在小数点后显示几位数，默认值为 0。ThousandsSeparator 属性用于确定是否每隔 3 个十进制数字位就插入一个分隔符，默认情况下为 false。Hexadecimal 属性为 true，则该控件可以用十六进制（而不是十进制格式）显示值，默认情况下为 false。

> **误区警示**
>
> DecimalPlaces 属性的值不能小于 0，或大于 99；否则会出现 ArgumentOutOfRangeException 异常（当参数值超出调用的方法所定义的允许取值范围时引发的异常）。

【例 10.22】设置 NumericUpDown 控件中显示小数（实例位置：资源包\TM\sl\10\22）

创建一个 Windows 窗体应用程序，通过设置 NumericUpDown 控件的 DecimalPlaces 属性为 2，可以使控件中数值的小数点后显示两位数，代码如下。

```
private void Form1_Load(object sender, EventArgs e)
{
    numericUpDown1.Maximum = 20;                //设置控件的最大值为 20
    numericUpDown1.Minimum = 1;                 //设置控件的最小值为 1
    //设置控件的 DecimalPlaces 属性，使控件中数值的小数点后显示两位数
    numericUpDown1.DecimalPlaces = 2;
}
```

程序运行结果如图 10.27 所示。

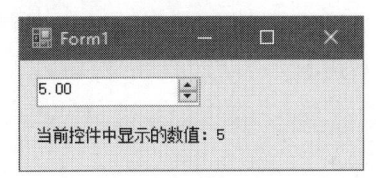

图 10.26　获取控件中显示的数字 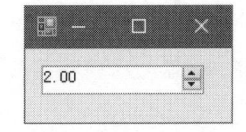　　　　　图 10.27　DecimalPlaces 属性设置为 2

10.4.5　ListBox 控件

ListBox 控件用于显示一个列表，用户可从中选择一项或多项。如果选项总数超出可以显示的项数，则自动添加滚动条。

1．在 ListBox 控件中添加和移除项目

Items 属性的 Add()方法用于向 ListBox 控件中添加项目，Remove()方法用于移除选中的项目。

【例 10.23】向 ListBox 控件中添加和移除项（实例位置：资源包\TM\sl\10\23）

创建一个 Windows 窗体应用程序，通过 ListBox 控件中 Items 属性的 Add()方法和 Remove()方法，实现向控件中添加项目以及移除选中项目，代码如下。

```
private void button1_Click(object sender, EventArgs e)
```

```
{
    if (textBox1.Text == "")                              //使用 if 语句判断文本框中是否输入数据
    {
        MessageBox.Show("请输入要添加的数据");              //弹出提示
    }
    else                                                  //否则
    {
        listBox1.Items.Add(textBox1.Text);                //使用 Add()方法向控件中添加数据
        textBox1.Text = "";                               //清空文本框
    }
}
private void button2_Click(object sender, EventArgs e)
{
    if (listBox1.SelectedItems.Count == 0)                //判断是否选择项目
    {
        MessageBox.Show("请选择要删除的项目");              //如果没有选择项目，弹出提示
    }
    else                                                  //否则
    {
        listBox1.Items.Remove(listBox1.SelectedItem);     //使用 Remove()方法移除选中项
    }
}
```

程序运行结果如图 10.28 所示。

2．创建总显示滚动条的 ListBox 控件

HorizontalScrollbar 和 ScrollAlwaysVisible 属性用于设置是否始终显示滚动条。HorizontalScrollbar 属性为 true，始终显示水平滚动条；ScrollAlwaysVisible 属性为 true，始终显示垂直滚动条。

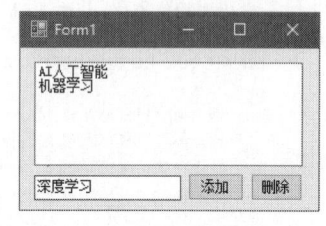

图 10.28　添加和移除项目

【例 10.24】在列表中显示滚动条（实例位置：资源包\TM\sl\10\24）

创建一个 Windows 窗体应用程序，向窗体中添加一个 ListBox 控件、一个 TextBox 控件和一个 Button 控件，将 ListBox 控件的 HorizontalScrollbar 和 ScrollAlwaysVisible 属性都设置为 true，使其能显示水平和垂直方向的滚动条，代码如下。

```
private void Form1_Load(object sender, EventArgs e)
{
    //将 HorizontalScrollbar 属性设置为 true，使其能显示水平方向的滚动条
    listBox1.HorizontalScrollbar = true;
    //将 ScrollAlwaysVisible 属性设置为 true，使其能显示垂直方向的滚动条
    listBox1.ScrollAlwaysVisible = true;
}
private void button1_Click(object sender, EventArgs e)
{
    if (textBox1.Text == "")                              //判断文本框中是否输入数据
    {
        MessageBox.Show("添加项目不能为空");               //如果没有输入数据，弹出提示
    }
    else                                                  //否则
    {
        listBox1.Items.Add(textBox1.Text);                //使用 Add()方法向控件中添加数据
        textBox1.Text = "";                               //清空文本框
    }
}
```

程序运行结果如图 10.29 所示。

3．在 ListBox 控件中选择多项

SelectionMode 属性用于设置在 ListBox 控件中能否选择多项以及如何选择多项。SelectionMode 的属性值必须是表 10.4 中的枚举值之一，默认为 SelectionMode.One。

图 10.29　总显示滚动条

表 10.4　SelectionMode 枚举成员及说明

枚 举 成 员	说　　明
MultiExtended	可以选择多项，用户可使用 Shift 键、Ctrl 键和箭头键来进行选择
MultiSimple	可以选择多项
None	无法选择项
One	只能选择一项

说明

ListBox 控件中，MultiColumn 属性用于设置是否支持多列，其值为 true，表示支持多列显示。

【例 10.25】设置列表中选择多项（实例位置：资源包\TM\sl\10\25）

创建一个 Windows 窗体应用程序，设置 SelectionMode 属性值为 MultiExtended，即用户在控件中可以选择多项，且可使用 Shift 键、Ctrl 键和箭头键进行选择，代码如下。

```
private void Form1_Load(object sender, EventArgs e)
{
    //SelectionMode 属性值为 SelectionMode 枚举成员 MultiExtended，实现在控件中可以选择多项
    listBox1.SelectionMode = SelectionMode.MultiExtended;
}
private void button2_Click(object sender, EventArgs e)
{
    if (textBox1.Text == "")                                    //判断文本框中是否输入数据
    {
        MessageBox.Show("添加项目不能为空");                      //如果没有输入数据弹出提示
    }
    else                                                        //否则
    {
        listBox1.Items.Add(textBox1.Text);                      //使用 Add()方法向控件中添加数据
        textBox1.Text = "";                                     //清空文本框
    }
}
private void button1_Click(object sender, EventArgs e)
{
    label1.Text = "共选择了：" + listBox1.SelectedItems.Count.ToString() + "项";    //显示选择项目的数量
}
```

程序运行结果如图 10.30 所示。

编程训练（答案位置：资源包\TM\sl\10\编程训练\）

【训练 3】实现单选题　使用单选按钮替代如下问题中 A、B、C、D 4 个选项字母，并将如下题目显示在窗体中。

下面四句诗，哪一句是描写夏天的？
A.秋风萧瑟天气凉，草木摇落露为霜。
B.白雪纷纷何所似，撒盐空中差可拟。

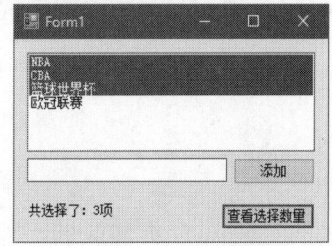

图 10.30　选择多项

C.接天莲叶无穷碧，映日荷花别样红。
D.竹外桃花三两枝，春江水暖鸭先知。

【训练4】设计一个带查询功能的ComboBox 实现从ComboBox控件中查询已存在的项，自动完成控件内容的输入。当用户在ComboBox控件中输入一个字符时，ComboBox控件会自动列出最有可能与之匹配的选项。

10.5 分组类控件

分组类控件主要包括Panel控件（容器控件）、GroupBox控件（分组框控件）和TabControl控件（选项卡控件），下面来一起学习。

10.5.1 Panel控件

Panel控件可为其他控件提供分组功能。使用Panel控件可以使窗体分类更详细，更便于理解，同时可以有滚动条。这就好比商场分为各个楼层，如1楼是化妆品层、2楼是男装层、3楼是女装层等。当然，也可以在各层中继续划分，也就是说，可以在Panel控件中嵌套放置多个Panel控件。

使用Panel控件的Show()方法可以显示控件，语法格式如下。

public void Show()

【例10.26】仿百度搜索的智能提示（实例位置：资源包\TM\sl\10\26）

创建一个Windows窗体应用程序，如果文本框中输入的文本是"明日科技"，则调用Show()方法显示Panel控件。Panel控件中有一个RichTextBox控件，用于显示"明日科技"的相关信息，代码如下。

```csharp
private void Form1_Load(object sender, EventArgs e)
{
    panel1.Visible = false;                        //隐藏Panel控件
    //设置RichTextBox控件的Text属性
    richTextBox1.Text = "姓名：明日科技\n 性别：男\n 年龄：19\n 民族：汉\n 职业：IT ";
}
private void button1_Click(object sender, EventArgs e)
{
    if (textBox1.Text == "")                       //判断文本框中是否输入数据
    {
        MessageBox.Show("请输出姓名");             //如果没有输入数据弹出提示
        textBox1.Focus();                          //使光标焦点处于文本框中
    }
    else                                           //否则
    {
        if (textBox1.Text.Trim() == "明日科技")    //判断文本框中是否输入"明日科技"
        {
            panel1.Show();                         //如果输入"明日科技"，则显示Panel控件
        }
        else                                       //否则
        {
            MessageBox.Show("查无此人");           //弹出提示
            textBox1.Text = "";                    //清空文本框
        }
    }
}
```

```
        }
}
```

程序运行结果如图10.31所示。

> **说明**
>
> 如果将Panel控件的Enabled属性（设置控件是否可以对用户交互做出响应）设置为false，那么该容器中的所有控件将被设为不可用状态。

10.5.2 GroupBox 控件

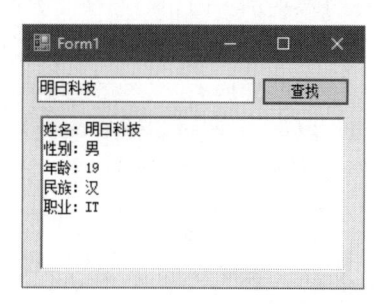

图10.31　显示Panel控件

GroupBox控件可通过分组来细分窗体功能，其包含的控件集周围总是显示边框，可以显示标题，但没有滚动条。可通过控件的Text属性设置控件标题，语法格式如下。

```
public override string Text { get; set;}
```

【例10.27】 设置分组框标题（实例位置：资源包\TM\sl\10\27）

创建一个Windows窗体应用程序，通过设置GroupBox控件的Text属性，使GroupBox控件的标题为"诗词"，代码如下。

```
private void Form1_Load(object sender, EventArgs e)
{
    groupBox1.Text = "诗词";                    //设置控件的Text属性，使其显示"诗词"
}
```

程序运行结果如图10.32所示。

10.5.3 TabControl 控件

TabControl控件用来添加多个选项卡，并可在选项卡上添加子控件。这样就可以把窗体设计成多页，使窗体功能划分为多个部分。选项卡中可以包含图片或其他控件。选项卡控件还可以用来创建用于设置一组相关属性的属性页。

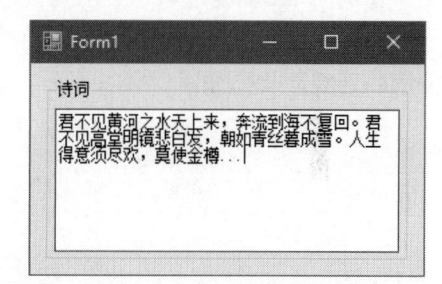

图10.32　设置控件的标题

TabControl控件包含选项卡页，TabPage控件表示选项卡，TabControl控件的TabPages属性表示其中所有TabPage控件的集合。TabPages集合中TabPage选项卡的顺序，反映了TabControl控件中选项卡的顺序。

1. 改变选项卡的显示样式

通过TabControl控件和组成控件上各选项卡的TabPage对象属性，可更改Windows窗体中选项卡的外观。可使用编程方式在选项卡上显示图像，以垂直方式（而非水平方式）显示选项卡，显示多行选项卡，以及启用或禁用选项卡。

【例10.28】 在选项卡的标签部位显示图标（实例位置：资源包\TM\sl\10\28）

创建一个Windows窗体应用程序，向窗体中添加一个ImageList控件，然后将图像添加到ImageList

控件的图像列表中。将 TabControl 控件的 ImageList 属性设置为 ImageList 控件,将 TabPage 的 ImageIndex 属性设置为列表中相应图像的索引,代码如下。

```
private void Form1_Load(object sender, EventArgs e)
{
    tabControl1.ImageList = imageList1;              //设置控件的 ImageList 属性为 imageList1
    //第一个选项卡的图标是 imageList1 中索引为 0 的图标
    tabPage1.ImageIndex = 0;
    tabPage1.Text = "选项卡 1";                       //设置控件第一个选项卡的 Text 属性
    //第二个选项卡的图标是 imageList1 中索引为 0 的图标
    tabPage2.ImageIndex = 0;
    tabPage2.Text = "选项卡 2";                       //设置控件第二个选项卡的 Text 属性
}
```

程序运行结果如图 10.33 所示。

> **技巧**
> 为了使用户能更了解选项卡的作用,可以在鼠标移入选项卡时,弹出一个提示信息,对当前选项卡的作用或操作步骤进行详细说明。其设置步骤如下:将 TabPage 属性中的 ShowToolTips 属性设置为 true,然后在 TabPage 属性的 ToolTipText 属性中输入相关的说明文字。

图 10.33 标签部位显示图标

将 TabControl 控件的 Appearance 属性设置为 Buttons 或 FlatButtons,可将选项卡显示为按钮样式。Buttons 可使选项卡具有三维按钮外观,FlatButtons 可使选项卡具有平面按钮外观。

【例 10.29】将选项卡显示为按钮(实例位置:资源包\TM\sl\10\29)

创建一个 Windows 窗体应用程序,将控件的 Appearance 属性设置为 Buttons,使选项卡具有三维按钮的外观,代码如下。

```
private void Form1_Load(object sender, EventArgs e)
{
    tabControl1.ImageList = imageList1;              //设置控件的 ImageList 属性为 imageList1
    //第一个选项卡的图标是 imageList1 中索引为 0 的图标
    tabPage1.ImageIndex = 0;
    //第二个选项卡的图标是 imageList1 中索引为 0 的图标
    tabPage2.ImageIndex = 0;
    //将控件的 Appearance 属性设置为 Buttons,使选项卡具有三维按钮的外观
    tabControl1.Appearance = TabAppearance.Buttons;
}
```

程序运行结果如图 10.34 所示。

2. 在选项卡中添加控件

如果要在选项卡中添加控件,可以通过 TabPage 的 Controls 属性的 Add()方法实现。

Add()方法主要用于将指定的控件添加到控件集合中,语法格式如下。

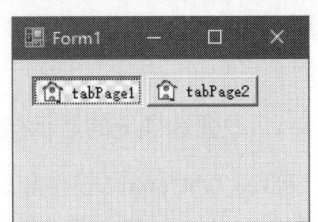

图 10.34 将选项卡显示为按钮

```
public virtual void Add(Control value)
```

其中，value 表示要添加到控件集合的控件。

【例 10.30】 向选项卡中添加控件（**实例位置：资源包\TM\sl\10\30**）

创建一个 Windows 窗体应用程序，通过 TabPage 的 Controls 属性的 Add()方法，向 tabPage1 中添加一个按钮控件，代码如下。

```
private void Form1_Load(object sender, EventArgs e)
{
    tabControl1.ImageList = imageList1;              //设置控件的 ImageList 属性为 imageList1
    //第一个选项卡的图标是 imageList1 中索引为 0 的图标
    tabPage1.ImageIndex = 0;
    //第二个选项卡的图标是 imageList1 中索引为 0 的图标
    tabPage2.ImageIndex = 0;
    Button btn1 = new Button();                      //实例化一个 Button 类，动态生成一个按钮
    btn1.Text = "新增按钮";                           //设置按钮的 Text 属性
    tabPage1.Controls.Add(btn1);                     //使用 Add()方法，将这个按钮添加到 tabPage1 中
}
```

程序运行结果如图 10.35 所示。

3．添加和移除选项卡

默认情况下，TabControl 控件中包含两个 TabPage 控件，可使用 TabPages 属性的 Add()方法添加新选项卡。Add()方法主要用于将 TabPage 添加到集合，选项卡页的顺序反映了选项卡在控件中出现的顺序。语法格式如下。

图 10.35　向 tabPage1 中添加按钮

```
public void Add(TabPage value)
```

其中，value 表示要添加的 TabPage。

【例 10.31】 动态添加选项卡（**实例位置：资源包\TM\sl\10\31**）

创建一个 Windows 窗体应用程序，使用 TabControl 控件中 TabPages 属性的 Add()方法，向控件中添加新的选项卡，代码如下。

```
private void Form1_Load(object sender, EventArgs e)
{
    tabControl1.ImageList = imageList1;              //设置控件的 ImageList 属性为 imageList1
    tabPage1.ImageIndex = 0;                         //第一个选项卡图标是 imageList1 中索引为 0 的图标
    tabPage2.ImageIndex = 0;                         //第二个选项卡图标是 imageList1 中索引为 0 的图标
    //声明一个字符串变量，用于生成新增选项卡的名称
    string Title = "新增选项卡 " + (tabControl1.TabCount + 1).ToString();
    TabPage MyTabPage = new TabPage(Title);          //实例化 TabPage
    tabControl1.TabPages.Add(MyTabPage);             //使用 Add()方法添加新选项卡
}
```

程序运行结果如图 10.36 所示。

如果要移除控件中的某个选项卡，可以使用 TabPages 属性的 Remove()方法，语法格式如下。

```
public void Remove(TabPage value)
```

其中，value 表示要移除的 TabPage。用 Remove()方法删除选项卡时，value 值为空会引发异常。

【例 10.32】 动态删除指定选项卡（**实例位置：资源包\TM\sl\10\32**）

创建一个 Windows 窗体应用程序，通过使用 TabPages 属性的 Remove()方法，删除指定的选项卡，

179

代码如下。

```csharp
private void button1_Click(object sender, EventArgs e)
{
    //声明一个字符串变量,用于生成新增选项卡的名称
    string Title = "新增选项卡 " + (tabControl1.TabCount + 1).ToString();
    TabPage MyTabPage = new TabPage(Title);          //实例化 TabPage
    //使用 TabControl 控件中 TabPages 属性的 Add()方法添加新的选项卡
    tabControl1.TabPages.Add(MyTabPage);
}
private void button2_Click(object sender, EventArgs e)
{
    if (tabControl1.SelectedIndex == 0)              //判断是否选择了要删除的选项卡
    {
        MessageBox.Show("请选择要删除的选项卡");     //如果没有选择,弹出提示
    }
    else
    {
        //使用 TabControl 控件中 TabPages 属性的 Remove()方法删除指定的选项卡
        tabControl1.TabPages.Remove(tabControl1.SelectedTab);
    }
}
```

程序运行结果如图 10.37 所示。

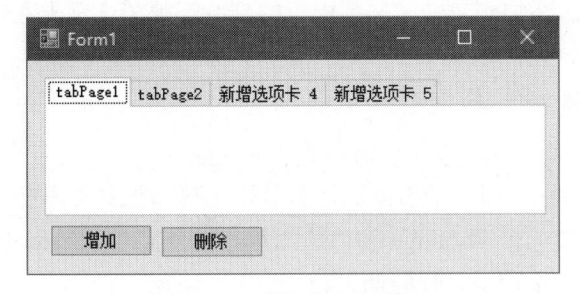

图 10.36　添加选项卡　　　　　　　图 10.37　删除指定的选项卡

如果要删除所有的选项卡,可以使用 TabPages 属性的 Clear()方法。
Clear()方法主要用于从集合中移除所有的选项卡页,语法格式如下。

```csharp
public virtual void Clear()
```

例如,删除控件中所有的选项卡,代码如下。

```csharp
tabControl1.TabPages.Clear();                        //使用 Clear()方法删除所有的选项卡
```

编程训练(答案位置:资源包\TM\sl\10\编程训练\)

【训练 5】设计登录窗体　借助 GroupBox 控件设计一个登录窗体,将窗体分成"系统登录"和"操作"两个区域。

【训练 6】查询商品信息　创建一个 Windows 窗体应用程序,如果文本框中输入的文本是已经存在的商品名称,则调用 Show()方法显示 Panel 控件,显示商品的详细信息,否则,弹出"查无此商品"的提示信息。(提示:Panel 控件中可以使用 RichTextBox 显示商品的相关信息。)

10.6 菜单、工具栏和状态栏控件

菜单是窗体应用程序主要的用户界面要素，工具栏为应用程序提供了操作系统的界面，状态栏显示系统的一些状态信息。下面将对 MenuStrip 控件（菜单控件）、ToolStrip 控件（工具栏控件）和 StatusStrip 控件（状态栏控件）进行详细讲解。

10.6.1 MenuStrip 控件

MenuStrip 控件是程序的主菜单。MenuStrip 控件取代了先前版本的 MainMenu 控件，支持多文档界面、菜单合并、工具提示和溢出。编程人员可以通过添加访问键、快捷键、选中标记、图像和分隔条，来增强菜单的可用性和可读性。

【例 10.33】创建文件菜单（**实例位置：资源包\TM\sl\10\33**）

创建一个 Windows 窗体应用程序，通过 MenuStrip 控件创建一个类似 Word 的"文件"菜单。

（1）创建一个 Windows 窗体应用程序，从工具箱中将 MenuStrip 控件拖曳到窗体中，如图 10.38 所示。

（2）在输入菜单名称时，系统会自动产生输入下一个菜单名称的提示，如图 10.39 所示。

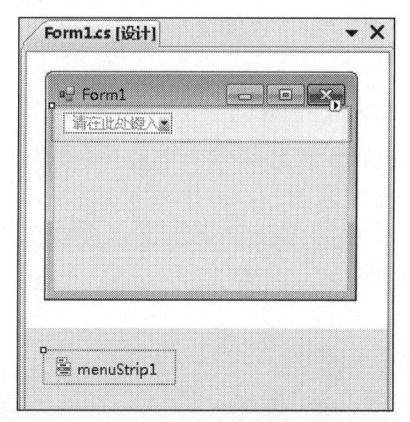

图 10.38　将 MenuStrip 控件拖曳到窗体中　　　　图 10.39　输入菜单名称

（3）在文本框中输入"文件(&F)"后，就会产生"文件(F)"。在此处，"&"被识别为确认快捷键的字符。例如，"文件(F)"菜单就可以通过按 Alt+F 快捷键打开。同样，在"文件(F)"菜单下创建"新建(N)""打开(O)""关闭(C)""保存(S)"子菜单。单击"文件"菜单，可以在弹出的菜单中右击，添加其他的内容，如图 10.40 所示。最终效果如图 10.41 所示。

说明

在使用菜单中的快捷键时，首先要选择主菜单，在弹出下拉列表后，才可以在键盘中单击子菜单所对应的快捷键。

图 10.40　添加菜单内容　　　　　　　　图 10.41　菜单示意

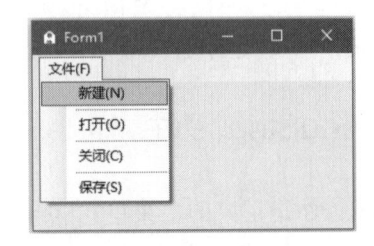

10.6.2　ToolStrip 控件

ToolStrip 控件是.NET 框架 3.5 以上增加的新控件，它替换了早期版本的 ToolBar 控件、ToolStrip 及其关联的类，可以创建具有 Windows XP、Office、Internet Explorer 或自定义的外观和行为的工具栏及其他用户界面元素。这些元素支持溢出及运行时重新排序。

工具栏其实就相当于工厂每个工人的工具箱，每个工人都有自己常用的工具（可以是工厂发的，也可以是自己做的），为了方便工作，将这些常用工具放入个人工具箱中。

【例 10.34】为窗体设计工具栏（实例位置：资源包\TM\sl\10\34）

创建一个 Windows 窗体应用程序，演示如何通过 ToolStrip 控件创建一个工具栏，具体步骤如下。

（1）创建一个 Windows 窗体应用程序，从工具箱中将 ToolStrip 控件拖曳到窗体中，如图 10.42 所示。

（2）单击工具栏上的下拉箭头图标，在下拉菜单中有 8 种不同的类型，如图 10.43 所示。

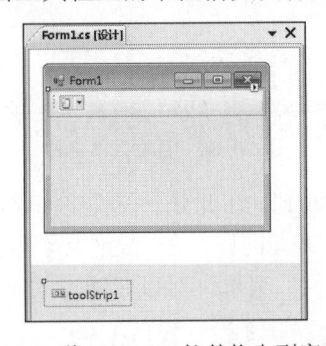

图 10.42　将 ToolStrip 控件拖曳到窗体中　　　　图 10.43　添加工具栏项目

☑　Button：包含文本和图像中可让用户选择的项。

☑　Label：包含文本和图像的项，不可以让用户选择，可以显示超链接。

☑　SplitButton：在 Button 的基础上增加了一个下拉菜单。

☑ DropDownButton：用于下拉菜单选择项。
☑ Separator：分隔符。
☑ ComboBox：显示一个 ComboBox 的项。
☑ TextBox：显示一个 TextBox 的项。
☑ ProgressBar：显示一个 ProgressBar 的项。

(3) 选择添加相应的工具栏按钮后，可以设置按钮显示的图像，如图 10.44 所示。

(4) 运行程序，结果如图 10.45 所示。

图 10.44　设置按钮图像 　　　　　图 10.45　程序运行结果

10.6.3　StatusStrip 控件

StatusStrip 控件通常处于窗体最底部，用于显示窗体对象或应用程序的相关信息。StatusStrip 控件通常由 ToolStripStatusLabel 对象组成，每个这样的对象都可以显示文本或图标。StatusStrip 还可以包含 ToolStripDropDownButton、ToolStripSplitButton 和 ToolStripProgressBar 控件。

【例 10.35】在窗体中显示当前日期和一个进度条（实例位置：资源包\TM\sl\10\35）

创建一个 Windows 窗体应用程序，使用 StatusStrip 控件制作状态栏，在状态栏中显示当前日期，以及 ToolStripProgressBar 控件，单击"加载"按钮后，加载进度条，代码如下。

```
private void Form1_Load(object sender, EventArgs e)
{
    this.toolStripStatusLabel2.Text = DateTime.Now.ToShortDateString();    //在任务栏上显示当前系统日期
}
private void button1_Click(object sender, EventArgs e)
{
    this.toolStripProgressBar1.Minimum = 0;                //进度条的起始数值
    this.toolStripProgressBar1.Maximum = 5000;             //进度条的最大值
    this.toolStripProgressBar1.Step = 2;                   //进度条的增值
    for (int i = 0; i <= 4999; i++)                        //使用 for 循环读取数据
    {
        this.toolStripProgressBar1.PerformStep();          //按照 Step 属性的数量增加进度栏的当前位置
    }
}
```

程序运行结果如图 10.46 所示。

183

图 10.46　状态栏的应用

> **说明**
>
> ToolStripProgressBar 控件只能以水平方向显示。

编程训练（答案位置：资源包\TM\sl\10\编程训练\）

【训练 7】工具栏的设计　使用 ToolStrip 设计一个带提示的、同时显示图标和文本的工具栏。

【训练 8】实时显示当前系统时间　本训练要求在状态栏中实时显示当前系统时间。（提示：需要使用 Timer 组件间隔性地获取系统时间。）

10.7　实践与练习

（答案位置：资源包\TM\sl\10\实践与练习\）

综合练习 1：给按钮设置图标　尝试开发一个程序，要求在 Button 按钮中显示自定义的图标。

综合练习 2：利用选择控件实现权限设置　注册用户时，给用户一些相应的权限，这样能更好地利用资源，维护计算机的安全，防止非法用户或没有相关权限的用户登录系统查看或修改相关数据。本练习要求，当在程序中选中相应模块前的复选框时，当前用户可以使用该模块；如果取消相应模块前复选框的选中，则该模块处于不可用状态，即当前用户无权使用该模块。

综合练习 3：带自动匹配功能的浏览器网址输入框　使用 ComboBox 控件制作一个浏览器网址输入框，具体实现时，默认在 ComboBox 控件输入任意个数的网址，当用户在其中输入网址时，程序会自动与现有项匹配。

综合练习 4：动态添加按钮　根据用户的单击位置，在窗体中动态添加多个 Button 控件。

第 11 章 Windows 窗体应用程序高级控件

Windows 中还有一些高级控件，熟练掌握这些高级控件，可以快速地实现一些复杂的功能。本章将详细介绍 Windows 窗体应用程序的高级控件，讲解过程中为了便于读者理解，结合了大量的实例。本章知识架构及重点、难点如下。

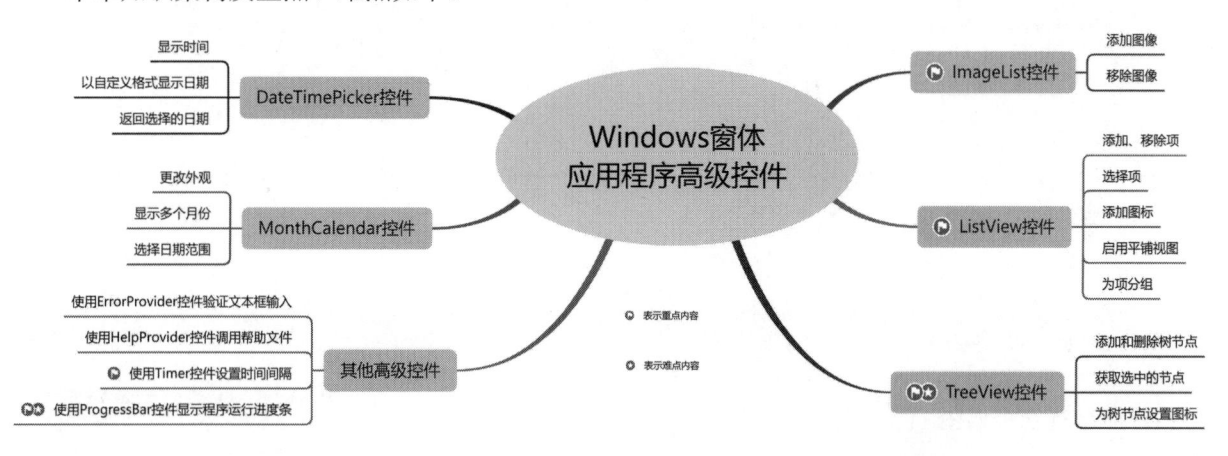

11.1 ImageList 控件

ImageList 控件用于存储图像资源，并在控件上显示。ImageList 控件的主要属性是 Images，它包含关联控件将要使用的图片。每个单独的图像都可以通过索引值或键值来访问。所有图像都将以同样的大小显示，该大小由 ImageSize 属性设置，较大的图像将缩小至适当的尺寸。

ImageList 控件实际上相当于一个图片集，也就是将多个图片存储到图片集中，当需要对某一图片进行操作时，只需根据图片编号就可以找出该图片，并对其进行操作。

11.1.1 在 ImageList 控件中添加图像

使用 Images 属性的 Add() 方法，可以向 ImageList 控件中添加图像，语法格式如下。

```
public void Add(Image value)
```

其中，value 表示要添加到列表的图像。

【例 11.1】在 ImageList 控件中添加图像（实例位置：资源包\TM\sl\11\1）

创建一个 Windows 窗体应用程序，首先获取图像的路径，然后通过 Images 属性的 Add() 方法向控件中添加图像，代码如下。

```csharp
private void Form1_Load(object sender, EventArgs e)
{
    //设置要加载的第一张图片的路径
    string Path = Application.StartupPath.Substring(0,Application.StartupPath.Substring(0,Application.
    StartupPath.LastIndexOf("\\")).LastIndexOf("\\"));
    Path += @"\01.jpg";
    //设置要加载的第二张图片的路径
    string Path2 = Application.StartupPath.Substring(0, Application.StartupPath.Substring(0, Application.
    StartupPath.LastIndexOf("\\")).LastIndexOf("\\"));
    Path2 += @"\02.jpg";
    Image Mimg=Image.FromFile(Path,true);              //创建一个 Image 对象
    imageList1.Images.Add(Mimg);                        //使用 Images 属性的 Add()方法向控件中添加图像
    Image Mimg2 = Image.FromFile(Path2, true);          //创建一个 Image 对象
    imageList1.Images.Add(Mimg2);                       //使用 Images 属性的 Add()方法向控件中添加图像
    imageList1.ImageSize = new Size(200,165);           //设置显示图片的大小
    pictureBox1.Width = 200;                            //设置 pictureBox1 控件的宽
    pictureBox1.Height = 165;                           //设置 pictureBox1 控件的高
}
private void button1_Click(object sender, EventArgs e)
{
    //设置 pictureBox1 的图像索引是 imageList1、控件索引为 0 的图片
    pictureBox1.Image = imageList1.Images[0];
}
private void button2_Click(object sender, EventArgs e)
{
    //设置 pictureBox1 的图像索引是 imageList1、控件索引为 1 的图片
    pictureBox1.Image = imageList1.Images[1];
}
```

程序运行结果如图 11.1 所示。

说明

在向 ImageList 组件中存储图片时，可以通过该组件的 ImageSize 属性设置图片的尺寸，其默认尺寸是 16 像素×16 像素，最大尺寸是 256 像素×256 像素。

图 11.1　显示添加后的图像

11.1.2　在 ImageList 控件中移除图像

ImageList 控件中，RemoveAt()方法用于从列表中移除图像，语法格式如下。

```
public void RemoveAt(int index)
```

其中，index 表示要移除的图像的索引。如果索引无效（超出范围），则发生运行异常。
Clear()方法主要用于从 ImageList 中移除所有图像，语法格式如下。

```
public void Clear()
```

【例 11.2】移除 ImageList 中的图像（实例位置：资源包\TM\sl\11\2）

创建一个 Windows 窗体应用程序，设置在控件上显示的图像，使用 Images 属性的 Add()方法添加到控件中。运行程序，单击"加载图像"按钮显示图像，再单击"移除图像"按钮移除图像，然后重新单击"加载图像"按钮，弹出"没有图像"的提示，代码如下。

```csharp
private void Form1_Load(object sender, EventArgs e)
{
    pictureBox1.Width = 200;                    //设置 pictureBox1 控件的宽
    pictureBox1.Height = 165;                   //设置 pictureBox1 控件的高
    //设置要加载图片的路径
    string Path = Application.StartupPath.Substring(0, Application.StartupPath.Substring(0, Application.
    StartupPath. LastIndexOf("\\")).LastIndexOf("\\"));
    Path += @"\01.jpg";
    Image img = Image.FromFile(Path, true);     //创建 Image 对象
    imageList1.Images.Add(img);                 //使用 Images 属性的 Add()方法向控件中添加图像
    imageList1.ImageSize = new Size(200,165);   //设置显示图片的大小
}
private void button1_Click(object sender, EventArgs e)
{
    if (imageList1.Images.Count == 0)           //判断 imageList1 中是否存在图像
    {
        MessageBox.Show("没有图像");             //如果没有图像弹出提示
    }
    else                                        //否则
    {
        //使 pictureBox1 控件显示 imageList1 控件中索引为 0 的图像
        pictureBox1.Image = imageList1.Images[0];
    }
}
private void button2_Click(object sender, EventArgs e)
{
    imageList1.Images.RemoveAt(0);              //使用 RemoveAt()方法移除图像
}
```

程序运行结果如图 11.2 所示。

图 11.2　移除控件中的图像

还可以使用 Clear()方法从 ImageList 中移除所有图像，代码如下。

```csharp
imageList1.Images.Clear();                      //使用 Clear()方法移除所有图像
```

编程训练（答案位置：资源包\TM\sl\11\编程训练\）

【训练 1】模拟交通红绿灯　使用单选按钮模拟交通红绿灯，其中绿灯对应的单选按钮被默认选中。（提示：本训练需要借助 PictureBox 控件显示红、黄、绿灯图片。）

11.2　ListView 控件

ListView 控件用于显示带图标的选项列表，可以创建类似 Windows 资源管理器右窗口的用户界面。通过 View 属性可设置控件中显示的方式，如表 11.1 所示。

表 11.1 View 属性的值及说明

属 性 值	说　　明
Details	各选项显示在不同行上，包含列中各项的进一步信息。最左边的列包含一个小图标和标签，后面的列包含应用程序指定的子项。列标头可以显示列的标题。运行时用户可以调整各列大小
LargeIcon	选项显示为一个大图标，下面有一个标签。这是默认的视图模式
List	选项显示为一个小图标，右边带一个标签，各项排列在列中，没有列标头
SmallIcon	选项显示为一个小图标，右边带一个标签
Tile	选项显示为完整大小的图标，右边带项标签和子项信息（子项信息由应用程序指定）

11.2.1 在 ListView 控件中添加、移除选项

1．添加选项

通过 Items 属性的 Add()方法可以向 ListView 控件中添加选项，语法格式如下。

```
public virtual ListViewItem Add(string text,int imageIndex)
```

- ☑ text：选项文本。
- ☑ imageIndex：选项图像的索引。
- ☑ 返回值：已添加到集合中的 ListViewItem。

【例 11.3】在 ListView 中添加项（实例位置：资源包\TM\sl\11\3）

创建一个 Windows 窗体应用程序，使用 Items 属性的 Add()方法向控件中添加选项，代码如下。

```csharp
private void button1_Click(object sender, EventArgs e)
{
    if (textBox1.Text == "")                        //判断文本框中是否输入数据
    {
        MessageBox.Show("项目不能为空");            //如果没有输入数据则弹出提示
    }
    else                                            //否则
    {
        listView1.Items.Add(textBox1.Text.Trim());  //使用 Add()方法向控件中添加选项
    }
}
```

程序运行结果如图 11.3 所示。

> **技巧**
> 在 ListView 控件中添加完项目后，可以用 CheckBoxes 属性显示复选框，以便用户可以选中要对其执行操作的项。

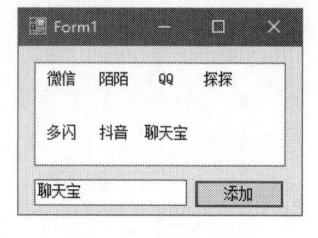

图 11.3 添加项目

2．移除选项

通过 Items 属性的 RemoveAt()或 Clear()方法可以移除控件中的选项。RemoveAt()方法用于移除集合中指定索引处的选项，语法格式如下。

```
public virtual void RemoveAt(int index)
```

其中，index 表示从零开始的索引（属于要移除的项）。

第 11 章 Windows 窗体应用程序高级控件

Clear()方法用于移除集合中所有选项，语法格式如下。

public virtual void Clear()

【例 11.4】添加并移除项（实例位置：资源包\TM\sl\11\4）

创建一个 Windows 窗体应用程序，向控件中添加项目。然后选择要移除的项，单击"移除项"按钮，即可通过控件的 Items 属性的 RemoveAt()方法移除指定的项，单击"清空"按钮可以调用 Clear()方法清空所有的项，代码如下。

```
private void button1_Click(object sender, EventArgs e)
{
    if (textBox1.Text == "")                    //判断文本框中是否输入数据
    {
        MessageBox.Show("项目不能为空");         //如果没有输入数据则弹出提示
    }
    else                                         //否则
    {
        listView1.Items.Add(textBox1.Text.Trim()); //使用 Add()方法向控件中添加数据
    }
}
private void button3_Click(object sender, EventArgs e)
{
    if (listView1.Items.Count == 0)              //判断控件中是否存在项目
    {
        MessageBox.Show("项目中已经没有项目");     //如果没有项目则弹出提示
    }
    else                                          //否则
    {
        listView1.Items.Clear();                  //使用 Clear()方法移除所有项目
    }
}
private void button2_Click(object sender, EventArgs e)
{
    if (listView1.SelectedItems.Count == 0)       //判断是否选择了要删除的项
    {
        MessageBox.Show("请选择要删除的项");       //如果没有选择则弹出提示
    }
    else                                          //否则
    {
        //使用 RemoveAt()方法移除选择的项目
        listView1.Items.RemoveAt(listView1.SelectedItems[0].Index);
        listView1.SelectedItems.Clear();          //取消控件的选择
    }
}
```

程序运行结果如图 11.4 和图 11.5 所示。

图 11.4　移除项目之前　　　　　图 11.5　移除项目之后

> **误区警示**
>
> 在删除 ListView 控件中的项目前，必须对项目的个数进行判断。如果为 0，则不进行项目的删除；否则会触发异常。

11.2.2 选择 ListView 控件选项

Selected 属性用于获取或设置一个值，该值指示是否选定此项，语法格式如下。

```
public bool Selected { get; set; }
```

如果选定此项，属性值为 true，否则为 false。

【例 11.5】设置 ListView 中的默认选中项（**实例位置：资源包\TM\sl\11\5**）

创建一个 Windows 窗体应用程序，向 ListView 控件中添加 3 个项目，然后设置控件中第三项的 Selected 属性为 true，即设置为选择项，代码如下。

```csharp
private void Form1_Load(object sender, EventArgs e)
{
    listView1.Items.Add("支付宝");              //使用 Add()方法向控件中添加项目
    listView1.Items.Add("微信支付");            //使用 Add()方法向控件中添加项目
    listView1.Items.Add("小度钱包");            //使用 Add()方法向控件中添加项目
    listView1.Items[2].Selected = true;         //使用 Selected()方法选中第三项
}
```

程序运行结果如图 11.6 所示。

11.2.3 为 ListView 控件选项添加图标

结合使用 ImageList 控件，ListView 控件中可设置选项的图标。List 视图、Details 视图和 SmallIcon 视图可显示 SmallImageList 属性中指定图像列表中的图像，LargeIcon 视图可显示 LargeImageList 属性中指定图像列表中的图像，列表视图还可以在大图标或小图标旁显示 StateImageList 属性中设置的一组附加图标。

图 11.6 设置控件选择项

为 ListView 控件选项添加图标的步骤如下。

（1）将相应属性（SmallImageList、LargeImageList 或 StateImageList）设置为想要使用的 ImageList 组件。

（2）为每个具有关联图标的列表项设置 ImageIndex 或 StateImageIndex 属性。这些属性可在代码中设置，也可在 ListViewItem 集合编辑器中设置。在"属性"面板中单击 Items 属性旁的省略号按钮，可打开 ListViewItem 集合编辑器。

【例 11.6】为 ListView 项添加图标（**实例位置：资源包\TM\sl\11\6**）

创建一个 Windows 窗体应用程序，设置 ListView 控件的 LargeImageList 和 SmallImageList 属性为控件 imageList1。然后用代码向 ImageList 控件添加图标，并且向 ListView 控件添加两个项目，设置这两个项目的 ImageIndex 属性分别为 0 和 1，代码如下。

```csharp
private void Form1_Load(object sender, EventArgs e)
{
```

```
        listView1.LargeImageList = imageList1;                //设置控件的 LargeImageList 属性
        imageList1.ImageSize = new Size(37,36);               //设置 imageList 控件图标的大小
        //向 imageList1 中添加两个图标
        imageList1.Images.Add(Image.FromFile("01.png"));
        imageList1.Images.Add(Image.FromFile("02.png"));
        listView1.SmallImageList = imageList1;                //设置控件的 SmallImageList 属性
        //向控件中添加两项
        listView1.Items.Add("支付宝");
        listView1.Items.Add("微信支付");
        listView1.Items[0].ImageIndex = 0;                    //控件中第一项的图标索引为 0
        listView1.Items[1].ImageIndex = 1;                    //控件中第二项的图标索引为 1
}
```

程序运行结果如图 11.7 所示。

11.2.4 在 ListView 控件中启用平铺视图

ListView 控件的平铺视图功能，可在图形信息和文本信息之间提供一种视觉平衡。为平铺视图中的某项显示的文本信息与为详细信息视图定义的列信息相同。在 ListView 控件中，平铺视图与分组功能或插入标记功能一起结合使用。要启用平铺视图，需要将 View 属性设置为 Tile，然后通过 TileSize 属性设置平铺的大小。

图 11.7 为控件中的项添加图标

【例 11.7】以平铺方式显示列表项（**实例位置：资源包\TM\sl\11\7**）

创建一个 Windows 窗体应用程序，将控件 View 属性设置为 Tile，启用平铺视图。为 ImageList 控件添加两个图片作为 ListView 控件中项的图标，向 ListView 控件中添加 5 项，设置各项的图标，通过控件的 TileSize 属性设置平铺的宽、高分别为 100 和 50，代码如下。

```
private void Form1_Load(object sender, EventArgs e)
{
        listView1.View = View.Tile;                           //设置 listView1 控件的 View 属性
        //设置 LargeImageList 属性，其大图标在 imageList1 控件中选择
        listView1.LargeImageList = imageList1;
        //向 imageList1 控件中添加 5 张图片
        imageList1.Images.Add(Image.FromFile("01.png"));
        imageList1.Images.Add(Image.FromFile("02.png"));
        imageList1.Images.Add(Image.FromFile("03.png"));
        imageList1.Images.Add(Image.FromFile("04.png"));
        imageList1.Images.Add(Image.FromFile("05.png"));
        //向控件中添加项目
        listView1.Items.Add("支付宝");
        listView1.Items.Add("小度钱包");
        listView1.Items.Add("微信支付");
        listView1.Items.Add("京东白条");
        listView1.Items.Add("苏宁任性付");
        //设置控件中项目的图标
        listView1.Items[0].ImageIndex = 0;
        listView1.Items[1].ImageIndex = 1;
        listView1.Items[2].ImageIndex = 2;
        listView1.Items[3].ImageIndex = 3;
        listView1.Items[4].ImageIndex = 4;
        listView1.TileSize = new Size(100,50);                //设置 listView1 控件的 TileSize 属性
}
```

191

程序运行结果如图11.8所示。

> **说明**
> 在对 ListView 控件中的 GridLines（行和列之间是否显示网格线）和 FullRowSelect（单击某项是否选择其所有子项）属性进行操作时，必须将 View 属性设置为 View.Details。

图 11.8　启用平铺视图

11.2.5　为 ListView 控件选项分组

ListView 控件具有分组功能，可以按字母顺序、日期或任何其他逻辑组合，对选项进行分组，使得大型列表的导航更加清晰。这些组由包含组标题的水平组标头分隔。

分组的方式很简单，在设计器中或以编程方式创建一个或多个组，然后向组中分配 ListView 选项。此外，可以用编程方式将一个组中的项移至另一个组中。

1．添加组

使用 Groups 集合的 Add()方法可以向控件中添加组，即将指定的 ListViewGroup 添加到集合中，语法格式如下。

`public int Add(ListViewGroup group)`

- group：要添加到集合中的 ListViewGroup。
- 返回值：该组在集合中的索引。如果集合中已存在该组，则为-1。

例如，使用 Groups 集合的 Add()方法向控件 listView1 中添加一个分组，标题为"测试"，排列方式为左对齐，代码如下。

`listView1.Groups.Add(new ListViewGroup("测试",_HorizontalAlignment.Left));`

2．移除组

使用 Groups 集合的 RemoveAt()方法，可以从集合中移除指定索引位置的组，语法格式如下。

`public void RemoveAt(int index)`

其中，index 表示要移除的 ListViewGroup 的集合中的索引。

Clear()方法用于从集合中移除所有组，语法格式如下。

`public void Clear()`

例如，使用 RemoveAt()方法移除索引为 1 的组，使用 Clear()方法移除所有的组，代码如下。

```
listView1.Groups.RemoveAt(1);            //移除索引为 1 的组
listView1.Groups.Clear();                //使用 Clear()方法移除所有的组
```

3．向组中分配项或在组之间移动项

设置选项的 System.Windows.Forms.ListViewItem.Group 属性，可以向组分配项或在组之间移动项。

例如,将 ListView 控件的第一项分配到第一个组中,代码如下。

```
listView1.Items[0].Group = listView1.Groups[0];          //将 ListView 控件的第一项分配到第一个组中
```

【例 11.8】 为 ListView 控件中的项分组（**实例位置:资源包\TM\sl\11\8**）

创建一个 Windows 窗体应用程序,将 ListView 控件的 View 属性设置为 SmallIcon。使用 Groups 集合的 Add()方法创建两个分组,标题分别为"网游"和"单机",排列方式为左对齐。向 ListView 控件中添加 6 项,然后设置每项的 Group 属性,将控件中的项进行分组,代码如下。

```
private void Form1_Load(object sender, EventArgs e)
{
    //设置 listView1 控件的 View 属性, 设置样式
    listView1.View = View.SmallIcon;
    //为 listView1 建立两个组
    listView1.Groups.Add(new ListViewGroup("网游",HorizontalAlignment.Left));
    listView1.Groups.Add(new ListViewGroup("单机", HorizontalAlignment.Left));
    //向控件中添加项目
    listView1.Items.Add("王者荣耀");
    listView1.Items.Add("绝地求生");
    listView1.Items.Add("穿越火线");
    listView1.Items.Add("迷你世界");
    listView1.Items.Add("天天斗地主");
    listView1.Items.Add("汤姆猫跑酷");
    //将 listView1 控件中索引是 0、1 和 2 的项添加到第一个分组
    listView1.Items[0].Group = listView1.Groups[0];
    listView1.Items[1].Group = listView1.Groups[0];
    listView1.Items[2].Group = listView1.Groups[0];
    //将 listView1 控件中索引是 3、4 和 5 的项添加到第二个分组
    listView1.Items[3].Group = listView1.Groups[1];
    listView1.Items[4].Group = listView1.Groups[1];
    listView1.Items[5].Group = listView1.Groups[1];
}
```

程序运行结果如图 11.9 所示。

说明

如果想临时禁用分组功能,可将 ShowGroups 属性设置为 false。

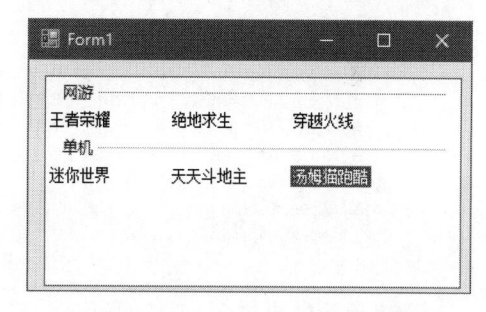

图 11.9 为 ListView 控件中的项分组

编程训练（答案位置:资源包\TM\sl\11\编程训练\）

【训练 2】 ListView 间的数据移动 ListView 控件中可以显示多条数据,可以使用 ListView 控件中 Items 集合的 Add()方法向控件中添加数据信息。本训练要求向 ListView 中添加多条数据,然后通过 Button 按钮控制在两个 ListView 控件间移动数据。

11.3 TreeView 控件

TreeView 控件可以为用户显示节点层次结构,每个节点又可以包含子节点,包含子节点的节点叫

父节点。效果类似于 Windows 资源管理器左窗格中显示的文件和文件夹。

11.3.1 添加和删除树节点

1. 添加节点

使用 Nodes 属性的 Add()方法，可以向控件中添加节点，语法格式如下。

`public virtual int Add(TreeNode node)`

- ☑ node：要添加到集合中的 TreeNode。
- ☑ 返回值：从零开始的索引值。

【例 11.9】为 TreeView 控件添加树节点（**实例位置：资源包\TM\sl\11\9**）

创建一个 Windows 窗体应用程序，使用 TreeView 控件 Nodes 属性的 Add()方法向控件中添加 3 个父节点，然后使用 Add()方法分别向 3 个父节点添加 3 个子节点，代码如下。

```csharp
private void Form1_Load(object sender, EventArgs e)
{
    TreeNode tn1 = treeView1.Nodes.Add("名称");        //为控件建立3个父节点
    TreeNode tn2 = treeView1.Nodes.Add("性别");
    TreeNode tn3 = treeView1.Nodes.Add("年龄");
    TreeNode Ntn1 = new TreeNode("马云");              //建立3个子节点
    TreeNode Ntn2 = new TreeNode("董明珠");
    TreeNode Ntn3 = new TreeNode("马化腾");
    tn1.Nodes.Add(Ntn1);                                //将以上的3个子节点添加到第一个父节点中
    tn1.Nodes.Add(Ntn2);
    tn1.Nodes.Add(Ntn3);
    TreeNode Stn1 = new TreeNode("男");                //再建立3个子节点，用于显示性别
    TreeNode Stn2 = new TreeNode("女");
    TreeNode Stn3 = new TreeNode("男");
    tn2.Nodes.Add(Stn1);                                //将3个显示性别的子节点添加到第二个父节点中
    tn2.Nodes.Add(Stn2);
    tn2.Nodes.Add(Stn3);
    TreeNode Atn1 = new TreeNode("28");                //继续建立3个子节点用于显示年龄
    TreeNode Atn2 = new TreeNode("27");
    TreeNode Atn3 = new TreeNode("26");
    tn3.Nodes.Add(Atn1);                                //将显示年龄的3个子节点添加到第3个父节点中
    tn3.Nodes.Add(Atn2);
    tn3.Nodes.Add(Atn3);
}
```

程序运行结果如图 11.10 所示。

2. 删除节点

使用 Nodes 属性的 Remove()方法，可以从树节点集合中删除指定的树节点，语法格式如下。

`public void Remove(TreeNode node)`

其中，node 表示要移除的 TreeNode。

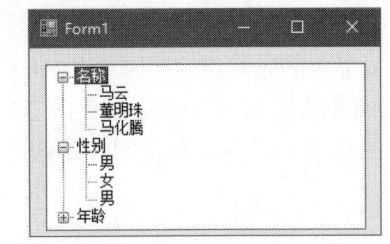

图 11.10　添加节点

【例 11.10】删除选中的树节点（**实例位置：资源包\TM\sl\11\10**）

创建一个 Windows 窗体应用程序，通过 TreeView 控件 Nodes 属性的 Remove()方法删除选中的子

节点，代码如下。

```
private void Form1_Load(object sender, EventArgs e)
{
    TreeNode tn1 = treeView1.Nodes.Add("名称");              //建立一个父节点
    TreeNode Ntn1 = new TreeNode("支付宝");                   //建立3个子节点
    TreeNode Ntn2 = new TreeNode("微信支付");
    TreeNode Ntn3 = new TreeNode("京东白条");
    tn1.Nodes.Add(Ntn1);                                      //将这3个子节点添加到父节点中
    tn1.Nodes.Add(Ntn2);
    tn1.Nodes.Add(Ntn3);
}
private void button1_Click(object sender, EventArgs e)
{
    //如果用户选择了"名称"证明没有选择要删除的子节点
    if (treeView1.SelectedNode.Text == "名称")
    {
        MessageBox.Show("请选择要删除的子节点");                //弹出提示
    }
    else                                                       //否则
    {
        treeView1.Nodes.Remove(treeView1.SelectedNode);        //使用 Remove()方法移除选择项
    }
}
```

程序运行结果如图 11.11 所示。

11.3.2 获取 TreeView 控件中选中的节点

可以在控件的 AfterSelect 事件中，使用 EventArgs 对象返回对已单击节点对象的引用。通过检查 TreeViewEventArgs 类（它包含与事件有关的数据），确定单击了哪个节点。下面将通过实例演示如何在 AfterSelect 事件中获取控件中选中节点显示的文本。

图 11.11　删除子节点

> **说明**
>
> 在 BeforeCheck（在选中树节点复选框前发生）或 AfterCheck（在选中树节点复选框后发生）事件中尽可能不要使用 TreeNode.Checked 属性。

【例 11.11】获取选中树节点的文本（实例位置：资源包\TM\sl\11\11）

创建一个 Windows 窗体应用程序，在控件的 AfterSelect 事件中获取控件选中节点显示的文本，代码如下。

```
private void Form1_Load(object sender, EventArgs e)
{
    TreeNode tn1 = treeView1.Nodes.Add("名称");              //建立一个父节点
    TreeNode Ntn1 = new TreeNode("支付宝");                   //建立3个子节点
    TreeNode Ntn2 = new TreeNode("微信支付");
    TreeNode Ntn3 = new TreeNode("京东白条");
    tn1.Nodes.Add(Ntn1);                                      //将3个子节点添加到父节点中
    tn1.Nodes.Add(Ntn2);
    tn1.Nodes.Add(Ntn3);
```

```
}
private void treeView1_AfterSelect(object sender, TreeViewEventArgs e)
{
    label1.Text = "当前选中的节点：" + e.Node.Text;        //在 AfterSelect 事件中获取控件选中节点显示的文本
}
```

程序运行结果如图 11.12 所示。

11.3.3　为 TreeView 控件中的节点设置图标

结合使用 ImageList 控件，TreeView 控件可在每个节点左侧显示图标。为 TreeView 控件中的节点设置图标的步骤如下。

（1）设置 TreeView 控件的 ImageList 属性为要使用的 ImageList 控件。这些属性可在"属性"面板中设置，也可在代码中设置。

图 11.12　获取选中的节点

例如，设置控件的 ImageList 属性为 imageList1，代码如下。

```
treeView1.ImageList = imageList1;
```

（2）设置节点的 ImageIndex 和 SelectedImageIndex 属性。ImageIndex 用于设置正常和展开状态下节点显示的图像，SelectedImageIndex 用于设置选定状态下节点显示的图像。

例如，设置控件的 ImageIndex 属性，确定正常或展开状态下的节点显示的图像的索引为 0，设置 SelectedImageIndex 属性，确定选定状态下的节点显示的图像的索引为 1，代码如下。

```
treeView1.ImageIndex = 0;
treeView1.SelectedImageIndex = 1;
```

【例 11.12】使用 TreeView 控件显示公司组织结构（**实例位置：资源包\TM\sl\11\12**）

创建一个 Windows 窗体应用程序，向控件中添加一个父节点和 3 个子节点。设置 TreeView 控件的 ImageList 属性为 imageList1，通过设置控件的 ImageIndex 属性实现正常状况下节点显示的图像的索引为 0，然后设置控件的 SelectedImageIndex 属性，实现选中某个节点后显示的图像的索引为 1，代码如下。

```
private void Form1_Load(object sender, EventArgs e)
{
    TreeNode tn1 = treeView1.Nodes.Add("组织结构");              //建立一个父节点
    TreeNode Ntn1 = new TreeNode("C#部门");                     //建立 3 个子节点
    TreeNode Ntn2 = new TreeNode("ASP.NET 部门");
    TreeNode Ntn3 = new TreeNode("VB 部门");
    tn1.Nodes.Add(Ntn1);                                        //将 3 个子节点添加到父节点中
    tn1.Nodes.Add(Ntn2);
    tn1.Nodes.Add(Ntn3);
    imageList1.Images.Add(Image.FromFile("1.png"));             //设置 imageList1 控件中显示的图像
    imageList1.Images.Add(Image.FromFile("2.png"));
    treeView1.ImageList = imageList1;                           //设置 treeView1 的 ImageList 属性为 imageList1
    imageList1.ImageSize = new Size(16,16);
    treeView1.ImageIndex = 0;                                   //设置 treeView1 图标在 imageList1 控件中的索引为 0
    treeView1.SelectedImageIndex = 1;                           //选择某个节点后显示的图标在 imageList1 控件中的索引为 1
}
```

程序运行结果如图 11.13 和图 11.14 所示。

图 11.13　运行程序　　　　　　　　　　图 11.14　选中节点

编程训练（答案位置：资源包\TM\sl\11\编程训练\）

【训练 3】在 TreeView 控件中显示复选框　完善【例 11.12】，在显示的部门前面添加复选框。

11.4　DateTimePicker 控件

DateTimePicker 控件用于选择日期和时间。DateTimePicker 控件只能选择一个时间，而不能是连续的时间段，也可以直接输入日期和时间。

11.4.1　使用 DateTimePicker 控件显示时间

将 DateTimePicker 控件的 Format 属性设置为 Time，控件将只能显示时间。Format 属性用于获取或设置控件中显示的日期和时间格式，语法格式如下。

```
public DateTimePickerFormat Format { get; set; }
```

其中，属性值是 DateTimePickerFormat 的 4 个枚举值之一（参见表 11.2），默认值为 Long。

表 11.2　DateTimePickerFormat 枚举值及说明

枚 举 值	说　　明
Custom	以自定义格式显示日期/时间值
Long	以用户系统设置的长日期格式显示日期/时间值
Short	以用户系统设置的短日期格式显示日期/时间值
Time	以用户系统设置的时间格式显示日期/时间值

【例 11.13】控制只显示时间（实例位置：资源包\TM\sl\11\13）

创建一个 Windows 窗体应用程序，首先将控件的 Format 属性设置为 Time，实现控件只显示时间。然后获取控件中显示的数据，并显示到 TextBox 控件中，代码如下。

```csharp
private void Form1_Load(object sender, EventArgs e)
{
    //设置 dateTimePicker1 的 Format 属性为 Time，使其只显示时间
    dateTimePicker1.Format = DateTimePickerFormat.Time;
    textBox1.Text = dateTimePicker1.Text;            //使用文本框获取控件显示的时间
}
```

程序运行结果如图 11.15 所示。

> **说明**
> 如果想在该控件内用按钮调整时间值，需要将 ShowUpDown 属性设置为 true。

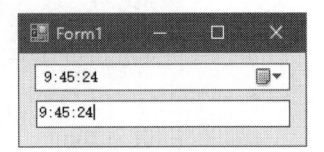

图 11.15 控制只显示时间

11.4.2 使用 DateTimePicker 控件以自定义格式显示日期

通过 DateTimePicker 控件的 CustomFormat 属性，可自定义日期/时间格式字符串，语法格式如下。

public string CustomFormat { get; set; }

其中，属性值表示自定义的日期/时间格式的字符串。

> **注意**
> Format 属性必须设置为 DateTimePickerFormat.Custom，才能影响显示的日期和时间的格式设置。

通过组合格式字符串，可以设置日期和时间格式，所有的有效格式字符串及其说明如表 11.3 所示。

表 11.3 有效格式字符串及其说明

格式字符串	说　　明
d	一位数或两位数表示的天数
dd	两位数表示的天数，一位数值前加 0
ddd	3 个字符的星期几缩写
dddd	完整的星期几名称
h	12 小时格式的一位数或两位数小时数
hh	12 小时格式的两位数小时数，一位数值前加 0
H	24 小时格式的一位数或两位数小时数
HH	24 小时格式的两位数小时数，一位数值前加 0
M	一位数或两位数表示的分钟值
mm	两位数表示的分钟值，一位数值前加 0
M	一位数或两位数表示的月份值
MM	两位数表示的月份值，一位数值前加 0
MMM	3 个字符的月份缩写
MMMM	完整的月份名
s	一位数或两位数表示的秒数
ss	两位数表示的秒数，一位数值前加 0
T	单字母 A.M./P.M.缩写（A.M.将显示为 A）
tt	两字母 A.M./P.M.缩写（A.M.将显示为 AM）
y	一位数表示的年份（2001 显示为 1）
yy	年份的最后两位数（2001 显示为 01）
yyyy	完整的年份（2001 显示为 2001）

【例 11.14】自定义日期显示格式（实例位置：资源包\TM\sl\11\14）

创建一个 Windows 窗体应用程序，首先将控件的 Format 属性设置为 DateTimePickerFormat.Custom，使用户自定义的时间格式生效。然后将控件的 CustomFormat 属性设置为自定义的格式，代码如下。

```
private void Form1_Load(object sender, EventArgs e)
{
    //设置 dateTimePicker1 的 Format 属性为 Custom，使其用户自定义的时间格式生效
    dateTimePicker1.Format = DateTimePickerFormat.Custom;
    //通过控件的 CustomFormat 属性设置自定义的格式
    dateTimePicker1.CustomFormat = "MMMM dd, yyyy - dddd";
    label1.Text = dateTimePicker1.Text;              //显示当前控件显示的自定义格式的日期
}
```

程序运行结果如图 11.16 所示。

11.4.3 返回 DateTimePicker 控件中选择的日期

图 11.16 自定义时间格式

调用 DateTimePicker 控件的 Text 属性，可返回与控件格式相同的时间/日期完整值；调用 Value 属性，可返回时间/日期的部分值。

这些方法包括 Year()、Month() 和 Day() 等，使用 ToString() 可将信息转换成可显示给用户的字符串。

【例 11.15】获取选中的日期（实例位置：资源包\TM\sl\11\15）

创建一个 Windows 窗体应用程序，首先使用控件的 Text 属性获取当前控件选择的日期，然后使用 Value 属性的 Year()、Month() 和 Day() 方法获取选择日期的年、月和日，代码如下。

```
private void Form1_Load(object sender, EventArgs e)
{
    textBox1.Text = dateTimePicker1.Text;                      //使用控件的 Text 属性获取当前控件选择的日期
    textBox2.Text = dateTimePicker1.Value.Year.ToString();     //使用 Value 属性的 Year()方法获取选择日期的年
    textBox3.Text = dateTimePicker1.Value.Month.ToString();    //使用 Value 属性的 Month()方法获取选择日期的月
    textBox4.Text = dateTimePicker1.Value.Day.ToString();      //使用 Value 属性的 Day()方法获取选择日期的日
}
```

程序运行结果如图 11.17 所示。

说明

如果想要直接获取当前系统的日期和时间，可以使用 Value 属性下的 ToShortDateString() 和 ToShortTimeString() 方法。

图 11.17 获取控件中选择的日期

11.5 MonthCalendar 控件

使用 MonthCalendar 控件可显示一个月历，以方便用户快速查看和设置日期。在 MonthCalendar 控件中使用鼠标拖曳，可选择一段连续的日期（包括起始日期和结束日期）。

11.5.1　更改 MonthCalendar 控件的外观

MonthCalendar 控件允许用多种方法自定义月历的外观。例如，可以选择显示或隐藏周数和当前日期。将 ShowWeekNumbers 属性设置为 true，控件中将显示周数。也可以通过代码或在"属性"面板中设置此属性。周数以单独的列出现在一周第一天的左边。

【例 11.16】在显示日历时显示周数（实例位置：资源包\TM\sl\11\16）

创建一个 Windows 窗体应用程序,将控件的 ShowWeekNumbers 属性设置为 true,在控件中显示周数,代码如下。

```
private void Form1_Load(object sender, EventArgs e)
{
    monthCalendar1.ShowWeekNumbers = true;          //将 ShowWeekNumbers 属性设置为 true，显示周数
}
```

程序运行结果如图 11.18 所示。

11.5.2　在 MonthCalendar 控件中显示多个月份

默认情况下，MonthCalendar 控件只会显示一个月的日期。通过设置 CalendarDimensions 属性可同时显示多个月，最多可显示 12 个月。更改月历尺寸时，控件的大小也会随之改变，因此应确保窗体上有足够的空间供新尺寸使用。

图 11.18　显示周数

【例 11.17】在日历控件中显示多个月份（实例位置：资源包\TM\sl\11\17）

创建一个 Windows 窗体应用程序，设置控件的 CalendarDimensions 属性，使控件在水平和垂直方向都显示两个月份，代码如下。

```
private void Form1_Load(object sender, EventArgs e)
{
    //设置控件的 CalendarDimensions 属性，使控件在水平和垂直方向都显示 2 个月份
    monthCalendar1.CalendarDimensions = new Size(2, 2);
}
```

程序运行结果如图 11.19 所示。

> **说明**
>
> CalendarDimensions 属性一次只显示一个日历年，并且最多可显示 12 个月。行和列的有效组合得到的最大乘积为 12，对于大于 12 的值，将在最适合的基础上修改显示。

11.5.3　在 MonthCalendar 控件中选择日期范围

如果要在 MonthCalendar 控件中选择日期范围，必须设置

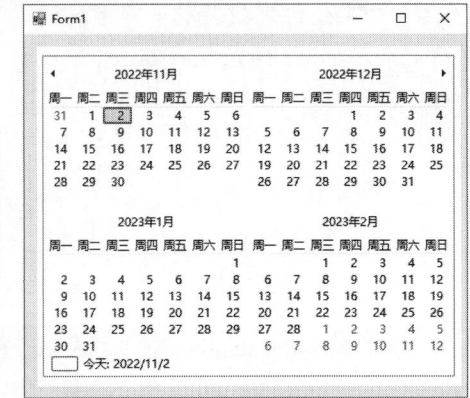

图 11.19　控件中显示多个月份

SelectionStart 和 SelectionEnd 属性。这两个属性分别用于设置日期的起始和结束。

【例 11.18】获取日历控件中选择的日期范围（实例位置：资源包\TM\sl\11\18）

创建一个 Windows 窗体应用程序，在控件的 DateChanged 事件中获取 SelectionStart 和 SelectionEnd 属性的值，当控件中选择的日期发生更改时引发 DateChanged 事件。运行程序，选择某个日期作为起始日期，然后按住 Shift 键，再选择结束日期，代码如下。

```
private void Form1_Load(object sender, EventArgs e)
{
    //获取控件当前的日期和时间
    textBox1.Text = monthCalendar1.TodayDate.ToString();
}
private void monthCalendar1_DateChanged(object sender, DateRangeEventArgs e)
{
    //通过 SelectionStart 属性获取用户选择的起始日期
    textBox2.Text = monthCalendar1.SelectionStart.ToString();
    //通过 SelectionEnd 属性获取用户选择的结束日期
    textBox3.Text = monthCalendar1.SelectionEnd.ToString();
}
```

程序运行结果如图 11.20 所示。

图 11.20　设置控件中选择日期的范围

11.6　其他高级控件

除了上述的常用高级控件外，窗体中还包含其他高级控件，如 ErrorProvider 控件、HelpProvider 控件、Timer 控件和 ProgressBar 控件等。下面将详细介绍这几种控件的一些常见用法。

11.6.1　使用 ErrorProvider 控件验证文本框输入

ErrorProvider 控件可以在不打扰用户的情况下向用户显示有错误发生。当验证用户在窗体中的输入或显示数据集内的错误时，一般要用到该控件。

ErrorProvider 控件通过 SetError() 方法设置指定控件的错误描述字符串，语法格式如下。

```
public void SetError(Control control,string value)
```

☑ control：要为其设置错误描述字符串的控件。
☑ value：错误描述字符串。

判断文本框中输入的数据是否准确，需要在控件的 Validating 事件中进行判断，然后设置 ErrorProvider 控件的错误描述字符串，当控件正在验证时会引发此事件。

【例 11.19】验证订货数量必须为数字（**实例位置：资源包\TM\sl\11\19**）

创建一个 Windows 窗体应用程序，在窗体中添加 3 个 TextBox 控件，在每个控件的 Validating 事件中判断是否输入了数据。如果输入的数据为空，则调用 ErrorProvider 控件的 SetError()方法设置错误描述字符串。当输入订货数量的文本框中没有输入数字时，会显示错误字符串"请输入一个数"，并在此文本框的后面显示错误图标。如果输入数字，则错误图标消失，代码如下。

```
private int a,b,c;
private void textBox1_Validating(object sender, System.ComponentModel.CancelEventArgs e)
{
    if (textBox1.Text == "")                        //判断是否输入商品名称
    {
        errorProvider1.SetError(textBox1, "不能为空");   //如果没有输入则激活 errorProvider1 控件
    }
    else                                            //否则
    {
        errorProvider1.SetError(textBox1,"");       //errorProvider1 控件不显示消息
        a = 1;                                      //将 a 赋值为 1
    }
}
private void textBox2_Validating(object sender, System.ComponentModel.CancelEventArgs e)
{
    if (textBox2.Text == "")                        //判断是否输入订货数量
    {
        errorProvider2.SetError(textBox2, "不能为空")   //设置 errorProvider2 的错误提示
    }
    else                                            //否则
    {
        try
        {
            int x = Int32.Parse(textBox2.Text);     //判断是否输入数字，如果不是数字会出现异常
            errorProvider2.SetError(textBox2,"");   //errorProvider2 控件不显示任何错误信息
            b = 1;                                  //将 b 赋值为 1
        }
        catch
        {
            //如果出现异常，设置 errorProvider2 控件的错误信息
            errorProvider2.SetError(textBox2, "请输入一个数");
        }
    }
}
private void textBox3_Validating(object sender, System.ComponentModel.CancelEventArgs e)
{
    if (textBox3.Text == "")                        //判断是否输入订货数量
    {
        errorProvider3.SetError(textBox3, "不能为空");   //设置 errorProvider3 显示的错误消息
    }
    else                                            //否则
    {
        errorProvider3.SetError(textBox3, "");      //errorProvider3 控件不显示任何消息
        c = 1;                                      //将 c 赋值为 1
    }
}
```

```csharp
}
private void button2_Click(object sender, EventArgs e)
{
    textBox1.Text = "";                                    //清空所有文本框
    textBox2.Text = "";
    textBox3.Text = "";
}
private void button1_Click(object sender, EventArgs e)
{
    if (a + b + c == 3)                                    //判断 a、b 和 c 的和是否等于 3
    {
        MessageBox.Show("数据录入成功","提示",
        MessageBoxButtons.OK,MessageBoxIcon.Warning);      //弹出提示
    }
}
```

程序运行结果如图 11.21 和图 11.22 所示。

图 11.21　在"订货数量"文本框中输入字符　　　图 11.22　输入正确的数据

11.6.2　使用 HelpProvider 控件调用帮助文件

HelpProvider 控件可将帮助文件（.htm 文件或.chm 文件）与 Windows 窗体应用程序相关联，为特定对话框或控件提供区分上下文帮助，还可以打开帮助文件到特定部分，如目录、索引或搜索功能的主页。

通过设置 HelpNamespace 属性和 SetShowHelp()方法，可实现用户按 F1 键时打开指定的帮助文件。HelpNamespace 属性可设置为与 HelpProvider 对象关联的帮助文件名，语法格式如下。

```
public virtual string HelpNamespace { get; set; }
```

SetShowHelp()方法用于指定是否显示指定控件的帮助信息，语法格式如下。

```
public virtual void SetShowHelp(Control ctl,bool value)
```

☑　ctl：控制其帮助信息已打开或关闭。
☑　value：如果显示控件的帮助信息，则为 true；否则为 false。

说明

如果没有对 HelpNamespace 属性进行设置，则必须使用 SetHelpString()方法提供帮助文本。

【例 11.20】在程序中打开帮助文件（**实例位置：资源包\TM\sl\11\20**）

创建一个 Windows 窗体应用程序，在程序根目录中建立一个命名为 helpPage.htm 的帮助文件，然

后设置 HelpNamespace 属性是 helpPage.htm 文件的路径，最后设置控件的 SetShowHelp()方法，指定是否显示指定控件的帮助信息，代码如下：

```csharp
private void Form1_Load(object sender, EventArgs e)
{
    //设置帮助文件的位置
    string strPath = "helpPage.htm";
    //设置 helpProvider1 控件的 pNamespace 属性，设置帮助文件的路径
    helpProvider1.HelpNamespace = strPath;
    //设置 SetShowHelp()方法指定是否显示指定控件的帮助信息
    helpProvider1.SetShowHelp(this,true);
}
```

程序运行结果如图 11.23 所示。

图 11.23　按 F1 键打开帮助文件

11.6.3　使用 Timer 控件设置时间间隔

Timer 控件可以定期引发事件，此控件是为 Windows 窗体环境设计的。时间间隔的长度由 Interval 属性定义，其值以毫秒为单位。若启用该组件，则每个时间间隔引发一个 Tick 事件，在 Tick 事件中添加要执行的代码。

Interval 属性用于设置计时器开始计时的时间间隔，语法格式如下：

```csharp
public int Interval { get; set; }
```

其属性值为计时器每次开始计时之间的毫秒数，该值不小于 1。

当指定的计时器间隔已过去而且计时器处于启用状态时会引发控件的 Tick 事件。Enabled 属性用于设置是否启用计时器。语法格式如下：

```csharp
public virtual bool Enabled { get; set; }
```

如果计时器当前处于启用状态，其属性值为 true，否则为 false。默认为 false。

【例 11.21】实时显示当前系统日期时间（**实例位置：资源包\TM\sl\11\21**）

创建一个 Windows 窗体应用程序，窗体加载时，设置 Timer 控件的 Interval 属性为 1000ms（1s），使计时器的时间间隔为 1s。然后在 Timer 控件的 Tick 事件中，使文本框中显示当前的系统时间。在按钮的 Click 事件中设置 Enabled 属性，以启用或停止计时器，代码如下：

```csharp
private void Form1_Load(object sender, EventArgs e)
{
    timer1.Interval = 1000;                         //设置 Interval 属性为 1000ms
}
private void timer1_Tick(object sender, EventArgs e)    // timer1 控件的 Tick 事件
{
    textBox1.Text = DateTime.Now.ToString();        //获取系统当前日期
```

```
private void button1_Click(object sender, EventArgs e)
{
    if (button1.Text == "开始")                    //判断按钮的 Text 属性是否为"开始"
    {
        timer1.Enabled = true;                    //启动 timer1 控件
        button1.Text ="停止";                      //设置按钮的 Text 属性为"停止"
    }
    else                                          //否则
    {
        timer1.Enabled = false;                   //停止 timer1 控件
        button1.Text = "开始";                     //设置按钮的 Text 属性为"开始"
    }
}
```

程序运行结果如图 11.24 所示。

说明

在启动和停止计时器时，也可以应用 Start()和 Stop()方法来实现。

图 11.24　制作系统时钟

11.6.4　使用 ProgressBar 控件显示程序运行进度条

ProgressBar 控件通过在水平放置的方框中显示适当数目的矩形，指示工作的进度。工作完成时，进度条被填满。进度条用于帮助用户了解等待一项工作完成的进度。

ProgressBar 控件比较重要的属性有 Value、Minimum 和 Maximum。Minimum 和 Maximum 属性主要用于设置进度条的最小值和最大值，Value 属性表示操作过程中已完成的进度。而控件的 Step 属性用于指定 Value 属性递增的值，然后调用 PerformStep()方法来递增该值。

注意

ProgressBar 控件只能以水平方向显示，如果想改变该控件的显示样式，可以用 ProgressBar Renderer 类来实现，如纵向进度条，或在进度条上显示文本。

【例 11.22】进度条的使用（实例位置：资源包\TM\sl\11\22）

创建一个 Windows 窗体应用程序，首先设置控件的 Minimum 和 Maximum 属性分别为 0 和 500，确定进度条的最小值和最大值。然后设置 Step 属性，使 Value 属性递增值为 1。最后在 for 语句中调用 PerformStep()方法递增该值，使进度条不断前进，直至 for 语句中设置为最大值为止，代码如下。

```
private void button1_Click(object sender, EventArgs e)
{
    button1.Enabled = false;                                //设置按钮的 Enabled 属性为 false 禁止使用
    progressBar1.Minimum = 0;                               //设置 progressBar1 控件的 Minimum 值为 0
    progressBar1.Maximum = 500;                             //设置 progressBar1 控件的 Maximum 值为 500
    progressBar1.Step = 1;                                  //设置 progressBar1 控件的增值为 1
    for (int i = 0; i <500; i++)                            //调用 for 语句循环递增
    {
        progressBar1.PerformStep();                         //使用 PerformStep()方法按 Step 值递增
        textBox1.Text = "进度值：" + progressBar1.Value.ToString();
```

```
        }
}
```

程序运行结果如图 11.25 所示。

编程训练（答案位置：资源包\TM\sl\11\编程训练\）

【训练 4】**上下飘动的窗体**　使用 Timer 组件制作一个上下飘动的窗体，运行程序，窗体即可在桌面中上下飘动。

【训练 5】**模拟软件的启动窗体**　在启动窗体中模拟加载资源的进度显示，当进度条多次重复加载完成后，关闭启动窗体，显示主窗体。

图 11.25　显示进度条

11.7　实践与练习

（答案位置：资源包\TM\sl\11\实践与练习\）

综合练习 1：添加图书信息时自动验证是否重复　尝试开发一个程序，用来直接将文本框中输入的"书名目录"添加到图书目录列表中，并且如果有重复，可以弹出提示信息。（提示：可以使用 ListView 控件实现。）

综合练习 2：设置类似 Windows 资源管理器的目录结构　尝试开发一个程序，要求使用 TreeView 控件制作一个类似 Windows 资源管理器的目录结构，并能在该目录结构中选择目录，显示在 ListView 控件中。

综合练习 3：用树形列表动态显示菜单　将菜单中的内容动态添加到树形列表中，并根据菜单中的用户权限，对树形列表中的相应项进行设置。参考效果如图 11.26 所示。

图 11.26　用树形列表动态显示菜单

第 12 章 数据访问技术

人们开发的应用程序，离不开数据库的支持。为了使客户端能顺利访问服务器中的数据库，可以使用 ADO.NET 技术。另外，微软公司还提供了一个操作数据库的框架 Entity Framework。本章将详细介绍与数据访问技术相关的知识。

本章知识架构及重点、难点如下。

12.1 数据库基础

12.1.1 数据库与 SQL 语言

1. 数据库

数据库是按照数据结构来组织、存储和管理数据的仓库，是存储在一起的相关数据的集合。使用数据库可以实现数据资源的共享，减少数据冗余度，节省数据存储空间。同时，数据库可以将多样化的数据转换成二进制形式，使其能够被计算机识别，还能把存储在数据库中的二进制数据以合理方式转化为人们可以识别的逻辑数据。

根据不同的分类依据，可将数据库分为以下几类。

- ☑ 按照是否支持联网，分为单机版数据库和网络版数据库。
- ☑ 按照存储容量，分为小型数据库、中型数据库、大型数据库和海量数据库。

☑ 按照是否支持关系，分为关系型数据库和非关系型数据库。

本书中涉及的数据库都是关系型数据库。它由许多数据表组成，数据表由许多条记录组成，记录又由许多字段组成，每个字段对应一个对象。根据需求可设置字段的长度、数据类型、是否必须存储数据。

2．SQL 语言

SQL（structured query language，结构化查询语言）是一种数据库查询和程序设计语言，用于存取数据以及查询、更新和管理关系型数据库系统。目前，SQL 语言有两个标准，分别是美国国家标准学会（ANSI）标准和国际标准化组织（ISO）标准。经过多年的发展，SQL 语言已成为关系型数据库的标准语言。

12.1.2 数据库的创建与删除

数据库主要用于存储数据及数据库对象（如表、索引）。下面以 Microsoft SQL Server 为例，介绍如何通过管理器来创建和删除数据库。

1．创建数据库

（1）在 Windows 10 操作系统的"开始"菜单中找到 SQL Server 的 SQL Server Management Studio，单击打开图 12.1 所示的"连接到服务器"对话框，在该对话框中选择登录的服务器名称和身份验证方式，然后输入登录用户名和登录密码。

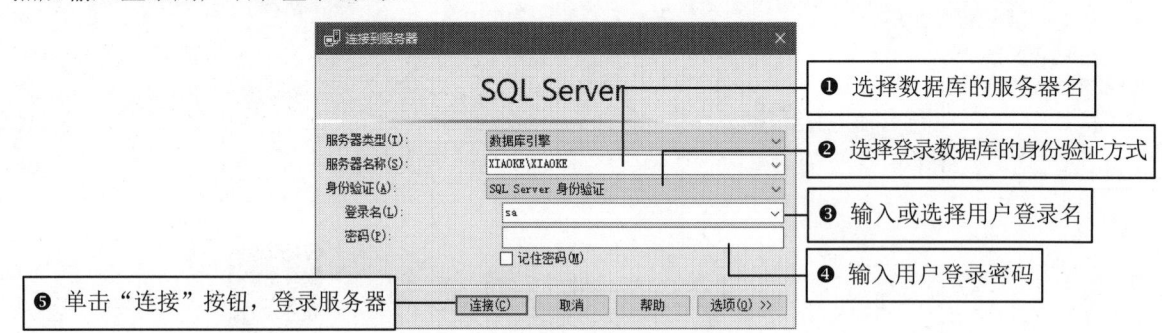

图 12.1 "连接到服务器"对话框

（2）单击"连接"按钮，连接到指定的 SQL Server 服务器，然后展开服务器节点，选中"数据库"节点，右击，在弹出的快捷菜单中选择"新建数据库"命令，如图 12.2 所示。

> **说明**
>
> 在创建数据库之前，首先要在数据库 SQL Server 中打开数据库的连接。

（3）打开图 12.3 所示的"新建数据库"窗口，在该窗口中输入新建的数据库名称，选择数据库所有者和存放路径，这里的数据库所有者一般为默认。

（4）单击"确定"按钮，即可新建一个数据库，如图 12.4 所示。

2．删除数据库

删除数据库的方法很简单，在数据库上右击，在弹出的快捷菜单中选择"删除"命令即可，如图 12.5

所示。

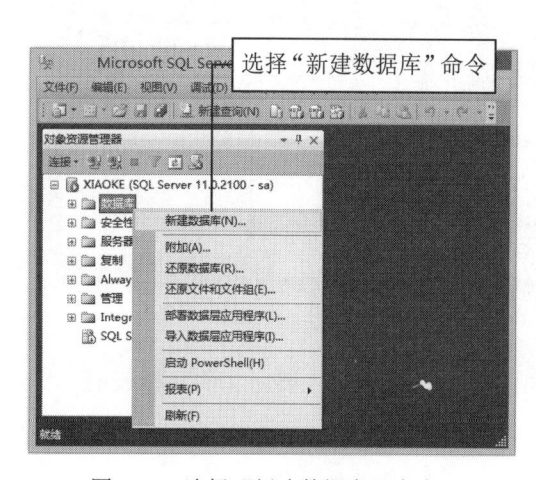

图 12.2　选择"新建数据库"命令

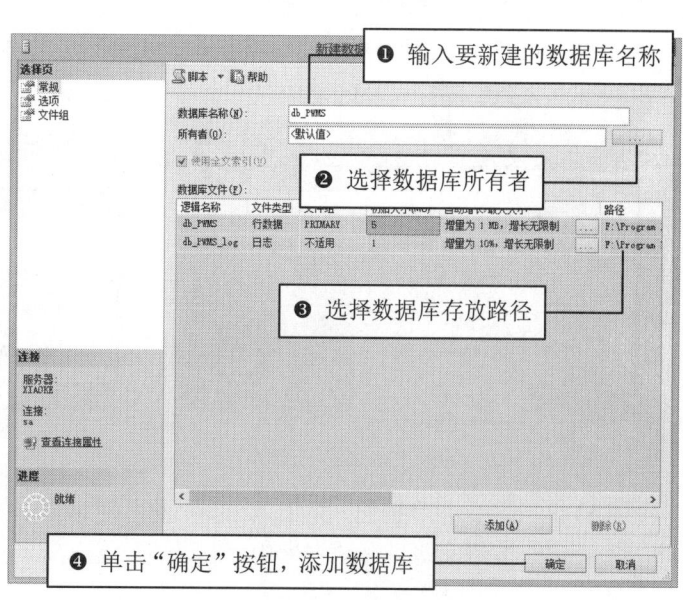

图 12.3　"新建数据库"窗口

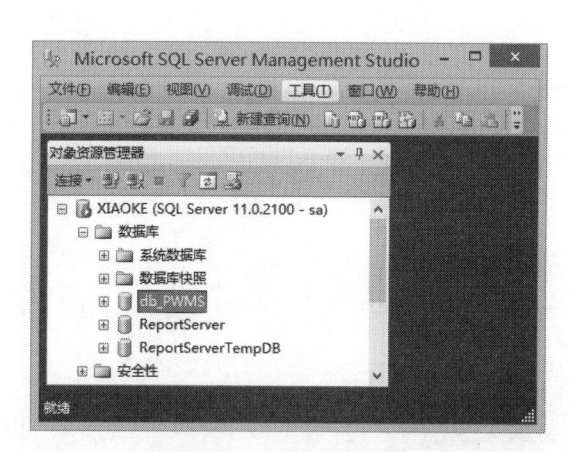

图 12.4　新建的数据库

图 12.5　删除数据库

注意，如果数据库后续还要使用，可以将数据库进行分离。在数据库上右击，在弹出的快捷菜单中选择"任务"→"分离"命令。

12.1.3　数据表的创建与删除

数据库创建完毕，接下来要在数据库中创建数据表。

1. 创建数据表

（1）单击数据库名左侧的"+"，打开该数据库的子项目，在子项目的"表"项上右击，在弹出的

快捷菜单中选择"新建表"命令，如图 12.6 所示。

（2）SQL Server 管理器的右边将显示一个新表，输入需要的字段，并设置主键，如图 12.7 所示。

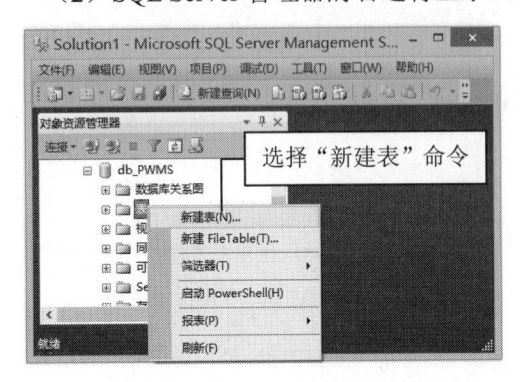

图 12.6　选择"新建表"命令

图 12.7　添加字段

（3）单击"保存"按钮，弹出"选择名称"对话框，如图 12.8 所示。输入要新建的数据表的名称，单击"确定"按钮，即可在数据库中添加一个数据表。

> **说明**
> 创建表结构时，有些字段需要设置初始值（如 int 型字段），可在默认值文本框中输入相应值。

2．删除数据表

如果要删除数据库中的某个数据表，只需右击数据表，在弹出的快捷菜单中选择"删除"命令即可，如图 12.9 所示。

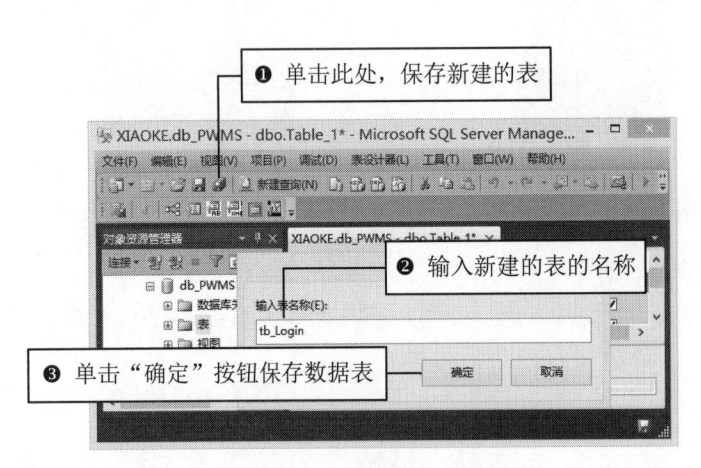

图 12.8　"选择名称"对话框

图 12.9　删除数据表

12.1.4　简单 SQL 语句的应用

通过 SQL 语句，可以对数据库进行查询、插入、更新和删除操作，下面进行介绍。

1. 查询数据

使用 SELECT 语句可在数据库中检索、查询数据，并将查询结果以表格形式返回，语法格式如下。

```
SELECT select_list
[ INTO new_table ]
FROM table_source
[ WHERE search_condition ]
[ GROUP BY group_by_expression ]
[ HAVING search_condition ]
[ ORDER BY order_expression [ASC| DESC ]]
```

SELECT 语句中，各参数的含义及说明如表 12.1 所示。

表 12.1　SELECT 语句的参数及说明

参　　数	说　　明
select_list	select_list 用于指定查询后返回的列。这是一个用逗号分隔的表达式列表，定义了数据格式（数据类型和大小）和结果集列的数据来源。表达式通常是对获取数据的源表和视图列的引用，也可能是其他表达式（如常量或 T-SQL 函数）。在选择列表中使用"*"，可返回源表中的所有列
INTO new_table	INTO 子句用于创建新表，并将查询行插入新表中，new_table 为新表名称
FROM table_source	FROM 子句用于指定待检索的表，包括基表、视图和链接表。可包含连接说明，其定义了表之间导航的特定路径。还可用在 DELETE 和 UPDATE 语句中，定义要修改的表
WHERE search_condition	WHERE 子句用于限制返回行的搜索条件。还可用在 DELETE 和 UPDATE 语句中，定义目标表中要修改的行
GROUP BY group_by_expression	GROUP BY 子句用于对结果集分组，分组依据是 group_by_expression 列中的字段
HAVING search_condition	HAVING 子句用于指定搜索条件，通过中间结果集（由 FROM、WHERE 或 GROUP BY 子句创建）对行进行筛选。常与 GROUP BY 子句一起使用
ORDER BY order_expression [ASC | DESC]	ORDER BY 子句用于定义结果集中行的排列顺序，order_expression 为排序字段所在的列，ASC 为升序排列，DESC 为降序排列

SQL 语句中，关键字之间通过以空格来分隔，不区分大小写。例如，数据库 db_CSharp 的数据表 tb_test 中存储了一些商品的信息，使用 SELECT 语句查询数据表 tb_test 中商品的新旧程度为"二手"的数据，代码如下。

```
SELECT * FROM tb_test WHERE 新旧程度='二手'
```

查询结果如图 12.10 所示。

说明

如果想在数据库中查找空值，那么其条件必须为 WHERE 字段名='' OR 字段名=NULL。

图 12.10　用 SELECT 语句查询数据

2. 插入数据

在 SQL 语句中，使用 INSERT 语句向数据表中插入数据，语法格式如下。

```
INSERT[INTO] table_name (column_list)　VALUES(expression)
```

INSERT 语句中，各参数的含义及说明如表 12.2 所示。

表 12.2　INSERT 语句的参数及说明

参　　数	说　　明
[INTO]	可选关键字，用在 INSERT 和目标表之前
table_name	待插入的表或 table 变量的名称
(column_list)	需插入数据的一列或多列的列表。clumn_list 必须包含在括号内，用逗号进行分隔
VALUES	引入要插入数据值的列表。column_list 或表中的各列都必须有一个数据值，值列表须包含在圆括号内。如果 VALUES 列表中的值、表中的值与表中列的顺序不同，或者未包含表中所有列的值，则须用 column_list 明确指定存储每个传入值的列
expression	一个常量、变量或表达式，其中不能包含 SELECT 或 EXECUTE 语句

误区警示

用户在使用 INSERT 语句添加数据时，必须注意以下几点。

（1）插入项的顺序和数据类型，必须与表或视图中列的顺序和数据类型相对应。

（2）如果表中某列定义为不允许 NULL，则插入数据时，该列必须存在合法值。

（3）如果某列是字符型或日期型数据类型，则插入的数据应该加上单引号。

例如，使用 INSERT 语句，向数据表 tb_test 中插入一条新的商品信息，代码如下。

```
INSERT INTO tb_test(商品名称,商品价格,商品类型,商品产地,新旧程度)
VALUES('洗衣机',890,'家电','进口','全新')
```

运行结果如图 12.11 所示。

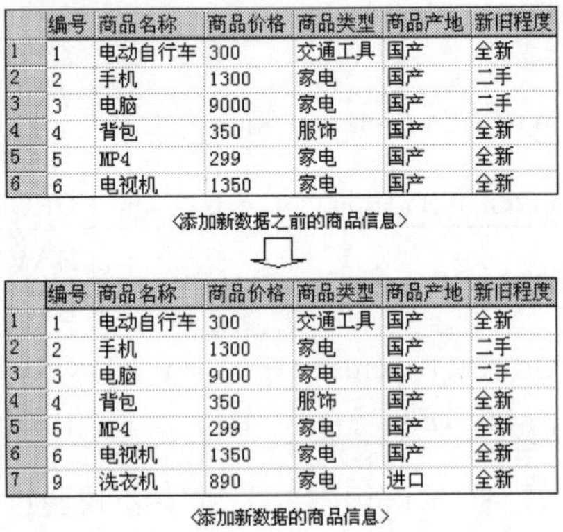

	编号	商品名称	商品价格	商品类型	商品产地	新旧程度
1	1	电动自行车	300	交通工具	国产	全新
2	2	手机	1300	家电	国产	二手
3	3	电脑	9000	家电	国产	二手
4	4	背包	350	服饰	国产	全新
5	5	MP4	299	家电	国产	全新
6	6	电视机	1350	家电	国产	全新

《添加新数据之前的商品信息》

	编号	商品名称	商品价格	商品类型	商品产地	新旧程度
1	1	电动自行车	300	交通工具	国产	全新
2	2	手机	1300	家电	国产	二手
3	3	电脑	9000	家电	国产	二手
4	4	背包	350	服饰	国产	全新
5	5	MP4	299	家电	国产	全新
6	6	电视机	1350	家电	国产	全新
7	9	洗衣机	890	家电	进口	全新

《添加新数据的商品信息》

图 12.11　用 INSERT 语句插入数据

3．更新数据

使用 UPDATE 语句更新数据，可以修改一列或者几列中的值，但一次只能修改一个表，语法格式如下。

```
UPDATE table_name SET column_name=expression WHERE <search_condition>
```

UPDATE 语句中，各参数的含义及说明如表 12.3 所示。

表 12.3　UPDATE 语句的参数及说明

参　　数	说　　明
table_name	待更新表的名称。如果该表不在当前服务器或数据库中，或不为当前用户所有，则这个名称可用链接服务器、数据库和所有者名称来限定
SET	待更新的列或变量名称的列表
column_name	含有待更新数据的列的名称，必须位于 UPDATE 子句指定的表或视图中。注意，标识列不能进行更新
expression	变量、字面值、表达式或加上括弧的返回单个值的 subSELECT 语句。expression 返回的值将替换 column_name 或@variable 中的现有值
WHERE	指定条件来限定所更新的行
<search_condition>	搜索条件，也可以是连接所基于的条件。其中的谓词数量没有限制

例如，由于进口商品价格上调，所以洗衣机的价格随之上调，使用 UPDATE 语句更新数据表 tb_test 中洗衣机的商品价格，代码如下。

```
//UPDATE 语句更新数据表 tb_test 中洗衣机的商品价格
UPDATE tb_test SET 商品价格=1500 WHERE 商品名称='洗衣机'
```

运行结果如图 12.12 所示。

4．删除数据

使用 DELETE 语句删除数据，可以使用一个单一的 DELETE 语句删除一行或多行。当表中没有行满足 WHERE 子句中指定的条件时，就没有行会被删除，也没有错误产生。常用语法格式如下。

```
DELETE[ FROM ] table_name  WHERE < search_condition >
```

图 12.12　更新商品信息

DELETE 语句的参数及说明如表 12.4 所示。

表 12.4　DELETE 语句的参数及说明

参　　数	说　　明
table_name	待删除表的名称。如果该表不在当前服务器或数据库中，或不为当前用户所有，则这个名称可用链接服务器、数据库和所有者名称来限定
WHERE	指定条件来限定所更新的行
<search_condition>	搜索条件，也可以是连接所基于的条件。其中的谓词数量没有限制

例如，删除数据表 tb_test 中商品名称为"洗衣机"，并且商品产地是"进口"的商品信息，代码如下。

```
DELETE FROM tb_test WHERE 商品名称='洗衣机' AND 商品产地='进口'
```

运行结果如图 12.13 所示。

编程训练（答案位置：资源包\TM\sl\12\编程训练\）

【训练1】查询数据　查询 tb_test 数据表中所有"商品类型"是"家电"的数据。

【训练2】修改数据　将 tb_test 数据表中所有"商品类型"是"家电"的记录修改为"数码家电"。

图 12.13　用 DELETE 语句删除数据

12.2　ADO.NET 简介

ADO.NET 是一组向 .NET 程序员公开数据访问服务的类。ADO.NET 为创建分布式数据共享应用程序提供了一组丰富的组件。它提供了一系列的方法，用于支持对 Microsoft SQL Server 和 XML 等数据

源进行访问，还通过 OLE DB 和 XML 公开的数据源提供了一致访问的方法。数据客户端应用程序可以使用 ADO.NET 来连接这些数据源，并查询、添加、删除和更新所包含的数据。

ADO.NET 支持两种访问数据的模型——无连接模型和连接模型。无连接模型将数据下载到客户机上，并在客户机上将数据封装到内存中，然后像访问本地关系数据库一样访问内存中的数据（如 DataSet）。连接模型依赖于逐记录的访问，这种访问要求打开并保持与数据源的连接。

这里可以用趣味形象化的方式理解 ADO.NET 对象模型的各个部分，参照图 12.14 可以用对比的方法来形象地理解 ADO.NET 中每个对象的作用。

（1）数据库好比水源，存储了大量的数据。

（2）Connection 对象好比伸入水中的进水龙头，保持与水的接触，只有它与水进行了"连接"，其他对象才可以抽到水。

（3）Command 对象则像抽水机，为抽水提供动力和执行方法，然后通过"水龙头"把水返给上面的"水管"。

图 12.14 趣味理解 ADO.NET 对象模型

（4）DataAdapter、DataReader 对象就像输水管，担任着水的传输任务，并起着桥梁的作用。DataAdapter 对象像一根输水管，通过发动机，把水从水源输送到水库里进行保存。而 DataReader 对象也像一种水管，和 DataAdapter 对象不同的是，它不把水输送到水库里，而是单向地直接把水送到需要水的用户那里或田地里，所以传输速度要比在水库中转的水管更快。

（5）DataSet 对象就好比一个大水库，把抽上来的水按一定关系的池子进行存放。即使撤掉"抽水装置"（断开连接，离线状态），也可以保持"水"的存在。这也正是 ADO.NET 的核心。

（6）DataTable 对象则像水库中每个独立的水池子，分别存放不同种类的水。一个大水库由一个或多个这样的水池子组成。

12.3 用 Connection 对象连接数据库

12.3.1 Connection 对象概述

Connection 对象是一个连接对象，用于建立与物理数据库的连接。其主要包括 4 种访问数据库的对象类，也可称为数据提供程序，分别介绍如下。

☑ SQL Server 数据提供程序，位于 System.Data.SqlClient 命名空间。
☑ ODBC 数据提供程序，位于 System.Data.Odbc 命名空间。
☑ OLEDB 数据提供程序，位于 System.Data.OleDb 命名空间。
☑ Oracle 数据提供程序，位于 System.Data.OracleClient 命名空间。

> **说明**
> 根据使用数据库的不同，引入不同的命名空间，然后通过命名空间中的 Connection 对象连接类连接数据库。例如，连接 SQL Server 数据库，首先要通过 using System.Data.SqlClient 命令引用 SQL Server 数据提供程序，然后才能调用空间下的 SqlConnection 类连接数据库。

12.3.2 连接数据库

以 SQL Server 数据库为例，如果要连接 SQL Server 数据库，必须使用 System.Data.SqlClient 命名空间下的 SqlConnection 类。所以，需要先通过 using System.Data.SqlClient 命令引用命名空间，然后连接数据库，调用 SqlConnection 对象的 Open()方法打开数据库，最后通过 SqlConnection 对象的 State 属性判断数据库的连接状态。语法格式如下。

```
public override ConnectionState State { get; }
```

其属性值是 ConnectionState 的枚举值之一，如表 12.5 所示。

表 12.5　ConnectionState 的枚举值及说明

枚 举 值	说　　明
Broken	与数据源的连接中断。只有在连接打开之后才可能发生这种情况。可以关闭处于这种状态的连接，然后重新打开
Closed	连接处于关闭状态
Connecting	连接对象正在与数据源连接
Executing	连接对象正在执行命令
Fetching	连接对象正在检索数据
Open	连接处于打开状态

【例 12.1】使用 C#连接 SQL Server 数据库（实例位置：资源包\TM\sl\12\1）

创建一个 Windows 窗体应用程序，在窗体中添加一个 TextBox 控件、一个 Button 控件和一个 Label 控件，分别用于输入要连接的数据库名称、执行连接数据库的操作以及显示数据库的连接状态，然后引入 System.Data.SqlClient 命名空间，使用 SqlConnection 类连接数据库，代码如下。

```
private void button1_Click(object sender, EventArgs e)
{
    if (textBox1.Text == "")                                //判断是否输入数据库名称
    {
        MessageBox.Show("请输入要连接的数据库名称");         //弹出提示信息
    }
    else                                                    //否则
    {
        try                                                 //调用 try…catch 语句
        {
            //声明一个字符串，用于存储连接数据库字符串
            string ConStr = "server=.;database=" + textBox1.Text.Trim() + ";uid=sa;pwd=";
            SqlConnection conn = new SqlConnection(ConStr); //创建一个 SqlConnection 对象
            conn.Open();                                    //打开连接
            if (conn.State == ConnectionState.Open)         //判断当前连接的状态
            {
                label2.Text = "数据库【" + textBox1.Text.Trim() + "】已经连接并打开";  //显示状态信息
            }
        }
        catch
        {
            MessageBox.Show("连接数据库失败");                //出现异常弹出提示
        }
```

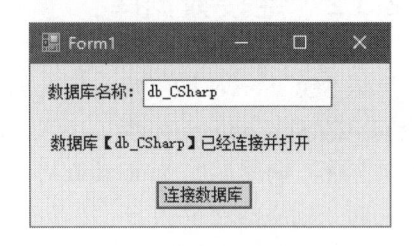

    }
}
```

程序运行结果如图 12.15 所示。

## 12.3.3 关闭连接

操作完数据库后，要及时关闭与数据库的连接，释放占用的资源。通过 SqlConnection 对象的 Close()和 Dispose()方法，可关闭与数据库的连接。两者的区别在于：

- ☑ Close()方法只关闭连接；Dispose()方法不仅关闭连接，还可以清理连接占用的资源。
- ☑ 使用 Close()方法关闭的连接，可调用 Open()方法再次打开，不会产生任何错误；使用 Dispose() 方法关闭的连接，无法直接用 Open()方法打开，必须重新初始化连接后才能打开。

图 12.15　连接数据库

【例 12.2】关闭并释放数据库连接资源（**实例位置：资源包\TM\sl\12\2**）

创建一个 Windows 窗体应用程序，首先向窗体中添加一个 TextBox 控件和一个 RichTextBox 控件，分别用于输入连接的数据库名称和显示连接信息及错误提示。然后再添加 3 个 Button 控件，分别用于连接数据库、调用 Close()方法关闭连接，再调用 Open()方法打开连接以及调用 Dispose()方法关闭并释放连接，然后调用 Open()方法打开连接，代码如下。

```csharp
SqlConnection conn;                                         //声明一个 SqlConnection 对象
private void button1_Click(object sender, EventArgs e)
{
    if (textBox1.Text == "")                                //判断是否输入数据库名称
    {
        MessageBox.Show("请输入数据库名称");                //如果没有输入则弹出提示
    }
    else                                                    //否则
    {
        try                                                 //调用 try…catch 语句
        {
            //建立连接数据库字符串
            string str = "server=.;database=" + textBox1.Text.Trim() + ";uid=sa;pwd=";
            conn = new SqlConnection(str);                  //创建一个 SqlConnection 对象
            conn.Open();                                    //打开连接
            if (conn.State == ConnectionState.Open)         //判断当前连接状态
            {
                MessageBox.Show("连接成功");                //弹出提示
            }
        }
        catch(Exception ex)
        {
            MessageBox.Show(ex.Message);                    //出现异常弹出错误信息
            textBox1.Text = "";                             //清空文本框
        }
    }
}
private void button2_Click(object sender, EventArgs e)
{
    try                                                     //调用 try…catch 语句
    {
        string str="";                                      //声明一个字符串变量
        conn.Close();                                       //使用 Close()方法关闭连接
```
```

```csharp
            if (conn.State == ConnectionState.Closed)          //判断当前连接是否关闭
            {
                str="数据库已经成功关闭\n";                      //如果关闭则弹出提示
            }
            conn.Open();                                        //重新打开连接
            if (conn.State == ConnectionState.Open)             //判断连接是否打开
            {
                str += "数据库已经成功打开\n";                   //弹出提示
            }
            richTextBox1.Text = str;                            //向 richTextBox1 中添加提示信息
        }
        catch (Exception ex)
        {
            richTextBox1.Text = ex.Message;                     //出现异常，将异常添加到 richTextBox1 中
        }
    }
    private void button3_Click(object sender, EventArgs e)
    {
        try                                                     //调用 try…catch 语句
        {
            conn.Dispose();                                     //使用 Dispose()方法关闭连接
            conn.Open();                                        //重新使用 Open()方法打开会出现异常
        }
        catch (Exception ex)
        {
            richTextBox1.Text = ex.Message;                     //将异常显示在 richTextBox1 控件中
        }
    }
}
```

程序运行结果如图 12.16 和图 12.17 所示。

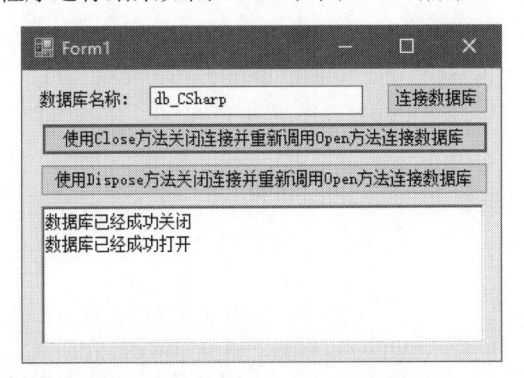

图 12.16　调用 Close()方法关闭连接 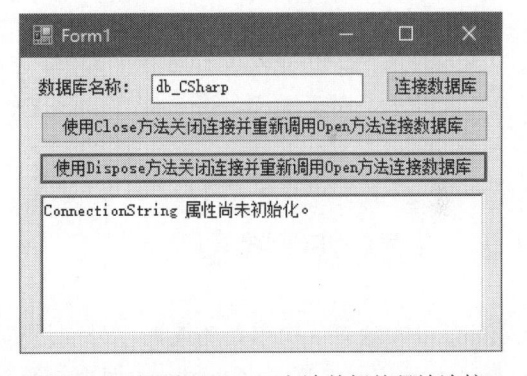　　　　图 12.17　调用 Dispose()方法关闭并释放连接

说明

在编写应用程序时，对数据库操作完成后，要及时关闭数据库的连接，以防止对数据库进行其他操作时，数据库被占用。

编程训练（答案位置：资源包\TM\sl\12\编程训练\）

【训练 3】Windows 验证连接 SQL Server 数据库　尝试以"Windows 身份验证方式"连接 SQL Server 数据库。

【训练 4】连接 Access 数据库　创建一个 Windows 窗体应用程序，该程序主要用来连接 Access

数据库（数据库名称为 Test.accdb，路径为 Debug 文件夹）。

12.4 用 Command 对象执行 SQL 语句

12.4.1 Command 对象概述

Command 对象是一个数据命令对象，主要功能是向数据库发送查询、更新、删除、修改操作的 SQL 语句。Command 对象主要有以下几种方式。

- ☑ SqlCommand：用于向 SQL Server 数据库发送 SQL 语句，位于 System.Data.SqlClient 命名空间。
- ☑ OleDbCommand：用于向使用 OLEDB 公开的数据库发送 SQL 语句，位于 System.Data.OleDb 命名空间。例如，Access 数据库和 MySQL 数据库都是 OLEDB 公开的数据库。
- ☑ OdbcCommand：用于向 ODBC 公开的数据库发送 SQL 语句，位于 System.Data.Odbc 命名空间。有些数据库没有提供相应的连接程序，则可以配置好 ODBC 连接后，使用 OdbcCommand。
- ☑ OracleCommand：用于向 Oracle 数据库发送 SQL 语句，位于 System.Data.OracleClient 命名空间。

> **注意**
> 在使用 OracleCommand 向 Oracle 数据库发送 SQL 语句时，要引入 System.Data.OracleClient 命名空间。但是默认情况下没有此命名空间，此时，需要将程序集 System.Data.OracleClient 引入项目中。引入程序集的方法是在项目名称上右击，在弹出的快捷菜单中选择"添加引用"命令，打开"添加引用"对话框。在该对话框中选择 System.Data.OracleClient 程序集，单击"确定"按钮，即可将其添加到项目中。

12.4.2 设置数据源类型

Command 对象有 3 个重要的属性，分别是 Connection、CommandText 和 CommandType。

Connection 用于设置 SqlCommand 使用的 SqlConnection。CommandText 用于设置要对数据源执行的 SQL 语句或存储过程。CommandType 用于设置指定 CommandText 的类型，取值如下。

- ☑ StoredProcedure：存储过程的名称。
- ☑ TableDirect：表的名称。
- ☑ Text：SQL 文本命令。

如果要设置数据源类型，可通过设置 CommandType 属性来实现，下面来看一个实例。

【例 12.3】在 C#中获取数据库数据（实例位置：资源包\TM\sl\12\3）

创建一个 Windows 窗体应用程序，向窗体中添加一个 Button 控件、一个 TextBox 控件和一个 Label 控件，分别用于执行 SQL 语句、输入要查询的数据表名称以及显示数据表中数据的数量，在 Button 控件的 Click 事件中设置 Command 对象的 Connection、CommandText 和 CommandType 属性，代码如下。

```csharp
SqlConnection conn;                                                    //声明一个 SqlConnection 变量
private void Form1_Load(object sender, EventArgs e)
{
    conn = new SqlConnection("server=.;database=db_CSharp;uid=sa;pwd=");  //实例化 SqlConnection 变量 conn
    conn.Open();                                                       //打开连接
}
private void button1_Click(object sender, EventArgs e)
{
    try                                                                //调用 try...catch 语句
    {
        if (conn.State == ConnectionState.Open || textBox1.Text != "")  //判断是否打开连接或者文本框不为空
        {
            SqlCommand cmd = new SqlCommand();                         //创建一个 SqlCommand 对象
            cmd.Connection = conn;                                     //设置 Connection 属性
            //设置 CommandText 属性，设置 SQL 语句
            cmd.CommandText = "select count(*) from " + textBox1.Text.Trim();
            //设置 CommandType 属性为 Text，使其只执行 SQL 语句文本形式
            cmd.CommandType = CommandType.Text;
            //使用 ExecuteScalar()方法获取指定数据表中的数据数量
            int i = Convert.ToInt32(cmd.ExecuteScalar());
            label2.Text = "数据表中共有：" + i.ToString() + "条数据";
        }
    }
    catch (Exception ex)
    {
        MessageBox.Show(ex.Message);
    }
}
```

程序运行结果如图 12.18 所示。

12.4.3 执行 SQL 语句

Command 对象需要取得将要执行的 SQL 语句，通过调用该类提供的多种方法，向数据库提交 SQL 语句。下面将详细介绍 SqlCommand 对象中几种执行 SQL 语句的方法。

图 12.18　SqlCommand 对象执行查询语句

1．ExecuteNonQuery()方法

该方法用于执行 SQL 语句，返回受影响的行数。在使用 SqlCommand 向数据库发送增、删、改命令时，通常使用 ExecuteNonQuery()方法执行发送的 SQL 语句。语法格式如下：

```
public override int ExecuteNonQuery()
```

其返回值是受影响的行数。

【例 12.4】三八妇女节为女员工谋福利（**实例位置：资源包\TM\sl\12\4**）

创建一个 Windows 窗体应用程序，在三八妇女节那天，公司决定为每位女员工发放 50 元奖金。因此，需要向数据发送更新命令，将数据库中所有女员工的奖金数额加上 50，所以要使用 ExecuteNonQuery()方法执行发送的 SQL 语句，并获取受影响的行数，代码如下。

```csharp
SqlConnection conn;                                                    //声明一个 SqlConnection 变量
private void button1_Click(object sender, EventArgs e)
```

```
{
    //实例化 SqlConnection 变量 conn
    conn = new SqlConnection("server=.;database=db_CSharp;uid=sa;pwd=");
    conn.Open();                                           //打开连接
    SqlCommand cmd = new SqlCommand();                     //创建一个 SqlCommand 对象
    //设置 Connection 属性，指定其使用 conn 连接数据库
    cmd.Connection = conn;
    //设置 CommandText 属性，设置其执行的 SQL 语句
    cmd.CommandText = "update tb_command set 奖金=50 where 性别='女'";
    //设置 CommandType 属性为 Text，使其只执行 SQL 语句文本形式
    cmd.CommandType = CommandType.Text;
    //使用 ExecuteNonQuery()方法执行 SQL 语句
    int i = Convert.ToInt32(cmd.ExecuteNonQuery());
    label2.Text = "共有" + i.ToString() + "名女员工获得奖金";
}
```

程序运行结果如图 12.19 所示。

> **说明**
> 如果想执行存储过程，应将 CommandType 属性设置为 StoredProcedure，将 CommandText 属性设置为存储过程的名称。

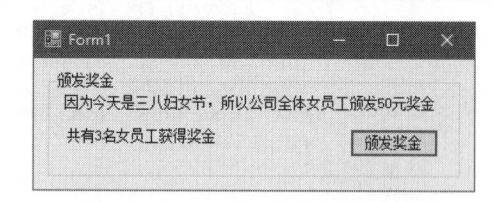

图 12.19　对数据表执行更新操作

2. ExecuteReader()方法

执行 SQL 语句，并生成一个包含数据的 SqlDataReader 对象的实例。语法格式如下。

```
public SqlDataReader ExecuteReader()
```

其返回值是一个 SqlDataReader 对象。

【例 12.5】 获取数据表中指定字段所对应的数据（**实例位置：资源包\TM\sl\12\5**）

创建一个 Windows 窗体应用程序，根据 select * from tb_command 语句进行查询，调用 ExecuteReader()方法返回一个包含 tb_command 表中所有数据的 SqlDataReader 对象，代码如下。

```
SqlConnection conn;                                        //声明一个 SqlConnection 对象
private void button1_Click(object sender, EventArgs e)
{
    //实例化 SqlConnection 变量 conn
    conn = new SqlConnection("server=.;database=db_CSharp;uid=sa;pwd=");
    conn.Open();                                           //打开连接
    SqlCommand cmd = new SqlCommand();                     //创建一个 SqlCommand 对象
    //设置 Connection 属性，指定其使用 conn 连接数据库
    cmd.Connection = conn;
    //设置 CommandText 属性，设置其执行的 SQL 语句
    cmd.CommandText = "select * from tb_command";
    //设置 CommandType 属性为 Text，使其只执行 SQL 语句文本形式
    cmd.CommandType = CommandType.Text;
    //使用 ExecuteReader()方法实例化一个 SqlDataReader 对象
    SqlDataReader sdr = cmd.ExecuteReader();
    while (sdr.Read())                                     //调用 while 语句，读取 SqlDataReader
    {
        listView1.Items.Add(sdr[1].ToString());            //将内容添加到 listView1 控件中
    }
    conn.Dispose();                                        //释放连接
    button1.Enabled = false;                               //禁用按钮
}
```

程序运行结果如图 12.20 所示。

3. ExecuteScalar()方法

执行 SQL 语句，返回结果集中的第一行的第一列，语法格式如下。

```
public override Object ExecuteScalar()
```

其返回值是结果集中第一行的第一列或空引用（如果结果集为空）。

图 12.20　获取员工姓名

在例 12.3 中，已经使用 ExecuteScalar()方法获取指定数据表中的数据数量，此处不再赘述，读者可参见例 12.3 中的代码，理解 ExecuteScalar()方法的使用，ExecuteScalar()方法通常与聚合函数一起使用，常见的聚合函数及说明如表 12.6 所示。

表 12.6　常见的聚合函数及说明

聚 合 函 数	说　　　明
AVG(expr)	列平均值，该列只能包含数字数据
COUNT(expr)、COUNT(*)	列值的计数（如果将列名指定为 expr）、表或分组中所有行的计数（如果指定*），忽略空值，但 COUNT(*)在计数中包含空值
MAX(expr)	列中最大值（文本数据类型中按字母顺序排在最后的值），忽略空值
MIN(expr)	列中最小值（文本数据类型中按字母顺序排在最前的值），忽略空值
SUM(expr)	列值的合计，该列只能包含数字数据

编程训练（答案位置：资源包\TM\sl\12\编程训练\）

【训练 5】删除指定的数据　删除 db_EMS 数据库中 tb_PDic 数据表内 ID 为 2 的记录。

【训练 6】调用存储过程修改数据　在 db_EMS 数据库中，使用存储过程 proc_EditData 修改 tb_PDic 数据表中 ID 为 1 的记录，将 Name 值修改为"C#开发"，Money 值修改为 79.8。proc_EditData 存储过程代码如下。

```sql
CREATE PROCEDURE [dbo].[proc_EditData]
(
    @id int,
    @name varchar(20),
    @money decimal
)
as
begin
    update tb_PDic set Name=@name,Money=@money where ID=@id
end
```

12.5　用 DataReader 对象读取数据

12.5.1　DataReader 对象概述

DataReader 对象是数据读取器对象，提供只读、向前的游标，如果应用程序需要每次从数据库中取出最新的数据，或者只是需要快速读取数据，并不需要修改数据，那么就可以使用 DataReader 对象进行读取。对于不同的数据库连接，有不同的 DataReader 类型。

☑ 在 System.Data.SqlClient 命名空间下时，可以调用 SqlDataReader 类。
☑ 在 System.Data.OleDb 命名空间下时，可以调用 OleDbDataReader 类。
☑ 在 System.Data.Odbc 命名空间下时，可以调用 OdbcDataReader 类。
☑ 在 System.Data.Oracle 命名空间下时，可以调用 OracleDataReader 类。

在使用 DataReader 对象读取数据时，可以使用 ExecuteReader()方法，根据 SQL 语句的结果创建一个 SqlDataReader 对象。

例如，使用 ExecuteReader()方法创建一个读取 tb_command 表中所有数据的 SqlDataReader 对象，代码如下。

```
conn = new SqlConnection("server=.;database=db_CSharp;uid=sa;pwd=");   //连接数据库
conn.Open();                                                            //打开数据库
SqlCommand cmd = new SqlCommand();                                      //创建 SqlCommand 对象
cmd.Connection = conn;                                                  //设置对象的连接
cmd.CommandText = "select * from tb_command";                           //设置 SQL 语句
cmd.CommandType = CommandType.Text;                                     //设置以文本形式执行 SQL 语句
SqlDataReader sdr = cmd.ExecuteReader();                                //使用 ExecuteReader()方法创建 SqlDataReader 对象
```

12.5.2 判断查询结果中是否有值

可以通过 SqlDataReader 对象的 HasRows 属性获取一个值，该值指示 SqlDataReader 是否包含一行或多行，即判断查询结果中是否有值。语法格式如下。

```
public override bool HasRows { get; }
```

如果 SqlDataReader 包含一行或多行，其属性值为 true，否则为 false。

【例 12.6】判断数据库表中是否有数据（**实例位置：资源包\TM\sl\12\6**）

创建一个 Windows 窗体应用程序，向窗体中添加一个 TextBox 控件和一个 Button 控件，分别用于输入要查询的表名以及执行查询操作。通过 SqlDataReader 对象的 HasRows 属性进行判断，如果 SqlDataReader 包含一行或多行，则为 true；否则为 false，代码如下。

```
private void button1_Click(object sender, EventArgs e)
{
    try
    {
        //实例化 SqlConnection 变量 conn
        SqlConnection conn = new SqlConnection("server=.;database=db_CSharp;uid=sa;pwd=");
        conn.Open();                                                    //打开连接
        //创建一个 SqlCommand 对象
        SqlCommand cmd = new SqlCommand("select * from "+textBox1.Text.Trim(), conn);
        SqlDataReader sdr = cmd.ExecuteReader();                        //使用 ExecuteReader()方法创建 SqlDataReader 对象
        sdr.Read();                                                     //调用 Read()方法读取 SqlDataReader
        if (sdr.HasRows)                                                //使用 HasRows 属性判断结果中是否有数据
        {
            MessageBox.Show("数据表中有值");                              //弹出提示信息
        }
        else                                                            //否则
        {
            MessageBox.Show("数据表中没有任何数据");
        }
    }
    catch (Exception ex)
```

```
        {
            MessageBox.Show(ex.Message);
        }
}
```

程序运行结果如图 12.21 所示。

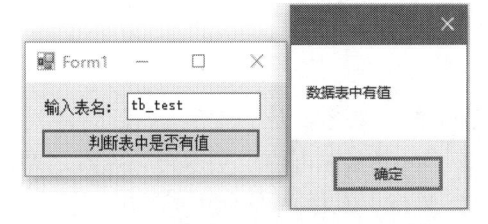

图 12.21　判断指定的数据表中是否有值

12.5.3　读取数据

如果要读取数据表中的数据，通过 ExecuteReader()方法，根据 SQL 语句创建一个 SqlDataReader 对象后，再调用 SqlDataReader 对象的 Read()方法读取数据。Read()方法使 SqlDataReader 前进到下一条记录，SqlDataReader 的默认位置在第一条记录前面。因此，必须调用 Read()方法访问数据。对于每个关联的 SqlConnection，一次只能打开一个 SqlDataReader，在第一个关闭之前，打开另一个的任何尝试都将失败。语法格式如下。

public override bool Read()

如果存在多个行，其返回值为 true，否则为 false。

使用完 SqlDataReader 对象后，要使用 Close()方法关闭 SqlDataReader 对象，语法格式如下。

public override void Close()

例如，关闭 SqlDataReader 对象，代码如下。

```
SqlConnection conn = new SqlConnection("server=.;database=db_CSharp;uid=sa;pwd=");//实例化 SqlConnection 变量 conn
conn.Open();                                                                     //打开连接
SqlCommand cmd = new SqlCommand("select * from "+textBox1.Text.Trim(), conn);    //创建一个 SqlCommand 对象
SqlDataReader sdr = cmd.ExecuteReader();              //使用 ExecuteReader()方法创建 SqlDataReader 对象
sdr.Close();
```

误区警示

使用 SqlDataReader 对象之前，必须打开数据库连接。如果针对一个 SqlConnection，创建多个 SqlDataReader 对象，则在创建下一个 SqlDataReader 对象之前，要通过 Close()方法关闭上一个 SqlDataReader 对象。

编程训练（答案位置：资源包\TM\sl\12\编程训练\）

【训练 7】实现用户的登录　创建一个 Windows 窗体应用程序，主要实现用户的登录功能，具体实现时，使用 SqlDataReader 从数据表（tb_power）中获取用户名和密码数据。

【训练 8】获取并显示数据表中的所有数据　使用 SqlDataReader 获取数据表（tb_power）中的所有数据，并显示在 DataGridView 数据表格控件中。（提示：首先需要在 DataGridView 控件中添加列。）

223

12.6 DataAdapter 对象

12.6.1 DataAdapter 对象概述

DataAdapter 对象是一个数据适配器对象，是 DataSet（12.7 节将会介绍 DataSet 对象）与数据源之间的桥梁。DataAdapter 对象提供了 4 个属性，用于实现与数据源之间的互通。

- ☑ SelectCommand 属性：向数据库发送查询 SQL 语句。
- ☑ DeleteCommand 属性：向数据库发送删除 SQL 语句。
- ☑ InsertCommand 属性：向数据库发送插入 SQL 语句。
- ☑ UpdateCommand 属性：向数据库发送更新 SQL 语句。

在对数据库进行操作时，只要将这 4 个属性设置成相应的 SQL 语句即可。DataAdapter 对象中还有几个主要的方法，具体如下。

（1）Fill()方法用数据填充 DataSet，语法格式如下。

`public int Fill(DataSet dataSet,string srcTable)`

- ☑ dataSet：要用记录和架构（如果必要）填充的 DataSet。
- ☑ srcTable：用于表映射的源表的名称。
- ☑ 返回值：已在 DataSet 中成功添加或刷新的行数，不包括受不返回行的语句影响的行。

（2）Update()方法更新数据库时，DataAdapter 将调用 DeleteCommand、InsertCommand 以及 UpdateCommand 属性，语法格式如下。

`public int Update(DataTable dataTable)`

- ☑ dataTable：用于更新数据源的 DataTable。
- ☑ 返回值：DataSet 中成功更新的行数。

例如，如果使用 DataAdapter 对象的 Fill()方法从数据源中提取数据并填充到 DataSet，就会用到 SelectCommand 属性中设置的命令对象。

12.6.2 填充 DataSet 数据集

通过 DataAdapter 对象的 Fill()方法填充 DataSet 数据集，Fill()方法使用 SELECT 语句从数据源中检索数据。与 SELECT 命令关联的 Connection 对象必须有效，但不需要将其打开。

【例 12.7】 通过 DataSet 数据集存储数据库中获取的数据（**实例位置：资源包\TM\sl\12\7**）

创建一个 Windows 窗体应用程序，向窗体中添加一个 Button 控件和一个 DataGridView 控件，分别用于执行数据绑定以及显示数据表中的数据。单击 Button 控件后，程序首先连接数据库，然后创建一个 SqlDataAdapter 对象，使用该对象的 Fill()方法填充 DataSet 数据集，最后设置 DataGridView 控件的数据源，显示查询的数据，代码如下。

```
SqlConnection conn;
private void button1_Click(object sender, EventArgs e)
{
    conn = new SqlConnection("server=.;database=db_CSharp;uid=sa;pwd=");           //实例化 SqlConnection 变量 conn
    SqlCommand cmd=new SqlCommand("select * from tb_command",conn);                //创建一个 SqlCommand 对象
    SqlDataAdapter sda = new SqlDataAdapter();          //创建一个 SqlDataAdapter 对象
    sda.SelectCommand = cmd;                            //设置 SqlDataAdapter 对象的 SelectCommand 属性为 cmd
    DataSet ds = new DataSet();                         //创建一个 DataSet 对象
    sda.Fill(ds,"cs");                                  //使用 SqlDataAdapter 对象的 Fill()方法填充 DataSet 数据集
    dataGridView1.DataSource = ds.Tables[0];            //设置 dataGridView1 控件的数据源
}
```

程序运行结果如图 12.22 所示。

12.6.3 更新数据源

使用 DataAdapter 对象的 Update()方法，可以将 DataSet 中修改过的数据及时更新到数据库中。在调用 Update()方法之前，要实例化一个 CommandBuilder 类，这里为 SqlCommandBuilder 类，该类可以自动生成单表命令，用于将对 DataSet 所做的更改与关联的 SQL Server 数据库的

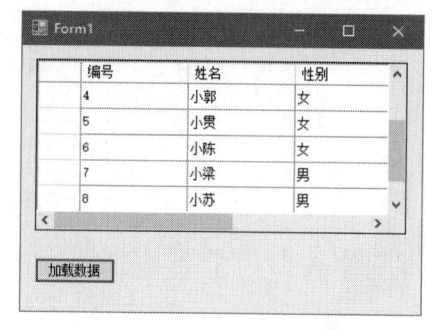

图 12.22 使用 Fill()方法填充 DataSet 数据集

更改相协调。具体使用时，它能自动根据 DataAdapter 的 SelectCommand 的 SQL 语句判断其他的 InsertCommand、UpdateCommand 和 DeleteCommand，这样就不用设置 DataAdapter 的 InsertCommand、UpdateCommand 和 DeleteCommand 属性，而直接使用 DataAdapter 的 Update()方法来更新 DataSet、DataTable 或 DataRow。

误区警示

使用 Update()方法更新数据时，要求更新的数据表必须有主键，否则将会产生异常信息，无法执行更新操作。

【例 12.8】 使用 Update()方法修改数据（**实例位置：资源包\TM\sl\12\8**）

创建一个 Windows 窗体应用程序，查询 tb_command 表中的所有数据并显示在 DataGridView 控件中，单击某条数据，显示其详细信息。对某条数据进行修改，然后单击"修改"按钮，并使用 DataAdapter 对象的 Update()方法更新数据源，代码如下。

```
SqlConnection conn;                                     //声明一个 SqlConnection 变量
DataSet ds;                                             //声明一个 DataSet 变量
SqlDataAdapter sda;                                     //声明一个 SqlDataAdapter 变量
private void Form1_Load(object sender, EventArgs e)
{
    //实例化 SqlConnection 变量 conn，连接数据库
    conn = new SqlConnection("server=.;database=db_CSharp;uid=sa;pwd=");
    SqlCommand cmd = new SqlCommand("select * from tb_command", conn);   //创建一个 SqlCommand 对象
    sda = new SqlDataAdapter();                         //实例化 SqlDataAdapter 对象
    sda.SelectCommand = cmd;                            //设置 SqlDataAdapter 对象的 SelectCommand 属性为 cmd
    ds = new DataSet();                                 //实例化 DataSet
    sda.Fill(ds, "cs");                                 //使用 SqlDataAdapter 对象的 Fill()方法填充 DataSet
    dataGridView1.DataSource = ds.Tables[0];            //设置 dataGridView1 控件的数据源
}
```

```csharp
private void button1_Click(object sender, EventArgs e)
{
    DataTable dt = ds.Tables["cs"];                          //创建一个 DataTable
    sda.FillSchema(dt, SchemaType.Mapped);                   //把表结构加载到 tb_command 表中
    DataRow dr = dt.Rows.Find(txtNo.Text);                   //创建一个 DataRow
    //设置 DataRow 中的值
    dr["姓名"] = txtName.Text.Trim();
    dr["性别"] = this.txtSex.Text.Trim();
    dr["年龄"] = this.txtAge.Text.Trim();
    dr["奖金"] = this.txtJJ.Text.Trim();
    SqlCommandBuilder cmdbuilder = new SqlCommandBuilder(sda);  //实例化一个 SqlCommandBuilder
    sda.Update(dt);                                             //调用 Update()方法，将 DataTable 更新到数据库中
}
private void dataGridView1_CellClick(object sender, DataGridViewCellEventArgs e)
{
    //在 dataGridView1 控件的 CellClick 事件中实现单击某条数据显示详细信息
    txtNo.Text = dataGridView1.SelectedCells[0].Value.ToString();
    txtName.Text = dataGridView1.SelectedCells[1].Value.ToString();
    txtSex.Text = dataGridView1.SelectedCells[2].Value.ToString();
    txtAge.Text = dataGridView1.SelectedCells[3].Value.ToString();
    txtJJ.Text = dataGridView1.SelectedCells[4].Value.ToString();
}
```

程序运行结果如图 12.23 所示。

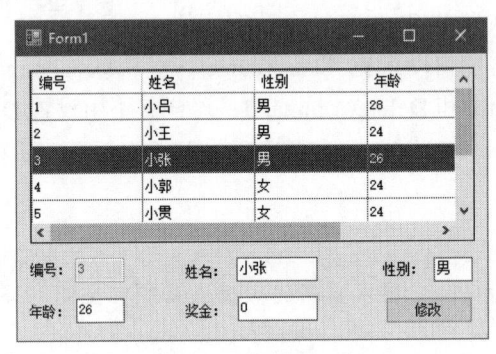

图 12.23　更新数据源

> **说明**
>
> 在 DataTable 对象上可以多次使用 Fill()方法。如果主键存在，则传入行会与已有的匹配行合并；如果主键不存在，则传入行会追加到 DataTable 中。

12.7　DataSet 对象

12.7.1　DataSet 对象概述

DataSet 对象就像存放于内存中的一个小型数据库，它可以包含数据表、数据列、数据行、视图、约束以及关系。通常，DataSet 的数据来源于数据库或者 XML，为了从数据库中获取数据，需要使用

数据适配器从数据库中查询数据。

例如，使用数据适配器从数据库中查询数据，调用其 Fill() 方法填充 DataSet 对象，代码如下。

```
conn = new SqlConnection("server=.;database=db_CSharp;uid=sa;pwd=");   //连接数据库
DataSet ds = new DataSet();                                             //创建一个 DataSet
SqlDataAdapter sda = new SqlDataAdapter("select * from tb_test", conn); //创建一个 SqlDataAdapter 对象
sda.Fill(ds);                                                           //使用 Fill() 方法填充 DataSet
```

12.7.2 合并 DataSet 内容

使用 Merge() 方法，可将 DataSet、DataTable 或 DataRow 数组的内容并入现有的 DataSet 中。Merge() 方法可将指定的 DataSet 及其架构与当前的 DataSet 合并，在此过程中根据给定参数保留或放弃在当前 DataSet 中的更改并处理不兼容的架构。语法格式如下。

```
public void Merge(DataSet dataSet, bool preserveChanges, MissingSchemaAction missingSchemaAction)
```

☑ dataSet：其数据和架构将被合并到 DataSet 中。
☑ preserveChanges：要保留当前 DataSet 中的更改，则为 true；否则为 false。
☑ missingSchemaAction：MissingSchemaAction 枚举值之一。

MissingSchemaAction 枚举成员及说明如表 12.7 所示。

表 12.7　MissingSchemaAction 枚举成员及说明

枚 举 成 员	说　　明
Add	添加必需的列以完成架构
AddWithKey	添加必需的列和主键信息以完成架构，用户可以在每个 DataTable 上显式设置主键约束。这将确保对与现有记录匹配的传入记录进行更新，而不是追加
Error	如果缺少指定的列映射，则生成 InvalidOperationException
Ignore	忽略额外列

> **注意**
> 当 DataSet 对象为 null 时，无法进行合并。

【例 12.9】合并 DataSet 内容并显示（实例位置：资源包\TM\sl\12\9）

创建一个 Windows 窗体应用程序，向窗体中添加一个 DataGridView 控件。首先获取数据表 tb_test 中的数据，并存储在 DataSet 对象 ds 中，然后再获取数据表 tb_man 中的数据，存储在另一个 DataSet 对象 ds1 中。最后调用 DataSet 对象的 Merge() 方法，将 ds 与 ds1 合并，代码如下。

```
SqlConnection conn;
private void Form1_Load(object sender, EventArgs e)
{
    //实例化 SqlConnection 变量 conn，连接数据库
    conn = new SqlConnection("server=.;database=db_CSharp;uid=sa;pwd=");
    //创建两个 DataSet
    DataSet ds = new DataSet();
    DataSet ds1 = new DataSet();
    //创建一个 SqlDataAdapter 对象
    SqlDataAdapter sda = new SqlDataAdapter("select * from tb_test", conn);
    //使用 Fill() 方法填充 DataSet
```

```
        sda.Fill(ds);
        //创建一个 SqlDataAdapter 对象
        SqlDataAdapter sda1 = new SqlDataAdapter("select * from tb_man", conn);
        //创建一个 SqlCommandBuilder 对象
        SqlCommandBuilder sbl = new SqlCommandBuilder(sda1);
        //使用 Fill()方法填充 DataSet
        sda1.Fill(ds1);
        //使用 Merge()方法将 ds 合并到 ds1 中
        ds1.Merge(ds,true,MissingSchemaAction.AddWithKey);
        //设置 dataGridView1 控件的数据源
        dataGridView1.DataSource = ds1.Tables[0];
}
```

程序运行结果如图 12.24 所示。

图 12.24　合并 DataSet

12.7.3　复制 DataSet 内容

为了不影响原始数据，或需要使用 DataSet 中数据的子集，可以创建 DataSet 的副本。

复制 DataSet 时，可以进行以下操作。

- ☑ 创建 DataSet 的原样副本，其中包含架构、数据、行状态信息和行版本。
- ☑ 创建包含现有 DataSet 的架构但仅包含已修改行的 DataSet。可以返回已修改的所有行或者指定特定的 DataRowState。有关行状态的更多信息，可参见行状态与行版本。
- ☑ 仅复制 DataSet 的架构（即关系结构），而不复制任何行。可以使用 ImportRow 将行导入现有的 DataTable。

可以使用 DataSet 对象的 Copy()方法创建包含架构和数据的 DataSet 的原样副本。Copy()方法的功能是复制指定 DataSet 的结构和数据。语法格式如下：

```
public DataSet Copy()
```

其返回值是一个新的 DataSet，具有与该 DataSet 相同的结构（表架构、关系和约束）和数据。

【例 12.10】复制 DataSet 数据集的内容（**实例位置：资源包\TM\sl\12\10**）

创建一个 Windows 窗体应用程序，向窗体中添加两个 DataGridView 控件和一个 Button 控件。第一个 DataGridView 控件用于显示数据表 tb_test 中的数据，当单击 Button 控件后，通过 DataSet 对象的

Copy()方法复制第一个 DataGridView 控件的 DataSet，并作为第二个 DataGridView 控件的数据源，代码如下。

```
SqlConnection conn;                                         //声明一个 SqlConnection 变量
DataSet ds;                                                 //声明一个 DataSet 变量
private void Form1_Load(object sender, EventArgs e)
{
    //实例化 SqlConnection 变量 conn，连接数据库
    conn = new SqlConnection("server=.;database=db_CSharp;uid=sa;pwd=");
    //创建一个 SqlCommand 对象
    SqlCommand cmd = new SqlCommand("select * from tb_test",conn);
    //创建一个 SqlDataAdapter 对象
    SqlDataAdapter sda = new SqlDataAdapter();
    //设置 SqlDataAdapter 对象的 SelectCommand 属性，设置执行的 SQL 语句
    sda.SelectCommand = cmd;
    //实例化 DataSet
    ds = new DataSet();
    //使用 SqlDataAdapter 对象的 Fill()方法填充 DataSet
    sda.Fill(ds,"test");
    //设置 dataGridView1 的数据源
    dataGridView1.DataSource = ds.Tables[0];
}
private void button1_Click(object sender, EventArgs e)
{
    DataSet ds1 = ds.Copy();                                //调用 DataSet 的 Copy()方法复制 ds 中的内容
    dataGridView2.DataSource = ds1.Tables[0];               //将 ds1 作为 dataGridView2 的数据源
}
```

程序运行结果如图 12.25 所示。

图 12.25 复制 DataSet

编程训练（答案位置：资源包\TM\sl\12\编程训练\）

【训练 9】查找价格在指定范围内的商品 查找 tb_PDic 数据表中价格（Money 字段）在 100～500 以内的编程词典版本。

【训练 10】查找名称中包含指定字符的商品 查找 tb_PDic 数据表中名称（Name 字段）包含"C#"的所有数据。

12.8　Entity Framework 编程基础

12.8.1　Entity Framework 概述

Entity Framework（以下简称为 EF）是微软公司官方发布的 ORM 框架，它是基于 ADO.NET 的。通过 EF 可以很方便地将表映射到实体对象或将实体对象转换为数据库表。

> **说明**
>
> ORM 是将数据存储从域对象自动映射到关系型数据库的工具。ORM 主要包括 3 个部分：域对象、关系数据库对象、映射关系。ORM 使类提供自动化 CRUD，使开发人员从数据库 API 和 SQL 中解放出来。

EF 有 3 种使用场景：从数据库生成 Class；由实体类生成数据库表结构；通过数据库可视化设计器设计数据库，同时生成实体类，如图 12.26 所示。

从数据库生成Class

由实体类生成数据库表结构

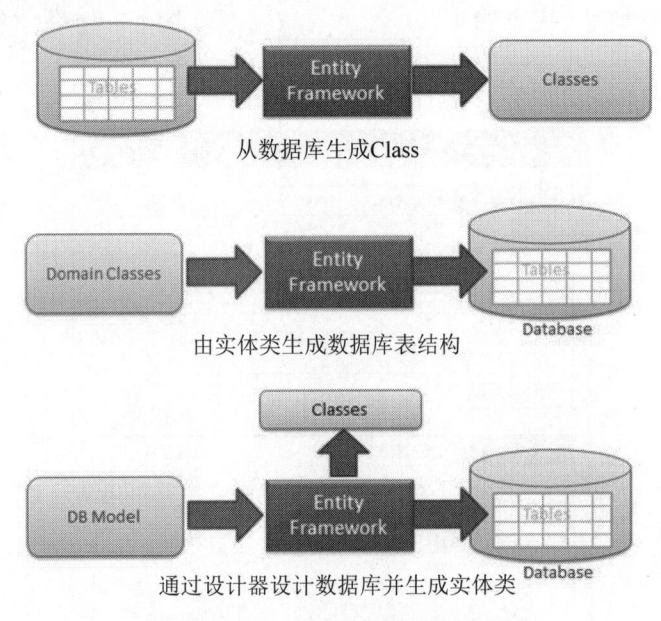

通过设计器设计数据库并生成实体类

图 12.26　EF 的 3 种使用场景示意图

12.8.2　Entity Framework 实体数据模型

Entity Framework 的实体数据模型（EDM，见图 12.27）包括概念模型、映射和存储模型，分别如下。

☑　概念模型：概念模型由概念架构定义语言文件（.csdl）来定义，包含模型类和它们之间的关系，独立于数据库表的设计。

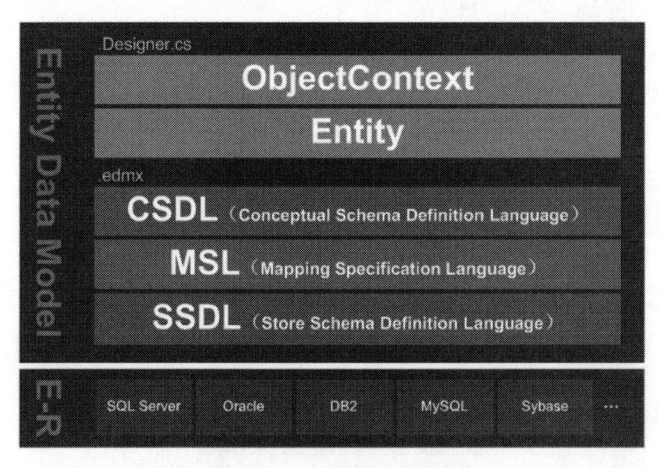

图 12.27 实体数据模型

- ☑ 映射：映射由映射规范语言文件（.msl）来定义，包含有关如何将概念模型映射到存储模型的信息。
- ☑ 存储模型：存储模型由存储架构定义语言文件（.ssdl）来定义，它是数据库设计模型，包括表、视图、存储的过程以及它们的关系和键。

EDM 模式在项目中的表现形式就是扩展名为.edmx 的文件，这个文件本质是一个 XML 文件，可以手动编辑此文件以自定义 CSDL、MSL 与 SSDL 这 3 个部分。

12.8.3 Entity Framework 运行环境

Entity Framework 框架曾经是.NET Framework 的一部分，在 Version 6 之后从.NET Framework 中分离出来。其中，EF 5.x 由两部分组成：EF API 和.NET Framework 4.0/4.5。而 EF 6.x 是独立的 EntityFramework.dll，不依赖.NET Framework。使用 NuGet 即可安装 EF，在安装 Visual Studio 2022 开发环境时，会自动安装 EF 5.x 和 6.x 版本。EF 5.x 运行环境示意图如图 12.28 所示，EF 6.x 运行环境示意图如图 12.29 所示。

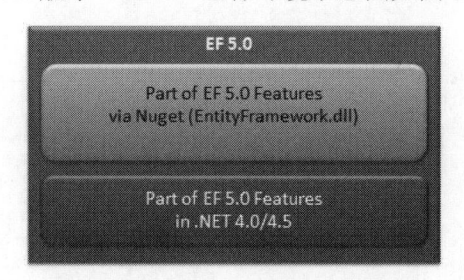

图 12.28　EF 5.x 运行环境示意图 　　　图 12.29　EF 6.x 运行环境示意图

12.8.4 创建实体数据模型

下面以 db_EMS 数据库为例，将已有的数据库表映射为实体数据，操作步骤如下。
（1）创建一个 Windows 窗体应用程序，选中当前项目并右击，在弹出的快捷菜单中依次选择"添加"→"新建项"命令,弹出"添加新项"对话框,在该对话框的左侧"已安装"下选择"Visual C# 项",在右侧列表中找到"ADO.NET 实体数据模型 Visual C#项"并选中,在"名称"文本框中输入实体数据模型的名称,可以与数据库名相同,如图 12.30 所示,然后单击"添加"按钮。

图 12.30 选择"ADO.NET 实体数据模型 Visual C#项"

（2）弹出"实体数据模型向导"对话框,在该对话框中选择"来自数据库的 EF 设计器",如图 12.31 所示。

（3）单击"下一步"按钮,在弹出的窗口中单击"新建连接"按钮,弹出"选择数据源"对话框,如图 12.32 所示。在该对话框中选择"Microsoft SQL Server"。

图 12.31 选择"来自数据库的 EF 设计器" 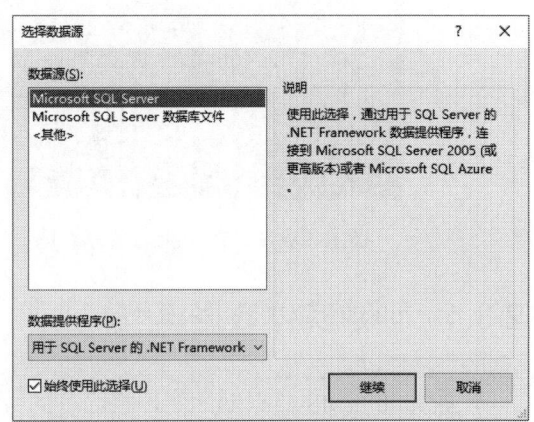　　　　图 12.32 "选择数据源"对话框

（4）单击"继续"按钮，弹出"连接属性"对话框，如图12.33所示，该对话框中的设置如下。
- ☑ 数据源：单击"更改"按钮，选择"Microsoft SQL Server (SqlClient)"选项，如果默认为该选项，请忽略。
- ☑ 服务器名：单击下拉列表右侧的下拉按钮，系统会自动寻找本机名称，如果数据库在本地，那么选择自己的机器名即可。
- ☑ 身份验证：在"身份验证"下拉列表中选择"SQL Server 身份验证"选项，填写用户名和密码（数据库登录名和密码）。
- ☑ 选中"选择或输入数据库名称"单选按钮，在其下拉列表中单击右侧的下拉按钮，找到想要映射的数据库名称，本例为db_EMS。

（5）以上信息配置完毕后，单击"确定"按钮，返回"实体数据模型向导"对话框。单击"下一步"按钮，跳转到"选择您的版本"界面，如图12.34所示。在该界面中可以根据自己的实际需要进行选择，这里选中"实体框架6.x"单选按钮。

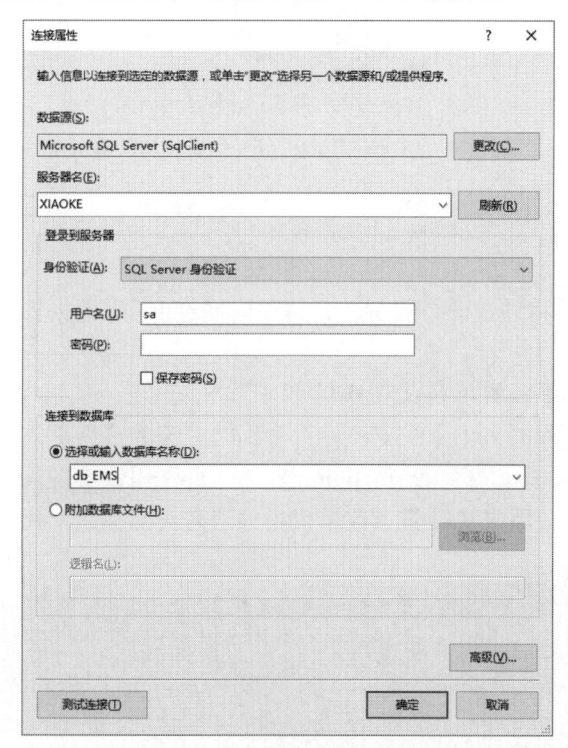

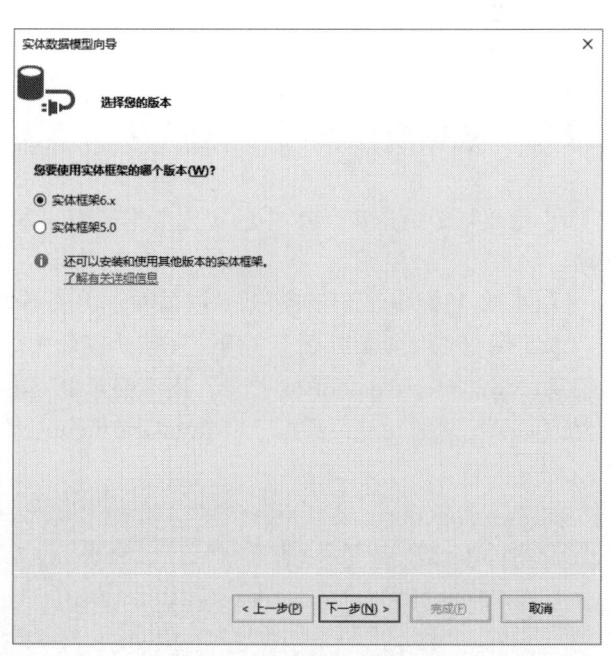

图12.33　配置连接数据库

图12.34　"选择您的版本"界面

（6）单击"下一步"按钮，跳转到"选择您的数据库对象和设置"界面，这里暂时用不到"视图"或"存储过程和函数"，所以只选择"表"选项即可，如图12.35所示，单击"完成"按钮。

等待生成完成后，编辑器自动打开模型图页面以展示关联性，这里直接关闭即可。打开"解决方案资源管理器"，发现当前项目中多了一个"db_EMS.edmx"文件，这就是模型实体和数据库上下文类。图12.36为整个架构的情况。

图 12.35　选择要映射的内容（此处选择"表"）　　　　图 12.36　EF 生成实体架构

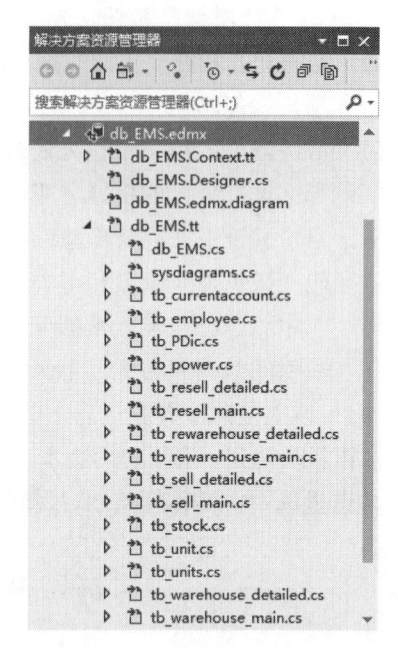

12.8.5　数据表操作

在 12.8.4 节中创建了 EF 中的实体数据模型，本节将通过一个实例，讲解如何通过 EF 对数据表进行增、删、改、查操作。

【例 12.11】 通过 EF 对数据表进行操作（**实例位置：资源包\TM\sl\12\11**）

本实例在 12.8.4 节基础上实现。在默认窗体中添加 7 个 TextBox 控件，分别用来输入或者编辑商品信息；添加一个 ComboBox 控件，用来显示商品的单位；添加两个 Button 控件，分别用来实现添加和修改商品信息的功能；添加一个 DataGridView 控件，用来实时显示数据表中的所有商品信息，代码如下。

```
string strID = "";                                              //记录选中的商品编号
private void Form1_Load(object sender, EventArgs e)
{
    using (db_EMSEntities db = new db_EMSEntities())
    {
        dgvInfo.DataSource = db.tb_stock.ToList();              //显示数据表中所有信息
    }
}
private void btnAdd_Click(object sender, EventArgs e)
{
    using (db_EMSEntities db = new db_EMSEntities())
    {
        tb_stock stock = new tb_stock
        {
            //为 tb_stock 类中的商品实体赋值
            tradecode = txtID.Text,
            fullname = txtName.Text,
```

```csharp
                unit = cbox.Text,
                type = txtType.Text,
                standard = txtISBN.Text,
                produce = txtAddress.Text,
                qty = Convert.ToInt32(txtNum.Text),
                price = Convert.ToDouble(txtPrice.Text)
            };
            db.tb_stock.Add(stock);                              //构造添加 SQL 语句
            db.SaveChanges();                                    //进行数据库添加操作
            dgvInfo.DataSource = db.tb_stock.ToList();           //重新绑定数据源
        }
    }
    private void btnEdit_Click(object sender, EventArgs e)
    {
        using (db_EMSEntities db = new db_EMSEntities())
        {
            tb_stock stock = new tb_stock { tradecode = txtID.Text, fullname = txtName.Text };
            db.tb_stock.Attach(stock);                           //构造修改 SQL 语句
            //重新为各个字段赋值
            stock.unit = cbox.Text;
            stock.type = txtType.Text;
            stock.standard = txtISBN.Text;
            stock.produce = txtAddress.Text;
            stock.qty = Convert.ToInt32(txtNum.Text);
            stock.price = Convert.ToDouble(txtPrice.Text);
            db.SaveChanges();                                    //进行数据库修改操作
            dgvInfo.DataSource = db.tb_stock.ToList();           //重新绑定数据源
        }
    }
    private void 删除ToolStripMenuItem_Click(object sender, EventArgs e)
    {
        using (db_EMSEntities db = new db_EMSEntities())
        {
            //查找要删除的记录
            tb_stock stock = db.tb_stock.Where(W => W.tradecode == strID).FirstOrDefault();
            if (stock != null)                                   //判断要删除的记录是否存在
            {
                db.tb_stock.Remove(stock);                       //构造删除 SQL 语句
                db.SaveChanges();                                //执行删除操作
                dgvInfo.DataSource = db.tb_stock.ToList();       //重新绑定数据源
                MessageBox.Show("商品信息删除成功");
            }
            else
                MessageBox.Show("请选择要删除的商品！");
        }
    }
    private void dgvInfo_CellClick(object sender, DataGridViewCellEventArgs e)
    {
        if (e.RowIndex > 0)                                      //判断是否选择了行
        {
            //获取选中的商品编号
            strID = Convert.ToString(dgvInfo[0, e.RowIndex].Value).Trim();
            using (db_EMSEntities db = new db_EMSEntities())
            {
                //获取指定编号的商品信息
                tb_stock stock = db.tb_stock.Where(W => W.tradecode == strID).FirstOrDefault();
                if (stock != null)                               //判断查询结果是否为空
```

```csharp
            {
                txtID.Text = stock.tradecode;           //显示商品编号
                txtName.Text = stock.fullname;          //显示商品全称
                cbox.Text = stock.unit;                 //显示商品单位
                txtType.Text = stock.type;              //显示商品类型
                txtISBN.Text = stock.standard;          //显示商品规格
                txtAddress.Text = stock.produce;        //显示商品产地
                txtNum.Text = stock.qty.ToString();     //显示商品数量
                txtPrice.Text = stock.price.ToString(); //显示商品价格
            }
        }
    }
}
```

程序运行结果如图 12.37 所示。

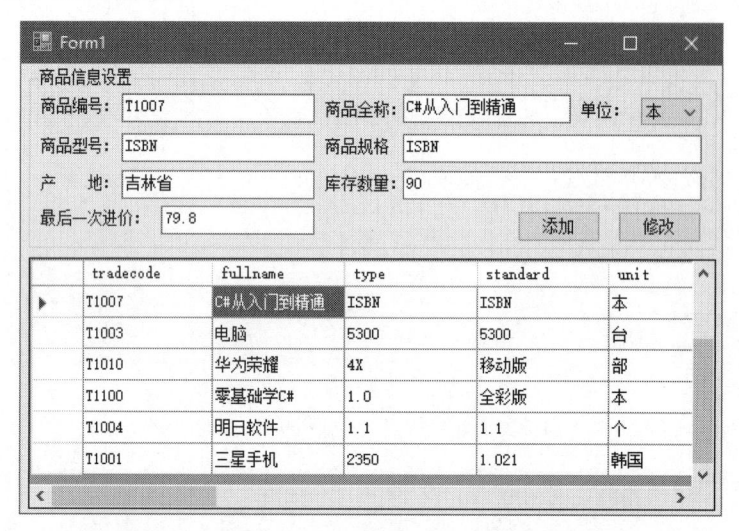

图 12.37 通过 EF 对数据表进行增、删、改、查操作

编程训练（答案位置：资源包\TM\sl\12\编程训练\）

【训练 11】使用 EF 技术实现数据的添加功能 通过 EF 技术对 db_EMS 数据库中的 tb_employee 数据表执行添加数据的操作，同时将该表中的数据显示到 DataGridView 控件中。

【训练 12】使用 EF 技术实现数据的删除功能 通过 EF 技术实现删除 db_EMS 数据库中 tb_employee 数据表内指定数据的功能。

12.9 实践与练习

（答案位置：资源包\TM\sl\12\实践与练习\）

综合练习 1：批量写入数据 通过 INSERT 语句可以向数据库中写入数据记录，但是每执行一次 INSERT INTO 语句只可以写入一条数据记录，那么怎样可以实现批量写入数据呢？本练习可以通过在 INSERT INTO 语句中嵌入 SELECT 语句，将 SELECT 语句的查询结果写入指定的数据表，从而实现批量写入数据的功能。

综合练习 2：综合查询职工信息　本练习要求使用综合条件查询来查询职工的详细信息。运行程序，在"设置查询条件"区域设置要查询的职工信息，单击"查询"按钮，即可按设置的条件查询职工信息，并将查询到的信息显示在窗体下方的数据表格中。参考效果如图 12.38 所示。

图 12.38　综合查询职工信息

综合练习 3：查询销售量占前 50%的商品信息　本练习要求实现在销售信息表中查询销售数量占前 50%的商品信息。（提示：使用 TOP 50 PERCENT 进行查询。）

第 13 章 LINQ 数据访问技术

LINQ（language-integrated query，语言集成查询）数据访问技术可将查询功能引入.NET 所支持的编程语言中。查询操作可通过编程语言自身来传达，而不必以字符串形式嵌入到应用程序代码中。本章将详细讲解 LINQ 的 4 项关键技术，包括 LINQ to SQL、LINQ to DataSet、LINQ to Objects 和 LINQ to XML。

本章知识架构及重点、难点如下。

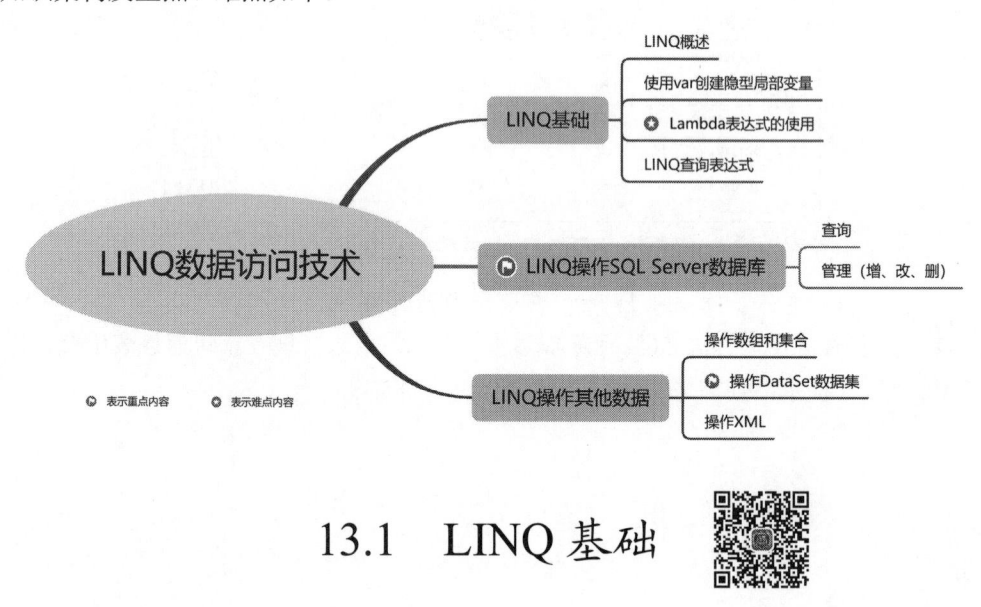

13.1 LINQ 基础

13.1.1 LINQ 概述

LINQ 为 C#提供了强大的查询功能，其技术扩展后几乎可以支持任何存储类型的数据。Visual Studio 2022 中包含 LINQ 提供的程序集，这些程序集支持将 LINQ 与.NET 集合、SQL Server 数据库、ADO.NET 数据集和 XML 文档一起使用，从而在对象领域和数据领域之间架起了一座桥梁。

LINQ 包括 LINQ to ADO.NET、LINQ to Objects 和 LINQ to XML 三部分，其中 LINQ to ADO.NET 又可分为 LINQ to SQL 和 LINQ to DataSet。

☑ LINQ to SQL 组件：可查询基于关系数据库的数据，并对这些数据进行检索、插入、修改、删除、排序、聚合、分区等操作。

☑ LINQ to DataSet 组件：可查询 DataSet 对象中的数据，并对这些数据进行检索、过滤、排序等操作。

☑ LINQ to Objects 组件：可查询 Ienumerable 或 Ienumerable<T>集合，也就是任何可枚举的集合，如数据（Array 和 ArrayList）、泛型列表 List<T>、泛型字典 Dictionary<T>等，以及用户自定义的集合，而不需要使用 LINQ 提供程序或 API。

☑ LINQ to XML 组件：可查询或操作 XML 结构的数据（如 XML 文档、XML 片段、XML 格式的字符串等），并提供修改文档对象模型的内存文档和支持 LINQ 查询表达式等功能，以及处理 XML 文档的全新编程接口。

总而言之，LINQ 可以查询或操作任何存储形式的数，如对象（集合、数组、字符串等）、关系（关系数据库、ADO.NET 数据集等）以及 XML，其架构如图 13.1 所示。

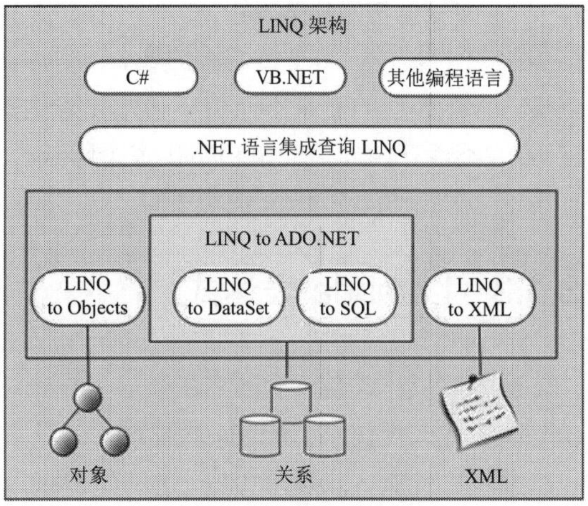

图 13.1 LINQ 架构

13.1.2 使用 var 创建隐式局部变量

var 关键字用来创建隐式局部变量，指示编译器根据初始化语句右侧的表达式推断变量的类型。推断类型可以是内置类型、匿名类型、用户定义类型、.NET Framework 类库中定义的类型或任何表达式。

例如，使用 var 关键字声明一个隐式局部变量，并赋值为 2023，代码如下。

```
var number = 2023;                                              //声明隐式局部变量
```

很多情况下，var 是可选的，它仅仅提供了语法上的便利。但在使用匿名类型初始化变量时，需要使用它，这在 LINQ 查询表达式中很常见。由于只有编译器知道匿名类型的名称，因此必须在源代码中使用 var。如果已经使用 var 初始化了查询变量，则还必须使用 var 作为对查询变量进行循环访问的 foreach 语句中迭代变量的类型。

【例 13.1】单词的大小写转换（实例位置：资源包\TM\sl\13\1）

创建一个控制台应用程序，首先定义一个字符串数组，然后通过定义隐式查询表达式将字符串数组中的单词分别转换为大写和小写，最后循环访问隐式查询表达式，并输出相应的大小写单词，代码如下。

```
static void Main(string[] args)
{
    string[] strWords = { "MingRi", "XiaoKe", "MRBccd" };       //定义字符串数组
    //定义隐式查询表达式
    var ChangeWord =
        from word in strWords
        select new { Upper = word.ToUpper(), Lower = word.ToLower() };
    //循环访问隐式查询表达式
    foreach (var vWord in ChangeWord)
    {
        Console.WriteLine("大写：{0}，小写：{1}", vWord.Upper, vWord.Lower);  //转换后的单词
    }
    Console.ReadLine();
}
```

程序运行结果如图 13.2 所示。

使用隐式类型的变量时，需要遵循以下规则。

- ☑ 在同一语句中声明和初始化局部变量时才能使用 var，不能将该变量初始化为 null。
- ☑ 不能将 var 用于类范围的域。
- ☑ var 声明的变量不能用在初始化表达式中，如 "var v=v++;"，编译时会产生错误。
- ☑ 不能在同一语句中初始化多个隐式类型的变量。
- ☑ 如果一个名为 var 的类型位于范围中，则用 var 关键字初始化局部变量时会产生编译错误。

图 13.2 var 关键字的使用

13.1.3 Lambda 表达式

Lambda 表达式是一个匿名函数，包含表达式和语句，可用于创建委托或表达式目录树类型。所有 Lambda 表达式都使用 Lambda 运算符 "=>"（读为 goes to）。Lambda 运算符的左边是输入参数（如果有），右边包含表达式或语句块。例如，Lambda 表达式 x => x * x 读作 x goes to x times x。

Lambda 表达式的基本形式如下。

```
(input parameters) => expression
```

其中，input parameters 表示输入参数，expression 表示表达式。

> **说明**
>
> （1）Lambda 表达式用在基于方法的 LINQ 查询中，作为 Where 和 Where(IQueryable, String, Object[])等标准查询运算符方法的参数。
>
> （2）使用基于方法的语法在 Enumerable 类中调用 Where()方法时（像在 LINQ to Objects 和 LINQ to XML 中那样），参数是委托类型 Func<T, TResult>，使用 Lambda 表达式创建委托最为方便。
>
> （3）在 is 或 as 运算符的左侧不允许使用 Lambda 表达式。

【例 13.2】使用 Lambda 表达式查找包含指定字符的字符串（实例位置：资源包\TM\sl\13\2）

创建一个控制台应用程序，首先定义一个字符串数组，然后通过使用 Lambda 表达式查找数组中包含 "C#" 的字符串，代码如下。

```csharp
static void Main(string[ ] args)
{
    //声明一个数组并初始化
    string[ ] strLists = new string[ ] { "明日科技", "C#编程词典", "C#编程词典珍藏版" };
    //使用 Lambda 表达式查找数组中包含 "C#" 的字符串
    string[ ] strList = Array.FindAll(strLists, s => (s.IndexOf("C#") >= 0));
    //使用 foreach 语句遍历输出
    foreach (string str in strList)
    {
        Console.WriteLine(str);
    }
    Console.ReadLine();
}
```

程序运行结果如图 13.3 所示。

下列规则适用于 Lambda 表达式中的变量范围。

- ☑ 捕获的变量将不会被作为垃圾回收，直至引用变量的委托超出范围为止。
- ☑ 在外部方法中看不到 Lambda 表达式内引入的变量。
- ☑ Lambda 表达式无法从封闭方法中直接捕获 ref 或 out 参数。
- ☑ Lambda 表达式中的返回语句不会导致封闭方法返回。
- ☑ Lambda 表达式不能包含位于所包含匿名函数主体外部或内部的 goto、break 或 continue 语句。

图 13.3　Lambda 表达式的使用

13.1.4　LINQ 查询表达式

对于编写查询的开发人员来说，LINQ 最明显的"语言集成"部分是查询表达式。查询表达式使用声明性查询语法编写，开发人员可以使用最少的代码对数据源执行复杂的筛选、排序和分组操作。

使用 LINQ 查询表达式时，需要注意以下几点。

- ☑ 查询表达式可用于查询和转换来自任意支持 LINQ 的数据源中的数据。例如，单个查询可以从 SQL Server 数据库检索数据，并生成 XML 流作为输出。
- ☑ 查询表达式容易掌握，因为它们使用许多常见的 C#语言构造。
- ☑ 查询表达式中的变量都是强类型的，但一般不需要显式提供类型，因为编译器可以推断类型。
- ☑ 在循环访问 foreach 语句中的查询变量之前，不会执行查询。
- ☑ 在编译时，根据 C#规范中设置的规则将查询表达式转换为"标准查询运算符"方法调用。任何可以使用查询语法表示的查询都可以使用方法语法表示，但是多数情况下查询语法更易读和简洁。
- ☑ 作为编写 LINQ 查询的一项规则，建议尽量使用查询语法，只在必须情况下才使用方法语法。
- ☑ Count、Max 等查询操作，没有等效的查询表达式子句，因此必须表示为方法调用。
- ☑ 查询表达式可以编译为表达式目录树或委托，具体取决于查询所应用到的类型。其中，IEnumerable<T>查询编译为委托，IQueryable 和 IQueryable<T>查询编译为表达式目录树。

LINQ 查询表达式包含 8 个基本子句，分别为 from、select、group、where、orderby、join、let 和 into，其说明如表 13.1 所示。

表 13.1　LINQ 查询表达式子句及说明

子句	说　　明
from	指定数据源和范围变量
select	指定执行查询时返回的序列中的元素将具有的类型和形式
group	按照指定的键值对查询结果进行分组
where	根据一个或多个由逻辑"与"和逻辑"或"运算符（&&或||）分隔的布尔表达式筛选源元素
orderby	基于元素类型的默认比较器按升序或降序对查询结果进行排序
join	基于两个指定匹配条件之间的相等比较来连接两个数据源
let	引入一个用于存储查询表达式中子表达式结果的范围变量
into	提供一个标识符，它可以充当对 join、group 或 select 子句的结果的引用

【例 13.3】查找长度小于 7 的所有数组项（实例位置：资源包\TM\sl\13\3）

创建一个控制台应用程序，首先定义一个字符串数组，然后使用 LINQ 查询表达式查找数组中长度小于 7 的所有项并输出，代码如下。

```
static void Main(string[ ] args)
{
    //定义一个字符串数组
    string[ ] strName = new string[ ] { "明日科技","C#编程词典","C#从基础到项目实战","C#范例手册" };
    //定义 LINQ 查询表达式，从数组中查找长度小于 7 的所有项
    IEnumerable<string> selectQuery =
        from Name in strName
        where Name.Length<7
        select Name;
    //执行 LINQ 查询，并输出结果
    foreach (string str in selectQuery)
    {
        Console.WriteLine(str);
    }
    Console.ReadLine();
}
```

程序运行结果如图 13.4 所示。

图 13.4　LINQ 查询表达式的使用

编程训练（答案位置：资源包\TM\sl\13\编程训练\）

【训练 1】检查序列中是否包含指定元素　编写 SQL 语句时，有时使用逻辑运算符 IN 或 EXISTS 检查某一数据表中是否包含指定的数据。本训练要求使用 LINQ 限定操作符实现同样的功能，检查人员列表中是否包含指定的人员对象。（提示：主要用到 Enumerable 类的 Contains()方法。）

【训练 2】查找字符串中包含的大写字母　本训练要求使用 LINQ 查找指定字符串中包含的大写字母，并将大写字母显示到窗体中。（提示：在 LINQ 查询表达式的 where 子句部分使用 IsUpper()方法。）

13.2　使用 LINQ 操作 SQL Server 数据库

13.2.1　查询 SQL Server 数据库

使用 LINQ 查询 SQL Server 数据库时，需要先创建 LinqToSql 类文件，步骤如下。

（1）启动 Visual Studio 2022 开发环境，建立一个项目。

（2）在"解决方案资源管理器"中选中当前项目并右击，在弹出的快捷菜单中选择"添加"→"添加新项"命令，弹出"添加新项"对话框，如图 13.5 所示。

（3）在"添加新项"对话框中选择"LINQ to SQL 类"，在"名称"文本框中输入名称，单击"添加"按钮，添加一个 LinqToSql 类文件。

（4）在"服务器资源管理器"中连接 SQL Server 数据库，然后将指定数据库中的表映射到.dbml 中（可以将表拖曳到设计视图中），如图 13.6 所示。

（5）.dbml 文件将自动创建一个名称为 DataContext 的数据上下文类，为数据库提供查询或操作数

据库的方法，LINQ 数据源创建完毕。DataContext 类中的程序代码均自动生成，如图 13.7 所示。

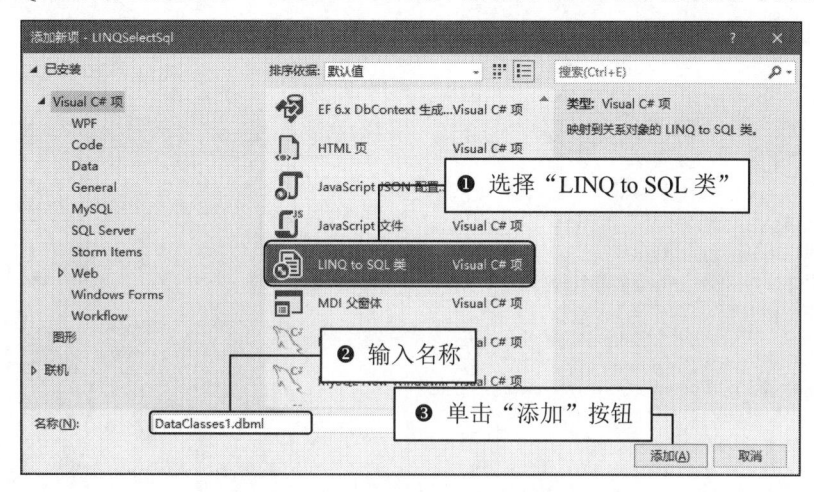

图 13.5 "添加新项"对话框

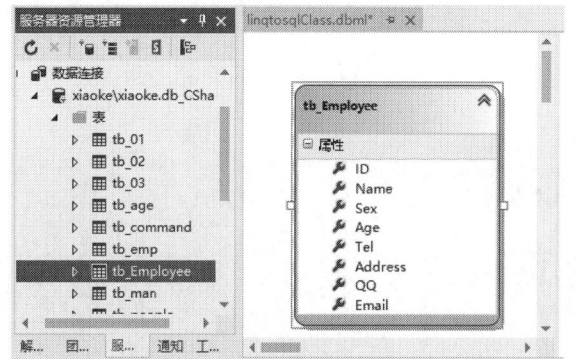

图 13.6 将数据表映射到 .dbml 文件

图 13.7 DataContext 类中自动生成程序代码

创建完 LinqToSql 类文件后，接下来要使用它。下面将通过一个例子讲解如何使用 LINQ 查询 SQL Server 数据库。

【例 13.4】 使用 LINQ 查询数据（**实例位置：资源包\TM\sl\13\4**）

创建一个 Windows 窗体应用程序，在 Form1 窗体中添加一个 ComboBox 控件，用来选择查询条件；添加一个 TextBox 控件，用来输入查询关键字；添加一个 Button 控件，用来执行查询操作；添加一个 DataGridView 控件，用来显示数据库中的数据。

首先在当前项目中依照上面所讲的步骤创建一个 LinqToSql 类文件，然后在 Form1 窗体中定义一个 string 类型变量，用来记录数据库连接字符串，并声明 linq 连接对象，代码如下。

```
string strCon = "Data Source=(local);Database=db_CSharp;Uid=sa;Pwd=;";    //定义数据库连接字符串
linqtosqlClassDataContext linq;                                           //声明 linq 连接对象
```

Form1 窗体加载时，首先将数据库中的所有员工信息显示到 DataGridView 控件中，实现代码如下。

```
private void Form1_Load(object sender, EventArgs e)
{
    BindInfo();
}
```

上面的代码用到了 BindInfo()方法，该方法为自定义的无返回值类型方法，主要用来使用 LINQ to SQL 技术根据指定条件查询员工信息，并将查询结果显示在 DataGridView 控件中。BindInfo()方法实现代码如下。

```csharp
#region 查询员工信息
/// <summary>
/// 查询员工信息
/// </summary>
private void BindInfo()
{
    linq = new linqtosqlClassDataContext(strCon);          //创建 linq 连接对象
    if (txtKeyWord.Text == "")
    {
        //获取所有员工信息
        var result = from info in linq.tb_Employee
                     select new
                     {
                         员工编号 = info.ID,
                         员工姓名 = info.Name,
                         性别 = info.Sex,
                         年龄 = info.Age,
                         电话 = info.Tel,
                         地址 = info.Address,
                         QQ = info.QQ,
                         Email = info.Email
                     };
        dgvInfo.DataSource = result;                       //对 DataGridView 控件进行数据绑定
    }
    else
    {
        switch (cboxCondition.Text)
        {
            case "员工编号":
                //根据员工编号查询员工信息
                var resultid = from info in linq.tb_Employee
                               where info.ID == txtKeyWord.Text
                               select new
                               {
                                   员工编号 = info.ID,
                                   员工姓名 = info.Name,
                                   性别 = info.Sex,
                                   年龄 = info.Age,
                                   电话 = info.Tel,
                                   地址 = info.Address,
                                   QQ = info.QQ,
                                   Email = info.Email
                               };
                dgvInfo.DataSource = resultid;
                break;
            case "员工姓名":
                //根据员工姓名查询员工信息
                var resultname = from info in linq.tb_Employee
                                 where info.Name.Contains(txtKeyWord.Text)
                                 select new
                                 {
                                     员工编号 = info.ID,
                                     员工姓名 = info.Name,
                                     性别 = info.Sex,
```

```
                                  年龄    = info.Age,
                                  电话    = info.Tel,
                                  地址    = info.Address,
                                  QQ      = info.QQ,
                                  Email   = info.Email
                              };
                dgvInfo.DataSource = resultname;
                break;
            case "性别":
                //根据员工性别查询员工信息
                var resultsex = from info in linq.tb_Employee
                                where info.Sex == txtKeyWord.Text
                                select new
                                {
                                    员工编号 = info.ID,
                                    员工姓名 = info.Name,
                                    性别    = info.Sex,
                                    年龄    = info.Age,
                                    电话    = info.Tel,
                                    地址    = info.Address,
                                    QQ      = info.QQ,
                                    Email   = info.Email
                                };
                dgvInfo.DataSource = resultsex;
                break;
        }
    }
}
#endregion
```

单击"查询"按钮，调用 BindInfo()方法查询员工信息，并将查询结果显示到 DataGridView 控件中。"查询"按钮的 Click 事件代码如下。

```
private void btnQuery_Click(object sender, EventArgs e)
{
    BindInfo();
}
```

程序运行结果如图 13.8 所示。

13.2.2 管理 SQL Server 数据库

使用 LINQ 管理 SQL Server 数据库时，常见操作包括添加、修改、删除 3 种，下面详细讲解。

1．添加数据

向 SQL Server 数据库中添加数据时，需要使用 InsertOnSubmit()和 SubmitChanges()方法。
InsertOnSubmit()方法用来将处于 pending insert 状态的实体添加到数据表中，语法格式如下。

```
void InsertOnSubmit(Object entity)
```

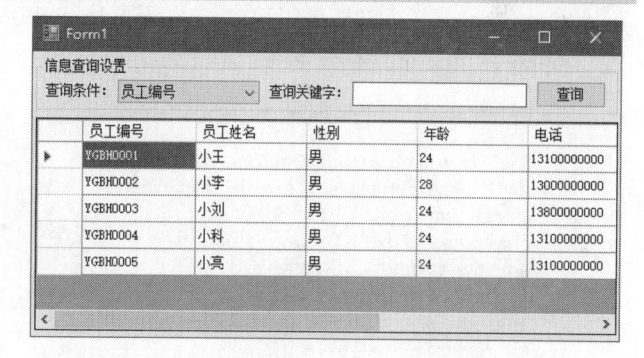

图 13.8　使用 LINQ 查询 SQL Server 数据库

其中，entity 表示要添加的实体。

SubmitChanges()方法用来记录要插入、更新或删除的对象，并执行相应命令以实现对数据库的更改，语法格式如下。

```
public void SubmitChanges()
```

【例 13.5】 使用 LINQ 向数据表中添加数据（实例位置：资源包\TM\sl\13\5）

创建一个 Windows 窗体应用程序，将 Form1 窗体设计为图 13.9 所示界面。首先在当前项目中创建一个 LinqToSql 类文件，然后在 Form1 窗体中定义一个 string 类型的变量，用来记录数据库连接字符串，并声明 linq 连接对象，代码如下。

```
string strCon = "Data Source=(local);Database=db_CSharp;Uid=sa;Pwd=;";    //定义数据库连接字符串
linqtosqlClassDataContext linq;                                           //声明 linq 连接对象
```

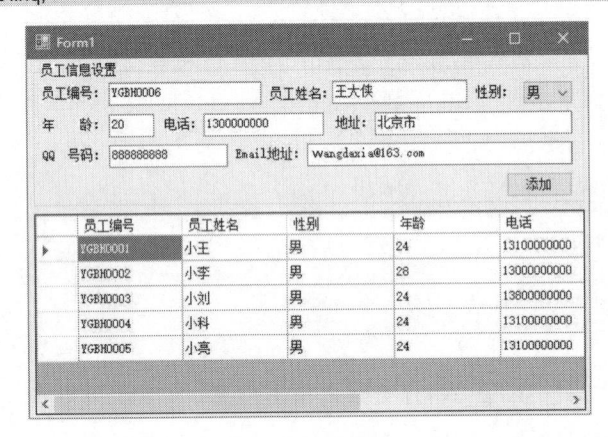

图 13.9　添加数据

在 Form1 窗体中单击"添加"按钮，创建 linq 连接对象；然后创建 tb_Employee 类对象（该类为对应的 tb_Employee 数据表类），为 tb_Employee 类对象的各个属性赋值；最后调用 linq 连接对象中的 InsertOnSubmit()方法添加员工信息，并调用其 SubmitChanges()方法将添加员工操作提交服务器。"添加"按钮的 Click 事件代码如下。

```
private void btnAdd_Click(object sender, EventArgs e)
{
    linq = new linqtosqlClassDataContext(strCon);              //创建 linq 连接对象
    tb_Employee employee = new tb_Employee();                  //创建 tb_Employee 类对象
    //为 tb_Employee 类中的员工实体赋值
    employee.ID = txtID.Text;
    employee.Name = txtName.Text;
    employee.Sex = cboxSex.Text;
    employee.Age = Convert.ToInt32(txtAge.Text);
    employee.Tel = txtTel.Text;
    employee.Address = txtAddress.Text;
    employee.QQ = Convert.ToInt32(txtQQ.Text);
    employee.Email = txtEmail.Text;
    linq.tb_Employee.InsertOnSubmit(employee);                 //添加员工信息
    linq.SubmitChanges();                                      //提交操作
    MessageBox.Show("数据添加成功");
    BindInfo();
}
```

上面的代码使用了 BindInfo()方法，该方法为自定义的无返回值类型方法，主要用来获取所有员工信息，并绑定到 DataGridView 控件上。BindInfo()方法实现代码如下。

```
#region 显示所有员工信息
/// <summary>
/// 显示所有员工信息
/// </summary>
private void BindInfo()
{
    linq = new linqtosqlClassDataContext(strCon);         //创建 linq 连接对象
    //获取所有员工信息
    var result = from info in linq.tb_Employee
                 select new
                 {
                     员工编号 = info.ID,
                     员工姓名 = info.Name,
                     性别 = info.Sex,
                     年龄 = info.Age,
                     电话 = info.Tel,
                     地址 = info.Address,
                     QQ = info.QQ,
                     Email = info.Email
                 };
    dgvInfo.DataSource = result;                           //对 DataGridView 控件进行数据绑定
}
#endregion
```

2．修改数据

修改 SQL Server 数据库中的数据时，需要用 SubmitChanges()方法。该方法在"添加数据"中已经做过详细介绍，此处不再赘述。

【例 13.6】使用 LINQ 修改数据表中的数据（**实例位置：资源包\TM\sl\13\6**）

创建一个 Windows 窗体应用程序，将 Form1 窗体设计为图 13.10 所示界面。首先在当前项目中创建一个 LinqToSql 类文件，然后在 Form1 窗体中定义一个 string 类型的变量，用来记录数据库连接字符串，并声明 linq 连接对象，代码如下。

```
//定义数据库连接字符串
string strCon = "Data Source=(local);Database=db_CSharp;Uid=sa;Pwd=;";
linqtosqlClassDataContext linq;                          //声明 linq 连接对象
```

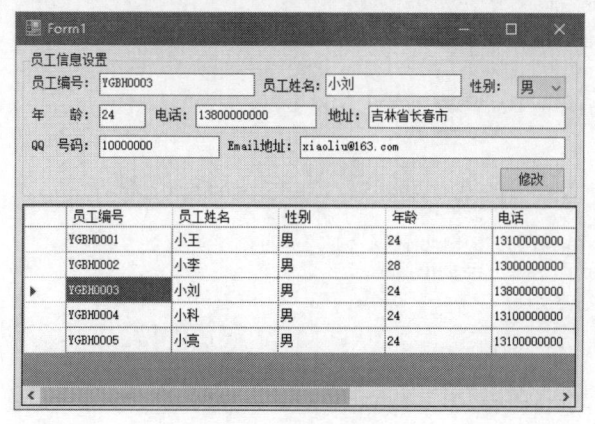

图 13.10　修改数据

当在 DataGridView 控件中选中某条记录时，根据选中记录的员工编号查找其详细信息，并显示在对应的文本框中，实现代码如下。

```csharp
private void dgvInfo_CellClick(object sender, DataGridViewCellEventArgs e)
{
    linq = new linqtosqlClassDataContext(strCon);          //创建 linq 连接对象
    //获取选中的员工编号
    txtID.Text = Convert.ToString(dgvInfo[0, e.RowIndex].Value).Trim();
    //根据选中的员工编号获取其详细信息，并重新生成一个表
    var result = from info in linq.tb_Employee
                 where info.ID == txtID.Text
                 select new
                 {
                     ID = info.ID,
                     Name = info.Name,
                     Sex = info.Sex,
                     Age = info.Age,
                     Tel = info.Tel,
                     Address = info.Address,
                     QQ = info.QQ,
                     Email = info.Email
                 };
    //相应的文本框及下拉列表中显示选中员工的详细信息
    foreach (var item in result)
    {
        txtName.Text = item.Name;
        cboxSex.Text = item.Sex;
        txtAge.Text = item.Age.ToString();
        txtTel.Text = item.Tel;
        txtAddress.Text = item.Address;
        txtQQ.Text = item.QQ.ToString();
        txtEmail.Text = item.Email;
    }
}
```

在 Form1 窗体中单击"修改"按钮，首先判断是否选择了要修改的记录，如果没有，弹出提示信息；否则创建 linq 连接对象，并从该对象的 tb_Employee 表中查找是否有相关记录，如果有，为 tb_Employee 表中的字段赋值，并调用 linq 连接对象中的 SubmitChanges()方法修改指定编号的员工信息。"修改"按钮的 Click 事件代码如下。

```csharp
private void btnEdit_Click(object sender, EventArgs e)
{
    if (txtID.Text == "")
    {
        MessageBox.Show("请选择要修改的记录");
        return;
    }
    linq = new linqtosqlClassDataContext(strCon);          //创建 linq 连接对象
    //查找要修改的员工信息
    var result = from employee in linq.tb_Employee
                 where employee.ID == txtID.Text
                 select employee;
    //对指定的员工信息进行修改
    foreach (tb_Employee tbemployee in result)
    {
        tbemployee.Name = txtName.Text;
        tbemployee.Sex = cboxSex.Text;
```

```
            tbemployee.Age = Convert.ToInt32(txtAge.Text);
            tbemployee.Tel = txtTel.Text;
            tbemployee.Address = txtAddress.Text;
            tbemployee.QQ = Convert.ToInt32(txtQQ.Text);
            tbemployee.Email = txtEmail.Text;
            linq.SubmitChanges();
        }
        MessageBox.Show("员工信息修改成功");
        BindInfo();
    }
```

上面的代码用到了 BindInfo() 方法,该方法为自定义的无返回值类型方法,主要用来获取所有员工信息,并绑定到 DataGridView 控件上。BindInfo() 方法实现代码如下。

```
#region 显示所有员工信息
/// <summary>
/// 显示所有员工信息
/// </summary>
private void BindInfo()
{
    linq = new linqtosqlClassDataContext(strCon);              //创建 linq 连接对象
    //获取所有员工信息
    var result = from info in linq.tb_Employee
                 select new
                 {
                     员工编号 = info.ID,
                     员工姓名 = info.Name,
                     性别 = info.Sex,
                     年龄 = info.Age,
                     电话 = info.Tel,
                     地址 = info.Address,
                     QQ = info.QQ,
                     Email = info.Email
                 };
    dgvInfo.DataSource = result;                                //对 DataGridView 控件进行数据绑定
}
#endregion
```

3. 删除数据

删除 SQL Server 数据库中的数据时,需要使用 DeleteAllOnSubmit() 和 SubmitChanges() 方法。SubmitChanges() 方法在"添加数据"中已做过详细介绍,这里主要讲解 DeleteAllOnSubmit() 方法。

DeleteAllOnSubmit() 方法用来将集合中的所有实体置于 pending delete 状态,语法格式如下。

```
void DeleteAllOnSubmit(IEnumerable entities)
```

其中,entities 表示要移除所有项的集合。

【例 13.7】使用 LINQ 删除数据表中的数据(**实例位置:资源包\TM\sl\13\7**)

创建一个 Windows 窗体应用程序,在 Form1 窗体中添加一个 ContextMenuStrip 控件作为"删除"快捷菜单;添加一个 DataGridView 控件,用来显示数据库中的数据,将 DataGridView 控件的 ContextMenuStrip 属性设置为 contextMenuStrip1。

首先在当前项目中依照上面所讲的步骤创建一个 LinqToSql 类文件;然后在 Form1 窗体中定义一个 string 类型的变量,用来记录数据库连接字符串,并声明 linq 连接对象;再声明一个 string 类型的变量,用来记录选中的员工编号,代码如下。

```
//定义数据库连接字符串
string strCon = "Data Source=(local);Database=db_CSharp;Uid=sa;Pwd=;";
linqtosqlClassDataContext linq;                                    //声明linq连接对象
string strID = "";                                                 //记录选中的员工编号
```

在DataGridView控件中选择行,记录当前选中行的员工编号,并赋值给定义的全局变量,代码如下。

```
private void dgvInfo_CellClick(object sender, DataGridViewCellEventArgs e)
{
    strID = Convert.ToString(dgvInfo[0, e.RowIndex].Value).Trim();    //获取选中的员工编号
}
```

在DataGridView控件上右击,在弹出的快捷菜单中选择"删除"命令,首先判断要删除的员工编号是否为空,如果为空,则弹出提示信息;否则创建linq连接对象,并从该对象中的tb_Employee表中查找是否有相关记录,如果有,则调用linq连接对象中的DeleteAllOnSubmit()方法删除员工信息,并调用其SubmitChanges()方法将删除员工操作提交服务器。"删除"命令的Click事件代码如下。

```
private void 删除ToolStripMenuItem_Click(object sender, EventArgs e)
{
    if (strID == "")
    {
        MessageBox.Show("请选择要删除的记录");
        return;
    }
    linq = new linqtosqlClassDataContext(strCon);                //创建linq连接对象
    //查找要删除的员工信息
    var result = from employee in linq.tb_Employee
                 where employee.ID == strID
                 select employee;
    linq.tb_Employee.DeleteAllOnSubmit(result);                  //删除员工信息
    linq.SubmitChanges();                                        //创建linq连接对象提交操作
    MessageBox.Show("员工信息删除成功");
    BindInfo();
}
```

上面的代码用到了BindInfo()方法,该方法为自定义的无返回值类型方法,主要用来获取所有员工信息,并绑定到DataGridView控件上。BindInfo()方法实现代码如下。

```
#region 显示所有员工信息
/// <summary>
/// 显示所有员工信息
/// </summary>
private void BindInfo()
{
    linq = new linqtosqlClassDataContext(strCon);                //创建linq连接对象
    //获取所有员工信息
    var result = from info in linq.tb_Employee
                 select new
                 {
                     员工编号 = info.ID,
                     员工姓名 = info.Name,
                     性别 = info.Sex,
                     年龄 = info.Age,
                     电话 = info.Tel,
                     地址 = info.Address,
                     QQ = info.QQ,
                     Email = info.Email
                 };
```

```
        dgvInfo.DataSource = result;                    //对 DataGridView 控件进行数据绑定
    }
#endregion
```

程序运行结果如图 13.11 所示。

图 13.11 删除数据

编程训练（答案位置：资源包\TM\sl\13\编程训练\）

【训练 3】使用 LINQ 技术查询前 5 名数据 本训练要求通过 LINQ to SQL 技术获取编号前 5 名的数据，首先将数据库中的数据检索出来显示到控件中，然后单击"获取编号前 5 名的数据"按钮。（提示：操作的数据表为 tb_User。）

【训练 4】使用 LINQ 技术关联查询多表数据 开发销售管理系统时，与销售相关的信息需要从多个数据表中读取，例如从销售主表读取销售单据号和销售日期；从销售明细表读取销售数量、单价和金额；从商品信息表读取商品名称；从员工信息表读取销售员名称；从仓库基本信息表读取出货仓库名称；从客户信息表读取购买单位或个人的名称等。本训练通过使用 LINQ to SQL 关联查询上述列举的各个表实现销售相关信息的显示。

13.3 使用 LINQ 操作其他数据

13.3.1 操作数组和集合

对数组和集合进行操作时可以使用 LINQ to Objects 技术。这样，开发人员就不必编写复杂的 foreach 循环，只需编写描述检索内容的声明性代码即可。LINQ to Objects 能够直接使用 LINQ 查询 IEnumerable 或 IEnumerable<T>集合，而不需要使用 LINQ 提供程序或 API，可以说，使用 LINQ 能够查询任何可枚举的集合，如数组、泛型列表等。

【例 13.8】查找及格的所有分数（实例位置：资源包\TM\sl\13\8）

创建一个控制台应用程序，在 Main()方法中定义一个一维数组，然后使用 LINQ 技术从该数组中查找及格范围内的分数，最后循环访问查询结果并输出，实现代码如下。

```
static void Main(string[ ] args)
{
    int[] intScores = { 45, 68, 80, 90, 75, 76, 32 };    //定义 int 类型的一维数组
    //使用 LINQ 技术从数组中查找及格范围内的分数
    var score = from hgScroe in intScores
                where hgScroe >= 60
```

```
                    orderby hgScroe ascending
                    select hgScroe;
Console.WriteLine("及格的分数：");
foreach (var v in score)                    //循环访问查询结果并显示
{
    Console.WriteLine(v.ToString());
}
Console.ReadLine();
}
```

程序运行结果如图 13.12 所示。

13.3.2 操作 DataSet 数据集

对 DataSet 数据集进行操作时可以使用 LINQ to DataSet 技术（LINQ to ADO.NET 中的一种独立技术），使查询 DataSet 对象更加方便、快捷。下面对 LINQ to DataSet 技术中的常用方法进行详细讲解。

图 13.12　LINQ 操作数组和集合

1．AsEnumerable()方法

该方法用于将 DataTable 对象转换为 EnumerableRowCollection<DataRow>对象，语法格式如下。

public static EnumerableRowCollection<DataRow> AsEnumerable(this DataTable source)

- ☑　source：可枚举的源 DataTable。
- ☑　返回值：一个 IEnumerable<T>对象，其泛型参数 T 为 DataRow。

2．CopyToDataTable()方法

该方法用于将 IEnumerable<T>对象的数据赋值到 DataTable 对象中，语法格式如下。

public static DataTable CopyToDataTable<T>(this IEnumerable<T> source) where T : DataRow

- ☑　source：源 IEnumerable<T>序列。
- ☑　返回值：一个 DataTable，其中包含作为 DataRow 对象的类型的输入序列。

3．AsDataView()方法

该方法用于创建并返回支持 LINQ 的 DataView 对象，语法格式如下。

public static DataView AsDataView<T>(this EnumerableRowCollection<T> source) where T : DataRow

- ☑　source：从中创建支持 LINQ 的 DataView 的源 LINQ to DataSet 查询。
- ☑　返回值：支持 LINQ 的 DataView 对象。

4．Take()方法

该方法用于从序列开头返回指定数量的连续元素，语法格式如下。

public static IEnumerable<TSource> Take<TSource>(this IEnumerable<TSource> source,int count)

- ☑　source：要从其返回元素的序列。
- ☑　count：要返回的元素数量。

☑ 返回值：一个 IEnumerable<T>，包含输入序列开头的指定数量的元素。

5．Sum()方法

该方法用于计算数值序列之和，语法格式如下。

`public static decimal Sum(this IEnumerable<decimal> source)`

☑ source：一个要计算和的 Decimal 值序列。
☑ 返回值：序列值之和。

> **说明**
> 上面介绍的几种方法都有多种重载形式，这里只介绍了其常用的重载形式。

下面通过一个实例讲解如何在 DataGridView 控件中显示 DataSet 数据集中的数据。

【例 13.9】 使用 LINQ 查询 DataSet 数据集中的数据（**实例位置：资源包\TM\sl\13\9**）

创建一个 Windows 窗体应用程序，在 Form1 窗体中添加一个 DataGridView 控件，用来显示 DataSet 数据集中的数据。窗体加载时，首先将数据库中的数据填充到 DataSet 数据集中，然后使用 LINQ 技术从 DataSet 数据集中查找信息并显示在 DataGridView 控件中，实现代码如下。

```
private void Form1_Load(object sender, EventArgs e)
{
    string strCon = "Data Source=(local);Database=db_CSharp;Uid=sa;Pwd=;";  //数据库连接字符串
    SqlConnection sqlcon;                                                    //声明 SqlConnection 对象
    SqlDataAdapter sqlda;                                                    //声明 SqlDataAdapter 对象
    DataSet myds;                                                            //声明 DataSet 数据集对象
    sqlcon = new SqlConnection(strCon);                                      //创建数据库连接对象
    sqlda = new SqlDataAdapter("select * from tb_Salary", sqlcon);           //创建数据库桥接器对象
    myds = new DataSet();                                                    //创建数据集对象
    sqlda.Fill(myds, "tb_Salary");                                           //填充 DataSet 数据集
    var query = from salary in myds.Tables["tb_Salary"].AsEnumerable()       //使用 LINQ 从数据集中查询所有数据
                select salary;
    DataTable myDTable = query.CopyToDataTable<DataRow>();                   //将查询结果转换为 DataTable 对象
    dataGridView1.DataSource = myDTable;                                     //显示查询到的数据集中的信息
}
```

程序运行结果如图 13.13 所示。

13.3.3 操作 XML

操作 XML 文件可使用 LINQ to XML 技术，它提供了修改文档对象模型的内存文档，并支持 LINQ 查询表达式等功能。下面对 LINQ to XML 技术中的常用方法进行详细讲解。

1．XElement 类的 Load()方法

图 13.13　使用 LINQ 操作 DataSet 数据集

XElement 类表示一个 XML 元素，其 Load()方法用来从文件加载 Xelement，语法格式如下。

`public static XElement Load(string uri)`

☑ uri：一个 URI 字符串，用来引用要加载到新 XElement 中的文件。

253

☑ 返回值：一个包含指定文件内容的 XElement。

2．XElement 类的 SetAttributeValue()方法

SetAttributeValue()方法用来设置属性的值、添加属性或移除属性，语法格式如下。

`public void SetAttributeValue(XName name,Object value)`

☑ name：一个 XName，其中包含要更改的属性的名称。
☑ value：分配给属性的值。如果该值为 null，则移除该属性；否则，会将值转换为其字符串表示形式，并分配给该属性的 Value 属性。

3．XElement 类的 Add()方法

Add()方法用来将指定的内容添加为此 XContainer 的子级，语法格式如下。

`public void Add(Object content)`

content 表示要添加的包含简单内容的对象或内容对象集合。

4．XElement 类的 ReplaceNodes()方法

ReplaceNodes()方法用来使用指定的内容替换此文档或元素的子节点，语法格式如下。

`public void ReplaceNodes(Object content)`

content 表示一个用于替换子节点的包含简单内容的对象或内容对象集合。

5．XElement 类的 Save()方法

Save()方法用来序列化此元素的基础 XML 树，可以将输出保存到文件、XmlTextWriter、TextWriter 或 XmlWriter，语法格式如下。

`public void Save(string fileName)`

fileName 是一个包含文件名称的字符串。

6．XDocument 类的 Save()方法

XDocument 类表示 XML 文档，其 Save()方法用来将此 XDocument 序列化为文件、TextWriter 或 XmlWriter，语法格式如下。

`public void Save(string fileName)`

fileName 是一个包含文件名称的字符串。

7．XDeclaration 类

XDeclaration 类表示一个 XML 声明，其构造函数语法格式如下。

`public XDeclaration(string version,string encoding,string standalone)`

☑ version：XML 的版本，通常为"1.0"。
☑ encoding：XML 文档的编码。
☑ standalone：包含 yes 或 no 的字符串，用来指定 XML 是独立的还是需要解析外部实体。

> **说明**
>
> 使用 LINQ to XML 技术中的类时，需要添加 System.Linq.Xml 命名空间。

下面通过一个实例讲解如何使用 LINQ 技术对 XML 文件进行操作。

【例 13.10】对 XML 文件的增、删、改、查（实例位置：资源包\TM\sl\13\10）

创建一个 Windows 窗体应用程序，将 Form1 窗体设计为图 13.14 所示界面。在 Form1 窗体中先定义两个字符串类型的全局变量，分别用来记录 XML 文件路径及选中的 ID 编号，代码如下。

```
static string strPath = "Employee.xml";              //记录 XML 文件路径
static string strID = "";                            //记录选中的 ID 编号
```

图 13.14　使用 LINQ 操作 XML 文件

Form1 窗体加载时，将 XML 文件中的数据显示在 DataGridView 控件中。Form1 窗体的 Load 事件代码如下。

```
private void Form1_Load(object sender, EventArgs e)
{
    getXmlInfo();                                    //窗体加载时加载 XML 文件
}
```

上面的代码用到了 getXmlInfo()方法，该方法为自定义的无返回值类型方法，主要用来将 XML 文件中的内容绑定到 DataGridView 控件。getXmlInfo()方法实现代码如下。

```
#region 将 XML 文件内容绑定到 DataGridView 控件
/// <summary>
/// 将 XML 文件内容绑定到 DataGridView 控件
/// </summary>
private void getXmlInfo()
{
    DataSet myds = new DataSet();                    //创建 DataSet 数据集对象
    myds.ReadXml(strPath);                           //读取 XML 结构
    dataGridView1.DataSource = myds.Tables[0];       //在 DataGridView 中显示 XML 文件中的信息
}
#endregion
```

单击"添加"按钮，使用 LINQ to XML 技术向指定的 XML 文件插入用户输入的数据，并重新保存 XML 文件。"添加"按钮的 Click 事件代码如下。

```
private void button2_Click(object sender, EventArgs e)
{
    XElement xe = XElement.Load(strPath);            //加载 XML 文档
    //创建 IEnumerable 泛型接口
```

```csharp
        IEnumerable<XElement> elements1 = from element in xe.Elements("People")
                                          select element;
        //生成新的编号
        string str = (Convert.ToInt32(elements1.Max(element => element.Attribute("ID").Value)) +
                1).ToString("000");
        XElement people = new XElement(                             //创建 XML 元素
            "People", new XAttribute("ID", str),                    //为 XML 元素设置属性
            new XElement("Name", textBox11.Text),
            new XElement("Sex", comboBox1.Text),
            new XElement("Salary", textBox12.Text)
            );
        xe.Add(people);                                             //添加 XML 元素
        xe.Save(strPath);                                           //保存 XML 元素到 XML 文件
        getXmlInfo();
}
```

当用户在 DataGridView 控件中选择某记录时，使用 LINQ to XML 技术在 XML 文件中查找选中记录的详细信息，并显示到相应的文本框和下拉列表中，实现代码如下。

```csharp
private void dataGridView1_CellClick(object sender, DataGridViewCellEventArgs e)
{
    strID = dataGridView1.Rows[e.RowIndex].Cells[3].Value.ToString();   //记录选中的 ID 编号
    XElement xe = XElement.Load(strPath);                                //加载 XML 文档
    //根据编号查找信息
    IEnumerable<XElement> elements = from PInfo in xe.Elements("People")
                                     where PInfo.Attribute("ID").Value == strID
                                     select PInfo;
    foreach (XElement element in elements)                               //遍历查找到的所有信息
    {
        textBox11.Text = element.Element("Name").Value;                  //显示员工姓名
        comboBox1.SelectedItem = element.Element("Sex").Value;           //显示员工性别
        textBox12.Text = element.Element("Salary").Value;                //显示员工薪水
    }
}
```

单击"修改"按钮，首先判断是否选定要修改的记录，如果已经选定，则使用 LINQ to XML 技术修改 XML 文件中的指定记录，并重新保存 XML 文件。"修改"按钮的 Click 事件代码如下。

```csharp
private void button3_Click(object sender, EventArgs e)
{
    if (strID != "")                                                //判断是否选择了编号
    {
        XElement xe = XElement.Load(strPath);                       //加载 XML 文档
        //根据编号查找信息
        IEnumerable<XElement> elements = from element in xe.Elements("People")
                                         where element.Attribute("ID").Value == strID
                                         select element;
        if (elements.Count() > 0)                                   //判断是否找到了信息
        {
            XElement newXE = elements.First();                      //获取找到的第一条记录
            newXE.SetAttributeValue("ID", strID);                   //为 XML 元素设置属性值
            newXE.ReplaceNodes(                                     //替换 XML 元素中的值
                new XElement("Name", textBox11.Text),
                new XElement("Sex", comboBox1.Text),
                new XElement("Salary", textBox12.Text)
                );
        }
        xe.Save(strPath);                                           //保存 XML 元素到 XML 文件
```

```
    }
    getXmlInfo();
}
```

单击"删除"按钮，首先判断是否选定要删除的记录，如果已经选定，则使用 LINQ to XML 技术删除 XML 文件中的指定记录，并重新保存 XML 文件。"删除"按钮的 Click 事件代码如下。

```
private void button4_Click(object sender, EventArgs e)
{
    if (strID != "")                                           //判断是否选择了编号
    {
        XElement xe = XElement.Load(strPath);                  //加载 XML 文档
        //根据编号查找信息
        IEnumerable<XElement> elements = from element in xe.Elements("People")
                                         where element.Attribute("ID").Value == strID
                                         select element;
        if (elements.Count() > 0)                              //判断是否找到了信息
            elements.First().Remove();                         //删除找到的 XML 元素信息
        xe.Save(strPath);                                      //保存 XML 元素到 XML 文件
    }
    getXmlInfo();
}
```

编程训练（答案位置：资源包\TM\sl\13\编程训练\）

【训练 5】使用 LINQ 技术实现数据分页　数据的分页查看在 Windows 应用程序中经常遇到，但是 Visual Studio 开发环境自带的数据控件 DataGridView 并没有这一项功能，那么这时就需要开发人员自己编写代码来实现数据分页功能，本训练要求使用 LINQ 技术来实现数据分页功能。

【训练 6】读取 XML 文件并更新到数据库　XML 是一种类似于 HTML 的标记语言，它以简易而标准的方式保存各种信息（如文字和数字等信息），适用于不同应用程序间的数据交换。本训练要求通过 LINQ 技术实现将 XML 文件中的数据更新到 SQL Server 数据库的功能。程序运行时，首先将 XML 文件中的数据显示在 DataGridView 控件中，然后单击"更新"按钮，将 DataGridView 控件中显示的 XML 数据更新到 SQL Server 数据库的 tb_XML 表中。

13.4 实践与练习

（答案位置：资源包\TM\sl\13\实践与练习\）

综合练习 1：使用 LINQ 技术获取指定文件详细信息　尝试开发一个程序，要求使用 LINQ to Objects 技术演示如何获取选定文件的详细信息。

综合练习 2：分类获取公司员工薪水　尝试开发一个程序，要求使用 LINQ to DataSet 技术演示如何分类获取公司员工的薪水。

综合练习 3：防止 SQL 注入式攻击　尝试开发一个程序，要求使用 LINQ 技术实现防止 SQL 注入式攻击的功能。

第 14 章 DataGridView 数据控件

DataGridView 控件提供一种强大而灵活的，以表格形式显示数据的方式。编程人员可以使用 DataGridView 控件来显示少量数据的只读视图，也可以对其缩放以显示特大数据集的可编辑视图。本章将详细介绍 DataGridView 数据控件，讲解过程中为了便于读者理解，结合了大量的实例。

本章知识架构及重点、难点如下。

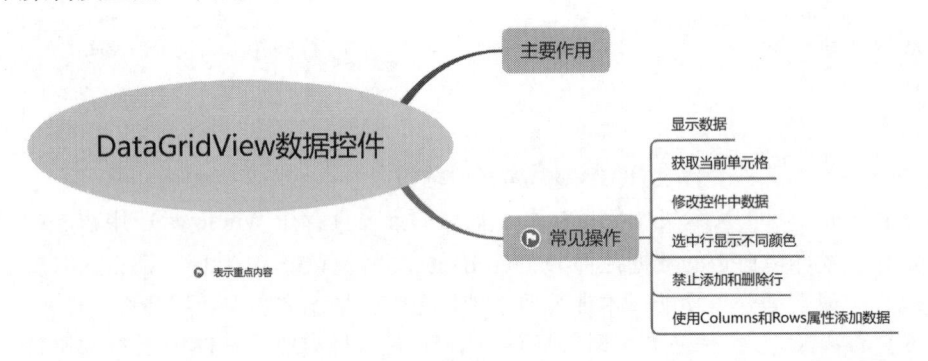

14.1 DataGridView 控件概述

使用 DataGridView 控件可显示和编辑来自多种不同类型数据源的表格数据。将数据绑定到 DataGridView 控件非常简单，多数情况下只需设置 DataSource 属性即可。DataGridView 控件具有极高的可配置性和可扩展性，它提供了大量属性、方法和事件，可对该控件的外观和行为进行自定义。

当需要在 Windows 应用程序中显示表格数据时，应优先考虑 DataGridView 控件。如果想以小型网格显示只读值，使用户能编辑包含数百万条记录的表，同样建议使用 DataGridView 控件。

14.2 DataGridView 控件显示数据

通过 DataGridView 控件显示数据表中的数据，首先需要使用 DataAdapter 对象查询指定的数据，然后通过该对象的 Fill()方法填充 DataSet，最后设置 DataGridView 控件的 DataSource 属性为 DataSet 的表格数据。

DataSource 属性用于获取或设置 DataGridView 控件所显示数据的数据源，语法格式如下。

```
public Object DataSource { get; set; }
```

其属性值为包含 DataGridView 控件要显示的数据对象。

【例 14.1】使用表格显示员工信息（实例位置：资源包\TM\sl\14\1）

创建一个 Windows 窗体应用程序，向窗体中添加一个 DataGridView 控件，然后将数据表 tb_emp 中的数据绑定到控件中，代码如下。

```csharp
private void Form1_Load(object sender, EventArgs e)
{
    //实例化 SqlConnection 变量 conn，连接数据库
    SqlConnection conn = new SqlConnection("server=.;database=db_CSharp;uid=sa;pwd=");
    //创建一个 SqlDataAdapter 对象
    SqlDataAdapter sda = new SqlDataAdapter("select * from tb_emp",conn);
    //创建一个 DataSet 对象
    DataSet ds = new DataSet();
    //使用 SqlDataAdapter 对象的 Fill()方法填充 DataSet
    sda.Fill(ds,"emp");
    //设置 dataGridView1 控件数据源
    dataGridView1.DataSource = ds.Tables[0];
}
```

程序运行结果如图 14.1 所示。

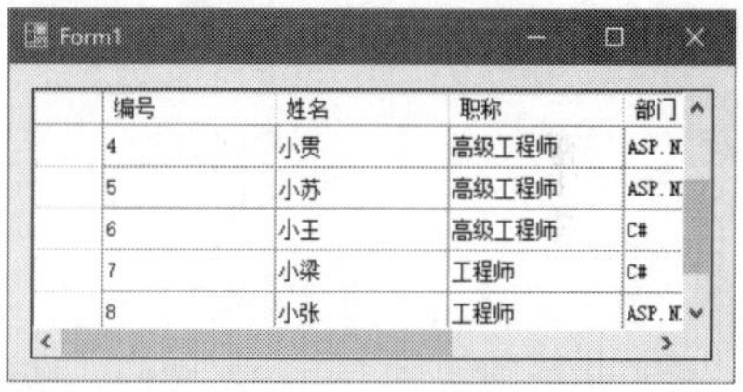

说明

在用 DataGridView 控件显示数据时，可以将 Columns[列的索引号]属性的 Visible 属性设置为 false，以隐藏指定的列。

图 14.1　显示 tb_emp 数据表中的数据

14.3　获取 DataGridView 控件当前单元格

若要与 DataGridView 交互，需要先知道哪个单元格处于活动状态。要想更改当前单元格，需通过 DataGridView 控件的 CurrentCell 属性来获取当前单元格信息。

CurrentCell 属性用于获取当前处于活动状态的单元格，语法格式如下。

```csharp
public DataGridViewCell CurrentCell { get; set; }
```

其属性值为当前单元格的 DataGridViewCell，如果没有当前单元格，则为空引用。默认值是第一列中的第一个单元格，如果控件中没有单元格，则为空引用。

【例 14.2】获取选中单元格的信息（实例位置：资源包\TM\sl\14\2）

创建一个 Windows 窗体应用程序，向窗体中添加一个 DataGridView 控件、一个 Button 控件和一个 Label 控件，主要用于显示数据、获取指定单元格信息以及显示单元格信息。单击 Button 控件之后，会通过 DataGridView 的 CurrentCell 属性来获取当前单元格信息，代码如下。

```csharp
SqlConnection conn;                                //声明一个 SqlConnection 变量
SqlDataAdapter sda;                                //声明一个 SqlDataAdapter 变量
DataSet ds = null;                                 //声明一个 DataSet 变量
private void Form1_Load(object sender, EventArgs e)
{
    //实例化 SqlConnection 变量 conn，连接数据库
```

259

```
        conn = new SqlConnection("server=.;database=db_CSharp;uid=sa;pwd=");
        sda = new SqlDataAdapter("select * from tb_teacher", conn); //实例化 SqlDataAdapter 对象
        ds = new DataSet();                                         //实例化 DataSet 对象
        sda.Fill(ds, "teacher");                                    //使用 SqlDataAdapter 对象的 Fill()方法填充 DataSet
        dataGridView1.DataSource = ds.Tables[0];                    //设置 dataGridView1 控件的数据源
}
private void button1_Click(object sender, EventArgs e)
{
        //使用 CurrentCell.RowIndex 和 CurrentCell.ColumnIndex 获取数据的行和列坐标
        string msg = String.Format("第{0}行,第{1}列", dataGridView1.CurrentCell.RowIndex,
        dataGridView1.CurrentCell.ColumnIndex);
        label1.Text = "选择的单元格为: " + msg;
}
```

程序运行结果如图 14.2 所示。

图 14.2　获取单元格的信息

14.4　修改 DataGridView 控件中数据

在 DataGridView 控件中修改数据，需用到 DataTable 的 ImportRow()方法和 DataAdapter 的 Update()方法。实现的过程是：通过 DataTable 的 ImportRow()方法将更改后的数据复制到一个 DataTable 中，然后通过 DataAdapter 对象的 Update()方法，将 DataTable 中的数据更新到数据库中。

ImportRow()方法用于将 DataRow 复制到 DataTable 中，保留属性设置和初始值、当前值，语法格式如下：

public void ImportRow(DataRow row)

其中，row 表示要导入的 DataRow。

误区警示

默认情况下，用户可直接在当前 DataGridView 文本框单元格中输入内容，或按 F2 键编辑单元格内容。控件单元格中能编辑内容的前提是 DataGridView 控件已启用，且单元格、行、列和控件的 ReadOnly 属性都设置为 false。

DataAdapter 对象的 Update()方法在第 12 章已经做过详细介绍，此处不再赘述。下面通过一个实例

演示如何在 DataGridView 控件中直接修改数据,然后进行批量更新。

【例 14.3】 在 DataGridView 控件中修改数据(**实例位置:资源包\TM\sl\14\3**)

创建一个 Windows 窗体应用程序,向窗体中添加一个 DataGridView 控件和两个 Button 控件。DataGridView 控件用于显示、修改数据,两个 Button 控件分别用于加载数据和将修改后的数据更新到数据库中,代码如下。

```csharp
SqlConnection conn;                                                 //声明一个 SqlConnection 变量
SqlDataAdapter adapter;                                             //声明一个 SqlDataAdapter 变量
private void button1_Click(object sender, EventArgs e)
{
    //实例化 SqlConnection 变量 conn,连接数据库
    conn = new SqlConnection("server=.;database=db_CSharp;uid=sa;pwd=");
    SqlDataAdapter sda = new SqlDataAdapter("select * from tb_emp",conn);   //实例化 SqlDataAdapter 对象
    DataSet ds = new DataSet();                                     //实例化 DataSet 对象
    sda.Fill(ds);                                                   //使用 SqlDataAdapter 对象的 Fill()方法填充 DataSet
    dataGridView1.DataSource = ds.Tables[0];                        //设置 dataGridView1 控件的数据源
    dataGridView1.RowHeadersVisible = false;                        //禁止显示行标题
    for (int i = 0; i < dataGridView1.ColumnCount;i++ )             //使用 for 循环设置控件的列宽
    {
        dataGridView1.Columns[i].Width = 84;
    }
    button1.Enabled = false;                                        //禁用按钮
    dataGridView1.Columns[0].ReadOnly = true;                       //将控件设置为只读
}
private DataTable dbconn(string strSql)                             //建立一个 DataTable 类型的方法
{
    conn.Open();                                                    //打开连接
    this.adapter = new SqlDataAdapter(strSql, conn);                //实例化 SqlDataAdapter 对象
    DataTable dtSelect = new DataTable();                           //实例化 DataTable 对象
    int rnt = this.adapter.Fill(dtSelect);                          //使用 Fill()方法填充 DataTable 对象
    conn.Close();                                                   //关闭连接
    return dtSelect;                                                //返回 DataTable 对象
}
private void button2_Click(object sender, EventArgs e)
{
    if (dbUpdate())                                                 //判断 dbUpdate()方法返回的值是否为 true
    {
        MessageBox.Show("修改成功!");                                //弹出提示
    }
}
private Boolean dbUpdate()                                          //建立一个 Boolean 类型的 dbUpdate()方法
{
    string strSql = "select * from tb_emp";                         //声明 SQL 语句
    DataTable dtUpdate = new DataTable();                           //实例化 DataTable
    dtUpdate = this.dbconn(strSql);                                 //调用 dbconn()方法
    dtUpdate.Rows.Clear();                                          //调用 Clear()方法
    DataTable dtShow = new DataTable();                             //实例化 DataTable
    dtShow = (DataTable)this.dataGridView1.DataSource;
    for (int i = 0; i < dtShow.Rows.Count; i++)                     //使用 for 循环遍历行
    {
        dtUpdate.ImportRow(dtShow.Rows[i]);                         //使用 ImportRow()方法复制 dtShow 中的值
    }
    try
    {
        this.conn.Open();                                           //打开连接
        SqlCommandBuilder CommandBuilder;                           //声明 SqlCommandBuilder 变量
        CommandBuilder = new SqlCommandBuilder(this.adapter);
```

```
            this.adapter.Update(dtUpdate);              //调用 Update()方法更新数据
            this.conn.Close();                          //关闭连接
        }
        catch (Exception ex)
        {
            MessageBox.Show(ex.Message.ToString());     //出现异常弹出提示
            return false;
        }
        dtUpdate.AcceptChanges();                       //提交更改
        return true;
    }
```

程序运行结果如图 14.3 所示。

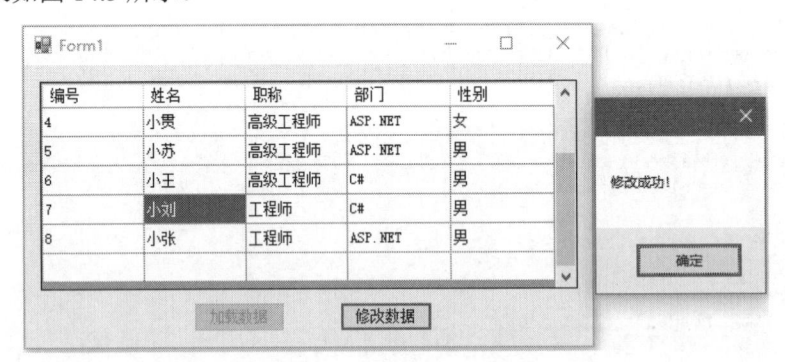

图 14.3　在 DataGridView 控件中修改数据

14.5　设置 DataGridView 控件选中行的颜色

SelectionMode、ReadOnly 和 SelectionBackColor 属性可设置选中 DataGridView 控件中的行时显示不同的颜色。其中，SelectionMode 用于设置如何选择 DataGridView 的单元格，语法格式如下。

public DataGridViewSelectionMode SelectionMode { get; set; }

其属性值是 DataGridViewSelectionMode 枚举值之一，如表 14.1 所示，默认为 RowHeaderSelect。

表 14.1　DataGridViewSelectionMode 枚举值及说明

枚 举 值	说　　明
CellSelect	选定一个或多个单元格
ColumnHeaderSelect	单击列的标头选定此列，单击某个单元格选定此单元格
FullColumnSelect	单击列的标头或该列所包含的单元格，选定整列
FullRowSelect	单击行的标头或是该行所包含的单元格，选定整行
RowHeaderSelect	单击行的标头选定此行，单击某个单元格选定此单元格

说明

更改 SelectionMode 属性值时会清除当前的选择，所以在更改行的颜色时，要注意更改和选中的顺序。

ReadOnly 属性用于设置是否可以编辑 DataGridView 控件的单元格，语法格式如下。

public bool ReadOnly { get; set; }

如果用户不能编辑 DataGridView 控件的单元格，其属性值为 true，否则为 false。默认为 false。
例如，禁止用户编辑 DataGridView 控件的单元格，代码如下。

dataGridView1.ReadOnly = true;

SelectionBackColor 属性用于设置 DataGridView 单元格被选定时的背景色，语法格式如下。

public Color SelectionBackColor { get; set; }

其属性值为 Color，表示选定单元格的背景色，默认为 Empty。

SelectionBackColor 属性包含在 DataGridViewCellStyle 类中，所以调用此属性之前要先调用 DataGridViewCellStyle 属性。

【例 14.4】 选中某行时显示不同的颜色（**实例位置：资源包\TM\sl\14\4**）

创建一个 Windows 窗体应用程序，向窗体中添加一个 DataGridView 控件，用于显示 tb_emp 表中的所有数据；然后通过 DataGridView 控件的 SelectionMode、ReadOnly 和 SelectionBackColor 属性实现选中某一行时，行的背景变色。代码如下。

```
SqlConnection conn;                                                        //声明 SqlConnection 变量
private void Form1_Load(object sender, EventArgs e)
{
    //实例化 SqlConnection 变量 conn，连接数据库
    conn = new SqlConnection("server=.;database=db_CSharp;uid=sa;pwd=");
    //实例化 SqlDataAdapter 对象
    SqlDataAdapter sda = new SqlDataAdapter("select * from tb_emp", conn);
    //实例化 DataSet 对象
    DataSet ds = new DataSet();
    //使用 SqlDataAdapter 对象的 Fill()方法填充 DataSet
    sda.Fill(ds);
    //设置 dataGridView1 控件的数据源
    dataGridView1.DataSource = ds.Tables[0];
    //设置 SelectionMode 属性为 FullRowSelect，使控件能够整行选择
    dataGridView1.SelectionMode = DataGridViewSelectionMode.FullRowSelect;
    //设置 dataGridView1 控件的 ReadOnly 属性，使其为只读
    dataGridView1.ReadOnly = true;
    //设置 dataGridView1 控件的 DefaultCellStyle.SelectionBackColor 属性，使其选择行为黄绿色
    dataGridView1.DefaultCellStyle.SelectionBackColor = Color.YellowGreen;
}
```

程序运行结果如图 14.4 所示。

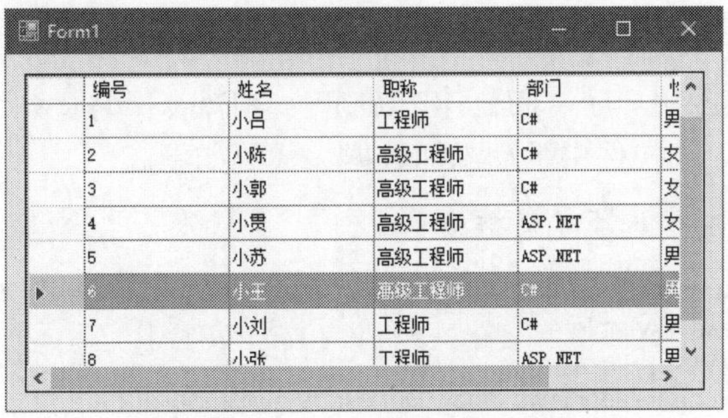

图 14.4 选中的行显示颜色

14.6 禁止在 DataGridView 控件中添加和删除行

通过设置 DataGridView 控件的公共属性 AllowUserToAddRows、AllowUserToDeleteRows 和 ReadOnly，可以禁止在 DataGridView 控件中添加和删除行。AllowUserToAddRows 属性用于设置是否允许用户添加行；AllowUserToDeleteRows 属性用于设置是否允许用户从 DataGridView 中删除行；ReadOnly 属性用于设置表格是否处于只读模式。

例如，禁止在 DataGridView 控件中添加和删除行，可以通过下面的代码实现。

```
dataGridView1.AllowUserToAddRows = false;         //禁止添加行
dataGridView1.AllowUserToDeleteRows = false;      //禁止删除行
dataGridView1.ReadOnly = true;                    //控件中的数据为只读
```

14.7 使用 Columns 和 Rows 属性添加数据

通过设置 DataGridView 控件的 Columns 和 Rows 属性值，可以向数据控件 DataGridView 中添加数据项，实现手动添加数据。

Columns 属性用于获取一个包含控件中所有列的集合，语法格式如下。

```
public DataGridViewColumnCollection Columns { get; }
```

其属性值是 DataGridViewColumnCollection，包含了 DataGridView 控件中的所有列。

Rows 属性用于获取一个包含 DataGridView 控件中所有行的集合，语法格式如下。

```
public DataGridViewRowCollection Rows { get; }
```

其属性值是 DataGridViewRowCollection，包含了 DataGridView 控件中的所有行。

> **说明**
>
> 若想在 DataGridView 控件单元格中添加下拉列表，可通过 DataGridViewComboBoxColumn 类来实现。

【例 14.5】 动态添加行数据（实例位置：资源包\TM\sl\14\5）

创建一个 Windows 窗体应用程序，向窗体中添加一个 DataGridView 控件，在窗体的 Load 事件中通过 Columns 和 Rows 属性，向控件中手动添加数据，代码如下。

```csharp
private void Form1_Load(object sender, EventArgs e)
{
    dataGridView1.ColumnCount = 4;                    //指定 DataGridView 控件显示的列数
    dataGridView1.ColumnHeadersVisible = true;        //显示列标题
    //设置 DataGridView 控件标题列的样式
    DataGridViewCellStyle columnHeaderStyle = new DataGridViewCellStyle();
    columnHeaderStyle.BackColor = Color.Beige;        //设置列标题的背景颜色
    //设置列标题的字体大小、样式
```

```
        columnHeaderStyle.Font = new Font("Verdana", 10, FontStyle.Bold);
        dataGridView1.ColumnHeadersDefaultCellStyle = columnHeaderStyle;
        //设置 DataGridView 控件的标题列名
        dataGridView1.Columns[0].Name = "编号";
        dataGridView1.Columns[1].Name = "姓名";
        dataGridView1.Columns[2].Name = "年龄";
        dataGridView1.Columns[3].Name = "性别";
        //建立 6 行数据
        string[ ] row1 = new string[ ] { "0001", "小吕", "28","男" };
        string[ ] row2 = new string[ ] { "0002", "小张", "27", "男" };
        string[ ] row3 = new string[ ] { "0003", "小郭", "24", "女" };
        string[ ] row4 = new string[ ] { "0004", "小贯", "21", "女" };
        string[ ] row5 = new string[ ] { "0005", "小陈", "20", "女" };
        string[ ] row6 = new string[ ] { "0006", "小梁", "23", "男" };
        object[ ] rows = new object[ ] { row1, row2, row3, row4, row5, row6 };
        foreach (string[ ] rowArray in rows)                    //使用 foreach 语句循环添加
        {
            dataGridView1.Rows.Add(rowArray);                   //向控件中添加数据
        }
    }
}
```

程序运行结果如图 14.5 所示。

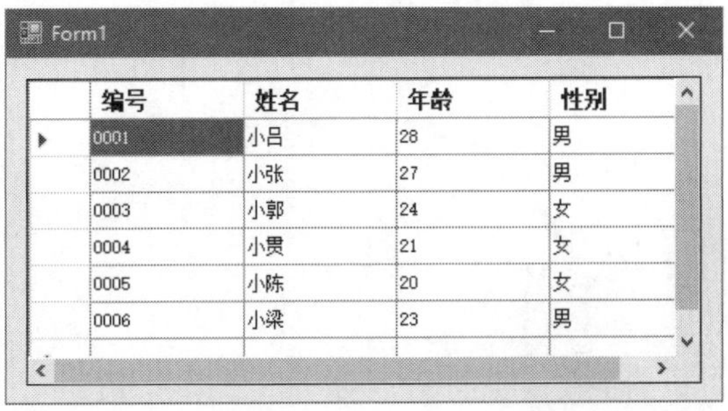

图 14.5 使用 Columns 和 Rows 属性添加数据

14.8 实践与练习

（答案位置：资源包\TM\sl\14\实践与练习\）

综合练习 1：在 DataGridView 中显示下拉列表 尝试开发一个程序，要求在 DataGridView 控件中实现一个下拉列表。

综合练习 2：通过 DataGridView 分页查看数据 创建一个 Windows 窗体应用程序，在默认窗体中添加 6 个 Label 控件，分别用于显示页数索引、总页数和移动到指定分页；添加一个 DataGridView 控件，用于显示分页信息。这里操作的数据库表为 db_EMS 数据库中的 tb_PDic。

综合练习 3：在 DataGridView 控件的单元格中添加复选框 在 DataGridView 控件的单元格中添加复选框，当用户筛选 DataGridView 控件中的数据时，可以通过选择复选框来实现。

第 15 章 程序调试与异常处理

开发的应用程序代码要求安全、准确，但是在编写实际代码过程中，不可避免地会出现错误，而且有的错误不容易被发现，最终会导致程序运行错误。为了排除这些隐蔽的错误，应对编写好的代码进行调试。另外，开发程序时，不仅要注意程序代码的准确性与合理性，还要处理程序中可能出现的异常情况。.NET 框架提供了一套结构化异常处理的标准错误机制，在这种机制中，只要出现错误或者预期之外的事件，就会引发异常。本章将对.NET 中的程序调试与异常处理进行详细讲解。

本章知识架构及重点、难点如下。

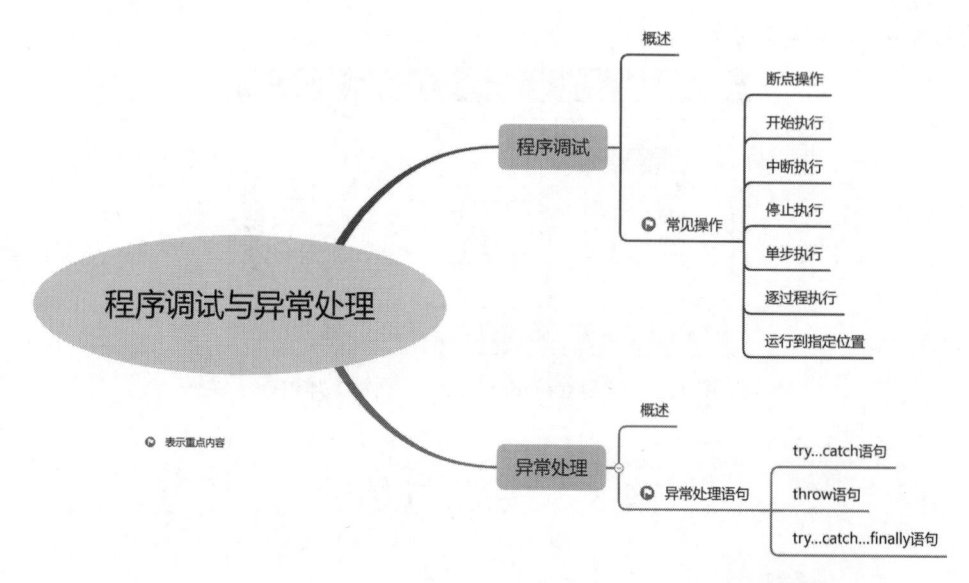

15.1 程序调试概述

程序调试是在程序中查找错误的过程。软件开发过程中，程序调试是检查代码并验证它是否能够正常运行的有效方法。如果发现程序不能正常运行，就必须找出原因并解决有关问题。

15.2 常用的程序调试操作

常用的程序调试操作包括断点设置、开始调试、中断调试、停止调试和单步调试，下面详细介绍。

15.2.1 断点设置

程序调试是分段进行的，因此要通过设置断点，使应用程序在某点上或某情况发生时中断（暂停执行）。发生中断时，程序和调试器处于中断模式。进入中断模式并不会终止或结束程序的执行，所有元素（如函数、变量和对象）都保留在内存中，可以在任何时候恢复程序执行。

插入断点有 3 种方式：在断点行旁边的灰色空白中单击；右击要设置断点的代码行，在弹出的快捷菜单中选择"断点"→"插入断点"命令，如图 15.1 所示；单击要设置断点的代码行，选择菜单中的"调试"→"切换断点"命令，如图 15.2 所示。

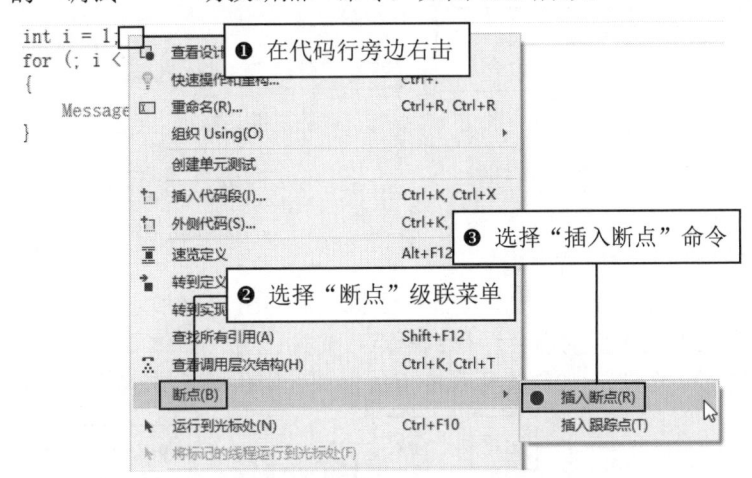

图 15.1 右键快捷菜单插入断点

图 15.2 菜单栏插入断点

插入断点后，代码行旁边的灰色空白处会出现一个红色圆点，并且该行代码呈高亮显示，如图 15.3 所示。

删除断点同样有 3 种方式：单击断点代码行左侧的红色圆点；在断点代码行左侧的红色圆点上右击，在弹出的快捷菜单中选择"删除断点"命令，如图 15.4 所示；在断点代码行上右击，在弹出的快捷菜单中选择"断点"→"删除断点"命令。

图 15.3 插入断点后效果图

图 15.4 右键快捷菜单删除断点

15.2.2 开始调试

设置好断点之后，就可以开始调试程序了，方法有多种。

在"调试"菜单中选择"开始调试"命令，可以执行代码调试，如图 15.5 所示。

在代码中右击，执行代码中的某行，然后从弹出的快捷菜单中选择"运行到光标处"命令，如

图 15.6 所示。

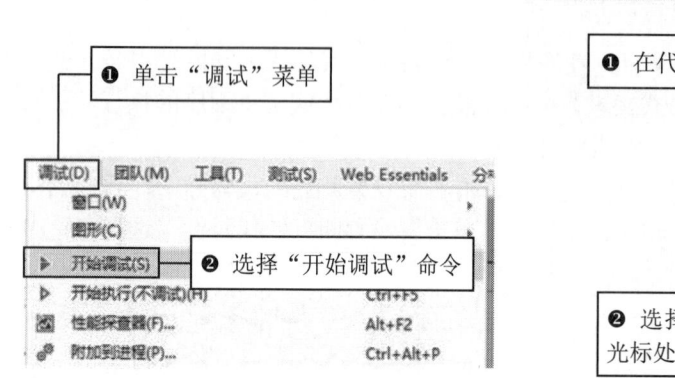

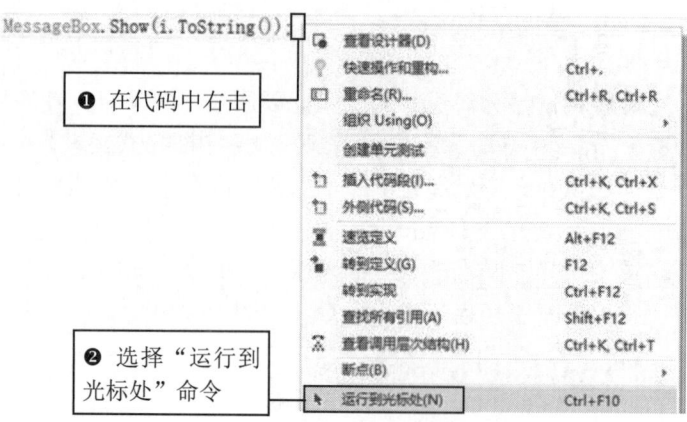

图 15.5 "调试"菜单

图 15.6 某行代码的右键菜单

除了上述方法外，还可以直接单击工具栏中的 ▶启动 按钮，启动调试，如图 15.7 所示。

图 15.7 工具栏中的"启动"调试按钮

如果选择"开始调试"命令，则应用程序启动后会一直运行到断点。可以在任何时刻中断执行，以检查值、修改变量或检查程序状态，如图 15.8 所示。

如果选择"运行到光标处"命令，则应用程序启动后会运行到断点或光标位置，具体要看是断点在前还是光标在前（可以在源窗口中设置光标位置）。如果光标在断点的前面，则代码首先运行到光标处，如图 15.9 所示。

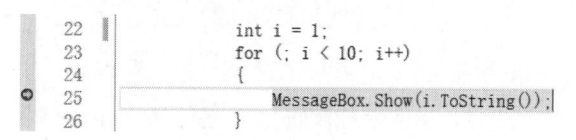

图 15.8 运行到断点

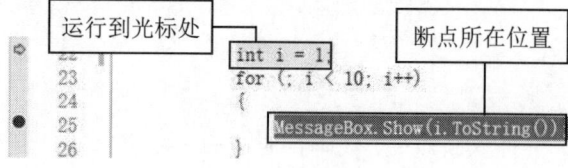

图 15.9 运行到光标处

15.2.3 中断调试

当执行到达一个断点或发生异常时，调试器将中断程序的执行。选择"调试"→"全部中断"命令后（见图 15.10），系统将停止所有在调试器下运行的程序的执行。程序并不退出，可以随时恢复执行。调试器和应用程序现在处于中断模式。

除此以外，也可以单击工具栏中的 ❙❙ 按钮中断调试，如图 15.11 所示。

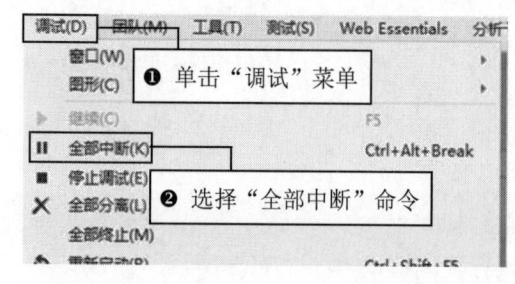

图 15.10 选择"调试"→"全部中断"命令

图 15.11 工具栏中的中断执行按钮

15.2.4 停止调试

停止调试意味着终止正在调试的进程并结束调试会话,可以通过选择菜单中的"调试"→"停止调试"命令来结束运行和调试,也可以单击工具栏中的 ■ 按钮停止调试。

15.2.5 单步调试

单步调试时,调试器每次只执行一行代码。单步调试主要是通过"逐语句""逐过程""跳出"这 3 种命令来实现的。"逐语句"和"逐过程"的主要区别是当某一行包含函数调用时,"逐语句"仅执行调用本身,然后在函数内的第一个代码行处停止;而"逐过程"执行整个函数,然后在函数外的第一行处停止。如果位于函数调用的内部并想返回调用函数,应使用"跳出"命令,"跳出"命令将一直执行代码,直到函数返回,然后在调用函数的返回点处中断。

启动调试后,可以单击工具栏中的 按钮执行"逐语句"操作,单击 按钮执行"逐过程"操作,单击 按钮执行"跳出"操作,如图 15.12 所示。

图 15.12 单步执行的 3 种命令

> **说明**
> 除了在工具栏中单击这 3 个按钮外,还可以通过快捷键执行这 3 种操作。启动调试后,可以按 F11 键执行"逐语句"操作,按 F10 键执行"逐过程"操作,按 Shift+F10 快捷键执行"跳出"操作。

15.3 异常处理概述

异常处理机制功能非常强大,通常用于处理应用程序可能产生的错误或是其他可能中断程序执行的异常情况。异常处理可以捕捉程序执行发生的错误,快速、有效地构建各种处理程序异常情况的程序代码。

异常处理实际上就相当于大楼失火时(发生异常),烟雾感应器捕获到高于正常密度的烟雾(捕获异常),于是自动喷水进行灭火(处理异常)。

.NET 类库提供了针对不同异常情况设计的异常类,这些类包含了异常的相关信息。配合异常处理语句,可有效地避免程序执行时导致中断的各种错误。.NET 框架中公共异常类如表 15.1 所示,这些异常类都是 System.Exception 的直接或间接子类。

表 15.1 公共异常类及说明

异 常 类	说　　明
System.ArithmeticException	算术运算期间发生的异常
System.ArrayTypeMismatchException	存储数组时,如果被存储元素的实际类型与数组实际类型不兼容而导致存储失败,引发此异常

续表

异 常 类	说　　明
System.DivideByZeroException	用零除整数值时，引发此异常
System.IndexOutOfRangeException	使用小于零或超出数组界限的下标索引数组时，引发此异常
System.InvalidCastException	从基类型或接口到派生类型的显式转换在运行时失败，引发此异常
System.NullReferenceException	在需要使用引用对象的场合使用了 null 引用，引发此异常
System.OutOfMemoryException	分配内存失败时，引发此异常
System.OverflowException	在选中的上下文中进行算术运算、类型转换或转换操作溢出时，引发此异常
System.StackOverflowException	挂起的方法调用过多而导致堆栈溢出时，引发此异常
System.TypeInitializationException	静态构造函数引发异常但没有捕捉到它的 catch 子句时，引发此异常

15.4　异常处理语句

在 C#程序中，编程人员可以使用异常处理语句处理异常。常见的异常处理语句有 try…catch 语句、throw 语句和 try…catch…finally 语句，通过这 3 个异常处理语句，编程人员可以对可能产生异常的程序代码进行监控。下面将对这 3 个异常处理语句进行详细讲解。

15.4.1　try…catch 语句

try…catch 语句允许在 try 后面的大括号（{}）中放置可能发生异常情况的程序代码，从而对这些程序代码进行监控；在 catch 后面的大括号（{}）中，可以放置处理错误的程序代码，以处理程序发生的异常。try…catch 语句的基本语法格式如下。

```
try
{
    被监控的代码
}
catch(异常类名　异常变量名)
{
    异常处理
}
```

在 catch 子句中，异常类名必须为 System.Exception 或从 System.Exception 派生的类型。当 catch 子句指定了异常类名和异常变量名后，就相当于声明了一个具有给定名称和类型的异常变量，此异常变量表示当前正在处理的异常。

说明

只捕捉能够合法处理的异常，而不要在 catch 子句中创建特殊异常的列表。

【例 15.1】捕获类型转换异常（实例位置：资源包\TM\sl\15\1）

创建一个控制台应用程序，声明一个 object 类型的变量 obj，其初始值为 null，然后将 obj 强制转

换成 int 类型并赋给 int 类型变量 N。使用 try…catch 语句捕获异常,代码如下。

```
static void Main(string[ ] args)
{
    try                                      //使用 try…catch 语句
    {
        object obj = null;                   //声明一个 object 变量,初始值为 null
        int N = (int)obj;                    //将 object 类型强制转换成 int 类型
    }
    catch (Exception ex)                     //捕获异常
    {
        Console.WriteLine("捕获异常: "+ex);   //输出异常
    }
    Console.ReadLine();
}
```

程序运行结果如图 15.13 所示。声明的 object 变量 obj 被初始化为 null,然后又被强制转换成 int 类型,这样就产生了异常。由于使用了 try…catch 语句,所以将这个异常捕获,并将异常输出。

图 15.13　捕获异常

【例 15.2】捕获数据溢出异常(实例位置:资源包\TM\sl\15\2)

创建一个控制台应用程序,声明 3 个 int 类型的变量 Inum1、Inum2 和 Num,并将变量 Inum1 和 Inum2 分别初始化为 6000000;然后使 Num 等于 Inum1 和 Inum2 的乘积,最后引发 System.OverflowException 类异常,代码如下。

```
static void Main(string[ ] args)
{
    try                                      //使用 try…catch 语句
    {
        checked                              //使用 checked 关键字
        {
            int Inum1;                       //声明一个 int 类型变量 Inum1
            int Inum2;                       //声明一个 int 类型变量 Inum2
            int Num;                         //声明一个 int 类型变量 Num
            Inum1 = 6000000;                 //将 Inum1 赋值为 6000000
            Inum2 = 6000000;                 //将 Inum2 赋值为 6000000
            Num = Inum1 * Inum2;             //使 Num 的值等于 Inum1 与 Inum2 的乘积
        }
    }
    catch (OverflowException)                //捕获异常
    {
        Console.WriteLine("引发 OverflowException 异常");
    }
    Console.ReadLine();
}
```

程序运行结果为"引发 OverflowException 异常"。

15.4.2　throw 语句

throw 语句用于主动引发一个异常，因此使用 throw 语句可在特定情形下自行抛出异常，基本语法格式如下。

```
throw    ExObject
```

其中，ExObject 为要抛出的异常对象，该对象派生自 System.Exception 类的对象。

> **说明**
>
> throw 语句通常与 try…catch 或 try…finally 语句一起使用。引发异常时，程序会查找处理此异常的 catch 语句。也可以用 throw 语句重新引发已捕获的异常。

【例 15.3】抛出除数为 0 的异常（实例位置：资源包\TM\sl\15\3）

创建一个控制台应用程序，创建一个 int 类型的方法 MyInt()，此方法有两个 string 类型的参数 a 和 b。在这个方法中，使 a 作为分子，b 作为分母，如果分母的值是 0，则通过 throw 语句抛出 DivideByZeroException 异常，这个异常被此方法中的 catch 子句捕获并输出，代码如下。

```csharp
class Program
{
    class test                                              //创建一个类
    {
        public int MyInt(string a, string b)                //创建一个 int 类型的方法，参数分别是 a 和 b
        {
            int int1;                                       //声明一个 int 类型的变量 int1
            int int2;                                       //声明一个 int 类型的变量 int2
            int num;                                        //声明一个 int 类型的变量 num
            try                                             //使用 try…catch 语句
            {
                int1 = int.Parse(a);                        //将参数 a 强制转换成 int 类型后赋给 int1
                int2 = int.Parse(b);                        //将参数 b 强制转换成 int 类型后赋给 int2
                if (int2 == 0)                              //判断 int2 是否等于 0，如果等于 0，抛出异常
                {
                    throw new DivideByZeroException();      //抛出 DivideByZeroException 类的异常
                }
                num = int1 / int2;                          //计算 int1 除以 int2 的值
                return num;                                 //返回计算结果
            }
            catch (DivideByZeroException de)                //捕获异常
            {
                Console.WriteLine(de.Message);
                return 0;
            }
        }
    }
    static void Main(string[] args)
    {
        try                                                 //使用 try…catch 语句
        {
            Console.WriteLine("请输入分子：");               //提示输入分子
            string str1 = Console.ReadLine();                //获取键盘输入的值
            Console.WriteLine("请输入分母：");               //提示输入分母
            string str2 = Console.ReadLine();                //获取键盘输入的值
```

```
            test tt = new test();                              //实例化 test 类
            //调用 test 类中的 MyInt()方法，获取键盘输入的分子与分母相除得到的值
            Console.WriteLine("分子除以分母的值："+tt.MyInt(str1,str2));
        }
        catch(FormatException)                                 //捕获异常
        {
            Console.WriteLine("请输入数值格式数据");              //输出提示
        }
        Console.ReadLine();
    }
}
```

程序运行结果如图 15.14 所示。

图 15.14　分母为 0 抛出异常

15.4.3　try…catch…finally 语句

将 finally 语句与 try…catch 语句相结合，可形成 try…catch…finally 语句。程序执行完毕后会跳到 finally 语句区块，执行其中的代码。也就是说，无论程序是否产生异常，最终都会执行 finally 语句区块中的程序代码。try…catch…finally 语句的基本语法格式如下。

```
try
{
    被监控的代码
}
catch(异常类名  异常变量名)
{
    异常处理
}
…
finally
{
    程序代码
}
```

技巧

可使用 catch 子句是为了允许处理异常。无论是否引发了异常，finally 子句均会清理代码。如果分配了昂贵或有限的资源（如数据库连接或流），应将释放这些资源的代码放置在 finally 块中。

【例 15.4】try…catch…finally 语句的使用（实例位置：资源包\TM\sl\15\4）

创建一个控制台应用程序，声明一个 string 类型变量 str，并初始化为"明日科技"。然后声明一个 object 变量 obj，将 str 赋给 obj。最后声明一个 int 类型的变量 i，将 obj 强制转换成 int 类型后赋给变量 i，这样必然会导致转换错误，抛出异常。然后在 finally 语句中输出"程序执行完毕…"，因此，无论

程序是否抛出异常，都会执行 finally 语句中的代码，具体如下。

```
static void Main(string[ ] args)
{
    string str = "明日科技";                          //声明一个 string 类型的变量 str
    object obj = str;                                 //声明一个 object 类型的变量 obj
    try                                               //使用 try...catch 语句
    {
        int i = (int)obj;                             //将 obj 强制转换成 int 类型
    }
    catch(Exception ex)                               //获取异常
    {
        Console.WriteLine(ex.Message);                //输出异常信息
    }
    finally                                           //finally 语句
    {
        Console.WriteLine("程序执行完毕...");         //输出"程序执行完毕..."
    }
    Console.ReadLine();
}
```

程序运行结果如下。

> 指定的转换无效。
> 程序执行完毕...

编程训练（答案位置：资源包\TM\sl\15\编程训练\）

【训练1】数组索引超出范围引发的异常　在控制台上演示一个整型数组（如"int a[] = { 1, 2, 3, 4 };"）遍历的过程，并体现出当 i 的值为多少时，会产生异常。

【训练2】重写空引用异常　用户新购买了一台电脑，这台电脑与其他的电脑不一样，无法正常启动开机（电脑品牌未声明）。使用继承来体现这个事件，并尝试利用"电脑品牌"引出空引用异常。（提示：空引用异常使用 NullReferenceException 捕捉。）

15.5　实践与练习

（答案位置：资源包\TM\sl\15\实践与练习\）

综合练习1：捕获数据库连接异常　尝试开发一个程序，要求使用异常处理语句捕捉连接数据库过程中出现的错误。

综合练习2：捕获加法运算时的类型转换错误　尝试开发一个程序，要求在使用两个不同类型的数据进行加法计算时，使用异常处理语句捕获由于数据类型错误出现的异常。

综合练习3：捕获数字格式转换异常　银行账号中现有余额1023.79元，模拟取款，当控制台中输入的取款金额不是整数时，引起数字格式转换异常并捕获。

第 16 章　面向对象编程进阶

本章将介绍面向对象技术中几种比较高级的技术，主要包括抽象类与抽象方法、接口、集合、索引器、迭代器泛型、委托、匿名方法和事件等。这些内容相对于前面章节所讲的知识要更复杂一些，但为了开发出结构良好、组织严密、扩展性好、运行稳定的程序，它们又是必不可少的。

本章知识架构及重点、难点如下。

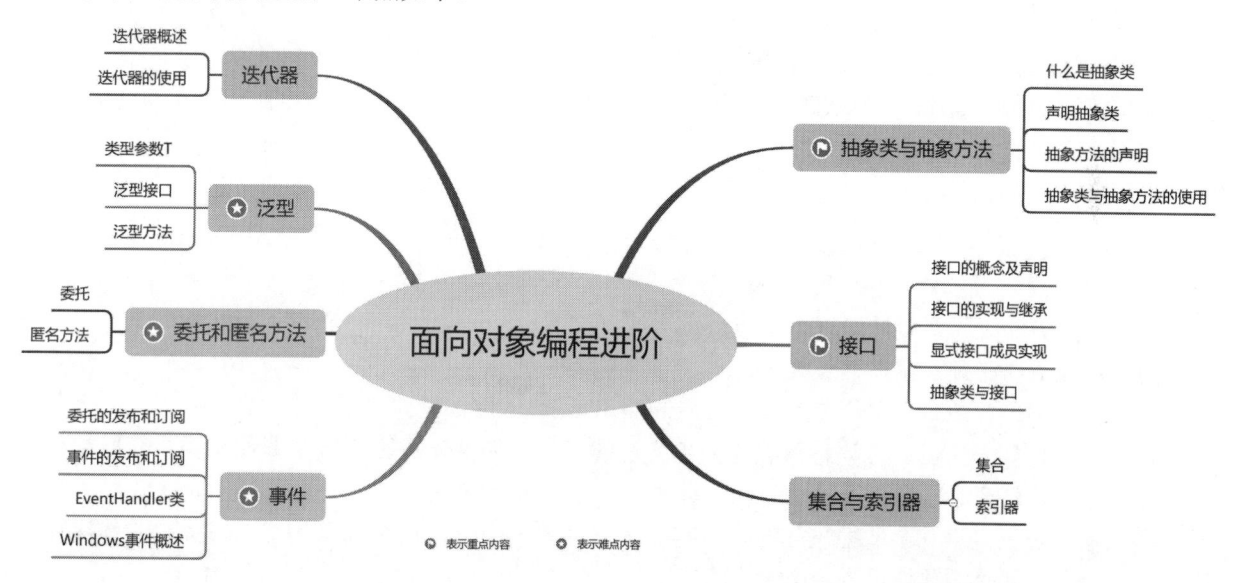

16.1　抽象类与抽象方法

我们都知道，四边形有 4 条边，或者更具体一点，平行四边形是具有对边平行且相等特性的特殊四边形，等腰三角形是腰相等的三角形等。这些描述都合乎情理，但是对于其父类——图形类来说，却很难用"拥有几条边""边长有什么特性"来描述。C#中，这种难以表述的类需要被定义为抽象类。

1. 抽象类

继承树中，越是靠上方的类，表述起来就越抽象，如鸽子类继承鸟类、鸟类继承动物类等。因此，解决实际问题时，一般将父类定义为抽象类，对其进行继承和多态处理。多态机制中，并不需要为父类初始化对象，我们需要的只是子类对象。

C#中，使用 abstract 关键字声明抽象类，语法格式如下。

```
访问修饰符 abstract class 类名:基类或接口
{
    //类成员
}
```

声明抽象类时，除 abstract 关键字、class 关键字和类名外，其他项都是可选项。

例如，下面的代码声明了一个抽象类 myClass，并在其中声明了一个 int 类型的变量和一个无返回值的方法 method()。

```
public abstract class myClass
{
    public int i;
    public void method()
    { }
}
```

2. 抽象方法

声明方法时加上 abstract 关键字，就会声明一个抽象方法。抽象方法声明只是引入了一个新方法，并不提供该方法的实现代码，因此其方法体只包含一个分号。

例如，下面的代码声明了一个抽象类 myClass，并在该抽象类中声明了一个抽象方法 method()。

```
public abstract class myClass
{
    public abstract void method();        //抽象方法
}
```

声明抽象方法时，需要注意以下两点。

☑ 抽象方法必须声明在抽象类中。

☑ 声明抽象方法时，不能使用 virtual、static 和 private 修饰符。

声明一个抽象方法后，必须将承载该抽象方法的类定义为抽象类，不能在非抽象类中获取抽象方法。换句话说，只要类中有一个抽象方法，此类就应被定义为抽象类。

当从抽象类派生出一个非抽象类时，就需要在非抽象类中重写这个抽象方法，并提供具体实现代码。重写抽象方法时需要使用 override 关键字。

图 16.1 演示了抽象类的继承关系。其中，图形类为抽象类，内部的 draw() 方法为抽象方法，继承该抽象类的所有子类都需要重写抽象方法 draw()，从而实现多态。

仔细思考会发现，抽象类的多态机制会产生许多冗余代码，这样定义的父类局限性也很大——因为某个不需要 draw() 方法的子类也不得不重写 draw() 方法。能不能将 draw() 方法放置在另一个类中，让那些需要 draw() 方法的类继承该类，不需要 draw() 方法的类继承图形类呢？显然不行，因为所有的子类都需要继承图形类，而 C# 中不允许一个类继承多个父类。为了解决这个问题，接口的概念便出现了。

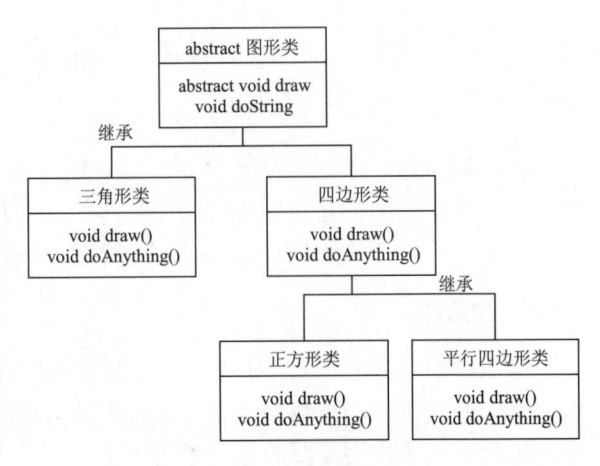

图 16.1 抽象类继承关系

【例 16.1】抽象类与抽象方法的使用（实例位置：资源包\TM\sl\16\1）

创建一个控制台应用程序，声明一个抽象类 myClass，在该抽象类中声明两个属性和一个方法，为两个属性提供具体实现，方法为抽象方法。然后声明一个派生类 DriveClass，继承自 myClass，在 DriveClass 派生类中重写 myClass 抽象类中的抽象方法，并提供具体的实现。最后在主程序类 Program 的 Main()方法中实例化 DriveClass 派生类的一个对象，使用该对象实例化抽象类，并使用抽象类对象访问抽象类中的属性和派生类中重写的方法，程序代码如下。

```csharp
public abstract class myClass
{
    private string id = "";
    private string name = "";
    public string ID                                    //编号属性及实现
    {
        get
        {
            return id;
        }
        set
        {
            id = value;
        }
    }
    public string Name                                  //姓名属性及实现
    {
        get
        {
            return name;
        }
        set
        {
            name = value;
        }
    }
    public abstract void ShowInfo();                    //抽象方法，用来输出信息
}
public class DriveClass:myClass                         //继承抽象类
{
    public override void ShowInfo()                     //重写抽象类中输出信息的方法
    {
        Console.WriteLine(ID + " " + Name);
    }
}
class Program
{
    static void Main(string[ ] args)
    {
        DriveClass driveclass = new DriveClass();       //实例化派生类
        myClass myclass = driveclass;                   //使用派生类对象实例化抽象类
        myclass.ID = "BH0001";                          //使用抽象类对象访问抽象类中的编号属性
        myclass.Name = "TM";                            //使用抽象类对象访问抽象类中的姓名属性
        myclass.ShowInfo();                             //使用抽象类对象调用派生类中的方法
    }
}
```

运行结果为 BH0001 TM。

编程训练（答案位置：资源包\TM\sl\16\编程训练\）

【训练1】模拟商场买衣服场景 在"去商场买衣服"这句话中，并没有对"买衣服"这个行为指明一个确定信息。使用抽象类模拟商场买衣服场景，通过派生类确定到底去哪个商场以及买什么衣服。

【训练2】进出货功能的实现 通过重写抽象方法输出进货信息和销售信息。

16.2 接　　口

客观世界里，多重继承的情况非常常见。但由于C#中的类不支持多重继承，为了避免传统的多重继承给程序带来的复杂性等问题，提出了接口概念。通过接口可以实现多重继承的功能。

16.2.1 接口的概念及声明

接口是抽象类的延伸，可以看作是纯粹的抽象类，因此接口中的所有方法都没有方法体。针对16.1节中的问题，我们可以将draw()方法封装到一个接口中，使需要draw()方法的类实现这个接口，同时也继承图形类，这就是接口存在的必要性。

图16.2描述了各个子类继承图形类后使用接口的关系。

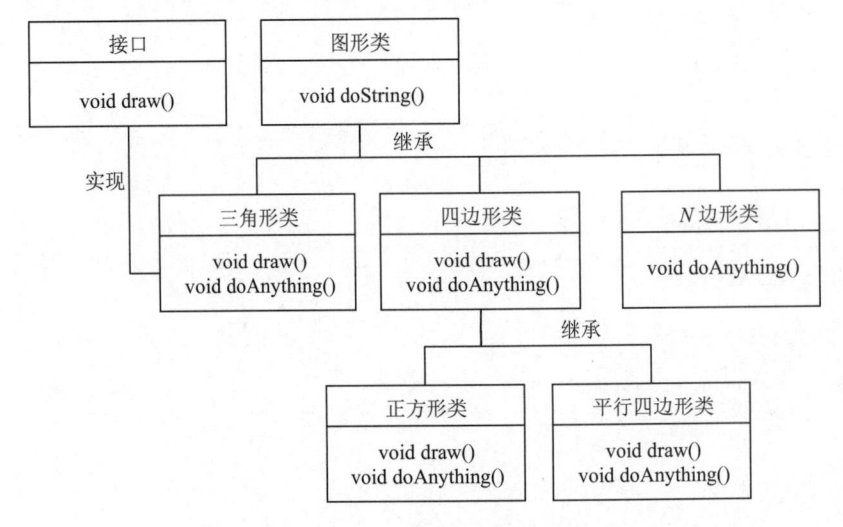

图 16.2　使用接口继承关系

接口是一种用来定义程序的协议，它描述可属于任何类或结构的一组相关行为。接口可由方法、属性、事件和索引器或这4种成员类型的任何组合构成，但不能包含字段。

类和结构可以像类继承父类或结构一样从接口继承，而且可以继承多个接口。当类或结构继承接口时，它继承成员定义但不继承实现。若要实现接口成员，类中的对应成员必须是公共的、非静态的，并且与接口成员具有相同的名称和签名。类的属性和索引器可以为接口上定义的属性或索引器定义额外的访问器。例如，接口可以声明一个带有 get 访问器的属性，而实现该接口的类可以声明同时带有

get 和 set 访问器的同一属性。但是，如果属性或索引器使用显式实现，则访问器必须匹配。

接口可以继承其他接口，类可以通过其继承的父类或接口多次继承某个接口。在这种情况下，如果将该接口声明为新类的一部分，则类只能实现该接口一次。如果没有将继承的接口声明为新类的一部分，其实现将由声明它的父类提供。父类可以使用虚拟成员实现接口成员。在这种情况下，继承接口的类可通过重写虚拟成员来更改接口行为。

> **说明**
> 接口可以将方法、属性、索引器和事件作为成员，但却并不能设置这些成员的具体值。也就是说，只能定义，但不能给它定义的东西赋值。

综上所述，接口具有以下特征。
- ☑ 接口类似于抽象基类：继承接口的任何非抽象类型都必须实现接口的所有成员。
- ☑ 不能直接实例化接口。
- ☑ 接口可以包含事件、索引器、方法和属性。
- ☑ 接口不包含方法的实现。
- ☑ 类和结构可从多个接口继承。
- ☑ 接口自身可从多个接口继承。

在 C#中声明接口时，使用 interface 关键字，语法格式如下。

```
修饰符 interface 接口名称:继承的接口列表
{
    接口内容;
}
```

> **说明**
> 声明接口时，除 interface 关键字和接口名称外，其他都是可选项。
> 可使用 new、public、protected、internal、private 等修饰符声明接口，但接口成员必须是公共的。

例如，下面的代码声明了一个接口，该接口包含编号和姓名两个属性，还包含一个自定义方法 ShowInfo()，该方法用来显示定义的编号和属性，代码如下。

```
interface ImyInterface
{
    string ID                   //编号（可读可写）
    {
        get;
        set;
    }
    string Name                 //姓名（可读可写）
    {
        get;
        set;
    }
    void ShowInfo();            //显示定义的编号和姓名
}
```

16.2.2 接口的实现与继承

接口通过类继承来实现，一个类虽然只允许继承一个父类，但却允许继承任意接口。声明实现接口的类时，需要在父类列表中包含类所实现的接口的名称。

【例 16.2】 接口的实现与继承（**实例位置：资源包\TM\sl\16\2**）

创建一个控制台应用程序，该程序在例 16.1 的基础上实现，Program 类继承自接口 ImyInterface，并实现了该接口中的所有属性和方法，然后在 Main()方法中实例化 Program 类的一个对象，并使用该对象实例化 ImyInterface 接口，最后通过实例化的接口对象访问派生类中的属性和方法，代码如下。

```csharp
class Program:ImyInterface                              //继承自接口
{
    string id = "";
    string name = "";
    public string ID                                    //编号
    {
        get
        {
            return id;
        }
        set
        {
            id = value;
        }
    }
    public string Name                                  //姓名
    {
        get
        {
            return name;
        }
        set
        {
            name = value;
        }
    }
    public void ShowInfo()                              //显示定义的编号和姓名
    {
        Console.WriteLine("编号\t 姓名");
        Console.WriteLine(ID + "\t " + Name);
    }
    static void Main(string[ ] args)
    {
        Program program = new Program();                //实例化 Program 类对象
        ImyInterface imyinterface = program;            //使用派生类对象实例化接口 ImyInterface
        imyinterface.ID = "TM";                         //为派生类中的 ID 属性赋值
        imyinterface.Name = "C#从入门到精通";           //为派生类中的 Name 属性赋值
        imyinterface.ShowInfo();                        //调用派生类中的方法显示定义的属性值
    }
}
```

按 Ctrl+F5 快捷键查看运行结果，如图 16.3 所示。

上面的实例只继承了一个接口，接口还可以多重继承，使用多重继承时，要继承的接口之间用逗号（,）分隔。

图 16.3 接口的实现与继承

【例 16.3】 接口的多重继承实现 （实例位置：资源包\TM\sl\16\3）

创建一个控制台应用程序，其中声明了 3 个接口：IPeople、ITeacher 和 IStudent。其中，ITeacher 和 IStudent 继承自 IPeople，然后使用 Program 类继承这 3 个接口，并分别实现这 3 个接口中的属性和方法，代码如下：

```csharp
interface IPeople
{
    string Name                                    //姓名
    {
        get;
        set;
    }
    string Sex                                     //性别
    {
        get;
        set;
    }
}
interface ITeacher:IPeople                         //继承公共接口
{
    void teach();                                  //教学方法
}
interface IStudent:IPeople                         //继承公共接口
{
    void study();                                  //学习方法
}
class Program:IPeople,ITeacher,IStudent            //多接口继承
{
    string name = "";
    string sex = "";
    public string Name                             //姓名
    {
        get
        {
            return name;
        }
        set
        {
            name = value;
        }
    }
    public string Sex                              //性别
    {
        get
        {
            return sex;
        }
        set
        {
            sex = value;
        }
    }
    public void teach()                            //教学方法
    {
        Console.WriteLine(Name + " " + Sex + " 教师");
    }
    public void study()                            //学习方法
    {
```

```
            Console.WriteLine(Name + " " + Sex + " 学生");
        }
        static void Main(string[] args)
        {
            Program program = new Program();           //实例化类对象
            ITeacher iteacher = program;               //使用派生类对象实例化接口 ITeacher
            iteacher.Name = "TM";
            iteacher.Sex = "男";
            iteacher.teach();
            IStudent istudent = program;               //使用派生类对象实例化接口 IStudent
            istudent.Name = "C#";
            istudent.Sex = "男";
            istudent.study();
        }
}
```

按 Ctrl+F5 快捷键查看运行结果，如图 16.4 所示。

16.2.3 显式接口成员实现

图 16.4 接口的多重继承

如果类实现两个接口，且这两个接口包含相同签名的成员，那么在类中实现该成员将导致两个接口都使用该成员作为它们的实现。如果两个接口成员实现的是不同功能，就会导致其中一个接口甚至两个接口的实现都不正确。这时，可以显式地实现接口成员，即创建一个仅通过该接口调用并且特定于该接口的类成员。显式接口成员实现是使用接口名称和一个句点命名该类成员来实现的。

【例 16.4】显式接口成员的实现（实例位置：资源包\TM\sl\16\4）

创建一个控制台应用程序，声明两个接口 ImyInterface1 和 ImyInterface2。在这两个接口中声明一个同名方法 Add()，然后定义一个类 MyClass，该类继承自己声明的两个接口，在 MyClass 类中实现接口方法时，由于 ImyInterface1 和 ImyInterface2 接口中声明的方法名相同，需使用显式接口成员实现，最后在主程序类 Program 的 Main() 方法中使用接口对象调用接口中定义的方法，代码如下。

```
interface ImyInterface1
{
    int Add();                                         //求和方法，加法运算的和
}
interface ImyInterface2
{
    int Add();                                         //求和方法，加法运算的和
}
class myClass : ImyInterface1, ImyInterface2          //继承接口
{
    /// <summary>
    /// 求和方法
    /// </summary>
    /// <returns>加法运算的和</returns>
    int ImyInterface1.Add()                            //显式接口成员实现
    {
        int x = 3;
        int y = 5;
        return x + y;
    }
    /// <summary>
    /// 求和方法
    /// </summary>
```

```
            /// <returns>加法运算的和</returns>
            int ImyInterface2.Add()                         //显式接口成员实现
            {
                int x = 3;
                int y = 5;
                int z = 7;
                return x + y + z;
            }
    }
    class Program
    {
        static void Main(string[ ] args)
        {
            myClass myclass = new myClass();                //实例化接口继承类的对象
            ImyInterface1 imyinterface1 = myclass;          //使用接口继承类的对象实例化接口
            Console.WriteLine(imyinterface1.Add());         //使用接口对象调用接口中的方法
            ImyInterface2 imyinterface2 = myclass;          //使用接口继承类的对象实例化接口
            Console.WriteLine(imyinterface2.Add());         //使用接口对象调用接口中的方法
        }
    }
```

运行结果如下。

8
15

误区警示

（1）显式接口成员实现中不能包含访问修饰符以及abstract、virtual、override或static修饰符。

（2）显式接口成员属于接口的成员，而不是类的成员，因此不能使用类对象直接访问，只能通过接口对象来访问。

16.2.4 抽象类与接口

抽象类和接口都包含可以由派生类继承的成员，它们都不能直接实例化，但可以声明它们的变量。如果这样做，就可以使用多态性把继承这两种类型的对象指定给它们的变量。接着通过这些变量来使用这些类型的成员，但不能直接访问派生类中的其他成员。

抽象类和接口的区别主要有以下几点。

- ☑ 它们的派生类只能继承一个父类，即只能直接继承一个抽象类，但可以继承任意多个接口。
- ☑ 抽象类中可以定义成员的实现，但接口中不可以。
- ☑ 抽象类中可以包含字段、构造函数、析构函数、静态成员或常量等，接口中不可以。
- ☑ 抽象类中的成员可以是私有的（只要它们不是抽象的）、受保护的、内部的或受保护的内部成员（受保护的内部成员只能在应用程序的代码或派生类中访问），但接口中的成员必须是公共的。

说明

抽象类和接口的使用目的不同。抽象类主要用作对象系列的基类，共享某些主要特性，如共同的目的和结构。接口则主要用于类，这些类在基础水平上有所不同，但仍可以完成某些相同的任务。

编程训练（答案位置：资源包\TM\sl\16\编程训练\）

【训练3】定义单片机和液晶显示器接口 分别定义单片机和液晶显示器的接口，在这两个接口中定义一个同名的串口方法Serial()，在派生类中实现这两个接口中的同名方法，并在Main()方法中调用输出不同的信息。

【训练4】使用接口模拟老师上课的场景 创建一个IPerson接口，定义姓名、年龄两个属性，定义说话、工作两个行为，再创建Student类和Teacher类，两者继承IPerson接口并重写各自的属性和行为。创建两个人Peter和Mike，让这两个人模拟上课的场景。

16.3 集合与索引器

16.3.1 集合

.NET中提供了一种称为集合的类型，它类似于数组，是一组组合在一起的类型化对象，可以通过遍历获取其中的每个元素。相对于数组来说，集合的存储空间是动态变化的，也就是说，可以对其中的数据进行添加、删除、修改等操作。.NET中内置了很多集合，如ArrayList等。

自定义集合需要通过System.Collections命名空间提供的集合接口实现，其中常用的接口及说明如表16.1所示。

表16.1 System.Collections命名空间提供的常用接口及说明

接　　口	说　　明
ICollection	定义所有非泛型集合的大小、枚举数和同步方法
IComparer	公开一种比较两个对象的方法
IDictionary	表示键/值对的非通用集合
IDictionaryEnumerator	枚举非泛型字典的元素
IEnumerable	公开枚举数，该枚举数支持在非泛型集合上进行简单迭代
IEnumerator	支持对非泛型集合的简单迭代
IList	表示可按照索引单独访问的对象的非泛型集合

下面以继承IEnumerable接口为例讲解如何自定义集合。

IEnumerable接口用来公开枚举数，该枚举数支持在非泛型集合上进行简单迭代。IEnumerable接口定义如下。

```
public interface IEnumerable
```

IEnumerable接口中有一个GetEnumerator()方法，该方法用来返回循环访问集合的枚举器，主要在迭代集合时使用。因此，在实现该接口时需要实现GetEnumerator()方法。GetEnumerator()方法定义如下。

```
IEnumerator GetEnumerator()
```

> **说明**
>
> 上面提到了迭代的概念，迭代实际上就是循环遍历，它表示重复执行同一个过程。

在实现 IEnumerable 接口的同时，也需要实现 IEnumerator 接口，该接口支持对非泛型集合的简单迭代，它包含 3 个成员，分别是 Current 属性、MoveNext()方法和 Reset()方法，它们的定义及作用如下。

```
object Current { get; }              //获取集合中当前位置的元素
bool MoveNext()                      //迭代集合中的下一个元素
void Reset()                         //设置为初始位置，位置位于集合中第一个元素之前
```

【例 16.5】 通过自定义集合存储商品信息（**实例位置：资源包\TM\sl\16\5**）

创建一个控制台应用程序，通过继承 IEnumerable 和 IEnumerator 接口自定义一个集合，用来存储进销存管理系统中的商品信息，最后使用遍历的方式输出自定义集合中存储的商品信息。代码如下。

```
public class Goods                              //定义集合中的元素类，表示商品信息类
{
    public string Code;                         //编号
    public string Name;                         //名称
    public Goods(string code, string name)      //定义构造函数，赋初始值
    {
        this.Code = code;
        this.Name = name;
    }
}
public class JHClass : IEnumerable, IEnumerator //定义集合类
{
    private Goods[ ] _goods;                    //初始化 Goods 类型的集合
    public JHClass(Goods[ ] gArray)             //使用带参构造函数赋值
    {
        _goods = new Goods[gArray.Length];
        for (int i = 0; i < gArray.Length; i++)
        {
            _goods[i] = gArray[i];
        }
    }
    IEnumerator IEnumerable.GetEnumerator()     //实现 IEnumerable 接口中的 GetEnumerator()方法
    {
        return (IEnumerator)this;
    }
    int position = -1;                          //记录索引位置
    object IEnumerator.Current                  //实现 IEnumerator 接口中的 Current 属性
    {
        get
        {
            return _goods[position];
        }
    }
    public bool MoveNext()                      //实现 IEnumerator 接口中的 MoveNext()方法
    {
        position++;
        return (position < _goods.Length);
    }
    public void Reset()                         //实现 IEnumerator 接口中的 Reset()方法
    {
        position = -1;                          //指向第一个元素
    }
}
class Program
{
    static void Main()
    {
```

```
        Goods[] goodsArray = new Goods[3]
        {
            new Goods("T0001", "HuaWei MateBook"),
            new Goods("T0002", "荣耀 V30 5G"),
            new Goods("T0003", "华为平板电脑"),
        };                                                          //初始化 Goods 类型的数组
        JHClass jhList = new JHClass(goodsArray);                   //使用数组创建集合类对象
        foreach (Goods g in jhList)                                 //遍历集合
            Console.WriteLine(g.Code + " " + g.Name);
        Console.ReadLine();
    }
}
```

程序运行结果如图 16.5 所示。

16.3.2 索引器

图 16.5 集合的自定义及使用

C#支持一种名为索引器的特殊"属性"，使得对象可以像数组一样被索引。

索引器的声明方式与属性比较相似，两者的重要区别是索引器在声明时需要使用 this 关键字定义参数，而属性不需要定义参数。索引器的声明格式如下。

```
[修饰符] [类型] this[参数列表]
{
    get {get 访问器体}
    set {set 访问器体}
}
```

索引器与属性除了在定义参数方面不同之外，还有以下两点区别。

☑ 索引器的名称必须是关键字 this，this 后面一定要跟一对方括号（[]），在方括号之间指定索引的参数列表，其中必须至少有一个参数。

☑ 索引器不能被定义为静态的，即定义时不能添加 static 关键字。

定义索引器时，可用的修饰符有 new、public、protected、internal、private、virtual、sealed、override、abstract 和 extern。索引器的使用方式不同于属性的使用方式，需要使用元素访问运算符（[]），并在其中指定参数进行引用。

> **说明**
>
> 当索引器声明包含 extern 修饰符时，称为外部索引器。由于外部索引器声明不提供任何实现，所以它的每个索引器声明都由一个分号组成。

【例 16.6】 通过索引器访问类元素（实例位置：资源包\TM\sl\16\6）

定义一个类 CollClass，在该类中声明一个用于操作字符串数组的索引器；然后在 Main()方法中创建 CollClass 类的对象，并通过索引器为数组中的元素赋值；最后使用 for 循环通过索引器获取数组中的所有元素。代码如下。

```
class CollClass
{
    public const int SIZE = 4;                                      //表示数组的长度
```

```
        private string[] arrStr;                          //声明数组
        public CollClass()                                //构造方法
        {
            arrStr = new string[SIZE];                    //设置数组的长度
        }
        public string this[int index]                     //定义索引器
        {
            get
            {
                return arrStr[index];                     //通过索引器取值
            }
            set
            {
                arrStr[index] = value;                    //通过索引器赋值
            }
        }
    }
    class Program
    {
        static void Main(string[] args)                   //入口方法
        {
            CollClass cc = new CollClass();               //创建 CollClass 类的对象
            cc[0] = "CSharp";                             //通过索引器给数组元素赋值
            cc[1] = "ASP.NET";                            //通过索引器给数组元素赋值
            cc[2] = "Python";                             //通过索引器给数组元素赋值
            cc[3] = "Java";                               //通过索引器给数组元素赋值
            for (int i = 0; i < CollClass.SIZE; i++)      //遍历所有的元素
            {
                Console.WriteLine(cc[i]);                 //通过索引器取值
            }
            Console.Read();
        }
    }
```

程序运行结果如图 16.6 所示。

编程训练（答案位置：资源包\TM\sl\16\编程训练\）

【训练 5】**使用集合存储学生信息** 使用 ArrayList 集合存储学生信息，并通过遍历输出到控制台。

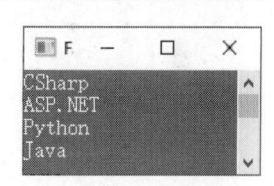

图 16.6 索引器的使用

【训练 6】**定义一个操作字符串数组的索引器** 定义一个索引器类，在其中定义一个用于操作字符串数组的索引器，该索引器主要用来存储人名，最后需要通过遍历索引器进行输出。

16.4 迭 代 器

迭代器可返回相同类型的值的有序序列，可用作方法、运算符或 get 访问器的代码体。迭代器代码使用 yield return 语句依次返回各元素，使用 yield break 语句终止迭代。可以在类中实现多个迭代器，每个迭代器都必须像类成员一样有唯一的名称，并且可以在 foreach 语句中被客户端代码调用。迭代器的返回类型必须为 IEnumerable 或 IEnumerator。

用一个形象的例子说明一下迭代器，当士兵排好队后，必须从头到尾进行报数，缺一不可，如图 16.7 所示。

创建迭代器最常用的方法是 IEnumerator 接口的 GetEnumerator()方法，下面通过一个实例演示如何使用迭代器。

【例 16.7】 使用迭代器输出家庭成员（实例位置：资源包\TM\sl\16\7）

创建一个 Windows 窗体应用程序，向窗体中添加一个 RichTextBox 控件。创建一个名为 Family 的类，其继承 IEnumerable 接口，该接口公开枚举数，该枚举数支持在非泛型集合上进行简单迭代。然后通过 IEnumerator 接口的 GetEnumerator()方法创建迭代器。最后在窗体的 Load 事件中使用 foreach 语句遍历 Family 类中的内容并输出，代码如下。

```csharp
//创建一个名为 Family 的类，其继承 IEnumerable 接口
public class Family : System.Collections.IEnumerable
{
    //创建一个 string 类型的数组，用于存储家庭成员
    string[ ] MyFamily ={ "父亲","母亲","弟弟","妹妹"};
    //通过 IEnumerator 接口的 GetEnumerator()方法创建迭代器
    public System.Collections.IEnumerator GetEnumerator()
    {
        for (int i = 0; i < MyFamily.Length; i++)        //使用 for 语句循环数组
        {
            yield return MyFamily[i];                     //使用 yield return 语句依次返回各元素
        }
    }
}
private void Form1_Load(object sender, EventArgs e)
{
    Family myfamily = new Family();                   //实例化 Family 类
    foreach (string str in myfamily)                  //使用 foreach 语句遍历 Family 类中的内容并输出
    {
        richTextBox1.Text += str + "\n";
    }
}
```

程序运行结果如图 16.8 所示。

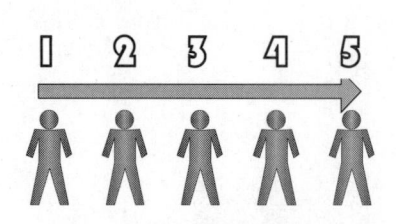

图 16.7　用迭代法进行报数　　　　　　图 16.8　迭代器的使用

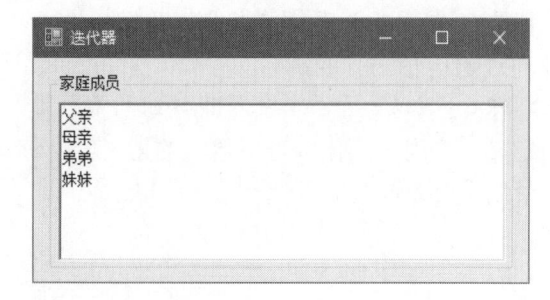

编程训练（答案位置：资源包\TM\sl\16\编程训练\）

【训练 7】 使用迭代器显示公交车站点　编写程序，使用 C#中的迭代器依次显示公交车的所有站点。要迭代显示的公交站点如下。

```
长新东路
同康路"
```

```
农行干校"
八里堡"
东荣大路"
二木材"
胶合板厂"
阜丰路"
荣光路"
东盛路"
安乐路"
岭东路"
公平路"
```

【训练8】使用迭代器实现倒序遍历　开发游戏程序时，经常会对字符串或数字进行倒序遍历。编写程序，使用迭代器实现字符串或数字的倒序遍历功能。

16.5　泛　型

开发程序时，经常会遇到功能相似的模块，只是处理的数据类型不一样。当然，我们可以编写不同的方法以处理不同的数据类型。那么有没有可能用同一个方法来处理传入的不同种类型的参数呢？泛型的出现就可以解决这类问题。

例如，下面代码定义了 3 个方法，分别用来获取 int、double 和 bool 型数据的原始类型。

```
public void GetInt(int i)
{
    Console.WriteLine(i.GetType());
}
public void GetDouble(double i)
{
    Console.WriteLine(i.GetType());
}
public void GetBool(bool i)
{
    Console.WriteLine(i.GetType());
}
```

调用上面方法的代码如下。

```
Program p = new Program();
p.GetInt(1);
p.GetDouble(1.0);
p.GetBool(true);
```

运行结果如下。

```
System.Int32
System.Double
System.Boolean
```

观察上面的代码，可发现除了传入的参数类型不同外，其实现的功能是一样的。能不能使用 object 类型呢？比如，可以将上面的代码优化如下。

```
public void GetType(object i)
{
```

```
        Console.WriteLine(i.GetType());
}
```

通过上面的优化，可以实现与第一段代码相同的功能。但是使用 object 会有一个装箱和拆箱的过程，这样会对程序的性能造成影响。泛型的出现很好地解决了这个问题。

泛型是处理算法、数据结构的一种编程方法。泛型的目标是采用广泛适用和可交互性的形式来表示算法和数据结构，以使它们能够直接用于软件构造。泛型类、结构、接口、委托和方法可以根据它们存储和操作的数据类型来进行参数化。泛型能在编译时提供强大的类型检查，减少数据类型之间的显示转换、装箱操作和运行时的类型检查。泛型类和泛型方法同时具备可重用性、类型安全和效率高等特性，这是非泛型类和非泛型方法无法具备的。泛型通常用在集合以及在集合上运行的方法中。

泛型提高了代码的可重用性。可以将泛型看成是一个可以回收的包装箱 A，为其贴上苹果标签，就可以在包装箱 A 里装上苹果进行发送；为其贴上地瓜标签，就可以在包装箱 A 里装上地瓜进行发送。

16.5.1 类型参数 T

泛型的类型参数 T 可以看作是一个占位符，它不是一种具体的类型，而是代表某种可能的类型。定义泛型时 T 所在的位置，使用泛型时可用某种具体的类型来代替。类型参数 T 的命名准则如下。

（1）使用描述性名称命名泛型类型参数（尽量不使用单个字母名称），以方便大家准确了解它表示的含义。

例如，使用代表一定意义的单词作为类型参数 T 的名称，代码如下。

```
public interface ISessionChannel<Session>
public delegate TOutput Converter<Input, Output>
```

（2）将 T 作为描述性类型参数名的前缀。

例如，使用 T 作为类型参数名的前缀，代码如下。

```
public interface ISessionChannel<TSession>
{
    TSession Session { get; }
}
```

使用泛型，可以将本节开始处获取各种数据原始类型的代码优化如下。

```
public void GetType<T>(T t)
{
    Console.WriteLine(t.GetType());
}
```

调用代码可以进行如下修改。

```
Program p = new Program();
p.GetType<int>(1);
p.GetType<double>(1.0);
p.GetType<bool>(true);
```

为什么可以用泛型代替具体的参数类型呢？这是因为泛型是延迟声明的，即在定义时并不需要明确指定具体的参数类型，而是把参数类型的声明延迟到调用时才指定。需要注意的是，使用泛型时必须为其指定具体的类型。

16.5.2 泛型接口

泛型接口的声明形式如下。

```
interface [接口名]<T>
{
    [接口体]
}
```

声明泛型接口与声明一般接口的唯一区别是增加了一个<T>。一般来说，声明泛型接口与声明非泛型接口遵循相同的规则。泛型类型声明所实现的接口必须对所有可能的构造类型都保持唯一，否则将无法确定该为哪些构造类型调用哪个方法。

> **说明**
>
> 实例化泛型时，可以使用约束（使用 where 关键字）对类型参数的类型种类施加限制。下面列出 6 种常见的约束类型。
> （1）T:结构：类型参数必须是值类型，可以指定除 Nullable 以外的任何值类型。
> （2）T:类：类型参数必须是引用类型，也适用于任何类、接口、委托或数组类型。
> （3）T:new()：类型参数必须具有无参数的公共构造函数。当与其他约束一起使用时，new() 约束须最后指定。
> （4）T:<基类名>：类型参数必须是指定的基类或派生自指定的基类。
> （5）T:<接口名称>：类型参数必须是指定的接口或实现指定的接口。可以指定多个接口约束，约束接口也可以是泛型的。
> （6）T:U：类型参数必须是为 U 提供的参数或派生自为 U 提供的参数，又称为裸类型约束。

【例 16.8】 泛型接口的使用（实例位置：资源包\TM\sl\16\8）

创建一个控制台应用程序，首先创建一个 Factory 类，类中建立一个 CreateInstance()方法；然后创建一个泛型接口，在接口中调用 CreateInstance()方法；根据类型参数 T，获取其类型，代码如下。

```csharp
public interface IGenericInterface<T>                    //创建一个泛型接口
{
    T CreateInstance();                                  //在接口中调用 CreateInstance()方法
}
//实现上面泛型接口的泛型类
//派生约束 where T : TI（T 要继承自 TI）
//构造函数约束 where T : new()（T 可以实例化）
public class Factory<T, TI> : IGenericInterface<TI> where T : TI, new()
{
    public TI CreateInstance()                           //创建一个公共方法 CreateInstance()
    {
        return new T();
    }
}
class Program
{
    static void Main(string[] args)
    {
```

```csharp
        //实例化接口
        IGenericInterface<System.ComponentModel.IListSource> factory =
            new Factory<System.Data.DataTable, System.ComponentModel.IListSource>();
        //输出指定泛型的类型
        Console.WriteLine(factory.CreateInstance().GetType().ToString());
        Console.ReadLine();
    }
}
```

程序运行结果如图 16.9 所示。

16.5.3 泛型方法

图 16.9 泛型接口的使用

泛型方法的声明形式如下。

```
[修饰符] Void [方法名]<类型参数 T>
{
    [方法体]
}
```

泛型方法指在声明中包括了类型参数 T 的方法。泛型方法可以在类、结构或接口中声明，这些类、结构或接口本身可以是泛型或非泛型的。如果在泛型类型声明中声明泛型方法，则方法体可以同时引用该方法的类型参数 T 和包含该方法的声明的类型参数 T。

> **说明**
>
> 泛型方法可以使用多类型参数进行重载。

【例 16.9】 通过泛型方法查找数组中某个数字的位置（**实例位置：资源包\TM\sl\16\9**）

创建一个控制台应用程序，通过定义一个泛型方法，查找数组中某个数字的位置，代码如下。

```csharp
public class Finder                                             //建立一个公共类 Finder
{
    public static int Find<T>(T[ ] items, T item)               //创建泛型方法
    {
        for (int i = 0; i < items.Length; i++)                  //调用 for 循环
        {
            if (items[i].Equals(item))                          //调用 Equals()方法比较两个数
            {
                return i;                                       //返回相等数在数组中的位置
            }
        }
        return -1;                                              //如果不存在指定的数，则返回-1
    }
}
class Program
{
    static void Main(string[ ] args)
    {
        int i = Finder.Find<int>(new int[ ] { 1, 2, 3, 4, 5, 6, 8, 9 }, 6);  //调用泛型方法，并定义数组指定数字
        Console.WriteLine("6 在数组中的位置：" + i.ToString());              //输出数字在数组中的位置
        Console.ReadLine();
    }
}
```

程序运行结果是 "6 在数组中的位置为 5"。

编程训练（答案位置：资源包\TM\sl\16\编程训练\）

【训练9】使用泛型存储不同类型的数据列表　定义一个泛型类，在泛型类中定义多个泛型变量，然后使用这些变量记录不同类型的数据，效果如图 16.10 所示。

【训练10】通过泛型方法计算商品销售额　定义销售类，在该类中定义一个泛型方法，用来计算商品销售额；在主程序类 Program 的 Main()方法中，定义存储每月销售数据的数组，然后调用销售类中的泛型方法计算每月的总销售额，并输出。

图 16.10　使用泛型存储不同类型的数据列表

16.6　委托和匿名方法

为了实现方法的参数化，提出了委托（delegate）的概念。委托是一种引用方法的类型，即委托是方法的引用，一旦为委托分配了方法，委托将与该方法具有完全相同的行为；另外，.NET 中为了简化委托方法的定义，提出了匿名方法的概念。本节将对委托和匿名方法进行详细讲解。

16.6.1　委托

C#中的委托是一种引用类型，该引用类型与其他引用类型有所不同。在委托对象的引用中存放的不是对数据的引用，而是对方法的引用，即在委托的内部包含一个指向某个方法的指针。通过使用委托把方法的引用封装在委托对象中，然后将委托对象传递给调用引用方法的代码。

1．委托的声明

委托类型的声明语法格式如下。

[修饰符] delegate [返回类型] [委托名称] ([参数列表])

其中，[修饰符]是可选项；[返回值类型]、关键字 delegate 和[委托名称]是必需项；[参数列表]用来指定委托所匹配的方法的参数列表，所以是可选项。

一个与委托类型相匹配的方法必须满足以下两个条件。

☑ 两者具有相同的签名，即具有相同的参数数目，类型相同，顺序相同，参数的修饰符也相同。

☑ 两者具有相同的返回值类型。

委托是方法的类型安全的引用。之所以说委托是安全的，是因为委托和其他所有的 C#成员一样，是一种数据类型，委托对象是 System.Delegate 某个派生类的对象。委托的类结构如图 16.11 所示。从中可以看出，任何自定义委托类型都直接继承自 System.MulticastDelegate 类，而 System.Delegate 类是所有委托类的父类。

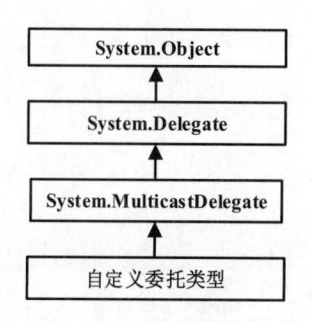

图 16.11　委托的类结构

> **误区警示**
>
> Delegate 类和 MulticastDelegate 类都是委托类型的父类，但只有系统和编译器才能继承它们，其他自定义类无法直接继承它们。因此，下面的代码是不合法的。
>
> ```
> public class Test : System.Delegate { }
> public class Test : System.MulticastDelegate { }
> ```

下面的代码说明如何对方法声明委托，该方法获取 string 类型的一个参数，没有返回类型。

```
delegate void MyDelegete(string s);
```

2. 委托的实例化

声明委托后，就可以创建委托对象，即实例化委托。实例化委托的过程其实就是将委托与特定的方法进行关联的过程。

与其他对象一样，委托对象也是使用 new 关键字创建的。但创建委托对象时传递给 new 表达式的参数很特殊，其写法类似于方法调用，却不传递参数，而是直接写方法名。一旦委托被创建，它所关联的方法便固定了，即委托对象是不可变的。

引用委托对象时，委托不知道也不关心引用对象所属的类，只要方法签名与委托的签名相匹配，就可以引用任何对象。委托既可以引用静态方法，也可以引用实例方法。

例如，下面声明一个名为 MyDelegate 的委托，并实例化该委托到一个静态方法和一个实例方法，这两个方法的签名与 MyDelegate 的签名一致，返回值都是 void 类型，只有一个 string 类型的参数，代码如下。

```
delegate void MyDelegate(string s);
public class MyClass
{
    public static void Method1(string s) { }
    public void Method1(string s) { }
}
MyDelegate my = new MyDelegate(MyClass.Method1);   //实例化委托的静态方法
MyClass c = new MyClass();                          //实例化委托的实例方法
My my2 = new My(c.Methods);
```

3. 委托的调用

创建并实例化委托对象后，可以把它传递给调用该委托的其他代码。可以使用委托名字来调用委托对象，名字后的括号中是传递给委托的参数。例如，使用上面定义的两个委托 my 和 my2：

```
my("Hello");
my2("Hello");
```

前面介绍过委托类型直接继承自 System.MulticastDelegate 类，而每个委托类型提供了一个 Invoke() 方法，该方法具有与委托相同的签名。事实上，调用委托时，编译器会默认调用 Invoke() 方法实现相应的功能，所以上面的委托调用完全可以写成下面的形式，这样更利于初学者理解。

```
my.Invoke("Hello");
my2.Invoke("Hello");
```

> **说明**
>
> 委托的使用场景示例:
> (1)服务器对象可以提供一个方法,客户端对象调用该方法为特定的事件注册回调方法。当事件发生时,服务器就会调用该回调函数。通常客户端对象实例化引用回调函数的委托,并将该委托对象作为参数传递。
> (2)当某窗体中的数据发生变化时,与其关联的另外一个窗体中的相应数据需要实时改变,可以使用委托对象调用第二个窗体中的相关方法实现。

16.6.2 匿名方法

C#中,使用匿名方法可在一定程度上降低代码量,简化委托引用方法的过程。

匿名方法允许一个与委托关联的代码被内联地写入使用委托的位置,这使得代码对于委托的实例很直接。除了这种便利之外,匿名方法还共享了对本地语句包含的函数成员的访问。

匿名方法的语法格式如下。

```
delegate([参数列表])
{
    [代码块]
}
```

【例16.10】使用委托分别调用匿名方法和命名方法(实例位置:资源包\TM\sl\16\10)

创建一个控制台应用程序,首先定义一个无返回值,其参数为字符串的委托类型DelOutput;然后在控制台应用程序的默认类Program中定义一个静态方法NamedMethod(),使该方法与委托类型DelOutput相匹配;在Main()方法中定义一个匿名方法delegate(string j){},并创建委托类型DelOutput的对象del,最后通过委托对象del调用匿名方法和命名方法(NamedMethod),代码如下。

```
delegate void DelOutput(string s);              //自定义委托类型
class Program
{
    static void NamedMethod(string k)           //与委托匹配的命名方法
    {
        Console.WriteLine(k);
    }
    static void Main(string[ ] args)
    {
        //委托的引用指向匿名方法 delegate(string j){}
        DelOutput del = delegate(string j)
        {
            Console.WriteLine(j);
        };
        del.Invoke("匿名方法被调用");             //委托对象 del 调用匿名方法
        //del("匿名方法被调用");                  //委托也可使用这种方式调用匿名方法
        Console.Write("\n");
        del = NamedMethod;                      //委托绑定到命名方法 NamedMethod
        del("命名方法被调用");                    //委托对象 del 调用命名方法
        Console.ReadLine();
    }
}
```

程序运行结果如下。

匿名方法被调用

命名方法被调用

编程训练（答案位置：资源包\TM\sl\16\编程训练\）

【训练 11】巩固委托的调用　给定下面的声明代码，编写程序将委托 b 加入 a 的调用列表中。

```
delegate void MyDelegate();
class Test
{
    MyDelegate a, b;
    public void Oper()
    {
        a = new MyDelegate(Func1);
        b = new MyDelegate(Func2);
    }
    void Func1() { }
    void Func2() { }
}
```

【训练 12】窗体数据的交互显示　创建一个简单的 Windows 窗体应用程序，其中添加两个窗体，第一个窗体中添加一个 Button 和一个 Label，第二个窗体中添加一个 TextBox。第一个窗体中的 Button 用来打开第二个窗体，当在第二个窗体的 TextBox 中输入数据时，第一个窗体中的 Label 能够实时显示。

16.7　事　件

C#中，事件是指某个类的对象在运行过程中遇到的一些特定事情，而这些特定事情有必要通知给该对象的使用者。当发生与某个对象相关的事件时，类会使用事件将这一对象通知给用户，这种通知即称为"引发事件"。引发事件的对象称为事件的源或发送者。引发事件的原因有很多，如响应对象数据的更改、长时间运行的进程完成、服务中断等。

对于事件的相关理论和实现技术细节，本节将从委托的发布和订阅、事件的发布和订阅、原型委托 EventHandler 和 Windows 事件这 4 个方面进行讲解。

16.7.1　委托的发布和订阅

委托能够引用方法，而且能够链接和删除其他委托对象，因而能够实现事件的发布和订阅这两个必要的过程。通过委托来实现事件处理的过程，通常需要以下 4 个步骤。

（1）定义委托类型，并在发布者类中定义一个该类型的公有成员。
（2）在订阅者类中定义委托处理方法。
（3）订阅者对象将其事件处理方法链接到发布者对象的委托成员（一个委托类型的引用）上。
（4）发布者对象在特定的情况下"激发"委托操作，从而自动调用订阅者对象的委托处理方法。

下面以学校铃声为例，介绍一下委托的发布和订阅过程。通常，学生会对上下课铃声做出相应的动作响应。上课铃响，同学们开始学习；下课铃响，同学们开始休息。下面就通过委托的发布和订阅来实现这个功能。

【例 16.11】 通过委托实现学生们对铃声所做出的响应（实例位置：资源包\TM\sl\16\11）

（1）定义一个委托类型 RingEvent，其整型参数 ringKind 表示铃声种类（1 表示上课铃声；2 表示下课铃声），代码如下。

```
public delegate void RingEvent(int ringKind);                    //声明一个委托类型
```

（2）定义委托发布者类 SchoolRing，并在该类中定义一个 RingEvent 类型的公有成员（即委托成员，用来进行委托发布），然后定义一个成员方法 Jow()，用来实现激发委托操作，代码如下。

```
public class SchoolRing                                           //定义发布者类
{
    public RingEvent OnBellSound;                                 //委托发布
    public void Jow(int ringKind)                                 //实现响铃操作
    {
        if (ringKind == 1 || ringKind == 2)                       //判断响铃参数是否合法
        {
            Console.Write(ringKind == 1 ? "上课铃声响了，" : "下课铃声响了，");
            if (OnBellSound != null)                              //不等于空，说明它已经订阅了具体的方法
            {
                OnBellSound(ringKind);                            //回调 OnBellSound 委托所订阅的具体方法
            }
        }
        else
        {
            Console.WriteLine("这个铃声参数不正确！");
        }
    }
}
```

（3）由于学生会对铃声做出相应的动作响应，所以这里定义一个 Students 类，然后在该类中定义一个铃声事件的处理方法 SchoolJow()，并在某个激发时刻或状态下链接到 SchoolRing 对象的 OnBellSound 委托上。另外，在订阅完毕之后，还可以通过 CancelSubscribe()方法删除订阅，代码如下。

```
public class Students                                             //定义订阅者类
{
    public void SubscribeToRing(SchoolRing schoolRing)            //学生们订阅铃声这个委托事件
    {
        schoolRing.OnBellSound += SchoolJow;                      //通过委托的链接操作进行订阅
    }
    public void SchoolJow(int ringKind)                           //事件的处理方法
    {
        if (ringKind == 2)                                        //下课铃响
        {
            Console.WriteLine("同学们开始课间休息！");
        }
        else if (ringKind == 1)                                   //上课铃响
        {
            Console.WriteLine("同学们开始认真学习！");
        }
    }
    public void CancelSubscribe(SchoolRing schoolRing)            //取消订阅铃声动作
    {
        schoolRing.OnBellSound -= SchoolJow;
    }
}
```

（4）当发布者 SchoolRing 类的对象调用其 Jow()方法响铃时，会自动调用 Students 对象的 SchoolJow()
事件处理方法，代码如下。

```
class Program
{
    static void Main(string[ ] args)
    {
        SchoolRing sr = new SchoolRing();                    //创建一个事件发布者实例
        Students student = new Students();                   //创建一个事件订阅者实例
        student.SubscribeToRing(sr);                         //学生订阅学校铃声
        Console.Write("请输入打铃参数（1：表示打上课铃；2：表示打下课铃）：");
        sr.Jow(Convert.ToInt32(Console.ReadLine()));         //开始打铃动作
        Console.ReadLine();
    }
}
```

本例运行结果如图 16.12 所示。

16.7.2 事件的发布和订阅

图 16.12 发布和订阅铃声事件

委托可以进行发布和订阅，从而使不同的对象对特定的情况做出反应，但这种机制存在一个问题，即外部对象可以任意修改已发布的委托（因为这个委托仅是一个普通的类级公有成员），这也会影响到其他对象对委托的订阅（使委托丢掉了其他的订阅）。例如，在进行委托订阅时使用"="符号，而不是"+="；或者在订阅时，设置委托指向一个空引用。这些都会对委托的安全性造成严重威胁。

例如，使用"="运算符进行委托的订阅，或者设置委托指向一个空引用，代码如下。

```
public void SubscribeToRing(SchoolRing schoolRing)          //学生们订阅铃声这个委托事件
{
    //通过赋值运算符进行订阅，使委托 OnBellSound 丢掉了其他的订阅
    schoolRing.OnBellSound = SchoolJow;
}
```

或

```
public void SubscribeToRing(SchoolRing schoolRing)          //学生们订阅铃声这个委托事件
{
    schoolRing.OnBellSound = null;                          //取消委托订阅的所有内容
}
```

为了解决这个问题，C#提供了专门的事件处理机制，以保证事件订阅的可靠性，其做法是在发布委托的定义中加上 event 关键字，其他代码不变，如下所示。

```
public event RingEvent OnBellSound;                         //事件发布
```

经过这个简单的修改后，其他类型再使用 OnBellSound 委托时，就只能将其放在复合赋值运算符"+="或"-="的左侧。直接使用"="运算符时，编译系统会报错。例如：

```
schoolRing.OnBellSound = SchoolJow;                         //系统会报错
schoolRing.OnBellSound = null;                              //系统会报错
```

这样就解决了安全隐患。通过这个示例可以看出，事件是一种特殊的类型，发布者在发布一个事件之后，订阅者只能进行自身的订阅或取消，而不能干涉其他订阅者。

> **说明**
>
> 事件是类的一种特殊成员。即使是公有事件,除了其所属类型,其他类型只能对其进行订阅或取消,别的任何操作都是不允许的,因此事件具有特殊的封装性。和一般委托成员不同,某个类型的事件只能由自身触发。例如,在 Students 的成员方法中,使用 schoolRing.OnBellSound(2)直接调用 SchoolRing 对象的 OnBellSound 事件是不允许的,因为 OnBellSound 这个委托只能在包含其自身定义的发布者类中被调用。

16.7.3 EventHandler 类

在事件发布和订阅的过程中,定义事件的类型(即委托类型)是一件重复性的工作,为此,.NET 类库中定义了一个 EventHandler 委托类型,并建议尽量使用该类型作为事件的委托类型。该委托类型的定义如下。

```
public delegate void EventHandler(object sender,EventArgs e);
```

其中,object 类型的参数 sender 表示引发事件的对象,由于事件成员只能由类型本身(即事件的发布者)触发,因此在触发时传递给该参数的值通常为 this。例如,可将 SchoolRing 类的 OnBellSound 事件定义为 EventHandler 委托类型,那么触发该事件的代码就是"OnBellSound(this,null);"。

事件的订阅者可以通过 sender 参数来了解是哪个对象触发的事件(这里当然是事件的发布者),不过在访问对象时通常要进行强制类型转换。例如,Students 类对 OnBellSound 事件的处理方法可以进行如下修改。

```
public void SchoolJow(object sender , EventArgs e)
{
    if (((RingEventArgs)e).RingKind == 2)              //e 强制转化为 RingEventArgs 类型
    {
        Console.WriteLine("同学们开始课间休息! ");
    }
    else if (((RingEventArgs)e).RingKind==1)           //e 强制转化为 RingEventArgs 类型
    {
        Console.WriteLine("同学们开始认真学习! ");
    }
}
public void CancelSubscribe(SchoolRing schoolRing)     //取消订阅铃声动作
{
    schoolRing.OnBellSound -= SchoolJow;
}
```

EventHandler 委托的第二个参数 e 表示事件中包含的数据。如果发布者还要向订阅者传递额外的事件数据,那么就需要定义 EventArgs 类型的派生类。例如,如果需要把响铃参数(1 或 2)传入事件中,则可以定义如下的 RingEventArgs 类。

```
public class RingEventArgs : EventArgs
{
    private int ringKind;                              //描述铃声种类的字段
    public int RingKind
    {
        get { return ringKind; }                       //获取响铃参数
```

```
    }
    public RingEventArgs(int ringKind)
    {
        this.ringKind = ringKind;                        //在构造器中初始化铃声参数
    }
}
```

而 SchoolRing 的实例在触发 OnBellSound 事件时，可以将该类型（即 RingEventArgs）的对象作为参数传递给 EventHandler 委托。下面来看激发 OnBellSound 事件的主要代码。

```
public event EventHandler OnBellSound;                   //委托发布
public void Jow(int ringKind)                            //打铃方法
{
    if (ringKind == 1 || ringKind == 2)
    {
        Console.Write(ringKind == 1 ? "上课铃声响了，" : "下课铃声响了，");
        if (OnBellSound != null)                         //不等于空，说明它已经订阅具体的方法
        {
            //为了安全，事件成员只能由类型本身触发（this）
            OnBellSound(this,new RingEventArgs(ringKind)); //回调委托所订阅的方法
        }
    }
    else
    {
        Console.WriteLine("这个铃声参数不正确！");
    }
}
```

由于 EventHandler 原始定义中的参数类型是 EventArgs，因此订阅者在读取参数内容时同样需要进行强制类型转换，如以下代码所示。

```
public void SchoolJow(object sender,EventArgs e)
{
    if (((RingEventArgs)e).RingKind == 2)                //下课铃响
    {
        Console.WriteLine("同学们开始课间休息！");
    }
    else if (((RingEventArgs)e).RingKind==1)             //上课铃响
    {
        Console.WriteLine("同学们开始认真学习！");
    }
}
```

16.7.4　Windows 事件

事件在 Windows 这样的图形界面程序中有着极其广泛的应用，事件响应是程序与用户交互的基础。用户的绝大多数操作，如移动鼠标、单击鼠标、改变光标位置、选择菜单命令等，都可以触发相关的控件事件。以 Button 控件为例，其成员 Click 就是一个 EventHandler 类型的事件。

```
public event EventHandler Click;
```

用户单击按钮时，Button 对象会调用其保护成员方法 OnClick()（它包含了激发 Click 事件的代码），并通过它来触发 Click 事件。

例如，在 Form1 窗体包含一个名为 button1 的按钮，然后在窗体的构造方法中关联事件处理方法，并在方法代码中执行所需要的功能，代码如下。

```
public Form1()
{
    InitializeComponent();
    button1.Click+= new EventHandler(button1_Click);        //关联事件处理方法
}
private void button1_Click(object sender,EventArgs e)
{
    this.Close();
}
```

编程训练（答案位置：资源包\TM\sl\16\编程训练\）

【训练 13】模拟《王者荣耀》3V3 团战 王者荣耀游戏中，玩家之间可进行 1V1、3V3、5V5 等多种方式的 PVP 对战。现在模拟 3V3 对战，其中一方的貂蝉遇到危险，请求支持，这时同一战队的鲁班大师和后羿收到求救信号，准备集合团战。

【训练 14】通过事件调用输出父子各自的爱好 某对父子，他们有各自的爱好，爸爸喜欢编写 C# 程序，而儿子喜欢奥特曼卡片，尝试通过事件调用来输出这对父子的爱好。

16.8　实践与练习

（答案位置：资源包\TM\sl\16\实践与练习\）

综合练习 1：通过继承接口实现计算矩形面积 尝试开发一个程序，要求定义一个接口，该接口中封装了矩形的长和宽，而且还包含一个自定义的方法，用来计算矩形的面积，然后定义一个类，继承自该接口，在该类中实现接口的自定义方法。

综合练习 2：通过抽象类实现计算圆形面积 尝试开发一个程序，要求自定义一个抽象类，用来计算圆形的面积。

综合练习 3：输出每月销售明细 模拟输出进销存管理系统中的每月销售明细。运行程序，输入要查询的月份，如果输入的月份正确，则显示本月商品销售明细；如果输入的月份不存在，则提示"该月没有销售数据或者输入的月份有误！"；如果输入的月份不是数字，则显示异常信息。

综合练习 4：使用泛型记录用户信息并打印 创建一个测试类，包括 A、B、C 3 个泛型。使用这 3 个泛型创建 3 个成员变量，完成以下 3 项任务。

（1）编写可以为 3 个成员变量赋值的构造方法。

（2）创建一个测试类对象 date，该对象用于记录日期，3 个成员变量分别记录表示年、月和日的整型数字，在控制台打印 date 对象的所有属性值。

（3）创建第二个测试类对象 tom，该对象用于记录人物信息，3 个成员变量分别记录姓名、身高和性别。姓名是字符串，身高是整数，性别是字符。在控制台打印输出 tom 对象的所有属性值。

综合练习 5：模仿支付宝的蚂蚁森林种树功能 定义一个抽象类，其中有种树方法以及获取种树所需能量的方法；分别定义蚂蚁森林中树的种类的类，如梭梭树、花棒、胡杨等，每种树都需要不同数量的能量；定义一个用户类，其中包含种树方法，将该方法定义为泛型方法，它可以根据能量的多少来确定是否能够种植某种树，并给出相应的提示。最后在 Main() 方法中初始化用户的姓名和持有能量，使其分别种植不同的树。

第 3 篇 高级应用

本篇介绍文件及数据流技术、GDI+图形图像技术、Windows 打印技术、网络编程技术、线程的使用、注册表技术、C#游戏开发等。学习完这一部分，读者将能够开发文件流程序、图形图像程序、打印程序、网络程序、多线程应用程序、注册表相关应用和 C#游戏等。

高级应用

- 文件及数据流技术 —— 使用C#对文件及文件夹进行操作，而流是计算机中传输数据的主要形式
- GDI+图形图像技术 —— C#绘图技术，可以绘制各种图形、文字和图表
- Windows打印技术 —— C#原生的打印控件，执行一些常规的打印操作
- 网络编程技术 —— Socket、TCP\IP、UDP编程等，为开发网络应用打下基础
- 线程的使用 —— 执行大量运算、操作或需要区分不同优先级任务时使用，是窗体程序开发的必备技能
- 注册表技术 —— 熟悉使用C#对系统注册表进行操作
- C#游戏开发 —— 使用C#技术进行游戏开发

第 17 章 文件及数据流技术

在软件开发过程中经常需要对文件及文件夹进行操作，如读写、移动、复制、删除文件，以及创建、移动、删除、遍历文件夹等。在 C#中与文件、文件夹及文件读写有关的类都位于 System.IO 命名空间下。本章将详细介绍如何在 C#中对文件、文件夹进行操作，以及如何对文件进行数据流读写。

本章知识架构及重点、难点如下。

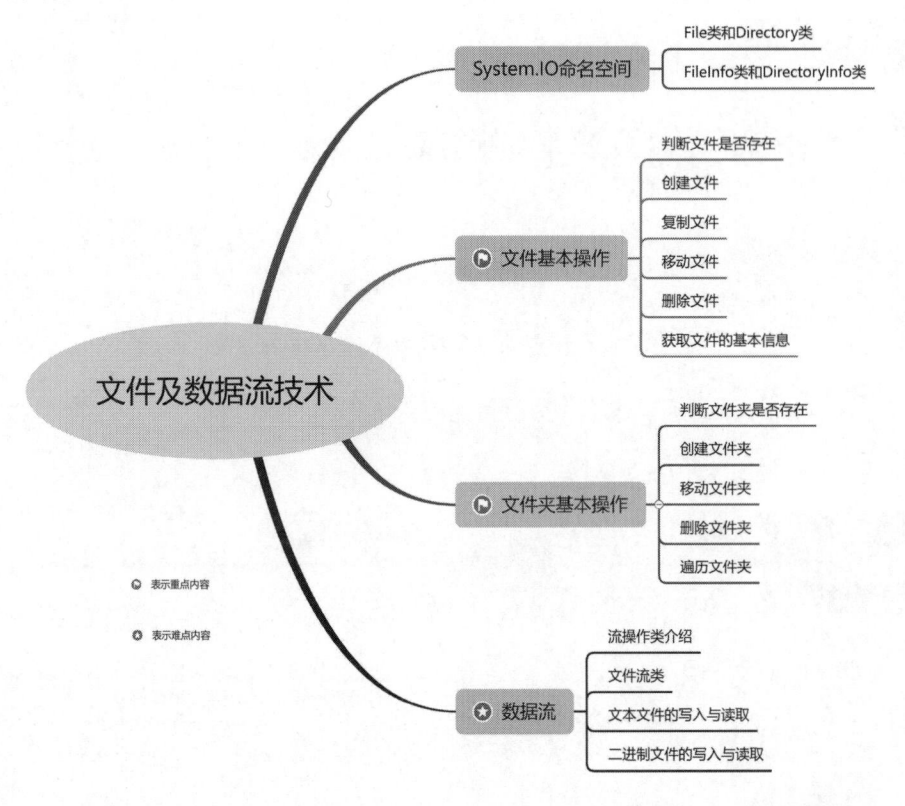

- System.IO命名空间
  - File类和Directory类
  - FileInfo类和DirectoryInfo类
- 文件基本操作
  - 判断文件是否存在
  - 创建文件
  - 复制文件
  - 移动文件
  - 删除文件
  - 获取文件的基本信息
- 文件夹基本操作
  - 判断文件夹是否存在
  - 创建文件夹
  - 移动文件夹
  - 删除文件夹
  - 遍历文件夹
- 数据流
  - 流操作类介绍
  - 文件流类
  - 文本文件的写入与读取
  - 二进制文件的写入与读取

▶ 表示重点内容
★ 表示难点内容

17.1 System.IO 命名空间

System.IO 命名空间包含允许在数据流和文件中进行同步和异步读取及写入的类型。这里需要注意文件和流的差异，文件是一些具有永久存储及特定顺序的字节组成的一个有序的、具有名称的集合。因此，关于文件，人们常会想到目录路径、磁盘存储、文件和目录名等方面。相反，流提供一种向后备存储写入字节和从后备存储读取字节的方式。后备存储可以为多种存储媒介之一，正如除磁盘外存在多种后备存储一样，除文件流之外也存在多种流，如网络流、内存流和磁带流等。

System.IO 命名空间中的类及说明如表 17.1 所示。

表 17.1 System.IO 命名空间中的类及说明

类	说 明
BinaryReader	用特定的编码将基元数据类型读作二进制值
BinaryWriter	以二进制形式将基元类型写入流，并支持用特定的编码写入字符串
BufferedStream	给另一流上的读写操作添加一个缓冲层。无法继承此类
Directory	公开用于创建、移动、枚举、删除目录和子目录的静态方法。无法继承此类
DirectoryInfo	公开用于创建、移动和枚举目录及子目录的实例方法。无法继承此类
DriveInfo	提供对有关驱动器的信息的访问
File	提供用于创建、复制、删除、移动和打开文件的静态方法，并协助创建 FileStream 对象
FileInfo	提供创建、复制、删除、移动和打开文件的实例方法，帮助创建 FileStream 对象。无法继承此类
FileStream	公开以文件为主的 Stream，既支持同步读写操作，也支持异步读写操作
FileSystemInfo	为 FileInfo 和 DirectoryInfo 对象提供基类
FileSystemWatcher	侦听文件系统更改通知，并在目录或目录中的文件发生更改时引发事件
MemoryStream	创建其支持存储区为内存的流
Path	对包含文件或目录路径信息的 String 实例执行操作。这些操作是以跨平台的方式执行的
StreamReader	实现一个 TextReader，使其以一种特定的编码从字节流中读取字符
StreamWriter	实现一个 TextWriter，使其以一种特定的编码向流中写入字符
StringReader	实现从字符串进行读取的 TextReader
StringWriter	实现一个用于将信息写入字符串的 TextWriter。该信息存储在基础 StringBuilder 中
TextReader	表示可读取连续字符系列的读取器
TextWriter	表示可以编写一个有序字符系列的编写器。该类为抽象类

17.1.1 File 类和 Directory 类

使用 File 类和 Directory 类可对文件和目录进行各种操作，这两个类可以被实例化，但不能被其他类继承。

1. File 类

File 类用于对文件进行各种操作，包含诸多创建、复制、删除、移动和打开文件的静态方法，并协助创建 FileStream 对象。File 类中一共包含 40 多个方法，其中常用的方法和说明如表 17.2 所示。

表 17.2 File 类的常用方法及说明

方 法	说 明
Copy()	将现有文件复制到新文件
Create()	在指定路径中创建文件
Delete()	删除指定的文件。如果指定的文件不存在，则不引发异常
Exists()	确定指定的文件是否存在

续表

方　　法	说　　明
Move()	将指定文件移到新位置，并提供指定新文件名的选项
Open()	打开指定路径上的 FileStream
CreateText()	创建或打开一个文件，用于写入 UTF-8 编码的文本
GetCreationTime()	返回指定文件或目录的创建日期和时间
GetLastAccessTime()	返回上次访问指定文件或目录的日期和时间
GetLastWriteTime()	返回上次写入指定文件或目录的日期和时间
OpenRead()	打开现有文件，以进行读取
OpenText()	打开现有 UTF-8 编码文本文件，以进行读取
OpenWrite()	打开现有文件，以进行写入
ReadAllBytes()	打开一个文件，将文件内容读入一个字符串，然后关闭该文件
ReadAllLines()	打开一个文本文件，将所有行读入一个字符串数组，然后关闭该文件
ReadAllText()	打开一个文本文件，将所有行读入一个字符串，然后关闭该文件
Replace()	使用其他文件内容替换指定文件内容，这一过程将删除原始文件，并创建被替换文件的备份
SetCreationTime()	设置创建该文件的日期和时间
SetLastAccessTime()	设置上次访问指定文件的日期和时间
SetLastWriteTime()	设置上次写入指定文件的日期和时间
WriteAllBytes()	创建一个新文件，写入指定的字节数组，然后关闭文件。如果目标文件已存在，则改写该文件
WriteAllLines()	创建一个新文件，写入指定的字符串，然后关闭文件。如果目标文件已存在，则改写该文件
WriteAllText()	创建一个新文件，写入内容，然后关闭文件。如果目标文件已存在，则改写该文件

说明

（1）File 类中的所有方法都是静态的，因此当只想执行一个操作时，使用 File 类方法比使用 FileInfo 类方法效率更高。

（2）File 类中的静态方法会对所有方法都执行安全检查，因此当需要多次重用某个对象时，可考虑改用 FileInfo 类中的相应方法，因为它们并不总是需要安全检查。

【例 17.1】使用 File 类创建文件（实例位置：资源包\TM\sl\17\1）

（1）新建一个 Windows 窗体应用程序，默认窗体为 Form1.cs。

（2）在 Form1 窗体中添加一个 TextBox 控件和一个 Button 控件，其中，TextBox 控件用来输入要创建的文件路径及名称，Button 控件用来执行创建文件操作。

（3）程序主要代码如下。

```
private void button1_Click(object sender, EventArgs e)
{
    if (textBox1.Text == string.Empty)            //判断输入的文件名是否为空
    {
        MessageBox.Show("文件名不能为空！");
    }
    else
    {
        if (File.Exists(textBox1.Text))           //使用 File 类的 Exists()方法判断要创建的文件是否存在
```

```
        {
            MessageBox.Show("该文件已经存在");
        }
        else
        {
            File.Create(textBox1.Text);            //使用 File 类的 Create()方法创建文件
        }
    }
}
```

程序运行结果如图 17.1 所示。

> **注意**
>
> 使用与文件、文件夹及流相关的类时，首先需要添加 System.IO 命名空间。

图 17.1　File 类的使用

2．Directory 类

Directory 类中包含了许多创建、移动、枚举、删除目录和子目录的静态方法，表 17.3 中列出了一些常用的方法及说明。

表 17.3　Directory 类的常用方法及说明

方　　法	说　　明
CreateDirectory()	创建指定路径中的所有目录
Delete()	删除指定的目录
Exists()	确定给定路径是否引用磁盘上的现有目录
GetCreationTime()	获取目录的创建日期和时间
GetDirectories()	获取指定目录中子目录的名称
GetDirectoryRoot()	返回指定路径的卷信息、根信息或二者同时返回
GetFiles()	返回指定目录中的文件的名称
GetFileSystemEntries()	返回指定目录中所有文件和子目录的名称
GetLastAccessTime()	返回上次访问指定文件或目录的日期和时间
GetLastWriteTime()	返回上次写入指定文件或目录的日期和时间
GetParent()	检索指定路径的父目录，包括绝对路径和相对路径
Move()	将文件或目录及其内容移到新位置
SetCreationTime()	为指定的文件或目录设置创建日期和时间
SetCurrentDirectory()	将应用程序的当前工作目录设置为指定的目录
SetLastAccessTime()	设置上次访问指定文件或目录的日期和时间
SetLastWriteTime()	设置上次写入目录的日期和时间

【例 17.2】使用 Directory 类创建文件夹（实例位置：资源包\TM\sl\17\2）

（1）新建一个 Windows 窗体应用程序，默认窗体为 Form1.cs。

（2）在 Form1 窗体中添加一个 TextBox 控件和一个 Button 控件。其中，TextBox 控件用来输入要创建的文件夹路径及名称，Button 控件用来执行创建文件夹操作。

（3）程序主要代码如下。

```csharp
private void button1_Click(object sender, EventArgs e)
{
    if (textBox1.Text == string.Empty)                    //判断输入的文件夹名称是否为空
    {
        MessageBox.Show("文件夹名称不能为空！");
    }
    else
    {
        if (Directory.Exists(textBox1.Text))              //使用 Directory 类的 Exists()方法判断要创建的文件夹是否存在
        {
            MessageBox.Show("该文件夹已经存在");
        }
        else
        {
            Directory.CreateDirectory(textBox1.Text);     //使用 Directory 类的 CreateDirectory()方法创建文件夹
        }
    }
}
```

程序运行结果如图 17.2 所示。

> **说明**
>
> 在用 Directory 类对文件夹进行操作时，其文件夹的路径必须存在并正确，否则会引发异常。

图 17.2 Directory 类的使用

17.1.2 FileInfo 类和 DirectoryInfo 类

1. FileInfo 类

FileInfo 类和 File 类之间许多方法调用都是相同的，但 FileInfo 类中没有静态方法，其方法仅用于实例化对象。File 类是静态类，所以调用它时，需用字符串参数为每一个方法调用规定文件位置。因此如果要在对象上进行单一方法调用，可以使用静态 File 类，这种情况下静态调用速度要快一些，因为.NET 框架不必执行实例化新对象并调用其方法的过程。如果要在文件上执行几种操作，则实例化 FileInfo 对象使用其方法就更好一些，这样会提高效率，因为对象将在文件系统上引用正确的文件，而静态类就必须每次都寻找文件。

FileInfo 类的常用属性及说明如表 17.4 所示。

表 17.4 FileInfo 类的常用属性及说明

属　　性	说　　明
CreationTime	获取或设置当前 FileSystemInfo 对象的创建时间
Directory	获取父目录的实例
DirectoryName	获取表示目录的完整路径的字符串
Exists	获取指示文件是否存在的值
Extension	获取表示文件扩展名部分的字符串
FullName	获取目录或文件的完整目录

续表

属 性	说 明
IsReadOnly	获取或设置确定当前文件是否为只读的值
LastAccessTime	获取或设置上次访问当前文件或目录的时间
LastWriteTime	获取或设置上次写入当前文件或目录的时间
Length	获取当前文件的大小
Name	获取文件名

说明

如果想要对某个对象进行重复操作，应使用 FileInfo 类。

【例 17.3】使用 FileInfo 类创建文件（实例位置：资源包\TM\sl\17\3）

（1）新建一个 Windows 窗体应用程序，默认窗体为 Form1.cs。

（2）在 Form1 窗体中添加一个 TextBox 控件和一个 Button 控件，其中，TextBox 控件用来输入要创建的文件路径及名称，Button 控件用来执行创建文件操作。

（3）程序主要代码如下。

```csharp
private void button1_Click(object sender, EventArgs e)
{
    if (textBox1.Text == string.Empty)              //判断输入的文件名称是否为空
    {
        MessageBox.Show("文件名称不能为空！");
    }
    else
    {
        FileInfo finfo = new FileInfo(textBox1.Text);  //实例化 FileInfo 类对象
        if (finfo.Exists)                              //使用 FileInfo 对象的 Exists 属性判断要创建的文件是否存在
        {
            MessageBox.Show("该文件已经存在");
        }
        else
        {
            finfo.Create();                            //使用 FileInfo 对象的 Create()方法创建文件
        }
    }
}
```

程序运行结果如图 17.3 所示。

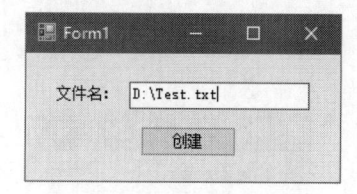

图 17.3 FileInfo 类的使用

2．DirectoryInfo 类

DirectoryInfo 类和 Directory 类之间的关系与 FileInfo 类和 File 类之间的关系十分类似，这里不再

赘述。其常用属性及说明如表 17.5 所示。

表 17.5 DirectoryInfo 类的常用属性及说明

属　　性	说　　明
CreationTime	获取或设置当前 FileSystemInfo 对象的创建时间
Exists	获取指示目录是否存在的值
Extension	获取表示文件扩展名部分的字符串
FullName	获取目录或文件的完整目录
LastAccessTime	获取或设置上次访问当前文件或目录的时间
LastWriteTime	获取或设置上次写入当前文件或目录的时间
Name	获取 DirectoryInfo 实例的名称
Parent	获取指定子目录的父目录
Root	获取路径的根部分

【例 17.4】使用 DirectoryInfo 类创建文件夹（**实例位置：资源包\TM\sl\17\4**）

（1）新建一个 Windows 窗体应用程序，默认窗体为 Form1.cs。

（2）在 Form1 窗体中添加一个 TextBox 控件和一个 Button 控件，其中，TextBox 控件用来输入要创建的文件夹路径及名称，Button 控件用来执行创建文件夹操作。

（3）程序主要代码如下。

```
private void button1_Click(object sender, EventArgs e)
{
    if (textBox1.Text == string.Empty)     //判断输入的文件夹名称是否为空
    {
        MessageBox.Show("文件夹名称不能为空！");
    }
    else
    {
        DirectoryInfo dinfo = new DirectoryInfo(textBox1.Text);   //实例化 DirectoryInfo 类对象
        if (dinfo.Exists)                  //使用 DirectoryInfo 对象的 Exists 属性判断要创建的文件夹是否存在
        {
            MessageBox.Show("该文件夹已经存在");
        }
        else
        {
            dinfo.Create();                //使用 DirectoryInfo 对象的 Create()方法创建文件夹
        }
    }
}
```

程序运行结果如图 17.4 所示。

图 17.4 DirectoryInfo 类的使用

17.2　文件基本操作

对于文件的基本操作大体可以分为判断文件是否存在、创建文件、复制或移动文件、删除文件以及获取文件基本信息。通过对本节的学习，读者将可以轻松掌握文件的这几种基本操作。

17.2.1　判断文件是否存在

判断文件是否存在时，可以使用 File 类的 Exists()方法或者 FileInfo 类的 Exists 属性来实现。

1．File 类的 Exists()方法

Exists()方法用于判断指定的文件是否存在，语法格式如下。

```
public static bool Exists(string path)
```

- path：要检查的文件。
- 返回值：如果调用方具有要求的权限并且 path 包含现有文件的名称，返回 true，否则返回 false。如果 path 为空引用或零长度字符串，返回 false；如果调用方不具有读取指定文件所需的足够权限，则不引发异常，返回 false，这与 path 是否存在无关。

说明

使用 Exists()方法时，如果路径为空，会引发异常。

例如，下面代码使用 File 类的 Exists()方法判断 C 盘根目录下是否存在 Test.txt 文件。

```
File.Exists("C:\\Test.txt");
```

2．FileInfo 类的 Exists 属性

获取指示文件是否存在的值，语法格式如下。

```
public override bool Exists { get; }
```

如果该文件存在，属性值为 true；如果该文件不存在或该文件是目录，则为 false。

例如，下面的代码首先实例化一个 FileInfo 对象，然后使用该对象调用 Exists 属性，判断 C 盘根目录下是否存在 Test.txt 文件。

```
FileInfo finfo = new FileInfo("C:\\Test.txt");
if (finfo.Exists)
{ }
```

17.2.2　创建文件

创建文件可以使用 File 类的 Create()方法或者 FileInfo 类的 Create()方法来实现。

1. File 类的 Create()方法

Create()方法为可重载方法，它有以下 4 种重载形式。

```
public static FileStream Create(string path)
public static FileStream Create(string path,int bufferSize)
public static FileStream Create(string path,int bufferSize,FileOptions options)
public static FileStream Create(string path,int bufferSize,FileOptions options,FileSecurity fileSecurity)
```

File 类的 Create()方法参数说明如表 17.6 所示。

表 17.6　File 类的 Create()方法参数说明

参　　数	说　　明
path	文件名
bufferSize	用于读取和写入文件已放入缓冲区的字节数
Options	FileOptions 值之一，描述了如何创建或改写该文件
fileSecurity	FileSecurity 值之一，描述了文件的访问控制和审核安全性

说明

在用 Create()方法创建文件时，如果路径为空，或文件夹为只读，则会引发异常。

例如，下面的代码调用 File 类的 Create()方法在 C 盘根目录下创建一个 Test.txt 文本文件。

```
File.Create("C:\\Test.txt");
```

2. FileInfo 类的 Create()方法

FileInfo 类 Create()方法的语法格式如下。

```
public FileStream Create()
```

其返回值是一个新文件。默认情况下，Create()方法将向所有用户授予新文件的完全读写访问权限。

例如，下面的代码首先实例化了一个 FileInfo 对象，然后使用该对象调用 Create()方法在 C 盘根目录下创建一个 Test.txt 文本文件。

```
FileInfo finfo = new FileInfo("C:\\Test.txt");
finfo.Create();
```

17.2.3　复制或移动文件

复制或移动文件时，可以使用 File 类的 Copy()、Move()方法或 FileInfo 类的 CopyTo()、MoveTo()方法来实现，下面分别对它们进行介绍。

1. File 类的 Copy()方法

Copy()方法为可重载方法，它有以下两种重载形式。

```
public static void Copy(string sourceFileName,string destFileName)
public static void Copy(string sourceFileName,string destFileName,bool overwrite)
```

- ☑ sourceFileName：要复制的文件。
- ☑ destFileName：目标文件的名称，不能是目录。如果是第一种重载形式，则不能是现有文件。
- ☑ overwrite：如果可以改写目标文件，则为 true，否则为 false。

例如，下面的代码调用 Copy()方法将 C 盘根目录下的 Test.txt 文本文件复制到 D 盘根目录下。

```
File.Copy("C:\\Test.txt","D:\\Test.txt");
```

2．File 类的 Move()方法

Move()方法用于将指定文件移到新位置，并提供指定新文件名的选项，语法格式如下。

```
public static void Move(string sourceFileName,string destFileName)
```

- ☑ sourceFileName：要移动的文件名称。
- ☑ destFileName：文件的新路径。

> **说明**
> 在对文件进行移动时，如果目标文件已存在，则发生异常。

例如，调用 Move()方法将 C 盘根目录下的 Test.txt 文本文件移动到 D 盘根目录下，代码如下。

```
File.Move("C:\\Test.txt","D:\\Test.txt") ;
```

3．FileInfo 类的 CopyTo()方法

CopyTo()方法为可重载方法，它有以下两种重载形式。

```
public FileInfo CopyTo(string destFileName)
public FileInfo CopyTo(string destFileName,bool overwrite)
```

- ☑ destFileName：要复制到的新文件名称。
- ☑ overwrite：若为 true，则允许改写现有文件；否则为 false。
- ☑ 返回值：第一种重载形式的返回值为带有完全限定路径的新文件。第二种重载形式的返回值为新文件，或者如果 overwrite 为 true，则为现有文件的改写。如果文件已存在，且 overwrite 为 false，则会发生 IOException 异常。

例如，下面的代码首先实例化了一个 FileInfo 对象，然后使用该对象调用 CopyTo()方法将 C 盘根目录下的 Test.txt 文本文件复制到 D 盘根目录下。如果 D 盘根目录下已经存在 Test.txt 文本文件，则将其替换。

```
FileInfo finfo = new FileInfo("C:\\Test.txt");
finfo. CopyTo("D:\\Test.txt",true);
```

4．FileInfo 类的 MoveTo()方法

MoveTo()方法用于将指定文件移到新位置，并提供指定新文件名的选项，语法格式如下。

```
public void MoveTo(string destFileName)
```

其中，destFileName 表示要将文件移动到路径，可以指定另一个文件名。

例如，下面的代码首先实例化了一个 FileInfo 对象，然后使用该对象调用 MoveTo()方法将 C 盘根

目录下的 Test.txt 文本文件移动到 D 盘根目录下。

```
FileInfo finfo = new FileInfo("C:\\Test.txt");
finfo. MoveTo("D:\\Test.txt") ;
```

17.2.4 删除文件

删除文件可以使用 File 类的 Delete()方法或者 FileInfo 类的 Delete()方法来实现。

1．File 类的 Delete()方法

Delete()方法用来删除指定的文件，语法格式如下。

`public static void Delete(string path)`

其中，path 表示要删除的文件名称。

> **说明**
> 如果当前删除的文件正在被使用，删除时则发生异常。

例如，下面的代码调用 File 类的 Delete()方法删除 C 盘根目录下的 Test.txt 文本文件。

`File.Delete("C:\\Test.txt");`

2．FileInfo 类的 Delete()方法

Delete()方法用来永久删除文件，语法格式如下。

`public override void Delete()`

例如，下面的代码首先实例化了一个 FileInfo 对象，然后使用该对象调用 FileInfo 类的 Delete()方法删除 C 盘根目录下的 Test.txt 文本文件。

```
FileInfo finfo = new FileInfo("C:\\Test.txt");
finfo. Delete();
```

17.2.5 获取文件的基本信息

获取文件的基本信息，需要用到 FileInfo 类中的各种属性。下面通过一个实例说明如何获取文件的基本信息。

【例 17.5】 获取文件的基本信息（**实例位置：资源包\TM\sl\17\5**）

（1）新建一个 Windows 窗体应用程序，默认窗体为 Form1.cs。

（2）在 Form1 窗体中添加一个 OpenFileDialog 控件、一个 TextBox 控件和一个 Button 控件。其中，OpenFileDialog 控件用来显示"打开"对话框，TextBox 控件用来显示选择的文件名，Button 控件用来打开"打开"对话框并获取选择文件的基本信息。

（3）程序主要代码如下。

```
private void button1_Click(object sender, EventArgs e)
{
    if (openFileDialog1.ShowDialog() == DialogResult.OK)
```

```
    {
        textBox1.Text = openFileDialog1.FileName;
        FileInfo finfo = new FileInfo(textBox1.Text);                    //实例化 FileInfo 对象
        string strCTime, strLATime, strLWTime, strName, strFName, strDName, strISRead;
        long lgLength;
        strCTime = finfo.CreationTime.ToShortDateString();               //获取文件创建时间
        strLATime = finfo.LastAccessTime.ToShortDateString();            //获取上次访问该文件的时间
        strLWTime = finfo.LastWriteTime.ToShortDateString();             //获取上次写入文件的时间
        strName = finfo.Name;                                            //获取文件名称
        strFName = finfo.FullName;                                       //获取文件的完整目录
        strDName = finfo.DirectoryName;                                  //获取文件的完整路径
        strISRead = finfo.IsReadOnly.ToString();                         //获取文件是否只读
        lgLength = finfo.Length;                                         //获取文件长度
        MessageBox.Show("文件信息：\n 创建时间：" + strCTime + " 上次访问时间：" + strLATime + "\n 上次写入时间：" + strLWTime + " 文件名称：" + strName + "\n 完整目录：" + strFName + "\n 完整路径：" + strDName + "\n 是否只读：" + strISRead + " 文件长度：" + lgLength);
    }
}
```

运行程序，单击"浏览"按钮，弹出"打开"对话框，选择文件，单击"打开"按钮，在弹出的对话框中显示所选文件的基本信息。程序运行结果如图 17.5 所示。

编程训练（答案位置：资源包\TM\sl\17\编程训练\）

【训练 1】根据当前日期时间创建文件　新建一个 Windows 窗体应用程序，在窗体中添加一个 Button 控件，根据当前日期和时间动态地创建文件。

【训练 2】修改文件属性　本练习要求设计一个修改文件属性的应用软件，可以随意修改任何文件的属性（如只读、系统、存档、隐藏等）。

图 17.5　获取文件的基本信息

17.3　文件夹基本操作

对于文件夹的基本操作大体可以分为判断文件夹是否存在、创建文件夹、移动文件夹、删除文件夹以及遍历文件夹中的文件。通过学习本节的内容，读者将可以轻松掌握文件夹的这几种基本操作。

17.3.1　判断文件夹是否存在

使用 Directory 类的 Exists()方法或者 DirectoryInfo 类的 Exists 属性，可判断文件夹是否存在。

1．Directory 类的 Exists()方法

Exists()方法用于确定给定路径是否引用磁盘上的现有目录，语法格式如下。

```
public static bool Exists(string path)
```

☑　path：要测试的路径。

☑ 返回值：如果 path 引用现有目录，则为 true；否则为 false。

> **说明**
> 允许 path 参数指定相对或绝对路径信息。相对路径信息被解释为相对于当前的工作目录。

例如，下面的代码使用 Directory 类的 Exists()方法判断 C 盘根目录下是否存在 Test 文件夹。

```
Directory.Exists("C:\\Test ");
```

2. DirectoryInfo 类的 Exists 属性

Exists 属性用于获取指示目录是否存在的值，语法格式如下。

```
public override bool Exists { get; }
```

如果目录存在，属性值为 true，否则为 false。

例如，下面的代码首先实例化一个 DirectoryInfo 对象，然后使用该对象调用 Exists 属性判断 C 盘根目录下是否存在 Test 文件夹。

```
DirectoryInfo dinfo = new DirectoryInfo ("C:\\Test");
if (dinfo.Exists)
{ }
```

17.3.2 创建文件夹

创建文件夹可以使用 Directory 类的 CreateDirectory()方法或者 DirectoryInfo 类的 Create()方法来实现，下面分别对它们进行介绍。

1. Directory 类的 CreateDirectory()方法

CreateDirectory()方法为可重载方法，它有以下两种重载形式。

```
public static DirectoryInfo CreateDirectory(string path)
public static DirectoryInfo CreateDirectory(string path,DirectorySecurity directorySecurity)
```

☑ path：要创建的目录路径。
☑ directorySecurity：要应用于此目录的访问控制。
☑ 返回值：第一种重载形式的返回值为由 path 指定的 DirectoryInfo；第二种重载形式的返回值为新创建的目录的 DirectoryInfo 对象。

例如，下面的代码调用 Directory 类的 CreateDirectory()方法在 C 盘根目录下创建一个 Test 文件夹。

```
Directory.CreateDirectory("C:\\Test ");
```

> **误区警示**
> 当 path 参数中的目录已经存在或者 path 的某些部分无效时，将发生异常。path 参数指定目录路径，而不是文件路径。

2. DirectoryInfo 类的 Create()方法

Create()方法为可重载方法，它有以下两种重载形式。

```
public void Create()
public void Create(DirectorySecurity directorySecurity)
```

其中，directorySecurity 主要用于此目录的访问控制。

例如，下面的代码首先实例化了一个 DirectoryInfo 对象，然后使用该对象调用 Create()方法在 C 盘根目录下创建一个 Test 文件夹。

```
DirectoryInfo dinfo = new DirectoryInfo("C:\\Test ");
dinfo.Create();
```

17.3.3 移动文件夹

移动文件夹时，可以使用 Directory 类的 Move()方法或者 DirectoryInfo 类的 MoveTo()方法来实现。

1．Directory 类的 Move()方法

Move()方法用于将文件或目录及其内容移到新位置，语法格式如下。

```
public static void Move(string sourceDirName,string destDirName)
```

- ☑ sourceDirName：要移动的文件或目录的路径。
- ☑ destDirName：指向 sourceDirName 的新位置的路径。

例如，下面的代码调用 Directory 类的 Move()方法将 C 盘根目录下的 Test 文件夹移动到 C 盘根目录下的"新建文件夹"文件夹中。

```
Directory.Move("C:\\Test ","C:\\新建文件夹\\Test") ;
```

> **误区警示**
>
> 使用 Move()方法移动文件夹时，需要统一磁盘根目录。例如，C 盘下的文件夹只能移动到 C 盘中的某个文件夹下。同样，使用 MoveTo()方法移动文件夹时也是如此。

2．DirectoryInfo 类的 MoveTo()方法

MoveTo()方法用于将 DirectoryInfo 对象及其内容移动到新路径，语法格式如下。

```
public void MoveTo(string destDirName)
```

其中，destDirName 表示要将此目录移动到的目标位置的名称和路径。目标不能是另一个具有相同名称的磁盘卷或目录，它可以是要将此目录作为子目录添加其中的一个现有目录。

例如，下面的代码首先实例化了一个 DirectoryInfo 对象，然后使用该对象调用 MoveTo()方法将 C 盘根目录下的 Test 文件夹移动到 C 盘根目录下的"新建文件夹"文件夹中。

```
DirectoryInfo dinfo = new DirectoryInfo("C:\\Test ");
dinfo.MoveTo("C:\\新建文件夹\\Test") ;
```

17.3.4 删除文件夹

删除文件夹可以使用 Directory 类的 Delete()方法或者 DirectoryInfo 类的 Delete()方法来实现，下面分别对它们进行介绍。

1. Directory 类的 Delete()方法

Delete()方法为可重载方法，它有以下两种重载形式。

```
public static void Delete(string path)
public static void Delete(string path,bool recursive)
```

- ☑ path：要移除的空目录/目录的名称。
- ☑ recursive：若要移除 path 中的目录、子目录和文件，则为 true；否则为 false。

例如，下面的代码调用 Directory 类的 Delete()方法删除 C 盘根目录下的 Test 文件夹。

```
Directory.Delete("C:\\Test");
```

2. DirectoryInfo 类的 Delete()方法

DirectoryInfo 类的 Delete()方法用来永久删除文件夹，语法格式如下。

```
public override void Delete()
public void Delete(bool recursive)
```

- ☑ recursive：若为 true，则删除此目录、其子目录以及所有文件；否则为 false。

例如，下面的代码首先实例化了一个 DirectoryInfo 对象，然后使用该对象调用 Delete()方法删除 C 盘根目录下的 Test 文件夹。

```
DirectoryInfo dinfo = new DirectoryInfo("C:\\Test");
dinfo.Delete();
```

17.3.5 遍历文件夹

遍历文件夹时，可使用 DirectoryInfo 类提供的 GetDirectories()、GetFiles()和 GetFileSystemInfos() 方法。下面对这 3 个方法进行详细讲解。

1. GetDirectories()方法

GetDirectories()方法用来返回当前目录的子目录。该方法为可重载方法，它有以下 3 种重载形式。

```
public DirectoryInfo[ ] GetDirectories()
public DirectoryInfo[ ] GetDirectories(string searchPattern)
public DirectoryInfo[ ] GetDirectories(string searchPattern,SearchOption searchOption)
```

- ☑ searchPattern：搜索字符串，如用于搜索所有以单词 System 开头的目录的"System*"。
- ☑ searchOption：SearchOption 枚举的一个值，指定搜索操作是仅包含当前目录还是包含所有子目录。
- ☑ 返回值：第一种重载形式的返回值为 DirectoryInfo 对象的数组；第二种和第三种重载形式的返回值为与 searchPattern 匹配的 DirectoryInfo 类型的数组。

2. GetFiles()方法

GetFiles()方法用来返回当前目录的文件列表。该方法为可重载方法，它有以下 3 种重载形式。

```
public FileInfo[ ] GetFiles()
public FileInfo[ ] GetFiles(string searchPattern)
public FileInfo[ ] GetFiles(string searchPattern,SearchOption searchOption)
```

- ☑ searchPattern：搜索字符串（如"*.txt"）。
- ☑ searchOption：SearchOption 枚举的一个值，指定搜索操作是仅包含当前目录还是包含所有子目录。
- ☑ 返回值：FileInfo 类型数组。

3．GetFileSystemInfos()方法

GetFileSystemInfos()方法用来返回表示某个目录中所有文件和子目录的 FileSystemInfo 类型数组。该方法为可重载方法，它有以下两种重载形式。

```
public FileSystemInfo[ ] GetFileSystemInfos()
public FileSystemInfo[ ] GetFileSystemInfos(string searchPattern)
```

- ☑ searchPattern：搜索字符串。
- ☑ 返回值：第一种重载形式的返回值为 FileSystemInfo 项的数组；第二种重载形式的返回值为与搜索条件匹配的 FileSystemInfo 对象的数组。

说明

遍历文件夹时一般会使用 GetFileSystemInfos()方法，因为 GetDirectories()方法遍历文件夹中的子文件夹，GetFiles()方法遍历文件夹中的文件，而 GetFileSystemInfos()方法遍历文件夹中的所有子文件夹及文件。

【例 17.6】 获取指定文件夹下的所有文件（**实例位置：资源包\TM\sl\17\6**）

（1）新建一个 Windows 窗体应用程序，默认窗体为 Form1.cs。

（2）在 Form1 窗体中添加一个 FolderBrowserDialog 控件、一个 TextBox 控件、一个 Button 控件和一个 ListView 控件。其中，FolderBrowserDialog 控件用来显示"浏览文件夹"对话框，TextBox 控件用来显示选择的文件夹路径及名称，Button 控件用来打开"浏览文件夹"对话框并获取选择文件夹中的子文件夹及文件，ListView 控件用来显示选择的文件夹中的子文件夹及文件信息。

（3）程序主要代码如下：

```
private void button1_Click(object sender, EventArgs e)
{
    listView1.Items.Clear();                                    //清空 ListView 控件中的项
    if (folderBrowserDialog1.ShowDialog() == DialogResult.OK)
    {
        textBox1.Text = folderBrowserDialog1.SelectedPath;
        DirectoryInfo dinfo = new DirectoryInfo(textBox1.Text);    //实例化 DirectoryInfo 对象
        FileSystemInfo[] fsinfos = dinfo.GetFileSystemInfos();     //获取指定目录下的所有子目录及文件类型
        foreach (FileSystemInfo fsinfo in fsinfos)
        {
            if (fsinfo is DirectoryInfo)                           //判断是否是文件夹
            {
                //使用获取的文件夹名称实例化 DirectoryInfo 对象
                DirectoryInfo dirinfo = new DirectoryInfo(fsinfo.FullName);
                listView1.Items.Add(dirinfo.Name);                 //为 ListView 控件添加文件夹信息
                listView1.Items[listView1.Items.Count - 1].SubItems.Add(dirinfo.FullName);
                listView1.Items[listView1.Items.Count - 1].SubItems.Add("");
                listView1.Items[listView1.Items.Count - 1].SubItems.Add(dirinfo.CreationTime.ToShortDateString());
            }
```

```
            else
            {
                FileInfo finfo = new FileInfo(fsinfo.FullName);        //使用获取的文件名称实例化 FileInfo 对象
                listView1.Items.Add(finfo.Name);                       //为 ListView 控件添加文件信息
                listView1.Items[listView1.Items.Count - 1].SubItems.Add(finfo.FullName);
                listView1.Items[listView1.Items.Count - 1].SubItems.Add(finfo.Length.ToString());
                listView1.Items[listView1.Items.Count - 1].SubItems.Add(finfo.CreationTime.ToShortDateString());
            }
        }
    }
}
```

运行程序，单击"浏览"按钮，弹出"浏览文件夹"对话框，选择文件夹，单击"确定"按钮，将选择的文件夹中所包含的子文件夹及文件信息显示在 ListView 控件中。程序运行结果如图 17.6 所示。

编程训练（答案位置：资源包\TM\sl\17\编程训练\）

【训练 3】根据日期时间创建文件夹　新建一个 Windows 窗体应用程序，在窗体中添加两个 Button 控件，分别用来选择文件夹的创建路径和根据当前日期时间动态地创建文件夹。

图 17.6　遍历文件夹

【训练 4】提取指定文件夹的目录　本练习要求使用 C#实现提取指定文件夹目录的功能。

17.4　数　据　流

数据流提供了一种向后备存储写入字节和从后备存储读取字节的方式，它是在.NET Framework 中执行文件读写操作时一种非常重要的介质。下面将对数据流进行详细讲解。

17.4.1　流操作类介绍

.NET Framework 使用流来读取和写入文件，开发人员可以将流视为一组连续的一维数据，包含开头和结尾，其中的游标指示了流中的当前位置。

1．流操作

流中包含的数据可能来自内存、文件或 TCP/IP 套接字。流包含以下几种可应用于自身的基本操作。
- ☑　读取数据：将数据从流中传输到数据结构（如字符串或字节数组）中。
- ☑　写入数据：将数据从数据源中传输到流中。
- ☑　查找数据：查询和修改数据在流中的位置。

2．流的类型

在.NET Framework 中，流用 Stream 类表示，该类构成了所有其他流的抽象类。不能直接创建 Stream 类的实例，但是必须使用它实现其中的一个类。

C#中有许多类型的流，但在处理文件输入/输出（I/O）时，最重要的类型为 FileStream 类，它提供读取和写入文件的方式。可在处理文件 I/O 时使用的其他流主要包括 BufferedStream、CryptoStream、MemoryStream 和 NetworkStream 等。

17.4.2 文件流类

FileStream 类是以文件为主的 Stream，它表示在磁盘或网络路径上指向文件的流。一个 FileStream 类的实例，实际上代表一个磁盘文件，它通过 Seek()方法对文件进行随机访问，同时也包含了流的标准输入、标准输出、标准错误等。FileStream 默认对文件的打开方式是同步的，但它同样能很好地支持异步操作。

可以通过电视信号发送来理解文件流的操作。例如，可以将文件看作是电视信号发送塔要发送的一个电视节目（文件），首先需要将电视节目转换成模拟数字信号（文件的二进制流），然后按指定的发送序列发送到指定的接收地点（文件的接收地址）。

> **说明**
> FileStream 对象支持使用 Seek()方法对文件进行随机访问。Seek 允许将读取/写入位置移动到文件中的任意位置。

1. FileStream 类的常用属性

FileStream 类的常用属性及说明如表 17.7 所示。

表 17.7 FileStream 类的常用属性及说明

属　　性	说　　明
CanRead	获取一个值，该值表示当前流是否支持读取
CanSeek	获取一个值，该值表示当前流是否支持查找
CanTimeout	获取一个值，该值表示当前流是否可以超时
CanWrite	获取一个值，该值表示当前流是否支持写入
IsAsync	获取一个值，该值表示 FileStream 是异步还是同步打开的
Length	获取用字节表示的流长度
Name	获取传递给构造函数的 FileStream 的名称
Position	获取或设置此流的当前位置
ReadTimeout	获取或设置一个值，该值表示流在超时前应读取多长时间
WriteTimeout	获取或设置一个值，该值表示流在超时前应写入多长时间

2. FileStream 类的常用方法

FileStream 类的常用方法及说明如表 17.8 所示。

表 17.8 FileStream 类的常用方法及说明

方　　法	说　　明
BeginRead()	开始异步读操作
BeginWrite()	开始异步写操作

续表

方法	说明
Close()	关闭当前流,并释放与之关联的所有资源
EndRead()	等待挂起的异步读取完成
EndWrite()	结束异步写入,在 I/O 操作完成之前一直阻止
Lock()	允许读取访问的同时,需防止其他进程更改 FileStream
Read()	从流中读取字节块,并将该数据写入给定的缓冲区中
ReadByte()	从文件中读取一个字节,并将读取位置提升一个字节
Seek()	将该流的当前位置设置为指定值
SetLength()	将该流的长度设置为指定值
Unlock()	允许其他进程访问以前锁定的某个文件的全部或部分
Write()	使用从缓冲区读取的数据,将字节块写入该流
WriteByte()	将一个字节写入文件流的当前位置

3. 使用 FileStream 类操作文件

要想使用 FileStream 类操作文件,就要先实例化一个 FileStream 对象。FileStream 类的构造函数具有许多不同的重载形式,其中最重要的参数就是 FileMode 枚举。

FileMode 枚举规定了如何打开或创建文件,其包括的枚举成员及说明如表 17.9 所示。

表 17.9　FileMode 类的枚举成员及说明

枚 举 成 员	说　　明
Append	打开现有文件并查找到文件尾,或创建新文件。FileMode.Append 只能同 FileAccess.Write 一起使用,任何读取尝试都将失败并引发 ArgumentException
Create	创建新文件,如果文件已存在,则它将被改写。此操作需要 FileIOPermissionAccess.Write 权限。System.IO.FileMode.Create 等效于这样的请求:如果文件不存在,使用 CreateNew 创建新文件,否则使用 Truncate 打开现有文件
CreateNew	创建新文件。此操作需要 FileIOPermissionAccess.Write 权限。如果文件已存在,将引发 IOException
Open	打开现有文件。如果该文件不存在,则引发 System.IO.FileNotFoundException
OpenOrCreate	如果文件存在,就打开文件;否则就创建新文件。如果用 FileAccess.Read 打开文件,则需要 FileIOPermissionAccess.Read 权限;如果文件访问为 FileAccess.Write 或 FileAccess.ReadWrite,则需要 FileIOPermissionAccess.Write 权限;如果文件访问为 FileAccess.Append,则需要 FileIOPermissionAccess.Append 权限
Truncate	打开现有文件。文件一旦打开,就将被截断为零字节大小。此操作需要 FileIOPermissionAccess.Write 权限。试图从使用 Truncate 打开的文件中读取,将导致异常

例如,下面的代码通过 FileStream 类对象打开 Test.txt 文本文件并对其进行读写访问。

FileStream aFile = new FileStream("Test.txt",FileMode.OpenOrCreate,FileAccess.ReadWrite)

17.4.3　文本文件的写入与读取

文本文件的写入与读取主要是通过 StreamWriter 类和 StreamReader 类来实现的,下面对这两个类进行详细讲解。

1. StreamWriter 类

StreamWriter 是专门用来处理文本文件的类,可以方便地向文本文件中写入字符串,同时也负责重要的转换和向 FileStream 对象写入的操作。

> **说明**
> StreamWriter 类默认使用 UTF8Encoding 编码来进行实例化。

StreamWriter 类的常用属性及说明如表 17.10 所示。

表 17.10 StreamWriter 类的常用属性及说明

属 性	说 明
Encoding	获取将输出写入其中的 Encoding 中
Formatprovider	获取控制格式设置的对象
NewLine	获取或设置由当前 TextWriter 使用的行结束符字符串

StreamWriter 类的常用方法及说明如表 17.11 所示。

表 17.11 StreamWriter 类的常用方法及说明

方 法	说 明
Close()	关闭当前的 StringWriter 和基础流
Write()	写入 StringWriter 的此实例中
WriteLine()	写入重载参数指定的某些数据,后跟行结束符

2. StreamReader 类

StreamReader 是专门用来读取文本文件的类,它可以根据底层 Stream 对象创建 StreamReader 对象的实例,而且能指定编码规范参数。创建 StreamReader 对象后,可以提供许多用于读取和浏览字符数据的方法。

StreamReader 类的常用方法及说明如表 17.12 所示。

表 17.12 StreamReader 类的常用方法及说明

方 法	说 明
Close()	关闭 StringReader
Read()	读取输入字符串中的下一个字符或下一组字符
ReadBlock()	从当前流中读取最大 count 的字符,并从 index 开始,将该数据写入 Buffer
ReadLine()	从基础字符串中读取一行
ReadToEnd()	将整个流或从流的当前位置到流的结尾作为字符串读取

【例 17.7】模拟记录进销存管理系统的登录日志(实例位置:资源包\TM\sl\17\7)

登录窗体的主要代码如下。

```
private void button1_Click(object sender, EventArgs e)
{
    if (!File.Exists("Log.txt"))                              //判断日志文件是否存在
    {
```

```
            File.Create("Log.txt");                                        //创建日志文件
        }
        string strLog = "登录用户：" + textBox1.Text + "     登录时间：" + DateTime.Now;
        if (textBox1.Text != "" && textBox2.Text != "")
        {
            using (StreamWriter sWriter = new StreamWriter("Log.txt", true))     //创建 StreamWriter 对象
            {
                sWriter.WriteLine(strLog);                                  //写入日志
            }
            Form1 frm = new Form1();                                        //创建 Form1 窗体
            this.Hide();                                                    //隐藏当前窗体
            frm.Show();                                                     //显示 Form1 窗体
        }
    }
```

系统日志窗体的主要代码如下。

```
private void Form1_Load(object sender, EventArgs e)
{
    StreamReader SReader = new StreamReader("Log.txt", Encoding.UTF8);   //创建 StreamReader 对象
    string strLine = string.Empty;
    while ((strLine = SReader.ReadLine()) != null)                        //逐行读取日志文件
    {
        //获取单条日志信息
        string[] strLogs = strLine.Split(new string[] { "    " }, StringSplitOptions.RemoveEmptyEntries);
        ListViewItem li = new ListViewItem();
        li.SubItems.Clear();
        li.SubItems[0].Text = strLogs[0].Substring(strLogs[0].IndexOf('：') + 1);   //显示登录用户
        li.SubItems.Add(strLogs[1].Substring(strLogs[1].IndexOf('：') + 1));        //显示登录时间
        listView1.Items.Add(li);
    }
}
```

运行程序，在"系统登录"窗口输入用户名和密码，如图 17.7 所示，单击"登录"按钮进入"系统日志"窗口，该窗口显示系统的登录日志信息，如图 17.8 所示。

图 17.7　输入用户名和密码

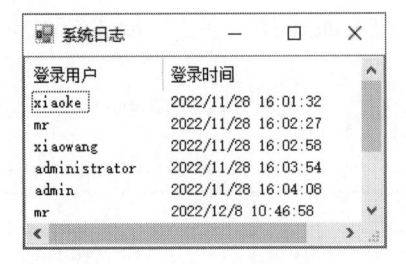

图 17.8　显示系统登录日志信息

17.4.4　二进制文件的写入与读取

二进制文件的写入与读取主要是通过 BinaryWriter 类和 BinaryReader 类来实现的，下面对这两个类进行详细讲解。

1. BinaryWriter 类

BinaryWriter 类以二进制形式将基元类型写入流，并支持用特定的编码写入字符串，其常用方法及说明如表 17.13 所示。

表 17.13　BinaryWriter 类的常用方法及说明

方　　法	说　　明
Close()	关闭当前的 BinaryWriter 类和基础流
Seek()	设置当前流中的位置
Write()	将值写入当前流

2. BinaryReader 类

BinaryReader 用特定的编码将基元数据类型读作二进制值，其常用方法及说明如表 17.14 所示。

表 17.14　BinaryReader 类的常用方法及说明

方　　法	说　　明
Close()	关闭当前阅读器及基础流
PeekChar()	返回下一个可用的字符，并且不提升字节或字符的位置
Read()	从基础流中读取字符，并提升流的当前位置
ReadBoolean()	从当前流中读取 Boolean 值，并使该流的当前位置提升一个字节
ReadByte()	从当前流中读取下一个字节，并使流的当前位置提升一个字节
ReadBytes()	从当前流中将 count 个字节读入字节数组，并使当前位置提升 count 个字节
ReadChar()	从当前流中读取下一个字符，并根据所使用的 Encoding 和从流中读取的特定字符，提升流的当前位置
ReadChars()	从当前流中读取 count 个字符，以字符数组的形式返回数据，并根据所使用的 Encoding 和从流中读取的特定字符，提升当前位置
ReadInt32()	从当前流中读取 4 个字节（有符号整数），并使流的当前位置提升 4 个字节
ReadString()	从当前流中读取一个字符串。字符串有长度前缀，一次将 7 位编码为整数

【例 17.8】对二进制文件进行写入与读取（实例位置：资源包\TM\sl\17\8）

（1）新建一个 Windows 窗体应用程序，默认窗体为 Form1.cs。

（2）在 Form1 窗体中添加一个 SaveFileDialog 控件、一个 OpenFileDialog 控件、一个 TextBox 控件和两个 Button 控件。其中，SaveFileDialog 控件用来显示"另存为"对话框，OpenFileDialog 控件用来显示"打开"对话框，TextBox 控件用来输入要写入二进制文件的内容和显示选中二进制文件的内容，一个 Button 控件用来打开"另存为"对话框并执行二进制文件的写入操作，另一个 Button 控件用来打开"打开"对话框并执行二进制文件读取操作。

（3）程序主要代码如下。

```
private void button1_Click(object sender, EventArgs e)
{
    if (textBox1.Text == string.Empty)
    {
        MessageBox.Show("要写入的文件内容不能为空");
    }
    else
    {
        saveFileDialog1.Filter = "二进制文件(*.dat)|*.dat";         //设置保存文件的格式
        if (saveFileDialog1.ShowDialog() == DialogResult.OK)
        {
            //使用"另存为"对话框中输入的文件名实例化 FileStream 对象
            FileStream myStream = new FileStream(saveFileDialog1.FileName, FileMode.OpenOrCreate, FileAccess.
```

```
ReadWrite);
            //使用 FileStream 对象实例化 BinaryWriter 二进制写入流对象
            BinaryWriter myWriter = new BinaryWriter(myStream);
            myWriter.Write(textBox1.Text);          //以二进制方式向创建的文件中写入内容
            myWriter.Close();                        //关闭当前二进制写入流
            myStream.Close();                        //关闭当前文件流
            textBox1.Text = string.Empty;
        }
    }
}
private void button2_Click(object sender, EventArgs e)
{
    openFileDialog1.Filter = "二进制文件(*.dat)|*.dat";    //设置打开文件的格式
    if (openFileDialog1.ShowDialog() == DialogResult.OK)
    {
        textBox1.Text = string.Empty;
        //使用"打开"对话框中选择的文件名实例化 FileStream 对象
        FileStream myStream = new FileStream(openFileDialog1.FileName, FileMode.Open, FileAccess.Read);
        //使用 FileStream 对象实例化 BinaryReader 二进制写入流对象
        BinaryReader myReader = new BinaryReader(myStream);
        if (myReader.PeekChar() != -1)
        {
            //以二进制方式读取文件中的内容
            textBox1.Text = Convert.ToString(myReader.ReadInt32());
        }
        myReader.Close();                            //关闭当前二进制读取流
        myStream.Close();                            //关闭当前文件流
    }
}
```

编程训练（答案位置：资源包\TM\sl\17\编程训练\）

【训练5】**按行读取文件的内容**　创建一个 Windows 窗体应用程序，按行读取文本文件中的所有数据。首先选择要读取的文本文件，然后按行读取该文件的全部数据，并将读取的数据显示在窗体下方的文本框中。

【训练6】**向文本文件夹中写入和读取名人名言**　使用 C#窗体程序将科比的名言"你见过洛杉矶凌晨4点的样子吗？"写入文本文件，并读取显示。

17.5　实践与练习

（答案位置：资源包\TM\sl\17\实践与练习\）

综合练习1：**批量复制文件**　尝试开发一个程序，实现批量复制文件功能。

综合练习2：**对指定文件夹中的文件进行分类存储**　对指定文件夹中的文件进行分类存储（比如，将 txt 类型的文件放在一个文件夹中，将 doc 类型的文件放在另一个文件夹中）。

综合练习3：**使用递归法删除文件夹中的所有文件**　使用递归法删除文件夹中的所有文件，即遍历文件夹中的所有文件，并将遍历到的文件一一删除。

第 18 章 GDI+图形图像技术

开发 Windows 应用程序时，除了窗体控件，还会用到线条、弧线、圆等图形，即需要使用 GDI+ 图形图像技术绘制用户界面屏幕，并提供颜色、图形和对象。WinForms 中，GDI+是图形设备接口的高级版本。

本章知识架构及重点、难点如下。

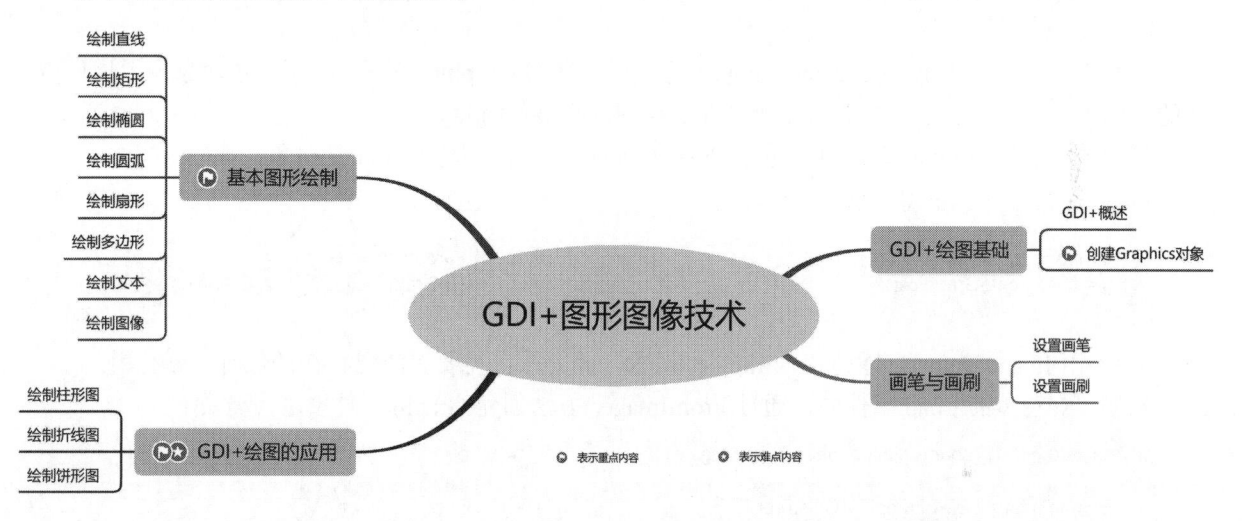

18.1　GDI+绘图基础

18.1.1　GDI+概述

GDI+指的是.NET Framework 中提供的二维图形图像处理等功能，是构成 Windows 操作系统的一个子系统，它提供了图形图像操作的应用程序编程接口（API）。使用 GDI+可以用相同的方式在屏幕或打印机上显示信息，而无须考虑特定显示设备的细节。也就是说，GDI+将应用程序与图形硬件分隔，使程序员能够创建与设备无关的应用程序。GDI+主要用于在窗体上绘制平面图形图像，如绘制各种数据图形、数学仿真等。GDI+就好像是一个绘图仪，它可以将已经制作好的图形绘制在指定的模板中，并可以对图形的颜色、线条粗细、位置等进行设置。

18.1.2 创建 Graphics 对象

Graphics 类是 GDI+的核心，Graphics 对象表示 GDI+绘图表面，提供将对象绘制到显示设备的方法。Graphics 类封装了绘制直线、曲线、图形、图像和文本的方法，是进行 GDI+操作的基础类。

创建 Graphics 对象有以下 3 种方法。

（1）在窗体或控件的 Paint 事件中创建，将其作为 PaintEventArgs 的一部分。在为控件创建绘制代码时，通常会使用此方法来获取对图形对象的引用。

例如，在 Paint 事件中创建 Graphics 对象，代码如下。

```
private void Form1_Paint(object sender, PaintEventArgs e)     //窗体的 Paint 事件
{
    Graphics g = e.Graphics;                                  //创建 Graphics 对象
}
```

（2）调用控件或窗体的 CreateGraphics()方法以获取对 Graphics 对象的引用，该对象表示控件或窗体的绘图画面。如果在已存在的窗体或控件上绘图，应该使用此方法。

例如，在窗体的 Load 事件中，通过 CreateGraphics()方法创建 Graphics 对象，代码如下。

```
private void Form1_Load(object sender, EventArgs e)           //窗体的 Load 事件
{
    Graphics g;                                               //声明一个 Graphics 对象
    g = this.CreateGraphics();                                //通过 CreateGraphics()方法创建 Graphics 对象
}
```

（3）由 Image 继承的对象创建 Graphics 对象，此方法在需要更改已存在图像时十分有用。

例如，在窗体的 Load 事件中，通过 FromImage()方法创建 Graphics 对象，代码如下。

```
private void Form1_Load(object sender, EventArgs e)           //窗体的 Load 事件
{
    Bitmap mbit = new Bitmap(@"C:\ls.bmp");                   //实例化 Bitmap 类
    Graphics g = Graphics.FromImage(mbit);                    //通过 FromImage()方法创建 Graphics 对象
}
```

18.2 画笔与画刷

18.2.1 设置画笔

Pen 类主要用于设置画笔，其构造函数如下。

```
public Pen(Color color,float width)
```

- ☑ color：设置 Pen 的颜色。
- ☑ width：设置 Pen 的宽度。

例如，创建一个 Pen 对象，使其颜色为蓝色，宽度为 2，代码如下。

```
Pen mypen1 = new Pen(Color.Blue, 2);                          //实例化一个 Pen 类，并设置其颜色和宽度
```

上述代码在设置画笔颜色时用了 Color 结构，该结构主要用来定义颜色，其中表示颜色的属性如表 18.1 所示。

表 18.1 Color 结构中表示颜色的属性

属 性	说 明	属 性	说 明	属 性	说 明
Black	黑色	Green	绿色	Pink	粉红色
Blue	蓝色	LightGray	浅灰色	Red	红色
Cyan	青色	Magenta	洋红色	White	白色
Gray	灰色	Orange	橘黄色	Yellow	黄色

18.2.2 设置画刷

Brush 类主要用于设置画刷，以填充几何图形，如将正方形和圆形填充为其他颜色。Brush 类是一个抽象基类，不能进行实例化。若要创建一个画笔对象，需使用从 Brush 派生出的类，如 SolidBrush、HatchBrush、LinerGradientBrush 等，下面对这些派生出的类进行详细介绍。

1. SolidBrush 类

SolidBrush 类用于定义单色画笔，以填充图形形状，如矩形、椭圆、扇形、多边形和封闭路径，语法格式如下。

```
public SolidBrush(Color color)
```

其中，color 表示此画笔的颜色。

> **说明**
> 当不再需要返回的 Graphics 时，须调用 Dispose()方法释放它。Graphics 只在当前窗口消息期间有效。

【例 18.1】绘制一个填充颜色的矩形（**实例位置：资源包\TM\sl\18\1**）

创建一个 Windows 窗体应用程序，通过 Brush 对象将绘制的矩形填充为红色，代码如下。

```
private void button1_Click(object sender, EventArgs e)
{
    Graphics ghs = this.CreateGraphics();                    //创建 Graphics 对象
    Brush mybs = new SolidBrush(Color.Red);                  //调用 SolidBrush 类创建一个 Brush 对象
    Rectangle rt = new Rectangle(10,10,100,100);             //绘制一个矩形
    ghs.FillRectangle(mybs,rt);                              //用 Brush 填充 Rectangle
}
```

程序运行结果如图 18.1 所示。

2. HatchBrush 类

HatchBrush 类提供了一种特定样式的图形，用来实现填满整个封闭区域的绘图效果。HatchBrush 类位于 System.Drawing.Drawing2D 命名空间下，语法格式如下。

```
public HatchBrush(HatchStyle hatchstyle,Color foreColor)
```

图 18.1 将矩形填充为红色

- hatchstyle：HatchStyle 值之一，表示此 HatchBrush 绘制的图案。
- foreColor：Color 结构，表示此 HatchBrush 绘制的线条颜色。

【例 18.2】绘制阶梯（实例位置：资源包\TM\sl\18\2）

创建一个 Windows 窗体应用程序，利用 HatchStyle 值创建 5 个长条图示，表示阶梯，代码如下。

```
private void button1_Click(object sender, EventArgs e)
{
    Graphics ghs = this.CreateGraphics();              //创建 Graphics 对象
    for (int i = 1; i < 6; i++)                        //使用 for 循环
    {
        HatchStyle hs=(HatchStyle)(5+i);               //设置 HatchStyle 值
        HatchBrush hb = new HatchBrush(hs,Color.White);//实例化 HatchBrush 类
        Rectangle rtl = new Rectangle(10,50*i,50*i,50);//根据 i 值绘制矩形
        ghs.FillRectangle(hb,rtl);                     //填充矩形
    }
}
```

程序运行结果如图 18.2 所示。

3. LinerGradientBrush 类

LinerGradientBrush 类提供一种渐变色彩的特效，填满图形的内部区域，语法格式如下。

```
public LinerGradientBrush(Point point1, Point point2,Color color1, Color color2)
```

- point1：表示线形渐变的开始点。
- point2：表示线形渐变的结束点。
- color1：表示线形渐变的开始色彩。
- color2：表示线形渐变的结束色彩。

> **说明**
> 在使用 LinerGradientBrush 类时，必须在命名空间中添加 System.Drawing.Drawing2D。

【例 18.3】绘制渐变图形（实例位置：资源包\TM\sl\18\3）

创建一个 Windows 窗体应用程序，通过 LinerGradientBrush 类绘制线形渐变图形，代码如下。

```
private void button1_Click(object sender, EventArgs e)
{
    Point p1 = new Point(100,100);
    Point p2 = new Point(150,150);                                          //实例化两个 Point 类
    //实例化 LinerGradientBrush 类，设置其使用黑色和白色进行渐变
    LinearGradientBrush lgb = new LinearGradientBrush(p1,p2,Color.Black,Color.White);
    Graphics ghs = this.CreateGraphics();                                   //实例化 Graphics 类
    //设置 WrapMode 属性指示该 LinearGradientBrush 的环绕模式
    lgb.WrapMode = WrapMode.TileFlipX;
    ghs.FillRectangle(lgb,15,15,150,150);                                   //填充绘制矩形
}
```

程序运行结果如图 18.3 所示。

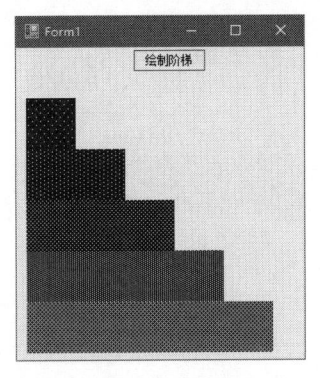

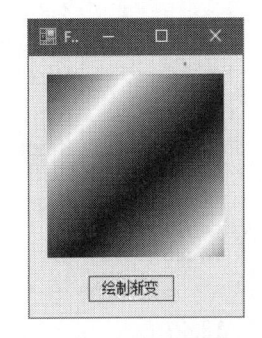

图 18.2　绘制阶梯　　　　　　图 18.3　绘制渐变图形

18.3　基本图形绘制

本节将学习如何使用 GDI+图形对象绘制直线、矩形、椭圆等基本图形。

18.3.1　GDI+中的直线和矩形

1. 绘制直线

结合 Graphics 类的 DrawLine()方法和 Pen 对象可以绘制直线。DrawLine()方法的构造函数有两种。

（1）绘制一条直线，该直线连接两个 Point 结构，语法格式如下。

public void DrawLine(Pen pen,Point pt1,Point pt2)

- ☑　pen：Pen 对象，用于指定线条的颜色、宽度和样式。
- ☑　pt1：Point 结构，表示要连接的第一个点。
- ☑　pt2：Point 结构，表示要连接的第二个点。

说明

当参数 pt1 的值小于 pt2 时，将逆向绘制该直线。

（2）绘制一条直线，该直线连接两个坐标点，语法格式如下。

public void DrawLine(Pen pen,int x1,int y1,int x2,int y2)

- ☑　Pen：Pen 对象，用于指定线条的颜色、宽度和样式。
- ☑　x1, y1：第一个点的 x 坐标、y 坐标。
- ☑　x2, y2：第二个点的 x 坐标、y 坐标。

【例 18.4】绘制水平和垂直的线条（实例位置：资源包\TM\sl\18\4）

创建一个 Windows 窗体应用程序，向窗体中添加两个 Button 按钮，分别用于执行绘制水平直线和垂直直线，代码如下。

```
private void button1_Click(object sender, EventArgs e)
{
```

```
        Pen blackPen = new Pen(Color.Black, 3);              //实例化 Pen 类
        Point point1 = new Point(10, 50);                    //实例化一个 Point 类
        Point point2 = new Point(100, 50);                   //再实例化一个 Point 类
        Graphics g = this.CreateGraphics();                  //实例化一个 Graphics 类
        g.DrawLine(blackPen, point1, point2);                //调用 DrawLine()方法绘制水平直线
}
private void button2_Click(object sender, EventArgs e)
{
        Graphics graphics = this.CreateGraphics();           //实例化 Graphics 类
        Pen myPen = new Pen(Color.Black, 3);                 //实例化 Pen 类
        graphics.DrawLine(myPen, 150, 30, 150, 100);         //调用 DrawLine()方法绘制垂直直线
}
```

程序运行结果如图 18.4 所示。

2．绘制矩形

通过 Graphics 类的 DrawRectangle()方法，可以绘制矩形图形。该方法可以绘制由坐标对、宽度和高度指定的矩形，语法格式如下。

```
public void DrawRectangle(Pen pen,int x,int y,int width,int height)
```

- ☑ pen：Pen 对象，用于指定矩形的颜色、宽度和样式。
- ☑ x：矩形左上角的 x 坐标。
- ☑ y：矩形左上角的 y 坐标。
- ☑ width：矩形的宽度。
- ☑ height：矩形的高度。

说明

当参数 width 和 height 的值为负数时，矩形框将不在窗体中显示。

【例 18.5】绘制矩形框（实例位置：资源包\TM\sl\18\5）

创建一个 Windows 窗体应用程序，向窗体中添加一个 Button 控件，用于调用 Graphics 类中的 DrawRectangle()方法绘制矩形，代码如下。

```
private void button1_Click(object sender, EventArgs e)
{
        Graphics graphics = this.CreateGraphics();           //声明一个 Graphics 对象
        Pen myPen = new Pen(Color.Black, 8);                 //实例化 Pen 类
        //调用 Graphics 对象的 DrawRectangle()方法，绘制矩形
        graphics.DrawRectangle(myPen, 10,10, 150, 100);
}
```

程序运行结果如图 18.5 所示。

图 18.4　绘制直线　　　　　　图 18.5　绘制矩形

18.3.2 GDI+中的椭圆、圆弧和扇形

1. 绘制椭圆

通过 Graphics 类的 DrawEllipse()方法可以轻松地绘制椭圆。该方法可以绘制由坐标对、高度和宽度指定的椭圆，语法格式如下。

```
public void DrawEllipse(Pen pen,int x,int y,int width,int height)
```

- ☑ pen：Pen 对象，指定曲线的颜色、宽度和样式。
- ☑ x：椭圆边框左上角的 x 坐标。
- ☑ y：椭圆边框左上角的 y 坐标。
- ☑ width：椭圆边框的宽度。
- ☑ height：椭圆边框的高度。

【例 18.6】绘制一个椭圆（实例位置：资源包\TM\sl\18\6）

创建一个 Windows 窗体应用程序，通过 Graphics 类中的 DrawEllipse()方法绘制一个线条宽度为 3 的黑色椭圆，代码如下。

```csharp
private void button1_Click(object sender, EventArgs e)
{
    Graphics graphics = this.CreateGraphics();        //创建 Graphics 对象
    Pen myPen = new Pen(Color.Black, 3);              //创建 Pen 对象
    graphics.DrawEllipse(myPen,100,50,100,50);        //绘制椭圆
}
```

程序运行结果如图 18.6 所示。

> **注意**
> 在设置画笔（pen）的粗细时，如果其值小于等于 0，那么，按默认值 1 来设置画笔的粗细。

2. 绘制圆弧

通过 Graphics 类的 DrawArc()方法可以绘制圆弧。该方法可以绘制一段由坐标对、宽度和高度指定的圆弧，语法格式如下。

```
public void DrawArc(Pen pen,Rectangle rect,float startAngle,float sweepAngle)
```

- ☑ pen：Pen 对象，用于指定弧线的颜色、宽度和样式。
- ☑ rect：Rectangle 结构，用于定义圆弧的边界。
- ☑ startAngle：从 x 轴到弧线的起始点，沿顺时针方向度量的角（以度为单位）。
- ☑ sweepAngle：从 startAngle 参数到弧线的结束点，沿顺时针方向度量的角（以度为单位）。

【例 18.7】绘制一段圆弧（实例位置：资源包\TM\sl\18\7）

创建一个 Windows 窗体应用程序，使用 Graphics 类中的 DrawArc()方法绘制一段宽度为 3 的黑色圆弧，代码如下。

```csharp
private void button1_Click(object sender, EventArgs e)
{
```

333

```
    Graphics ghs = this.CreateGraphics();                    //实例化 Graphics 类
    Pen myPen = new Pen(Color.Black, 3);                     //实例化 Pen 类
    Rectangle myRectangle = new Rectangle(70, 20, 100, 60);  //定义一个 Rectangle 结构
    //调用 Graphics 对象的 DrawArc()方法绘制圆弧
    ghs.DrawArc(myPen, myRectangle, 210, 120);
}
```

程序运行结果如图 18.7 所示。

3. 绘制扇形

通过 Graphics 类的 DrawPie()方法可以绘制扇形。该方法可以绘制一个由坐标对、宽度、高度以及两条射线所指定的扇形，语法格式如下。

`public void DrawPie(Pen pen,float x,float y,float width,float height,float startAngle,float sweepAngle)`

- ☑ pen：Pen 对象，用于指定扇形的颜色、宽度和样式。
- ☑ x：边框左上角的 x 坐标，该边框用于定义扇形所属的椭圆。
- ☑ y：边框左上角的 y 坐标，该边框用于定义扇形所属的椭圆。
- ☑ width：边框的宽度，该边框用于定义扇形所属的椭圆。
- ☑ height：边框的高度，该边框用于定义扇形所属的椭圆。
- ☑ startAngle：从 x 轴到扇形的第一条边，沿顺时针方向度量的角（以度为单位）。
- ☑ sweepAngle：从 startAngle 参数到扇形的第二条边，沿顺时针方向度量的角（以度为单位）。

> **说明**
>
> 用 DrawPie()方法绘制的扇形是用 x、y、width、height 绘制的矩形内切圆（椭圆）的一部分。

【例 18.8】 绘制一个扇形（实例位置：资源包\TM\sl\18\8）

创建一个 Windows 窗体应用程序，通过 Graphics 类中的 DrawPie()方法绘制一个线条宽度为 3 的黑色扇形，它的起始坐标为（50,50），代码如下。

```
private void button1_Click(object sender, EventArgs e)
{
    Graphics ghs = this.CreateGraphics();          //实例化 Graphics 类
    Pen mypen = new Pen(Color.Black,3);            //实例化 Pen 类
    ghs.DrawPie(mypen,50,50,120,100,210,120);      //绘制扇形
}
```

程序运行结果如图 18.8 所示。

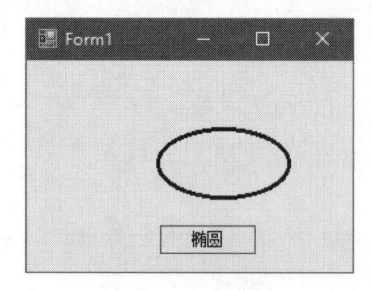

图 18.6　绘制椭圆 　　　　　图 18.7　绘制圆弧 　　　　　图 18.8　绘制扇形

18.3.3 GDI+中的多边形

多边形是有 3 条或更多直边的闭合图形。例如，三角形是有 3 条边的多边形，矩形是有 4 条边的多边形，五边形是有 5 条边的多边形。若要绘制多边形，需要使用 Graphics 对象、Pen 对象和 Point（或 PointF）对象数组。

Graphics 类中的 DrawPolygon()方法用于绘制由一组 Point 结构定义的多边形，语法格式如下。

```
public void DrawPolygon(Pen pen,Point[ ] points)
```

- ☑ pen：Pen 对象，用于指定多边形的颜色、宽度和样式。
- ☑ points：Point 结构数组，这些结构表示多边形的顶点。

【例 18.9】 绘制一个六边形（**实例位置：资源包\TM\sl\18\9**）

创建一个 Windows 窗体应用程序，通过 Graphics 类中的 DrawPolygon()方法绘制多边形，其参数分别是 Pen 对象和 Point 对象数组，绘制一个线条宽度为 3 的黑色多边形，代码如下。

```
private void button1_Click(object sender, EventArgs e)
{
    Graphics ghs = this.CreateGraphics();              //实例化 Graphics 类
    Pen myPen = new Pen(Color.Black,3);                //实例化 Pen 类
    Point point1 = new Point(80, 20);                  //实例化 Point 类
    Point point2 = new Point(40, 50);                  //实例化 Point 类
    Point point3 = new Point(80, 80);                  //实例化 Point 类
    Point point4 = new Point(160, 80);                 //实例化 Point 类
    Point point5 = new Point(200, 50);                 //实例化 Point 类
    Point point6 = new Point(160, 20);                 //实例化 Point 类
    Point[] myPoints ={ point1, point2, point3, point4, point5, point6 };    //创建 Point 结构数组
    ghs.DrawPolygon(myPen, myPoints);                  //调用 DrawPolygon()方法绘制一个多边形
}
```

程序运行结果如图 18.9 所示。

说明

如果多边形数组中的最后一个点和第一个点不重合，则由这两个点指定多边形的最后一条边。

图 18.9 绘制多边形

18.3.4 绘制文本

通过 Graphics 类中的 DrawString()方法，可在指定位置以指定的 Brush 和 Font 对象绘制指定的文本字符串，其常用语法格式如下。

```
public void DrawString(string s,Font font,Brush brush,float x,float y)
```

- ☑ s：待绘制的文本字符串。
- ☑ font：Font 对象，用于定义字符串的文本格式。
- ☑ brush：Brush 对象，用于指定待绘制文本的颜色和纹理。
- ☑ x：待绘制文本左上角的 x 坐标。

☑ y：待绘制文本左上角的 y 坐标。

【例 18.10】绘制柱形图标题（实例位置：资源包\TM\sl\18\10）

创建一个 Windows 窗体应用程序，使用 Graphics 类的 DrawString()方法在窗体上绘制"商品销售柱形图"字样，代码如下。

```
private void Form1_Paint(object sender, PaintEventArgs e)
{
    string str = "商品销售柱形图";                              //定义绘制的文本
    Font myFont = new Font("宋体", 16, FontStyle.Bold);        //创建 Font 对象
    SolidBrush myBrush = new SolidBrush(Color.Black);         //创建 Brush 对象
    Graphics myGraphics = this.CreateGraphics();              //创建 Graphics 对象
    myGraphics.DrawString(str, myFont, myBrush, 60, 20);      //在窗体的指定位置绘制文本
}
```

程序运行结果如图 18.10 所示。

图 18.10 绘制文本

18.3.5 绘制图像

Graphics 类不仅可以绘制几何图形和文本，还可以绘制图像。绘制图像时需要使用 DrawImage()方法，该方法可以在由一对坐标指定的位置，以图像的原始大小或者指定大小绘制图像，它有多种使用形式，其常用语法格式如下。

```
public void DrawImage(Image image,int x,int y)
public void DrawImage(Image image,int x,int y,int width,int height)
```

☑ image：待绘制的图像。
☑ x：待绘制图像左上角的 x 坐标。
☑ y：待绘制图像左上角的 y 坐标。
☑ width：待绘制图像的宽度。
☑ height：待绘制图像的高度。

【例 18.11】绘制公司 Logo（实例位置：资源包\TM\sl\18\11）

创建一个 Windows 窗体应用程序，使用 Graphics 绘图对象的 DrawImage()方法绘制公司的 Logo 图片，代码如下。

```
private void Form1_Paint(object sender, PaintEventArgs e)
{
    Image myImage = Image.FromFile("logo.jpg");               //创建 Image 对象
    Graphics myGraphics = this.CreateGraphics();              //创建 Graphics 对象
    myGraphics.DrawImage(myImage, 50, 20, 90, 92);            //绘制图像
}
```

程序运行结果如图 18.11 所示。

编程训练（答案位置：资源包\TM\sl\18\编程训练\）

【训练 1】在图片中写入文字 设计一个简单的图片软件，可以向图片中写入文字。运行程序，打开一个图片文件，在"写入的文字"文本框中输入文字，单击"保存"按钮，可将文字写入打开的图片中。

【训练 2】十字光标定位 在工程设计软件中，经常会看到一个用来精

图 18.11 绘制公司 Logo

确定位的十字光标。本练习要求在地图中单击鼠标时,以十字光标进行定位。(提示:使用 DrawLine() 方法在鼠标单击位置绘制两条交叉的线段。)

18.4 GDI+绘图的应用

本节通过 GDI+绘制一些常用的图形,如柱形图、折线图和饼形图。通过本节的学习,读者可以掌握这些常用图形的绘制方法。

18.4.1 绘制柱形图

柱形图也称为条形图,通过 FillRectangle()方法实现。此方法用于填充由一对坐标、一个宽度和一个高度指定的矩形的内部。语法格式如下。

```
public void FillRectangle(Brush brush, int x, int y, int width, int height)
```

- ☑ brush:Brush 对象,用于指定填充特性。
- ☑ x:待填充矩形左上角的 x 坐标。
- ☑ y:待填充矩形左上角的 y 坐标。
- ☑ width:待填充矩形的宽度。
- ☑ height:待填充矩形的高度。

【例 18.12】使用柱形图分析投票结果(实例位置:资源包\TM\sl\18\12)

创建一个 Windows 窗体应用程序,首先制作一个投票窗体,然后在另一个窗体中通过柱形图显示最后的投票结果。显示投票结果的窗体的代码如下。

```
using System.Data.SqlClient;
using System.Drawing.Drawing2D;
namespace Test10
{
    public partial class Form2 : Form
    {
        public Form2()
        {
            InitializeComponent();
        }
        private int Sum;                                          //声明 int 类型变量 Sum
        SqlConnection conn;                                       //声明 SqlConnection 变量
        private void CreateImage()                                //建立一个方法,用于绘制图形
        {
            //实例化 SqlConnection 变量 conn,连接数据库
            conn = new SqlConnection("server=.;database=db_CSharp;uid=sa;pwd=");
            conn.Open();                                          //打开连接
            //创建一个 SqlCommand 对象
            SqlCommand cmd = new SqlCommand("select sum(票数) from tb_vote", conn);
            //使用 ExecuteScalar()方法和 sum 函数获取总票数
            Sum = (int)cmd.ExecuteScalar();
            //实例化 SqlDataAdapter 对象
            SqlDataAdapter sda = new SqlDataAdapter("select * from tb_vote", conn);
```

```csharp
            DataSet ds = new DataSet();                                    //实例化 DataSet 对象
            sda.Fill(ds);         //使用 SqlDataAdapter 对象的 Fill()方法填充 DataSet
            int TP1 = Convert.ToInt32(ds.Tables[0].Rows[0][2].ToString()); //第 1 个选项的票数
            int TP2 = Convert.ToInt32(ds.Tables[0].Rows[1][2].ToString()); //第 2 个选项的票数
            int TP3 = Convert.ToInt32(ds.Tables[0].Rows[2][2].ToString()); //第 3 个选项的票数
            int TP4 = Convert.ToInt32(ds.Tables[0].Rows[3][2].ToString()); //第 4 个选项的票数
            //计算每个选项所占的百分比
            float tp1 = Convert.ToSingle(Convert.ToSingle(TP1)*100/Convert.ToSingle(Sum));
            float tp2 = Convert.ToSingle(Convert.ToSingle(TP2) * 100 / Convert.ToSingle(Sum));
            float tp3 = Convert.ToSingle(Convert.ToSingle(TP3) * 100 / Convert.ToSingle(Sum));
            float tp4 = Convert.ToSingle(Convert.ToSingle(TP4) * 100 / Convert.ToSingle(Sum));
            int width = 300, height = 300;                                 //声明宽和高
            Bitmap bitmap = new Bitmap(width, height);                     //创建一个 Bitmap 对象
            Graphics g = Graphics.FromImage(bitmap);                       //创建 Graphics 对象
            try
            {
                g.Clear(Color.White);                                      //使用 Clear()方法使画布变为白色
                //创建 6 个 Brush 对象，用于填充颜色
                Brush brush1 = new SolidBrush(Color.White);
                Brush brush2 = new SolidBrush(Color.Black);
                Brush brush3 = new SolidBrush(Color.Red);
                Brush brush4 = new SolidBrush(Color.Green);
                Brush brush5 = new SolidBrush(Color.Orange);
                Brush brush6= new SolidBrush(Color.DarkBlue);
                //创建两个 Font 对象用于设置字体
                Font font1 = new Font("Courier New", 16, FontStyle.Bold);
                Font font2 = new Font("Courier New", 8);
                g.FillRectangle(brush1, 0, 0, width, height);              //绘制背景图
                g.DrawString("投票结果", font1, brush2, new Point(90, 20)); //绘制标题
                //设置坐标
                Point p1=new Point(70,50);
                Point p2=new Point(230,50);
                g.DrawLine(new Pen(Color.Black),p1,p2);                    //绘制直线
                //绘制文字
                g.DrawString("支付宝：", font2, brush2, new Point(40, 80));
                g.DrawString("微信支付：", font2, brush2, new Point(32, 110));
                g.DrawString("京东白条：", font2, brush2, new Point(32, 140));
                g.DrawString("小度钱包：", font2, brush2, new Point(32, 170));
                //绘制柱形图
                g.FillRectangle(brush3, 95, 80, tp1, 17);
                g.FillRectangle(brush4, 95, 110, tp2, 17);
                g.FillRectangle(brush5, 95, 140, tp3, 17);
                g.FillRectangle(brush6, 95, 170, tp4, 17);
                //绘制所有选项的票数显示
                g.DrawRectangle(new Pen(Color.Green), 10, 210, 280, 80);   //绘制范围框
                g.DrawString("支付宝："+TP1.ToString()+"票", font2, brush2, new Point(15, 220));
                g.DrawString("微信支付： " + TP2.ToString() + "票", font2, brush2, new Point(150, 220));
                g.DrawString("京东白条： " + TP3.ToString() + "票", font2, brush2, new Point(15, 260));
                g.DrawString("小度钱包： " + TP4.ToString() + "票", font2, brush2, new Point(150, 260));
                pictureBox1.Image = bitmap;
            }
            catch (Exception ex)
            {
                MessageBox.Show(ex.Message);
            }
        }
        private void Form2_Paint(object sender, PaintEventArgs e)
        {
            CreateImage();
```

```
        }
    }
}
```

程序运行结果如图 18.12 所示。

> **说明**
> 要想实现动态的柱形图表，在重新绘制前，需要在柱形图表的绘制区域，以当前控件的背景颜色对柱形图进行清空。

18.4.2 绘制折线图

折线图可以直观地反映出数据的变化趋势，可以通过绘制点和折线实现。其中，绘制点可通过 Graphics 类中的 FillEllipse()方法实现，语法格式如下：

图 18.12 柱形图分析投票结果

```
public void FillEllipse(Brush brush,int x,int y,int width,int height)
```

- ☑ brush：Brush 对象，用于指定填充特性。
- ☑ x：点所在矩形边框左上角的 x 坐标。
- ☑ y：点所在矩形边框左上角的 y 坐标。
- ☑ width：点所在矩形边框的宽度。
- ☑ height：点所在矩形边框的高度。

绘制折线需使用 DrawLine()方法实现，此方法在第 18.3.1 节已经介绍过，此处不再赘述。

【例 18.13】使用折线图展示产品的月生产量（实例位置：资源包\TM\sl\18\13）

创建一个 Windows 窗体应用程序，通过折线图反映某工厂产品的月生产量，代码如下：

```
private void Form1_Paint(object sender, PaintEventArgs e)
{
    //声明一个 string 类型的数组，用于存储一年中的 12 个月份
    string[] month = new string[12] { "一月","二月","三月","四月","五月","六月","七月","八月","九月","十月","十一月","十二月" };
    float[] d = new float[12] { 20.5F, 60, 10.8F, 15.6F, 30, 70.9F, 50.3F, 30.7F, 70, 50.4F, 30.8F, 20 };
    //画图初始化
    Bitmap bMap = new Bitmap(500, 500);
    Graphics gph = Graphics.FromImage(bMap);
    gph.Clear(Color.White);
    PointF cPt = new PointF(40, 420);                              //中心点
    PointF[] xPt = new PointF[3] { new PointF(cPt.Y + 15, cPt.Y), new PointF(cPt.Y, cPt.Y - 8), new PointF(cPt.Y, cPt.Y + 8) };
                                                                   //X 轴三角形
    PointF[] yPt = new PointF[3] { new PointF(cPt.X, cPt.X - 15), new PointF(cPt.X - 8, cPt.X), new PointF(cPt.X + 8, cPt.X) };
                                                                   //Y 轴三角形
    gph.DrawString("某工厂某产品月生产量图表", new Font("宋体", 14), Brushes.Black, new PointF(cPt.X + 60, cPt.X));
                                                                   //图表标题
    //画 X 轴
    gph.DrawLine(Pens.Black, cPt.X, cPt.Y, cPt.Y, cPt.Y);
    gph.DrawPolygon(Pens.Black, xPt);
    gph.FillPolygon(new SolidBrush(Color.Black), xPt);
    gph.DrawString("月份", new Font("宋体", 12), Brushes.Black, new PointF(cPt.Y + 10, cPt.Y + 10));
    //画 Y 轴
```

```
            gph.DrawLine(Pens.Black, cPt.X, cPt.Y, cPt.X, cPt.X);
            gph.DrawPolygon(Pens.Black, yPt);
            gph.FillPolygon(new SolidBrush(Color.Black), yPt);
            gph.DrawString("单位(万)", new Font("宋体", 12), Brushes.Black, new PointF(0, 7));
            for (int i = 1; i <= 12; i++)
            {
                //画 Y 轴刻度
                if (i < 11)
                {
                    gph.DrawString((i*10).ToString(), new Font("宋体", 11), Brushes.Black, new PointF(cPt.X - 30, cPt.Y - i * 30 - 6));
                    gph.DrawLine(Pens.Black, cPt.X - 3, cPt.Y - i * 30, cPt.X, cPt.Y - i * 30);
                }
                //画 X 轴项目
                gph.DrawString(month[i - 1].Substring(0, 1), new Font("宋体", 11), Brushes.Black, new PointF(cPt.X + i*30 - 5, cPt.Y + 5));
                gph.DrawString(month[i - 1].Substring(1, 1), new Font("宋体", 11), Brushes.Black, new PointF(cPt.X + i*30 - 5, cPt.Y + 20));
                if (month[i - 1].Length > 2) gph.DrawString(month[i - 1].Substring(2, 1), new Font("宋体", 11), Brushes.Black, new PointF(cPt.X + i * 30 - 5, cPt.Y + 35));
                //画点
                gph.DrawEllipse(Pens.Black, cPt.X + i * 30 - 1.5F, cPt.Y - d[i - 1] * 3 - 1.5F, 3, 3);
                gph.FillEllipse(new SolidBrush(Color.Black), cPt.X + i * 30 - 1.5F, cPt.Y - d[i - 1] * 3 - 1.5F, 3, 3);
                //画数值
                gph.DrawString(d[i - 1].ToString(), new Font("宋体", 11), Brushes.Black, new PointF(cPt.X + i * 30,cPt.Y - d[i - 1] * 3));
                //画折线
                if (i > 1) gph.DrawLine(Pens.Red, cPt.X + (i - 1) * 30, cPt.Y - d[i - 2] * 3, cPt.X + i * 30, cPt.Y – d[i - 1] * 3);
            }
            pictureBox1.Image = bMap;
        }
```

程序运行结果如图 18.13 所示。

误区警示

用 DrawString()方法绘制文本时，文本的长度必须在所绘制的矩形区域内。如果超出区域，必须用 format 参数指定截断方式，否则将在最近的单词处截断。

18.4.3 绘制饼形图

饼形图可以直观地显示不同数据的占比情况。通过 Graphics 类中的 FillPie()方法可以方便地绘制出饼形图，语法格式如下。

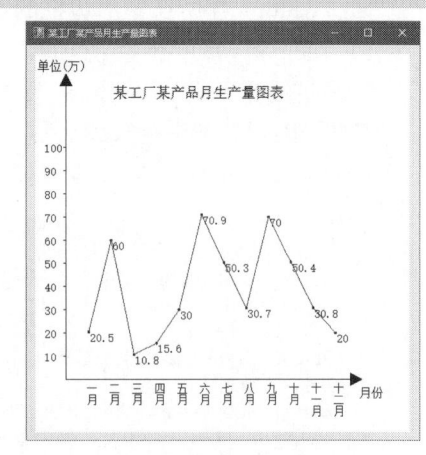

图 18.13 折线图展示产品的月生产量

```
public void FillPie(Brush brush, int x, int y, int width, int height, int startAngle, int sweepAngle)
```

- ☑ brush：Brush 对象，用于指定填充特性。
- ☑ x：边框左上角的 x 坐标，该边框定义扇形区所属的椭圆。
- ☑ y：边框左上角的 y 坐标，该边框定义扇形区所属的椭圆。
- ☑ width：边框的宽度，该边框定义扇形区所属的椭圆。
- ☑ height：边框的高度，该边框定义扇形区所属的椭圆。
- ☑ startAngle：从 x 轴沿顺时针方向，旋转到扇形区第一个边所测得的角度（以度为单位）。

☑ sweepAngle：从 startAngle 参数沿顺时针方向，旋转到扇形区第二个边测得的角度（以度为单位）。

> **说明**
>
> 如果 sweepAngle 参数大于 360° 或小于-360°，则将其视为 360° 或-360°。

【例 18.14】 使用饼形图展示员工年龄段的比例（**实例位置：资源包\TM\sl\18\14**）

创建一个 Windows 窗体应用程序，通过饼形图展示公司中不同年龄段的员工比例，并将各年龄段所占的百分比显示出来，代码如下。

```csharp
//添加 using System.Data.SqlClient;命名空间
private void CreateImage()
{
    //连接数据库
    SqlConnection conn = new SqlConnection("server=.;database=db_CSharp;uid=sa;pwd=");
    conn.Open();
    string str2 = "SELECT SUM(人数) AS Number FROM tb_age";        //计算公司员工总和
    SqlCommand cmd = new SqlCommand(str2, conn);
    int Sum = Convert.ToInt32(cmd.ExecuteScalar());
    SqlDataAdapter sda = new SqlDataAdapter("select * from tb_age",conn);
    DataSet ds = new DataSet();
    sda.Fill(ds);
    int man20to25 = Convert.ToInt32(ds.Tables[0].Rows[0][2].ToString());    //获取20～25岁员工人数
    int man26to30 = Convert.ToInt32(ds.Tables[0].Rows[1][2].ToString());    //获取26～30岁员工人数
    int man31to40 = Convert.ToInt32(ds.Tables[0].Rows[2][2].ToString());    //获取31～40岁员工人数
    //创建画图对象
    int width = 400, height = 450;
    Bitmap bitmap = new Bitmap(width, height);
    Graphics g = Graphics.FromImage(bitmap);
    try
    {
        g.Clear(Color.White);                                                //清空背景色
        Pen pen1 = new Pen(Color.Red);                                       //实例化 Pen 类
        //创建4个 Brush 对象用于设置颜色
        Brush brush1 = new SolidBrush(Color.PowderBlue);
        Brush brush2 = new SolidBrush(Color.Blue);
        Brush brush3 = new SolidBrush(Color.Wheat);
        Brush brush4 = new SolidBrush(Color.Orange);
        //创建两个 Font 对象用于设置字体
        Font font1 = new Font("Courier New", 16, FontStyle.Bold);
        Font font2 = new Font("Courier New", 8);
        //绘制背景图
        g.FillRectangle(brush1, 0, 0, width, height);
        g.DrawString("公司员工年龄比例饼形图", font1, brush2, new Point(80, 20));    //书写标题
        int piex = 100, piey = 60, piew = 200, pieh = 200;
        //20～25岁员工在圆中分配的角度
        float angle1=Convert.ToSingle((360/Convert.ToSingle(Sum))* Convert.ToSingle(man20to25));
        //26～30岁员工在圆中分配的角度
        float angle2=Convert.ToSingle((360/Convert.ToSingle(Sum))* Convert.ToSingle(man26to30));
        //31～40岁员工在圆中分配的角度
        float angle3=Convert.ToSingle((360/Convert.ToSingle(Sum))* Convert.ToSingle(man31to40));
        g.FillPie(brush2, piex, piey, piew, pieh, 0, angle1);                //绘制20～25岁员工所占比例
        g.FillPie(brush3, piex, piey, piew, pieh, angle1, angle2);           //绘制26～30岁员工所占比例
        g.FillPie(brush4, piex, piey, piew, pieh, angle1+angle2, angle3);    //绘制31～40岁员工所占比例
        //绘制标识
        g.DrawRectangle(pen1, 50, 300, 310, 130);                            //绘制范围框
        g.FillRectangle(brush2, 90, 320, 20, 10);                            //绘制小矩形
```

```
                g.DrawString("20~25 岁员工占公司总人数比例:" + Convert.ToSingle(man20to25) * 100 / Convert. ToSingle(Sum) +
"%", font2, brush2, 120, 320);
                g.FillRectangle(brush3, 90, 360, 20, 10);
                g.DrawString("26~30 岁员工占公司总人数比例:" + Convert.ToSingle(man26to30) * 100 / Convert. ToSingle(Sum) +
"%", font2, brush2, 120, 360);
                g.FillRectangle(brush4, 90, 400, 20, 10);
                g.DrawString("31~40 岁员工占公司总人数比例:" + Convert.ToSingle(man31to40) * 100 / Convert. ToSingle(Sum) +
"%", font2, brush2, 120, 400);
            }
            catch (Exception ex)
            {
                MessageBox.Show(ex.Message);
            }
            pictureBox1.Image = bitmap;
}
private void Form1_Paint(object sender, PaintEventArgs e)
{
            CreateImage();
}
```

程序运行结果如图 18.14 所示。

编程训练（答案位置：资源包\TM\sl\18\编程训练\）

【训练 3】在柱形图的指定位置显示说明文字 本练习要求绘制一个简单的柱形图，并在柱形图的指定位置显示说明文字，数据可以自定义。

【训练 4】利用图表分析彩票中奖情况 经常看到彩票销售点会挂着折线图，将近期其销售点的中奖金额信息清晰地表示出来。本练习要求利用图表分析彩票中奖情况，运行程序，可选择要分析的起始日期和终止日期。（提示：要操作的数据表为 db_Test 数据库中的 tb_lottery 表。）

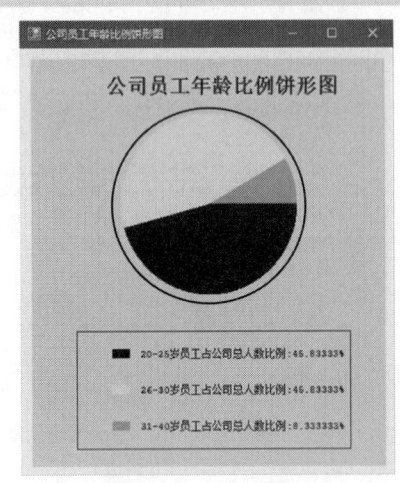

图 18.14 饼形图展示员工年龄段的比例

18.5 实践与练习

（答案位置：资源包\TM\sl\18\实践与练习\）

综合练习 1：绘制波形图 波形图是一种特殊的图形，在工程软件或计算相关软件中非常常见。尝试开发一个程序，使用 GDI+技术绘制一段波形图。

综合练习 2：使用柱形图分析每年商品销售情况 尝试开发一个程序，要求绘制柱形图，分析商品月销售情况。

综合练习 3：使用折线图分析每月网站流量 尝试开发一个程序，要求绘制折线图，分析各月份的网站流量情况。

综合练习 4：使用饼形图分析公司男女比例 尝试开发一个程序，要求绘制饼形图，分析公司的男女职工比例情况。

第 19 章　Windows 打印技术

Windows 应用程序中提供了一组打印控件，包括 PageSetupDialog、PrintDialog、PrintDocument、PrintPreviewControl 和 PrintPreviewDialog。开发程序时，开发人员可以直接使用这些控件控制打印的文本和数据格式。本章将详细介绍 Windows 应用程序中打印控件的使用。

本章知识架构及重点、难点如下。

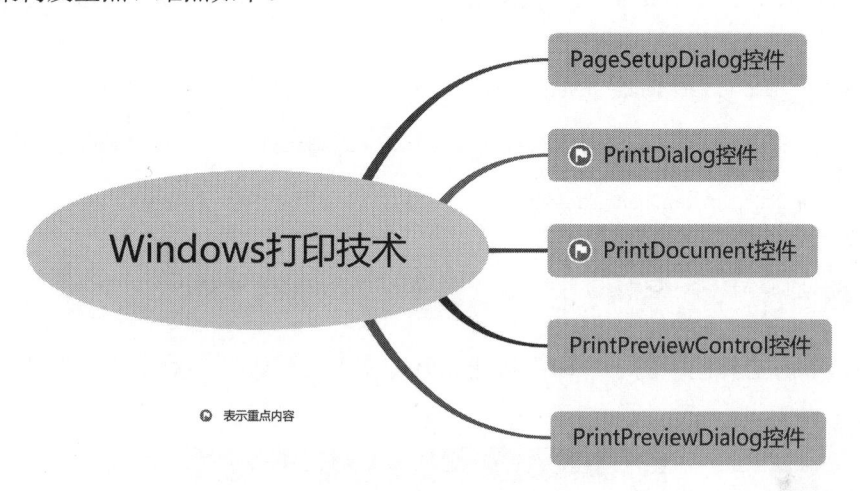

- PageSetupDialog 控件
- PrintDialog 控件
- PrintDocument 控件
- PrintPreviewControl 控件
- PrintPreviewDialog 控件

表示重点内容

19.1　PageSetupDialog 控件

PageSetupDialog 控件用于设置打印页面的详细信息，如设置页边距、页眉和页脚、纵向或横向打印等。首先来认识下 PageSetupDialog 控件的 5 个常见属性。

☑ Document 属性：用于获取需进行页面设置的 PrintDocument，语法格式如下。

```
public PrintDocument Document { get; set; }
```

属性值是需进行页面设置的 PrintDocument。

☑ AllowMargins 属性：用于设置是否启用页边距选项，语法格式如下。

```
public bool AllowMargins { get; set; }
```

如果启用页边距选项，属性值为 true，否则为 false。默认为 true。

☑ AllowOrientation 属性：用于设置是否启用打印方向选项（横向或纵向），语法格式如下。

```
public bool AllowOrientation { get; set; }
```

如果启用了打印的方向选项，属性值为 true，否则为 false。默认为 true。

☑ AllowPaper 属性：用于设置是否启用纸张选项（如纸张大小和纸张来源），语法格式如下。

```
public bool AllowPaper { get; set; }
```

如果启用了纸张选项，属性值为 true，否则为 false。默认为 true。

☑ AllowPrinter 属性：用于设置是否启用"打印"按钮，语法格式如下。

```
public bool AllowPrinter { get; set; }
```

如果启用了"打印"按钮，属性值为 true，否则为 false。默认为 true。

【例 19.1】 演示打印控件的使用（**实例位置：资源包\TM\sl\19\1**）

创建一个 Windows 窗体应用程序，向窗体中添加一个 PrintDocument 控件、一个 PageSetupDialog 控件和一个 Button 控件。在 Button 控件的 Click 事件中设置 PageSetupDialog 控件的相应属性，代码如下。

```csharp
private void button1_Click(object sender, EventArgs e)
{
    pageSetupDialog1.Document = printDocument1;              //设置 PageSetupDialog 控件的 Document 属性，设置操作文档
    this.pageSetupDialog1.AllowMargins = true;               //启用页边距选项
    this.pageSetupDialog1.AllowOrientation = true;           //启用方向选项
    this.pageSetupDialog1.AllowPaper = true;                 //启用纸张选项
    this.pageSetupDialog1.AllowPrinter = true;               //启用"打印"按钮
    this.pageSetupDialog1.ShowDialog();                      //显示"页面设置"对话框
}
```

运行程序，单击工具栏中的"打印"按钮，将打开"页面设置"对话框，在此可对页面进行设置，如图 19.1 所示。

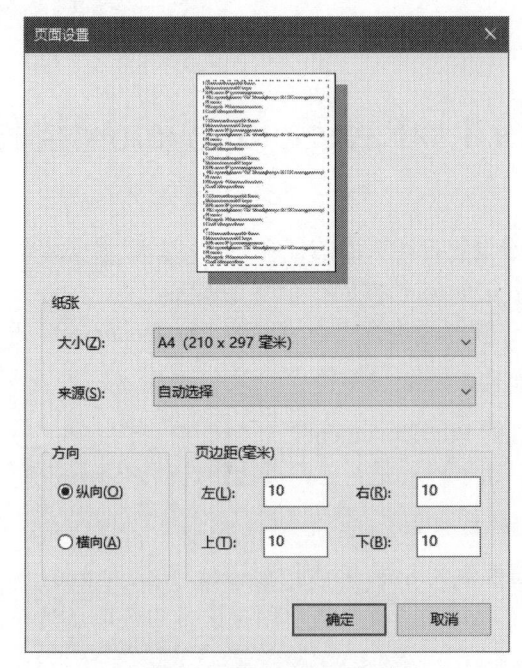

图 19.1 "页面设置"对话框

19.2 PrintDialog 控件

PrintDialog 控件用于选择打印机和要打印的页面,并确定其他与打印相关的设置,如全部打印、打印选定的页码范围、打印当前页面、打印选定内容等。下面来认识下 PrintDialog 控件的 5 个常用属性。

☑ Document 属性:用于获取 PrinterSettings 的 PrintDocument 对象,语法格式如下。

```
public PrintDocument Document { get; set; }
```

属性值是 PrinterSettings 的 PrintDocument 对象。

☑ AllowCurrentPage 属性:用于设置是否显示"当前页面"单选按钮,语法格式如下。

```
public bool AllowCurrentPage { get; set; }
```

如果显示"当前页面"单选按钮,属性值为 true,否则为 false。默认为 false。

☑ AllowPrintToFile 属性:用于设置是否启用"打印到文件"复选框,语法格式如下。

```
public bool AllowPrintToFile { get; set; }
```

如果启用"打印到文件"复选框,属性值为 true,否则为 false。默认为 true。

☑ AllowSelection 属性:用于设置是否启用"选定范围"单选按钮,语法格式如下。

```
public bool AllowSelection { get; set; }
```

如果启用"选定范围"单选按钮,属性值为 true,否则为 false。默认为 false。

☑ AllowSomePages 属性:用于设置是否启用"页码"单选按钮,语法格式如下。

```
public bool AllowSomePages { get; set; }
```

如果启用"页码"单选按钮,属性值为 true,否则为 false。默认为 false。

【例 19.2】在程序中进行打印设置(实例位置:资源包\TM\sl\19\2)

创建一个 Windows 窗体应用程序,向窗体中添加一个 PrintDialog 控件、一个 PrintDocument 控件和一个 Button 控件。在 Button 控件的 Click 事件中设置 PrintDialog 控件的相应属性,代码如下。

```
private void button1_Click(object sender, EventArgs e)
{
    printDialog1.Document = printDocument1;        //设置 PrintDialog 控件的 Document 属性,设置操作文档
    printDialog1.AllowPrintToFile = true;          //启用"打印到文件"复选框
    printDialog1.AllowCurrentPage = true;          //显示"当前页面"单选按钮
    printDialog1.AllowSelection = true;            //启用"选定范围"单选按钮
    printDialog1.AllowSomePages = true;            //启用"页码"单选按钮
    printDialog1.ShowDialog();                     //显示"打印"对话框
}
```

运行程序,单击"打印机设置"按钮,将打开"打印"对话框,如图 19.2 所示。

图 19.2 "打印"对话框

19.3 PrintDocument 控件

PrintDocument 控件用于设置待打印的文档。其中，PrintPage 事件在需要打印输出当前页时发生，Print() 方法开始文档打印进程。下面通过实例演示如何使用 PrintDocument 控件。

> **注意**
> 在打印开始后，通过 DefaultPageSettings 属性更改页设置对正在打印的页没有任何影响。

【例 19.3】打印一首古诗（实例位置：资源包\TM\sl\19\3）

创建一个 Windows 窗体应用程序，向窗体中添加一个 Button 控件、一个 PrintDocument 控件和一个 PrintPreviewDialog 控件。在 PrintDocument 控件的 PrintPage 事件中绘制打印的内容，然后在 Button 按钮的 Click 事件下设置 PrintPreviewDialog 的属性预览打印文档，并调用 PrintDocument 控件的 Print() 方法开始文档的打印进程，代码如下。

```
private void printDocument1_PrintPage(object sender, System.Drawing.Printing.PrintPageEventArgs e)
{
    //通过 GDI+绘制打印文档
    e.Graphics.DrawString("蝶恋花", new Font("宋体", 15), Brushes.Black, 350, 80);
    e.Graphics.DrawLine(new Pen(Color.Black, (float)3.00), 100, 185, 720, 185);
    e.Graphics.DrawString("伫倚危楼风细细，望极春愁，黯黯生天际。", new Font("宋体", 12), Brushes.Black, 110, 195);
    e.Graphics.DrawString("草色烟光残照里，无言谁会凭阑意。", new Font("宋体", 12), Brushes.Black, 110, 190);
    e.Graphics.DrawString("拟把疏狂图一醉，对酒当歌，强乐还无味。", new Font("宋体", 12), Brushes.Black, 110, 245);
    e.Graphics.DrawString("衣带渐宽终不悔，为伊消得人憔悴。", new Font("宋体", 12), Brushes.Black, 110, 270);
    e.Graphics.DrawLine(new Pen(Color.Black, (float)3.00), 100, 300, 720, 300);
}
private void button1_Click(object sender, EventArgs e)
```

```csharp
{
    if (MessageBox.Show("是否要预览打印文档","打印预览", MessageBoxButtons.YesNo) == DialogResult.Yes)
    {
        this.printPreviewDialog1.UseAntiAlias = true;              //开启操作系统的防锯齿功能
        this.printPreviewDialog1.Document = this.printDocument1;   //设置要预览的文档
        printPreviewDialog1.ShowDialog();                          //打开预览窗口
    }
    else
    {
        this.printDocument1.Print();                               //调用 Print()方法直接打印文档
    }
}
```

运行程序，单击"打印"按钮，弹出"打印预览"窗口，如图 19.3 所示。

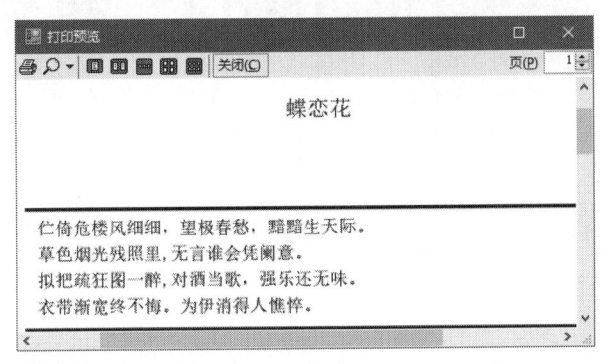

图 19.3　"打印预览"窗口

19.4　PrintPreviewControl 控件

PrintPreviewControl 控件用于按文档打印时的外观显示文档，因此常用来编写打印预览界面。PrintPreviewControl 控件的 Document 属性用于设置待预览的文档，语法格式如下。

```csharp
public PrintDocument Document { get; set; }
```

属性值是 PrintDocument，表示要预览的文档。

【例 19.4】打印预览绘制的图像（**实例位置：资源包\TM\sl\19\4**）

创建一个 Windows 窗体应用程序，向窗体中添加一个 PrintPreviewControl 控件和一个 PrintDocument 控件。在 PrintDocument 控件的 PrintPage 事件中绘制图像，然后在窗体的 Load 事件中设置 PrintPreviewControl 控件的 Document 属性，代码如下。

```csharp
private void Form1_Load(object sender, EventArgs e)
{
    //设置 printPreviewControl1 控件的 Document 属性，设置要预览的文档
    printPreviewControl1.Document = printDocument1;
}
private void printDocument1_PrintPage(object sender, System.Drawing.Printing.PrintPageEventArgs e)
{
    //声明一个 string 类型变量用于存储图片位置
    string str = Application.StartupPath.Substring(0, Application.StartupPath.Substring(0, Application.
```

```
        StartupPath. LastIndexOf("\\")).LastIndexOf("\\"));
    str += @"\img.jpg";
    e.Graphics.DrawImage(Image.FromFile(str), 10,10, 607,452);    //使用 DrawImage()方法绘制图像
}
```

程序运行结果如图 19.4 所示。

图 19.4　PrintPreviewControl 控件的应用

19.5　PrintPreviewDialog 控件

PrintPreviewDialog 控件用于显示文档打印后的外观。该控件包含打印、放大、显示一页或多页，以及关闭对话框按钮。PrintPreviewDialog 控件的常见属性和方法有 Document 属性、UseAntiAlias 属性和 ShowDialog()方法。

☑　Document 属性：用于设置待预览的文档，语法格式如下。

```
public PrintDocument Document { get; set; }
```

属性值是 PrintDocument，表示要预览的文档。例如，设置 PrintPreviewDialog 控件的 Document 属性为 printDocument1，代码如下。

```
printPreviewDialog1.Document = this.printDocument1;    //设置预览文档
```

☑　UseAntiAlias 属性：用于设置打印是否使用操作系统的防锯齿功能，语法格式如下。

```
public bool UseAntiAlias { get; set; }
```

如果使用防锯齿功能，属性值为 true，否则为 false。例如，设置 UseAntiAlias 属性为 true，开启防锯齿功能，代码如下。

```
printPreviewDialog1.UseAntiAlias = true;              //设置 UseAntiAlias 属性为 true，开启防锯齿功能
```

☑　ShowDialog()方法：用来显示打印预览对话框，语法格式如下。

```
public DialogResult ShowDialog()
```

其返回值是 DialogResult 值之一。例如，调用 PrintPreviewDialog 控件的 ShowDialog()方法，显示预览窗口，代码如下。

```
printPreviewDialog1.ShowDialog();                     //使用 ShowDialog()方法，显示预览窗口
```

19.6 实践与练习

（答案位置：资源包\TM\sl\19\实践与练习\）

综合练习 1：打印窗体中的数据　尝试开发一个程序，要求使用 Windows 打印组件打印窗体中的数据。

综合练习 2：设计并打印空学生证书　尝试开发一个程序，要求使用 Windows 打印组件打印空学生证，参考效果如图 19.5 所示。

图 19.5　打印空学生证

综合练习 3：自定义打印页码范围　在实际生活中打印文档，有时候并不需要把文档的全部内容打印出来，只需要打印其中的某几页内容，这时就需要用户自定义打印页码的范围。本练习要求使用 C# 实现自定义打印页码范围的功能。（提示：使用 PrintPageEventArgs 参数对象的 HasMorePages 属性指示是否打印附加页。）

第 20 章 网络编程技术

计算机网络技术实现了多个计算机系统互联，相互连接的计算机之间彼此能够进行数据交流。网络应用程序就是在已连接的不同计算机上运行的程序，这些程序相互之间可以交换数据。编写网络应用程序，首先必须明确网络应用程序所要使用的网络协议，TCP/IP 是网络应用程序的首选。

本章知识架构及重点、难点如下。

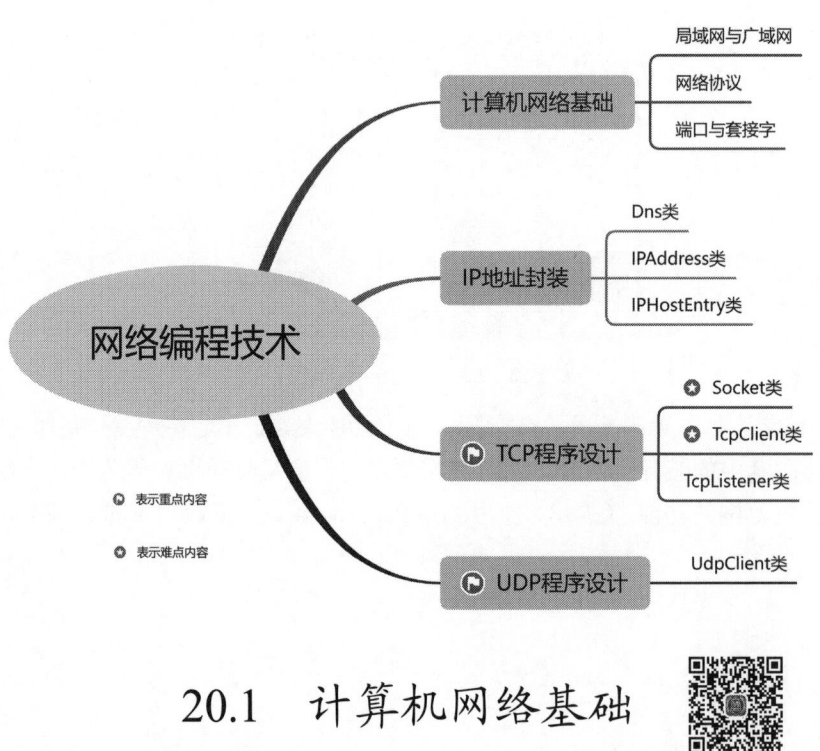

20.1 计算机网络基础

20.1.1 局域网与广域网

计算机网络分为局域网（local area network，LAN）和广域网（wide area network，WAN）。

局域网是指在某一区域内由多台计算机通过一定形式连接起来的计算机组，可以由两台计算机组成，也可以由同一区域内的上千台计算机组成，如图 20.1 所示。由局域网延伸到更大的范围，这样的网络称为广域网，大家熟悉的因特网（internet）就是由无数的局域网和广域网组成的，如图 20.2 所示。

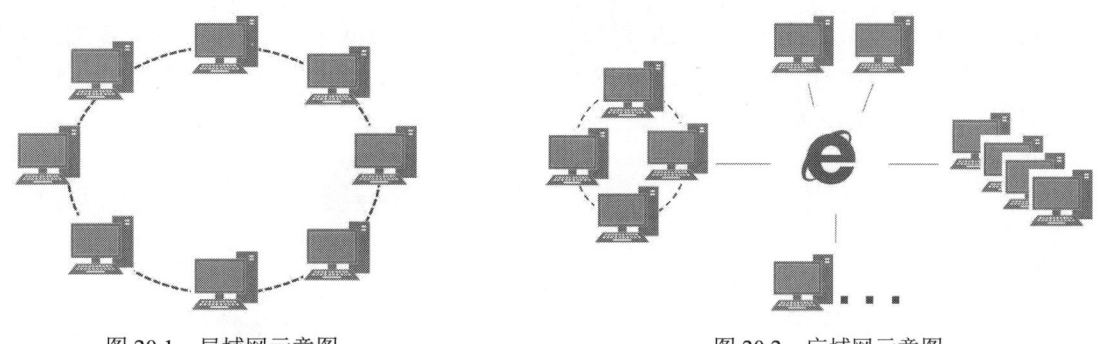

图 20.1　局域网示意图

图 20.2　广域网示意图

20.1.2　网络协议

网络协议规定了计算机之间连接的物理、机械（网线与网卡的连接规定）、电气（有效的电平范围）等特征，以及计算机之间的相互寻址规则、数据发送冲突的解决方案、长数据分段传送与接收规则等。就像不同的国家有不同的法律一样，目前网络协议也有多种，下面介绍几种常见的网络协议。

1. IP

IP 的全称是 internet protocol，由此可知它是一种网络协议。因特网采用的协议是 TCP/IP，其全称是 transmission control protocol/internet protocol。依靠 TCP/IP，因特网在全球范围内实现不同硬件结构、不同操作系统、不同网络系统的互联。因特网上存在数以亿计的主机，每台主机在网络上通过为其分配的因特网地址表示自己，这个地址就是 IP 地址。

到目前为止，IP 地址用 4 个字节，也就是 32 位的二进制数来表示，称为 IPv4。为了便于使用，通常取用每个字节的十进制数，并且每个字节之间用圆点隔开来表示 IP 地址，如 192.168.1.1。现在人们正在试验使用 16 个字节来表示 IP 地址，这就是 IPv6。

IP 地址相当于每台计算机在网络中的一个身份证，它是唯一的，其示意图如图 20.3 所示。

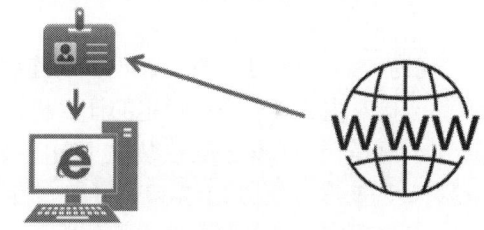

图 20.3　IP 地址相当于网络中的身份证

2. TCP

在网络协议栈中，有两个高级协议是网络应用程序开发者必须了解的，那就是传输控制协议（transmission control protocol，TCP）与用户数据报协议（user datagram protocol，UDP）。

TCP 是一种以固接连线为基础的协议，可提供两台计算机间可靠的数据传送。TCP 可以保证从一端将数据传送至连接的另一端时，数据能够确实送达，而且送达数据的排列顺序和送出时的顺序相同，其示意图如图 20.4 所示。TCP 适合可靠性要求比较高的场合，它就像接打电话一样，必须先拨号给对方，等两端确定连接后，相互才能听到对方说话，也才能知道对方回应的是什么。

3. UDP

UDP 是无连接通信协议，不保证可靠的数据传输，但能够向若干个目标发送数据，接收发自若干个源的数据,其示意图如图 20.5 所示。UDP 以独立发送数据包的方式进行,它就像生活中的大喇叭,村委会主任一发通知,大喇叭一喊,田里耕地的人都能听见,但在家睡觉的可能就听不见。而哪些人听见了,哪些人听不见,发通知的村委会主任是不知道的。

图 20.4　TCP 示意图

图 20.5　UDP 示意图

说明

一些防火墙和路由器会设置成不允许 UDP 数据包传输,因此若遇到 UDP 连接方面的问题,应先确定是否允许 UDP。

20.1.3　端口与套接字

一般而言,一台计算机只有单一的连到网络的"物理连接"(physical connection),所有的数据都通过此连接对内、对外送达特定的计算机,这就是端口。网络程序设计中的端口(port)并非真实的物理存在,而是一个假想的连接装置。端口被规定为一个在 0~65 535 的整数,而 HTTP 服务一般使用 80 端口,FTP 服务使用 21 端口。假如一台计算机提供了 HTTP、FTP 等多种服务,则客户机将通过不同的端口来确定连接到服务器的哪项服务上。计算机中的端口如图 20.6 所示。

网络程序中的套接字(socket)用于将程序与网络连接起来。套接字是一个假想的连接装置,就像用于连接电器与电线的插座,如图 20.7 所示。C#将套接字抽象化为类,程序设计者只需创建 Socket 类对象,即可使用套接字。

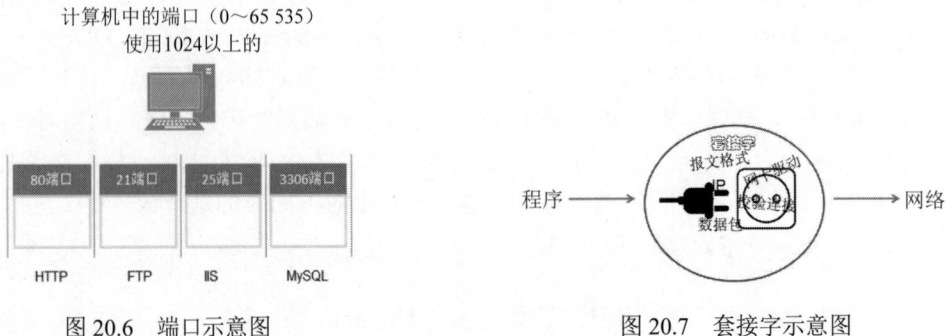

图 20.6　端口示意图

图 20.7　套接字示意图

> **技巧**
> 0～1023 的端口号通常用于一些比较知名的网络服务和应用，普通网络应用程序则应该使用 1024 以上的端口号，以避免该端口号被另一个应用或系统服务所用。

20.2 IP 地址封装

IP 地址是每个计算机在网络中的唯一标识，它是 32 位或 128 位的无符号数字，使用 4 组数字表示一个固定的编号，如 192.168.128.255 就是局域网络中的编号。IP 是一种低级协议，TCP 和 UDP 都是在它的基础上构建的。

C#中有 3 个与 IP 地址相关的类，分别是 Dns 类、IPAddress 类和 IPHostEntry 类，它们都位于 System.Net 命名空间中，下面分别进行介绍。

20.2.1 Dns 类

Dns 类是一个静态类，它从因特网域名系统（DNS）检索关于特定主机的信息。在 IPHostEntry 类的实例中返回来自 DNS 查询的主机信息。如果指定的主机在 DNS 中有多个入口，则 IPHostEntry 包含多个 IP 地址和别名。Dns 类中的常用方法及说明如表 20.1 所示。

表 20.1 Dns 类的常用方法及说明

方　　法	说　　明
BeginGetHostAddresses()	异步返回指定主机的 IP 地址
BeginGetHostByName()	开始异步请求关于指定 DNS 主机名的 IPHostEntry 信息
EndGetHostAddresses()	结束对 DNS 信息的异步请求
EndGetHostByName()	结束对 DNS 信息的异步请求
EndGetHostEntry()	结束对 DNS 信息的异步请求
GetHostAddresses()	返回指定主机的 IP 地址
GetHostByAddress()	获取 IP 地址的 DNS 主机信息
GetHostByName()	获取指定 DNS 主机名的 DNS 信息
GetHostEntry()	将主机名或 IP 地址解析为 IPHostEntry 实例
GetHostName()	获取本地计算机的主机名

20.2.2 IPAddress 类

IPAddress 类包含计算机在 IP 网络上的地址，主要用来提供 IP 地址。IPAddress 类中的常用字段、属性、方法及说明如表 20.2 所示。

表 20.2 IPAddress 类的常用字段、属性、方法及说明

字段、属性及方法	说　　明
Any 字段	提供一个 IP 地址，指示服务器应侦听所有网络接口上的客户端活动。此字段为只读
Broadcast 字段	提供 IP 广播地址。此字段为只读
Loopback 字段	提供 IP 环回地址。此字段为只读
Address 属性	IP 地址
AddressFamily 属性	获取 IP 地址的地址族
IsIPv6LinkLocal 属性	获取地址是否为 IPv6 链接本地地址
IsIPv6SiteLocal 属性	获取地址是否为 IPv6 站点本地地址
GetAddressBytes()方法	以字节数组形式提供 IPAddress 的副本
Parse()方法	将 IP 地址字符串转换为 IPAddress 实例
TryParse()方法	确定字符串是否为有效的 IP 地址

20.2.3　IPHostEntry 类

IPHostEntry 类用来为因特网主机地址信息提供容器类，其常用属性及说明如表 20.3 所示。

表 20.3 IPHostEntry 类的常用属性及说明

属　　性	说　　明
AddressList	获取或设置与主机关联的 IP 地址列表
Aliases	获取或设置与主机关联的别名列表
HostName	获取或设置主机的 DNS 名称

说明

IPHostEntry 类通常和 Dns 类一起使用。

【例 20.1】 访问同一局域网中的主机名称（实例位置：资源包\TM\sl\20\1）

使用 Dns 类的相关方法获得本地主机的本机名和 IP 地址，然后访问同一局域网中的 IP 地址为 "192.168.1.50" 至 "192.168.1.60" 范围内的所有可访问的主机名称（如果对方没有安装防火墙，并且网络连接正常的话，都可以访问），代码如下：

```
private void Form1_Load(object sender, EventArgs e)
{
    string IP, name, localip = "127.0.0.1";
    string localname = Dns.GetHostName();                     //获取本机名
    IPAddress[] ips = Dns.GetHostAddresses(localname);        //获取所有 IP 地址
    foreach(IPAddress ip in ips)
    {
        if(!ip.IsIPv6SiteLocal)                               //如果不是 IPV6 地址
            localip = ip.ToString();                          //获取本机 IP 地址
    }
    label1.Text += "本机名：" + localname + "   本机 IP 地址：" + localip;  //将本机名和 IP 地址输出
    for (int i = 50; i <= 60; i++)
    {
        IP = "192.168.1." + i;                                //生成 IP 字符串
        try
```

```
            {
                IPHostEntry host = Dns.GetHostEntry(IP);            //获取 IP 封装对象
                name = host.HostName.ToString();                     //获取指定 IP 地址的主机名
                label1.Text += "\nIP 地址 " + IP + " 的主机名称是：" + name;
            }
            catch (Exception ex)
            {
                MessageBox.Show(ex.Message);
            }
        }
    }
}
```

程序运行结果如图 20.8 所示。

图 20.8　访问同一局域网中的主机名称

> **技巧**
> 如果想在没有连网的情况下访问本地主机，可以使用本地回送地址 127.0.0.1。

编程训练（答案位置：资源包\TM\sl\20\编程训练\）

【训练 1】通过计算机名获取 IP 地址　当网络中有相同 IP 地址的计算机时，系统会提示冲突。每台计算机都有一个唯一的名称，计算机名和 IP 地址是对应的。本训练要求通过计算机名来获取 IP 地址。（提示：通过 Dns 类的 GetHostAddresses()方法可以根据计算机名解析 IP 地址。）

【训练 2】根据输入的 IP 地址获取其主机名　创建一个 Windows 窗体应用程序，用来根据输入的 IP 地址获取其主机名的功能，具体实现时，在窗体中添加两个 TextBox 控件，分别用来输入 IP 地址和显示获取到的主机名，添加一个 Button 控件，用来根据输入的 IP 地址获取对应的主机名。

20.3　TCP 程序设计

TCP 是一种面向连接的、可靠的、基于字节流的传输层通信协议。在 C#中，TCP 程序设计是指利用 Socket 类、TcpClient 类和 TcpListener 类编写的网络通信程序，这 3 个类都位于 System.Net.Sockets 命名空间中。利用 TCP 进行通信的两个应用程序是有主次之分的，一个称为服务器端程序，另一个称为客户端程序。

20.3.1　Socket 类

Socket 类为网络通信提供了一套丰富的方法和属性，主要用于管理连接，实现 Berkeley 通信端套接字接口，同时它还定义了绑定、连接网络端点及传输数据所需的各种方法，提供处理端点连接传输等细节所需要的功能。TcpClient 和 UdpClinet 等类在内部使用该类。Socket 类的常用属性及说明如表 20.4 所示。

表 20.4　Socket 类的常用属性及说明

属　　性	说　　明
AddressFamily	获取 Socket 的地址族
Available	获取已经从网络接收且可供读取的数据量
Connected	获取一个值，该值指示 Socket 是在上次 Send 还是 Receive 操作时连接到远程主机
Handle	获取 Socket 的操作系统句柄
LocalEndPoint	获取本地终结点
ProtocolType	获取 Socket 的协议类型
RemoteEndPoint	获取远程终结点
SendTimeout	获取或设置一个值，该值指定之后同步 Send 调用将超时的时间长度

Socket 类的常用方法及说明如表 20.5 所示。

表 20.5　Socket 类的常用方法及说明

方　　法	说　　明
Accept()	为新建连接创建新的 Socket
BeginAccept()	开始一个异步操作，以接受一个传入的连接尝试
BeginConnect()	开始一个对远程主机连接的异步请求
BeginDisconnect()	开始异步请求从远程终结点断开连接
BeginReceive()	开始从连接的 Socket 中异步接收数据
BeginSend()	将数据异步发送到连接的 Socket
BeginSendFile()	将文件异步发送到连接的 Socket
BeginSendTo()	向特定远程主机异步发送数据
Close()	关闭 Socket 连接并释放所有关联的资源
Connect()	建立与远程主机的连接
Disconnect()	关闭套接字连接并允许重用套接字
EndAccept()	异步接受传入的连接尝试
EndConnect()	结束挂起的异步连接请求
EndDisconnect()	结束挂起的异步断开连接请求
EndReceive()	结束挂起的异步读取
EndSend()	结束挂起的异步发送
EndSendFile()	结束文件的挂起异步发送
EndSendTo()	结束挂起的、向指定位置进行的异步发送
Listen()	将 Socket 置于侦听状态
Receive()	接收来自绑定的 Socket 的数据
Send()	将数据发送到连接的 Socket
SendFile()	将文件和可选数据异步发送到连接的 Socket
SendTo()	将数据发送到特定终结点
Shutdown()	禁用某 Socket 上的发送和接收

20.3.2 TcpClient 类和 TcpListener 类

TcpClient 类用于在同步阻止模式下通过网络来连接、发送和接收流数据。为了使 TcpClient 连接并交换数据，TcpListener 实例或 Socket 实例必须侦听是否有传入的连接请求。可以使用下面两种方法之一连接该侦听器。

- 创建一个 TcpClient，并调用 Connect()方法连接。
- 使用远程主机的主机名和端口号创建 TcpClient，此构造函数将自动尝试一个连接。

TcpListener 类用于在阻止同步模式下侦听和接受传入的连接请求。可使用 TcpClient 类或 Socket 类来连接 TcpListener，并且可以使用 IPEndPoint、本地 IP 地址及端口号或者仅使用端口号来创建 TcpListener 实例对象。

TcpClient 类的常用属性、方法及说明如表 20.6 所示。

表 20.6 TcpClient 类的常用属性、方法及说明

属性及方法	说　　明
Available 属性	获取已经从网络接收且可供读取的数据量
Client 属性	获取或设置基础 Socket
Connected 属性	获取一个值，该值指示 TcpClient 的基础 Socket 是否已连接到远程主机
ReceiveBufferSize 属性	获取或设置接收缓冲区的大小
ReceiveTimeout 属性	获取或设置在初始化一个读取操作后 TcpClient 等待接收数据的时间量
SendBufferSize 属性	获取或设置发送缓冲区的大小
SendTimeout 属性	获取或设置 TcpClient 等待发送操作成功完成的时间量
BeginConnect()方法	开始一个对远程主机连接的异步请求
Close()方法	释放此 TcpClient 实例，而不关闭基础连接
Connect()方法	使用指定的主机名和端口号将客户端连接到 TCP 主机
EndConnect()方法	异步接受传入的连接尝试
GetStream()方法	返回用于发送和接收数据的 NetworkStream

TcpListener 类的常用属性、方法及说明如表 20.7 所示。

表 20.7 TcpListener 类的常用属性、方法及说明

属性及方法	说　　明
LocalEndpoint 属性	获取当前 TcpListener 的基础 EndPoint
Server 属性	获取基础网络 Socket
AcceptSocket()/AcceptTcpClient()方法	接受挂起的连接请求
BeginAcceptSocket()/BeginAcceptTcpClient()方法	开始一个异步操作来接受一个传入的连接尝试
EndAcceptSocket()方法	异步接受传入的连接尝试，并创建新的 Socket 来处理远程主机通信
EndAcceptTcpClient()方法	异步接受传入的连接尝试，并创建新的 TcpClient 来处理远程主机通信
Start()方法	开始侦听传入的连接请求
Stop()方法	关闭侦听器

【例 20.2】 客户端/服务器的交互（实例位置：资源包\TM\sl\20\2）

（1）编写服务器端程序。

创建服务器端项目 Server，在 Main()方法中创建 TCP 连接对象；然后监听客户端接入，并读取接入的客户端 IP 地址和传入的消息；最后向接入的客户端发送一条信息。代码如下。

```csharp
namespace Server
{
    class Program
    {
        static void Main()
        {
            int port = 888;                                                     //端口
            TcpClient tcpClient;                                                //创建 TCP 连接对象
            IPAddress[] serverIP = Dns.GetHostAddresses("127.0.0.1");           //定义 IP 地址
            IPAddress localAddress = serverIP[0];                               //IP 地址
            TcpListener tcpListener = new TcpListener(localAddress, port);      //监听套接字
            tcpListener.Start();                                                //开始监听
            Console.WriteLine("服务器启动成功，等待用户接入...");                  //输出消息
            while (true)
            {
                try
                {
                    tcpClient = tcpListener.AcceptTcpClient();                  //每接收一个客户端则生成一个 TcpClient
                    NetworkStream networkStream = tcpClient.GetStream();        //获取网络数据流
                    BinaryReader reader = new BinaryReader(networkStream);      //定义流数据读取对象
                    BinaryWriter writer = new BinaryWriter(networkStream);      //定义流数据写入对象
                    while (true)
                    {
                        try
                        {
                            string strReader = reader.ReadString();             //接收消息
                            string[] strReaders = strReader.Split(new char[] { ' ' }); //截取客户端消息
                            Console.WriteLine("有客户端接入，客户 IP：" + strReaders[0]); //输出接收的客户端 IP 地址
                            Console.WriteLine("来自客户端的消息：" + strReaders[1]);     //输出接收的消息
                            string strWriter = "我是服务器，欢迎光临";                    //定义服务端要写入的消息
                            writer.Write(strWriter);                                    //向对方发送消息
                        }
                        catch
                        {
                            break;
                        }
                    }
                }
                catch
                {
                    break;
                }
            }
        }
    }
}
```

（2）编写客户端程序。

创建客户端项目 Client，在 Main()方法中创建 TCP 连接对象，以指定的地址和端口连接服务器，

然后向服务器端发送数据和接收服务器端传输的数据，代码如下。

```csharp
namespace Client
{
    class Program
    {
        static void Main(string[ ] args)
        {
            TcpClient tcpClient = new TcpClient();                  //创建一个 TcpClient 对象，自动分配主机 IP 地址和端口号
            tcpClient.Connect("127.0.0.1", 888);                    //连接服务器，其 IP 地址和端口号分别为 127.0.0.1 和 888
            if (tcpClient != null)                                  //判断是否连接成功
            {
                Console.WriteLine("连接服务器成功");
                NetworkStream networkStream = tcpClient.GetStream();    //获取数据流
                BinaryReader reader = new BinaryReader(networkStream);  //定义流数据读取对象
                BinaryWriter writer = new BinaryWriter(networkStream);  //定义流数据写入对象
                string localip="127.0.0.1";                             //存储本机 IP 地址，默认值为 127.0.0.1
                IPAddress[] ips = Dns.GetHostAddresses(Dns.GetHostName());  //获取所有 IP 地址
                foreach (IPAddress ip in ips)
                {
                    if (!ip.IsIPv6SiteLocal)                        //如果不是 IPv6 地址
                        localip = ip.ToString();                    //获取本机 IP 地址
                }
                writer.Write(localip + " 你好服务器，我是客户端");    //向服务器发送消息
                while (true)
                {
                    try
                    {
                        string strReader = reader.ReadString();     //接收服务器发送的数据
                        if (strReader != null)
                        {
                            Console.WriteLine("来自服务器的消息："+strReader);//输出接收的服务器消息
                        }
                    }
                    catch
                    {
                        break;                                      //接收过程中如果出现异常，退出循环
                    }
                }
            }
            Console.WriteLine("连接服务器失败");
        }
    }
}
```

首先运行服务器端，然后运行客户端，客户端运行后的服务器端效果如图 20.9 所示，客户端运行效果如图 20.10 所示。

图 20.9　客户端运行后的服务器端效果　　　　图 20.10　客户端运行效果

编程训练（答案位置：资源包\TM\sl\20\编程训练\）

【训练 3】设计点对点聊天程序　使用 TCP 制作一个点对点聊天程序，该程序把本机作为服务器，可以直接将信息发送给对方。程序运行结果如图 20.11 所示。

图 20.11　点对点聊天程序

【训练 4】Socket 编程实现　修改【例 20.2】，为使用 Socket 实现客户端和服务器的交互。

20.4　UDP 程序设计

UDP 是网络信息传输的另一种形式。UDP 通信和 TCP 通信不同，基于 UDP 的信息传递更快，但不提供可靠的保证。使用 UDP 传递数据时，用户无法知道数据能否正确地到达主机，也不能确定到达目的地的顺序是否和发送的顺序相同。虽然 UDP 是一种不可靠的协议，但如果需要较快地传输信息，并能容忍小的错误，可以考虑使用 UDP。

基于 UDP 通信的基本模式如下。

☑　将数据打包（称为数据包），然后将数据包发往目的地。

☑　接收别人发来的数据包，然后查看数据包。

在 C#中，UdpClient 类用于在阻止同步模式下发送和接收无连接 UDP 数据报。因为 UDP 是无连接传输协议，所以不需要在发送和接收数据前建立远程主机连接，但可以选择使用下面两种方法之一来建立默认远程主机。

☑　使用远程主机名和端口号作为参数创建 UdpClient 类的实例。

☑　创建 UdpClient 类的实例，然后调用 Connect()方法。

UdpClient 类的常用属性、方法及说明如表 20.8 所示。

表 20.8　UdpClient 类的常用属性、方法及说明

属性及方法	说　明	属性及方法	说　明
Available 属性	获取从网络接收的可读取的数据量	Connect()方法	建立默认远程主机
Client 属性	获取或设置基础网络 Socket	EndReceive()方法	结束挂起的异步接收
BeginReceive()方法	从远程主机异步接收数据报	EndSend()方法	结束挂起的异步发送
BeginSend()方法	将数据报异步发送到远程主机	Receive()方法	返回已由远程主机发送的 UDP 数据报
Close()方法	关闭 UDP 连接	Send()方法	将 UDP 数据报发送到远程主机

根据前面所讲的网络编程的基础知识,以及 UDP 网络编程的特点,下面创建一个广播数据报程序。广播数据报是一种较新的技术,类似于电台广播,电台需要在指定的波段和频率上广播信息,收听者也要将收音机调到指定的波段、频率才可以收听广播内容。

【例 20.3】广播数据报程序(实例位置:资源包\TM\sl\20\3)

本实例要求主机不断地重复播出节目预报,这样可以保证加入到同一组的主机随时接收到广播信息。接收者将正在接收的信息放在一个文本框中,并将接收的全部信息放在另一个文本框中。

(1)创建广播主机项目 Server(控制台应用程序),在 Main()方法中创建 UDP 连接;然后通过 UDP 连接不断向外发送广播信息。代码如下。

```csharp
namespace Server
{
    class Program
    {
        static UdpClient udp = new UdpClient();                //创建 UdpClient 对象
        static void Main(string[ ] args)
        {
            //调用 UdpClient 对象的 Connect()方法建立默认远程主机
            udp.Connect("127.0.0.1", 888);
            while (true)
            {
                Thread thread = new Thread(() =>
                {
                    try
                    {
                        //定义一个字节数组,用来存放发送到远程主机的信息
                        Byte[] sendBytes = Encoding.Default.GetBytes("(" + DateTime.Now.ToLongTimeString() + ")节目预报:八点有大型晚会,请收听");
                        Console.WriteLine("("+DateTime.Now.ToLongTimeString() + ")节目预报:八点有大型晚会,请收听");
                        //调用 UdpClient 对象的 Send()方法将 UDP 数据报发送到远程主机
                        udp.Send(sendBytes, sendBytes.Length);
                    }
                    catch (Exception ex)
                    {
                        Console.WriteLine(ex.Message);
                    }
                });
                thread.Start();                                //启动线程
                Thread.Sleep(1000);                            //线程休眠 1s
            }
        }
    }
}
```

程序运行结果如图 20.12 所示。

图 20.12 广播主机程序的运行结果

（2）创建接收广播项目 Client（Windows 窗体应用程序），在默认窗体中添加两个 Button 控件和两个 TextBox 控件，并且将两个 TextBox 控件设置为多行文本框。单击"开始接收"按钮，系统开始接收主机播出的信息；单击"停止接收"按钮，系统会停止接收广播主机播出的信息。代码如下。

```csharp
namespace Client
{
    public partial class Form1 : Form
    {
        public Form1()
        {
            InitializeComponent();
            CheckForIllegalCrossThreadCalls = false;             //在其他线程中可以调用主窗体控件
        }
        bool flag = true;                                        //标识是否接收数据
        UdpClient udp;                                           //创建 UdpClient 对象
        Thread thread;                                           //创建线程对象
        private void button1_Click(object sender, EventArgs e)
        {
            udp = new UdpClient(888);                            //使用端口号创建 UDP 连接对象
            flag = true;                                         //标识接收数据
            //创建 IPEndPoint 对象，用来显示响应主机的标识
            IPEndPoint ipendpoint = new IPEndPoint(IPAddress.Any, 888);
            thread = new Thread(() =>                            //新开线程，执行接收数据操作
            {
                while(flag)                                      //如果标识为 true
                {
                    try
                    {
                        if (udp.Available <= 0) continue;        //判断是否有网络数据
                        if (udp.Client == null) return;          //判断连接是否为空
                        //调用 UdpClient 对象的 Receive()方法获得从远程主机返回的 UDP 数据报
                        byte[ ] bytes = udp.Receive(ref ipendpoint);
                        string str = Encoding.Default.GetString(bytes); //将获得的 UDP 数据报转换为字符串形式

                        textBox2.Text = "正在接收的信息：\n" + str; //显示正在接收的数据
                        textBox1.Text += "\n" + str;             //显示接收的所有数据
                    }
                    catch (Exception ex)
                    {
                        MessageBox.Show(ex.Message);             //错误提示
                    }
                    Thread.Sleep(1000);                          //线程休眠 1s
                }
            });
            thread.Start();                                      //启动线程
        }
        private void button2_Click(object sender, EventArgs e)
        {
            flag = false;                                        //标识不接收数据
            if (thread.ThreadState == ThreadState.Running)       //判断线程是否运行
                thread.Abort();                                  //终止线程
            udp.Close();                                         //关闭连接
        }
    }
}
```

程序运行结果如图 20.13 所示。

图 20.13　接收广播程序的运行结果

编程训练（答案位置：资源包\TM\sl\20\编程训练\）

【训练 5】UDP 发送和接收数据　使用 UDP 制作一个发送和接收数据的程序，要求可以输入主机、端口号和要发送的消息，单击"确定"按钮进行发送。

【训练 6】优化广播数据报接收程序　修改【例 20.3】，使其在单击"开始接收"按钮时，每单击一次按钮，只能接收一条广播信息。

20.5　实践与练习

（答案位置：资源包\TM\sl\20\实践与练习\）

综合练习 1：获得系统打开的端口和状态　当两台计算机之间进行通信和传递信息时，每台计算机都需要开启一个端口，该端口就是与另一台计算机通信的通道。同样，木马或黑客程序也需要通过端口与远程计算机进行通信，这些端口是不固定的，所以很难防范。但只要将系统中所有的端口列出查看，就会知道系统是否正在与网络中的计算机进行通信。本练习要求使用 C#列出当前系统中已打开的端口，并查看端口信息。（提示：通过 Process 类执行 netstat -a -n > port.txt 命令获取。）

综合练习 2：设计聊天程序　使用 C#实现在局域网中聊天。在局域网中的两台计算机上同时运行局域网聊天程序的服务器和客户端，在客户端中输入服务器端的 IP 地址和端口号，在服务器端的"用户名"文本框中输入服务器的 IP 地址，单击"登录"按钮，然后在客户端的"用户名"文本框中也输入服务器的 IP 地址，单击"登录"按钮，这时服务器端和客户端就进行了连接，并可以互相发送消息。（提示：使用 Socket 类的 Send()方法和 Receive()方法发送和接收消息。）

综合练习 3：局域网 IP 地址扫描　运行局域网 IP 地址扫描程序，输入开始地址和结束地址，单击"开始"按钮，即可扫描局域网中指定范围内的已用 IP 地址并显示。单击"停止"按钮，可停止扫描。（提示：使用 IPAddress 类和 IPHostEntry 类。）

第 21 章 线程的使用

为了解决一些复杂的问题（如进行复杂的运算），有时候程序需要长时间地运行。这种情况下，提升操作执行速度就显得非常重要。开发人员可以使用线程将要执行的操作分段执行，以提高程序的运行速度和性能。本章就来学习一些线程的相关知识。

本章知识架构及重点、难点如下。

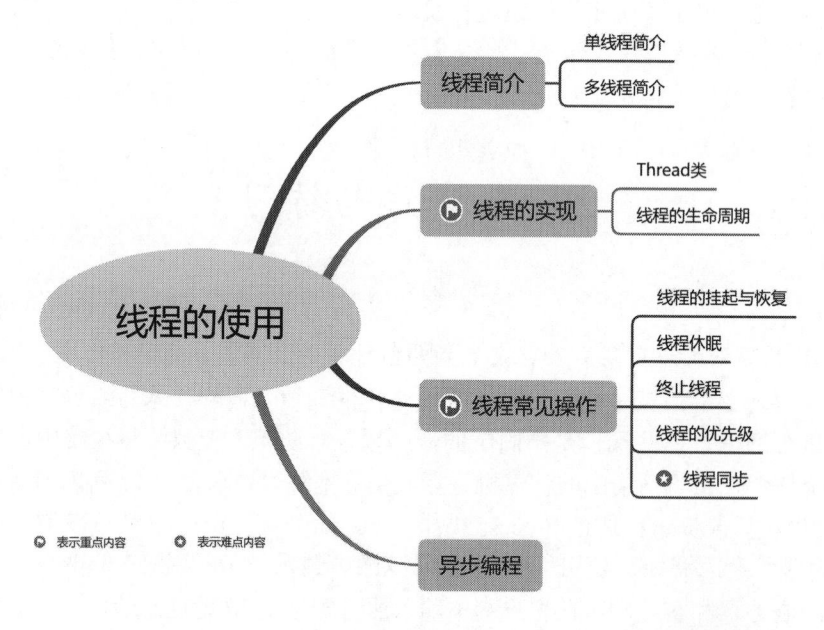

21.1 线程简介

每个正在操作系统上运行的应用程序都是一个进程，一个进程可以包括一个或多个线程。线程是操作系统分配处理器时间的基本单元，在进程中可以有多个线程同时执行代码。每个线程都维护异常处理程序、调度优先级和一组系统用于在调度该线程前保存线程上下文的结构。线程上下文包括为使线程在线程的宿主进程地址空间中无缝地继续执行所需的所有信息，包括线程的 CPU 寄存器组和堆栈。本节将对线程进行详细讲解。

进程就好像是一个公司，公司中的每个员工就相当于线程，公司想要运转就必须得有负责人，负责人就相当于主线程。

21.1.1 单线程简介

顾名思义，单线程就是只有一个线程。默认情况下，系统为应用程序分配一个主线程，该线程执行程序中以 Main()方法开始和结束的代码。

例如，新建一个 Windows 窗体应用程序，程序会在 Program.cs 文件中自动生成一个 Main()方法，该方法就是主线程的启动入口点。Main()方法代码如下。

```
[STAThread]
static void Main()
{
    Application.EnableVisualStyles();                          //启用应用程序的可视样式
    Application.SetCompatibleTextRenderingDefault(false);      //新控件使用 GDI+
    Application.Run(new Form1());
}
```

上述代码中，Application 类的 Run()方法用于设置当前项目的主窗体，这里设置的是 Form1。

21.1.2 多线程简介

一般情况下，需要用户交互的软件都必须尽可能快地对用户的活动做出反应，以便提供丰富多彩的用户体验，但同时它又必须执行必要的计算以便尽可能快地将数据呈现给用户，这时可以使用多线程来实现。

1．多线程的优点

要提高对用户的响应速度并且处理所需数据以便几乎同时完成工作，使用多线程是一种最为强大的技术，在具有一个处理器的计算机上，多线程可以通过利用用户事件之间很小的时间段在后台处理数据来达到这种效果。例如，通过使用多线程，在另一个线程正在重新计算同一应用程序中的电子表格的其他部分时，用户可以编辑该电子表格。

单个应用程序域可以使用多线程来完成以下任务。
- ☑ 通过网络与 Web 服务器和数据库进行通信。
- ☑ 执行占用大量时间的操作。
- ☑ 区分具有不同优先级的任务。
- ☑ 使用户界面可以在将时间分配给后台任务时仍能快速做出响应。

2．多线程的缺点

使用多线程有好处，同时也有坏处，建议一般不要在程序中使用太多的线程，这样可以最大限度地减少操作系统资源的使用，并可提高性能。

如果在程序中使用了多线程，可能会产生如下问题。
- ☑ 系统将为进程、AppDomain 对象和线程所需的上下文信息使用内存。因此，可以创建的进程、AppDomain 对象和线程的数目会受到可用内存的限制。
- ☑ 跟踪大量的线程将占用大量的处理器时间。如果线程过多，则其中大多数线程都不会产生明显的进度。如果大多数当前线程处于一个进程中，则其他进程中线程的调度频率就会很低。
- ☑ 使用许多线程控制代码执行非常复杂，并可能产生许多 bug。
- ☑ 销毁线程需要了解可能发生的问题并对那些问题进行处理。

21.2 线程的实现

C#使用 Thread 类对线程进行创建、暂停、恢复、休眠、终止及设置优先权等操作。另外，还可以通过 Monitor 类、Mutex 类和 lock 关键字控制线程间的同步执行。

21.2.1 Thread 类

Thread 类位于 System.Threading 命名空间下，System.Threading 命名空间提供一些可以进行多线程编程的类和接口。除同步线程活动和访问数据的类（Monitor、Mutex、Interlocked 和 AutoResetEvent 等）外，该命名空间还包含一个 ThreadPool 类（它允许用户使用系统提供的线程池）和一个 Timer 类（它在线程池的线程上执行回调方法）。

Thread 类主要用于创建并控制线程、设置线程优先级并获取其状态。一个进程可以创建一个或多个线程以执行与该进程关联的部分程序代码，线程执行的程序代码由 ThreadStart 委托或 ParameterizedThreadStart 委托指定。

线程运行期间，不同的时刻会表现为不同的状态，但它总是处于由 ThreadState 定义的一个或多个状态中。用户可以通过使用 ThreadPriority 枚举为线程定义优先级，但不能保证操作系统会接受该优先级。

Thread 类的常用属性及说明如表 21.1 所示。

表 21.1 Thread 类的常用属性及说明

属　　性	说　　明
ApartmentState	获取或设置此线程的单元状态
CurrentContext	获取线程正在其中执行的当前上下文
CurrentThread	获取当前正在运行的线程
IsAlive	获取一个值，该值指示当前线程的执行状态
ManagedThreadId	获取当前托管线程的唯一标识符
Name	获取或设置线程的名称
Priority	获取或设置一个值，该值指示线程的调度优先级
ThreadState	获取一个值，该值包含当前线程的状态

Thread 类的常用方法及说明如表 21.2 所示。

表 21.2 Thread 类的常用方法及说明

方　　法	说　　明
Abort()	在调用此方法的线程上引发 ThreadAbortException，以开始终止此线程的过程。调用此方法通常会终止线程

续表

方 法	说 明
GetApartmentState()	返回一个 ApartmentState 值，该值指示单元状态
GetDomain()	返回当前线程正在其中运行的当前域
GetDomainID()	返回唯一的应用程序域标识符
Interrupt()	中断处于 WaitSleepJoin 线程状态的线程
Join()	阻止调用线程，直到某个线程终止时为止
ResetAbort()	取消为当前线程请求的 Abort
Resume()	继续已挂起的线程
SetApartmentState()	在线程启动前设置其单元状态
Sleep()	将当前线程阻止指定的毫秒数
SpinWait()	导致线程等待由 iterations 参数定义的时间量
Start()	使线程被安排进行执行
Suspend()	挂起线程，或者如果线程已挂起，则不起作用
VolatileRead()	读取字段值。无论处理器的数目或处理器缓存的状态如何，该值都是由计算机的任何处理器写入的最新值
VolatileWrite()	立即向字段写入一个值，以使该值对计算机中的所有处理器都可见

创建线程非常简单，只需将其声明并为其提供线程起始点处的方法委托即可。创建新线程时，需要使用 Thread 类，Thread 类具有接受一个 ThreadStart 委托或 ParameterizedThreadStart 委托的构造函数，该委托包装了调用 Start()方法时由新线程调用的方法。创建了 Thread 类的对象之后，线程对象已存在并已配置，但并未创建实际的线程，这时，只有在调用 Start()方法后，才会创建实际的线程。

Start()方法用来使线程被安排执行，它有如下两种重载形式。

（1）导致操作系统将当前实例的状态更改为 ThreadState.Running，语法格式如下。

public void Start()

（2）使操作系统将当前实例的状态更改为 ThreadState.Running，并选择提供包含线程执行的方法要使用的数据的对象，语法格式如下。

public void Start(Object parameter)

其中，parameter 为一个对象，包含线程执行的方法要使用的数据。

注意

如果线程已经终止，就无法通过再次调用 Start()方法重新启动。

【例 21.1】 模拟手机号抽奖（实例位置：资源包\TM\sl\21\1）

使用多线程模拟制作一个手机号抽奖的程序。运行程序，单击"开始抽奖"按钮，循环滚动所有手机号，单击"停止抽奖"按钮，则停止滚动手机号，当前显示的手机号即为中奖号码。代码如下。

```
bool flag = false;
private void button1_Click(object sender, EventArgs e)
{
    Thread th = new Thread(new ThreadStart(GetNum));          //创建线程
```

```
        th.Start();                                              //开始线程
        if (button1.Text == "开始抽奖")
        {
            flag = true;
            button1.Text = "停止抽奖";
        }
        else if (button1.Text == "停止抽奖")
        {
            flag = false;
            button1.Text = "开始抽奖";
        }
    }
    void GetNum()
    {
        String[ ] phoneNums = { "136****0204", "138****8544", "184****9454", "184****8757", "179****8544", "198****4533" };
                                                                 //定义中奖池号码
        while (flag)
        {
            int randomIndex = new Random().Next(phoneNums.Length);  //获取 phoneNums 数据的随机索引
            String phoneNum = phoneNums[randomIndex];               //获取随机号码
            label1.Text = phoneNum;                                 //修改标签中的值
        }
    }
```

程序运行结果如图 21.1 所示。

> **注意**
> 在程序中使用线程时，需要在命名空间区域添加 using System. Threading 命名空间，下面遇到时将不再提示。

图 21.1　手机号抽奖

21.2.2　线程的生命周期

任何事物都有始有终，例如人的一生，会经历少年、壮年、老年和去世，这就是一个人的生命周期。同样，线程也有自己的生命周期。

首先是出生，就是用 new 关键字创建线程对象，这意味着一个线程的诞生，但此时它还什么都没有做，然后线程对象调用 Start()方法，使线程进入一个就绪的状态，也被称为可执行状态，它等待的是 CPU 为线程分配时间片。当获得系统资源时，也就是 CPU 来执行时，线程就进入了运行状态。

一旦线程进入运行状态，它会在就绪与运行状态下转换，同时也有可能进入暂停状态。如果在运行期间执行了 Sleep()、Join()方法，或者有外界因素导致线程阻塞，如等待用户输入等，遇到这种操作场景，线程会进入一个暂停的状态，它与就绪不一样，暂停状态下线程是持有系统资源的，只是没有做任何操作而已。当休眠时间结束或者用户输入完信息之后，线程就会从暂停状态回到就绪状态，注意这里是回到就绪状态，而不是运行状态。因为此时需要检查 CPU 是否有剩余资源来执行线程。当线程中所有的代码都执行完，调用 Abort()方法终止线程，这个线程就会结束，进入死亡状态，同时垃圾回收管理器会对死亡的线程对象进行回收。

图 21.2 描述了线程生命周期的各个状态。

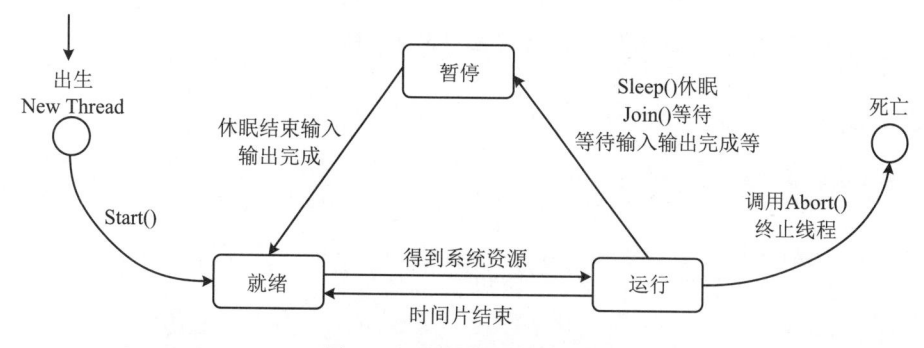

图 21.2 线程的生命周期状态图

编程训练（答案位置：资源包\TM\sl\21\编程训练\）

【训练 1】在窗体中自动绘制彩色线段　使用线程控制在窗体中自动绘制彩色线段。（提示：在线程中使用随机生成的颜色，通过调用 Graphics 对象的 DrawLine()方法进行绘制。）

【训练 2】文字跑马灯效果　通过线程实现文字跑马灯效果。（提示：使用 SubString()方法对字符串进行依次截取，并在线程中使用 DrawString()方法进行绘制。）

21.3　线程常见操作

21.3.1　线程的挂起与恢复

创建完一个线程并启动它之后，还可以挂起、恢复、休眠或终止它。其中，线程的挂起与恢复可以通过 Thread 类中的 Suspend()方法和 Resume()方法来实现。

1．Suspend()方法

Suspend()方法用来挂起线程，如果线程已挂起，则不再起作用，语法格式如下。

public void Suspend()

说明

调用 Suspend()方法挂起线程时，.NET 通常会允许该线程再执行几个指令，以达到线程可以安全挂起的状态。

2．Resume()方法

Resume()方法用来继续已挂起的线程，语法格式如下。

public void Resume()

说明

通过 Resume()方法恢复被暂停的线程时，无论调用了多少次 Suspend()方法，调用 Resume()方法均会使另一个线程脱离挂起状态，并导致该线程继续执行。

【例 21.2】 挂起并恢复线程（实例位置：资源包\TM\sl\21\2）

创建一个控制台应用程序，实例化 Thread 类对象创建一个新的线程，然后调用 Start()方法启动该线程，再调用 Suspend()方法和 Resume()方法先挂起后恢复创建的线程，代码如下。

```
static void Main(string[ ] args)
{
    Thread myThread;                                              //声明线程
    //用线程起始点的 ThreadStart 委托创建该线程的实例
    myThread = new Thread(new ThreadStart(createThread));
    myThread.Start();                                             //启动线程
    myThread.Suspend();                                           //挂起线程
    myThread.Resume();                                            //恢复挂起的线程
}
public static void createThread()
{
    Console.Write("创建线程");
}
```

21.3.2 线程休眠

Thread 类的 Sleep()方法用来挂起当前线程，即让线程休眠指定的时间。它有两种重载形式，下面分别进行介绍。

（1）将当前线程挂起指定的时间，语法格式如下。

`public static void Sleep(int millisecondsTimeout)`

其中，millisecondsTimeout 表示线程被阻止的毫秒数。其值为 0，表示应挂起线程，使其他等待线程执行；其值为 Infinite，表示要无限期阻止线程。

（2）将当前线程阻止指定的时间，语法格式如下。

`public static void Sleep(TimeSpan timeout)`

其中，timeout 表示线程被阻止时间量的 TimeSpan。其值为 0，表示应挂起此线程，使其他等待线程执行；其值为 Infinite，表示要无限期阻止线程。

例如，使当前线程休眠 1s，代码如下。

`Thread.Sleep(1000);`   //使线程休眠 1s

21.3.3 终止线程

Thread 类的 Abort()方法和 Join()方法用来终止线程，下面详细介绍。

1. Abort()方法

Abort()方法用来终止线程，它有两种重载形式，下面分别介绍。

（1）终止线程，在调用此方法的线程上引发 ThreadAbortException 异常，以开始终止此线程的过程，语法格式如下。

`public void Abort()`

（2）终止线程，在调用此方法的线程上引发 ThreadAbortException 异常，以开始终止此线程并提供有关线程终止的异常信息的过程,语法格式如下。

```
public void Abort(Object stateInfo)
```

其中,stateInfo 对象包含了应用程序特定的信息(如状态),该信息可供正被终止的线程使用。

【例 21.3】终止开启的线程(**实例位置:资源包\TM\sl\21\3**)

创建一个控制台应用程序,在其中开始一个线程,然后调用 Thread 类的 Abort()方法终止已开启的线程,代码如下。

```
static void Main(string[ ] args)
{
    Thread myThread;                                            //声明线程
    //用线程起始点的 ThreadStart 委托创建该线程的实例
    myThread = new Thread(new ThreadStart(createThread));
    myThread.Start();                                           //启动线程
    myThread.Abort();                                           //终止线程
}
public static void createThread()
{
    Console.Write("线程实例");
}
```

误区警示

线程的 Abort()方法用于永久地停止托管线程。调用 Abort()方法时,公共语言运行库在目标线程中引发 ThreadAbortException 异常,目标线程可捕捉此异常。一旦线程被终止,它将无法再重新启动。

2.Join()方法

Join()方法用来阻止调用线程,直到某个线程终止时为止。它有 3 种重载形式,下面分别介绍。

(1)在继续执行标准的 COM 和 SendMessage 消息处理期间阻止调用线程,直到某个线程终止为止,语法格式如下。

```
public void Join()
```

(2)在继续执行标准的 COM 和 SendMessage 消息处理期间阻止调用线程,直到某个线程终止或经过了指定时间为止,语法格式如下。

```
public bool Join(int millisecondsTimeout)
```

- ☑ millisecondsTimeout:等待线程终止的毫秒数。
- ☑ 返回值:如果线程已终止,则为 true;如果线程在经过了 millisecondsTimeout 参数指定的时间量后未终止,则为 false。

(3)在继续执行标准的 COM 和 SendMessage 消息处理期间阻止调用线程,直到某个线程终止或经过了指定时间为止,语法格式如下。

```
public bool Join(TimeSpan timeout)
```

- ☑ timeout:等待线程终止的时间量的 TimeSpan。
- ☑ 返回值:如果线程已终止,则为 true;如果线程在经过了 timeout 参数指定的时间量后未终止,则为 false。

【例 21.4】 使用 Join()方法等待线程终止（实例位置：资源包\TM\sl\21\4）

创建一个控制台应用程序，其中调用了 Thread 类的 Join()方法等待线程终止，代码如下。

```
static void Main(string[ ] args)
{
    Thread myThread;                                           //声明线程
    //用线程起始点的 ThreadStart 委托创建该线程的实例
    myThread = new Thread(new ThreadStart(createThread));
    myThread.Start();                                          //启动线程
    myThread.Join();                                           //阻止调用该线程，直到该线程终止
}
public static void createThread()
{
    Console.Write("线程实例");
}
```

> **误区警示**
>
> 如果在应用程序中使用了多线程，辅助线程还没有执行完毕，在关闭窗体时必须关闭辅助线程，否则会引发异常。

21.3.4 线程的优先级

线程的优先级指定一个线程相对于另一个线程的优先级。每个线程都有一个分配的优先级。在公共语言运行库内创建的线程最初被分配为 Normal 优先级，而在公共语言运行库外创建的线程，在进入公共语言运行库时将保留其先前的优先级。

线程是根据其优先级而调度执行的，用于确定线程执行顺序的调度算法随操作系统的不同而不同。在某些操作系统下，具有最高优先级（相对于可执行线程而言）的线程经过调度后总是首先运行。如果具有相同优先级的多个线程都可用，则程序将遍历处于该优先级的线程，并为每个线程提供一个固定的时间片段来执行。只要具有较高优先级的线程可以运行，具有较低优先级的线程就不会执行。如果在给定的优先级上不再有可运行的线程，则程序将移到下一个较低的优先级并在该优先级上调度线程以执行；如果具有较高优先级的线程可以运行，则具有较低优先级的线程将被抢先，并允许具有较高优先级的线程再次执行。除此之外，当应用程序的用户界面在前台和后台之间移动时，操作系统还可以动态调整线程的优先级。

> **说明**
>
> 线程的优先级不会影响线程的状态，线程状态在操作系统调度该它之前必须为 Running。

线程的优先级值及说明如表 21.3 所示。

表 21.3 线程的优先级值及说明

优先级值	说 明
AboveNormal	可以将 Thread 安排在具有 Highest 优先级的线程之后，在具有 Normal 优先级的线程之前
BelowNormal	可以将 Thread 安排在具有 Normal 优先级的线程之后，在具有 Lowest 优先级的线程之前
Highest	可以将 Thread 安排在具有任何其他优先级的线程之前

优先级值	说 明
Lowest	可以将 Thread 安排在具有任何其他优先级的线程之后
Normal	可以将 Thread 安排在具有 AboveNormal 优先级的线程之后，在具有 BelowNormal 优先级的线程之前。默认情况下，线程具有 Normal 优先级

开发人员可以通过访问线程的 Priority 属性来获取和设置其优先级。Priority 属性用来获取或设置一个值，该值指示线程的调度优先级，语法格式如下。

```
public ThreadPriority Priority { get; set; }
```

其属性值为 ThreadPriority 值之一，默认值为 Normal。

【例 21.5】设置线程的优先级（实例位置：资源包\TM\sl\21\5）

创建一个控制台应用程序，其中创建了两个 Thread 线程类对象，并设置第一个 Thread 类对象的优先级为最低，然后调用 Start()方法开启这两个线程，代码如下。

```
static void Main(string[ ] args)
{
    Thread thread1=new Thread(new ThreadStart(Thread1));      //使用自定义方法 Thread1 声明线程
    thread1.Priority = ThreadPriority.Lowest;                 //设置线程的调度优先级
    Thread thread2 = new Thread(new ThreadStart(Thread2));    //使用自定义方法 Thread2 声明线程
    thread1.Start();                                          //开启线程一
    thread2.Start();                                          //开启线程二
}
static void Thread1()
{
    Console.WriteLine("线程一");
}
static void Thread2()
{
    Console.WriteLine("线程二");
}
```

程序运行结果如图 21.3 所示。

图 21.3　设置线程的优先级

21.3.5　线程同步

在应用程序中使用多个线程的一个好处是每个线程都可以异步执行。对于 Windows 应用程序，耗时的任务可以在后台执行，而使应用程序窗口和控件保持响应。对于服务器应用程序，多线程处理提供了用不同线程处理每个传入请求的能力；否则，在完全满足前一个请求之前，将无法处理每个新请求。然而，线程的异步性意味着必须协调对资源（如文件句柄、网络连接和内存）的访问；否则，两个或更多的线程可能在同一时间访问相同的资源，而每个线程都不知道其他线程的操作，结果将产生不可预知的数据损坏。

线程同步是指并发线程高效、有序地访问共享资源所采用的技术，所谓同步，是指某一时刻只有一个线程可以访问资源，只有当资源所有者主动放弃了代码或资源的所有权，其他线程才可以使用这些资源。

线程同步可以分别使用 C#中的 lock 关键字、Monitor 类和 Mutex 类实现，下面对这几种实现方法进行详细介绍。

1. 使用 lock 关键字实现线程同步

lock 关键字可以用来确保代码块完成运行，而不会被其他线程中断，它是通过在代码块运行期间为给定对象获取互斥锁来实现的。

lock 语句以关键字 lock 开头，它有一个作为参数的对象，在该参数的后面还有一个一次只能由一个线程执行的代码块。lock 语句语法格式如下。

```
Object thisLock = new Object();
lock (thisLock)
{
    //要运行的代码块
}
```

提供给 lock 语句的参数必须为基于引用类型的对象，该对象用来定义锁的范围。严格地说，提供给 lock 语句的参数只是用来唯一标识由多个线程共享的资源，所以它可以是任意类实例。然而，此参数通常表示需要进行线程同步的资源。例如，如果一个容器对象将被多个线程使用，则可以将该容器传递给 lock 语句，而 lock 语句中的代码块将访问该容器。只要其他线程在访问该容器前先锁定该容器，则对该对象的访问将是安全同步的。

通常，最好避免锁定 public 类型或不受应用程序控制的对象实例。例如，如果该实例可以被公开访问，则 lock（this）可能会有问题。因为不受控制的代码也可能会锁定该对象，这将可能导致死锁，即两个或更多个线程等待释放同一个对象。出于同样的原因，锁定公共数据类型（相比于对象）也可能导致问题，锁定字符串尤其危险。因为字符串被公共语言运行库"暂留"，这意味着整个程序中任何给定字符串都只有一个实例。因此，只要在应用程序进程中任何具有相同内容的字符串上放置了锁，就将锁定应用程序中该字符串的所有实例。因此，最好锁定不会被暂留的私有或受保护成员。

> **说明**
>
> 事实上 lock 语句是用 Monitor 类来实现的，它等效于 try/finally 语句块，使用 lock 关键字通常比直接使用 Monitor 类更可取，一方面是因为 lock 更简洁；另一方面是因为 lock 确保了即使受保护的代码引发异常，也可以释放基础监视器。这是通过 finally 关键字来实现的，无论是否引发异常，它都执行关联的代码块。

【例 21.6】 使用 lock 关键字模拟售票系统（实例位置：资源包\TM\sl\21\6）

设置同步块模拟售票系统，使用 lock 关键字锁定售票代码，以便实现线程同步，代码如下。

```
class Program
{
    int num = 10;                              //设置当前总票数
    void Ticket()
    {
        while (true)                           //设置无限循环
        {
            lock (this)                        //锁定代码块，以便线程同步
            {
                if (num > 0)                   //判断当前票数是否大于 0
                {
                    Thread.Sleep(100);         //使当前线程休眠 100ms
```

```
                Console.WriteLine(Thread.CurrentThread.Name + "----票数" + num--);   //票数减1
            }
        }
    }
}
static void Main(string[] args)
{
    Program p = new Program();                                  //创建对象，以便调用对象方法
    Thread tA = new Thread(new ThreadStart(p.Ticket));          //分别实例化4个线程，并设置名称
    tA.Name = "线程一";
    Thread tB = new Thread(new ThreadStart(p.Ticket));
    tB.Name = "线程二";
    Thread tC = new Thread(new ThreadStart(p.Ticket));
    tC.Name = "线程三";
    Thread tD = new Thread(new ThreadStart(p.Ticket));
    tD.Name = "线程四";
    tA.Start();                                                 //分别启动线程
    tB.Start();
    tC.Start();
    tD.Start();
    Console.ReadLine();
}
```

程序运行结果如图 21.4 所示。

2．使用 Monitor 类实现线程同步

Monitor 类提供了同步对象的访问机制，它通过向单个线程授予对象锁来控制对对象的访问，对象锁提供限制访问代码块（通常称为临界区）的能力。当一个线程拥有对象锁时，其他任何线程都不能获取该锁。

Monitor 类的主要功能如下。

☑ 根据需要与某个对象相关联。

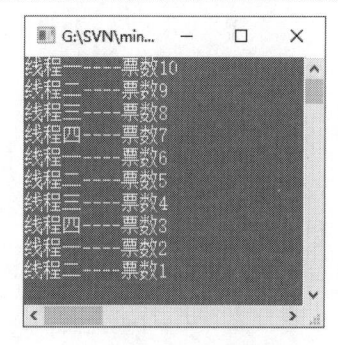

图 21.4 设置同步块模拟售票系统

☑ 是未绑定的，可以直接从任何上下文调用它。

☑ 不能创建 Monitor 类的实例。

Monitor 类的常用方法及说明如表 21.4 所示。

表 21.4 Monitor 类的常用方法及说明

方　　法	说　　明
Enter()	在指定对象上获取排他锁
Exit()	释放指定对象上的排他锁
Pulse()	通知等待队列中线程锁定对象状态的更改
PulseAll()	通知所有等待线程对象状态的更改
TryEnter()	试图获取指定对象的排他锁
Wait()	释放对象上的锁并阻止当前的线程，直到它重新获取该锁

注意

使用 Monitor 类锁定的是对象（即引用类型）而不是值类型。

【例 21.7】 使用 Monitor 类模拟售票系统（实例位置：资源包\TM\sl\21\7）

使用 Monitor 类实现【例 21.6】的功能，即使用 Monitor 类设置同步块模拟售票系统，代码如下。

```
class Program
{
    int num = 10;                                           //设置当前总票数
    static void Main(string[] args)
    {
        Program p = new Program();                          //创建对象，以便调用对象方法
        Thread tA = new Thread(new ThreadStart(p.Ticket));  //分别实例化4个线程，并设置名称
        tA.Name = "线程一";
        Thread tB = new Thread(new ThreadStart(p.Ticket));
        tB.Name = "线程二";
        Thread tC = new Thread(new ThreadStart(p.Ticket));
        tC.Name = "线程三";
        Thread tD = new Thread(new ThreadStart(p.Ticket));
        tD.Name = "线程四";
        tA.Start();                                         //分别启动线程
        tB.Start();
        tC.Start();
        tD.Start();
        Console.ReadLine();
    }
    //使用 Monitor 实现线程同步
    void Ticket()
    {
        while (true)                                        //设置无限循环
        {
            Monitor.Enter(this);                            //锁定当前线程
            if (num > 0)                                    //判断当前票数是否大于0
            {
                Thread.Sleep(100);                          //使当前线程休眠100ms
                Console.WriteLine(Thread.CurrentThread.Name + "----票数" + num--);//票数减1
            }
            Monitor.Exit(this);                             //释放当前线程
        }
    }
}
```

> **说明**
>
> 从【例 21.6】和【例 21.7】来看，似乎使用 lock 关键字更简单一些，那为何还要使用 Monitor 类呢？这是因为 Monitor 类有更好的控制能力。例如，它可以使用 Wait()方法指示活动的线程等待一段时间，当线程完成操作时，还可以使用 Pulse()方法或 PulseAll()方法通知等待中的线程。

3. 使用 Mutex 类实现线程同步

当两个或更多线程需要同时访问一个共享资源时，系统需要使用同步机制来确保一次只有一个线程使用该资源。Mutex 类是同步基元，它只向一个线程授予对共享资源的独占访问权。如果一个线程获取了互斥体，则要获取该互斥体的第二个线程将被挂起，直到第一个线程释放该互斥体。Mutex 类与 Monitor 类类似，它防止多个线程在某一时间同时执行某个代码块。与 Monitor 类不同的是，Mutex 类可以用来使跨进程的线程同步。

可以使用 WaitHandle.WaitOne()方法请求互斥体的所属权，拥有互斥体的线程可以在对 WaitOne()

方法的重复调用中请求相同的互斥体而不会阻止其执行,但线程必须调用同样多次数的ReleaseMutex()方法以释放互斥体的所属权。Mutex类强制线程标识,因此互斥体只能由获得它的线程释放。

当用于进程间同步时,Mutex 称为"命名 Mutex",因为它将用于另一个应用程序,因此它不能通过全局变量或静态变量共享。必须给它指定一个名称,才能使两个应用程序访问同一个 Mutex 对象。

Mutex 类的常用方法及说明如表 21.5 所示。

表 21.5 Mutex 类的常用方法及说明

方 法	说 明
Close()	在派生类中被重写时,释放由当前 WaitHandle 持有的所有资源
OpenExisting()	打开现有的已命名互斥体
ReleaseMutex()	释放 Mutex 一次
SignalAndWait()	原子操作的形式,向一个 WaitHandle 发出信号并等待另一个
WaitAll()	等待指定数组中的所有元素都收到信号
WaitAny()	等待指定数组中的任一元素收到信号
WaitOne()	当在派生类中重写时,阻止当前线程,直到当前的 WaitHandle 收到信号

使用 Mutex 类实现线程同步很简单,首先实例化一个 Mutex 类对象,其构造函数中比较常用的有 public Mutex(bool initallyOwned)。其中,参数 initallyOwned 指定了创建该对象的线程是否希望立即获得其所有权,当在一个资源得到保护的类中创建 Mutex 类对象时,常将该参数设置为 false。然后在需要单线程访问的地方调用其等待方法,等待方法请求 Mutex 对象的所有权。这时,如果该所有权被另一个线程所拥有,则阻塞请求线程,并将其放入等待队列中,请求线程将保持阻塞,直到 Mutex 对象收到了其所有者线程发出将其释放的信号为止。所有者线程在终止时释放 Mutex 对象,或者调用 ReleaseMutex()方法来释放 Mutex 对象。

说明

尽管 Mutex 类可以用于进程内的线程同步,但是使用 Monitor 类通常更为可取,因为 Monitor 监视器是专门为.NET Framework 而设计的,因而它可以更好地利用资源。相比之下,Mutex 类是 Win32 构造的包装。尽管 Mutex 类比 Monitor 类更为强大,但是相对于 Monitor 类,它所需要的互操作转换更消耗计算机资源。

【例 21.8】使用 Metux 类模拟售票系统(实例位置:资源包\TM\sl\21\8)

使用 Mutex 类实现与【例 21.6】相同的功能,即使用 Mutex 类设置同步块模拟售票系统,代码如下。

```
class Program
{
    int num = 10;                                          //设置当前总票数
    static void Main(string[] args)
    {
        Program p = new Program();                         //创建对象,以便调用对象方法
        Thread tA = new Thread(new ThreadStart(p.Ticket)); //分别实例化4个线程,并设置名称
        tA.Name = "线程一";
        Thread tB = new Thread(new ThreadStart(p.Ticket));
        tB.Name = "线程二";
```

```
            Thread tC = new Thread(new ThreadStart(p.Ticket));
            tC.Name = "线程三";
            Thread tD = new Thread(new ThreadStart(p.Ticket));
            tD.Name = "线程四";
            tA.Start();                                           //分别启动线程
            tB.Start();
            tC.Start();
            tD.Start();
            Console.ReadLine();
        }
        //使用 Mutex 实现线程同步
        void Ticket()
        {
            while (true)                                          //设置无限循环
            {
                Mutex myMutex=new Mutex(false);                   //创建 Mutex 类对象
                myMutex.WaitOne();                                //阻塞当前线程
                if (num > 0)                                      //判断当前票数是否大于 0
                {
                    Thread.Sleep(100);                            //使当前线程休眠 100ms
                    Console.WriteLine(Thread.CurrentThread.Name + "----票数" + num--);  //票数减 1
                }
                myMutex.ReleaseMutex();                           //释放 Mutex 对象
            }
        }
}
```

编程训练（答案位置：资源包\TM\sl\21\编程训练\）

【训练3】霓虹灯效果　霓虹灯之"明·日·科·技"（改变字体样式与颜色以及面板背景色，变化的时间间隔为3s）。（提示：分别通过两个线程设置窗体的背景色、Label 控件中的字体及颜色。）

【训练4】挑战10s抽奖程序　某商场举行抽奖活动，抽奖机上有一个按钮，顾客按住按钮之后，上方计时器的时间开始滚动，顾客松开按钮，计时器停止计时。如果顾客可以让计时器停在 10:00 处，则可以拿到大奖；若停在 10:0×处，可以拿二等奖；停在 10:××处，可以拿三等奖。请设计这个抽奖程序。（提示：本训练使用线程对象的 Start()方法开始抽奖线程，使用 Interrupt()方法挂起抽奖线程。）

21.4　异步编程

21.4.1　异步编程概述

近些年来说，伴随着技术的进步，.NET 中增加了很多的新特性，其中，异步编程是特别重要的一个特性，其实，异步编程的概念在.NET Framework 的早期版本中已经存在，最初在.NET Framework 中实现异步编程一般是通过以 Begin 和 End 开头的方法去实现；之后的.NET Framework 版本中发布了基于事件驱动的异步模式，这种模式是调用一个以 Async 结尾的方法；从.NET Framework 4.0 开始，引入了 Task 类，微软公司极力推荐使用 Task 来执行异步任务，现在 C#类库中的异步方法基本都用到了 Task；从.NET 5.0 开始推出了 async/await 关键字，让.NET 中的异步编程更为简单方便，从而使得开发人员可以轻松开发出更高效的应用程序。

通过使用.NET 异步编程，可以提高服务器接待请求的数量，但不会使得单个请求的处理效率变高，甚至有可能略有降低，因为它在程序继续执行的同时，可以对.NET 类方法进行调用，直到进行指定的回调为止；或者如果没有提供回调，则直到对调用的阻塞、轮询或等待完成为止，这样就可以有效地避免性能瓶颈，并增强程序的总体响应能力。

.NET 中的异步编程主要通过 async/await 关键字、Task 类和已有的一些以 Async 结尾的方法实现，下面将分别进行讲解。

21.4.2 async 和 await

async/await 是从.NET 5.0 开始引入的关键字，其中，async 关键字用于声明异步方法，而 await 关键字则用于调用异步方法，它们使得.NET 中的异步编程变得更加简单，从而促进了异步编程在.NET 开发中的广泛应用与流行。

async 和 await 的基本使用规则如下。

- ☑ 使用 async 修饰的方法为异步方法，但需要配合 await 使用，否则就是普通的方法。
- ☑ 当 async 方法执行遇到 await 时，立即将控制权转移到 async 方法的调用者。
- ☑ 由调用者决定是否需要等待 async 方法执行完再继续往下执行。
- ☑ await 会挂起当前方法，即阻塞当前方法继续往下执行，转交控制权给调用者。
- ☑ 一个方法中如果有 await 调用，则该方法也必须被修饰为 async。
- ☑ 调用泛型方法时，通常在方法前加 await 关键字，这样方法调用的返回值就是泛型指定的 T 类型的值。

21.4.3 Task 类

Task 类表示一个异步操作，它位于 System.Threading.Tasks 命名空间下，它是.NET Framework 4.0 中首次引入的基于任务的异步模式的核心组件之一，对于有返回值的操作，需要使用 Task<TResult>类。Task 类的常用属性及说明如表 21.6 所示。

表 21.6　Task 类的常用属性及说明

属　　性	说　　明
CompletedTask	获取一个已成功完成的任务
CurrentId	返回当前正在执行 Task 的 ID
Id	获取 Task 对象的 ID
IsCanceled	获取 Task 对象是否由于被取消的原因而已完成执行
IsCompleted	获取一个值，它表示是否已完成任务
IsCompletedSuccessfully	了解任务是否运行到完成
Status	获取此任务的 TaskStatus

Task 类的常用方法及说明如表 21.7 所示。

表 21.7 Task 类的常用方法及说明

方　　法	说　　明
ContinueWith()	创建一个在目标 Task 完成时接收调用方提供的状态信息并执行的延续任务
Delay()	创建一个在指定的毫秒数后完成的任务
FromCanceled()	创建 Task，它因指定的取消标记进行的取消操作而完成
FromResult<TResult>(TResult)	创建指定结果的、成功完成的 Task<TResult>
Run()	将在线程池上运行的指定工作排队，并返回代表该工作的 Task 对象
Run<TResult>()	将指定的工作排成队列在线程池上运行，并返回由 function 返回的 Task(TResult)的代理
Start()	启动 Task，并将它安排到当前的 TaskScheduler 中执行
Wait()	等待 Task 完成执行过程
WaitAll()	等待提供的所有 Task 对象完成执行过程
WaitAny()	等待提供的任一 Task 对象完成执行过程
WaitAsync()	获取一个 Task，其将在完成此操作 Task 或指定的超时到期时或指定 CancellationToken 请求取消时完成
WhenAll()	创建一个任务，该任务将在可枚举集合或数组中的所有 Task 对象已完成时完成
WhenAny()	提供的任一任务完成时，创建将完成的任务
Yield()	创建异步产生当前上下文的等待任务

21.4.4 常用支持异步编程的类型

.NET 中的很多类型都提供了异步方法，常用的如表 21.8 所示。

表 21.8 常用支持异步编程的类型及方法

类　　型	方　　法
SteamReader	ReadAsync()、ReadLineAsync()、ReadToEndAsync()
StreamWriter	FlushAsync()、WriteAsync()、WriteLineAsync()
File	AppendAllLinesAsync()、AppendAllTextAsync()、ReadAllBytesAsync()、ReadAllLinesAsync()、ReadAllTextAsync()、ReadLinesAsync()、WriteAllLinesAsync()、WriteAllTextAsync()、WriteAllBytesAsync()
HttpClient	GetAsync()、GetByteArrayAsync()、GetStreamAsync()、GetStringAsync()、PostAsync()、PutAsync()、SendAsync()
DbContext	AddAsync()、AddRangeAsync()、FindAsync()、SaveChangesAsync()
DbSet	AddAsync()、AddRangeAsync()、FindAsync()、AverageAsync()、AnyAsync()、CountAsync()、FirstAsync()、ForEachAsync()、LastAsync()、MaxAsync()、MinAsync()、SumAsync()、SingleAsync()、ToListAsync()

说明

实际开发中，遇到以 Async 结尾的方法，应先查看其返回值是否为 Task 或者 Task<T>。如果是，则应该使用 await 关键字调用它，不能使用非 Async 结尾的同名方法。

21.4.5 异步方法的声明及调用

如果一个方法使用 async 关键字修饰，则该方法就是一个异步方法。异步方法主要有以下特点。
- ☑ 方法名通常以 Async 结尾，但不是强制。
- ☑ 返回值一般是 Task<T>类型，其中的 T 是真正的返回值类型。
- ☑ 如果没有返回值，也建议将返回值声明为非泛型的 Task。

【例 21.9】使用异步方法获取指定网页内容（实例位置：资源包\TM\sl\21\9）

创建一个控制台应用程序，其中声明一个异步方法，用来获取指定网页的内容，代码如下：

```csharp
//定义一个异步方法，获取指定网页内容
async Task<string> DownloadAsync1(string url)
{
    using HttpClient httpClient=new HttpClient();                //创建用于发送请求的对象
    string content=await httpClient.GetStringAsync(url);         //向指定地址发送 Get 请求，获取内容
    return content;                                              //返回获取的内容
}
```

上面的实例通过异步方法从网页获取内容，下面将获取的网页内容写入指定文件中，然后再从文件中读取内容。

【例 21.10】获取指定网页内容并写入文件（实例位置：资源包\TM\sl\21\10）

创建一个控制台应用程序，其中声明一个异步方法，用来获取指定网页的内容，然后分别使用 File 类的异步写入与读取方法，将获取的网页内容写入文件并读取，代码如下：

```csharp
//定义一个异步方法，获取指定网页内容，写入文件并读取
async Task<string> DownloadAsync2(string url)
{
    using HttpClient httpClient = new HttpClient();              //创建用于发送请求的对象
    string content = await httpClient.GetStringAsync(url);       //向指定地址发送 Get 请求，获取内容
    await File.WriteAllTextAsync("test.html", content);          //将获取的内容写入指定文件
    string s = await File.ReadAllTextAsync("test.html");         //从文件读取内容
    return s;                                                    //返回读取的内容
}
```

通过上面的实例，我们已经声明了两个异步方法，下面来看一下如何调用声明的异步方法。调用异步方法需要使用 await 关键字，通过调用异步方法，可以使程序在执行到相应代码行时，等待异步方法结束再继续向下执行。

【例 21.11】获取指定网页内容并写入文件（实例位置：资源包\TM\sl\21\11）

创建一个控制台应用程序，首先将【例 21.9】和【例 21.10】中的声明的异步方法写入，然后使用 await 对方法进行异步调用，代码如下：

```csharp
string content1 = await DownloadAsync1("https://www.baidu.com");    //异步调用方法，并返回获取内容
Console.WriteLine(content1);                                        //输出内容

string content2 = await DownloadAsync2("https://www.baidu.com");    //异步调用方法，并返回获取内容
Console.WriteLine(content2);                                        //输出内容
```

运行上面程序，结果如图 21.5 所示，并且在项目的 Debug 文件夹中会生成一个写入了内容的 test.html 文件，如图 21.6 所示。

图 21.5　异步方法的调用

图 21.6　自动生成的 test.html 文件及其内容

这里需要说明的是，调用异步方法时，一定要使用 await 关键字，否则，异步方法将作为同步方法运行，而且可能出现图 21.7 所示的错误提示；另外，await 关键字还有一个作用，就是对于返回值为 Task<T> 类型的异步方法，经过 await 调用，可以自动将返回数据从 Task 中提取出来，从而可以直接使用相应类型的变量去接收该值。

```
string content2 = DownloadAsync2("https://www.baidu.com");//异步调用方法，并返回
Console.WriteLine(content2);//输出
                            class System.String
                            Represents text as a sequence of UTF-16 code units.
                            CS0029: 无法将类型"System.Threading.Tasks.Task<string>"隐式转换为"string"
```

图 21.7　不使用 await 关键字调用返回类型为 Task<T> 的异步方法时的错误提示

查看【例 21.11】中调用异步方法的代码，除了使用了 await 关键字，其他内容与调用普通方法没有任何区别，而且在运行效果上也没有看出任何区别，但如果将调用异步方法前面的 await 关键字去掉，则会显示图 21.8 所示的警告信息。

虽然 Visual Studio 会对上面去掉 await 后的代码给出警告信息，但代码仍然可以被编译执行，这说明，调用异步方法时，如果不写 await 关键字，异步方法也可以执行，但它就会作为一个普通方法去执行，而不会等待被调用的异步方法执行结束才向下执行。

```
File.WriteAllTextAsync("test.html", content);//将获取的内容写入指定文件
```
class System.IO.File
Provides static methods for the creation, copying, deletion, moving, and opening of a single file, and aids in the creation of FileStream objects.

CS4014: 由于此调用不会等待，因此在此调用完成之前将会继续执行当前方法。请考虑将 "await" 运算符应用于调用结果。

显示可能的修补程序 (Alt+Enter或Ctrl+.)

图 21.8　不使用 await 关键字调用异步方法时的警告信息

> **说明**
>
> 作为应用程序入口点的 Main()方法，默认为 void 无返回值类型，我们可以将其返回值类型修改为 Task 或 Task<int>，使其成为异步的，以便在其主体中使用 await 关键字。

21.5　实践与练习

（答案位置：资源包\TM\sl\21\实践与练习\）

综合练习 1：百叶窗效果的图片显示　尝试开发一个程序，要求通过使用线程休眠控制图片以百叶窗效果显示。

综合练习 2：模拟龟兔赛跑　使用线程模拟龟兔赛跑：兔子跑到 90 米的时候，开始睡觉；乌龟爬至终点时，兔子醒了跑至终点。参考效果如图 21.9 所示。（提示：主要用到线程对象的 Join()方法。）

综合练习 3：窗体中不规则运动的图标　使用线程实现 "●" 和 "★" 在窗体中做不规则的弹壁运动，参考效果如图 21.10 所示。（提示：使用两个 Label 控件分别显示两个图片，然后通过两个线程控制这两个 Label 控件的坐标，及碰到边界时对齐位置重新设置。）

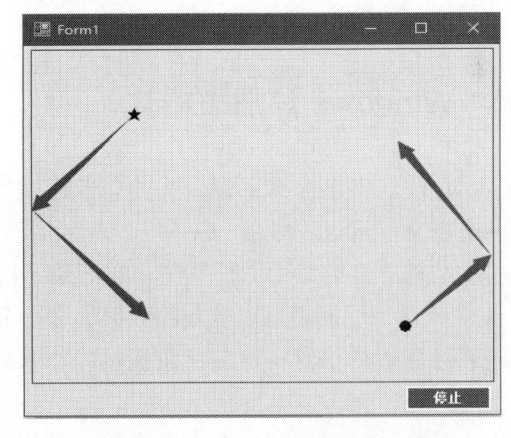

图 21.9　模拟龟兔赛跑　　　　　　图 21.10　窗体中不规则运动的图标

第 22 章 注册表技术

注册表是一个庞大的数据库系统，它记录了用户安装在计算机上的软件、硬件信息和每一个程序的相互关系。注册表中存放着很多参数，直接控制整个系统的启动、硬件驱动程序的装载以及应用程序的运行。本章将详细介绍 Windows 注册表。

本章知识架构及重点、难点如下。

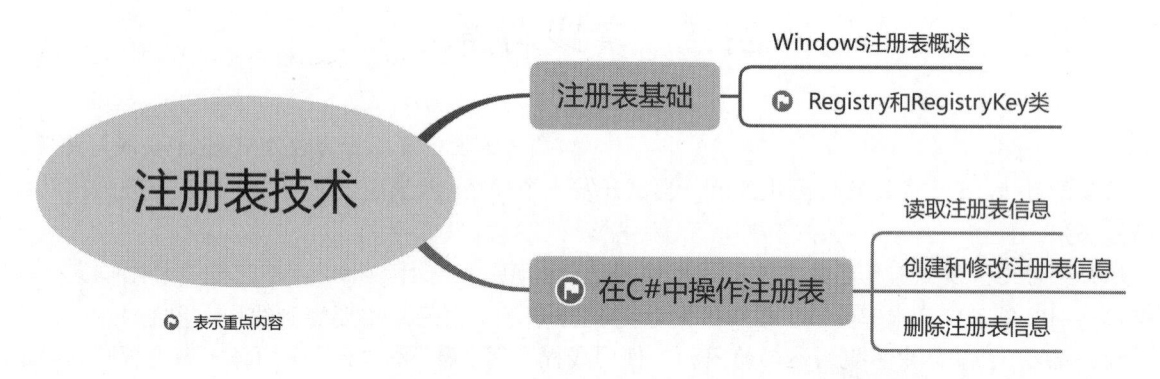

22.1 注册表基础

22.1.1 Windows 注册表概述

Windows 注册表包含 Windows 安装以及已安装软件和设备的所有配置信息。现在商用软件基本上都使用注册表来存储这些信息，COM 组件必须把它的信息存储在注册表中，才能由客户程序调用。注册表的层次结构非常类似于文件系统，它记录了用户账号、服务器硬件以及应用程序的设置信息等。同 INI 文件相比，注册表可以控制的数据更多，而且不仅仅限于处理字符串类型的数据。注册表也包含了一些系统配置的信息，这些信息根据操作系统的不同而不同。

选择"开始"→"运行"命令，在"打开"文本框中输入 regedit，然后单击"确定"按钮打开"注册表编辑器"窗口，如图 22.1 所示。

注册表就好像是记录信息的存储器，这些信息既可以在存储器中进行记录，也可以在存储器中进行修

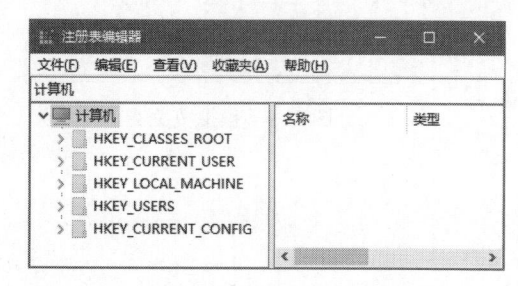

图 22.1 "注册表编辑器"窗口

改和读取。同样，用户也可以在存储器以键/值对的形式进行记录的操作。

22.1.2 Registry 类和 RegistryKey 类

.NET Framework 提供了访问注册表的类，比较常用的是 Registry 类和 RegistryKey 类，这两个类都在 Microsoft.Win32 命名空间中。下面详细介绍这两个类。

> **误区警示**
> 由于 Windows 10 以上系统本身的安全性问题，使用 C#操作注册表时，可能会提示无法操作相应的注册表项，这时只需要为提示的注册表项添加 everyone 用户的读写权限即可。

1. Registry 类

Registry 类不能被实例化，它的作用只是实例化 RegistryKey 类，以便开始在注册表中浏览。Registry 类是通过静态属性来提供这些实例的，这些属性共有 7 个，如表 22.1 所示。

表 22.1　Registry 类的常用属性及说明

属　性	说　明
ClassesRoot	定义文档的类型（或类）以及与那些类型关联的属性。该字段读取 Windows 注册表基项 HKEY_CLASSES_ROOT
CurrentConfig	包含有关非用户特定的硬件的配置信息。该字段读取 Windows 注册表基项 HKEY_CURRENT_CONFIG
CurrentUser	包含有关当前用户首选项的信息。该字段读取 Windows 注册表基项 HKEY_CURRENT_USER
DynData	包含动态注册表数据。该字段读取 Windows 注册表基项 HKEY_DYN_DATA
LocalMachine	包含本地计算机的配置数据。该字段读取 Windows 注册表基项 HKEY_LOCAL_MACHINE
PerformanceData	包含软件组件的性能信息。该字段读取 Windows 注册表基项 HKEY_PERFORMANCE_DATA
Users	包含有关默认用户配置的信息。该字段读取 Windows 注册表基项 HKEY_USERS

例如，要获得一个表示 HKLM 键的 RegistryKey 实例，代码如下。

```
RegistryKey hklm = Registry.LocalMachine;
```

2. RegistryKey 类

RegistryKey 实例表示一个注册表项，这个类的方法可以浏览子键、创建新键、读取或修改键中的值。也就是说，该类可以完成对注册表项的所有操作。除了设置键的安全级别之外，RegistryKey 类可以用于完成对注册表的所有操作。下面介绍 RegistryKey 类的常用属性和方法，分别如表 22.2 和表 22.3 所示。

表 22.2　RegistryKey 类的常用属性及说明

属　性	说　明
Name	检索项的名称
SubKeyCount	检索当前项的子项数目
ValueCount	检索项中值的计数

表 22.3 RegistryKey 类的常用方法及说明

方　　法	说　　明
Close()	关闭键
CreateSubKey()	创建给定名称的子键（如果该子键已经存在，就打开它）
DeleteSubKey()	删除指定的子键
DeleteSubKeyTree()	彻底删除子键及其所有的子键
DeleteValue()	从键中删除一个指定的值
GetSubKeyNames()	返回包含子键名称的字符串数组
GetValue()	返回指定的值
GetValueNames()	返回一个包含所有键值名称的字符串数组
OpenSubKey()	返回表示给定子键的 RegistryKey 实例引用
SetValue()	设置指定的值

> **说明**
> RegistryKey 类的常用属性和方法在使用时，将会做详细的讲解，此处只给出此类中比较重要的属性、方法以及用途。

编程训练（答案位置：资源包\TM\sl\22\编程训练\）

【训练 1】应用程序开机自动运行　在 Windows 操作系统中，很多软件都是开机自动运行的。使用 C#实现应用程序开机自动运行的功能。（提示：使用 RegistryKey 类的 CreateSubKey()方法和 SetValue()方法对注册表项 HKEY_LOCAL_MACHINE\SOFTWARE\Microsoft\Windows\CurrentVersion\Run 进行操作。）

【训练 2】在注册表中保存窗体的大小和位置　在实际开发中，有很多软件都有一个通用的功能，即从上次关闭位置启动窗体。该功能实现的基础是将窗体的大小和位置保存到注册表中。本训练要求使用 C#实现将窗体的大小和位置保存到注册表中。（提示：主要使用 Registry 类的 SetValue()方法。）

22.2 在 C#中操作注册表

注册表的基本操作主要包括读取注册表信息、创建注册表信息、修改注册表信息和删除注册表信息。

22.2.1 读取注册表信息

读取注册表信息主要通过 RegistryKey 类的 OpenSubKey()、GetSubKeyNames()和 GetValueNames()方法实现。

1. OpenSubKey()方法

OpenSubKey()方法用于检索指定的子项，语法格式如下。

```
public RegistryKey OpenSubKey(string name)
```

- name：以只读方式打开的子项名称或路径。
- 返回值：请求的子项。如果操作失败，则为空引用。

> **说明**
> 如果要打开的项不存在，OpenSubKey()方法将返回 null 引用，而不是引发异常。

例如，使用 OpenSubKey()方法打开 HKEY_LOCAL_MACHINE\SOFTWARE 子键，代码如下。

```
private void Form1_Load(object sender, EventArgs e)
{
    RegistryKey regkey = Registry.LocalMachine;                //创建 RegistryKey 实例
    //使用 OpenSubKey()方法打开 HKEY_LOCAL_MACHINE\SOFTWARE 键
    RegistryKey registrykey = regkey.OpenSubKey(@"SOFTWARE");
}
```

2．GetSubKeyNames()方法

GetSubKeyNames()方法用于检索包含所有子项名称的字符串数组，语法格式如下。

```
public string[ ] GetSubKeyNames()
```

其返回值包含当前项的子项名称的字符串数组。如果当前项已被删除，或是用户没有读取该项的权限，将触发异常。

【例 22.1】获取注册表信息（实例位置：资源包\TM\sl\22\1）

创建一个 Windows 窗体应用程序，通过 GetSubKeyNames()方法检索 HKEY_LOCAL_MACHINE\SOFTWARE 子键下包含的所有子项名称的字符串数组，代码如下。

```
//添加 using Microsoft.Win32;命名空间
private void Form1_Load(object sender, EventArgs e)
{
    RegistryKey regkey = Registry.LocalMachine;                //创建 RegistryKey 实例
    //使用 OpenSubKey()方法打开 HKEY_LOCAL_MACHINE\SOFTWARE 键
    RegistryKey sys = regkey.OpenSubKey(@"SOFTWARE");
    //调用 foreach 语句读取 HKEY_LOCAL_MACHINE\SOFTWARE 键下的所有项目
    foreach (string str in sys.GetSubKeyNames())
    {
        richTextBox1.Text += str + "\n";
    }
}
```

程序运行结果如图 22.2 所示。

3．GetValueNames()方法

GetValueNames()方法用于检索包含与此项关联的所有值名称的字符串数组，语法格式如下。

```
public string[ ] GetValueNames()
```

其返回值包含当前项的值名称的字符串数组。如果没有找到此项的值名称，则返回一个空数组；如果在注册表项设置了一个具有默认值的名称为空字符串的项，则 GetValueNames()方法返回的数组中包含该空字符串。

图 22.2 检索指定子键下的所有子项名称

【例 22.2】 检索指定子键下的所有子项名称（实例位置：资源包\TM\sl\22\2）

创建一个 Windows 窗体应用程序，读取 HKEY_LOCAL_MACHINE\SOFTWARE 子键下的项目信息，首先通过 Registry 类实例化一个 RegistryKey 类对象，然后利用对象的 OpenSubKey()方法打开指定的键，最后通过循环将所有键值全部提取出来并显示在 ListBox 控件中，代码如下。

```csharp
//添加 using Microsoft.Win32;命名空间
private void Form1_Load(object sender, EventArgs e)
{
    this.listBox1.Items.Clear();                            //清除 listBox1 控件中的值
    RegistryKey regkey = Registry.LocalMachine;             //创建 RegistryKey 实例
    //使用 OpenSubKey()方法打开 HKEY_LOCAL_MACHINE\SOFTWARE 键
    RegistryKey sys = regkey.OpenSubKey(@"SOFTWARE");
    //使用两个 foreach 语句检索 HKEY_LOCAL_MACHINE\SOFTWARE 键下的所有子项目
    foreach (string str in sys.GetSubKeyNames())
    {
        this.listBox1.Items.Add("子项名：" + str);
        RegistryKey sikey = sys.OpenSubKey(str);            //打开子键
        foreach (string sVName in sikey.GetValueNames())
        {
            this.listBox1.Items.Add(sVName + sikey.GetValue(sVName));
        }
    }
}
```

程序运行结果如图 22.3 所示。

22.2.2 创建和修改注册表信息

1. 创建注册表信息

通过 RegistryKey 类的 CreateSubKey()方法和 SetValue()方法可以创建注册表信息，下面就来介绍这两种方法。

（1）CreateSubKey()方法用于创建一个新子项，或打开一个现有子项以进行写访问，语法格式如下。

图 22.3 检索子键下的项目

```csharp
public RegistryKey CreateSubKey(string subkey)
```

- ☑ subkey：待创建或打开的子项名称或路径。
- ☑ 返回值：RegistryKey 对象，表示新建的子项或空引用。如果为 subkey 指定了零长度字符串，则返回当前的 RegistryKey 对象。

（2）SetValue()方法用于设置注册表项中的名称/值对的值，语法格式如下。

```csharp
public void SetValue(string name,Object value)
```

- ☑ name：待存储的值的名称。
- ☑ value：待存储的数据。

> **说明**
> SetValue()方法用于从非托管代码中访问托管类，不应从托管代码调用。

【例 22.3】 在注册表中创建子键（实例位置：资源包\TM\sl\22\3）

创建一个 Windows 窗体应用程序，然后在主键 HKEY_LOCAL_MACHINE 的 HARDWARE 键下创建一个名为 MR 的子键，然后在这个子键下再创建一个名为测试的子键，在测试子键下创建一个名为 value、数据值是 1234 的键值，代码如下。

```
//添加 using Microsoft.Win32;命名空间
private void button1_Click(object sender, EventArgs e)
{
    try
    {
        //创建 RegistryKey 实例
        RegistryKey hklm = Registry.LocalMachine;
        //使用 OpenSubKey()方法打开 HKEY_LOCAL_MACHINE\HARDWARE 键
        RegistryKey software = hklm.OpenSubKey("HARDWARE", true);
        //使用 CreateSubKey()方法创建名为 MR 的子键
        RegistryKey main1 = software.CreateSubKey("MR");
        //使用 CreateSubKey()方法在 MR 键下创建一个名为测试的子键
        RegistryKey ddd = main1.CreateSubKey("测试");
        //在子键测试下建立一个名为 value 的键值，数据值为 1234
        ddd.SetValue("value", "1234");
        MessageBox.Show("创建成功");
    }
    catch (Exception ex)
    {
        MessageBox.Show(ex.Message);
    }
}
```

运行程序，单击"创建子键"按钮，结果如图 22.4 所示。

2. 修改注册表信息

由于注册表信息十分重要，所以一般不要对其进行写操作。因此在.Net Framework 中并没有提供修改注册表键值的方法，而只是提供了一个危害性相对较小的 SetValue()方法。通过这个方法，可以修改键值。在使用 SetValue()方法时，如果检测到指定的键值不存在，就会创建一个新的键值。关于 SetValue()方法，前面已经做过介绍，此处不再做过多的讲解。下面通过一个实例，演示如何通过 SetValue()方法修改注册表信息。

图 22.4 创建子键

【例 22.4】 修改注册表（实例位置：资源包\TM\sl\22\4）

创建一个 Windows 窗体应用程序，将主键 HKEY_LOCAL_MACHINE\HARDWARE\MR\测试下名为 value 的键值的数据值修改为 abcd，代码如下。

```
//添加 using Microsoft.Win32;命名空间
private void button1_Click(object sender, EventArgs e)
{
    try
    {
        RegistryKey hklm = Registry.LocalMachine;              //创建 RegistryKey 实例
        //使用 OpenSubKey 方法打开 HKEY_LOCAL_MACHINE\HARDWARE 键
        RegistryKey software = hklm.OpenSubKey("HARDWARE", true);
        RegistryKey dddw = software.OpenSubKey("MR", true);    //使用 OpenSubKey()方法打开 MR 键
```

```
            RegistryKey regkey = dddw.OpenSubKey("测试 ", true);    //使用 OpenSubKey()方法打开 MR 键下的测试子键
            regkey.SetValue("value", "abcd");                       //使用 SetValue()方法修改指定的键值
            MessageBox.Show("修改成功");
        }
        catch (Exception ex)
        {
            MessageBox.Show(ex.Message);
        }
}
```

程序运行前后对比如图 22.5 和图 22.6 所示。

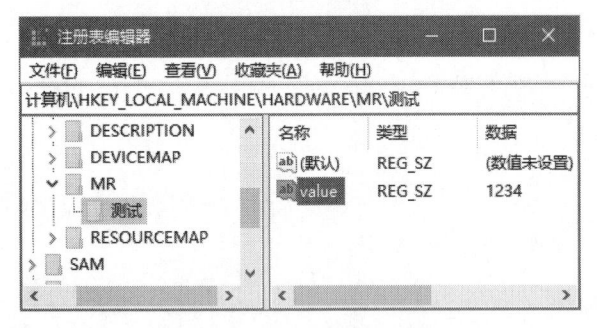

图 22.5　修改注册表信息之前 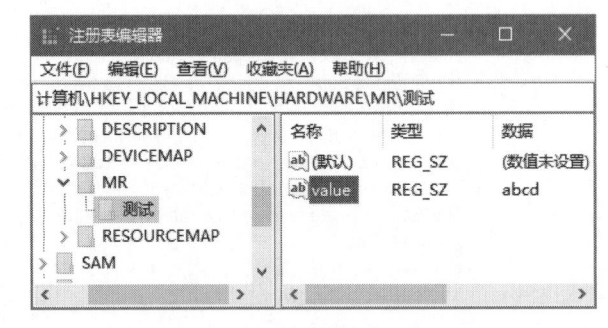　　　　　　　　　图 22.6　修改注册表信息之后

22.2.3　删除注册表信息

删除注册表中的信息主要通过 RegistryKey 类中的 DeleteSubKey()方法、DeleteSubKeyTree()方法和 DeleteValue()方法来实现。这 3 种方法的功能各有不同。

1. DeleteSubKey()方法

DeleteSubKey()方法用于删除不包含任何子键的子键，语法格式如下。

```
public void DeleteSubKey(string subkey,bool throwOnMissingSubKey)
```

- ☑　subkey：待删除的子项名称。
- ☑　throwOnMissingSubKey：其值为 true 时，程序调用中待删除子键不存在，将产生一个错误信息；其值为 false 时，程序调用待删除子键不存在，不产生错误信息，依然正确运行。

> **说明**
> 如果删除的项有子级子项，将触发异常。必须将子项删除后，才能删除该项。

【例 22.5】删除注册表的指定键（实例位置：资源包\TM\sl\22\5）

创建一个 Windows 窗体应用程序，通过 DeleteSubKey()方法删除 HKEY_LOCAL_MACHINE\HARDWARE\MR 键下的测试子键，代码如下。

```
//添加 using Microsoft.Win32;命名空间
private void button1_Click(object sender, EventArgs e)
{
    try
    {
```

```csharp
        //创建 RegistryKey 实例
        RegistryKey hklm = Registry.LocalMachine;
        //使用 OpenSubKey()方法打开 HKEY_LOCAL_MACHINE\HARDWARE 键
        RegistryKey software = hklm.OpenSubKey("HARDWARE", true);
        //打开 MR 子键
        RegistryKey no1 = software.OpenSubKey("MR", true);
        //使用 DeleteSubKey()方法删除名称为测试的子键
        no1.DeleteSubKey("测试", false);
        MessageBox.Show("删除成功");
    }
    catch (Exception ex)
    {
        MessageBox.Show(ex.Message);
    }
}
```

运行程序，删除子键的前后对比如图 22.7 和图 22.8 所示。

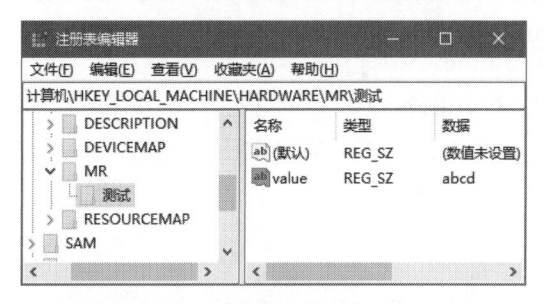

图 22.7　删除子键之前 　　　　　　　　　　图 22.8　删除子键之后

2．DeleteSubKeyTree()方法

DeleteSubKeyTree()方法用于彻底删除指定的子键目录，包括删除该子键以及该子键以下的全部子键。由于此方法的破坏性非常强，所以在使用时要特别谨慎。语法格式如下。

```csharp
public void DeleteSubKeyTree(string subkey)
```

其中，subkey 表示要彻底删除的子键名称。当删除的项为 null 时，则触发异常。

【例 22.6】删除注册表指定键及子项（**实例位置：资源包\TM\sl\22\6**）

创建一个 Windows 窗体应用程序，通过 DeleteSubKeyTree()方法将彻底删除 HKEY_LOCAL_MACHINE\HARDWARE\MR 键下的子键，代码如下。

```csharp
//添加 using Microsoft.Win32;命名空间
private void button1_Click(object sender, EventArgs e)
{
    try
    {
        RegistryKey hklm = Registry.LocalMachine;                              //创建 RegistryKey 实例
        RegistryKey software = hklm.OpenSubKey("HARDWARE", true);              //打开 HARDWARE 子键
        RegistryKey no1 = software.OpenSubKey("MR", true);                     //打开 MR 子键
        //使用 DeleteSubKeyTree()方法彻底删除测试子键的目录
        no1.DeleteSubKeyTree("测试");
        MessageBox.Show("删除成功");
    }
    catch (Exception ex)
    {
```

```
            MessageBox.Show(ex.Message);
    }
}
```

本实例的运行效果与【例 22.5】类似。

3. DeleteValue()方法

DeleteValue()方法主要用于删除指定的键值,语法格式如下。

```
public void DeleteValue(string name)
```

其中,name 表示待删除的键值名称。

> **误区警示**
> 如果在找不到指定值的情况下使用该值,又不想引发异常,可以使用 DeleteValue(string name,bool throwOnMissingValue)重载方法。如果 throwOnMissingValue 参数为 true,则不引发异常。

【例 22.7】删除指定的键值(实例位置:资源包\TM\sl\22\7)

创建一个 Windows 窗体应用程序,通过 DeleteValue()方法删除 HKEY_LOCAL_MACHINE\HARDWARE\MR\测试键下的名称为 value 的键值,代码如下。

```
//添加 using Microsoft.Win32;命名空间
private void button1_Click(object sender, EventArgs e)
{
    try
    {
        RegistryKey hklm = Registry.LocalMachine;                    //创建 RegistryKey 实例
        RegistryKey software = hklm.OpenSubKey("HARDWARE", true);    //打开 HARDWARE 子键
        RegistryKey no1 = software.OpenSubKey("MR", true);           //打开 MR 子键
        RegistryKey no2 = no1.OpenSubKey("测试", true);              //打开测试子键
        no2.DeleteValue("value");                                    //使用 DeleteValue()方法删除名称为 value 的键值
        MessageBox.Show("删除键值成功");
    }
    catch (Exception ex)
    {
        MessageBox.Show(ex.Message);
    }
}
```

本实例的运行效果与【例 22.5】类似。

编程训练(答案位置:资源包\TM\sl\22\编程训练\)

【训练 3】获取本机安装的软件清单 在 Windows 操作系统中,依次选择"控制面板"→"程序"→"程序和功能"命令,可以打开"卸载或更改程序"窗体,在该窗体中列出了本机安装的所有软件清单,本训练要求在 C#中通过操作注册表获取本机安装软件清单。(提示:主要用到 RegistryKey 类的 GetSubKeyNames()方法。)

【训练 4】设置任务栏时间样式 系统任务栏时间的样式有很多种,如 HH:mm:ss、H:mm:ss、tt h:mm:ss、tt hh:mm:ss 等,本训练要求通过 C#操作注册表,设置系统任务栏的时间样式。(提示:主要对注册表项 HKEY_CURRENT_USER\Control Panel\International 进行操作。)

22.3 实践与练习

（答案位置：资源包\TM\sl\22\实践与练习\）

综合练习 1：控制软件使用次数　尝试开发一个程序，要求控制程序的试用次数为 30 次。

综合练习 2：通过注册表优化系统　尝试开发一个程序，要求通过注册表实现"加快开/关机速度""加快自动刷新率""加快菜单显示速度"等系统优化功能。

综合练习 3：利用注册表设计软件注册程序　大多数应用软件会将用户输入的注册信息写进注册表中，在程序运行过程中，可以将这些信息从注册表中读出。本练习要求实现在程序中对注册表进行操作的功能，运行程序，单击"注册"按钮，需要将用户输入的信息写入注册表中。参考效果如图 22.9 所示。

图 22.9　利用注册表设计软件注册程序

第 23 章 C#游戏开发

游戏开发是 C#开发的一个重要应用方向。C#语言简单易用,开发效率高,一些简单的 2D 游戏可以直接使用 C#技术(如 GDI+、多线程、网络编程等)实现。复杂的 2D 游戏或 3D 游戏,则可以使用 C# + Unity3D 技术实现。本章将通过贪吃蛇、五子棋、全民飞机大战 3 个常见的小游戏,讲解如何使用 C#技术进行游戏开发。

本章知识架构及重点、难点如下。

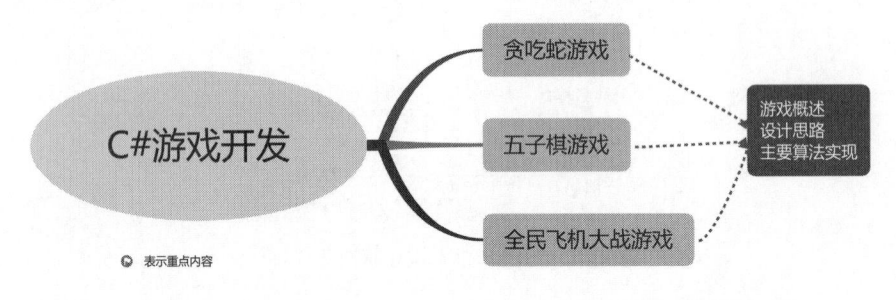

23.1 贪吃蛇游戏

贪吃蛇是一款非常流行的小游戏,其游戏规则非常简单,即封闭空间中有一条蛇,同时此空间里会随机出现一个食物,通过键盘中的上、下、左、右方向键来控制蛇的前进方向。蛇头撞到食物,则食物消失,表示被蛇吃掉了。蛇身增加一节,累计得分,接着又出现食物,等待蛇来吃。如果蛇在前进过程中撞到墙或蛇头撞到自己的身体,那么游戏结束。

本节就来开发这样一款贪吃蛇游戏,游戏效果如图 23.1 所示,游戏结束效果如图 23.2 所示。

23.1.1 设计思路

使用 C#实现贪吃蛇游戏的设计思路如下。

(1)明确游戏规则。例如,蛇头不能碰到场地的四周;蛇身不能重叠;吃到食物后,应在新的位置重新生成食物,且食物不能在蛇身内出现。

(2)将 Panel 控件设为游戏背景。

(3)场地、贪吃蛇及食物都在 Panel 控件的重绘事件中绘制。

(4)蛇身的各个骨节在场景单元格内绘制,这样贪吃蛇进行移动时,不需要重新绘制背景。

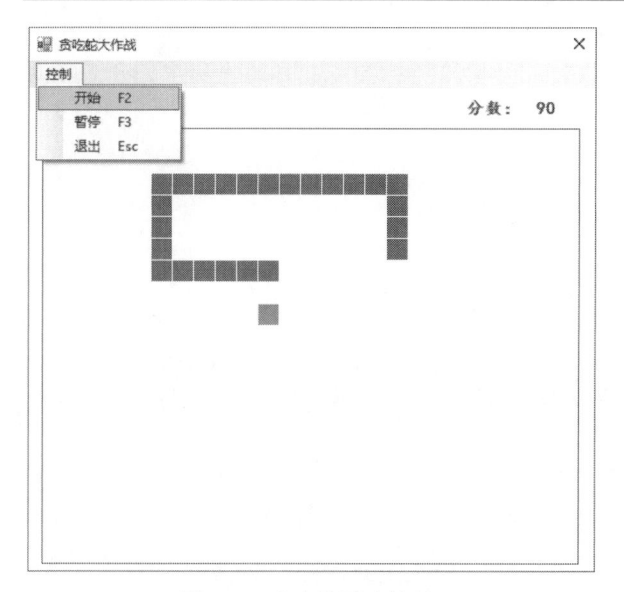

图 23.1　贪吃蛇游戏效果　　　　　　　　　　　图 23.2　游戏结束效果

（5）用 Timer 组件来实现贪吃蛇的移动，并用该组件的 Interval 属性来控制移动速度。

23.1.2　主要算法实现

贪吃蛇游戏的开发重点是：如何初始化贪吃蛇的信息，如何对贪吃蛇进行移动，如何保证贪吃蛇在"吃食"后变长，以及如何确保贪吃蛇碰到游戏场地 4 个方向的边界时结束游戏。

要实现以上功能，需要用到 C#中的 GDI+绘图技术。主要代码如下。

```csharp
using System.Windows.Forms;
using System.Drawing;
using System.Collections;

namespace 贪吃蛇
{
    class Snake
    {
        public static int Condyle = 0;                                              //设置骨节的大小
        public static int Aspect = 0;                                               //设置方向
        public static Point[] Place = { new Point(-1, -1), new Point(-1, -1), new Point(-1, -1), new Point(-1, -1), new Point(-1, -1), new Point(-1, -1) };                                              //设置每个骨节的位置
        public static Point Food = new Point(-1, -1);                               //设置食物的所在点
        public static bool ifFood = false;                                          //是否有食物
        public static bool ifGame = false;                                          //游戏是否结束
        public static int Field_width = 0;                                          //场地的宽度
        public static int Field_Height = 0;                                         //场地的高度
        public static Control control;                                              //记录绘制贪吃蛇的控件
        public static Timer timer;                                                  //记录 Timer 组件
        public static SolidBrush SolidB = new SolidBrush(Color.SeaGreen);           //设置贪吃蛇身体的颜色
        public static SolidBrush SolidD = new SolidBrush(Color.LightCoral);         //设置背景颜色
        public static SolidBrush SolidF = new SolidBrush(Color.DeepSkyBlue);        //设置食物的颜色
        public static Label label;                                                  //记录 Label 控件
        public static ArrayList List = new ArrayList();                             //实例化 ArrayList 数组
        Graphics g;                                                                 //实例化 Graphics 类
```

```csharp
/// <summary>
/// 初始化场地及贪吃蛇的信息
/// </summary>
/// <param Con="Control">控件</param>
/// <param condyle="int">骨节大小</param>
public void Ophidian(Control Con, int condyle)
{
    Field_width = Con.Width;                                    //获取场地的宽度
    Field_Height = Con.Height;                                  //获取场地的高度
    Condyle = condyle;                                          //记录骨节的大小
    control = Con;                                              //记录背景控件
    g = control.CreateGraphics();                               //创建背景控件的 Graphics 类
    SolidD = new SolidBrush(Con.BackColor);                     //设置画刷颜色
    for (int i = 0; i < Place.Length; i++)                      //绘制贪吃蛇
    {
        Place[i].X = (Place.Length - i - 1) * Condyle;          //设置骨节的横坐标位置
        Place[i].Y = (Field_Height / 2) - Condyle;              //设置骨节的纵坐标位置
        g.FillRectangle(SolidB, Place[i].X + 1, Place[i].Y + 1, Condyle - 1, Condyle - 1);//绘制骨节
    }
    List = new ArrayList(Place);                                //记录每个骨节的位置
    ifGame = false;                                             //停止游戏
    Aspect = 0;                                                 //设置方向为右
}

/// <summary>
/// 移动贪吃蛇
/// </summary>
/// <param n="int">判断蛇头的移动方向</param>
public void SnakeMove(int n)
{
    Point tem_Point = new Point(-1, -1);                        //定义坐标结构
    switch (n)
    {
        case 0:                                                 //右移
            {
                tem_Point.X = ((Point)List[0]).X + Condyle;     //蛇头向右移
                tem_Point.Y = ((Point)List[0]).Y;
                break;
            }
        case 1:                                                 //左移
            {
                tem_Point.X = ((Point)List[0]).X - Condyle;     //蛇头向左移
                tem_Point.Y = ((Point)List[0]).Y;
                break;
            }
        case 2:                                                 //上移
            {
                tem_Point.Y = ((Point)List[0]).Y - Condyle;     //蛇头向上移
                tem_Point.X = ((Point)List[0]).X;
                break;
            }
        case 3:                                                 //下移
            {
                tem_Point.Y = ((Point)List[0]).Y + Condyle;     //蛇头向下移
                tem_Point.X = ((Point)List[0]).X;
                break;
            }
    }
```

```csharp
            BuildFood();                                              //生成食物
            if (!EstimateMove(tem_Point))                             //如果没有向相反的方向移动
            {
                Aspect = n;                                           //改变贪吃蛇的移动方向
                if (!GameAborted(tem_Point))                          //如果游戏没有结束
                {
                    ProtractSnake(tem_Point);                         //重新绘制蛇身
                    EatFood();                                        //吃食
                }
                g.FillRectangle(SolidF, Food.X + 1, Food.Y + 1, Condyle - 1, Condyle - 1);    //绘制食物
            }
        }

        /// <summary>
        /// 贪吃蛇"吃食"后变长
        /// </summary>
        public void EatFood()
        {
            if (((Point)List[0]) == Food)                             //如果蛇头吃到了食物
            {
                List.Add(List[List.Count - 1]);                       //在蛇的尾部添加蛇身
                ifFood = false;                                       //没有食物
                BuildFood();                                          //生成食物
                label.Text = Convert.ToString(Convert.ToInt32(label.Text) + 5);  //显示当前分数
            }
        }

        /// <summary>
        /// 判断游戏是否失败
        /// </summary>
        /// <param GameP="Point">设置文本的显示位置</param>
        public bool GameAborted(Point GameP)
        {
            bool tem_b = false;                                       //游戏是否结束
            bool tem_body = false;                                    //记录蛇身是否重叠
            for (int i = 1; i < List.Count; i++)                      //遍历所有骨节
            {
                if (((Point)List[0]) == ((Point)List[i]))             //如果骨节重叠
                    tem_body = true;                                  //游戏失败
            }
            //判断蛇头是否超出游戏场地
            if (GameP.X <= -20 || GameP.X >= control.Width - 1 || GameP.Y <= -20 ||
                GameP.Y >= control.Height - 1 || tem_body)
            {
                //绘制游戏结束的提示文本
                g.DrawString("Game Over", new Font("华文新魏", 35, FontStyle.Bold),
                    new SolidBrush(Color.Orange), new PointF(150, 130));
                ifGame = true;                                        //游戏结束
                timer.Stop();                                         //停止记时器
                tem_b = true;
            }
            return tem_b;
        }

        /// <summary>
        /// 判断蛇是否向相反的方向移动
        /// </summary>
        /// <param Ep="Point">移动的下一步位置</param>
        public bool EstimateMove(Point Ep)
```

```csharp
        {
            bool tem_bool = false;                                          //记录蛇头是否向相反的方向移动
            if (Ep.X == ((Point)List[0]).X && Ep.Y == ((Point)List[0]).Y)   //如果蛇头向相反的方向移动
                tem_bool = true;
            return tem_bool;
        }

        /// <summary>
        /// 重新绘制蛇身
        /// </summary>
        public void ProtractSnake(Point Ep)
        {
            bool tem_bool = false;                                          //是否清除移动后的蛇身
            List.Insert(0, Ep);                                             //根据蛇头的移动方向，设置蛇头的位置
            Point tem_point = ((Point)List[List.Count-1]);                  //记录蛇尾的位置
            List.RemoveAt(List.Count - 1);                                  //移除蛇的尾部
            //使骨节向前移动一位
            for (int i = 0; i < List.Count - 1; i++)
            {
                if (tem_point == ((Point)List[i]))
                    tem_bool = true;
            }
            if (!tem_bool)                                                  //清除贪吃蛇移动前的蛇尾部分
                g.FillRectangle(SolidD, tem_point.X + 1, tem_point.Y + 1, Condyle - 1, Condyle - 1);
            for (int i = 0; i < List.Count; i++)                            //重新绘制蛇身
            {
                g.FillRectangle(SolidB, ((Point)List[0]).X + 1, ((Point)List[0]).Y + 1, Condyle - 1, Condyle - 1);
            }
        }

        /// <summary>
        /// 生成食物
        /// </summary>
        public void BuildFood()
        {
            if (ifFood == false)                                            //如果没有食物
            {
                Point tem_p = new Point(-1, -1);                            //定义坐标结构
                bool tem_bool = true;                                       //是否计算出食物的位置
                bool tem_b = false;                                         //判断食物是否和蛇身重叠
                while (tem_bool)                                            //计算食物的显示位置
                {
                    tem_b = false;
                    tem_p = RectFood();                                     //随机生成食物的位置
                    for (int i = 0; i < List.Count; i++)                    //遍历整个蛇身的位置
                    {
                        if (((Point)List[i]) == tem_p)                      //如果食物和蛇身重叠
                        {
                            tem_b = true;                                   //记录重叠
                            break;
                        }
                    }
                    if (tem_b == false)                                     //如果没有重叠
                        tem_bool = false;                                   //退出循环
                }
                Food = tem_p;                                               //记录食物的显示位置
            }
            ifFood = true;                                                  //有食物
        }
```

```csharp
/// <summary>
/// 随机生成食物的节点
/// </summary>
public Point RectFood()
{
    int tem_W = Field_width / 20;                              //获取场地的行数
    int tem_H = Field_Height / 20;                             //获取场地的列数
    Random RandW = new Random();                               //实例化 Random 类
    tem_W=RandW.Next(0, tem_W - 1);                            //生成食物的横向坐标
    Random RandH = new Random();                               //实例化 Random 类
    tem_H = RandH.Next(0, tem_H - 1);                          //生成食物的纵向坐标
    Point tme_P = new Point(tem_W * Condyle, tem_H * Condyle); //生成食物的显示位置
    return tme_P;
}
```

另外，在窗体中，需要通过标识控制游戏的开始、暂停和结束，这里主要 int 标识去判断，主要代码如下。

```csharp
/// <summary>
/// 控制游戏的开始、暂停和结束
/// </summary>
/// <param n="int">标识</param>
public void NoviceCortrol(int n)
{
    switch (n)
    {
        case 1:                                                          //开始游戏
            {
                ifStart = false;
                Graphics g = panel1.CreateGraphics();                    //创建 panel1 控件的 Graphics 类
                g.FillRectangle(Snake.SolidD, 0, 0, panel1.Width, panel1.Height); //刷新游戏场地
                ProtractTable(g);                                        //绘制游戏场地
                ifStart = true;                                          //开始游戏
                snake.Ophidian(panel1, snake_W);                         //初始化场地及贪吃蛇信息
                timer1.Interval = career;                                //设置贪吃蛇移动的速度
                timer1.Start();                                          //启动计时器
                pause = true;                                            //是否暂停游戏
                label2.Text = "0";                                       //显示当前分数
                break;
            }
        case 2:                                                          //暂停游戏
            {
                if (pause)                                               //如果游戏正在运行
                {
                    ifStart = true;                                      //游戏正在开始
                    timer1.Stop();                                       //停止计时器
                    pause = false;                                       //当前已暂停游戏
                }
                else
                {
                    ifStart = true;                                      //游戏正在开始
                    timer1.Start();                                      //启动计时器
                    pause = true;                                        //开始游戏
                }
                break;
            }
```

```
            case 3:                                  //退出游戏
            {
                timer1.Stop();                       //停止计时器
                Application.Exit();                  //关闭工程
                break;
            }
        }
    }
```

移动贪吃蛇并控制其速度需要使用键盘事件，在键盘事件中通过判断按下的方向键控制贪吃蛇的上下左右移动。主要代码如下。

```
private void Form1_KeyDown(object sender, KeyEventArgs e)
{
    int tem_n = -1;                                  //记录移动键值
    if (e.KeyCode == Keys.Right)                     //如果按→键
        tem_n = 0;                                   //向右移
    if (e.KeyCode == Keys.Left)                      //如果按←键
        tem_n = 1;                                   //向左移
    if (e.KeyCode == Keys.Up)                        //如果按↑键
        tem_n = 2;                                   //向上移
    if (e.KeyCode == Keys.Down)                      //如果按↓键
        tem_n = 3;                                   //向下移
    if (tem_n != -1 && tem_n != Snake.Aspect)        //如果移动的方向不是相同方向
    {
        if (Snake.ifGame == false)
        {
            //如果移动的方向不是相反的方向
            if (!((tem_n == 0 && Snake.Aspect == 1 || tem_n == 1 && Snake.Aspect == 0)
                || (tem_n == 2 && Snake.Aspect == 3 || tem_n == 3 && Snake.Aspect == 2)))
            {
                Snake.Aspect = tem_n;                //记录移动的方向
                snake.SnakeMove(tem_n);              //移动贪吃蛇
            }
        }
    }
    int tem_p = -1;                                  //记录控制键值
    if (e.KeyCode == Keys.F2)                        //如果按 F2 键
        tem_p = 1;                                   //开始游戏
    if (e.KeyCode == Keys.F3)                        //如果按 F3 键
        tem_p = 2;                                   //暂停或继续游戏
    if (e.KeyCode == Keys.Escape)                    //如果按 Esc 键
        tem_p = 3;                                   //关闭游戏
    if (tem_p != -1)                                 //如果当前是操作标识
        NoviceCortrol(tem_p);                        //控制游戏的开始、暂止和关闭
}
```

23.2 五子棋游戏

五子棋游戏是一款非常经典的网络小游戏，本节将使用 C#开发一个一对一的局域网五子棋游戏，游戏效果如图 23.3 所示。

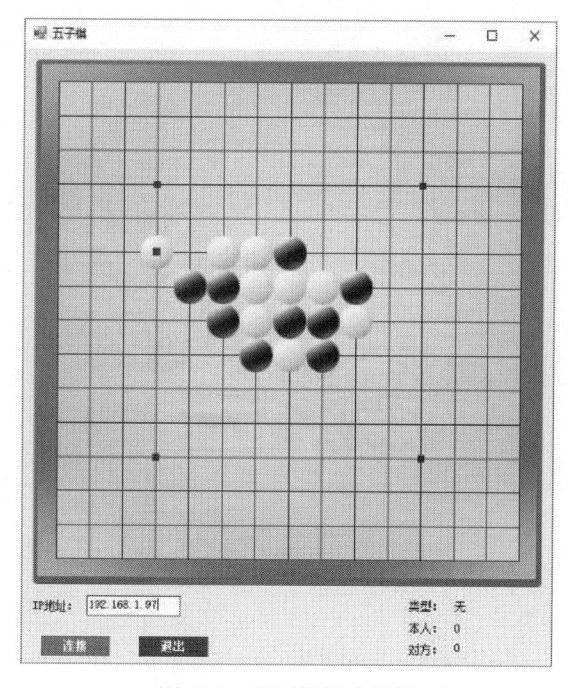

图 23.3 五子棋游戏效果

23.2.1 设计思路

制作局域网五子棋游戏的设计思路如下。

（1）明确游戏规则。例如，当黑棋或白棋横向、纵向、正斜、反斜出现五子相连时，表示取胜。
（2）可以重新开始游戏，显示棋子类型，以及取胜情况。
（3）为了便于局域网中信息的传递，自定义一个 UDP 控件。
（4）为了在重新开始游戏时，快速清除棋盘中的棋子，以图片的方式将棋盘和棋子绘制在指定的控件上。
（5）为了便于计算棋子的获胜情况，用二维数组记录棋盘中棋子，并通过遍历数组来计算黑棋或白棋是否取胜。

23.2.2 主要算法实现

在设计五子琪游戏时，需要确定使用的网络协议，并设计相应的网络组件，这里自定义一个 UDPSocket 组件，其中将 UDP 中的 IP 地址和端口号以控件属性的形式进行设置，并自定义一个 DataArrival 事件，用于对主机的端口号进行监听，以获取远程计算机发送的消息。主要代码如下。

```
public partial class UDPSocket : Component
{
#region  全局变量
private IPEndPoint ServerEndPoint = null;                         //定义网络端点
private UdpClient UDP_Server = new UdpClient();                   //创建网络服务，也就是 UDP 的 Socket
private System.Threading.Thread thdUdp;                           //创建一个线程
private string localHost = "127.0.0.1";
```

```csharp
#endregion
#region   定义组件的事件
public delegate void DataArrivalEventHandler(byte[] Data, IPAddress Ip, int Port);   //定义一个托管方法
public event DataArrivalEventHandler DataArrival;                                     //通过托管在控件中定义一个事件
#endregion
#region   定义组件的属性
[Browsable(true), Category("Local"), Description("本地 IP 地址")]                      //在"属性"窗口中显示 localHost 属性
public string LocalHost
{
    get { return localHost; }
    set { localHost = value; }
}
private int localPort = 11000;
[Browsable(true), Category("Local"), Description("本地端口号")]                         //在"属性"窗口中显示 localPort 属性
public int LocalPort
{
    get { return localPort; }
    set { localPort = value; }
}
private bool active = false;
[Browsable(true), Category("Local"), Description("激活监听")]                          //在"属性"窗口中显示 active 属性
public bool Active
{
    get { return active; }
    Set                                                                                //该属性读取值
    {
        active = value;
        if (active)                                                                    //当值为 true 时
        {
            OpenSocket();                                                              //打开监听
        }
        else
        {
            CloseSocket();                                                             //关闭监听
        }
    }
}
#endregion
public UDPSocket()
{
    InitializeComponent();
}
public UDPSocket(IContainer container)
{
    container.Add(this);
    InitializeComponent();
}
#region   打开 Socket
/// <summary>
///   打开 Socket
/// </summary>
private void OpenSocket()                                                              //打开 Socket
{
    if (UDP_Server != null)
        UDP_Server.Close();
    Listener();                                                                        //通过该方法对 UDP 进行监听
}
#endregion
#region   关闭 Socket
/// <summary>
```

```csharp
/// 关闭 Socdet
/// </summary>
private void CloseSocket()                                          //关闭 Socket
{
    if (UDP_Server != null)                                         //如果 Socket 不为空
        UDP_Server.Close();                                         //关闭 Socket
    if (thdUdp != null)                                             //如果自定义线程被打开
    {
        Thread.Sleep(30);                                           //睡眠主线程
        thdUdp.Abort();                                             //关闭子线程
    }
}
#endregion
protected void Listener()                                           //监听
{
    ServerEndPoint = new IPEndPoint(IPAddress.Any, localPort);      //将 IP 地址和端口号以网络端点存储
    if (UDP_Server != null)
        UDP_Server.Close();
    UDP_Server = new UdpClient(localPort);                          //创建一个新的端口号
    UDP_Server.Client.ReceiveBufferSize = 1000000000;               //接收缓冲区大小
    UDP_Server.Client.SendBufferSize = 1000000000;                  //发送缓冲区大小
    try
    {
        thdUdp = new Thread(new ThreadStart(GetUDPData));           //创建一个线程
        thdUdp.Start();                                             //执行当前线程
    }
    catch (Exception e)
    {
        MessageBox.Show(e.ToString() + "\n" + "监听失败");          //显示线程的错误信息
    }
}
private void GetUDPData()                                           //获取当前接收的消息
{
    while (active)
    {
        try
        {
            byte[] Data = UDP_Server.Receive(ref ServerEndPoint);   //将获取的远程消息转换成二进制流
            if (DataArrival != null)                                //如果当前正在托管
            {
                //利用当前控件的 DataArrival 事件将消息发给远程计算机
                DataArrival(Data, ServerEndPoint.Address, ServerEndPoint.Port);
            }
            Thread.Sleep(0);
        }
        catch { }
    }
}
public void Send(System.Net.IPAddress Host, int Port, byte[] Data)
{
    try
    {
        int pp = this.localPort;
        UDP_Server.Send(Data, Data.Length, new IPEndPoint(Host, Port));  //将消息发给远程计算机
    }
    catch { }
}
```

定义 FrmClass 类，用于记录服务器端和客户端的基本信息，并通过自定义方法 MyHostIP()获取服

务器端的 IP 地址。代码如下。

```
class FrmClass
{
    public static string ServerIP = "";
    public static string ServerPort = "";
    public static string ClientIP = "";
    public static string ClientPort = "";
    public string MyHostIP()
    {
        string hostname = Dns.GetHostName();                    //显示主机名
        //显示每个 IP 地址
        IPHostEntry hostent = Dns.GetHostEntry(hostname);       //主机信息
        Array addrs = hostent.AddressList;                      //IP 地址数组
        IEnumerator it = addrs.GetEnumerator();                 //迭代器，添加命名空间 using System.Collections
        while (it.MoveNext())                                   //循环到下一个 IP 地址
        {
            IPAddress ip = (IPAddress)it.Current;               //获得 IP 地址，添加命名空间 using System.Net
            return ip.ToString();
        }
        return "";
    }
}
```

定义 ClassMsg 类，主要用枚举型的元素值指定消息发送的命令、消息类型、消息发送的状态等，并用[Serializable]对类进行序列化。当类序列化后，序列化引擎将跟踪所有已序列化的引用对象，以确保对象不被序列化多次。代码如下。

```
[Serializable]
public class MessClass
{
    public string SIP = "";                             //发送方 IP
    public string SPort = "";                           //发送方端口号
    public string RIP = "";                             //接收方 IP
    public string RPort = "";                           //接收方端口号
    public int ChessX = 0;                              //棋子的 X 轴位置
    public int ChessY = 0;                              //棋子的 Y 轴位置
    public bool Walk = false;                           //判断对方是否下完棋，true 表示下完
    public bool Grow = true;                            //棋子颜色，true 为黑色
    public bool ChessStyle = true;                      //棋子颜色，true 为黑色
    public SendKind sendKind = SendKind.None;           //发送消息类型，默认为无类型
    public string Data = "";
}
/// <summary>
///发送类型
/// </summary>
[Serializable]
public enum SendKind
{
    None,
    SendConn,                                           //连接
    SendConnHit,                                        //连接成功
    SendOpen,                                           //开始
    SendChessman,                                       //发送棋子
    SendMsg,                                            //发送语句
    SendNike,                                           //胜负
    SendAfresh,                                         //重新
    SendCut,                                            //断开
```

```
        SendCutHit                                      //断开成功
}
```

自定义方法 Arithmetic()是根据五子棋的计算方法，以及当前棋子的类型和位置，计算是黑棋赢还是白棋赢，该方法的计算方法是以落子点为中心，向左右两边、上下两边、正斜两边、反斜两边查找同一类型的棋子，如果棋子数大于等于5，则表示当前下棋者为赢家。代码如下。

```csharp
public void Arithmetic(int n, int Arow, int Acolumn)
{
    int BCount = 1;
    CKind = -1;
    //横向查找
    bool Lbol = true;
    bool Rbol = true;
    int jlsf = 0;
    BCount = 1;
    for (int i = 1; i <= 5; i++)
    {
        if ((Acolumn + i) > 14)                         //如果大于棋盘的最大列数
            Rbol = false;
        if ((Acolumn - i) < 0)                          //如果小于棋盘的最小列数
            Lbol = false;
        if (Rbol == true)
        {
            if (note[Arow, Acolumn + i] == n)           //如果向右有同类型的棋子
                ++BCount;
            else
                Rbol = false;
        }
        if (Lbol == true)
        {
            if (note[Arow, Acolumn - i] == n)           //如果向左有同类型的棋子
                ++BCount;
            else
                Lbol = false;
        }
        if (BCount >= 5)                                //如果同类型的棋子数大于等于5
        {
            if (n == 0)                                 //黑棋赢
                Bwin();
            if (n == 1)                                 //白棋赢
                Wwin();
            jlsf = n;
            break;
        }
    }
    //纵向查找
    bool Ubol = true;
    bool Dbol = true;
    BCount = 1;
    for (int i = 1; i <= 5; i++)
    {
        if ((Arow + i) > 14)                            //如果大于棋盘的最大行数
            Dbol = false;
        if ((Arow - i) < 0)                             //如果小于棋盘的最小行数
            Ubol = false;
        if (Dbol == true)
        {
            if (note[Arow + i, Acolumn] == n)           //如果向上有同类型的棋子
```

```csharp
                ++BCount;
            else
                Dbol = false;
        }
        if (Ubol == true)
        {
            if (note[Arow - i, Acolumn] == n)          //如果向下有同类型的棋子
                ++BCount;
            else
                Ubol = false;
        }
        if (BCount >= 5)                               //如果同类型的棋子大于等于5
        {
            if (n == 0)                                //黑棋赢
                Bwin();
            if (n == 1)                                //白棋赢
                Wwin();
            jlsf = n;
            break;
        }
    }
}
//正斜查找
bool LUbol = true;
bool RDbol = true;
BCount = 1;
for (int i = 1; i <= 5; i++)
{
    if ((Arow - i) < 0 || (Acolumn - i < 0))           //如果超出棋盘左面的斜线
        LUbol = false;
    if ((Arow + i) > 14 || (Acolumn + i > 14))         //如果超出棋盘右面的斜线
        RDbol = false;
    if (LUbol == true)
    {
        if (note[Arow - i, Acolumn - i] == n)          //如果左上斜线上有相同类型的棋子
            ++BCount;
        else
            LUbol = false;
    }
    if (RDbol == true)
    {
        if (note[Arow + i, Acolumn + i] == n)          //如果右下斜线上有相同类型的棋子
            ++BCount;
        else
            RDbol = false;
    }
    if (BCount >= 5)                                   //如果同类型的棋子大于等于5
    {
        if (n == 0)
            Bwin();                                    //黑棋赢
        if (n == 1)
            Wwin();                                    //白棋赢
        jlsf = n;
        break;
    }
}
//反斜查找
bool RUbol = true;
bool LDbol = true;
BCount = 1;
```

```csharp
        for (int i = 1; i <= 5; i++)
        {
            if ((Arow - i) < 0 || (Acolumn + i > 14))
                RUbol = false;
            if ((Arow + i) > 14 || (Acolumn - i < 0))
                LDbol = false;
            if (RUbol == true)
            {
                if (note[Arow - i, Acolumn + i] == n)    //如果左下斜线上有相同类型的棋子
                    ++BCount;
                else
                    RUbol = false;
            }
            if (LDbol == true)
            {
                if (note[Arow + i, Acolumn - i] == n)    //如果右上斜线上有相同类型的棋子
                    ++BCount;
                else
                    LDbol = false;
            }
            if (BCount >= 5)                             //如果同类型的棋子大于等于5
            {
                if (n == 0)                              //黑棋赢
                    Bwin();
                if (n == 1)                              //白棋赢
                    Wwin();
                jlsf = n;
                break;
            }
        }
    }
```

23.3 全民飞机大战游戏

全民飞机大战曾是一款非常火爆的游戏，本节将使用 C#模拟全民飞机大战游戏中的打飞机功能。具体要求为：通过键盘上的上、下、左、右按键移动飞机，并击落随机降落的敌机；如果敌机太多，还可以按键盘上的空格键使用爆炸特技，一次性击落多架敌机。

本项目中，玩家上下左右移动飞机，可以击落敌机，并增长相应的分数。当被敌机碰到时游戏结束，显示"Game Over"。游戏效果如图 23.4 所示。

图 23.4 全民飞机大战游戏效果

23.3.1 设计思路

制作全民飞机大战游戏的设计思路如下。

（1）明确游戏规则。例如，当子弹碰到敌机时，敌机会消失。当玩家的飞机和敌机碰撞时，双方都会消失。

（2）飞机的位置需要随机出现。

（3）使用键盘上的上、下、左、右按键控制飞机的移动。

（4）检测子弹或者飞机是否碰到敌机，每击落一次敌机，增加相应的分数。

（5）当敌机碰到玩家飞机时，游戏结束。

23.3.2 主要算法实现

新建一个 PlaneClass 类，在类的内部首先初始化飞机、敌机、子弹和爆炸效果的图片；然后定义两个内部类 Plane 和 Enemy，分别表示飞机类和敌机类；最后定义 3 个方法，分别为 iniPlane()方法、keyControl()方法和 execProgram()方法，其中，iniPlane()方法用来初始化飞机位置，keyControl()方法使用键盘上的上、下、左、右按键控制飞机的移动，execProgram()方法用来实现击落敌机后显示相应分数的功能。PlaneClass 类代码如下：

```
using System.Drawing;
using System.Windows.Forms;
class PlaneClass
{
    Image zidan = Image.FromFile("bullet.png");          //定义子弹图片
    Image feiji = Image.FromFile("plane.png");           //定义飞机图片
    Image dj1 = Image.FromFile("enemy1.png");            //定义敌机图片 1
    Image dj2 = Image.FromFile("enemy2.png");            //定义敌机图片 2
    Image dj3 = Image.FromFile("enemy3.png");            //定义敌机图片 3
    Image baozha = Image.FromFile("baozha.gif");         //定义爆炸效果图片
    bool pause = false;                                  //表示是否暂停
    //judge 表示关卡数，score 表示分数，baoxian 表示拥有的特技数量
    int judge = 0, score = 0, baoxian = 3;
    int zidanshu = 1;                                    //初始化子弹的数量
    class Plane                                          //飞机类
    {
        public int x;                                    //飞机的 X 坐标
        public int y;                                    //飞机的 Y 坐标
        public Image im;                                 //飞机图片
        public Plane(int x, int y, Image im)
        {
            this.x = x;                                  //初始化飞机的 X 坐标
            this.y = y;                                  //初始化飞机的 Y 坐标
            this.im = im;                                //初始化飞机图片
        }
    }
    class Bullet                                         //子弹类
    {
        public int x;                                    //子弹的 X 坐标
        public int y;                                    //子弹的 Y 坐标
        public Image im;                                 //子弹图片
        public Bullet(int x, int y, Image im)
        {
            this.x = x;                                  //初始化子弹的 X 坐标
            this.y = y;                                  //初始化子弹的 Y 坐标
            this.im = im;                                //初始化子弹图片
        }
    }
```

```csharp
List<Bullet> bullet_lsit = new List<Bullet>();                    //子弹列表
class Enemy                                                        //敌机类
{
    public int x;                                                  //敌机的 X 坐标
    public int y;                                                  //敌机的 Y 坐标
    public int speed;                                              //敌机的纵向速度
    public int xspeed;                                             //敌机的横向速度
    public Image im;                                               //敌机图片
    public Enemy(int x, int y, int speed, int xspeed, Image im)
    {
        this.x = x;                                                //初始化敌机的 X 坐标
        this.y = y;                                                //初始化敌机的 Y 坐标
        this.speed = speed;                                        //初始化敌机的纵向速度
        this.xspeed = xspeed;                                      //初始化敌机的横向速度
        this.im = im;                                              //初始化敌机图片
    }
}
List<Enemy> enemy_lsit = new List<Enemy>();                        //敌机列表
int x, y;
public void iniPlane(Form frm)
{
    x = frm.Width / 2 - feiji.Width / 2;                           //设置飞机的初始 X 坐标
    y = frm.Height - feiji.Height - 70;                            //设置飞机的初始 Y 坐标
}
//使用键盘控制飞机的上下左右移动及暂停、爆炸
public void keyControl(Form frm, KeyEventArgs e, Label lbl)
{
    if (e.KeyCode == Keys.Up)                                      //方向键↑
    {
        if (y >= 10)                                               //如果 Y 坐标大于等于 10,则减掉 10
        {
            y -= 10;
        }
    }
    if (e.KeyCode == Keys.Down)                                    //方向键↓
    {
        //如果 Y 坐标小于等于窗体高度,减去飞机高度,再减去 30(标题栏+边框)
        if (y <= frm.ClientSize.Height - feiji.Height - 30)
        {
            y += 10;                                               //Y 坐标加 10
        }
    }
    if (e.KeyCode == Keys.Left)                                    //方向键←
    {
        if (x >= 10)                                               //如果 X 坐标大于等于 10,则减掉 10
        {
            x -= 10;
        }
    }
    if (e.KeyCode == Keys.Right)                                   //方向键→
    {
        //如果 X 坐标小于等于窗体宽度,减去飞机宽度,再减去 30(标题栏+边框)
        if (x <= frm.ClientSize.Width - feiji.Width - 30)
        {
            x += 10;                                               //X 坐标加 10
        }
    }
    if (e.KeyCode == Keys.Enter)                                   //回车键——暂停
        pause = !pause;
```

```csharp
            if (e.KeyCode == Keys.Space)                    //空格键——爆炸
            {
                if (baoxian > 0)                            //判断是否有宝箱（即爆炸特技）
                {
                    baoxian--;                              //宝箱数量减一
                    //根据敌机速度，设置得分
                    for (int i = 0; i < enemy_lsit.Count; i++)
                    {
                        if (enemy_lsit[i].speed == 2)       //如果速度为2，则分数加2000
                            score += 2000;
                        else if (enemy_lsit[i].speed == 4)  //如果速度为4，则分数加1000
                            score += 1000;
                        else if (enemy_lsit[i].speed == 7)  //如果速度为7，则分数加500
                            score += 500;
                        enemy_lsit.Remove(enemy_lsit[i]);   //清除指定敌机
                    enemy_lsit.Clear();                     //清空敌机列表
                    lbl.Text = "得分： " + Convert.ToString(score);  //显示得分
                    }
                    Graphics g = frm.CreateGraphics();      //创建绘图对象
                    g.DrawImage(baozha, 0, 0, frm.Width, frm.Height);  //绘制爆炸效果
                }
            }
        }
        //打飞机游戏的实现算法
        public void execProgram(Graphics g, Form frm, Label lbl, Timer timer)
        {
            if (pause)                                      //判断是否暂停
            {
                g.DrawString("暂 停", new Font("微软雅黑", 22), Brushes.Red,
new PointF(frm.Width / 2 - 50, frm.Height / 2 - 50));       //绘制暂停文字
                return;
            }
            judge++;                                        //关数加1
            Plane plane = new Plane(x, y, feiji);           //创建飞机对象
            //击落敌机
            for (int i = 0; i < enemy_lsit.Count; i++)      //遍历敌机列表
            {
                for (int j = 0; j < bullet_lsit.Count; j++) //遍历子弹列表
                {
                    if (Math.Abs(bullet_lsit[j].x - enemy_lsit[i].x) < (bullet_lsit[j].im.Width + enemy_lsit[i].im.Width) / 2 &&
Math.Abs(bullet_lsit[j].y - enemy_lsit[i].y) < (bullet_lsit[j].im.Height + enemy_lsit[i].im.Height) / 2)
                    {
                        if (enemy_lsit[i].speed == 2)       //如果速度为2，则分数加2000
                            score += 2000;
                        else if (enemy_lsit[i].speed == 4)  //如果速度为4，则分数加1000
                            score += 1000;
                        else if (enemy_lsit[i].speed == 7)  //如果速度为7，则分数加500
                            score += 500;
                        enemy_lsit.Remove(enemy_lsit[i]);   //清除指定敌机
                        lbl.Text = "得分： " + Convert.ToString(score);  //显示得分
                        break;
                    }
                }
            }
            //碰撞敌机
            for (int i = 0; i < enemy_lsit.Count; i++)      //遍历敌机列表
            {
                bool isCrashed = false;                     //判断游戏是否结束
                //定义飞机坐标
```

```csharp
                    int px = (x * 2 + plane.im.Width) / 2, py = (y * 2 + plane.im.Height) / 2;
                    //定义敌机坐标
                    int ex = (enemy_lsit[i].x * 2 + enemy_lsit[i].im.Width) / 2, ey = (enemy_lsit[i].y * 2
+ enemy_lsit[i].im.Height) / 2;
                    //如果飞机坐标与敌机坐标重合度在一定范围
                    if (Math.Sqrt((px - ex) * (px - ex) + (py - ey) * (py - ey)) <= (enemy_lsit[i].im.Width / 2
+ plane.im.Height / 2 - 20))
                    {
                        isCrashed = true;                               //指示游戏结束
                    }
                    if (isCrashed)
                    {
                        timer.Stop();                                   //停止计时器
                        g.DrawString("Game Over", new Font("微软雅黑",22), Brushes.Red, new PointF(frm.Width / 2 - 100,
frm.Height / 2 - 50));                                                  //提示游戏结束
                        return;
                    }
                }
                if (judge == 100)                                       //如果关数到达100，则重新开始
                    judge = 0;
                g.DrawImage(Image.FromFile("bg.png"),0,0,302,501);      //刷新

                g.DrawImage(feiji, new Point(x, y));                    //实时绘制飞机位置
                //指定要加载的敌机类型
                if (judge % 50 == 0)                                    //大型敌机
                {
                    Enemy di = new Enemy(new Random().Next(10000) % 180, 0, 2, new Random().Next(10000) % 5 - 2, dj1);
                    enemy_lsit.Add(di);
                }
                if (judge % 30 == 0)                                    //中型敌机
                {
                    Enemy di = new Enemy(new Random().Next(10000) % 180, 0, 4, new Random().Next(10000) % 5 - 2, dj2);
                    enemy_lsit.Add(di);
                }
                if (judge % 20 == 0)                                    //小型敌机
                {
                    Enemy di = new Enemy(new Random().Next(10000) % 180, 0, 7, new Random().Next(10000) % 5 - 1, dj3);
                    enemy_lsit.Add(di);
                }
                //绘制子弹
                if (judge % 6 == 0)
                {
                    if (zidanshu == 1)                                  //如果只有1个子弹
                    {
                        //初始化子弹
                        Bullet bul = new Bullet((x * 2 + plane.im.Width) / 2 - 5, plane.y - zidan.Height, zidan);
                        bullet_lsit.Add(bul);                           //将子弹添加到子弹列表中
                    }
                    else if (zidanshu == 2)                             //如果只有2个子弹
                    {
                        //初始化第1个子弹
                        Bullet bul = new Bullet((x * 2 + plane.im.Width / 3) / 2 - 5, plane.y - zidan.Height, zidan);
                        bullet_lsit.Add(bul);                           //将第1个子弹添加到子弹列表中
                        //初始化第2个子弹
                        Bullet bul1 = new Bullet((x * 2 + (2 * plane.im.Width) / 3) / 2 + 20, plane.y - zidan.Height, zidan);
                        bullet_lsit.Add(bul1);                          //将第2个子弹添加到子弹列表中
                    }
                }
                //绘制敌机
```

```
                for (int i = 0; i < enemy_lsit.Count; i++)
                {
                    //在指定位置出现敌机
                    g.DrawImage(enemy_lsit[i].im, new Point(enemy_lsit[i].x, enemy_lsit[i].y));
                    enemy_lsit[i].y += enemy_lsit[i].speed;                    //敌机的 Y 坐标
                    enemy_lsit[i].x += enemy_lsit[i].xspeed;                   //敌机的 X 坐标
                    if (enemy_lsit[i].y > frm.Height || enemy_lsit[i].x < 0 - enemy_lsit[i].im.Width || enemy_lsit[i].x >= frm.Width)
                                                                               //如果敌机的 XY 坐标不在窗体范围内
                    {
                        enemy_lsit.Remove(enemy_lsit[i]);                      //从敌机列表中移出该敌机
                    }
                }
                //绘制连续发射的子弹
                for (int i = 0; i < bullet_lsit.Count; i++)
                {
                    //在指定位置出现子弹
                    g.DrawImage(zidan, new Point(bullet_lsit[i].x, bullet_lsit[i].y));
                    bullet_lsit[i].y -= 20;                                    //设置子弹循环向上移动（20 像素）
                    if (bullet_lsit[i].y < -40)                                //如果子弹的 Y 坐标小于-40
                    {
                        bullet_lsit.Remove(bullet_lsit[i]);                    //从子弹列表中移出该子弹
                    }
                }
            }
```

23.4 实践与练习

  本章所讲的 3 个游戏都实现了基本功能，读者可以挑选一个游戏，尝试完善其功能。例如，为贪吃蛇游戏完善补充以下功能。

  （1）添加设置级别的菜单，如初级、中级、高级。

  （2）实现初级、中级、高级功能，如初级速度为 400，中级速度为 200，高级速度为 50。

  （3）使用键盘上的 W、S、A、D 键控制贪吃蛇的上、下、左、右移动。

第 4 篇 项目实战

本篇将通过两个完整的项目——AI 图像识别软件和 ERP 管理系统，运用软件工程的设计思想，让读者学习如何进行软件项目的实践开发。全文按照系统分析→系统设计→数据库设计→公共类设计→主要模块实现等过程进行介绍，带领读者一步一步亲身体验开发项目的全过程。

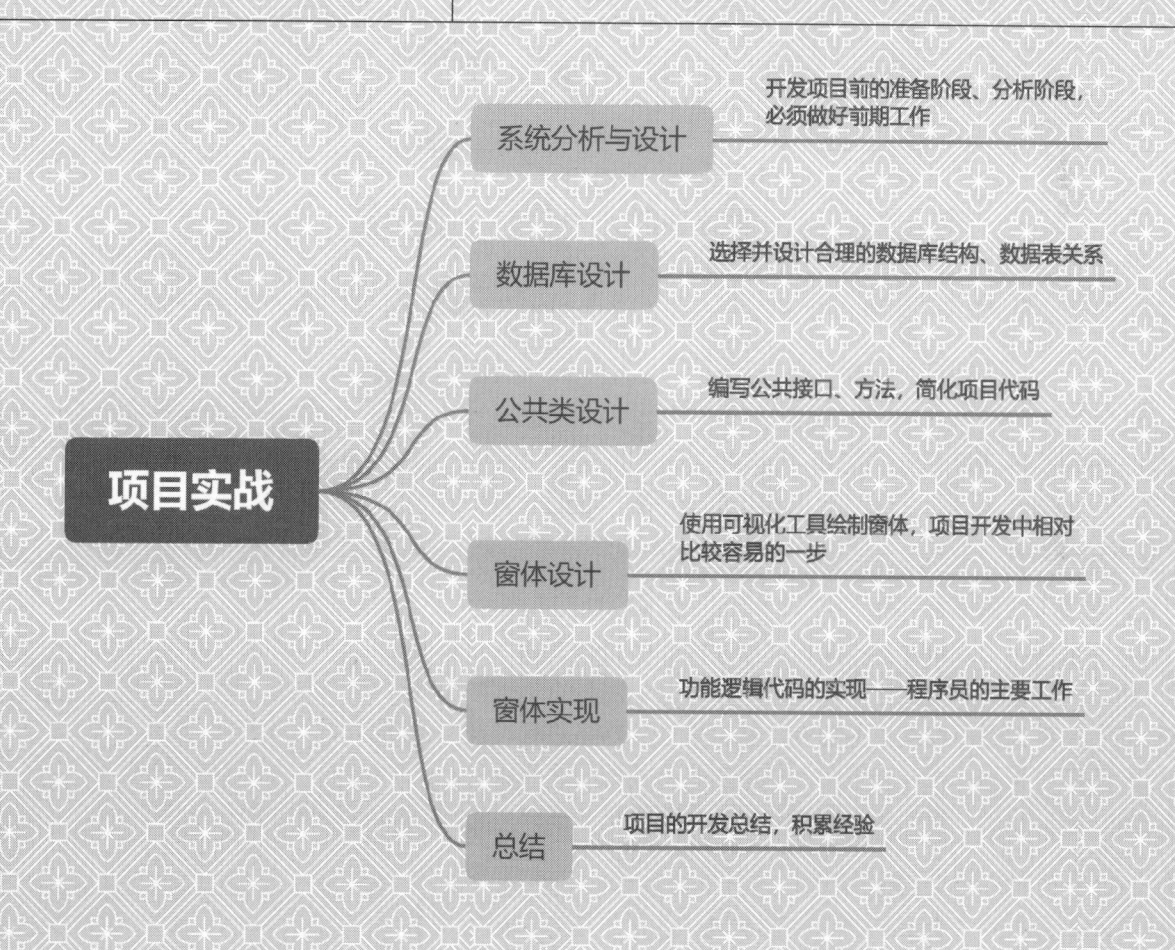

项目实战

- 系统分析与设计：开发项目前的准备阶段、分析阶段，必须做好前期工作
- 数据库设计：选择并设计合理的数据库结构、数据表关系
- 公共类设计：编写公共接口、方法，简化项目代码
- 窗体设计：使用可视化工具绘制窗体，项目开发中相对比较容易的一步
- 窗体实现：功能逻辑代码的实现——程序员的主要工作
- 总结：项目的开发总结，积累经验

第 24 章 AI 图像识别软件

图像识别是人工智能（AI）领域发展特别迅速的一个方向，而且落地应用场景也非常多。为了使读者能跟上时代的步伐，本项目将使用 C#技术和百度 AI 框架开发一款图像识别的应用软件，其功能包括植物识别、动物识别、车型识别、车牌识别和菜品识别等。

本章知识架构及重点、难点如下。

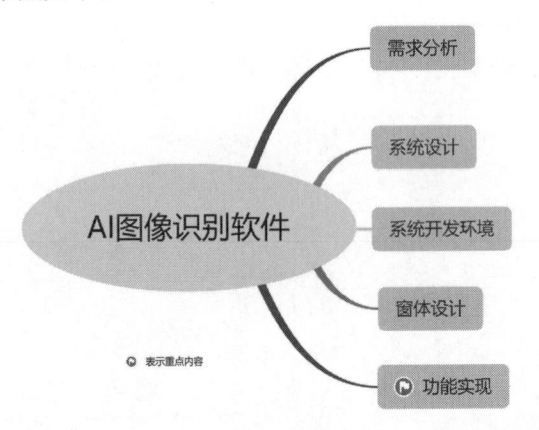

24.1 需求分析

AI 图像识别软件主要具有以下功能。
- ☑ 植物识别：根据植物图片，显示可能的植物名称以及相似度。
- ☑ 动物识别：根据动物图片，显示可能的动物名称以及相似度。
- ☑ 车型识别：根据车型图片，显示可能的车型名称以及相似度。
- ☑ 车牌识别：根据车牌图片，识别出具体的车牌号。
- ☑ 菜品识别：根据菜品图片，显示可能的菜品名称、卡路里含量以及相似度。

24.2 系统设计

24.2.1 系统功能结构

AI 图像识别软件的功能结构如图 24.1 所示。

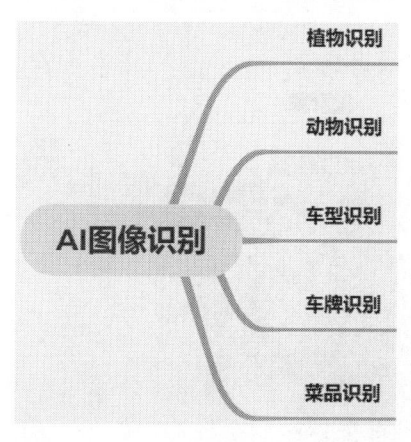

图 24.1　AI 图像识别软件的功能结构

24.2.2　系统业务流程图

AI 图像识别软件的业务流程如图 24.2 所示。

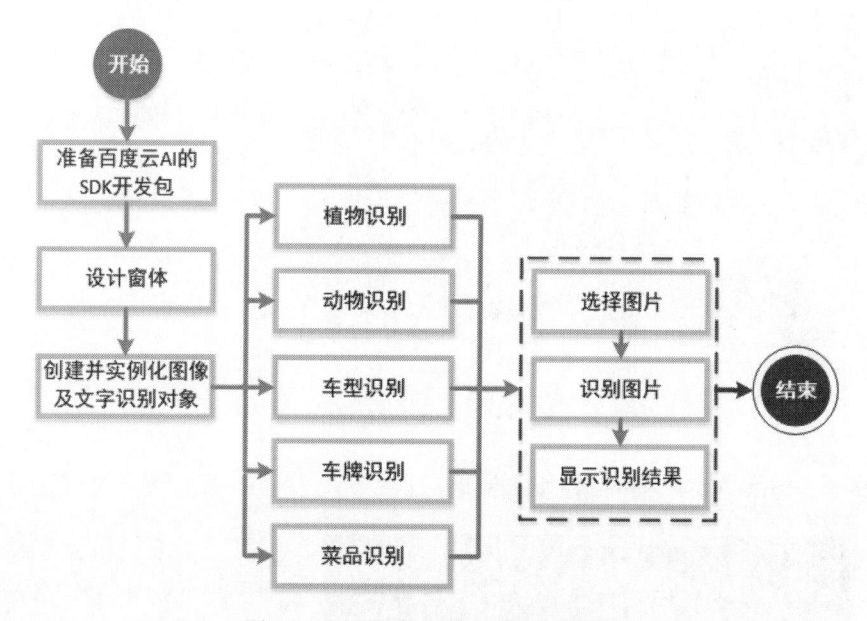

图 24.2　AI 图像识别软件的业务流程

24.2.3　系统预览

AI 图像识别软件中包括植物识别、动物识别、车型识别、车牌识别以及菜品识别 5 个功能选项卡，它们的运行效果分别如图 24.3～图 24.7 所示。

图 24.3　植物识别

图 24.4　动物识别

图 24.5　车型识别

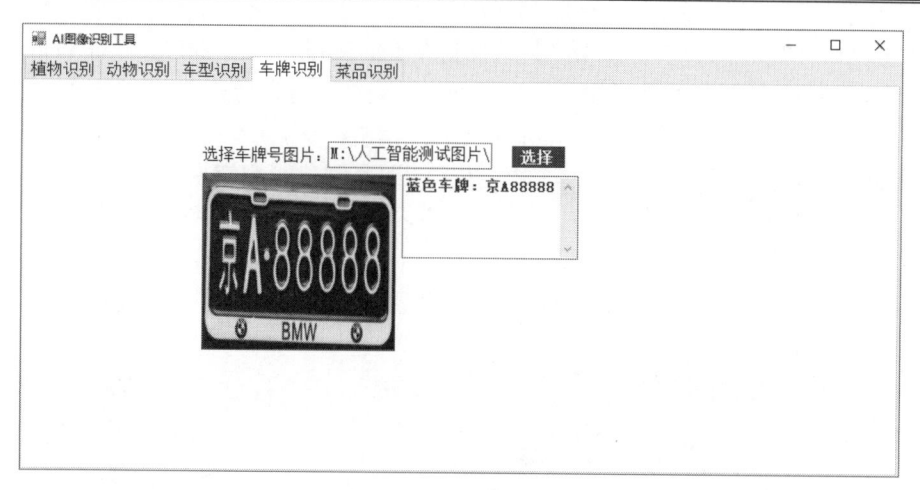

图 24.6　车牌识别

图 24.7　菜品识别

24.3　系统开发环境

本项目的程序开发环境具体如下。
- ☑ 操作系统：Windows 10 及以上。
- ☑ 开发环境：Visual Studio 免费社区版（2015、2017、2019、2022 等版本）。
- ☑ 开发语言：C#。
- ☑ 第三方组件：百度云 AI 的 SDK 开发包。

24.4　窗体设计

在 Visual Studio 2022 开发环境中创建 AI 图像识别软件项目的具体步骤如下。

（1）在 Windows 10 操作系统的"开始"菜单找到 Visual Studio 2022 程序，启动 Visual Studio 2022。

（2）在 Visual Studio 2022 的"开始使用"界面中单击"创建新项目"，在弹出的"创建新项目"对话框中选择"Windows 窗体应用(.NET Framework)"，单击"下一步"按钮，打开"配置新项目"对话框，按照图 24.8 所示进行配置，单击"创建"按钮，即可创建一个空白的 AIRecognition 项目。

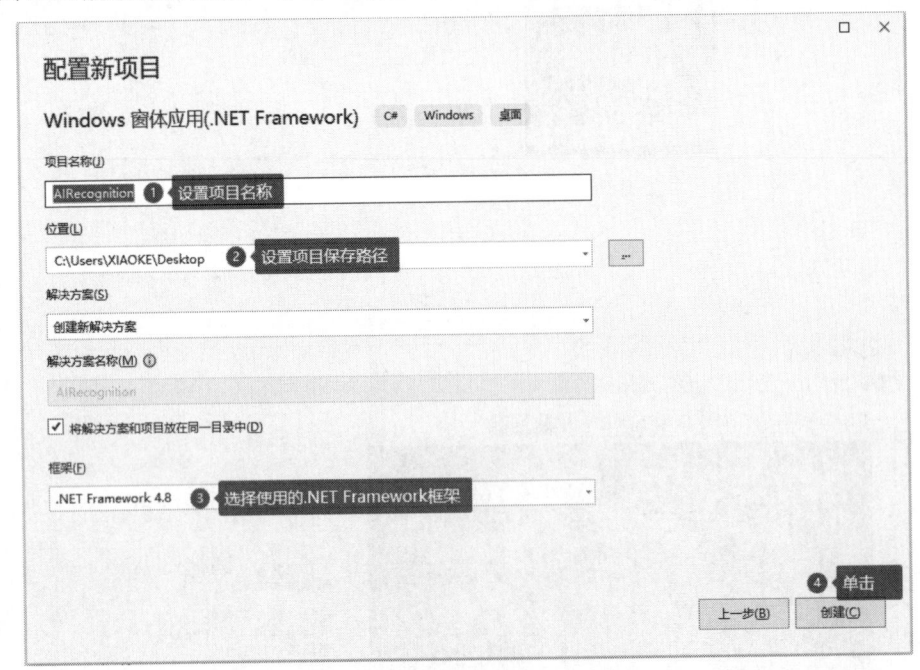

图 24.8　"配置新项目"对话框

（3）使用新创建项目的默认窗体作为本项目的功能实现窗体。首先在该窗体中添加一个 OpenFileDialog 组件，用来选择相应的图片文件；另外，由于本项目通过一个窗体实现了 5 种功能，分别是植物识别、动物识别、车型识别、车牌识别以及菜品识别，因此窗体中使用 TabControl 选项卡控件进行设计，该控件中设置"植物识别""动物识别""车型识别""车牌识别""菜品识别" 5 个选项卡，每个选项卡中用到的控件分别如下。

☑ "植物识别"选项卡中的控件

添加一个 Button 控件，用来选择植物图片文件，并执行植物识别操作；添加一个 TextBox 控件，用来显示选择的植物图片文件路径；添加一个 PictureBox 控件，用来预览选择的植物；添加一个 Label 控件，用来显示识别出的植物名称及相似度。设计效果如图 24.9 所示。

☑ "动物识别"选项卡中的控件

添加一个 Button 控件，用来选择动物图片文件，并执行动物识别操作；添加一个 TextBox 控件，用来显示选择的动物图片文件路径；添加一个 PictureBox 控件，用来预览选择的动物；添加一个 Label 控件，用来显示识别出的动物名称及相似度。设计效果如图 24.10 所示。

☑ "车型识别"选项卡中的控件

添加一个 Button 控件，用来选择车辆图片文件，并执行车型识别操作；添加一个 TextBox 控件，用来显示选择的车辆图片文件路径；添加一个 PictureBox 控件，用来预览选择的车辆；添加一个 Label 控件，用来显示识别出的车型名称及相似度。设计效果如图 24.11 所示。

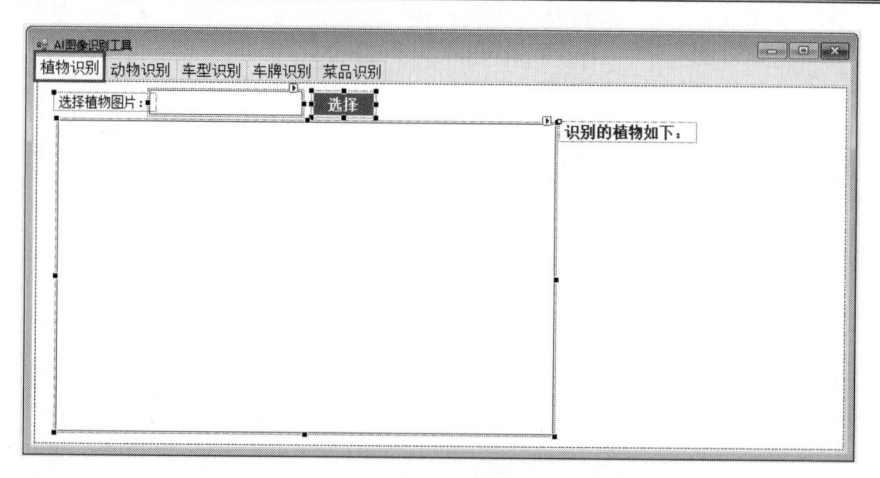

图 24.9 "植物识别"选项卡设计效果

图 24.10 "动物识别"选项卡设计效果

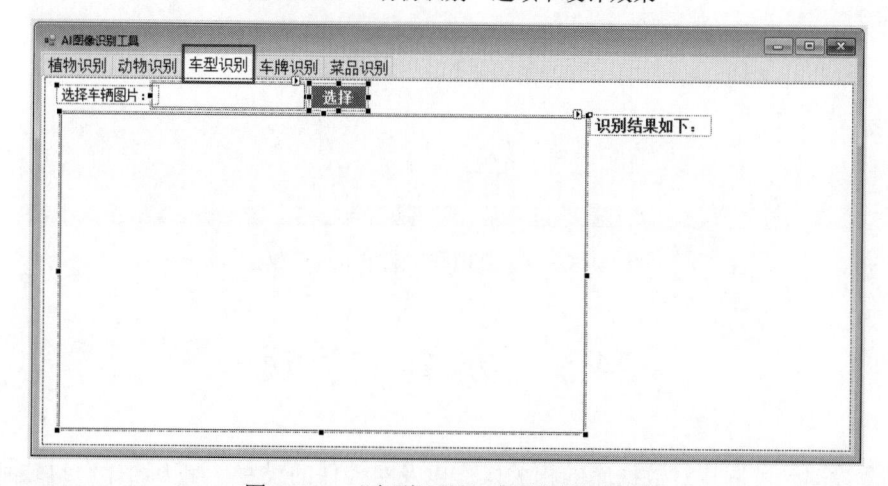

图 24.11 "车型识别"选项卡设计效果

☑ "车牌识别"选项卡中的控件

添加一个 Button 控件，用来选择车牌号图片，并执行车牌号识别操作；添加两个 TextBox 控件，分别用来显示选择的车牌号图片文件路径和识别的车牌号信息；添加一个 PictureBox 控件，用来预览选择的车牌号图片。设计效果如图 24.12 所示。

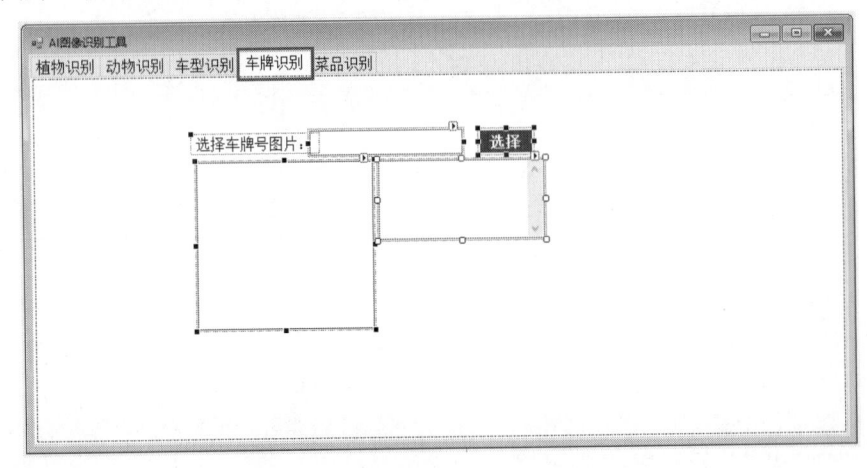

图 24.12 "车牌识别"选项卡设计效果

☑ "菜品识别"选项卡中的控件

添加一个 Button 控件，用来选择菜品图片文件，并执行菜品识别操作；添加一个 TextBox 控件，用来显示选择的菜品图片文件路径；添加一个 PictureBox 控件，用来预览选择的菜品图片；添加一个 Label 控件，用来显示识别出的菜品名称、每 100 克的卡路里含量及相似度。设计效果如图 24.13 所示。

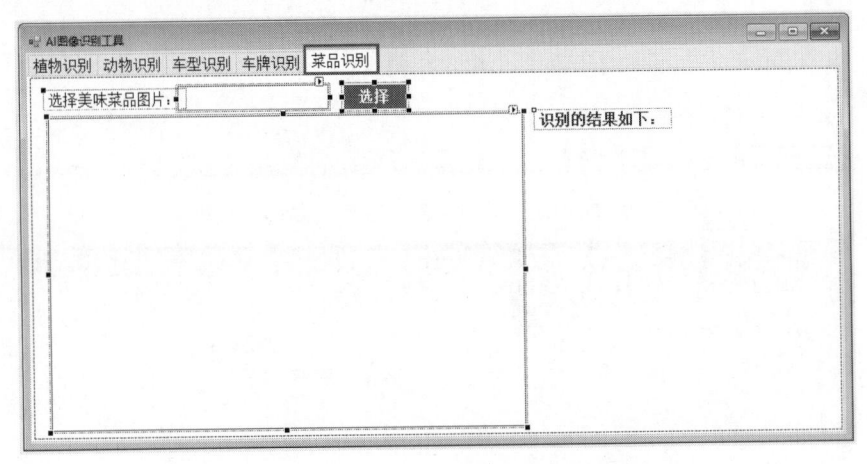

图 24.13 "菜品识别"选项卡设计效果

24.5 功能实现

开发应用程序时，可以将对数据库的相关操作以及对控件的设置、遍历等操作封装到自定义类中，以便于在开发程序时调用，这样可以提高代码的重用性。本项目创建了 MyMeans 和 MyModule 两个公共类，分别存放在 DataClass 和 ModuleClass 文件夹中。下面对这两个公共类中比较重要的方法进行详细讲解。

24.5.1　准备百度云 AI 的 SDK 开发包

本项目实现图像识别使用的是百度云 AI 的 API 接口，因此，其实现的关键是：如何申请百度云 AI 的 API 使用权限，以及如何在 C#程序中调用百度云 AI 的 SDK 开发包，下面按步骤进行详细说明。

（1）在网页浏览器的地址栏中输入 ai.baidu.com，进入百度云 AI 的官网，如图 24.14 所示，该页面中单击右上角的蓝色"控制台"按钮。

图 24.14　百度云 AI 官网

（2）进入百度云 AI 官网的登录页面，如图 24.15 所示，该页面中需要输入百度账号和密码，如果没有，可以单击"立即注册"超链接进行申请。

图 24.15　百度云 AI 官网的登录页面

（3）登录成功后，进入百度云 AI 官网的控制台页面，单击左侧导航中的"产品服务"，展开列表，在列表的"人工智能"分类中选择"图像识别",如图24.16所示。

图24.16 在"产品服务"列表中选择"图像识别"

（4）进入"图像识别-概览"页面。要使用百度云AI的API，首先需要申请权限，申请权限之前需要先创建自己的应用，单击"我的应用"下方的"公有云0个"超链接，如图24.17所示。

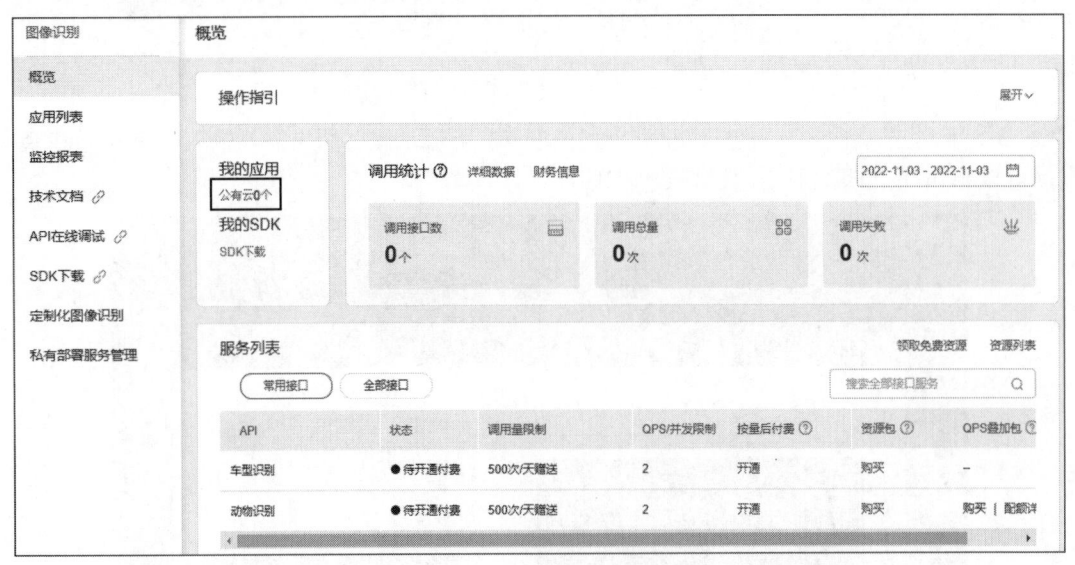

图24.17 "图像识别-概览"页面

（5）单击"创建应用"按钮，进入"创建应用"页面，该页面中需要输入应用的名称，选择应用类型，并选择接口（注意：这里的接口可以多选择一些，把后期可能用到的接口全部选上），选择完接口后，输入应用描述，单击"立即创建"按钮，如图24.18所示。

（6）页面跳转到"应用列表"页面，该页面中即可查看创建的应用，以及百度云自动分配的AppID、API Key、Secret Key，这些值根据应用的不同而不同，因此一定要保存好，以便开发时使用，如图24.19所示。

图 24.18 "创建应用"页面

图 24.19 "应用列表"页面查看 AppID、API Key、Secret Key

（7）在图 24.17 中单击左侧导航中的"SDK 下载"菜单，进入"SDK 资源"页面，如图 24.20 所示，该页面中可以根据项目的需要下载相应语言或者类别的 SDK，这里下载 C#相应的 SDK 资源包即可。

（8）下载完的 SDK 资源包是一个压缩文件，解压该文件，可以看到图 24.21 所示的 4 个文件夹，这 4 个文件夹对应不同的.NET 版本，双击打开任意一个文件夹，里面有 3 个文件，如图 24.22 所示，其中以.dll 结尾的两个文件就是开发 C#程序时需要引用的文件。

> **说明**
>
> 在 Visual Studio 的 NuGet 包管理器控制台中，可以使用以下命令安装百度云 AI 的 SDK：
> Install-Package Baidu.AI

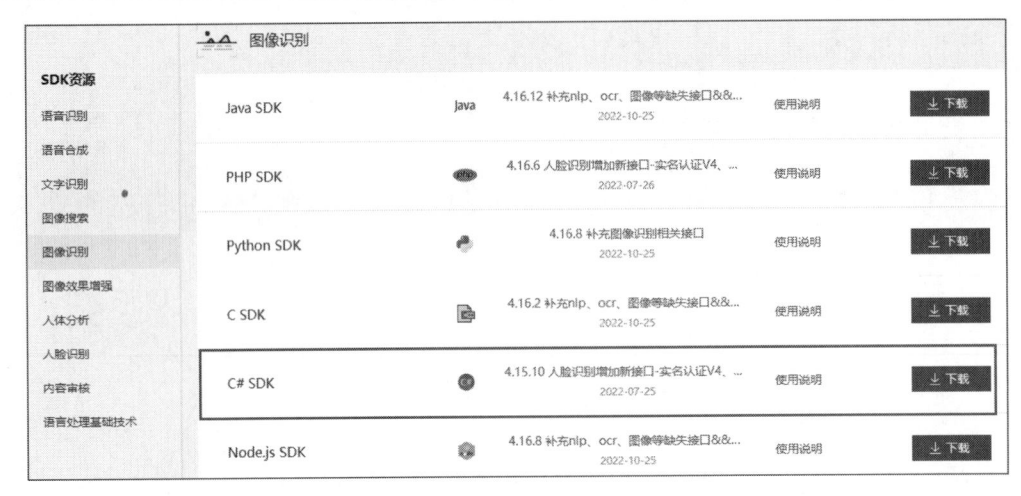

图 24.20　下载 C#的 SDK 资源包

图 24.21　SDK 资源包中的文件夹

图 24.22　SDK 的文件列表

（9）打开 C#项目，在"解决方案资源管理器"中选中引用文件夹，单击鼠标右键，在弹出的快捷菜单中选择"添加引用"命令，在弹出的"添加引用"对话框中找到 SDK 的指定版本下的 AipSdk.dll 文件和 Newtonsoft.Json.dll 文件，单击"添加"按钮，即可引入项目中，如图 24.23 所示。

（10）打开要使用百度云 AI 的代码文件，在命名空间区域添加相应的命名空间，接下来就可以在程序中使用百度云 AI 提供的相应类来进行人工智能应用编程了。例如，本项目进行图像识别和文字识别相关的编程，则添加如下命名空间。

图 24.23　添加 SDK 的引用

```
using Baidu.Aip.ImageClassify;
using Baidu.Aip.Ocr;
```

24.5.2　初始化图像及文字识别对象

本项目实现时需要用到百度云 AI 的 API 中的图像识别类 ImageClassify 类和文字识别类 Ocr 类，因此在实现功能之前，首先应该创建并初始化这两个类的对象，代码如下。

```csharp
private readonly ImageClassify client;                              //创建百度云 AI 的 SDK 中的图像识别对象
private readonly Ocr _imgclient;                                    //创建百度云 AI 的 SDK 中的文字识别对象
string API_KEY = "ba24IVjzsKjQEBu6IRLKt9n8";                        //设置百度云 AI 的 APIKEY
string SECRET_KEY = "S6Mhiw6Ttmg8PsZls9D94B6iVvXPM4G0";             //设置百度云 AI 的 SECRET_KEY

public Form1()
{
    client = new ImageClassify(API_KEY, SECRET_KEY);                //实例化百度云 AI 的 SDK 中的图片识别对象
    _imgclient = new Ocr(API_KEY, SECRET_KEY);                      //实例化百度云 AI 的 SDK 中的文字识别对象
    client.Timeout = 60000;                                         //修改超时时间
    CheckForIllegalCrossThreadCalls = false;
    InitializeComponent();
}
```

24.5.3 植物识别

植物识别功能主要使用 ImageClassify 类中的 PlantDetect()方法实现。该方法用来识别一张图片，即对于输入的一张图片（可正常解码，且长宽比适宜），输出植物识别结果。其使用方法如下。

```csharp
//带参数调用植物识别，可能会抛出网络等异常，请使用 try/catch 捕获
result = client.PlantDetect(image, options);
```

PlantDetect()方法参数说明如表 24.1 所示。

表 24.1　PlantDetect()方法参数说明

参　数	是否必选	类　型	默　认　值	描　述
image	是	byte[]		二进制图像数据
baike_num	否	string	0	返回百科信息的结果数，默认不返回

PlantDetect()方法的返回参数说明如表 24.2 所示。

表 24.2　PlantDetect()方法返回参数说明

参　数	类　型	是否必选	说　明
log_id	uint64	是	唯一的 log id，用于问题定位
result	arrry(object)	是	植物识别结果数组
+name	string	是	植物名称，示例：吉娃莲
+score	uint32	是	置信度，示例：0.5321
+baike_info	object	否	对应识别结果的百科词条名称
++baike_url	string	否	对应识别结果的百度百科页面链接
++image_url	string	否	对应识别结果的百科图片链接
++description	string	否	对应识别结果的百科内容描述

主要代码如下。

```csharp
private void button1_Click(object sender, EventArgs e)
{
    if (file.ShowDialog() == DialogResult.OK)
    {
        textBox1.Text = file.FileName;
        pictureBox1.Image = Image.FromFile(file.FileName);
        System.Threading.ThreadPool.QueueUserWorkItem(              //使用线程池
```

```
            (P_temp) =>
            {
                var image = File.ReadAllBytes(file.FileName);
                var result = client.PlantDetect(image);                //调用植物识别
                double score;
                foreach (var v in result["result"])
                {
                    score = Convert.ToDouble(v["score"]);
                    label1.Text += Environment.NewLine + "    " + v["name"] + "        相似度：" + score.ToString("F2");
                }
            }
        );
    }
}
```

24.5.4 动物识别

动物识别功能主要使用 ImageClassify 类中的 AnimalDetect()方法实现。该方法用来识别一张图片，即对于输入的一张图片（可正常解码，且长宽比适宜），输出动物识别结果。其使用方法如下。

```
//带参数调用动物识别，可能会抛出网络等异常，请使用 try/catch 捕获
result = client.AnimalDetect(image, options);
```

AnimalDetect()方法参数说明如表 24.3 所示。

表 24.3 AnimalDetect()方法参数说明

参　　数	是否必选	类　　型	默　认　值	描　　述
image	是	byte[]		二进制图像数据
top_num	否	string	6	返回预测得分 top 结果数，默认为 6
baike_num	否	string	0	返回百科信息的结果数，默认不返回

AnimalDetect()方法的返回参数说明如表 24.4 所示。

表 24.4 AnimalDetect()方法返回参数说明

参　　数	类　　型	是否必选	说　　明
log_id	uint64	是	唯一的 log id，用于问题定位
result	arrry(object)	是	识别结果数组
+name	string	是	动物名称，示例：蒙古马
+score	uint32	是	置信度，示例：0.5321
+baike_info	object	否	对应识别结果的百科词条名称
++baike_url	string	否	对应识别结果的百度百科页面链接
++image_url	string	否	对应识别结果的百科图片链接
++description	string	否	对应识别结果的百科内容描述

主要代码如下。

```
private void button2_Click(object sender, EventArgs e)
{
    if (file.ShowDialog() == DialogResult.OK)
    {
        textBox2.Text = file.FileName;
```

```
            pictureBox2.Image = Image.FromFile(file.FileName);
            System.Threading.ThreadPool.QueueUserWorkItem(        //使用线程池
                (P_temp) =>
                {
                    var image = File.ReadAllBytes(file.FileName);
                    var result = client.AnimalDetect(image);       //调用动物识别
                    double score;
                    foreach (var v in result["result"])
                    {
                        score = Convert.ToDouble(v["score"]);
                        label3.Text += Environment.NewLine + "    " + v["name"] + "    相似度：" + score.ToString("F2");
                    }
                }
            );
        }
    }
```

24.5.5 车型识别

车型识别功能主要使用 ImageClassify 类中的 CarDetect()方法实现。该方法用来检测一张车辆图片的具体车型，即对于输入的一张图片（可正常解码，且长宽比适宜），输出图片的车辆品牌及型号。其使用方法如下。

```
//带参数调用车型识别，可能会抛出网络等异常，请使用 try/catch 捕获
result = client.CarDetect(image, options);
```

CarDetect()方法参数说明如表 24.5 所示。

表 24.5　CarDetect()方法参数说明

参　　数	是否必选	类　　型	默　认　值	描　　述
image	是	byte[]		二进制图像数据
top_num	否	string	5	返回预测得分 top 结果数，默认为 5
baike_num	否	string	0	返回百科信息的结果数，默认不返回

CarDetect()方法的返回参数说明如表 24.6 所示。

表 24.6　CarDetect()方法返回参数说明

字　　段	是否必选	类　　型	说　　明
log_id	否	uint64	唯一的 log id，用于问题定位
color_result	是	string	颜色
result	否	car-result()	车型识别结果数组
+name	否	string	车型名称，示例：宝马 x6
+score	否	double	置信度，示例：0.5321
+year	否	string	年份
+baike_info	object	否	对应识别结果的百科词条名称
++baike_url	string	否	对应识别结果的百度百科页面链接
++image_url	string	否	对应识别结果的百科图片链接
++description	string	否	对应识别结果的百科内容描述
location_result	否	string	车在图片中的位置信息

主要代码如下。

```csharp
private void button3_Click(object sender, EventArgs e)
{
    if (file.ShowDialog() == DialogResult.OK)
    {
        textBox3.Text = file.FileName;
        pictureBox3.Image = Image.FromFile(file.FileName);
        System.Threading.ThreadPool.QueueUserWorkItem(                  //使用线程池
            (P_temp) =>
            {
                var image = File.ReadAllBytes(file.FileName);
                var options = new Dictionary<string, object>{
                    {"top_num", 3}
                };                                                       //设置只获取前3条记录
                var result = client.CarDetect(image, options);           //调用车辆识别
                double score;
                foreach (var v in result["result"])
                {
                    score = Convert.ToDouble(v["score"]);
                    label5.Text += Environment.NewLine + "    " + v["name"] + "        相似度：" + score.ToString("F2");
                }
            }
        );
    }
}
```

24.5.6 车牌识别

车牌识别功能主要使用 Ocr 类中的 LicensePlate()方法实现。该方法用来识别大陆机动车车牌（包含新能源车牌），并返回签发地和号牌。其使用方法如下。

```
//带参数调用车牌识别
result = client.LicensePlate(image, options);
```

LicensePlate()方法参数说明如表 24.7 所示。

表 24.7 LicensePlate()方法参数说明

参数	是否必选	类型	可选值范围	默认值	描述
image	是	byte[]			二进制图像数据
multi_detect	否	string	true false	false	是否检测多张车牌，默认为 false，为 true 时可以对一张图片内的多张车牌进行识别

LicensePlate()方法的返回参数说明如表 24.8 所示。

表 24.8 LicensePlate()方法返回参数说明

参数	类型	是否必选	说明
log_id	uint64	是	请求标识码，随机数，唯一
Color	string	是	车牌颜色
number	string	是	车牌号码

主要代码如下。

```csharp
private void button4_Click(object sender, EventArgs e)
{
    textBox4.Text = "";
    if (file.ShowDialog() == DialogResult.OK)
    {
        textBox5.Text = file.FileName;
        pictureBox4.Image = Image.FromFile(file.FileName);
        System.Threading.ThreadPool.QueueUserWorkItem(              //使用线程池
            (P_temp) =>
            {
                byte[] image = File.ReadAllBytes(file.FileName);
                var options = new Dictionary<string, object>{
                    {"multi_detect", "true"}
                };                                                   //设置可选参数
                var result = _imgclient.LicensePlate(image, options); //车牌号识别
                foreach (var v in result["words_result"])
                {
                    string strColor = v["color"].ToString() == "blue" ? "蓝色车牌" : "黄色车牌";
                    textBox4.Text += strColor + "：" + v["number"] + Environment.NewLine;
                }
            }
        );
    }
}
```

24.5.7 菜品识别

菜品识别功能主要使用 ImageClassify 类中的 DishDetect() 方法实现。该方法用来进行菜品识别，即对于输入的一张图片（可正常解码，且长宽比适宜），输出图片的菜品名称、卡路里信息、相似度。其使用方法如下。

```
//带参数调用菜品识别，可能会抛出网络异常，请使用 try/catch 捕获
result = client.DishDetect(image, options);
```

DishDetect() 方法参数说明如表 24.9 所示。

表 24.9　DishDetect() 方法参数说明

参数名称	是否必选	类　　型	默认值	说　　明
image	是	byte[]		二进制图像数据
top_num	否	string		返回预测得分 top 结果数，默认为 5
filter_threshold	否	string		默认为 0.95，通过该参数可调节识别效果，降低非菜识别率
baike_num	否	string	0	返回百科信息的结果数，默认不返回

DishDetect() 方法的返回参数说明如表 24.10 所示。

表 24.10　DishDetect() 方法返回参数说明

字　　段	是否必选	类　　型	说　　明
log_id	是	uint64	唯一的 log id，用于问题定位
result_num	否	unit32	返回结果数目，及 result 数组中的元素个数

续表

字 段	是否必选	类 型	说 明
result	否	array()	菜品识别结果数组
+name	否	string	菜名，示例：鱼香肉丝
+calorie	否	float	卡路里，每 100g 的卡路里含量
+probability	否	float	识别结果中每一行的置信度值，0～1
+baike_info	object	否	对应识别结果的百科词条名称
++baike_url	string	否	对应识别结果的百度百科页面链接
++image_url	string	否	对应识别结果的百科图片链接
++description	string	否	对应识别结果的百科内容描述

主要代码如下。

```csharp
private void button5_Click(object sender, EventArgs e)
{
    if (file.ShowDialog() == DialogResult.OK)
    {
        textBox6.Text = file.FileName;
        pictureBox5.Image = Image.FromFile(file.FileName);
        System.Threading.ThreadPool.QueueUserWorkItem(          //使用线程池
            (P_temp) =>
            {
                var image = File.ReadAllBytes(file.FileName);
                var options = new Dictionary<string, object>{
                    {"top_num", 4}
                };                                              //设置只获取4条结果
                var result = client.DishDetect(image, options); //带参数调用菜品识别
                double score;
                foreach (var v in result["result"])
                {
                    score = Convert.ToDouble(v["probability"]);
                    label8.Text += Environment.NewLine + Environment.NewLine + "  菜品名称：" + v["name"]
                        + Environment.NewLine
                        + "  卡路里含量（每100g）：" + v["calorie"] + Environment.NewLine
                        + "  相似度：" + score.ToString("F2");
                }
            }
        );
    }
}
```

24.6 小　　结

本章主要讲解了如何在 C#中使用百度 AI 框架实现一个图像识别软件，其中的识别主要有两种，一种是植物、动物、车型以及菜品的识别，这主要使用 ImageClassify 图像识别类中的相应方法实现；另外一种是车牌识别，车牌识别本质上是对车牌中的文字进行识别，因此这里使用了 Ocr 文字识别类来实现。

第 25 章　ERP 管理系统

ERP 管理系统是整合了企业管理理念、业务流程、基础数据、人力物力、计算机硬件和软件于一体的企业资源管理系统，它是一种先进的企业管理模式，是提高企业经济效益的解决方案，它的主要宗旨是对企业所拥有的人、财、物、信息、时间和空间等资源进行综合平衡和优化管理，协调企业各管理部门，围绕市场导向开展业务活动，提高企业的核心竞争力，从而取得最好的经济效益。本章将使用 C#和 SQL Server 技术开发一个 C/S 架构的 ERP 管理系统。

本章知识架构及重点、难点如下。

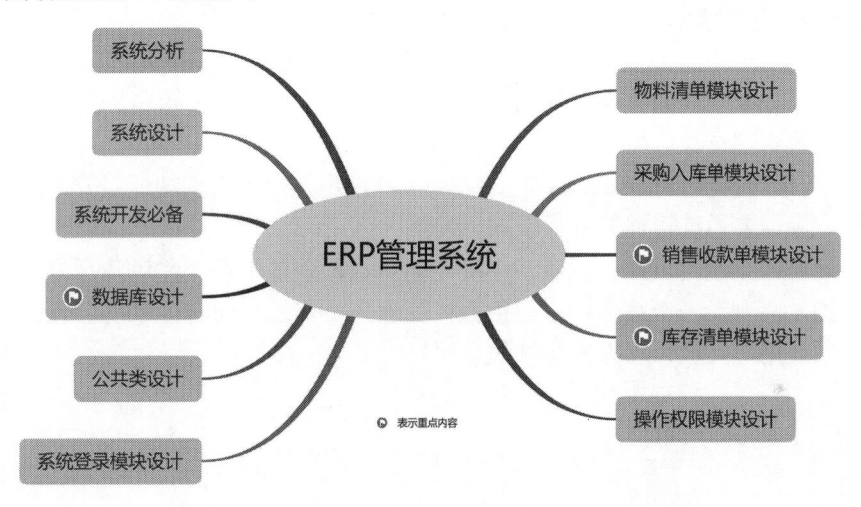

- 系统分析
- 系统设计
- 系统开发必备
- 数据库设计
- 公共类设计
- 系统登录模块设计
- 物料清单模块设计
- 采购入库单模块设计
- 销售收款单模块设计
- 库存清单模块设计
- 操作权限模块设计

▶ 表示重点内容

25.1　系统分析

本节将对管理 ERP 管理系统进行系统分析。首先概述 ERP 管理系统的主要作用，然后从技术角度分析系统实现的可行性，再从系统使用者角度对用户角色进行分配，并进行功能性需求与非功能性需求分析。这些分析非常重要，可为之后的系统功能设计与实现提供基础。

25.1.1　系统概述

企业管理一般包括 4 个方面的内容：生产控制（计划、制造）、物流管理（销售、采购、库存）、财务管理（会计核算、财务管理）和人力资源管理。企业一般会有一些单项信息化业务系统，如进销存系统、财务系统、客户系统、工资人事系统等，但这些系统间的信息通常是各自独立的，无法实现信息共享，各部门间的信息仍是"孤岛"。只有将企业的各个信息系统集成化，才能够整合各部门的资源，实现信息共享和企业资源的综合利用，这才是 ERP 管理系统需要解决的主要问题。

25.1.2　系统可行性分析

可行性分析是从技术、经济、实践操作等维度对项目的核心内容和配置要求进行详细的考量和分析，从而得出项目或问题的可行性程度。故先完成可行性分析，再进行项目开发是非常有必要的。

从技术角度分析，本系统采用成熟的 C# + WinForm 方式进行开发，存储数据采用的是与 C# 紧密结合的 SQL Server 数据库，可供查询的资料和范例十分丰富。从经济成本上来说，通过该系统可以实现对企业所拥有的人、财、物、信息、时间和空间等综合资源进行综合平衡和优化管理，协调企业各管理部门，围绕市场导向开展业务活动，提高企业的核心竞争力。

25.1.3　用户角色分配

设计系统时，首先要明确系统面向的用户群体。本系统主要面向公司内部人员使用，系统角色可分为普通用户和系统管理员。

- ☑ 普通用户：所有使用 ERP 管理系统的人。本系统中，内容查询功能是开放的，如果想拥有其他权限，则需要通过管理员进行设置。驻俸
- ☑ 系统管理员：系统的后端管理者，主要职能是设置系统用户，并对其行为进行管理。开发系统时，通常会预设一个账号和密码供系统管理人员登录。同时，系统管理员应能动态地添加和删除系统用户人员，以方便系统的管理。

25.1.4　功能性需求分析

根据系统总体概述，对 ERP 管理系统的功能进行进一步细化。

- ☑ 基础管理模块：设置系统的各种基础分类、档案资料、结算账户、物料清单，以及库存初始化信息等。
- ☑ 采购管理模块：管理原材料的采购预订、采购入库、采购付款等业务。
- ☑ 销售管理模块：管理产品的销售预订、销售出库、销售收款等业务。
- ☑ 仓库管理模块：对产品和原材料的库存进行管理，包括领料、退料、报损、库存盘点、查询库存清单等业务。
- ☑ 生产管理模块：对企业车间各种生产活动进行管理，包括从生产计划到产成品入库的一系列生产活动。
- ☑ 客户管理模块：为企业提供全方位管理视角，赋予企业更完善的客户交流能力，最大化客户的收益率。
- ☑ 财务管理模块：管理银行的存取款、采购费用、销售费用等日常财务工作。
- ☑ 系统管理模块：进行操作员管理、密码维护、权限设置等系统设置业务。

25.1.5 非功能性需求分析

ERP 管理系统的开发目的是为企业提供一个生产、采购、销售、库存、财务等管理功能为一体的平台。除了要满足功能性需求外，还应注意非功能性需求，如运行的稳定性、功能的可维护性、开发的可拓展性，以及良好的人机交互界面等。

25.2 系统设计

25.2.1 系统功能结构

ERP 管理系统的功能结构如图 25.1 所示。

图 25.1 ERP 管理系统的功能结构

25.2.2 系统业务流程

在开发 ERP 管理系统前，需要先了解系统业务流程，如图 25.2 所示。

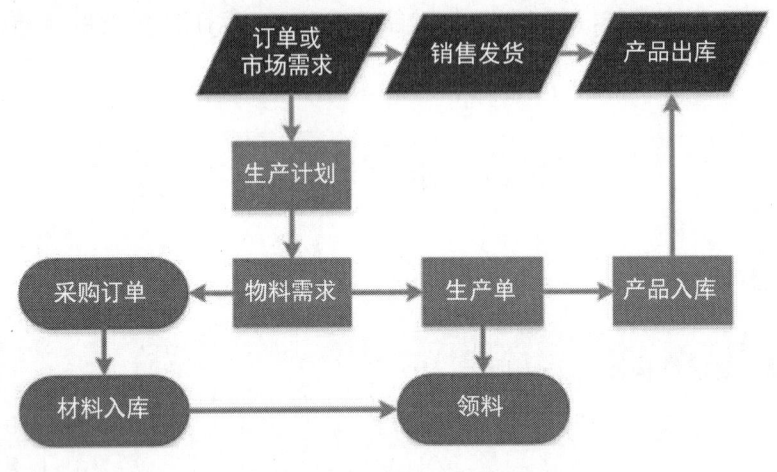

图 25.2 系统业务流程

> **说明**
> 图 25.2 中的平行四边形表示销售环链（销售），长方形表示为了销售而进行备货的环链（生产），椭圆形表示为了生产而进行备料的环链（采购）。

25.2.3 系统预览

系统登录模块主要实现当用户输入正确的登录用户名和密码后，单击"登录"按钮，将进入系统的主窗体，用户登录窗体的运行效果如图 25.3 所示。

图 25.3 用户登录窗体

ERP 管理系统的主窗体主要提供各个功能的快捷菜单及常用工具栏，其运行效果如图 25.4 所示。

第 25 章　ERP 管理系统

图 25.4　ERP 管理系统主窗体

通过主窗体的菜单可以打开各个管理窗口，而管理窗口的布局基本类似，实现的功能也比较类似，如采购订单窗体的运行效果如图 25.5 所示。

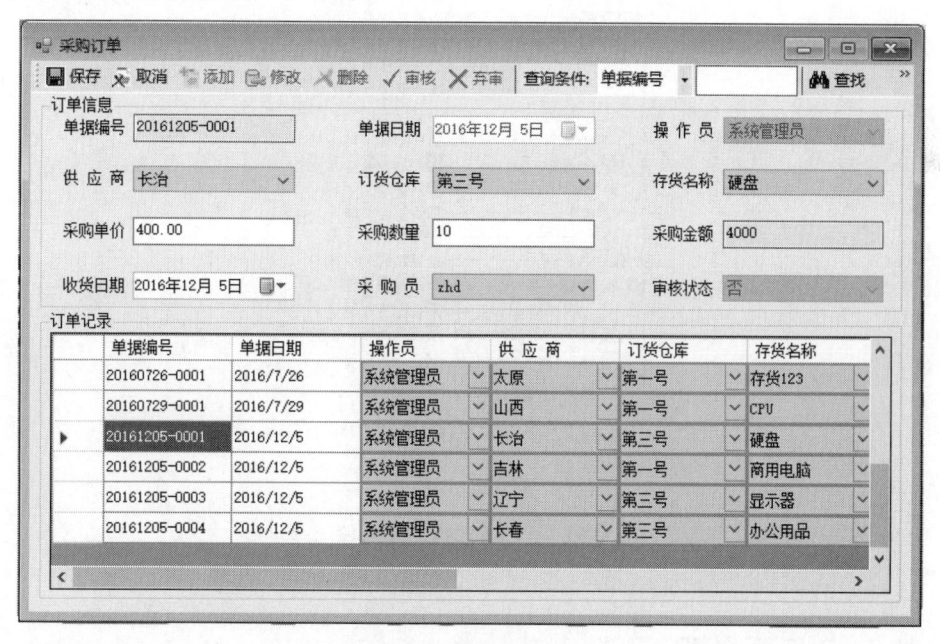

图 25.5　采购订单窗体

25.3　系统开发必备

25.3.1　系统开发环境

本系统的程序开发环境具体如下。
- ☑ 操作系统：Windows 10 及以上。
- ☑ 开发环境：Visual Studio 免费社区版（2015、2017、2019、2022 等版本）。
- ☑ 开发语言：C#。
- ☑ 数据库：SQL Server 数据库（2012、2014、2016、2017、2019 等版本）。

25.3.2　文件夹组织结构

ERP 管理系统的文件夹组织结构如图 25.6 所示。

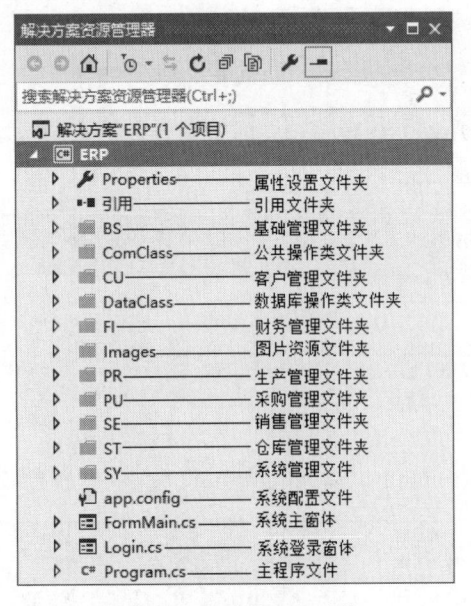

图 25.6　文件夹组织结构

25.4　数据库设计

25.4.1　数据库概要说明

本系统采用 SQL Server 作为数据库，数据库名称为 db_ERP，其中包含 46 张数据表，其数据表树型结构图如图 25.7 所示。

```
db_ERP
├─ 数据库关系图
├─ 表
│  ├─ 系统表
│  ├─ dbo.BSAccount ────────── 结算账户信息表
│  ├─ dbo.BSBom ────────────── 物料清单信息表
│  ├─ dbo.BSCost ───────────── 费用档案信息表
│  ├─ dbo.BSCostType ────────── 费用类型信息表
│  ├─ dbo.BSCustomer ────────── 客户档案信息表
│  ├─ dbo.BSDepartment ──────── 部门分类信息表
│  ├─ dbo.BSEmployee ────────── 员工档案信息表
│  ├─ dbo.BSInven ──────────── 存货档案信息表
│  ├─ dbo.BSInvenType ────────── 存货类别信息表
│  ├─ dbo.BSStore ──────────── 仓库档案信息表
│  ├─ dbo.BSSupplier ─────────── 供应商档案信息表
│  ├─ dbo.CUAfterService ──────── 售后服务档案信息表
│  ├─ dbo.CUChance ─────────── 机会等级信息表
│  ├─ dbo.CUCredit ──────────── 信用等级信息表
│  ├─ dbo.CUGrade ──────────── 客户等级信息表
│  ├─ dbo.CURelRecord ────────── 联系记录档案信息表
│  ├─ dbo.CUSellChance ────────── 销售机会档案信息表
│  ├─ dbo.CUState ──────────── 客户状态信息表
│  ├─ dbo.CUTrade ──────────── 行业分类信息表
│  ├─ dbo.FIDeposit ──────────── 银行存取款单信息表
│  ├─ dbo.FIPurCost ──────────── 采购费用信息表
│  ├─ dbo.FISelCost ──────────── 销售费用信息表
│  ├─ dbo.INAccSubject ────────── 会计科目代码表
│  ├─ dbo.INBaseType ────────── 基础分类代码表
│  ├─ dbo.INCheckFlag ────────── 是否标记代码表
│  ├─ dbo.INEduLevel ─────────── 学历代码表
│  ├─ dbo.INModule ─────────── 功能模块代码表
│  ├─ dbo.INRelManner ────────── 联系方式代码表
│  ├─ dbo.INRight ────────────── 模块操作权限代码表
│  ├─ dbo.INSex ─────────────── 性别代码表
│  ├─ dbo.PRInStore ──────────── 产品入库单信息表
│  ├─ dbo.PRPlan ────────────── 主生产计划信息表
│  ├─ dbo.PRProduce ─────────── 生产单主信息表
│  ├─ dbo.PRProduceItem ────────── 生产单子信息表
│  ├─ dbo.PUInStore ──────────── 采购入库单信息表
│  ├─ dbo.PUOrder ─────────────── 采购订单信息表
│  ├─ dbo.PUPay ─────────────── 采购付款单信息表
│  ├─ dbo.SEGather ────────────── 销售收款单信息表
│  ├─ dbo.SEOrder ─────────────── 销售订单信息表
│  ├─ dbo.SEOutStore ──────────── 销售出库单信息表
│  ├─ dbo.STCheck ─────────────── 库存盘点信息表
│  ├─ dbo.STGetMaterial ────────── 领料、退料信息表
│  ├─ dbo.STLoss ─────────────── 报损清单信息表
│  ├─ dbo.STStock ─────────────── 存货库存信息表
│  ├─ dbo.SYAssignRight ────────── 权限分配信息表
│  └─ dbo.SYOperator ──────────── 操作员信息表
└─ 视图
```

图 25.7 ERP 管理系统中用到的数据表

25.4.2 数据库逻辑设计

1. 创建数据表

由于篇幅所限，所以这里只给出较重要的数据表，其他数据表请参见本书附带资源包。

（1）BSInven（存货档案信息表）

BSInven 表用于保存各种存货档案资料，该表的结构如表 25.1 所示。

表 25.1 存货档案信息表

字段名称	数据类型	字段大小	说明
InvenCode	varchar	10	存货编码
InvenName	varchar	40	存货名称
InvenTypeCode	varchar	10	存货类别代码
SpecsModel	varchar	30	规格型号
MeaUnit	varchar	10	计量单位
SelPrice	decimal	9	参考售价
PurPrice	decimal	9	参考进价
SmallStockNum	int	4	最小库存量
BigStockNum	int	4	最大库存量

（2）PUInStore（采购入库单信息表）

PUInStore 表用于保存原材料采购入库的详细信息，该表的结构如表 25.2 所示。

表 25.2 采购入库单信息表

字段名称	数据类型	字段大小	说明
PUInCode	varchar	20	单据编号
PUInDate	datetime	8	单据日期
OperatorCode	varchar	10	操作员代码
SupplierCode	varchar	10	供应商代码
StoreCode	varchar	10	仓库代码
InvenCode	varchar	10	存货编码
UnitPrice	decimal	9	采购单价
Quantity	int	4	采购数量
PUMoney	decimal	9	采购金额
PUOrderCode	varchar	20	采购订单号
EmployeeCode	varchar	10	库管员
IsFlag	char	1	审核标记

（3）SEGather（销售收款单信息表）

SEGather 表用于保存产品销售收款的详细信息，该表的结构如表 25.3 所示。

表 25.3 销售收款单信息表

字段名称	数据类型	字段大小	说明
SEGatherCode	varchar	20	单据编号
SEGatherDate	datetime	8	单据日期
OperatorCode	varchar	10	操作员代码
SEOutCode	varchar	20	销售出库单号
SEOutDate	datetime	8	销售出库日期

续表

字 段 名 称	数 据 类 型	字 段 大 小	说　　明
CustomerCode	varchar	10	客户代码
SEMoney	decimal	9	收款金额
AccountCode	varchar	19	账户代码
EmployeeCode	varchar	10	收款人
Remark	text	16	备注
IsFlag	char	1	审核标记

（4）STStock（存货库存信息表）

STStock 表用于记录各种存货的库存信息，该表的结构如表 25.4 所示。

表 25.4　存货库存信息表

字 段 名 称	数 据 类 型	字 段 大 小	说　　明
StoreCode	varchar	10	仓库代码
InvenCode	varchar	10	存货编码
Quantity	int	4	库存数量
LossQuantity	int	4	损失数量
AvePrice	decimal	9	价格
STMoney	decimal	9	库存金额
LossMoney	decimal	9	损失金额

（5）PRPlan（主生产计划信息表）

PRPlan 表用于保存主生产计划的详细信息，该表的结构如表 25.5 所示。

表 25.5　主生产计划信息表

字 段 名 称	数 据 类 型	字 段 大 小	说　　明
PRPlanCode	varchar	20	单据编号
PRPlanDate	datetime	8	单据日期
OperatorCode	varchar	10	操作员代码
SEOrderCode	varchar	20	销售订单号
InvenCode	varchar	10	产品代码
Quantity	int	4	计划数量
FinishDate	datetime	8	完成日期
IsFlag	char	1	审核标记

（6）PRProduce（生产单主信息表）

PRProduce 表用于保存企业制定的生产单记录，该表的结构如表 25.6 所示。

表 25.6　生产单主信息表

字 段 名 称	数 据 类 型	字 段 大 小	说　　明
PRProduceCode	varchar	20	单据编号
PRProduceDate	datetime	8	单据日期

续表

字 段 名 称	数 据 类 型	字 段 大 小	说　明
OperatorCode	varchar	10	操作员代码
PRPlanCode	varchar	20	主生产计划号
DepartmentCode	varchar	10	车间代码
InvenCode	varchar	10	产品代码
Quantity	int	4	生产数量
StartDate	datetime	8	开始日期
EndDate	datetime	8	结束日期
IsFlag	char	1	审核标记
IsComplete	char	1	完工标记

（7）PRProduceItem（生产单子信息表）

PRProduceItem 表用于记录该笔生产单所需原料的需求量、领用量和使用量等信息，该表的结构如表 25.7 所示。

表 25.7　生产单子信息表

字 段 名 称	数 据 类 型	字 段 大 小	说　明
Id	int	4	自增序号
PRProduceCode	varchar	20	生产单号
InvenCode	varchar	10	原料代码
Quantity	int	4	原料的需求量
GetQuantity	int	4	原料的领用量
UseQuantity	int	4	原料的使用量

（8）SYAssignRight（权限分配信息表）

SYAssignRight 表用于保存操作员对模块的操作权限，该表的结构如表 25.8 所示。

表 25.8　权限分配信息表

字 段 名 称	数 据 类 型	字 段 大 小	说　明
OperatorCode	varchar	10	操作员代码
ModuleTag	varchar	10	模块标识
RightTag	varchar	10	模块操作标识
IsRight	Char	1	权限标记

2. 创建视图

视图也可称之为数据库虚拟表，是一种应用比较灵活的数据库对象，根据数据表的结构，使用 SQL 语句可以灵活设计出程序所需求的特定数据逻辑。

> **注意**
>
> 使用视图的优点很多，可以定制数据、简化操作、提高数据安全性等，但也要注意，过分依赖视图会给服务器带来内存压力。

下面介绍 ERP 管理系统中的视图 V_BomStruc，该视图的功能是查询哪些存货具有物料清单结构，其创建代码如下。

```sql
CREATE VIEW dbo.V_BomStruct
AS
SELECT InvenCode, InvenName
    FROM dbo.BSInven
        WHERE (InvenCode IN
            (SELECT ProInvenCode
            FROM BSBom))
```

3. 创建存储过程

存储过程是一组具有特定逻辑功能的 SQL 语句集合，它存放在数据库中，并预先编译好，是数据库设计中一个很重要的对象。适当地使用存储过程的优点很多，可以降低网络流量、精简代码、提高数据安全性等。

> **注意**
> 如果过分依赖存储过程，则会造成服务器内存压力增大、系统可移植性差、程序代码可读性差等诸多问题。

下面介绍系统中的存储过程 P_QueryForeignConstraint，其功能是查询某个数据表主键具有的所有外键约束信息，代码如下。

```sql
CREATE PROCEDURE P_QueryForeignConstraint
@PrimaryTable varchar(50)
 AS
SELECT (SELECT Name
        FROM syscolumns
            WHERE colid = b.rkey AND id = b.rkeyid) AS primaryColumn,
        OBJECT_NAME(b.fkeyid) AS foreignTable,
        (SELECT name
        FROM syscolumns
            WHERE colid = b.fkey AND id = b.fkeyid) AS foreignColumn
 FROM sysobjects a INNER JOIN
        sysforeignkeys b ON a.id = b.constid INNER JOIN
        sysobjects c ON a.parent_obj = c.id
WHERE (a.xtype = 'f') AND (c.xtype = 'U') AND (OBJECT_NAME(b.rkeyid) = @PrimaryTable)
GO
```

25.5 公共类设计

在开发项目中以类的形式来组织、封装一些常用的属性和方法等，不但可以提高代码的重用率，而且可以实现代码的集中化管理。本系统中创建了 5 个公共类，即 CommonUse、DataBase、PropertyClass、OperatorFile 和 Chart，其中，CommonUse 类主要用来实现控件绑定到数据源、键盘输入验证、生成单据编号等功能；DataBase 类主要用来连接和操作数据库；PropertyClass 类中包含若干用于映射数据表字段的属性；OperatorFile 类提供从 INI 文件中读取指定节点内容的方法；Chart 类使用 GDI+绘制饼形图。限于篇幅，这里重点介绍程序中使用频率较高的 CommonUse 类和 DataBase 类，其他 3 个类的详细代码,请参见本书附带资源包中的源代码。

25.5.1 DataBase 类

DataBase 类主要用来连接和操作数据库,除了系统默认提供的命名空间之外,还需要引入 System.Windows.Forms、System.Data、System.Data.SqlClient 和 ERP.ComClass 这 4 个命名空间,主要代码如下。

```
using System.Data.SqlClient;                    //引入相关数据操作类
using System.Windows.Forms;                     //引入 Application 类
using System.Data;                              //引入相关数据操作类
using ERP.ComClass;                             //引入 OperatorFile 类
```

1. DataBase()方法

DataBase()方法是类的构造器,主要用来创建数据库连接和命令对象。在连接数据库时,需通过读取 INI 文件中的配置信息进行动态连接。代码如下。

```
/// <summary>
/// 创建数据库连接和 SqlCommand 实例
/// </summary>
public DataBase()
{
    //获取服务器名
    string strServer = OperatorFile.GetIniFileString("DataBase", "Server", "", Application.StartupPath + "\\ERP.ini");
    //获取登录用户
    string strUserID = OperatorFile.GetIniFileString("DataBase", "UserID", "", Application.StartupPath + "\\ERP.ini");
    //获取登录密码
    string strPwd = OperatorFile.GetIniFileString("DataBase", "Pwd", "", Application.StartupPath + "\\ERP.ini");
    //数据库连接字符串
    string strConn = "Server = " + strServer + ";Database=db_ERP;User id=" + strUserID + ";PWD=" + strPwd;
    try
    {
        m_Conn = new SqlConnection(strConn);            //产生数据库连接
        m_Cmd = new SqlCommand();                       //实例化 SqlCommand
        m_Cmd.Connection = m_Conn;                      //设置 SqlCommand 的 Connection 属性
    }
    catch(Exception e)                                  //捕获异常
    {
        throw e;                                        //抛出异常
    }
}
```

2. ExecDataBySqls()方法

ExecDataBySqls()方法用来提交多条 Transact-SQL 语句,它使用 List<string>来封装多个表示 Transact-SQL 语句的字符串,然后使用 SqlTransaction 事务处理对象来提交数据库,实现代码如下。

```
/// <summary>
/// 多条 Transact-SQL 语句提交数据
/// </summary>
/// <param name="strSqls">使用 List 泛型封装多条 SQL 语句</param>
/// <returns>bool 值(提交是否成功)</returns>
public bool ExecDataBySqls(List<string> strSqls)
{
    bool boolIsSucceed;                                 //定义返回值变量
    if (m_Conn.State == ConnectionState.Closed)         //判断当前的数据库连接状态
```

```csharp
    {
        m_Conn.Open();                                    //打开连接
    }
    SqlTransaction sqlTran = m_Conn.BeginTransaction();   //开始数据库事务
    try
    {
        m_Cmd.Transaction = sqlTran;                      //设置 m_Cmd 的事务属性
        foreach (string item in strSqls)                  //循环取出封装在列表 strSqls 中表示 SQL 语句的字符串
        {
            m_Cmd.CommandType = CommandType.Text;         //设置命令类型为 SQL 文本命令
            m_Cmd.CommandText = item;                     //设置要对数据源执行的 SQL 语句
            m_Cmd.ExecuteNonQuery();                      //执行 SQL 语句并返回受影响的行数
        }
        sqlTran.Commit();                                 //提交事务,持久化数据
        boolsSucceed = true;                              //表示提交数据库成功
    }
    catch
    {
        sqlTran.Rollback();                               //回滚事务,恢复数据
        boolsSucceed = false;                             //表示提交数据库失败
    }
    finally
    {
        m_Conn.Close();                                   //关闭连接
        strSqls.Clear();                                  //清除列表 strSqls 中的元素
    }
    return boolsSucceed;
}
```

3. GetDataReader()方法

GetDataReader()方法通过执行 Transact-SQL 语句得到 SqlDataReader 实例,该方法实现时,首先需要对 SqlCommand 对象的相关属性进行设置,然后使用其 ExecuteReader()方法执行 SQL 语句,并将执行结果存储到 SqlDataReader 对象中返回。代码如下。

```csharp
/// <summary>
/// 通过 Transact-SQL 语句得到 SqlDataReader 实例
/// </summary>
/// <param name="strSql">Transact-SQL 语句</param>
/// <returns>SqlDataReader 实例的引用</returns>
public SqlDataReader GetDataReader(string strSql)
{
    SqlDataReader sdr;                                    //声明 SqlDataReader 引用
    m_Cmd.CommandType = CommandType.Text;                 //设置命令类型为 SQL 文本命令
    m_Cmd.CommandText = strSql;                           //设置要对数据源执行的 SQL 语句
    try
    {
        if (m_Conn.State == ConnectionState.Closed)       //判断数据库连接的状态
        {
            m_Conn.Open();                                //打开连接
        }
        //执行 Transact-SQL 语句(若 SqlDataReader 对象关闭,则对应数据连接也关闭)
        sdr = m_Cmd.ExecuteReader(CommandBehavior.CloseConnection);
    }
    catch (Exception e)                                   //捕获异常
    {
        throw e;                                          //抛出异常
    }
    //sdr 对象和 m_Conn 对象暂时不能关闭和释放掉,否则在调用时无法使用
```

```
        //待使用完毕 sdr，再关闭 sdr 对象（同时会自动关闭关联的 m_Conn 对象）
        return sdr;
}
```

4．GetDataTable()方法

GetDataTable()方法通过执行 Transact-SQL 语句，得到 DataTable 对象，在该方法中，首先使用 SQL 语句和 SqlConnection 对象创建 SqlDataAdapter 对象，然后使用该对象的 Fill()方法对 DataTable 进行填充，最后返回填充之后的 DataTable 对象。代码如下。

```
/// <summary>
/// 通过 Transact-SQL 语句，得到 DataTable 对象
/// </summary>
/// <param name="strSqlCode">Transact-SQL 语句</param>
/// <param name="strTableName">数据表的名称</param>
/// <returns>DataTable 实例的引用</returns>
public DataTable GetDataTable(string strSqlCode, string strTableName)
{
    DataTable dt = null;                                    //声明 DataTable 引用
    SqlDataAdapter sda = null;                              //声明 SqlDataAdapter 引用
    try
    {
        sda = new SqlDataAdapter(strSqlCode,m_Conn);        //实例化 SqlDataAdapter
        dt = new DataTable(strTableName);                   //使用指定字符串初始化 DataTable 实例
        sda.Fill(dt);                                       //将得到的数据源填入 dt 中
    }
    catch (Exception ex)                                    //捕获异常
    {
        throw ex;                                           //抛出异常
    }
    return dt;                                              //dt.Rows.Count 可能等于零
}
```

> **说明**
> 由于篇幅有限，DataBase 类中其他方法的源代码请参见本书附带资源包中的源程序。

25.5.2 CommonUse 类

CommonUse 类主要用来实现控件绑定到数据源、键盘输入验证、生成单据编号等功能。该类中需要添加的命名空间如下。

```
using System.ComponentModel;                                //引入 IComponent 接口
using CrystalDecisions.Shared;                              //引入 TableLogOnInfo 类
using CrystalDecisions.CrystalReports.Engine;               //引入 ReportDocument 类
using ERP.BS;                                               //引入基础管理模块的窗体类
using ERP.PU;                                               //引入采购管理模块的窗体类
using ERP.SE;                                               //引入销售管理模块的窗体类
using ERP.ST;                                               //引入仓库管理模块的窗体类
using ERP.PR;                                               //引入生产管理模块的窗体类
using ERP.CU;                                               //引入客户管理模块的窗体类
using ERP.FI;                                               //引入财务管理模块的窗体类
using ERP.SY;                                               //引入系统管理模块的窗体类
using ERP.RP.FORM;                                          //引入报表统计模块的窗体类
using ERP.DataClass;                                        //引入 DataBase 类的命名空间
```

1. BuildTree()方法

自定义一个无返回值类型的 BuildTree()方法，主要用来对 TreeView 控件进行动态数据绑定。该方法首先从数据库中获取数据，并存储到 DataSet 数据集中；然后遍历数据集中临时表的所有行数据，并根据遍历到的行数据动态添加 TreeView 控件的树节点。实现代码如下。

```csharp
/// <summary>
/// TreeView 控件绑定到数据源
/// </summary>
/// <param name="tv">TreeView 控件</param>
/// <param name="imgList">ImageList 控件</param>
/// <param name="rootName">根节点的文本属性值</param>
/// <param name="strTable">要绑定的数据表</param>
/// <param name="strCode">数据表的代码列</param>
/// <param name="strName">数据表的名称列</param>
public void BuildTree(TreeView tv,ImageList imgList,string rootName, string strTable, string strCode, string strName)
{
    string strSql = null;                           //声明表示 SQL 语句的字符串
    DataSet ds = null;                              //声明 DataSet 引用
    DataTable dt = null;                            //声明 DataTable 引用
    TreeNode rootNode = null;                       //声明 TreeView 的根节点引用
    TreeNode childNode = null;                      //声明 TreeView 的子节点引用
    strSql = "select " + strCode + ", " + strName + " from " + strTable;    //查询数据源的 SQL 语句
    tv.Nodes.Clear();                               //删除所有树节点
    tv.ImageList = imgList;                         //设置包含树节点所使用的 Image 对象的 ImageList
    rootNode = new TreeNode();                      //创建根节点
    rootNode.Tag = null;                            //根节点的标签属性设置为空
    rootNode.Text = rootName;                       //设置根节点的 Text 属性
    //设置根节点处于未选定状态时的图像在列表中的索引值
    rootNode.ImageIndex = 1;
    rootNode.SelectedImageIndex = 0;                //设置根节点处于选定状态时的图像索引值
    try
    {
        ds = db.GetDataSet(strSql, strTable);       //得到 DataSet 对象
        dt = ds.Tables[strTable];                   //从 ds 的表集合中取出指定名称的 DataTable 对象
        foreach (DataRow row in dt.Rows)            //遍历所有的行
        {
            childNode = new TreeNode();             //创建子节点
            childNode.Tag = row[strCode];           //设置 Tag 属性值为代码字段值
            childNode.Text = row[strName].ToString();   //设置 Text 属性值为名称字段值
            childNode.ImageIndex = 1;               //设置节点处于未选定状态时的图像索引值
            childNode.SelectedImageIndex = 0;       //设置节点处于选定状态时的图像索引值
            rootNode.Nodes.Add(childNode);          //将子节点添加到根节点集合的末尾
        }
        tv.Nodes.Add(rootNode);                     //TreeView 控件添加根节点
        tv.ExpandAll();                             //展开所有的节点
    }
    catch (Exception e)                             //捕获异常
    {
        MessageBox.Show(e.Message, "软件提示");      //异常信息提示
        throw e;                                    //抛出异常
    }
}
```

2. BindComboBox()方法

自定义一个无返回值类型的 BindComboBox()方法，该方法主要用来将数据源绑定到 ComboBox 或

DataGridViewComboBoxColumn 下拉选择框。具体实现时，首先获取数据库中的所有数据，然后通过设置 ComboBox 或 DataGridViewComboBoxColumn 下拉选择框的 DataSource 属性为其设置数据源，最后分别通过设置它们的 DisplayMember 属性和 ValueMember 属性，设置要在 ComboBox 或 DataGridViewComboBoxColumn 中显示的值和主键值。代码如下。

```csharp
/// <summary>
/// ComboBox 或 DataGridViewComboBoxColumn 绑定到数据源
/// </summary>
/// <param name="obj">要绑定数据源的控件</param>
/// <param name="strValueColumn">ValueMember 属性要绑定的列名称</param>
/// <param name="strTextColumn">DisplayMember 属性要绑定的列名称</param>
/// <param name="strSql">SQL 查询语句</param>
/// <param name="strTable">数据表的名称</param>
//Component —替换—> Object
public void BindComboBox(Object obj, string strValueColumn, string strTextColumn, string strSql, string strTable)
{
    try
    {
        string strType = obj.GetType().ToString();          //获取 obj 的 Type 值，并转为字符串
        //截取字符串，得到不包含命名空间的表示类型名称的字符串
        strType = strType.Substring(strType.LastIndexOf(".") + 1);
        switch (strType)                                     //判断控件的类型
        {
            case "ComboBox":                                 //若是 ComboBox 类型
                ComboBox cbx = (ComboBox)obj;                //类型显式转换
                cbx.BeginUpdate();                           //当将多项一次一项地添加到 ComboBox 时维持性能
                cbx.DataSource = db.GetDataSet(strSql, strTable).Tables[strTable];   //设置数据源
                cbx.DisplayMember = strTextColumn;           //设置 ComboBox 的显示属性
                cbx.ValueMember = strValueColumn;            //设置 ComboBox 中的项的实际值
                cbx.EndUpdate();                             //恢复绘制 ComboBox
                break;
            case "DataGridViewComboBoxColumn":               //若是 DataGridViewComboBoxColumn 类型
                //类型显式转换
                DataGridViewComboBoxColumn dgvcbx = (DataGridViewComboBoxColumn)obj;
                //设置数据源
                dgvcbx.DataSource = db.GetDataSet(strSql, strTable).Tables[strTable];
                //设置 DataGridViewComboBoxColumn 的显示属性
                dgvcbx.DisplayMember = strTextColumn;
                //设置 DataGridViewComboBoxColumn 中的项的实际值
                dgvcbx.ValueMember = strValueColumn;
                break;
            default:
                break;
        }
    }
    catch (Exception e)                                      //捕获异常
    {
        throw e;                                             //抛出异常
    }
}
```

3. InputNumeric()方法

自定义一个无返回值类型的 InputNumeric()方法，主要用于控制可编辑文本控件的键盘输入，该方法限定可编辑文本控件只可以接收表示非负十进制数的数字字符。InputNumeric()方法实现代码如下。

```csharp
/// <summary>
/// 控制可编辑控件的键盘输入，该方法限定控件只可以接收表示非负十进制数的字符
/// </summary>
/// <param name="e">为 KeyPress 事件提供数据</param>
/// <param name="con">可编辑文本控件</param>
public void InputNumeric(KeyPressEventArgs e,Control con)
{
    //在可编辑控件的 Text 属性为空的情况下，不允许输入"."字符
    if (String.IsNullOrEmpty(con.Text) && e.KeyChar.ToString() == ".")
    {
        //把 Handled 设为 true，取消 KeyPress 事件，防止控件处理按键
        e.Handled = true;
    }
    //可编辑控件不允许输入多个"."字符
    if (con.Text.Contains(".") && e.KeyChar.ToString() == ".")
    {
        e.Handled = true;
    }
    //在可编辑控件中，只可以输入"数字字符"、"."字符"、"_字符"（删除键对应的字符）
    if (!Char.IsDigit(e.KeyChar) && e.KeyChar.ToString() != "." && e.KeyChar.ToString() != "_")
    {
        e.Handled = true;
    }
}
```

4．BuildBillCode()方法

自定义一个返回值类型为 string 字符串的 BuildBillCode()方法，用于自动生成 ERP 管理系统中的各种单据编号，其中单据编号是通过对当前的日期时间进行格式化得到的。BuildBillCode()方法实现代码如下。

```csharp
/// <summary>
/// 生成单据编号
/// </summary>
/// <param name="strTable">数据表</param>
/// <param name="strBillCodeColumn">数据表中表示代码的列</param>
/// <param name="strBillDateColumn">数据表中表示日期的列</param>
/// <param name="dtBillDate">生成单据的日期</param>
/// <returns>新单据编号</returns>
public string BuildBillCode(string strTable, string strBillCodeColumn,string strBillDateColumn,DateTime dtBillDate)
{
    string strSql;                              //声明表示 SQL 语句的字符串
    string strBillDate;                         //表示单据日期
    string strMaxSeqNum;                        //表示某日最大单据编号的后 4 位
    string strNewSeqNum;                        //表示新单据编号的后 4 位
    string strBillCode;                         //表示单据编号
    try
    {
        strBillDate = dtBillDate.ToString("yyyyMMdd");      //单据日期格式化
        //使用 SELECT 语句查询数据表，得到某日最大单据编号的后 4 位
        strSql = "SELECT  SUBSTRING(MAX(" + strBillCodeColumn + "),10,4) FROM " + strTable + " WHERE " + strBillDateColumn + " = '" + dtBillDate.ToString("yyyy-MM-dd")+"'";
        strMaxSeqNum = db.GetSingleObject(strSql) as string;    //获取查询的结果集并转为字符串
        if (String.IsNullOrEmpty(strMaxSeqNum))             //若某日无单据
        {
            strMaxSeqNum = "0000";                          //默认最大单据编号的后 4 位为 0000
        }
        strNewSeqNum = (Convert.ToInt32(strMaxSeqNum) + 1).ToString("0000");    //计算新单据编号的后 4 位
        strBillCode = strBillDate + "-" + strNewSeqNum;     //得到新单据编号
```

```
    }
    catch (Exception ex)                                    //捕获异常
    {
        MessageBox.Show(ex.Message, "软件提示");            //异常信息提示
        throw ex;                                            //抛出异常
    }
    return strBillCode;                                      //返回新单据编号
}
```

> **说明**
> 由于篇幅有限，有关 CommonUse 类中的其他方法的源代码请参见本书附带资源包中的源程序。

25.6 系统登录模块设计

25.6.1 系统登录模块概述

系统登录模块中，当用户输入正确的登录用户名和密码后，单击"登录"按钮，将进入系统的主窗体。用户登录窗体的运行效果如图 25.8 所示。

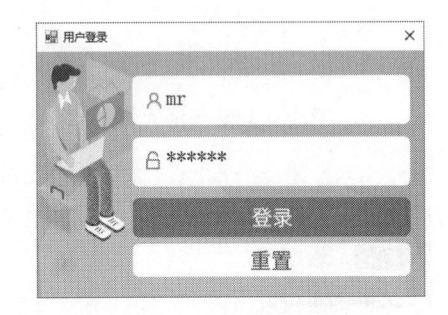

图 25.8 用户登录窗体

25.6.2 设计系统登录窗体

本模块使用的数据表：SYOperator

新建一个 Windows 窗体，命名为 Login.cs，用于系统登录，该窗体主要用到的控件及说明如表 25.9 所示。

表 25.9 系统登录窗体用到的主要控件

控件类型	控件 ID	主要属性设置	说　明
TextBox	txtCode		输入登录用户
	txtPwd	PasswordChar 属性设置为 *	输入登录密码
PictureBox	picLogin		登录
ImageList	picReset		重置
ErrorProvider	errInfo	设置提醒图标	显示错误提示

25.6.3 登录功能的实现

在 Login.cs 窗体的代码文件中，单击"登录"图片按钮，首先判断是否输入了用户名和密码，如果没有输入，出现相应提示；否则，在相应数据表中查找是否存在匹配的用户名和密码，如果存在将进入主窗体，否则将弹出错误密码对话框。实现代码如下。

```
//登录功能的实现
private void picLogin_Click(object sender, EventArgs e)
```

```csharp
    this.errInfo.Clear();
    if (String.IsNullOrEmpty(this.txtCode.Text.Trim()))
    {
        try
        {
            this.errInfo.SetError(this.txtCode, "用户名不能为空！");
            return;
        }
        catch (Exception ex)
        {
            MessageBox.Show(ex.Message, "软件提示");
            throw ex;
        }
        finally
        {
        }
    }
    if (String.IsNullOrEmpty(this.txtPwd.Text.Trim()))
    {
        try
        {
            this.errInfo.SetError(this.txtPwd, "用户密码不能为空！");
            return;
        }
        catch (Exception ex)
        {
            MessageBox.Show(ex.Message, "软件提示");
            throw ex;
        }
        finally
        {

        }
    }
    //根据输入的用户名和密码查询数据
    string strSql = "select * from SYOperator where OperatorCode = '" + txtCode.Text.Trim() + "' and PassWord = '" + txtPwd.Text.Trim() + "'";
    try
    {
        sdr = db.GetDataReader(strSql);                              //获取查询结果
        sdr.Read();                                                  //读取数据
        if (sdr.HasRows)                                             //判断是否查询到结果
        {
            FormMain formMain = new FormMain();                      //实例化主窗体对象
            this.Hide();                                             //隐藏当前窗体
            PropertyClass.OperatorCode = sdr["OperatorCode"].ToString();   //记录当前操作员
            PropertyClass.OperatorName = sdr["OperatorName"].ToString();   //记录当前操作用户名
            PropertyClass.PassWord = sdr["PassWord"].ToString();           //记录输入的密码
            PropertyClass.IsAdmin = sdr["IsAdmin"].ToString();             //记录是否为管理员
            formMain.Show();                                               //显示主窗体
        }
        else
        {
            MessageBox.Show("用户名或用户密码不正确！", "软件提示");
        }
    }
    catch (Exception ex)
    {
```

```
            MessageBox.Show(ex.Message,"软件提示");
            throw ex;
        }
        finally
        {
            sdr.Close();
        }
}
```

25.6.4 回车键按下操作处理

在 Login.cs 窗体中，如果鼠标焦点位于登录用户文本框和登录密码文本框中，当按下回车键时，程序会自动切换鼠标焦点，或者执行登录功能。该操作需要在相应文本框的 KeyDown 事件中实现，代码如下。

```
//登录用户文本框按下回车键
private void txtCode_KeyDown(object sender, KeyEventArgs e)
{
    if (e.KeyCode == Keys.Enter)                         //判断是否按下回车键
    {
        txtPwd.Focus();                                  //使密码文本框获得焦点
    }
}
//登录密码文本框按下回车键
private void txtPwd_KeyDown(object sender, KeyEventArgs e)
{
    if (e.KeyCode == Keys.Enter)                         //判断是否按下回车键
    {
        picLogin_Click(sender,e);                        //执行登录事件
    }
}
```

25.7 物料清单模块设计

25.7.1 物料清单模块概述

物料清单英文缩写为 BOM，用于描述产品的物理结构组成，子件按照一定的数量和装配工艺流程来构成母件。物料清单（BOM）窗体运行效果如图 25.9 所示。

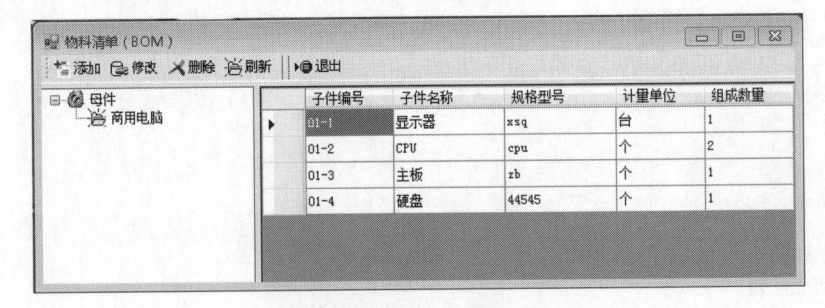

图 25.9 物料清单（BOM）窗体

25.7.2 设计物料清单窗体

> 本模块使用的数据表：BSBom

新建一个 Windows 窗体，命名为 FormBSBom.cs，用于管理物料清单，该窗体主要用到的控件及说明如表 25.10 所示。

表 25.10 物料清单窗体用到的主要控件

控件类型	控件 ID	主要属性设置	说明
ToolStrip	toolStrip1	Items 属性的详细设置请查看源程序	制作工具栏
TreeView	tvInven	设置 Modifiers 属性为 Public	显示母件
ImageList	imageList1	设置 Modifiers 属性为 Public	包含树节点所使用的 Image 对象
DataGridView	dgvStructInfo	设置 Modifiers 属性为 Public；设置 AllowUserToAddRows 属性为 false；其 Columns 属性的设置请查看源程序	显示子件

25.7.3 获取所有母件信息

在 FormBSBom.cs 窗体的代码文件中，首先引入 ERP.ComClass 和 ERP.DataClass 两个命名空间，然后创建 CommonUse 类的一个对象和 DataBase 类的一个对象。实现关键代码如下：

```
using ERP.ComClass;                              //引入 CommonUse 类
using ERP.DataClass;                             //引入 DataBase 类
namespace ERP.BS
{
    public partial class FormBSBom : Form
    {
        DataBase db = new DataBase();            //创建 DataBase 类的实例，用于操作数据
        CommonUse commUse = new CommonUse();     //创建 CommonUse 类的实例，调用该类的相关方法
        //……其他事件或方法的代码
    }
}
```

在物料清单窗体的 Load 事件中，设置了用户的操作权限，并检索现有的母件信息，并通过调用 CommonUse 类中的 BuildTree()方法将其显示在 tvInven 树控件上。物料清单窗体的 Load 事件代码如下：

```
private void FormBom_Load(object sender, EventArgs e)
{
    //设置用户的操作权限
    commUse.CortrolButtonEnabled(toolAdd, this);
    commUse.CortrolButtonEnabled(toolAmend, this);
    commUse.CortrolButtonEnabled(toolDelete, this);
    //TreeView 绑定到数据源，显示现有的母件
    commUse.BuildTree(tvInven, imageList1, "母件", "V_BomStruct", "InvenCode", "InvenName");
}
```

> **说明**
> 上面代码中的 CortrolButtonEnabled()方法通过设置按钮的 Enabled 属性来达到控制操作权限的目的，按钮的类型有两种，分别是 Button 和 ToolStripButton。

获取母件信息的效果如图 25.10 所示。

25.7.4 获取指定母件的子件信息

图 25.10 获取母件信息

在物料清单窗体中，单击任意母件，会在窗体的右侧显示组成该母件的子件信息，该功能是通过在 TreeView 控件的 AfterSelect 事件中调用自定义的 BindDataGridView()方法实现的。TreeView 控件的 AfterSelect 事件代码如下。

```
private void tvInven_AfterSelect(object sender, TreeViewEventArgs e)
{
    commUse.DataGridViewReset(dgvStructInfo);              //清空 DataGridView
    if (tvInven.SelectedNode != null)                      //如果是非空节点
    {
        if (tvInven.SelectedNode.Tag != null)              //如果是非根节点
        {
            BindDataGridView(tvInven.SelectedNode.Tag.ToString());    //检索显示母件的子件信息
        }
    }
}
```

说明

上面代码中的 BindDataGridView()方法实现将 DataGridView 控件绑定到数据源，这里的数据源指绑定到当前母件所对应的子件数据源。

获取指定母件的子件信息的效果如图 25.11 所示。

子件编号	子件名称	规格型号	计量单位	组成数量
01-1	显示器	xsq	台	1
01-2	CPU	cpu	个	2
01-3	主板	zb	个	1
01-4	硬盘	44545	个	1

图 25.11 获取指定母件的子件信息

25.7.5 打开物料清单编辑窗体

单击"添加"按钮，打开物料清单（BOM）编辑窗体，该功能是在"添加"按钮的 Click 事件中实现的。实现时，首先判断是否选中记录，如果选中记录，则创建 FormBSBomInput 窗体的对象，然后对其 Tag 属性和 Owner 属性进行设置，最后以对话框形式显示该窗体。"添加"按钮的 Click 事件代码如下。

```
private void toolAdd_Click(object sender, EventArgs e)
{
    if (tvInven.SelectedNode != null)                              //如果是非空节点
    {
        FormBSBomInput formBomInput = new FormBSBomInput();        //实例化 FormBSBomInput 窗体（物料清单编辑窗体）
        formBomInput.Tag = "Add";                                  //表示添加操作，说明修改时 Edit
        formBomInput.Owner = this;                                 //设置拥有此窗体的窗体，即 FormBSBom 窗体
```

```
        formBomInput.ShowDialog();                              //将窗体显示为模式对话框
    }
}
```

物料清单（BOM）编辑窗体如图 25.12 所示。

图 25.12　物料清单（BOM）编辑窗体

> **说明**
> 在物料清单（BOM）编辑窗体的后台代码中自定义了 3 个方法，它们分别是 LoadInven()（加载存货信息）、LoadBom()（加载物料清单信息）和 ParametersAddValue()（给 SQL 语句中的参数赋值）。

25.7.6　添加/修改物料清单

在物料清单（BOM）编辑窗体中，单击"保存"按钮，程序首先判断在该窗体中执行的是添加操作还是修改操作，然后根据要执行的操作标识，执行 INSERT 添加数据操作，或者 UPDATE 修改数据操作。"保存"按钮的 Click 事件代码如下。

```csharp
private void btnSave_Click(object sender, EventArgs e)
{
    string strProInvenCode = null;                              //表示母件代码
    string strMatInvenCode = null;                              //表示子件代码
    string strOldMatInvenCode = null;                           //表示未修改之前的子件代码
    string strCode = null;                                      //表示 SQL 语句字符串
    if (cbxProInvenCode.SelectedIndex == -1)                    //母件不许为空
    {
        MessageBox.Show("请选择母件！","软件提示");
        cbxProInvenCode.Focus();
        return;
    }
    if (cbxMatInvenCode.SelectedIndex == -1)                    //子件不许为空
    {
        MessageBox.Show("请选择子件！","软件提示");
        cbxMatInvenCode.Focus();
        return;
    }
    //母件与子件不许相同
    if (cbxMatInvenCode.SelectedValue.ToString() == cbxProInvenCode.SelectedValue.ToString())
    {
        MessageBox.Show("母件与子件不许相同！","软件提示");
        cbxProInvenCode.Focus();
```

```csharp
        return;
    }
    if (String.IsNullOrEmpty(txtQuantity.Text.Trim()))               //组成数量不许为空
    {
        MessageBox.Show("组成数量不许为空！","软件提示");
        txtQuantity.Focus();
        return;
    }
    if (Convert.ToInt32(txtQuantity.Text.Trim()) == 0)               //组成数量不许为零
    {
        MessageBox.Show("组成数量不许为零！","软件提示");
        txtQuantity.Focus();
        return;
    }
    strProInvenCode = cbxProInvenCode.SelectedValue.ToString();      //获取当前的母件代码
    strMatInvenCode = cbxMatInvenCode.SelectedValue.ToString();      //获取当前的子件代码
    //如果是添加操作，则需要判断将要添加的子件是否与现有的子件重复
    if (this.Tag.ToString() == "Add")
    {
        foreach (PropertyClass item in propBoms)                     //遍历包含 Bom 信息的泛型列表
        {
            //若将要添加的子件与当前母件现有的子件重复，则系统禁止添加
            if (item.ProInvenCode == strProInvenCode && item.MatInvenCode == strMatInvenCode)
            {
                MessageBox.Show("子件不许重复！","软件提示");
                return;                                              //程序终止运行
            }
        }
        ParametersAddValue();                                        //给 INSERT 语句中的参数赋值
        //表示为当前母件插入新子件
        strCode = "INSERT INTO BSBom(ProInvenCode,MatInvenCode,Quantity) ";
        strCode += "VALUES(@ProInvenCode,@MatInvenCode,@Quantity)";
        if (db.ExecDataBySql(strCode) > 0)                           //执行 SQL 语句成功
        {
            MessageBox.Show("保存成功！","软件提示");
        }
        else                                                         //执行 SQL 语句失败
        {
            MessageBox.Show("保存失败！","软件提示");
        }
    }
    if (this.Tag.ToString() == "Edit")                               //若是修改操作
    {
        strOldMatInvenCode = formBom.dgvStructInfo[0,
        formBom.dgvStructInfo.CurrentRow.Index].Value.ToString();    //获取修改之前的子件代码
        //如果修改了子件，则需要判断该母件是否存在重复子件
        if (strMatInvenCode != strOldMatInvenCode)
        {
            foreach (PropertyClass item in propBoms)                 //遍历包含 Bom 信息的泛型列表
            {
                //如果存在重复子件，则系统禁止修改
                if (item.ProInvenCode == strProInvenCode && item.MatInvenCode == strMatInvenCode)
                {
                    MessageBox.Show("子件不许重复！","软件提示");
                    return;                                          //终止程序运行
                }
            }
        }
        ParametersAddValue();                                        //为 SQL 语句中的参数赋值
```

```
        strCode = "UPDATE BSBom SET ProInvenCode=@ProInvenCode,MatInvenCode = @MatInvenCode,Quantity = @Quantity ";
        //修改当前母件的某子件信息
        strCode += " WHERE ProInvenCode = '" + strProInvenCode + "' AND MatInvenCode = '" + strOldMatInvenCode + "'";
        if (db.ExecDataBySql(strCode) > 0)                          //执行 SQL 语句成功
        {
            MessageBox.Show("保存成功！","软件提示");
        }
        else                                                        //执行 SQL 语句失败
        {
            MessageBox.Show("保存失败！","软件提示");
        }
    }
    //TreeView 控件重新绑定到数据
    commUse.BuildTree(formBom.tvInven, formBom.imageList1, "母件", "V_BomStruct", "InvenCode","InvenName");
    //重新设置物料清单窗体中 TreeView 控件的被选定节点
    formBom.tvInven.SelectedNode = formBom.tvInven.Nodes[0].Nodes[intNodeIndex];
    this.Close();                                                   //关闭当前窗体
}
```

25.8 采购入库单模块设计

25.8.1 采购入库单模块概述

采购入库单是对采购商品确认入库的凭证，单据经审核后，被正式确认，审核后若要修改或删除采购入库单，需要弃审。采购入库单窗体运行效果如图 25.13 所示。

图 25.13 采购入库单窗体

25.8.2　设计采购入库单窗体

新建一个 Windows 窗体，命名为 FormPUInStore.cs，用于管理采购入库单，该窗体主要用到的控件及说明如表 25.11 所示。

表 25.11　采购入库单窗体用到的主要控件

控 件 类 型	控 件 ID	主要属性设置	说　　明
ToolStrip	toolStrip1	其 Items 属性的详细设置请查看源程序	制作工具栏
TextBox	txtPUInCode	将其 ReadOnly 属性设置为 true	显示单据编号
	txtPUOrderCode	将其 ReadOnly 属性设置为 true；将其 Modifiers 属性设置为 Public	显示订单编号
	txtUnitPrice	将其 ReadOnly 属性设置为 true；将其 Modifiers 属性设置为 Public	输入采购单价
	txtQuantity	将其 ReadOnly 属性设置为 true；将其 Modifiers 属性设置为 Public	输入采购数量
	txtPUMoney	将其 ReadOnly 属性设置为 true；将其 Modifiers 属性设置为 Public	显示采购金额
ComboBox	cbxOperatorCode	将其 Enabled 属性设置为 false	显示操作员
	cbxSupplierCode	将其 Enabled 属性设置为 false；将其 Modifiers 属性设置为 Public	选择供应商
	cbxStoreCode	将其 Enabled 属性设置为 false；将其 Modifiers 属性设置为 Public	选择仓库
	cbxInvenCode	将其 Enabled 属性设置为 false；将其 Modifiers 属性设置为 Public	选择存货
	cbxEmployeeCode	将其 Enabled 属性设置为 false	选择库管员
	cbxIsFlag	将其 Enabled 属性设置为 false	显示是否审核
DateTimePicker	dtpPUInDate	将其 Enabled 属性设置为 false	显示单据日期
Button	btnChoice	将其 Enabled 属性设置为 false	打开浏览已审核的采购订单窗体
DataGridView	dgvPUInStoreInfo	AllowUserToAddRows 属性设置为 false；其 Columns 属性的设置请参见源程序	显示采购入库单记录

25.8.3　打开浏览已审核的采购订单窗体

如果在制定采购入库单之前制定了对应的采购订单，可以单击订单编号右边的 "…" 按钮打开浏览已审核的采购订单窗体，然后选择采购订单。"…" 按钮的 Click 事件代码如下。

```
private void btnChoice_Click(object sender, EventArgs e)
{
    //实例化 FormBrowsePUOrder 窗体（浏览已审核的采购订单窗体）
    FormBrowsePUOrder formBrowsePUOrder = new FormBrowsePUOrder();
```

```csharp
        formBrowsePUOrder.Owner = this;                          //设置拥有此窗体的窗体，即 FormPUInStore 窗体
        formBrowsePUOrder.ShowDialog();                          //将窗体显示为模式对话框
}
```

浏览已审核的采购订单窗体效果如图 25.14 所示。

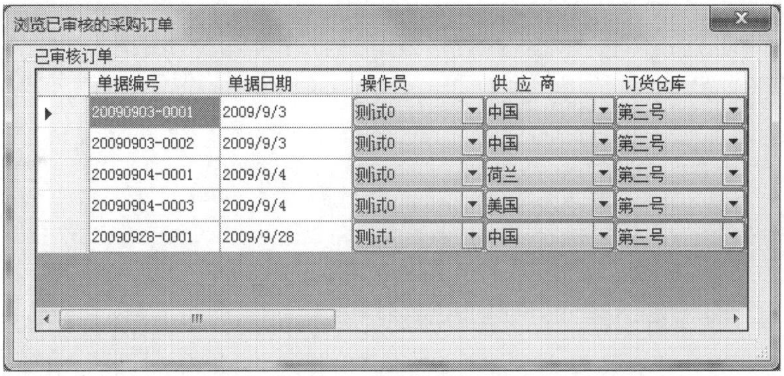

图 25.14　浏览已审核的采购订单窗体

25.8.4　获取选中的已审核采购订单信息

在浏览已审核的采购订单窗体中，自定义方法 BindDataGridView()用于检索已审核的采购订单记录，其实现代码如下。

```csharp
/// <summary>
/// DataGridView 控件绑定到数据源
/// </summary>
/// <param name="strWhere">Where 条件子句</param>
private void BindDataGridView(string strWhere)
{
    string strSql = null;                                        //表示 SQL 语句的字符串
    strSql = "SELECT * ";
    strSql += "FROM PUOrder " + strWhere;                        //查询已审核的采购订单
    try
    {
        //DataGridView 控件绑定到数据源
        this.dgvPUOrderInfo.DataSource = db.GetDataSet(strSql, "PUOrder").Tables["PUOrder"];
    }
    catch (Exception ex)                                         //捕获异常
    {
        MessageBox.Show(ex.Message, "软件提示");                  //异常信息提示
        throw ex;
    }
}
```

在 FormBrowsePUOrder 窗体的 Load 事件中，首先获取拥有 FormBrowsePUOrder 窗体的窗体——FormPUInStore 窗体。该窗体的 Load 事件代码如下。

```csharp
private void FormBrowsePUOrder_Load(object sender, EventArgs e)
{
    formPUInStore = (FormPUInStore)this.Owner;                   //获取当前窗体的父窗体，即 FormPUInStore 窗体
    //DataGridView 控件的列绑定到数据源
    commUse.BindComboBox(this.dgvPUOrderInfo.Columns[2], "OperatorCode", "OperatorName", "select
        OperatorCode,OperatorName from SYOperator", "SYOperator");
```

```csharp
        commUse.BindComboBox(this.dgvPUOrderInfo.Columns[3], "SupplierCode", "SupplierName", "select
            SupplierCode,SupplierName from BSSupplier", "BSSupplier");
        commUse.BindComboBox(this.dgvPUOrderInfo.Columns[4], "StoreCode", "StoreName", "select
            StoreCode,StoreName from BSStore", "BSStore");
        commUse.BindComboBox(this.dgvPUOrderInfo.Columns[5], "InvenCode", "InvenName", "select
            InvenCode,InvenName from BSInven", "BSInven");
        commUse.BindComboBox(this.dgvPUOrderInfo.Columns[10], "EmployeeCode", "EmployeeName",
            "select EmployeeCode,EmployeeName from BSEmployee", "BSEmployee");
        commUse.BindComboBox(this.dgvPUOrderInfo.Columns[11], "Code", "Name", "select * from
            INCheckFlag", "INCheckFlag");
        this.BindDataGridView(" WHERE IsFlag = '1'");            //检索已审核的采购订单记录
        if (dgvPUOrderInfo.RowCount <= 0)                        //若无已审核的采购订单，则界面显示提示信息
        {
            gbInfo.Text = "无已审核订单";
        }
    }
```

双击已审核订单中的某行数据，表示选中该笔采购订单，然后程序会自动将相关订单信息返回到采购入库单窗体当中。双击操作将触发 DataGridView 控件的 CellDoubleClick 事件，该事件的详细代码如下。

```csharp
    private void dgvPUOrderInfo_CellDoubleClick(object sender, DataGridViewCellEventArgs e)
    {
        if (dgvPUOrderInfo.RowCount > 0)                         //如果存在记录行
        {
            formPUInStore.cbxSupplierCode.SelectedValue = this.dgvPUOrderInfo[3,
                this.dgvPUOrderInfo.CurrentCell.RowIndex].Value;         //设置供应商
            formPUInStore.cbxStoreCode.SelectedValue = this.dgvPUOrderInfo[4,
                this.dgvPUOrderInfo.CurrentCell.RowIndex].Value;         //设置仓库
            formPUInStore.cbxInvenCode.SelectedValue = this.dgvPUOrderInfo[5,
                this.dgvPUOrderInfo.CurrentCell.RowIndex].Value;         //设置存货
            formPUInStore.txtUnitPrice.Text = this.dgvPUOrderInfo[6,
                this.dgvPUOrderInfo.CurrentCell.RowIndex].Value.ToString();    //设置单价
            formPUInStore.txtQuantity.Text = this.dgvPUOrderInfo[7,
                this.dgvPUOrderInfo.CurrentCell.RowIndex].Value.ToString();    //设置数量
            formPUInStore.txtPUMoney.Text = this.dgvPUOrderInfo[8,
                this.dgvPUOrderInfo.CurrentCell.RowIndex].Value.ToString();    //设置采购金额
            formPUInStore.txtPUOrderCode.Text = this.dgvPUOrderInfo[0,
                this.dgvPUOrderInfo.CurrentCell.RowIndex].Value.ToString();    //设置订单编号
            this.Close();                                        //关闭当前窗体
        }
    }
```

25.8.5 添加/修改采购入库单

采购入库单窗体 FormPUInStore 中，单击工具栏上的"添加"按钮，让系统处于添加状态，同时系统会自动生成单据编号、单据日期和操作员名称，并且这 3 项是禁止修改的。"添加"按钮的 Click 事件代码如下。

```csharp
    private void toolAdd_Click(object sender, EventArgs e)
    {
        ControlStatus();                                //切换控件状态
        ClearControls();                                //将控件恢复到原始状态
        toolStrip1.Tag = "ADD";                         //表示添加操作
        dtpPUInDate.Value = DateTime.Today;             //设置单据日期为当日日期
```

```
cbxOperatorCode.SelectedValue = PropertyClass.OperatorCode;    //设置操作员
txtQuantity.Text = "1";                                          //默认采购数量
cbxIsFlag.SelectedValue = "0";                                   //初始单据的审核状态为"否"
//自动生成单据编号
txtPUInCode.Text = commUse.BuildBillCode("PUInStore", "PUInCode", "PUInDate",
        dtpPUInDate.Value);
}
```

> **说明**
>
> （1）审核状态的值等于"0"表示未审核或弃审（即否）；审核状态的值等于"1"表示审核（即是），在后面文档中若再出现此类情况，到时将不再提示。
>
> （2）单据编号系统自动生成，无须人工输入。单据编号共13位，其中前8位表示日期，第9位是分隔符号"-"，最后4位表示单据的当日流水号，在后面介绍的窗体中若再出现此类情况，到时将不再提示。

单击工具栏上的"修改"按钮，让系统处于修改状态，但是单据编号、单据日期、操作员、审核状态这4项处于禁止修改状态。"修改"按钮的Click事件代码如下。

```
private void toolAmend_Click(object sender, EventArgs e)
{
    ControlStatus();                    //切换控件状态
    ClearControls();                    //将控件恢复到原始状态
    toolStrip1.Tag = "EDIT";             //表示修改操作
}
```

在系统处于修改状态的情况下，单击DataGridView控件中某行的任意单元格，若当前的采购入库单已审核，则系统提示不允许编辑；若未审核，则当前行的采购入库单信息会显示在相应控件中。DataGridView控件的CellClick事件代码如下。

```
private void dgvPUInStoreInfo_CellClick(object sender, DataGridViewCellEventArgs e)
{
    //在系统处于修改状态的情况下
    if (toolStrip1.Tag.ToString() == "EDIT" && dgvPUInStoreInfo.RowCount > 0)
    {
        //若该记录已审核，则不允许修改
        if (this.dgvPUInStoreInfo[11, this.dgvPUInStoreInfo.CurrentRow.Index].Value.ToString() == "1")
        {
            MessageBox.Show("该记录已审核，不允许编辑！", "软件提示");
            return;
        }
        FillControls();                 //设置控件的显示值
    }
}
```

单击"取消"按钮时，将取消添加或修改操作状态，"取消"按钮的Click事件代码如下。

```
private void toolCancel_Click(object sender, EventArgs e)
{
    ControlStatus();                    //切换控件状态
    ClearControls();                    //将控件恢复到原始状态
    toolStrip1.Tag = "";                 //取消当前操作状态
}
```

单击"保存"按钮，程序首先判断是添加操作或修改操作，然后保存单据信息。"保存"按钮的

Click 事件代码如下。

```csharp
private void toolSave_Click(object sender, EventArgs e)
{
    string strCode = null;                                          //声明表示 SQL 语句的字符串
    if (String.IsNullOrEmpty(txtPUInCode.Text.Trim()))
    {
        MessageBox.Show("单据编号不许为空！","软件提示");
        txtPUInCode.Focus();
        return;
    }
    if (cbxSupplierCode.SelectedValue == null)
    {
        MessageBox.Show("供应商不许为空！","软件提示");
        cbxSupplierCode.Focus();
        return;
    }
    if (cbxStoreCode.SelectedValue == null)
    {
        MessageBox.Show("仓库不许为空！","软件提示");
        cbxStoreCode.Focus();
        return;
    }
    if (cbxInvenCode.SelectedValue == null)
    {
        MessageBox.Show("存货不许为空！","软件提示");
        cbxInvenCode.Focus();
        return;
    }
    if (String.IsNullOrEmpty(txtUnitPrice.Text.Trim()))
    {
        MessageBox.Show("单价不许为空！","软件提示");
        txtUnitPrice.Focus();
        return;
    }
    if (String.IsNullOrEmpty(txtQuantity.Text.Trim()))
    {
        MessageBox.Show("数量不许为空！","软件提示");
        txtQuantity.Focus();
        return;
    }
    else
    {
        if (Convert.ToInt32(txtQuantity.Text.Trim()) == 0)
        {
            MessageBox.Show("数量不能等于零","软件提示");
            txtQuantity.Focus();
            return;
        }
    }
    if (toolStrip1.Tag.ToString() == "ADD")                          //若是添加操作
    {
        try
        {
            strCode = "INSERT INTO PUInStore(PUInCode,PUInDate,OperatorCode,SupplierCode,StoreCode,InvenCode,UnitPrice,Quantity,PUMoney,PUOrderCode,EmployeeCode,IsFlag) ";
            strCode += "VALUES(@PUInCode,@PUInDate,@OperatorCode,@SupplierCode,@StoreCode,@InvenCode,@UnitPrice,@Quantity,
```

```
            @PUMoney,@PUOrderCode,@EmployeeCode,@IsFlag)";          //插入新的采购入库单记录
            ParametersAddValue();                                    //设置 INSERT 语句的参数值
            if (db.ExecDataBySql(strCode) > 0)                       //执行 SQL 语句成功
            {
                MessageBox.Show("保存成功！","软件提示");
                this.BindDataGridView("");                           //保存成功，重新绑定数据源
                ControlStatus();
            }
            else                                                     //执行 SQL 语句失败
            {
                MessageBox.Show("保存失败！","软件提示");
            }
        }
        catch (Exception ex)                                         //捕获异常
        {
            MessageBox.Show(ex.Message, "软件提示");                 //异常信息提示
            throw ex;
        }
    }
    //若是修改操作
    if (toolStrip1.Tag.ToString() == "EDIT")
    {
        string strPUInCode = txtPUInCode.Text.Trim();                //获取采购入库单编号
        try
        {
            strCode = "UPDATE PUInStore SET PUInCode = @PUInCode,PUInDate = 
            @PUInDate,OperatorCode = @OperatorCode, SupplierCode = @SupplierCode,
            StoreCode = @StoreCode,";
            strCode += "InvenCode = @InvenCode,UnitPrice = @UnitPrice,Quantity = @Quantity,";
            strCode += "PUMoney = @PUMoney,PUOrderCode = @PUOrderCode, 
            EmployeeCode = @EmployeeCode,IsFlag = @IsFlag";
            strCode += " WHERE PUInCode = '" + strPUInCode + "'";    //更新某单据信息
            ParametersAddValue();                                    //设置 UPDATE 语句的参数值
            if (db.ExecDataBySql(strCode) > 0)                       //执行 SQL 语句成功
            {
                MessageBox.Show("保存成功！","软件提示");
                this.BindDataGridView("");                           //重新检索采购入库单
                ControlStatus();                                     //窗体上的控件切换状态
            }
            else                                                     //执行 SQL 语句失败
            {
                MessageBox.Show("保存失败！","软件提示");
            }
        }
        catch (Exception ex)                                         //捕获异常
        {
            MessageBox.Show(ex.Message, "软件提示");                 //异常信息提示
            throw ex;
        }
    }
    toolStrip1.Tag = "";                                             //清空当前的操作状态
}
```

25.8.6 审核采购入库单

采购入库单经审核后被正式确认，采购的商品才被正式入库，若单据不经审核，则采购的商品不会进入库存中。单击"审核"按钮，完成单据的审核操作，"审核"按钮的 Click 事件代码如下。

```csharp
private void toolCheck_Click(object sender, EventArgs e)
{
    List<string> strSqls = new List<string>();                              //创建 List<string>泛型列表
    SqlDataReader sdr = null;                                               //声明 SqlDataReader 引用
    string strCode = null;                                                  //声明表示 SQL 语句的字符串
    string strPUInCode = null;                                              //单据编号
    string strIsFlag = null;                                                //审核标记
    string strPUInStoreSql = null;                                          //表示提交 PUInStore 表的 SQL 语句
    string strSTStockSql = null;                                            //表示提交 STStock 表的 SQL 语句
    string strStoreCode = null;                                             //仓库代码
    string strInvenCode = null;                                             //采购商品的代码
    int intQuantity;                                                        //采购数量
    decimal decPrice;                                                       //采购单价
    decimal decMoney;                                                       //采购金额
    if (dgvPUInStoreInfo.RowCount == 0)
    {
        return;                                                             //若无数据记录，则程序终止运行
    }
    strStoreCode = this.dgvPUInStoreInfo["StoreCode",
        this.dgvPUInStoreInfo.CurrentCell.RowIndex].Value.ToString();       //获取仓库代码
    strInvenCode = this.dgvPUInStoreInfo["InvenCode",
        this.dgvPUInStoreInfo.CurrentCell.RowIndex].Value.ToString();       //获取采购商品的代码
    strPUInCode = this.dgvPUInStoreInfo["PUInCode",
        this.dgvPUInStoreInfo.CurrentCell.RowIndex].Value.ToString();       //获取单据编号
    strIsFlag = this.dgvPUInStoreInfo["IsFlag",
        this.dgvPUInStoreInfo.CurrentCell.RowIndex].Value.ToString();       //获取审核标记
    intQuantity = Convert.ToInt32(this.dgvPUInStoreInfo["Quantity",
        this.dgvPUInStoreInfo.CurrentCell.RowIndex].Value);                 //获取本次的采购数量
    decPrice = Convert.ToDecimal(this.dgvPUInStoreInfo["UnitPrice",
        this.dgvPUInStoreInfo.CurrentCell.RowIndex].Value);                 //获取本次的采购单价
    decMoney = Convert.ToDecimal(this.dgvPUInStoreInfo["PUMoney",
        this.dgvPUInStoreInfo.CurrentCell.RowIndex].Value);                 //获取本次的采购金额
    if (strIsFlag == "1")                                                   //如果已审核过，则不许再次审核
    {
        MessageBox.Show("该单据已审核过，不许再次审核！","软件提示");
        return;
    }
    strCode = "SELECT Quantity,AvePrice,STMoney FROM STStock WHERE StoreCode =
        '"+strStoreCode+"' AND InvenCode = '"+strInvenCode+"'";             //查询指定仓库且指定存货的库存信息
    try
    {
        sdr = db.GetDataReader(strCode);                                    //获取库存信息
        sdr.Read();                                                         //读取数据记录
        if (sdr.HasRows)                                                    //如果库存中存在被采购的商品
        {
            intQuantity = intQuantity + sdr.GetInt32(0);                    //合计数量
            decMoney = decMoney + sdr.GetDecimal(2);                        //合计金额
            decPrice = Decimal.Round(decMoney / intQuantity, 2);            //平均价格
            strSTStockSql = "UPDATE STStock SET Quantity = " + intQuantity + ",AvePrice = " +
                decPrice + ",STMoney = " + decMoney+" ";
            strSTStockSql += "WHERE StoreCode = '" + strStoreCode + "' AND InvenCode = '" +
                strInvenCode + "'";                                         //更新被采购商品的库存信息
        }
        else                                                                //如果库存中不存在被采购的商品
        {
            strSTStockSql = "INSERT INTO STStock(StoreCode,InvenCode,Quantity,AvePrice,STMoney) ";
            strSTStockSql += "VALUES('" + strStoreCode + "','" + strInvenCode + "'," + intQuantity + "," +
                decPrice + "," + decMoney + ")";
        }                                                                   //在库存中新增该种商品
    }
```

```
        //给采购入库单打上审核标记
        strPUInStoreSql = "UPDATE PUInStore SET IsFlag = '1' WHERE PUInCode = '" + strPUInCode + "'";
        sdr.Close();                                            //关闭 SqlDataReader 对象，同时关闭关联的数据连接
        strSqls.Add(strSTStockSql);                             //列表 strSqls 添加元素 strSTStockSql
        strSqls.Add(strPUInStoreSql);                           //列表 strSqls 添加元素 strPUInStoreSql
        if (db.ExecDataBySqls(strSqls))                         //若同时提交多条 SQL 语句成功
        {
            MessageBox.Show("审核成功！","软件提示");
        }
        else                                                    //提交失败
        {
            MessageBox.Show("审核失败！","软件提示");
        }
    }
    catch (Exception ex)                                        //捕获异常
    {
        MessageBox.Show(ex.Message,"软件提示");                  //异常信息提示
        sdr.Close();
        throw ex;
    }
    this.BindDataGridView("");                                  //DataGridView 控件重新绑定到数据源
}
```

> **说明**
> 如果库存中存在被采购的商品，则在计算合计数量、合计金额、平均价格后，仅需要更新该商品的相关库存信息；而如果库存中不存在被采购的商品，则要在库存中初始化该商品的库存信息。

25.8.7 弃审功能的实现

审核后的采购入库单不允许修改和删除，审核后的单据若没有发生相关业务，可以弃审。"弃审"按钮的 Click 事件代码如下。

```
private void toolUnCheck_Click(object sender, EventArgs e)
{
    List<string> strSqls = new List<string>();                  //创建 List<string>泛型列表
    SqlDataReader sdr = null;                                   //声明 SqlDataReader 引用
    string strCode = null;                                      //定义表示 SQL 语句的字符串
    string strPUInCode = null;                                  //单据编号
    string strIsFlag = null;                                    //审核标记
    string strPUInStoreSql = null;                              //表示提交 PUInStore 表的 SQL 语句
    string strSTStockSql = null;                                //表示提交 STStock 表的 SQL 语句
    string strStoreCode = null;                                 //仓库代码
    string strInvenCode = null;                                 //采购商品的代码
    int intQuantity;                                            //数量
    decimal decPrice;                                           //单价
    decimal decMoney;                                           //金额
    if (dgvPUInStoreInfo.RowCount == 0)
    {
        return;                                                 //若无数据行，则程序终止运行
    }
    strStoreCode = this.dgvPUInStoreInfo["StoreCode",
        this.dgvPUInStoreInfo.CurrentCell.RowIndex].Value.ToString();   //获取仓库代码
    strInvenCode = this.dgvPUInStoreInfo["InvenCode",
        this.dgvPUInStoreInfo.CurrentCell.RowIndex].Value.ToString();   //获取采购商品的代码
    strPUInCode = this.dgvPUInStoreInfo["PUInCode",
```

```csharp
                    this.dgvPUInStoreInfo.CurrentCell.RowIndex].Value.ToString();        //获取单据编号
strIsFlag = this.dgvPUInStoreInfo["IsFlag",
                    this.dgvPUInStoreInfo.CurrentCell.RowIndex].Value.ToString();        //获取审核标记
intQuantity = Convert.ToInt32(this.dgvPUInStoreInfo["Quantity",
                    this.dgvPUInStoreInfo.CurrentCell.RowIndex].Value);                  //获取数量
decPrice = Convert.ToDecimal(this.dgvPUInStoreInfo["UnitPrice",
                    this.dgvPUInStoreInfo.CurrentCell.RowIndex].Value);                  //获取单价
decMoney = Convert.ToDecimal(this.dgvPUInStoreInfo["PUMoney",
                    this.dgvPUInStoreInfo.CurrentCell.RowIndex].Value);                  //获取金额
//使用单据编号在采购付款单中查询该采购商品是否已经发生付款业务
strCode = "select * from PUPay where   PUInCode = '" + strPUInCode + "'";
try
{
    sdr = db.GetDataReader(strCode);                                                     //获取包含付款业务信息的数据源
    sdr.Read();
    if (sdr.HasRows)                                                                     //该采购商品已经付款了，不许弃审
    {
        MessageBox.Show("该单据已发生业务关系，无法弃审！","软件提示");
        sdr.Close();
        return;                                                                          //程序终止运行
    }
}
catch (Exception ex)                                                                     //捕获异常
{
    MessageBox.Show(ex.Message, "软件提示");                                              //异常信息提示
    throw ex;
}
finally
{
    sdr.Close();                                                                         //关闭 SqlDataReader 对象
}
if (strIsFlag == "0")                                                                    //未审核，无须弃审操作
{
    MessageBox.Show("该单据未审核，无须弃审！","软件提示");
    return;
}
strCode = "SELECT Quantity,AvePrice,STMoney FROM STStock WHERE StoreCode = '" + strStoreCode
    + "' AND InvenCode = '" + strInvenCode + "'";                                        //查询该商品的库存信息
try
{
    sdr = db.GetDataReader(strCode);                                                     //获取包含该商品库存信息的数据源
    sdr.Read();                                                                          //读取数据记录
    if (sdr.HasRows)                                                                     //若该商品存在库存信息
    {
        //该种商品的库存量已经不足以用于弃审，所以给与"无法弃审"的提示
        if (sdr.GetInt32(0) < intQuantity)
        {
            MessageBox.Show("该笔入库且经审核的存货，已经发生了相关业务，无法弃审！","软件提示");
            sdr.Close();
            return;
        }
        intQuantity = sdr.GetInt32(0) - intQuantity;                                     //弃审后的剩余数量
        decMoney = sdr.GetDecimal(2) - decMoney;                                         //弃审后的剩余金额
        if (intQuantity == 0)                                                            //若该商品的库存量为 0
        {
            decPrice = 0;
            decMoney = 0;
        }
        else                                                                             //若该商品的库存量不为 0
```

```csharp
            {
                decPrice = Decimal.Round(decMoney / intQuantity, 2);        //计算平均价格
            }
            strSTStockSql = "UPDATE STStock SET Quantity = " + intQuantity + ",AvePrice = " + decPrice
                        + ",STMoney = " + decMoney + " ";
            //更新该商品的库存信息
            strSTStockSql += "WHERE StoreCode = '" + strStoreCode + "' AND InvenCode = '" + strInvenCode + "'";
        }
        else                                                                //该商品未初始化库存，程序无法处理弃审业务
        {
            MessageBox.Show("库存数据异常，无法处理！","软件提示");
            sdr.Close();
            return;                                                         //程序终止运行
        }
        //取消审核，给采购入库单打上弃审标记
        strPUInStoreSql = "UPDATE PUInStore SET IsFlag = '0' WHERE PUInCode = '" + strPUInCode + "'";
        sdr.Close();
        strSqls.Add(strSTStockSql);                                         //列表 strSqls 添加元素 strSTStockSql
        strSqls.Add(strPUInStoreSql);                                       //列表 strSqls 添加元素 strPUInStoreSql
        if (db.ExecDataBySqls(strSqls))                                     //若同时提交多条 SQL 语句成功，则弃审成功
        {
            MessageBox.Show("弃审成功！ ","软件提示");
        }
        else                                                                //提交失败
        {
            MessageBox.Show("弃审失败！ ","软件提示");
        }
    }
    catch (Exception ex)                                                    //捕获异常
    {
        MessageBox.Show(ex.Message, "软件提示");                             //异常信息提示
        sdr.Close();
        throw ex;
    }
    this.BindDataGridView("");                                              //重新检索采购入库单记录
}
```

> **说明**
>
> 按照采购业务流程，采购付款业务发生在采购入库业务之后，制定采购付款单的重要凭证是采购入库单，软件系统在生成采购付款单时，需要录入已审核的采购入库单编号。若该笔采购入库单已生成对应的采购付款单，则该笔采购入库单不许弃审。

25.8.8 未审核入库单的删除

单击"删除"按钮，可以删除未审核的采购入库单，"删除"按钮的 Click 事件代码如下。

```csharp
private void toolDelete_Click(object sender, EventArgs e)
{
    string strPUInCode = null;                                              //单据编号
    string strSql = null;                                                   //表示 SQL 语句的字符串
    string strFlag = null;                                                  //审核标记
    if (this.dgvPUInStoreInfo.RowCount <= 0)
    {
        return;                                                             //若无数据记录，程序终止运行
```

```
}
//获取单据编号
strPUInCode = this.dgvPUInStoreInfo[0, this.dgvPUInStoreInfo.CurrentCell.RowIndex].Value.ToString();
//获取当前单据的审核标记
strFlag = this.dgvPUInStoreInfo[11, this.dgvPUInStoreInfo.CurrentCell.RowIndex].Value.ToString();
if (strFlag == "1")                                    //已审核的单据，不允许删除
{
    MessageBox.Show("该单据已审核，不允许删除！", "软件提示");
    return;                                            //程序终止运行
}
//删除指定单据编号的采购入库单
strSql = "DELETE FROM PUInStore WHERE PUInCode = '" + strPUInCode + "'";
if (MessageBox.Show("确定要删除吗？", "软件提示", MessageBoxButtons.YesNo,
    MessageBoxIcon.Exclamation) == DialogResult.Yes)
{
    try
    {
        if (db.ExecDataBySql(strSql) > 0)              //删除成功
        {
            MessageBox.Show("删除成功！", "软件提示");
        }
        else                                           //删除失败
        {
            MessageBox.Show("删除失败！", "软件提示");
        }
    }
    catch (Exception ex)                               //捕获程序执行当中发生的异常
    {
        MessageBox.Show(ex.Message, "软件提示");       //异常信息提示
        throw ex;
    }
    this.BindDataGridView("");                         //删除后，DataGridView控件重新绑定到数据源
}
}
```

25.9　销售收款单模块设计

25.9.1　销售收款单模块概述

销售收款单是对已售商品确认收款的凭证。单据经审核后，被正式确认，系统自动增加账户金额（现金账或银行存款账）；审核后若要修改或删除收款单，需要进行弃审操作。销售收款单窗体运行效果如图 25.15 所示。

25.9.2　设计销售收款单窗体

　　■　本模块使用的数据表：SEGather

新建一个 Windows 窗体，命名为 FormSEGather.cs，用于管理销售收款单，该窗体主要用到的控件及说明如表 25.12 所示。

第 25 章 ERP 管理系统

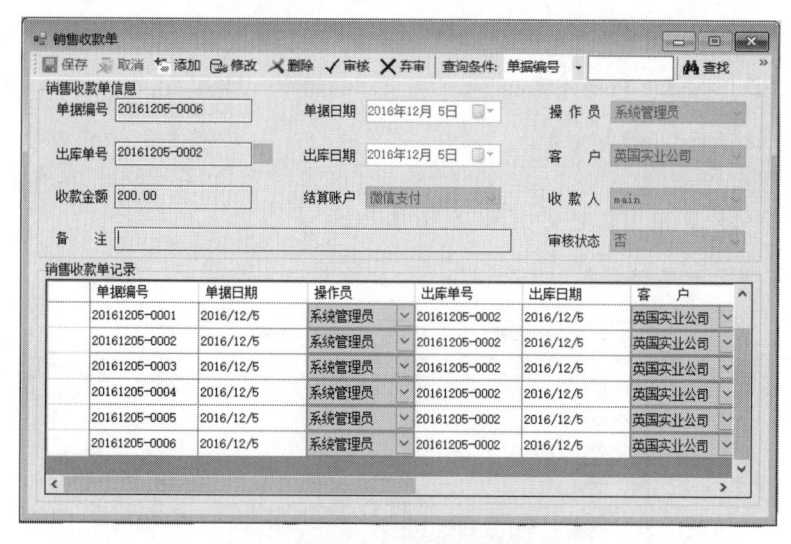

图 25.15 销售收款单窗体

表 25.12 销售收款单窗体用到的主要控件

控件类型	控件 ID	主要属性设置	说明
ToolStrip	toolStrip1	其 Items 属性的详细设置请查看源程序	制作工具栏
TextBox	txtSEGatherCode	将其 ReadOnly 属性设置为 true	显示单据编号
	txtSEOutCode	将其 ReadOnly 属性设置为 true；将其 Modifiers 属性设置为 Public	显示销售出库单编号
	txtSEMoney	将其 ReadOnly 属性设置为 true；将其 Modifiers 属性设置为 Public	输入收款金额
	txtRemark	将其 ReadOnly 属性设置为 true	输入备注信息
ComboBox	cbxOperatorCode	将其 Enabled 属性设置为 false	显示操作员
	cbxCustomerCode	将其 Enabled 属性设置为 false；将其 Modifiers 属性设置为 Public	显示客户名称
	cbxAccountCode	将其 Enabled 属性设置为 false	选择结算账户
	cbxEmployeeCode	将其 Enabled 属性设置为 false	选择收款人
	cbxIsFlag	将其 Enabled 属性设置为 false	显示审核状态
DateTimePicker	dtpSEGatherDate	将其 Enabled 属性设置为 false	显示单据日期
	dtpSEOutDate	将其 Enabled 属性设置为 false；将其 Modifiers 属性设置为 Public	显示出库日期
Button	btnChoice	将其 Enabled 属性设置为 false	打开浏览已审核销售出库单窗体
DataGridView	dgvSEGatherInfo	AllowUserToAddRows 属性设置为 false；其 Columns 属性的设置请参见源程序	显示销售收款单

25.9.3 打开浏览已审核的销售出库单窗体

制定销售收款单的依据是已审核的销售出库单，单击出库单号右边的"…"按钮，打开浏览已审核的销售出库单窗体。"…"按钮的 Click 事件代码如下。

```
private void btnChoice_Click(object sender, EventArgs e)
{
    FormBrowseSEOutStore formBrowseSEOutStore = new FormBrowseSEOutStore();  //实例化浏览已审核的销售出库单窗体
    formBrowseSEOutStore.Owner = this;                                        //设置拥有此窗体的窗体，即销售收款单窗体
    formBrowseSEOutStore.ShowDialog();                                        //将窗体显示为模式对话框
}
```

浏览已审核的销售出库单窗体效果如图 25.16 所示。

图 25.16　浏览已审核的销售出库单窗体

在浏览已审核的销售出库单窗体的 Load 事件中，首先获取拥有该窗体的窗体——销售收款单窗体，然后调用 CommonUse 类中的 BindComboBox() 方法将操作员、客户名称、物料名称、仓库、员工名称以及审核标记等信息绑定到 DataGridView 控件中的相应 ComboBox 列中。浏览已审核的销售出库单窗体的 Load 事件代码如下。

```
private void FormBrowseSEOutStore_Load(object sender, EventArgs e)
{
    //获取拥有浏览已审核的销售出库单窗体的窗体，即销售收款单窗体
    formSEGather = (FormSEGather)this.Owner;
    commUse.BindComboBox(this.dgvSEOutStoreInfo.Columns["OperatorCode"], "OperatorCode", "OperatorName", "select OperatorCode,OperatorName from SYOperator", "SYOperator");      //绑定操作员列表
    commUse.BindComboBox(this.dgvSEOutStoreInfo.Columns["CustomerCode"], "CustomerCode", "CustomerName", "select CustomerCode,CustomerName from BSCustomer", "BSCustomer");       //绑定客户名称列表
    commUse.BindComboBox(this.dgvSEOutStoreInfo.Columns["StoreCode"], "StoreCode", "StoreName", "select StoreCode,StoreName from BSStore", "BSStore");                            //绑定物料名称列表
    commUse.BindComboBox(this.dgvSEOutStoreInfo.Columns["InvenCode"], "InvenCode", "InvenName", "select InvenCode,InvenName from BSInven", "BSInven");                            //绑定仓库列表
    commUse.BindComboBox(this.dgvSEOutStoreInfo.Columns["EmployeeCode"], "EmployeeCode", "EmployeeName", "select EmployeeCode,EmployeeName from BSEmployee", "BSEmployee");       //绑定员工名称列表
    commUse.BindComboBox(this.dgvSEOutStoreInfo.Columns["IsFlag"], "Code", "Name", "select * from INCheckFlag", "INCheckFlag");                                                   //绑定审核标记列表
    this.BindDataGridView(" WHERE IsFlag = '1'");                             //检索已审核的销售出库单
    if (dgvSEOutStoreInfo.RowCount <= 0)                                      //若无数据行，则系统给出提示信息
    {
        gbInfo.Text = "无已审核销售出库单";
    }
}
```

25.9.4　查看指定出库单的详细信息

双击已审核出库单记录中的某行记录，表示选中该笔出库单，程序会自动将出库单相关信息显示到销售收款单窗口中。双击操作将触发 DataGridView 控件的 CellDoubleClick 事件，该事件的详细代码如下。

```csharp
private void dgvSEOutStoreInfo_CellDoubleClick(object sender, DataGridViewCellEventArgs e)
{
    if (dgvSEOutStoreInfo.RowCount > 0)                                     //若存在已审核的出库单
    {
        //为窗体 FormSEGather 上的某些控件传值
        formSEGather.txtSEOutCode.Text = this.dgvSEOutStoreInfo["SEOutCode", this.dgvSEOutStoreInfo.CurrentCell.RowIndex].Value.ToString();                                              //设置出库单号
        formSEGather.dtpSEOutDate.Value = Convert.ToDateTime(this.dgvSEOutStoreInfo["SEOutDate", this.dgvSEOutStoreInfo.CurrentCell.RowIndex].Value);                                //设置出库日期
        formSEGather.cbxCustomerCode.SelectedValue = this.dgvSEOutStoreInfo["CustomerCode", this.dgvSEOutStoreInfo.CurrentCell.RowIndex].Value;                                  //设置客户
        formSEGather.txtSEMoney.Text = this.dgvSEOutStoreInfo["SEMoney", this.dgvSEOutStoreInfo.CurrentCell.RowIndex].Value.ToString();                                           //设置默认的收款金额
        this.Close();                                                        //关闭当前窗口
    }
}
```

查看指定出库单详细信息的效果如图 25.17 所示。

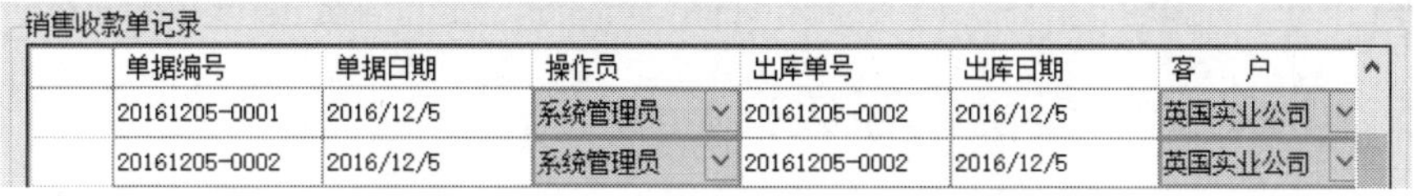

图 25.17 查看指定出库单的详细信息

25.10 库存清单模块设计

25.10.1 库存清单模块概述

库存清单模块一个查询模块，主要实现查询仓库中各种存货的库存情况，可以按照仓库和存货名称查询，并且查询的结果可以导出为 Excel 文件。库存清单窗体运行效果如图 25.18 所示。

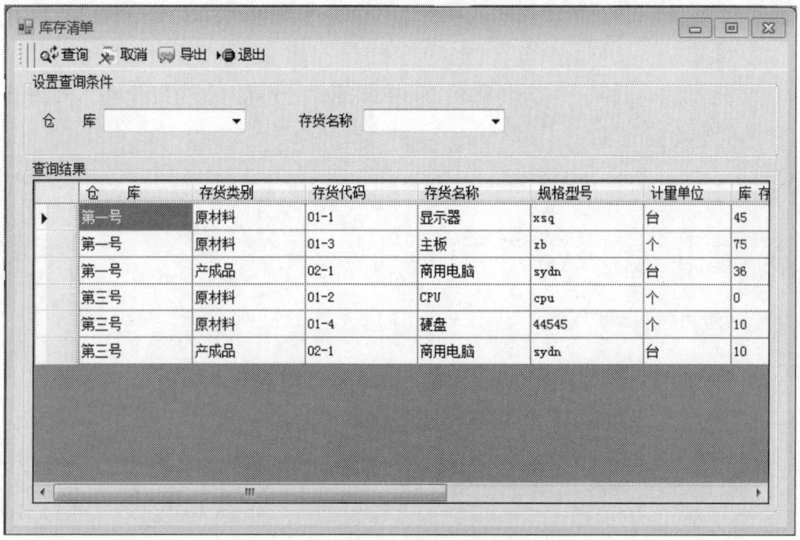

图 25.18 库存清单窗体

25.10.2 设计库存清单窗体

新建一个 Windows 窗体，命名为 FormStockQuery.cs，用于查询和导出数据，该窗体主要用到的控件及说明如表 25.13 所示。

表 25.13 库存清单窗体用到的主要控件

控件类型	控件 ID	主要属性设置	说明
ToolStrip	toolStrip1	其 Items 属性的详细设置请查看源程序	制作工具栏
ComboBox	cbxStoreCode	系统默认设置	选择仓库
	cbxInvenCode	系统默认设置	选择存货名称
DataGridView	dgvStockQueryInfo	AllowUserToAddRows 属性设置为 false；其 Columns 属性的设置请参见源程序	显示存货的库存信息

25.10.3 根据指定条件显示库存数据

在 FormStockQuery 窗体的 Load 事件中，调用 CommonUse 类的 CortrolButtonEnabled()方法设置操作权限；调用 CommonUse 类的 BindComboBox()方法绑定控件到数据源，Load 事件的实现代码如下：

```
private void FormStockQuery_Load(object sender, EventArgs e)
{
    commUse.CortrolButtonEnabled(toolQuery, this);          //操作权限设置
    //ComboBox 控件绑定到数据源
    commUse.BindComboBox(cbxStoreCode, "StoreCode", "StoreName", "select StoreCode,StoreName from
        BSStore", "BSStore");
    commUse.BindComboBox(cbxInvenCode, "InvenCode", "InvenName", "select InvenCode,InvenName
        from BSInven", "BSInven");
    cbxStoreCode.SelectedIndex = -1;                         //仓库默认不选择任何项
    cbxInvenCode.SelectedIndex = -1;                         //存货名称默认不选择任何项
}
```

在该窗体中，可以设置的仓库或存货名称作为查询条件，然后单击"查询"按钮查询库存清单。"查询"按钮的 Click 事件代码如下。

```
private void toolQuery_Click(object sender, EventArgs e)
{
    StringBuilder strSearchCondition = new StringBuilder("");   //创建动态分配内存空间的字符串对象，并初始化为空字符串
    if (cbxInvenCode.SelectedValue != null)                      //设置存货
    {
        strSearchCondition.Append(" and STStock.InvenCode = '" + cbxInvenCode.SelectedValue + "'");
    }
    if (cbxStoreCode.SelectedValue != null)                      //设置仓库
    {
        strSearchCondition.Append(" and STStock.StoreCode = '" + cbxStoreCode.SelectedValue + "'");
    }
    BindDataGridView(strSearchCondition.ToString());             //检索指定查询条件的库存信息
}
```

> **说明**
> 如果仓库不选择任何项，并且存货名称也不选择任何项，则表示查询全部的库存记录；如果仓库不选择任何项，而存货名称选择某项，则表示查询指定存货的库存记录；若存货名称不选择任何项，而仓库选择某项，则表示查询指定仓库的库存记录。

25.10.4　库存数据的导出

单击"导出"按钮，把查询得到的库存清单转为 Excel 文件。"导出"按钮的 Click 事件代码如下。

```
private void toolExport_Click(object sender, EventArgs e)
{
    commUse.DataGridViewExportToExcel(dgvStockQueryInfo, this.Text);     //库存清单转为 Excel 文件
}
```

25.11　操作权限模块设计

25.11.1　操作权限模块概述

操作权限模块的操作权限包括添加、修改、删除、审核、弃审等，并且按照操作人员来分配权限（也有许多软件按角色分配权限）。操作权限窗体运行效果如图 25.19 所示。

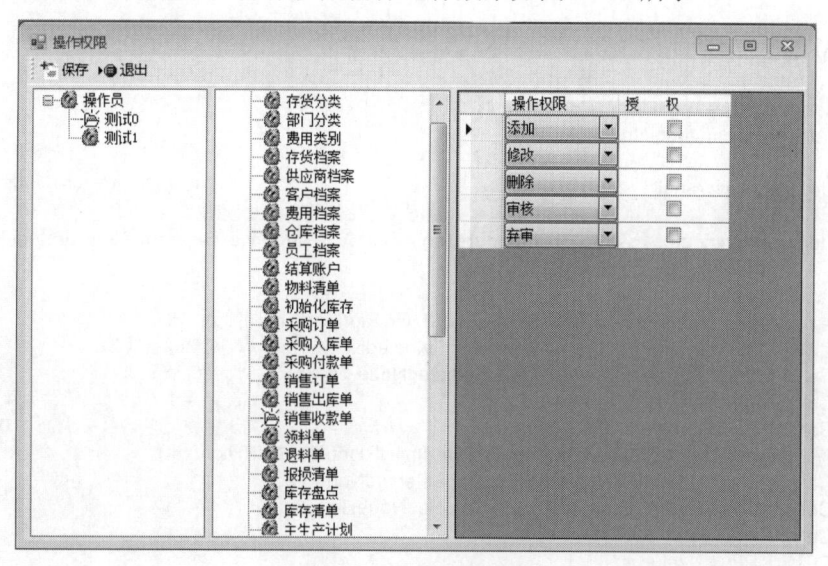

图 25.19　操作权限窗体

25.11.2　设计操作权限窗体

■ 本模块使用的数据表：SYAssignRight

新建一个 Windows 窗体，命名为 FormAssignRight.cs，用于设置操作员的操作权限，该窗体主要

用到的控件及说明如表 25.14 所示。

表 25.14 操作权限窗体用到的主要控件

控件类型	控件 ID	主要属性设置	说明
TableLayoutPanel	tableLayoutPanel1	设置 ColumnCount 属性为 3	把窗体拆分成 3 个大小可调的区域
ToolStrip	toolStrip1	其 Items 属性的详细设置请查看源程序	制作工具栏
TreeView	tvOperator	采用系统默认设置	显示操作员
	tvModule	采用系统默认设置	显示系统模块
ImageList	imageList1	采用系统默认设置	包含树节点所使用的 Image 对象
BindingSource	bsINRight	采用系统默认设置	管理数据源
DataGridView	dgvINRightInfo	AllowUserToAddRows 属性设置为 false；其 Columns 属性的设置请参见源程序	显示某个模块的操作权限信息

25.11.3 初始化用户及其权限列表

自定义一个无返回值类型的 InsertOperation()方法，该方法用于在 DataGridView 控件中插入某个模块应该具有的操作功能及授权信息。该功能主要是通过设置 DataGridView 控件的 Cells 单元格的 Value 属性实现的。InsertOperation()方法实现代码如下。

```
/// <summary>
/// 在 DataGridView 控件中插入某个模块具有的操作功能及授权信息
/// </summary>
/// <param name="strModuleTag">模块标识</param>
private void InsertOperation(string strModuleTag)
{
    DataGridViewRow dgvr = null;                              //声明 DataGridViewRow 引用，并初始化 null
    //若模块标识符合以下条件，则在 DataGridView 控件中显示添加、修改、删除权限
    if (strModuleTag.Substring(0, 1) == "1" || strModuleTag == "610" || strModuleTag == "620" || strModuleTag == "910")
    {
        //在 DataGridView 控件的末尾添加行
        dgvr = commUse.DataGridViewInsertRowAtEnd(dgvINRightInfo, bsINRight, dt);
        dgvr.Cells["OperatorCode"].Value = tvOperator.SelectedNode.Tag;   //设置操作员代码
        dgvr.Cells["ModuleTag"].Value = tvModule.SelectedNode.Tag;        //设置模块标识
        dgvr.Cells["RightTag"].Value = "Add";                             //设置操作标识（表示添加操作）
        dgvr.Cells["IsRight"].Value = "0";                                //设置授权标记的默认值为"0"（即无权限）
        dgvr = commUse.DataGridViewInsertRowAtEnd(dgvINRightInfo, bsINRight, dt);
        dgvr.Cells["OperatorCode"].Value = tvOperator.SelectedNode.Tag;
        dgvr.Cells["ModuleTag"].Value = tvModule.SelectedNode.Tag;
        dgvr.Cells["RightTag"].Value = "Amend";                           //设置操作标识（表示修改操作）
        dgvr.Cells["IsRight"].Value = "0";
        dgvr = commUse.DataGridViewInsertRowAtEnd(dgvINRightInfo, bsINRight, dt);
        dgvr.Cells["OperatorCode"].Value = tvOperator.SelectedNode.Tag;
        dgvr.Cells["ModuleTag"].Value = tvModule.SelectedNode.Tag;
        dgvr.Cells["RightTag"].Value = "Delete";                          //设置操作标识（表示删除操作）
        dgvr.Cells["IsRight"].Value = "0";
    }
    //若模块标识符合以下条件，则在 DataGridView 控件中显示添加、修改、删除、审核、弃审权限
    if (strModuleTag.Substring(0, 1) == "2" || strModuleTag.Substring(0, 1) == "3" || strModuleTag.Substring(0, 1) == "4" &&
```

```csharp
strModuleTag != "450") || (strModuleTag.Substring(0, 1) == "5" && strModuleTag != "530") || strModuleTag.Substring(0, 1) == "7")
{
    //在 DataGridView 控件的末尾添加行
    dgvr = commUse.DataGridViewInsertRowAtEnd(dgvINRightInfo, bsINRight, dt);
    dgvr.Cells["OperatorCode"].Value = tvOperator.SelectedNode.Tag;      //设置操作员代码
    dgvr.Cells["ModuleTag"].Value = tvModule.SelectedNode.Tag;           //设置模块标识
    dgvr.Cells["RightTag"].Value = "Add";                                 //设置操作标识（表示添加操作）
    dgvr.Cells["IsRight"].Value = "0";                                    //设置授权标记的默认值为"0"（即无权限）
    dgvr = commUse.DataGridViewInsertRowAtEnd(dgvINRightInfo, bsINRight, dt);
    dgvr.Cells["OperatorCode"].Value = tvOperator.SelectedNode.Tag;
    dgvr.Cells["ModuleTag"].Value = tvModule.SelectedNode.Tag;
    dgvr.Cells["RightTag"].Value = "Amend";                               //设置操作标识（表示修改操作）
    dgvr.Cells["IsRight"].Value = "0";
    dgvr = commUse.DataGridViewInsertRowAtEnd(dgvINRightInfo, bsINRight, dt);
    dgvr.Cells["OperatorCode"].Value = tvOperator.SelectedNode.Tag;
    dgvr.Cells["ModuleTag"].Value = tvModule.SelectedNode.Tag;
    dgvr.Cells["RightTag"].Value = "Delete";                              //设置操作标识（表示删除操作）
    dgvr.Cells["IsRight"].Value = "0";
    dgvr = commUse.DataGridViewInsertRowAtEnd(dgvINRightInfo, bsINRight, dt);
    dgvr.Cells["OperatorCode"].Value = tvOperator.SelectedNode.Tag;
    dgvr.Cells["ModuleTag"].Value = tvModule.SelectedNode.Tag;
    dgvr.Cells["RightTag"].Value = "Check";                               //设置操作标识（表示审核操作）
    dgvr.Cells["IsRight"].Value = "0";
    dgvr = commUse.DataGridViewInsertRowAtEnd(dgvINRightInfo, bsINRight, dt);
    dgvr.Cells["OperatorCode"].Value = tvOperator.SelectedNode.Tag;
    dgvr.Cells["ModuleTag"].Value = tvModule.SelectedNode.Tag;
    dgvr.Cells["RightTag"].Value = "UnCheck";                             //设置操作标识（表示弃审操作）
    dgvr.Cells["IsRight"].Value = "0";
}
//若模块标识符合以下条件，则在 DataGridView 控件中显示查询权限
if (strModuleTag == "450" || strModuleTag == "630" || strModuleTag.Substring(0, 1) == "8")
{
    //在 DataGridView 控件的末尾添加行
    dgvr = commUse.DataGridViewInsertRowAtEnd(dgvINRightInfo, bsINRight, dt);
    dgvr.Cells["OperatorCode"].Value = tvOperator.SelectedNode.Tag;      //设置操作员代码
    dgvr.Cells["ModuleTag"].Value = tvModule.SelectedNode.Tag;           //设置模块标识
    dgvr.Cells["RightTag"].Value = "Query";                               //设置操作标识（表示查询操作）
    dgvr.Cells["IsRight"].Value = "0";                                    //设置授权标记的默认值为"0"（即无权限）
}
//若模块标识符合以下条件，则在 DataGridView 控件中显示审核、弃审权限
if (strModuleTag == "530")
{
    //在 DataGridView 控件的末尾添加行
    dgvr = commUse.DataGridViewInsertRowAtEnd(dgvINRightInfo, bsINRight, dt);
    dgvr.Cells["OperatorCode"].Value = tvOperator.SelectedNode.Tag;      //设置操作员代码
    dgvr.Cells["ModuleTag"].Value = tvModule.SelectedNode.Tag;           //设置模块标识
    dgvr.Cells["RightTag"].Value = "Check";                               //设置操作标识（表示审核操作）
    dgvr.Cells["IsRight"].Value = "0";                                    //设置授权标记的默认值为"0"（即无权限）
    dgvr = commUse.DataGridViewInsertRowAtEnd(dgvINRightInfo, bsINRight, dt);
    dgvr.Cells["OperatorCode"].Value = tvOperator.SelectedNode.Tag;
    dgvr.Cells["ModuleTag"].Value = tvModule.SelectedNode.Tag;
    dgvr.Cells["RightTag"].Value = "UnCheck";                             //设置操作标识（表示弃审操作）
    dgvr.Cells["IsRight"].Value = "0";
}
//若模块标识符合以下条件，则在 DataGridView 控件中显示保存权限
if (strModuleTag == "930")
{
    //在 DataGridView 控件的末尾添加行
    dgvr = commUse.DataGridViewInsertRowAtEnd(dgvINRightInfo, bsINRight, dt);
```

```
            dgvr.Cells["OperatorCode"].Value = tvOperator.SelectedNode.Tag;        //设置操作员代码
            dgvr.Cells["ModuleTag"].Value = tvModule.SelectedNode.Tag;             //设置模块标识
            dgvr.Cells["RightTag"].Value = "Save";                                 //设置操作标识（表示保存操作）
            dgvr.Cells["IsRight"].Value = "0";                                     //设置授权标记的默认值为"0"（即无权限）
    }
}
```

> **说明**
> 上面代码中的 DataGridViewInsertRowAtEnd()方法用于实现在 DataGridView 控件的末尾插入 DataGridViewRow 实例的功能。

在 FormAssignRight 窗体的 Load 事件中，调用 CommonUse 类的 CortrolButtonEnabled()方法设置操作权限；调用 CommonUse 类的 BuildTree()方法绑定 TreeView 控件到数据源；调用 CommonUse 类的 BindComboBox()方法绑定 DataGridView 控件的相关列到数据源，Load 事件的代码如下。

```
private void FormAssignRight_Load(object sender, EventArgs e)
{
    commUse.CortrolButtonEnabled(toolSave, this);                            //设置用户操作权限
    commUse.BuildTree(tvOperator, imageList1, "操作员", "SYOperator Where IsAdmin <> '1'", "OperatorCode", "OperatorName");
                                                                             //TreeView 控件绑定到数据源，显示操作员
    //TreeView 控件绑定到数据源，显示系统模块
    commUse.BuildTree(tvModule, imageList1, "功能模块", "INModule", "ModuleTag", "ModuleName");
    //DataGridView 控件的"RightTag"列绑定到数据源
    commUse.BindComboBox(dgvINRightInfo.Columns["RightTag"], "RightTag", "RightName", "Select RightTag,RightName From INRight", "INRight");
}
```

运行程序，选中某个操作员，然后在右侧即可看到其对应的权限列表，效果如图 25.20 所示。

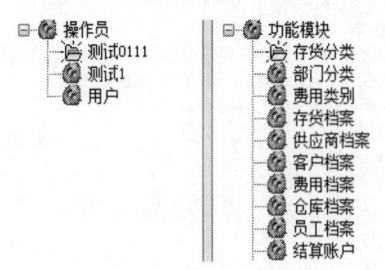

图 25.20　初始化用户及其权限列表

25.11.4　查看操作员的权限

在操作权限窗体中，选择某个操作员，再单击某个功能模块，在窗体的右侧将显示该模块具有的若干个操作权限，单击某个功能模块将触发 TreeView 控件的 AfterSelect 事件，该 AfterSelect 事件的代码如下。

```
private void tvModule_AfterSelect(object sender, TreeViewEventArgs e)
{
    commUse.DataGridViewReset(dgvINRightInfo);                               //清空 DataGridView 控件
    if (tvOperator.SelectedNode != null)                                     //若操作员节点不为空
    {
        if (tvOperator.SelectedNode.Tag != null)                             //若操作员节点为非根节点
```

```
            {
                if (tvModule.SelectedNode != null)                    //若模块节点为非空
                {
                    if (tvModule.SelectedNode.Tag != null)            //若模块节点为非根节点
                    {
                        string strSql = "Select OperatorCode,ModuleTag,RightTag,IsRight From SYAssignRight ";
                        //查询某操作员对某模块的操作权限信息
                        strSql += "Where OperatorCode = '" + tvOperator.SelectedNode.Tag.ToString() + "' and ModuleTag = '"
                            + tvModule.SelectedNode.Tag.ToString() + "'";
                        try{
                            sda = new SqlDataAdapter(strSql, db.Conn);      //实例化 SqlDataAdapter
                            //实例化 SqlCommandBuilder,将数据源做的更改与关联的 SQL Server 数据库的更改相协调
                            SqlCommandBuilder scb = new SqlCommandBuilder(sda);
                            dt = new DataTable();                     //实例化 DataTable
                            sda.Fill(dt);                             //将得到的数据源填充到 dt 中
                            bsINRight.DataSource = dt;                //BindingSource 组件绑定到数据源
                            //DataGridView 控件绑定到 BindingSource 组件
                            dgvINRightInfo.DataSource = bsINRight;
                            //若无数据行,则插入该模块具有的操作功能及授权信息
                            if (dgvINRightInfo.RowCount == 0)
                            {
                                InsertOperation(tvModule.SelectedNode.Tag.ToString());
                            }
                        }
                        catch (Exception ex) {                        //捕获异常信息
                            MessageBox.Show(ex.Message, "软件提示");    //异常信息提示
                            throw ex;
                        }
                    }
                }
            }
        }
```

说明

上面代码中用到的 SqlCommandBuilder 类用来自动生成单表命令,它可以将对 DataSet 所做的更改与关联的 SQL Server 数据库的更改相协调。

查看操作员详细权限的效果如图 25.21 所示。

图 25.21　查看操作员详细权限

25.11.5　修改操作员权限

单击"保存"按钮,调用 SqlDataAdapter 对象的 Update()方法,将选择的用户操作权限更新到指定操作员对应的数据记录中。"保存"按钮的 Click 事件代码如下。

```
private void toolSave_Click(object sender, EventArgs e)
{
```

```
            if (tvOperator.SelectedNode != null) {               //操作员节点不为空
                if (tvOperator.SelectedNode.Tag != null){        //操作员节点为非根节点
                    if (tvModule.SelectedNode != null){          //模块节点为非空
                        if (tvModule.SelectedNode.Tag != null){  //模块节点为非根节点
                            try{
                                dgvINRightInfo.EndEdit();        //当前单元格结束编辑
                                bsINRight.EndEdit();             //将挂起的更改应用于基础数据源
                                sda.Update(dt);                  //执行更改数据命令
                                MessageBox.Show("保存成功！","软件提示");
                            }
                            catch (Exception ex){                //捕获系统异常
                                MessageBox.Show("保存失败！(" + ex.Message + ")","软件提示");
                            }
                        }
                    }
                }
            }
        }
```

> **注意**
>
> 使用 SqlDataAdapter 类的 Update()方法将数据更新到数据源时，数据源的相应表中必须设置主键，否则将会产生异常。

在"授权"列中改变指定权限的复选框状态，然后单击"保存"按钮，即可修改指定操作员指定模块的权限，效果如图 25.22 所示。

图 25.22　修改操作员权限

25.12　小　　结

在开发程序的准备阶段，应该对系统的所有模块做一个总体分类（可以按照逻辑层次或模块功能划分），然后按照这个分类建立对应的存放文件夹，这样有利于程序的开发管理和后期的维护工作。在代码的编写过程中，要善于合理地使用异常机制，捕获代码运行中可能存在的异常，这样有利于快速调试程序并且及时发现代码中存在的漏洞。

附录 A 常用命令及快捷键

Visual Studio 2022 开发工具中的常用命令及快捷键如表 A-1 所示。

表 A-1 常用命令及快捷键

菜 单 项	常 用 命 令	快 捷 键
文件	新建项目	Ctrl+Shift+N
	新建文件	Ctrl+N
	打开项目/解决方案	Ctrl+Shift+O
	打开文件夹	Ctrl+Shift+Alt+O
	打开文件	Ctrl+O
	保存单个文件	Ctrl+S
	全部保存	Ctrl+Shift+S
	退出	Alt+F4
编辑	列出成员（智能感知）	Ctrl+J 或者 Alt+→
	快速查找	Ctrl+F
	快速替换	Ctrl+H
	复制一行	Ctrl+D
	设置文档的格式	Ctrl+K，Ctrl+D
	将选定行上移	Alt+↑
	将选定行下移	Alt+↓
	自动换行	Ctrl+E，Ctrl+W
	注释选定内容	Ctrl+K，Ctrl+C
	取消注释选定内容	Ctrl+K，Ctrl+U
	转到定义	F12
	在当前行插入空行	Ctrl+Enter
	在当前行下方插入空行	Ctrl+Shift+Enter
	匹配括号	Ctrl+}
	从头到尾选择整行	Shift+End
	从尾到头选择整行	Shift+Home
视图	代码	F7
	解决方案资源管理器	Ctrl+Alt+L
	类视图	Ctrl+Shift+C
	代码定义窗口	Ctrl+\，D
	对象浏览器	Ctrl+Alt+J

续表

菜 单 项	常 用 命 令	快 捷 键
视图	错误列表	Ctrl+\，E
	输出	Ctrl+Alt+O
	工具箱	Ctrl+Alt+X
	文档大纲	Ctrl+Alt+T
	属性窗口	F4
	属性页	Shift+F4
项目	添加新项	Ctrl+Shift+A
	添加现有项	Shift+Alt+A
生成	生成解决方案	Ctrl+Shift+B
	生成项目	Ctrl+B
	编译	Ctrl+F7
调试	开始调试	F5
	开始执行（不调试）	Ctrl+F5
	停止调试	Shift+F5
	重新启动调试	Ctrl+Shift+F5
	逐语句	F11
	逐过程	F10
	切换断点	F9
	启动/停止断点	Ctrl+F9
	运行到光标处	Ctrl+F10
	停止调试	Shift+F5